E-BOOK INSIDE

Eckard König, Gerda Volmer
Handbuch Systemische Organisationsberatung
Grundlagen und Methoden

Mit dem untenstehenden Download-Code erhalten Sie die PDF-Version dieses Buches.

So laden Sie Ihr E-Book inside herunter:

1. Öffnen Sie die Website: http://www.beltz.de/ebookinside
2. Geben Sie den untenstehenden Download-Code ein und füllen Sie das Formular aus.
3. Mit dem Klick auf den Button am Ende des Formulars erhalten Sie Ihren persönlichen Download-Link. [Für den Einsatz des E-Books in einer Institution fragen Sie bitte nach einem individuellen Angebot unseres Vertriebs: vertrieb@beltz.de. Nennen Sie uns dazu die Zahl der Nutzer, für die das E-Book zur Verfügung gestellt werden soll.]
4. Beachten Sie bitte, dass der Code nur einmal gültig ist. Bitte speichern Sie die Datei auf Ihrem Computer.

Download-Code

BUEGV6NBHV

König/Volmer • Handbuch Systemische Organisationsberatung

Eckard König | Gerda Volmer

Handbuch Systemische Organisationsberatung

Grundlagen und Methoden

Unter Mitarbeit von Yannik Fleer

3. Auflage

BELTZ

MIX
Papier | Fördert
gute Waldnutzung
FSC® C089473
www.fsc.org

Dieses Buch ist erhältlich als:
ISBN 978-3-407-36668-9 Print
ISBN 978-3-407-29580-4 PDF

3., komplett überarbeitete Auflage 2018

in der Verlagsgruppe Beltz • Weinheim Basel
Werderstraße 10, 69469 Weinheim

Lektorat: Ingeborg Sachsenmeier
Umschlaggestaltung: Michael Matl
Umschlagillustration: Frauke Ditting, Hamburg
Grafiken: BlütezeitDesign/Stefanie Rinkenbach

Herstellung: Michael Matl
Druck und Bindung: Beltz Grafische Betriebe, Bad Langensalza
Printed in Germany

Weitere Informationen zu unseren Autoren und Titeln finden Sie unter: www.beltz.de

Inhalt

Die Icons bedeuten:

Beispiele

Informationen

Literaturtipps

Vorwort

Die »Systemische Organisationsberatung« erschien 1993 in der ersten Auflage, im Jahr 2000 die 7. Auflage. 2008 wurde daraus das erweiterte »Handbuch Systemische Organisationsberatung«, das nunmehr in einer überarbeiteten und erweiterten 3. Auflage vorliegt. Es ist ein Handbuch, das sich in mittlerweile 25 Jahren als grundlegendes Lehr- und Arbeitsbuch bewährt hat und das die theoretischen Grundlagen und die einzelnen Schritte systemischer Organisationsberatung ausführlich darstellt. Zielstellung ist es, Ihnen eine klare Struktur und das methodische Rüstzeug zu liefern, um Beratung in Organisationen professionell und erfolgreich durchführen zu können. Kennzeichnend für dieses Buch sind:

- die klare Struktur des Beratungsprozesses, die den roten Faden für Durchführung systemischer Organisationsberatung liefert
- die systemtheoretische Grundlage, die den Blick auf die handelnden Personen, aber auch auf Eigendynamik des sozialen Systems richtet
- ein umfassendes Methodenrepertoire, wobei Vorgehensweisen aus anderen Therapie- und Beratungskonzepten und aus der Organisations- und Managementforschung integriert werden
- die »Wertorientierung«, die durch ein humanistisches Menschenbild und daraus resultierende Werte und Haltungen geprägt ist

Für die neue Auflage wurden wichtige Themen ergänzt wie systemisches Prozessmanagement, Organisationskultur und Organisationsberatung in der VUCA-Welt. Gleichzeitig wurde bei den anderen Kapiteln die neuere Entwicklung eingearbeitet und durch konkrete Beispiele aus unserer Praxis verdeutlicht.

Geschrieben ist dieses Buch für

- Führungskräfte und Mitarbeiter von Personal-, Organisations- und Bildungsabteilungen in Organisationen, die Veränderungen ihrer Organisation verstehen und unterstützen möchten
- Beraterinnen und Berater, die ihre Kompetenz vertiefen oder erweitern möchten
- Trainerinnen und Trainer, die ihren Arbeitsbereich durch Organisationsberatung ergänzen möchten
- Teilnehmerinnen und Teilnehmer von Ausbildungen in Organisationsberatung und Coaching als eine strukturierte Einführung
- Studierende, die sich auf Beratung in Organisationen vorbereiten
- für alle, die Systemtheorie nicht als bloßes »Sprachspiel« verstehen, sondern konkret systemisch arbeiten möchten

Das Buch basiert auf drei Ansätzen:

- der langjährigen Forschungstätigkeit zur systemtheoretischen Grundlegung von Organisationsberatung. Grundlage ist die ursprünglich in der Tradition von Gregory Bateson entstandene Personale Systemtheorie, bei der die Aufmerksamkeit sowohl auf die denkenden und handelnden Personen gerichtet ist, als auch auf die sozialen Regeln und Regelkreise und die daraus resultierende Eigendynamik sozialer Systeme
- den eigenen Erfahrungen mit zahllosen Beratungsprojekten in Unternehmen, Schulen, Behörden, Kliniken: von Einzel- und Teamberatung über die Beratung von Abteilungen und Bereichen bis zur Begleitung umfangreicher Veränderungsprozesse
- unseren Ausbildungen in systemischer Organisationsberatung und systemischem Coaching, die wir seit über 30 Jahren durchführen.

Das Buch gliedert sich in vier Bereiche:

- Die beiden ersten Teile erläutern die theoretischen Grundlagen systemischer Organisationsberatung: das Systemmodell als ein grundlegendes Erklärungsmodell sowie den Beratungsbegriff.
- Die Teile 3 und 4 zeigen die praktische Umsetzung dieser Grundlagen: die Struktur des Beratungsprozesses und der Blick auf das soziale System.
- Die Teile 5 und 6 behandeln die Anwendung in Organisationsdiagnosen und komplexen Beratungsprozessen.
- Abschließend lenkt Teil 7 den Blick auf das Beratungssystem und die eigene Haltung als Beraterin oder Berater.

Nach 25 Jahren haben wir den Autorenkreis erweitert. Wir danken Yannik Fleer und seinem Team für ihre Mitarbeit. Wir danken aber auch all unseren Partnerinnen und Partnern in den von uns beratenen Organisationen, unseren Ausbildungsgruppen und unseren Studierenden an verschiedenen Hochschulen. Sie haben uns immer wieder Anstöße gegeben, unsere Überlegungen theoretisch zu reflektieren, praktisch umzusetzen und neue Lösungen zu entwickeln.

Systemische Organisationsberatung ist kein starres Konzept, sondern entwickelt sich weiter, da Systeme, Organisationen, Unternehmen immer wieder vor neuen Herausforderungen stehen, die sie bewältigen müssen. Ihnen, liebe Leserin und lieber Leser, wünschen wir, dass Sie dieses Konzept für Ihre Arbeit nutzen und weiterentwickeln. Wir würden uns freuen, von Ihren Erfahrungen zu hören.

Paderborn, im Februar 2018 — Eckard König und Gerda Volmer

Erklärungsmodelle menschlichen Handelns

01

Stellen Sie sich folgende Situation vor: Ein Mitarbeiter ist nicht motiviert. Er engagiert sich nicht, erledigt schlecht seine Aufgaben. Als Führungskraft, als Personalverantwortlicher oder auch als Beraterin oder Berater überlegen wir, was die Ursache für das Verhalten des Mitarbeiters ist. Wir versuchen, die Situation zu erklären. Und wir versuchen, auf der Basis dieser Erklärung Maßnahmen für die Lösung des Problems zu entwickeln.

Es ist eine der grundlegenden Erkenntnisse der Sozialforschung, dass wir bei solchen Erklärungen stets bestimmte »Modelle« zugrunde legen: allgemeine Annahmen darüber, wodurch menschliches Handeln bestimmt ist (zum Beispiel Neyer/Asendorpf 2018, S. 23 ff.; Rauthmann 2017; Rammsayer/Weber 2016). Dabei lassen sich im Wesentlichen vier grundlegende Modelle unterscheiden:

- ein **Eigenschaftsmodell,** das menschliches Tun aus (relativ) stabilen Eigenschaften erklärt
- ein **Verhaltens-** oder **Maschinenmodell,** das von der Vorstellung ausgeht, Menschen »funktionieren« wie Maschinen
- ein **Handlungsmodell,** dem zufolge Menschen auf der Basis ihrer Vorstellungen und Gedanken handeln
- ein **Systemmodell,** bei dem die Aufmerksamkeit nicht auf den Einzelnen, sondern auf das soziale System gerichtet wird

Diese Modelle sind zugleich Grundlage unterschiedlicher Beratungskonzepte. Wir wollen sie Ihnen in den Grundzügen im Folgenden darstellen.

Das Eigenschaftsmodell

Die Hauptthese des Eigenschaftsmodells lautet: Menschliches Handeln ist durch (relativ) stabile Eigenschaften geprägt. Auf das Beispiel des unmotivierten Mitarbeiters bezogen: Fehlende Motivation ist eine stabile Eigenschaft.

Das Eigenschaftsmodell

»Er ist eben von Natur aus unmotiviert!«

Auf der Basis des Eigenschaftsmodells lässt sich das Verhalten des unmotivierten Mitarbeiters erklären: Weil fehlende Motivation eine stabile Eigenschaft dieser Person ist, engagiert sie sich nicht, erledigt ihre Aufgaben schlecht. Zugleich ermöglicht das Eigenschaftsmodell Vorhersagen über zukünftiges Verhalten: Es ist unwahrscheinlich, dass der betreffende Mitarbeiter motiviertes Handeln (in größerem Umfang) lernen wird. Daraus ergibt sich als praktische Konsequenz: Es macht wenig Sinn, den Mitarbeiter auf ein Motivationstraining zu schicken oder mit ihm zu reden (er wird Motivation nicht lernen), sondern man sollte eher einen anderen Mitarbeiter auf diese Position setzen.

Stabile Eigenschaften (oder, wie man in der Persönlichkeitspsychologie auch formuliert: »Traits«) sind durch drei Merkmale gekennzeichnet:

- **Konsistenz:** Das Vorhandensein einer Eigenschaft führt dazu, dass man sich in vergleichbaren Situationen gleich verhält – in unserem Beispiel: Der Mitarbeiter wird sich in anderen Situationen ähnlich verhalten.
- **Generalisierbarkeit:** Eine Person mit einer bestimmten Eigenschaft verhält sich in unterschiedlichen Situationen bei ähnlichen Anforderungen gleich – bezogen auf den Mitarbeiter: Auch wenn er in eine andere Position kommt, wird er weiterhin wenig motiviert sein.

- **Konstanz:** Persönlichkeitseigenschaften bleiben über längere Zeit hin erhalten: Es ist nicht damit zu rechnen, dass sich das Verhalten in Zukunft ändern wird.

Das Eigenschaftsmodell (Friedman u.a. 2004, S. 314ff.; Rammsayer/Weber 2010, S. 181ff.) hat eine lange Tradition. Bereits im 5. Jahrhundert vor Christus hat der griechische Arzt Hippokrates die noch heute gängige Unterscheidung zwischen den vier Temperamenten Sanguiniker (fröhlich, aktiv), Phlegmatiker (träge, apathisch), Melancholiker (traurig, grüblerisch) und Choleriker (aufbrausend, reizbar) vorgeschlagen. In den 1920er-Jahren entstand dann eine »Charakterkunde«: Ernst Kretschmer (1921) oder William H. Sheldon (Sheldon 1942) versuchten, aus dem Körperbau Charaktertypen abzuleiten. Carl G. Jung unterscheidet zwischen introvertiert und extravertiert (Jung 1967); Philipp Lersch zwischen Cholerikern, Melancholikern und Sanguinikern (Lersch 1962).

Während die Typologien ursprünglich »intuitiv« entwickelt wurden, gibt es seit den 30er-Jahren des letzten Jahrhunderts Versuche, überdauernde Persönlichkeitseigenschaften faktorenanalytisch zu ermitteln. Raymund Cattell (1978, S. 54ff.) gelangt auf der Basis der faktorenanalytischen Analyse von Fragebogen- und Testdaten zu 16 Persönlichkeitsfaktoren. Hans Eysenck (1967) unterscheidet drei Dimensionen: Extraversion (nach innen versus nach außen orientiert), Neurotizismus (emotional stabil versus instabil) und Psychotizismus (freundlich und rücksichtsvoll versus aggressiv und asozial).

Das **Fünf-Faktoren-Modell »Big Five«** von Costa und McCrae (McCrae/Costa 2006) und der auf dieser Basis entwickelte Persönlichkeitstest NEO-FFI (Borkenau/Ostendorf 1993) unterscheiden fünf Faktoren:

- **N:** Neurotizismus (Neuroticism): emotionale Labilität (nervös, angespannt, ängstlich) versus emotionale Stabilität, Gelassenheit
- **E:** Extraversion: gesprächig, offen, gesellig versus schweigsam, verschlossen, zurückgezogen
- **O:** Offenheit (Openness) für (neue) Erfahrung, Kreativität versus bewahrend, konservativ, einfaches Vorgehen
- **A:** Anpassung, Verträglichkeit (Agreeableness), das heißt Tendenz, sich den Wünschen anderer anzupassen, versus herausfordernd, unnachgiebig
- **C:** Fokussierung (Conscientiousness): konzentriert, hohe Disziplin, gewissenhaft versus spontaner Arbeitsstil, sprunghaft

Ein anderes bekanntes Beurteilungsverfahren auf der Basis des Eigenschaftsmodells ist der **Myers-Briggs-Typenindikator (MBTI),** den Katherine Briggs und Isabel Briggs Myers in den 1940er-Jahren im Anschluss an die Typologie Carl

G. Jungs entwickelt haben (Briggs Myers 1995; Bents/Blank 2005; Stahl/Alt 2016). Der MBTI unterscheidet vier Dimensionen:

- Dimension E–I: etravertiert (aktiv, nach außen gerichtet) versus introvertiert (reflektierend, nach innen gerichtet)
- Dimension S–N: sinnlich wahrnehmend (»sensing«: Betonung der Erfahrung, realistisch, praktisch) versus intuitiv wahrnehmend (»Intuition«: Gespür, begrifflich, abstrakt)
- Dimension T–F: analytisch (»thinking«: objektiv, unpersönlich) versus gefühlsmäßig (»feeling«: subjektiv, persönlich, einfühlsam)
- Dimension J–P: beurteilend (»judging«: festgelegt, organisiert, Planung) versus wahrnehmend (»percieving«: flexibel, spontan, offen für Neues)

Darüber hinaus gibt es eine Reihe weiterer Verfahren (Übersicht bei Simon 2010). Exemplarisch seien genannt:

- das **DISG-Persönlichkeitsprofil** (Gay 2004) mit den Dimensionen Dominanz, Initiative, Stetigkeit und Gewissenhaftigkeit
- das **Enneagramm** (Linden/Spalding 1996; Rohr/Ebert 2006; Heinrichs/Stemmann 2015; Stemmann 2016) mit neun Typen: der urteilende Perfektionist, der Nette beziehungsweise Fürsorgliche, der leistungsorientierte Macher, der romantische Traumtänzer, der einsame Denker, der skeptische Protektionist, der Renaissancemensch/Spieler, der Kämpfer-Boss, der frei schwebende Harmonisierer
- **Insights** (z. B. Scheelen 2006) mit acht Verhaltenstypen (Direktor, Motivator, Inspirator, Berater, Unterstützer, Koordinator, Beobachter, Reformer)
- die **Biostrukturanalyse** (Schoemen 2011), bei der bestimmte Grundmuster der Persönlichkeit einzelnen Gehirnbereichen und verschiedenen Farben zugeordnet werden: Ein gefühlsmäßig-instinktives Vorgehen (grün) orientiert sich am Stammhirn, ein emotional-impulsives Vorgehen (rot) am Zwischenhirn und ein rationales Vorgehehen (blau) am Großhirn
- das **Hogan Personality Inventory** (Hogan/Barrett/Hogan 2007) basiert auf dem Modell der Persönlichkeitspsychologie »Big Five«, gliedert jedoch den Faktor Extraversion in Ambition und soziale Umgänglichkeit, und den Faktor Offenheit für Erfahrung in Wissbegierde und Lernansatz

Obwohl diese Verfahren im Blick auf ihre theoretischen Grundlagen häufig kritisiert sind (zur Diskussion u. a. Laux 2008), sind Eigenschaftsmodelle in Organisationen durchaus verbreitet und werden in unterschiedlichen Bereichen genutzt:

- für die eigene Karriereplanung, um einen Beruf zu ergreifen, der dem eigenen Profil entspricht
- für die Personalauswahl (z. B. Hossiep/Mühlhaus 2015): Es wird zunächst das Soll-Profil für eine Stelle definiert, dann (auf der Basis von Testverfahren, Fragebogen, Einschätzungen durch Vorgesetzte und so weiter) das Ist-Profil verschiedener Bewerber bestimmt und derjenige Bewerber ausgewählt, bei dem Soll- und Ist-Profil am meisten übereinstimmen
- für die Zusammensetzung von Teams: Im Blick auf unterschiedliche Aufgaben in einem Team unterschiedliche Persönlichkeitstypen zu kombinieren
- für die Anwendung in Seminaren: Trainer kommen mit ähnlichen Teilnehmern oft »besser« zurecht als mit stark unterschiedlichen Typen und müssen versuchen, sich auf diese einzustellen (z. B. Stöger/Vogl 2004)
- für die Beratung: Klienten unterstützen, sich über ihre Persönlichkeitseigenschaften klar zu werden und sie zu nutzen

Exemplarisch sei das Soll-Ist-Profil des Geschäftsführers einer Produktionsfirma aufgeführt. Auf der Basis der Big Five benötigen Führungskräfte geringe emotionale Labilität (N–), hohe Extraversion (E+), hohe Offenheit für neue Erfahrungen (O+), geringe Anpassung (A–) und hohe Fokussierung und Konzentration (C+), das heißt hohe Konzentration und Disziplin. Im Vergleich zum Soll-Profil ist die betreffende Person extrem introvertiert (E–), durchschnittlich offen und extrem wenig anpassungsfähig, für die Position des Geschäftsführers ist sie damit wenig geeignet (Howard/Mitchell Howard 2002, S. 119):

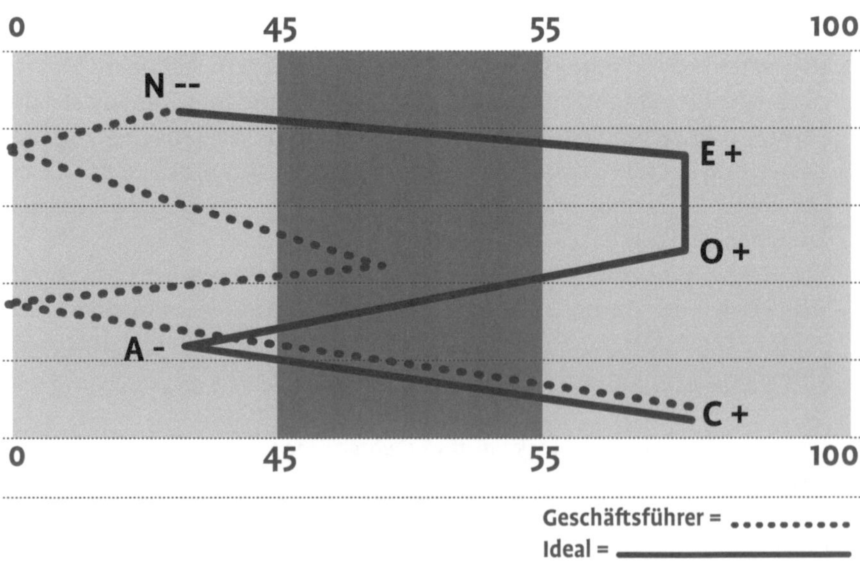

Eigenschaftsmodelle haben durchaus praktischen Nutzen: Wir erleben einerseits immer wieder, dass sich bestimmte Eigenschaften relativ stabil halten, dass zum Beispiel ein Kollege eher extravertiert ist, ein anderer mehr verschlossen. Andererseits aber machen wir im Alltag auch die Erfahrung, dass dieselbe Person sich in unterschiedlichen Situationen unterschiedlich verhalten kann. Jemand kann bei bestimmten Aufgaben sehr gewissenhaft sein, während es ihm in anderen Situationen nicht darauf ankommt. Oder es stellt sich heraus, dass der Bewerber mit dem besten Ist-Profil nicht erfolgreich ist.

Bereits in den 60er-Jahren des 20. Jahrhunderts hat der Persönlichkeitspsychologe Walter Mischel (1968) nachgewiesen, dass Verhalten in unterschiedlichen Situationen keineswegs gleich bleibt, sondern sich nach den spezifischen Anforderungen richtet: Verhalten ist in gleichen beziehungsweise ähnlichen Situationen, weniger in unterschiedlichen Situationen konstant (vgl. Asendorpf 2005). Ein unmotivierter Mitarbeiter, der in eine andere Abteilung kommt, engagiert sich plötzlich und kann dann andere Persönlichkeitseigenschaften entwickeln.

Das Verhaltensmodell

Das Verhaltens- oder Maschinenmodell stellt den Gegenpol zum Eigenschaftsmodell dar. Menschen, so die Hauptthese, funktionieren wie Maschinen und sind entsprechend steuer- und veränderbar, man muss nur die jeweiligen Verhaltensgesetze kennen: »Der Mensch ist ein Apparat, der von Kräften aktiviert und gesteuert wird, die außerhalb seiner Kontrolle liegen« (Herzog 1984, S. 98).

Grundlage des Verhaltensmodells ist das Reiz-Reaktions-Schema. Auf das Beispiel des unmotivierten Mitarbeiters bezogen: Fehlende Motivation wird hier verstanden als Reaktion auf bestimmte Reize – etwa auf das Verhalten des Vorgesetzten, der engagiertes Verhalten des Mitarbeiters nicht genügend verstärkt:

Zu Beginn des 20. Jahrhunderts war es eine der großen Leistungen der Sozialforschung, die im Umgang mit der Technik bewährte Vorstellung des Maschinenmodells auf den Menschen zu übertragen. Vor dem Hintergrund der Erfolge der newtonschen Technik wird im Behaviorismus das Verhaltensmodell zur Grundlage für die Sozialwissenschaft (Pervin u. a. 2005, S. 429 ff.; Rammsayer/Weber 2016).

Für John B. Watson, einen der bekanntesten Vertreter des Behaviorismus, ist der Mensch nichts anderes als eine »zusammengesetzte organische Maschine« (Watson 1968, S. 266) und damit entsprechend den Maschinen veränderbar:

> *»Gebt mir ein Dutzend gesunder, wohlgebildeter Kinder und meine eigene Umwelt, in der ich sie erziehe, und ich garantiere, dass ich jedes nach dem Zufall auswähle und es zu einem Spezialisten in irgendeinem Beruf erziehe, zum Arzt, Richter, Künstler, Kaufmann oder zum Bettler und Dieb, ohne Rücksicht auf seine Begabungen, Neigungen, Fähigkeiten, Anlagen und die Herkunft seiner Vorfahren«* (Watson 1968, S. 123).

Burrhus F. Skinner stellt Mitte der 1930er-Jahre die These auf, dass »das Verhalten eines Organismus fast beliebig zu formen« sei (Skinner 1973, S. 247). Durch unterschiedliche äußere Reize könne vorhandenes Verhalten gelöscht, gesichert oder neues Verhalten aufgebaut werden (Bodenmann u. a. 2016, S. 42 ff.):

- Im **klassischen Konditionieren** wird ein neutraler Reiz mit einem auslösenden Reiz gekoppelt. Dieses Vorgehen hatte Pawlow schon in den 20er-Jahren untersucht, indem er bei Hunden einen neutralen Reiz (Licht oder Glocke) mit einem auslösenden (Futter) koppelte, wobei dann der neutrale Reiz allein die Reaktion (zum Beispiel Speichelsekretion) auslöste. Derselbe Vorgang löst in Alltagssituationen Angstzustände oder andere Emotionen aus: Massive Kritik durch den Vorgesetzten kann dazu führen, dass in Zukunft allein dessen Anblick zu Angst und Schweißausbrüchen führt. Eine erfolgreiche Präsentation kann für andere Situationen ein Gefühl der Sicherheit konditionieren.
- Im **operanten Konditionieren** in der Tradition von Thorndike und Skinner werden Bestrafungs- und Verstärkungsreize unterschieden: Ein Verhalten (hier: der Partnerin Blumen mitbringen) tritt häufiger auf, wenn es verstärkt wird, weniger häufig, wenn es bestraft oder gelöscht (nicht beachtet) wird (Peyer/Perrez 1978, S. 47):

- Komplexe Verstärkerpläne können aufgebaut werden, indem man zum Beispiel die Löschung unerwünschten und die Verstärkung positiven Verhaltens miteinander kombiniert, Verhaltensweisen nicht regelmäßig, sondern nur in bestimmter Häufigkeit verstärkt, komplexes Verhalten schrittweise aufbaut (Shaping) oder in kleinere Teilschritte zerlegt (Chaining).

Das Verhaltensmodell ist im Alltag keineswegs unbekannt. Allerdings sind wir uns häufig über das zugrunde liegende Menschenbild nicht im Klaren. Die Aufforderung an Führungskräfte, Mitarbeitern mehr Anerkennung zu geben, ist im Grunde eine Aufforderung auf der Basis des Verhaltensmodells. Verhaltenstrainings, wie sie seit den 1970er- und 1980er-Jahren bis heute als Verkaufstraining, Bewerbungstraining oder Führungstraining geläufig sind, basieren auf dem Verhaltensmodell:

- Zum einen geht ein solches Verhaltenstraining von der Annahme aus, dass das Verhalten eines Verkäufers den Kunden konditionieren kann: Bestimmte Verhaltensweisen des Verkäufers sind Reize, die bestimmte Reaktionen beim Kunden (vor allem die Reaktion, das Produkt zu kaufen) auslösen sollen.
- Zum anderen versucht der Trainer, einen Verkäufer zu konditionieren, indem er mit ihm bestimmte Verhaltenssequenzen einübt und dabei jeweils richtiges Verhalten verstärkt.

Sicherlich gibt es zahlreiche Situationen, in denen sich dieses Verhaltensmodell im Alltag bestätigt. Vielleicht kennen Sie selbst eine solche Situation: In einer Besprechung werden Sie angegriffen, Ihr Vorgesetzter blättert in Unterlagen, geht zum Telefon. Mit hoher Wahrscheinlichkeit werden Sie dadurch verunsichert. In der Begrifflichkeit des Verhaltensmodells: Dies ist eine Form sozialer Bestrafung, die ihre Wirkungen zeigt. Andererseits können Lob und Anerkennung sehr wohl Sicherheit geben und Leistungen steigern.

Es gibt aber auch Situationen, in denen sich das Verhaltensmodell nicht bestätigt: Wenn ein Mitarbeiter gelobt wird, so führt das keineswegs »automatisch« zu höherer Leistung. Die Reaktion des Mitarbeiters wird davon abhängen, wie er die Situation einschätzt. Wenn er das Lob für berechtigt hält, wird es ihn vermutlich bestätigen und zu weiteren Leistungen anspornen. Wenn er andererseits das Verhalten des Vorgesetzten als methodischen Trick deutet, kann er gerade dadurch demotiviert werden.

Eine zweite Grenze des Maschinenmodells liegt in der Komplexität sozialer Situationen: Veränderungen finden – zum Beispiel in einem Unternehmen – in einem hochkomplexen Umfeld statt, in dem sich die Wirkungen bestimmter Handlungen nicht voraussagen lassen. Deutliches Beispiel dafür sind Umstrukturierungen. Häufig werden solche Entscheidungen auf der Basis eines Verhaltensmodells getroffen: Man geht von der Annahme aus, dass eine ganz bestimmte Maßnahme ganz bestimmte Wirkungen (zum Beispiel Kostenreduzierung) nach sich zieht. Doch die Erfahrung zeigt, dass Umstrukturierungsmaßnahmen in vielen Fällen Konsequenzen haben, die zuvor nicht vorhergesehen wurden und auch nicht voraussehbar waren. Es werden Teams gebildet, in denen Einzelne nicht miteinander arbeiten können, es breitet sich Resignation aus (»Es lohnt nicht, sich anzustrengen, wir werden ja doch wieder umstrukturiert!«). Hier werden die Grenzen des Verhaltensmodells deutlich – was schließlich zur Entwicklung eines weiteren Modells, des Handlungsmodells, geführt hat.

Das Handlungsmodell

Menschen, so die Hauptthese, »verhalten sich nicht bloß, sondern sie handeln« (Martin 2011, S. 9). Handeln, so die klassische Definition von Max Weber (1972, S. 1), »soll dabei ein menschliches Verhalten ... heißen, wenn ... der oder die Handelnden mit ihm einen subjektiven Sinn verbinden«. Hauptthese des Handlungsmodells ist, dass Menschen nicht einfach auf äußere Reize reagieren, sondern dass ihr Handeln »sinnhaftes Handeln« ist, das heißt aus ihren Gedanken, ihren persönlichen Zielen, ihren Einstellungen und Empfindungen resultiert. Ein Mitarbeiter reagiert nicht als gleichsam willenlose Maschine, sondern er handelt aktiv aufgrund der Annahmen, die er sich über die Welt macht:

- Er macht sich Gedanken darüber, was sein Vorgesetzter von ihm erwartet.
- Er macht sich ein Bild von seinen eigenen Stärken und Schwächen.
- Er macht sich ein Bild von seinen Zukunftschancen im Unternehmen.

Er wird auf der Grundlage dieses Bildes, das er sich von seiner Welt macht, handeln, motiviert oder nicht motiviert sein, sich engagieren oder nicht.

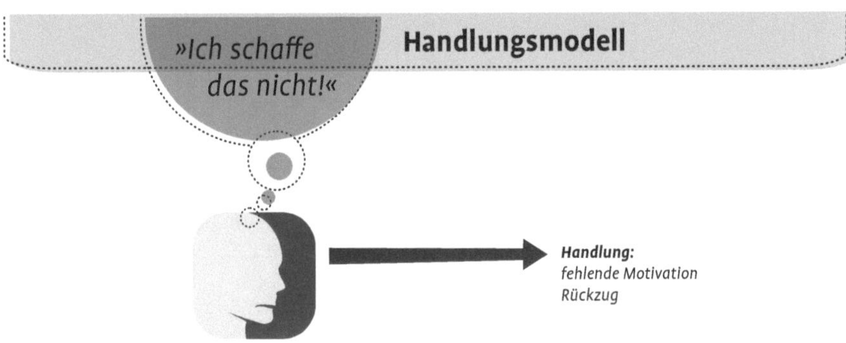

Allgemein formuliert ist das Handlungsmodell durch drei Thesen charakterisiert:

Menschen machen sich ein Bild von ihrer Wirklichkeit Das heißt, sie geben Gegenständen, die sie wahrnehmen, eine bestimmte Bedeutung, und sie machen sich Gedanken über sich und über andere Personen.

Es gibt aus der Tradition der Gestaltpsychologie ein bekanntes Bild, das diesen Sachverhalt gut verdeutlicht (Boring 1930; Antons 2000, S. 50):

Dieses Bild kann vom Betrachter als alte oder junge Frau gedeutet werden. Dabei ist dieser Prozess kein bloßes Reagieren auf von außen vorgegebene Reize. Das Bild bleibt dasselbe, aber unterschiedliche Personen sehen etwas anderes: Jemand »erkennt« die alte Frau (wobei bestimmte Linien des Bildes Bedeutung erhalten, andere in den Hintergrund treten), oder jemand sieht das Bild einer jungen Frau.

Ein anderes Beispiel dafür, dass die Bilder, die wir uns von unserer Welt machen, unterschiedlich sein können, gibt der Existenzphilosoph Martin Heidegger in seinem Hauptwerk »Sein und Zeit« aus dem Jahr 1927: Die Pflanze des Botanikers ist etwas anderes als die Blume, die der Spaziergänger am Feldrain sieht (Heidegger 1976, S. 70): Jeder nimmt sie anders wahr, gibt demselben Gegenstand eine andere Bedeutung. Derselbe Wald kann für unterschiedliche Personen unterschiedliche Bedeutung besitzen: für einen Spaziergänger eine andere als für einen Autofahrer, einen Straßenplaner, einen Förster oder ein Liebespaar.

Menschen handeln aufgrund der Bedeutung, die sie dieser Situation geben In der Tradition der Sozialwissenschaft gibt es eine Reihe von Belegen, die den Zusammenhang zwischen dem Bild, das wir uns von der Welt machen, und unserem praktischen Handeln verdeutlichen. Einer der bekanntesten ist das Thomas-Theorem: »Wenn die Menschen Situationen als real definieren, sind sie in ihren Konsequenzen real« (Merton 1965, S. 144), das der amerikanische Soziologe Robert K. Merton 1948 an dem Beispiel der Last National Bank verdeutlicht, die lediglich aufgrund von Gerüchten insolvent wird:

> *»Es ist 1932. Die Last National Bank ist ein blühendes Unternehmen Cartwright Millingville hat guten Grund, stolz auf die Bank zu sein, welcher er präsidiert. Bis zum Schwarzen Mittwoch. Als er seine Bank betritt, bemerkt er, dass das Geschäft ungewöhnlich lebhaft ist … Noch keine zwanzig Schriftstücke sind mit seiner markanten Unterschrift versehen, als ihn die Abwesenheit von etwas Vertrautem und das Auftauchen von Fremdartigem beunruhigten. Das leise, diskrete Summen des Geschäftsbetriebs einer Bank hat sich in ein seltsames und störendes Schrillen vieler Stimmen verwandelt. Eine Situation ist als real definiert worden. Und das ist der Anfang dessen, was als Schwarzer Mittwoch endet – übrigens der letzte Mittwoch der Last National Bank. Cartwright Millingville hatte noch nie etwas vom thomasschen Theorem gehört. Aber es fiel ihm nicht schwer, zu erkennen, wie es arbeitet. Er wusste, dass trotz der verhältnismäßig großen Liquidität der Aktiva der Bank das bloße Gerücht der Insolvenz tatsächlich zur Insolvenz der Bank führen würde, wenn es erst einmal von genügend Kunden geglaubt wurde«* (Merton 1965, S. 145).

Probleme lassen sich lösen, wenn sich die Bedeutung der Situation ändert Während man auf der Basis des Verhaltensmodells versucht, die Umwelt zu ändern, versucht das Handlungsmodell, die jeweilige Bedeutung der Situation zu verändern. Auf das eingangs erwähnte Beispiel des Mitarbeiters bezogen: Möglicherweise kann er die Umwelt überhaupt nicht ändern. Er kann aber sehr wohl seine Deutung der Situation ändern: Er kann Kosten und Nutzen der gegenwärtigen Situation für sich abwägen und sich für eine neue Stelle entscheiden, sich möglicherweise mit der Situation arrangieren, mehr Selbstvertrauen gewinnen.

Auch das Handlungsmodell hat eine lange Tradition, wobei sich unterschiedliche Richtungen herausgebildet haben (Übersichten bei Etzrodt 2003; Miebach 2013). Vier für die Organisationsberatung insbesondere relevante Ansätze werden im Folgenden dargestellt.

Das rationalistische Handlungsmodell Das klassische handlungstheoretische Konzept ist das des »Homo oeconomicus«, wie es seit dem 18. Jahrhundert in den Wirtschaftswissenschaften geläufig ist: Menschen handeln auf der Basis rationaler Entscheidungen, indem sie versuchen, in gegebenen Situationen auf der Basis ihrer Einschätzung Nutzen zu maximieren oder Kosten zu minimieren. So formulierte Adam Smith bereits 1776:

> »*It is not from the benevolence of the butcher, the brewer, or the baker that we expect our dinner, but from their regard of their own self-interest. We address ourselves not to their humanity, but to their self-love, and never talk to them of our necessities, but of their advantage*« (Smith 1776, S. 17).

Weiterentwickelt wurde dieses Modell dann in unterschiedliche Richtungen:

- Rationale Entscheidungstheorien versuchen, den Prozess der Entscheidung in Schritte zu zerlegen: Es sind Kriterien festzulegen, mögliche Alternativen und die Wahrscheinlichkeit, mit der diese Alternativen eintreten, zu bestimmen und auf dieser Basis die Alternativen zu bewerten.
- Spieltheoretische Ansätze legen das Schwergewicht auf Entscheidungen unter Unsicherheit.
- Tauschtheoretische Ansätze stellen die Frage nach dem wechselseitigen Nutzen für die Individuen in den Mittelpunkt: »Interaktionen werden von den Akteuren freiwillig eingegangen, weil sich die Individuen einen Nutzengewinn von ihnen versprechen, und die Interaktionen werden abgebrochen, wenn die Akteure keinen Nutzen mehr aus ihnen ziehen können« (Blau 1964, S. 91).

Exemplarisch sei das PrOACT-Modell von John S. Hammond u. a. (2001) aufgeführt, das folgende Schritte für Entscheidungen vorschlägt:

- **Pr**oblems (Probleme): Klären Sie das eigentliche Entscheidungsproblem!
- **O**bjectives (Ziele): Definieren Sie Ihre Ziele!
- **A**lternatives (Alternativen): Stellen Sie sich Alternativen vor!
- **C**onsequences (Konsequenzen): Werden Sie sich über die Konsequenzen klar!
- **T**rade-offs (Abwägung von Kompromissen):
  - Kosten-Nutzen-Analyse
  - sich klar werden über Ungewissheiten: Mit welcher Wahrscheinlichkeit tritt die jeweilige Konsequenz ein?
  - überlegen: Wie risikobereit bin ich?
  - verknüpfte Entscheidungen bedenken: Welchen Einfluss hat diese Entscheidung auf zukünftige Entscheidungen?

Das Handlungsmodell in der Tradition der Humanistischen Psychologie Ein ganz anderer Ansatz im Rahmen des Handlungsmodells ist die Humanistische Psychologie in der Tradition von Carl Rogers und Abraham Maslow (Galliker u. a. 2007,

S. 356 ff.). Die Humanistische Psychologie versteht sich als Alternative zu Modellen, die den Menschen eher passiv und von außen bestimmt sehen. Demgegenüber stellt Rogers die These auf, »dass ein Individuum die Fähigkeit besitzt, sich zu leiten, zu regulieren und zu kontrollieren« (Rogers 1991, S. 47), das heißt, sich selbst weiterzuentwickeln. Diese Weiterentwicklung verläuft jedoch nicht bruchlos, sondern resultiert aus Widersprüchen zwischen Selbstkonzept (dem »Selbst« als dem Bild, das ich mir von mir mache) und Erfahrung: Jemand ist überzeugt, dass er alles kann, macht aber die Erfahrung, dass die eigenen Vorschläge immer wieder abgelehnt werden. Oder jemand hat ein sehr negatives Selbstkonzept und nimmt eigene Erfolge nicht wahr. Was hier zur Lösung des Problems erforderlich ist, ist nun keine Konditionierung von außen, sondern Unterstützung, Erfahrungen zu verarbeiten und das Selbstkonzept weiterzuentwickeln.

Das Handlungsmodell in der Tradition der kognitiven Verhaltenstheorie Mitte der 1950er-Jahre wird in der Diskussion um das Verhaltensmodell zunehmend deutlich, dass menschliches Tun mehr ist als bloßes Reagieren auf äußere Reize. Der kanadische Psychologe Albert Bandura ist einer der Ersten, der in den 1950er-Jahren nachwies, dass das »Modelllernen« (jemand übernimmt Verhaltensweisen von anderen Personen aufgrund von Beobachtung) kein automatisches Reagieren ist, sondern dass es von eigenen Kognitionen, das heißt von der Deutung der Situation beeinflusst ist: Ich »lerne« das Verhalten das ich selbst als positiv bewerte (Bandura 1976). Im Anschluss an diese »kognitive Wende der Verhaltenstheorie« wurden seit Mitte des letzten Jahrhunderts zum Beispiel von Albert Ellis, Arnold A. Lazarus, Michael Mahoney, Judith Beck oder Donald W. Meichenbaum unterschiedliche Konzepte entwickelt, die die Bedeutung der Kognitionen (das heißt der jeweiligen Deutung der Situation) für praktisches Handeln hervorheben (Übersichten z. B. bei Kriz 2007, S. 130 ff.; Rammsayer/Weber 2016, S. 87 ff.).

Albert Ellis formuliert 1962 als Hauptthese der, wie er sie später nannte, Rational-Emotiven Verhaltenstherapie,

> *»dass der Mensch sowohl ein immens rationales als auch ein unerhört irrationales Wesen ist; dass seine emotionalen oder psychologischen Störungen weitgehend eine Folge seines unlogischen oder irrationalen Denkens sind; und dass er sich weitgehend von seinem emotionalen beziehungsweise psychischen Leidensdruck, seiner Ineffektivität und seinen Schwierigkeiten befreien kann, wenn er lernt, sein rationales Denken zu maximieren und sein irrationales Denken zu minimieren«* (Ellis 1977, S. 40).

Ausgangspunkt für Probleme sind für Ellis somit »unlogische oder irrationale« Denkmuster. Konsequenz davon ist, dass sich Probleme lösen lassen, wenn es gelingt, diese unlogischen und irrationalen Denkmuster infrage zu stellen und durch rationale oder angemessene Denkmuster zu ersetzen: Aufgabe ist es, den Menschen »den Glauben an ihre unvernünftigen Ideen zu nehmen und ihre selbstsabotierenden Einstellungen zu verändern« (Ellis 1977, S. 96).

Das konstruktivistische Handlungsmodell Der Konstruktivismus, der seit den 1980er-Jahren an Bedeutung gewann, sieht zum einen menschliches Handeln als Ergebnis unserer Deutungen der Wirklichkeit, betont aber insbesondere, dass diese Deutungen Ergebnis einer »Konstruktion« sind: Wir »konstruieren« uns ein Bild der Wirklichkeit, das dann unser Handeln beeinflusst. Dabei lassen sich im Wesentlichen drei Hauptrichtungen unterscheiden (Ameln 2004; Pörksen 2015):

- **George A. Kelly** (1986) hatte in den 1950er-Jahren mit seiner »Psychologie der persönlichen Konstrukte« eine frühe Form des Konstruktivismus entwickelt. Konstrukte sind für Kelly grundlegende (begriffliche) Unterscheidungen. So kann zum Beispiel ein Vorgesetzter in unserem Eingangsbeispiel Mitarbeiter nach ihrem »Engagement« unterscheiden, ein anderer eher nach ihren »Fähigkeiten« oder ihrer »Zuverlässigkeit«, und sie werden jeweils zu einer anderen Bewertung des gleichen Mitarbeiters gelangen. Dabei sind diese Konstrukte für Kelly zunächst einmal »persönliche Konstrukte«:

  »Jeder von uns sieht seine Situation mit den ›Augen‹ seines Systems persönlicher Konstrukte. Wir unterscheiden uns von anderen darin, wie wir eine Situation wahrnehmen und interpretieren, was wir für wichtig an ihr halten, welche Implikationen wir in ihr vermuten« (Bannister/Fransella 1981, S. 12).

  Auf der Basis seiner persönlichen Konstrukte stellt der Mensch Vorhersagen über die Zukunft auf und entwickelt Strategien. Das Konstruktsystem ist damit für den Menschen zugleich Beschränkung und Freiheit:

  »Freiheit, weil es ihm erlaubt, sich mit der Bedeutung von Ereignissen auseinanderzusetzen, statt ihn zu zwingen, ihnen hilflos ausgeliefert zu sein und sich von ihnen an die Wand drücken zu lassen, und Beschränkung, weil er keine Wahlen außerhalb der Welt der Alternativen treffen kann, die er für sich errichtet hat« (Kelly 1986, S. 86).

- Der **Radikale Konstruktivismus** von Humberto R. Maturana (1985; Maturana/Varela 2015; ursprünglich 1984) und Ernst von Glasersfeld (1987; 2015) wendet sich gegen die »Korrespondenztheorie der Wahrheit«, der zufolge Wahrheit als Übereinstimmung »mit einer als absolut unabhängig konzipierten objektiven Wirklichkeit« (Glasersfeld 1987, S. 199) beschrieben wird. Demgegenüber wird die These vertreten, dass jede Beschreibung und Erkenntnis abhängig von dem jeweiligen Beobachter ist: »Alles, was gesagt wird, wird von einem Beobachter gesagt« (Maturana 1985, S. 34). Jede Beobachtung beziehungsweise jede Beschreibung und damit auch jedes Handeln setzt begriffliche Unterscheidungen voraus, Begriffe (»Konstrukte«) ergeben sich jedoch nicht aus der Wirklichkeit, sondern sind Konstruktionen des jeweiligen Beobachters. Glasersfeld verdeutlicht dies an den Begriffen »gleich« und »verschieden«:

»Zwei Eier sind etwa gleich in Form und Farbe und weil sie von derselben Henne stammen, sind aber nur zu deutlich verschieden, wenn das eine gestern gelegt wurde, das andere vor sechs Wochen. Eine Feldmaus und ein Elefant sind in vielen Beziehungen verschieden, sind aber gleich als Lebewesen und wenn wir die Säugetiere von anderen Tieren unterscheiden wollen [...] In diesen Fällen, wie in allen erdenklichen, ist es wohl klar, dass die Kriterien, anhand deren Gleichheit oder Verschiedenheit festgestellt werden, von dem erlebenden, urteilenden Subjekt geschaffen und gewählt werden und nicht einer unabhängigen Welt zugeschrieben werden können« (Glasersfeld 1987, S. 210).

- Während der Radikale Konstruktivismus stärker die Position eines individuellen Beobachters in den Mittelpunkt stellt, betont der **»soziale Konstruktionismus«** von Kenneth J. Gergen (2002) die Bedeutung gemeinsamen sozialen Handelns bei der Konstruktion der Wirklichkeit. Entscheidend ist für Gergen die These, »dass Denken kein privates Ereignis« ist, sondern dass begriffliche Unterscheidungen im sozialen Handeln gemeinsam entwickelt werden.

Auch das Handlungsmodell ist uns (in seinen verschiedenen Ausprägungen) aus dem Alltag vertraut. Angewandt auf das Beispiel des unmotivierten Mitarbeiters:

- Berechnet er Kosten und Nutzen verschiedener Verhaltensweisen falsch? Übersieht er möglicherweise, dass er mehr Nutzen davon hat, wenn er sich mehr engagiert?
- Hat er ein zu geringes Selbstkonzept? Traut er sich nichts zu?
- Ist er in einem Katastrophendenken dergestalt verfangen, dass er für seine berufliche Zukunft überhaupt keine Chancen mehr sieht?
- Welches Bild der Wirklichkeit konstruiert er sich?

Entsprechend leiten sich daraus unterschiedliche Interventionen ab:

- ihm deutlich machen, was sein Nutzen davon ist, wenn er sich mehr engagiert
- ihn dabei unterstützen, sein Selbstkonzept zu klären und zu verändern
- ihn rational davon überzeugen, dass sein Muss-Denken überzogen ist
- allgemein: ihn dabei unterstützen, sein Bild der Wirklichkeit zu überprüfen

Das Handlungsmodell ist in vielen Situationen plausibel. Aber es gibt auch Situationen, die sich damit nicht erklären lassen. Typische Beispiele sind Konfliktsituationen: Personen verfangen sich in Konflikten, der Konflikt entwickelt eine »Eigendynamik« unabhängig von den subjektiven Deutungen einzelner Personen.

Hier wird eine Schwäche des Handlungsmodells deutlich: Es ist ein individuelles Modell, das die Aufmerksamkeit auf die einzelne Person richtet. Dabei bleibt unberücksichtigt, dass das Handeln auch von anderen Personen, von Organisationsstrukturen und so weiter beeinflusst ist. Diese Überlegungen haben zur Entwicklung eines weiteren Erklärungsmodells geführt: des Systemmodells.

Literaturtipps

Wenn Sie sich weiter mit der Thematik befassen möchten, hier einige Anregungen:

- Thomas Rammsayer/Hannelore Weber: *Differentielle Psychologie – Persönlichkeitstheorien.* Hogrefe, Göttingen, 2. Auflage 2016
- Bernhard Miebach: *Soziologische Handlungstheorie.* Eine Einführung. Springer VS, Wiesbaden, 4. Auflage 2013
- Bernhard Pörksen (Hrsg.): *Schlüsselwerke des Konstruktivismus.* VS Verlag für Sozialwissenschaften, Wiesbaden, 2. Auflage 2015

Das Systemmodell

In einer Familie ist ein Kind auffällig. Es schwänzt die Schule, ist aggressiv, die Eltern kommen mit ihm nicht mehr zurecht. Auf der Basis des Eigenschaftsmodells würde man die Ursache für dieses Verhalten in dem betreffenden Kind suchen, auf der Basis des Verhaltensmodells das Verhalten als Reaktion auf die Erziehung der Eltern deuten. Und auf der Basis des Handlungsmodells würde man mit dem Kind reden, um zum Beispiel sein Selbstwertgefühl zu steigern.

Doch diese linearen Erklärungsansätze sind nicht ausreichend. Häufig verlagert sich das Problem nur, wenn man einen Faktor verändert. Wenn das Kind aus der Familie genommen wird, treten an anderer Stelle in der Familie (zum Beispiel bei einem Geschwisterkind, das bislang nicht auffällig war) dieselben Verhaltensweisen auf. Wenn die Mutter versucht, ihr Verhalten zu ändern, führt dies möglicherweise zu Problemen zwischen den Ehepartnern. Wenn das Kind beginnt, sein Selbstwertgefühl zu stärken, führt das nicht selten zu Widerstand in der Familie.

Dieses »Sündenbock-Phänomen« (z. B. Minuchin u. a. 1995, S. 125 ff.; Watzlawick/Baevin/Jackson 1969, S. 81) ist eines der klassischen Beispiele für systemisches Denken: Probleme nicht nur aus einer Ursache (Eigenschaften, Umweltreize oder Gedanken und Empfindungen der handelnden Person) zu erklären, sondern aus dem Zusammenwirken verschiedener Faktoren eines komplexen Systems.

Allerdings leidet der Systembegriff daran, dass er häufig unscharf verwendet wird und damit eine »mehr vernebelnde als erklärende Begrifflichkeit« darstellt (Wimmer 1992, S. 62) oder zu einer »Systemsprache [...] wie früher das Latein in der katholischen Kirche« wird, »mit der auch Gewöhnliches zum Besonderen und Feierlich-Außeralltäglichen verklärt wurde« (Neuberger 2007, S. 27 f.).

Die Unschärfe des Begriffs »systemisch« ist darauf zurückzuführen, dass es nicht eine einheitliche Systemtheorie gibt, sondern verschiedene Konzepte, die sich an unterschiedlichen Systemen (technischen, biologischen, sozialen oder Personensystemen) orientieren. Diese Richtungen sollen im Folgenden dargestellt werden (König/Zedler 2007, S. 171 ff.; Lehner/Wilms 2002, S. 91 ff.).

Allgemeine Systemtheorie: das Modell technischer Systeme

Seit den 40er-Jahren des 20. Jahrhunderts mehren sich in unterschiedlichen Bereichen die Zweifel an der Leistungsfähigkeit linearer Erklärungsmodelle. Das führt zur Entwicklung des Systemmodells:

»Immer mehr aber tritt uns auf allen Gebieten, von subatomaren zu organischen und soziologischen, das Problem der organisierten Kompliziertheit gegenüber, das anscheinend neue Denkmittel erfordert – anders ausgedrückt – verglichen mit linearen Kausalketten von Ursache und Wirkung, das Problem von Wechselwirkungen in Systemen. Damit gelangen wir aber zur Systemtheorie« (Bertalanffy 1972a, S. 20).

Die Entstehung der Systemtheorie ist mit der Erwartung verknüpft, damit ein allgemeines Modell für unterschiedliche Systeme (von der Physik über die Medizin bis zur Gesellschaftstheorie) zu gewinnen: »Allgemeine Systemmerkmale«, so formuliert der Biologe Ludwig von Bertalanffy, einer der Begründer, finden wir »auf den verschiedensten Gebieten: im lebenden Organismus, im Verhalten und in soziokulturellen Phänomenen« (Bertalanffy 1970, S. 126).

Eingeführt wird dieses Systemmodell am Beispiel technischer Systeme. Das Standardbeispiel ist das System Thermostat – Heizung:

Anhand dieses Beispiels ergeben sich folgende Merkmale technischer Systeme:

- Elemente dieses Systems sind Heizung und Thermostat.
- Zwischen den Elementen bestehen Relationen in Form von Regelkreisen oder Rückkopplungsprozessen: Das Element A (der Thermostat) wirkt auf B (schaltet die Heizung ein und aus), und umgekehrt wirkt B wiederum auf A, indem die Heizung Wärme erzeugt, die dann wiederum der Thermostat registriert.
- Schließlich ist das System Thermostat – Heizung von einer Systemumwelt (außerhalb dieses Raumes) abgegrenzt. Dabei kann die Grenze zur Umwelt mehr oder weniger durchlässig sein. Das System Heizung – Thermostat ist ein relativ geschlossenes, wenn der Raum gut von der Umwelt isoliert ist. Es ist ein offenes System, wenn zum Beispiel Fenster oder Türen offen sind.

Daraus ergibt sich die klassische Definition des Systembegriffs: »A system is a set of objects together with relationships between the objects and between their attributes« (Hall/Fagen 1974, S. 127; ursprünglich 1956) beziehungsweise »wir definieren ein System als eine Anzahl von in Wechselwirkung stehenden Elementen« (Bertalanffy 1972b, S. 32).

In den 1950er- und 1960er-Jahren wird versucht, diesen allgemeinen Systembegriff auf unterschiedliche Gebiete anzuwenden. Hier sind zu nennen:

- Die 1955 gegründete Zeitschrift »General Systems«, in der Autoren aus verschiedenen Disziplinen das theoretische Verständnis der Systemtheorie zu explizieren suchen.
- Das Kommunikationsmodell von Shannon/Weaver (1963) mit dem Regelkreis zwischen Sender und Empfänger: Der Sender wirkt auf den Empfänger, während zugleich der Empfänger durch Rückmeldung den Sender beeinflusst.
- 1956 gründet Jay Forrester die »System Dynamics Group« an der Sloan School of Management am MIT und begründete damit die Systemdynamik. Dabei wird die Aufmerksamkeit insbesondere auf komplexe Regelkreise in Organisationen gerichtet (z. B. Bossel 2004).
- Anatol Rapoport sieht in der »Allgemeinen Systemtheorie« eine »Gegenströmung gegen die zunehmende Aufspaltung der Wissenschaft [...] Befürworter der allgemeinen Systemtheorie haben es sich zur Aufgabe gemacht, hinreichend allgemeine Prinzipien zu suchen, die sich auf viele verschiedene Zusammenhänge anwenden lassen: physikalische, biologische, psychologische und soziale« (Rapoport 1988, Vorwort).
- Auf der Basis der allgemeinen Systemtheorie versucht Günter Schiepek ein Konzept der Systemischen Psychologie zu entwickeln. Analog zur allgemeinen Systemtheorie versteht Schiepek unter einem System »eine von der Umwelt abgegrenzte funktional geschlossene Entität [...], die aus Elementen besteht, die miteinander in Wechselwirkungen stehen« (Strunk/Schiepek 2013, S. 8). Kennzeichen dieser Definition ist die »Offenheit für jeglichen Phänomenbereich« (ebd., S. 5).
- Hans Ulrich, in den 1960er-Jahren Begründer des »St. Gallener Management-Modells«, versteht die Unternehmung als »produktives soziales System« (Ulrich 1970) und Management als »Gestaltung und Führung von Systemen«:

  »Der Systemansatz ist auf das Erkennen von Zusammenhängen und von vielgliedrigen Ursache-Wirkungsbeziehungen ausgerichtet und deshalb für das Erfassen der komplexen Vorgänge in Unternehmungen besonders geeignet. Er wirkt unzweckmäßigen isolierenden Betrachtungsweisen entgegen und führt zur Aufdeckung bisher unbekannter Zusammenhänge« (Ulrich 1970, S. 135 f.).

Als Verfahren zur Analyse von Organisationen wird in der Tradition der System Dynamics, aber auch in der Tradition von Ulrich (z. B. Ulrich/Probst 1995, S. 44 ff.) die Analyse komplexer Regelkreise genutzt, um »die Komplexität der komplexesten Systeme beherrschbar zu machen« (Sherwood 2011, S. 22). Dabei wird zwischen gleichgerichteten Wirkungen (Steigerung des Faktors A führt zur Steigerung von B, beziehungsweise Reduzierung von A führt zur Reduzierung von B) und entgegengerichteten Wirkungen (Steigerung von A führt zur Reduzierung von B und umgekehrt) unterschieden. Für ein komplexes System (in diesem Fall: ein Unternehmen) ergibt sich dann folgendes Bild, wobei gleichgerichtete Wirkungen mit »+« entgegen gerichtete Wirkungen mit »–« gekennzeichnet sind (Sherwood 2011, S. 58).

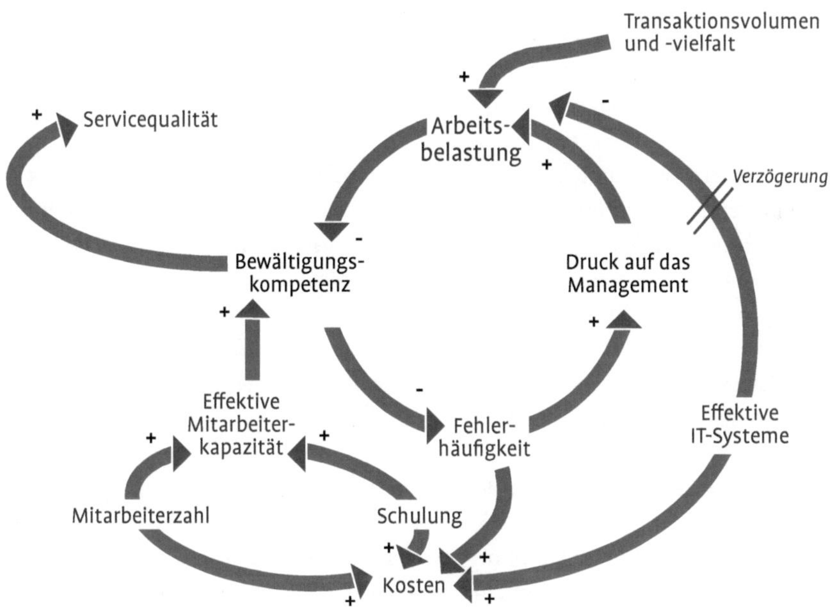

Höhere Arbeitsbelastung führt zu höherer Fehlerhäufigkeit und verstärktem Druck auf das Management, wodurch letztlich die Fehlerhäufigkeit weiter steigt.

Die allgemeine Systemtheorie war ein neues Modell, das ungeahnte Möglichkeiten zur Erklärung der Wirklichkeit bot. Zugleich aber wurden mit dem Programm einer Universaldisziplin, die alle möglichen Disziplinen umfasst, die Möglichkeiten überschätzt. Sicher haben Maschinen als technische Systeme, Pflanzen als biologische Systeme oder Arbeitsteams als soziale Systeme Gemeinsamkeiten. Aber damit werden zentrale Unterschiede zwischen verschiedenen Arten von Systemen verwischt. Sind nicht bei der Bearbeitung von Konflikten in einem sozialen System andere Faktoren zu berücksichtigen als bei technischen Systemen? Reagiert das soziale System Team nicht anders als zum Beispiel ein Laser?

Eben diese Überlegungen führen seit den 1960er- und 1970er-Jahren zur Entwicklung spezieller Systemtheorien, die auf einzelne Gegenstandsbereiche, nämlich biologische Systeme, soziale Systeme und schließlich Systeme handelnder Personen ausgerichtet sind.

Evolutionistische Systemtheorie: das Modell lebender Systeme

Die erste Weiterentwicklung der allgemeinen Systemtheorie erfolgt in Biologie und Ökologie. Fritjof Capra, ursprünglich Physiker, ist einer der ersten, der nachdrücklich auf die Unterschiede biologischer, ökologischer und gesellschaftlicher Systeme gegenüber technischen Systemen hinweist und das »Systembild des Lebens« (Capra 1988, S. 293 ff.) als eigene Modellvorstellung entwickelt:

> *»Das Entstehen organischer Strukturen ist grundlegend verschieden vom zeitlich aufeinander folgenden Aufeinanderstapeln von Bauelementen oder der Herstellung eines Maschinenprodukts in genau programmierten Phasen [...] Der zuerst ins Auge fallende Unterschied ist der, dass Maschinen gebaut werden, während Organismen wachsen«* (Capra 1988, S. 296).

Biologische Systeme sind zunächst durch die bereits bei technischen Systemen geläufigen Merkmale gekennzeichnet:

- Elemente des Systems: zum Beispiel einzelne Organe als Elemente des Organismus
- Regelkreise: die Rückkopplung zwischen Bluttemperatur und bestimmten Hirnzentren, die für die Konstanthaltung der Körpertemperatur sorgen
- eine Systemumwelt, von der biologische Systeme mehr oder weniger stark abgegrenzt sind

Zusätzliches Merkmal biologischer Systeme ist aber Entwicklung beziehungsweise Evolution. Ein biologisches System

- entsteht aus biologischen Ursachen. Das heißt ein Organismus wird geboren, er entsteht aus vorausgegangenen Systemen.
- ist ein sich selbst organisierendes System: »Ein lebendes System ist ein sich selbst organisierendes System, was bedeutet, dass seine Ordnung in Bezug auf

Strukturen und Funktion nicht von der Umwelt aufgezwungen, sondern vom System selbst hergestellt wird« (Capra 1988, S. 298).
- besitzt die Fähigkeit, »sich einer veränderten Umwelt anzupassen« (Capra 1988, S. 302).
- zerfällt schließlich zu einem bestimmten Zeitpunkt: »Werden und Vergehen erscheinen daher als ein zentraler Aspekt der Selbstorganisation, als das eigentliche Wesen des Lebens« (Capra 1988, S. 313).

Damit wird das Begriffssystem der allgemeinen Systemtheorie um einen zusätzlichen Begriffe erweitert: den Begriff der »Entwicklung« oder »Evolution«.

Bekannt geworden ist dieses Systemmodell insbesondere durch Frederic Vester. Vester, ursprünglich Molekularbiologe, sieht in diesem, wie er formuliert, »biokybernetischen Denkansatz« (Vester 1999, S. 110 ff.) die Grundlage zur Erklärung ökologischer oder volkswirtschaftlicher Zusammenhänge:

> *»In der Tat finden sich bei dem, was sich zwischen verschiedenen Lebewesen in einem Biotop, einem Ökosystem oder einer Volkswirtschaft abspielt, ganz ähnliche Kommunikationsvorgänge, Steuerungsmechanismen, Austausch- und Regulationsprozesse wie schon zwischen den einzelnen Zellen oder den Organen eines Organismus«* (Vester 1999, S. 111).

Für Vester ist unsere Welt »ein vernetztes System« (so der Titel eines seiner bekanntesten Bücher, 1983):

- Ökologische Abläufe sind von Rückkopplungsprozessen bestimmt (wie etwa der Wasserkreislauf zwischen Verdunstung, Regen, Abfluss).
- Ökologische Prozesse sind aber zugleich Entwicklungsprozesse, bei denen die Veränderung einzelner Faktoren letztlich zum Zusammenbruch des gesamten Systems führen kann. Die Einführung von Monokulturen (wieder ein Beispiel für die Anwendung linear-kausalen Denkens) führt dazu, dass natürliche Regelkreise unterbrochen werden. Daraus folgen höhere Anfälligkeit von Pflanzen und Tieren, höherer Bedarf an künstlichen Mineraldüngern und Pflanzenschutzmitteln, Erosion, Gewässerverschmutzung und Schadstoffanstieg in den Nahrungsmitteln und so weiter (Vester 1983, S. 111 ff.).
- Ökologische Prozesse lassen sich nicht linear-kausal steuern, sondern erfordern eine »systemische Steuerung«, bei der »Eingriffe und Entscheidungen in einem Bereich immer auch in ihrer Wirkung auf andere Bereiche überdacht werden müssen« (Vester 1988, S. 63, 71).

Als anschauliches Beispiel für das Zusammenwirken verschiedener Elemente in einem ökologischen System führt Vester (Vester 1983, S. 97 ff.) das Ökosystem der

Negev-Wüste auf. Was auf den ersten Blick als eine tote Wüstenlandschaft erscheint, erweist sich bei genauerer Betrachtung als ein komplexes System:

- In dieser Wüstenlandschaft leben Wüstenschnecken, die sich von einer auf dem Sand wachsenden Algenschicht ernähren. Diese Wüstenschnecken »melken« sozusagen den Sand beim Durchgang durch den Körper, wodurch eine ständige Lockerung der Sandoberfläche zustande kommt.
- Die toten Wüstenschnecken werden durch Zersetzungsorganismen in Humus und Mineralien verwandelt, wovon sich Büsche ernähren.
- Die verholzten Büsche wiederum dienen kleinen Wüstenasseln als Nahrung, die ihrerseits tiefe Löcher in den Boden bohren, was zu einer guten Durchlüftung des Bodens und auch zu einer Struktur- und Nährstoffverbesserung führt.
- Dieser aufgelockerte Boden ist wiederum Nährstoffbasis für die Algen, von denen die Wüstenschnecken leben.

Der biologische Systembegriff wurde dann zur Grundlage von Konzepten »evolutionären Managements«:

- **Stafford Beer** (1967) entwickelt auf dem Hintergrund der allgemeinen Systemtheorie und Bionik ein »Viable System Model«. Oberstes Ziel einer Organisation ist für ihn das Überleben des Systems. Im Blick darauf werden verschiedene Subsysteme (Operation, Koordination, Optimierung) unterschieden, die für das Überleben des Systems durch Informationskreisläufe verbunden sein müssen.
- **Werner Kirsch** proklamiert eine »evolutionäre Organisationstheorie«:

  »Unternehmen bewegen sich in einer Welt, die der Evolution unterliegt. Die Unternehmen sind [...] mit einer gänzlich offenen Zukunft konfrontiert, mit der sie fertig werden müssen« (Kirsch 1997, S. 7).

  Konsequenz daraus ist für Kirsch die »Idee der ›geplanten Evolution‹«:

  Sie *»vollzieht sich [...] in einer Folge überschaubarer Schritte. Jeder einzelne Schritt knüpft am Status quo an und schafft ›Tatsachen‹, die den Status quo der nachfolgenden Schritte prägen [...] Die einzelnen Schritte entspringen jedoch nicht einer reinen Anpassung, sondern werden durch eine konzeptionelle Gesamtsicht der Entwicklung des Systems gesteuert. Mit jedem Schritt werden dabei Erfahrungen gewonnen, die zu einer Modifikation und Konkretisierung der konzeptionellen Gesamtsicht führen«* (Johnson/Scholes/Whittington 2011, S. 46).

- Während im **St. Gallener Management-Ansatz** Hans Ulrich ursprünglich auf die allgemeine Systemtheorie zurückgreift, wird im Anschluss daran bei Knut Bleicher (1972; 2017), Gilbert Probst (z. B. Ulrich/Probst 1995) und insbesondere Fredmund Malik (2000a; 2000b) der »Brückenschlag [...] zu allgemeinen [...] Vorstellungen [...] der Evolution biologischer Systeme« versucht (Bleicher 2017, S. 137). Für Malik ist Grundlage systemischen Managements,

  »dass Unternehmungen – wie auch andere Organisationen und Institutionen – weitgehend selbständernde, selbstevolvierende und selbstorganisierende Systeme sind, die in wesentlich geringerem Ausmaß, als gemeinhin angenommen, beherrschbar [...] sind« (Malik 2000b, S. 176).

Seit den 1990er-Jahren wird evolutionäre Führung als Paradigmenwechsel gegenüber herkömmlichen Führungsmodellen proklamiert (Servatius 1991; Alznauer 2013), es wird evolutionäres Projektmanagement (Bohinc 2007) oder evolutionäres Change-Management (Bronner/Appel 1999) gefordert, wobei man versucht, biologische Systeme zum Vorbild für Organisationen zu machen:

> *»Unter Evolutionsmanagement verstehen wir eine Herangehensweise an das Management von Organisationen, bei der die Vorgänge in und zwischen Organisationen als Lebensprozesse betrachtet werden, die nach den gleichen oder ähnlichen Prinzipien und Gesetzmäßigkeiten wie andere Prozesse in der Natur und im Evolutionsgeschehen ablaufen [...] [Organisationen] sind keine Maschinen, sondern lebende Organismen in einem ständigen Veränderungsprozess«* (Otto 2011, S. 19).

Soziologische Systemtheorie

Eine zweite Weiterentwicklung der allgemeinen Systemtheorie erfolgt im Kontext der Soziologie, zunächst durch Talcott Parsons, der in den 1960er-Jahren »System«, »Struktur«, »Prozess« und »Ordnung« als Grundbegriffe einer systemtheoretischen Gesellschaftstheorie ansetzt.

Geprägt wurde die soziologische Systemtheorie dann insbesondere durch die 1984 erschienene »Theorie sozialer Systeme« von Niklas Luhmann. Soziale Systeme sind nach Luhmann (1984, S. 30 ff.) durch folgende Merkmale definiert:

Differenz von System und Umwelt Im Unterschied zu anderen Ansätzen werden bei Luhmann Systeme nicht mithilfe der Begriffe »Element« und »Relation« definiert, sondern durch die »Differenz von System und Umwelt«: »Als Ausgangspunkt jeder systemtheoretischen Analyse hat [...] die Differenz von System und Umwelt zu dienen« (Luhmann 1984, S. 35). Systeme konstituieren und erhalten sich »durch Erzeugung und Erhaltung einer Differenz zur Umwelt« (ebd.). Die Definition des Systems »Familie« ergibt sich somit nicht aus der Zahl der Personen der Familie, sondern durch die Abgrenzung gegenüber der Umwelt: Was findet nur innerhalb der Familie statt, was außerhalb?

Differenzierung Systeme lassen sich durch die Unterscheidung zwischen System und Umwelt in Subsysteme differenzieren:

> »*Systemdifferenzierung ist nichts weiter als Wiederholung der Systembildung in Systemen. Innerhalb von Systemen kann es zur Ausdifferenzierung weiterer System/Umwelt-Differenzen kommen. Das Gesamtsystem gewinnt damit die Funktion einer ›internen Umwelt‹ für die Teilsysteme, und zwar für jedes Teilsystem in je spezifischer Weise*« (Luhmann 1984, S. 37 f.).

Damit lässt sich zum Beispiel innerhalb der Familie zwischen verschiedenen Subsystemen wie dem System der Eltern und dem der Kinder unterscheiden: Es gibt Themen, die Kinder nur untereinander, aber nicht mit Eltern besprechen. Dabei ist dann für das System der Kinder das Elternsystem Teil der Systemumwelt. Was als System definiert wird, ergibt sich somit daraus, wo ein Beobachter die Grenze zwischen System und Umwelt zieht (ebd.).

Element und System. In Abgrenzung von anderen Ansätzen, bei denen Personen Elemente des Systems sind, ist für Luhmann die kleinste Einheit in einem sozialen System ein Kommunikationsereignis:

> »*Ein zweites Problem ergibt sich daraus, dass es sich suggestiv anbietet, Familien als System zu sehen, die aus Personen bestehen. Aber was heißt das? Heißt das, dass die gesamten Lebensprozesse der Mitglieder bis hin zum Molekülaustausch in ihren Zellen Teilprozesse des Familiensystems sind? Oder dass doch wenigstens alles, was an aktuell bewusster Gedankenarbeit in den Köpfen der Mitglieder abläuft (auch wenn sie in der Straßenbahn sitzen?) ein Systemprozess der Familie ist? […] Von einem Familiensystem soll im Folgenden deshalb nur auf der Ebene kommunikativen Geschehens die Rede sein. Das Sozialsystem Familie besteht danach aus Kommunikationen und nur aus Kommunikationen, nicht aus Menschen und auch nicht aus ›Beziehungen‹ zwischen Menschen*« (Luhmann 1990, S. 196 f.)

Für Luhmann sind Personen als Subjekte nicht Elemente des sozialen Systems. Sie sind seiner Theorie zufolge Adressen von Kommunikationsereignissen (Luhmann 2008, S. 142 ff.; Fuchs 2012, S. 102) und also solche der Systemumwelt zuzuordnen.

Autopoiese Als autopoietisch werden Systeme bezeichnet, die ihre Elemente selbst erzeugen:

> »*Als autopoietisch wollen wir Systeme bezeichnen, die die Elemente, aus denen sie bestehen, durch die Elemente, aus denen sie bestehen, selbst produzieren und reproduzieren. Alles, was solche Systeme als Einheit verwenden, ihre Elemente, ihre Prozesse, ihre Strukturen und sich selbst, wird durch eben solche Einheiten im System erst bestimmt*« (Luhmann 1985, S. 403).

Man kann sich das gut am Kommunikationssystem der Familie verdeutlichen: Ein einzelnes Element, zum Beispiel eine Äußerung des Vaters, führt zu Antworten der Mutter und somit zu neuen Kommunikationsereignissen.

Operative Geschlossenheit Wenn komplexe Systeme sich mithilfe der Elemente reproduzieren, aus denen sie bestehen, führt das zu »operativer Geschlossenheit«. Wieder am Beispiel der Familie: Ein äußeres Ereignis – zum Beispiel die Kündigung des Vaters – erzeugt nicht »automatisch« genau festgelegte Kommunikationsereignisse, sondern die einzelnen Äußerungen (Kommunikationsereignisse) sind stets auch vom System bestimmt. Je nachdem wie die Familie die Kündigung bewertet, wird die Kommunikation über dieses Thema anders verlaufen. Zugleich zeigt das Beispiel, dass operative Geschlossenheit nicht bedeutet, dass die Umwelt keinerlei Einfluss auf das soziale System hat, aber Umwelteinwirkungen werden durch das System »gebrochen«.

Komplexität Als komplex bezeichnet Luhmann ein soziales System, »wenn aufgrund immanenter Beschränkungen der Verknüpfungskapazität der Elemente nicht mehr jedes Element mit jedem anderen verknüpft sein kann« (Luhmann 1984, S. 46): Mit Komplexität ist zunächst die Gesamtheit der möglichen Ereignisse und Zustände gemeint. Etwas ist komplex, so formulieren Georg Kneer und Armin Nassehi (2000, S. 40) in Anschluss an Luhmann, wenn es mindestens zwei Zustände annehmen könne. »Mit der Zahl der Zustände beziehungsweise mit der Zahl der Ereignisse steigt somit auch die Zahl der zwischen ihnen möglichen Relationen, und zugleich steigt die Komplexität« (ebd.). Soziale Systeme sind komplex. Das heißt: Es ist ab einem bestimmten Punkt nicht mehr möglich, jedes Element zu jedem anderen in Beziehung zu setzen: Ein einzelnes Kommunikationsereignis kann einerseits unzählige andere Kommunikationsereignisse nach sich ziehen. Andererseits sind soziale Systeme immer weniger komplex als die sie umgebende Umwelt. Sie bilden »Inseln geringerer Komplexität« (Luhmann 1991, S. 116), sind also gewissermaßen Orientierungshilfen für das Individuum und Gruppen in einer hochkomplexen Welt. Dabei entsteht für Luhmann die Komplexität stets aus der *Beobachtung* sozialer Systeme von sich selbst beziehungsweise der eines außenstehenden Beobachters, sie sind also systemrelativ. Komplexität ist nicht einfach per se existent, sondern entsteht als Eindruck in den beobachtenden Systemen (also soziales System und Beobachter) selbst: »Ohne Beobachter gibt es keine Komplexität« (Luhmann 2015, S. 144; vgl. auch Mainzer 2012, S. 94).

Sinn Die Erhaltung des sozialen Systems erfordert Reduzierung von Komplexität (Luhmann 1984, S. 45 ff.). Das heißt, es sind nur bestimmte Verbindungen von Kommunikationsereignissen in einem sozialen System zugelassen: Es ist zum Beispiel in einem Familiensystem unwahrscheinlich, dass auf die Äußerung »Das Essen ist fertig« der Gesprächspartner einen Stuhl aus dem Fenster wirft. Es ist wahrscheinlicher, dass er diese Äußerung als Aufforderung versteht, der er nachkommt oder die er ablehnt. In diesem Zusammenhang wird der Begriff »Sinn« eingeführt. »Sinn« ist hier nicht wie im Alltagsverständnis in der Bedeutung von »sinnvoll« oder »wertvoll« gebraucht, sondern »Sinn« wird »auf das Problem der Komplexität« bezogen (Luhmann 1984, S. 94):

> *»Mit jedem Sinn […] wird die unfassbar hohe Komplexität […] verfügbar gehalten. […] jeder bestimmte Sinn qualifiziert sich dadurch, dass er bestimmte Anschlussmöglichkeiten nahe legt und andere unwahrscheinlich oder schwierig oder weitläufig macht oder (vorläufig) ausschließt« (ebd.).*

Durch den Sinn erfolgt der Anschluss der nachfolgenden Gedanken an die vorhergehenden, also die Verknüpfung dieser Gedanken, die sich uns dann als sinnhaftes Handeln präsentieren (Kneer/Nassehi 2000, S. 79). Am Beispiel einer Seminarveranstaltung verdeutlicht:

> *»Wenn ich in einer Seminarveranstaltung plötzlich ein Skatblatt auf den Tisch knalle und ein Bier bestelle, weil ich mich in Gedanken schon bei der abendlichen Skatrunde wähne, dann wird dies ein gewisses Erstaunen hervorrufen: was im Systemzusammenhang Skatrunde durchaus sinnvoll ist, gilt im Systemkontext Seminarveranstaltung als sinnlos«* (Willke 2006, S. 41).

Auf der Basis der soziologischen Systemtheorie lassen sich Organisationen wie ein Unternehmen, eine Schule, aber auch die Finanzabteilung eines Konzerns als Kommunikationssysteme verstehen: Die Finanzabteilung des Konzerns ist durch ihre Abgrenzung gegenüber anderen Abteilungen definiert, eine Schule durch ihre Abgrenzung vom Arbeitsplatz.

Allerdings treten bei der Nutzung der soziologischen Systemtheorie für praktisches Handeln zwei Probleme auf: Zum einen ist die soziologische Systemtheorie stärker ein Erklärungsmodell als ein Interventionsmodell. Sie liefert ein Instrumentarium zur Analyse von sozialen Systemen, weniger ein Instrumentarium für das praktische Handeln:

> »*Ich habe nicht die Vorstellung, dass es wissenschaftliche Erkenntnisse gibt, die auf die Praxis angewendet werden könnten. Die Praxis, zum Beispiel ein Ministerium, ist für mich ein nach eigener Logik funktionierendes System*« (Luhmann/Baecker 1987, S. 135; zur Kritik u. a. Haller 2003, S. 422 ff.).

Ein weiteres Problem ergibt sich aus der Zuordnung von Personen zur Systemumwelt. Zweifelsohne ist es sinnvoll, das Kommunikationssystem in einem Unternehmen zu analysieren und es gegebenenfalls zu verändern. Doch ein solcher Ansatz wird im Blick auf Organisationsberatung problematisch, wenn damit die einzelnen Personen, ihre Gedanken und Ziele aus dem Blick geraten:

> »*Der Begriff des Systems wird […] zu einem Quasi-Akteur hochstilisiert, die wirklichen Akteure – seien es individuelle Akteure (Menschen) oder kollektive Akteure (Korporationen, politische Einheiten) – verschwinden völlig*« (Haller 2003, S. 437 f.).

Um die Kommunikation in einem Unternehmen zu verändern, muss Beratung die dahinterstehenden Personen und ihre Einschätzungen und Ziele mit berücksichtigen. Sie muss sich an Personen wenden, wenn sie nicht eine unpersönliche Veränderung der Organisation aus einer Beobachterperspektive sein will. Sie kann den Menschen dann nicht als »Spielmaterial« eines sozialen Systems betrachten, sondern als »Spielgestalter« (Konopka 1999, S. 281 ff.).

Die Verknüpfung von System- und Handlungstheorie

Wenn es darum geht, praktisches Handeln zu leiten, ist eine starre Entgegensetzung von System- und Handlungstheorie, wie sie Luhmann vornimmt, letztlich nicht durchzuhalten. Das hat dazu geführt, dass man versucht, Luhmanns Konzept durch konstruktivistische Überlegungen zu ergänzen oder Handlungs- und Systemtheorie zu verknüpfen, indem Personen als Elemente des sozialen Systems betrachtet werden.

Als Beispiel für die Erweiterung des Ansatzes von Luhmann durch konstruktivistische Überlegungen sei das Konzept von Fritz B. Simon, aufgeführt. Simon sieht in seiner »Einführung in Systemtheorie und Konstruktivismus« (2017) in »Systemtheorie und Konstruktivismus […] gemeinsam die Grundlage für das […], was als ›systemisches Denken‹ bezeichnet wird« (Simon 2017, S. 12). Im Anschluss an Luhmann versteht er jedoch soziale Systeme nicht als Systeme handelnder Personen, sondern als Kommunikationssysteme: »Im Blick auf soziale Systeme gilt daher: Was nicht in die Kommunikation kommt, existiert sozial nicht« (Simon 2017, S. 91). Das führt Simon dann letztlich zur Konstruktion von

> *»drei Typen autopoietischer Systeme [...], die als gegeneinander abgegrenzt und jeweils operational geschlossen zu betrachten sind: der Organismus, die Psyche und das soziale System [...] Und alle drei Systeme sind füreinander direkt nicht zugänglich«* (Simon 2017, S. 90).

Handlungen können soziale Systeme nicht direkt beeinflussen, wohl aber können psychische und soziale Systeme »strukturell gekoppelt« sein:

> *»Als Erstes muss die Vorstellung, Individuen würden entscheiden, modifiziert werden. Sie impliziert die Idee, Entscheidungen würden in der Psyche eines Menschen vollzogen. Doch die Psyche einer Führungskraft (eines jeden Mitglieds) ist eine Umwelt der Organisation. Was immer dort passiert, hat auf die Organisation keine deterministische Wirkung. Die psychischen Prozesse des ›Entscheiders‹ sind mit den Kommunikationsprozessen der Organisation strukturell gekoppelt, und er als Person kann sich an der Kommunikation beteiligen und sie beobachten«* (Simon 2009, S. 108).

In Anlehnung an Simon hat Torsten Groth (2017) »66 Gebote systemischen Denken und Handelns« formuliert wie zum Beispiel »bedenke, dass Konstrukte real sind [...] in dem Sinne, dass sie als real behandelt oder empfunden werden« (ebd. S. 24). Oder: »Trenne Erleben und Handeln« (ebd. S. 118 f.). – Solche Gebote sind aber letztlich nur auf einer handlungstheoretischen Grundlage verständlich, nämlich unter der Annahme, dass Menschen auf der Basis ihrer Überlegungen solche Grundsätze praktisch nutzen können.

Daneben gibt es zahlreiche Ansätze, die sich weniger an Luhmann anlehnen, sondern (explizit oder implizit) auf Systemmodelle zurückgreifen, die Personen als Teil sozialer Systeme begreifen.

- **Peter Senge** sieht in seinem Buch »Die fünfte Disziplin« die Ursache von Problemen darin, dass immer wieder die gleichen Fehler gemacht werden – also in bestehenden Regelkreisen. Gefordert ist stattdessen eine »Disziplin des Systemdenkens [...], die Wahrnehmung von Wechselbeziehungen statt linearer Ursache-Wirkung-Ketten und die Wahrnehmung von Veränderungsprozessen statt von Momentaufnahmen« (Senge 2017, S. 91). Wenn Senge hier jedoch ein »Umdenken« fordert, die Bedeutung der »persönlichen Vision« und die »Offenlegung mentaler Modelle und die immer bewusstere Auseinandersetzung mit ihnen hervorhebt« (Senge 2017, S. 197), so erweitert er den Rahmen und sieht Menschen als – herausragenden Teil – bei der Veränderung sozialer Systeme.

- **Fredmund Malik** betont, dass Organisationen selbstorganisierte Systeme sind, die sich nicht technisch steuern lassen. Auf der anderen Seite fordert er »konstruktivistische Problemlösungsprozesse« (Malik 2008, S. 33 f.) und proklamiert sechs »Grundsätze wirksamer Führung« (Malik 2000a, S. 65 ff.):

  - *»Es kommt – im Management – nur auf die Resultate an.*
  - *Es kommt darauf an, einen Beitrag zum Ganzen zu leisten.*
  - *Es kommt darauf an, sich auf Weniges, dafür Wesentliches zu konzentrieren.*
  - *Es kommt darauf an, bereits vorhandene Stärken zu nutzen.*
  - *Es kommt auf das gegenseitige Vertrauen an.*
  - *Es kommt darauf an, positiv oder konstruktiv zu denken.«*

  Personen (Führungskräfte) sind für Malik die entscheidenden Treiber und damit Teil des sozialen Systems. System- und Handlungstheorie werden verbunden: »Etwas vereinfacht formuliert möchte ich sagen, dass die hier vertretene systemisch-evolutionäre Managementkonzeption eine Mischung, oder vielleicht besser, eine Gestalt ist, die sowohl aus analytisch-konstruktivistischen wie aus spontan-evolutionären Elementen zusammengefügt ist, die aber je verschiedenen logischen Ebenen angehören« (Malik 2008, S. 318).
- **Joseph O'Connor und Ian MacDermott** (2006) führen im Buch »Die Lösung lauert überall« als zentrale Merkmale sozialer Systeme Rückkopplungskreisläufe und »mentale Landkarten« auf. »Mentale Landkarten« im Sinne unserer »tief verwurzelten Annahmen, Handlungs- und Sichtweisen sowie Leitbilder« (O'Connor/MacDermott 2006, S. 83) sind aber kein Merkmal von Molekülen oder des Sonnensystems, sondern beziehen sich nur auf Personen oder soziale Systeme.
- **Gregory Bateson und Paul Watzlawick** – ihr Konzept wird im Folgenden ausführlicher dargestellt – haben die wohl einflussreichste Verknüpfung von Handlungs- und Systemtheorie geschaffen. Bateson greift das Systemmodell der allgemeinen Systemtheorie auf und definiert ein soziales System durch seine Elemente, die Regelkreise zwischen den Elementen und die Abgrenzung zur Systemumwelt. Elemente sind die Personen, die sich ein Bild von der Wirklichkeit machen. Watzlawicks »Axiome menschlicher Kommunikation« (Watzlawick/Baevin/Jackson 1969) sind nichts anderes als die Darstellung dieses Systemmodells. In späteren Schriften betont Watzlawick in der Tradition des radikalen Konstruktivismus verstärkt die Bedeutung subjektiver Konstruktionen für die Entstehung von Problemen. Die Geschichten in zum Beispiel in »Anleitung zum Unglücklichsein« (1983) sind Beispiele dafür, wie sich Men-

schen und damit soziale Systeme durch ihre subjektiven Deutungen in Problemen verstricken können.

- Die **systemische Familientherapie:** Hier ist es zunächst das von Don Jackson, Jules Riskin und Virginia Satir 1959 gegründete Mental Research Institute (MRI) in Palo Alto, Kalifornien, das Batesons Konzept für die Familientherapie aufgreift (vgl. Marc/Picard 1991, S. 15 ff.). In der Folge entstehen unterschiedliche Konzepte systemischer Familientherapie, die gleichermaßen auf Batesons Systemmodell zurückgreifen (Schlippe/Schweitzer 2016, S. 44 ff.).
- **Eckard König und Gerda Volmer** haben in der ersten Auflage der »Systemischen Organisationsberatung« (1993) versucht, das Systemmodell von Bateson als »personale Systemtheorie« zu präzisieren: Der Zustand eines Systems resultiert aus den handelnden Personen und ihrem Bild, das sie sich von der Wirklichkeit haben – zugleich aber besitzen soziale Systeme eine Eigendynamik die sich in Regelkreisen widerspiegelt, die über die Gedanken und Absichten der handelnden Personen hinausführt.
- **Jürgen Kriz** (1999; 2017) proklamiert eine »personzentrierte Systemtheorie«, die zum einen »durch ihre humanistische Perspektive auf den Menschen« gekennzeichnet ist, zum anderen durch den Blick auf »vernetzte Variablen, die selbstorganisiert Strukturen bilden und verändern« (Kriz 2017, S. 17). »Regelmäßigkeiten und Muster« in sozialen Systemen sind somit »stets auch persönlicher Ausdruck der beteiligten Individuen« (Kriz 1999, S. 130).
- **Bernd Schmid** versteht soziale Systeme ausdrücklich als »menschliche Systeme«: »Es sind Ideen und Verantwortlichkeiten von Menschen, die Systeme als das fortschreiben, was sie sind oder sie eben verändern, neu denken, neu inszenieren. Schon um dieser Verantwortung willen, sollten Organisationen kompetent als menschliche Systeme begriffen und gestaltet werden« (Schmid 2014, S. 1, vgl. S. 193 ff.).
- **Daniel F. Pinnow** (2014) vertritt ein Konzept systemischer Führung, das sich ausdrücklich von Luhmann abgrenzt. Auch für Pinnow »bestehen soziale Systeme nicht aus Kommunikation, wie es Luhmann und seine Schüler verstehen, sondern aus miteinander in Interaktion stehenden Personen« (Pinnow 2014, S. 7). Jede Führungskraft und jeder Mitarbeiter sind immer auch »Subjekt« von Führung (ebd. S. 10), die als Personen das Geschehen des sozialen Systems mit bestimmen.
- **Kersten Reich** oder **Rolf Arnold** proklamieren eine »systemisch-konstruktivistische Pädagogik« beziehungsweise »systemisch konstruktivistische Didaktik«, die die Aufmerksamkeit sowohl auf die jeweiligen Personen als auch auf die Beziehungen im sozialen System richtet (Reich 2005, S. 20 ff.). Für Reich kommt der Person oder – wie er formuliert – dem »intentionalen Bewusstsein« eine besondere Rolle zu: »Nur mit subjektiv begehrenden Einstellungen und

einem intentionalen Bewusstsein werden wir kreativ [...], nur durch einen Wechsel von Beobachterpositionen [...] entsprechen wir der Lebendigkeit pädagogischer Beziehungen« (Reich 2005, S. 285 f.). Für Arnold kommt »den subjektiven Wahrheiten für die Orientierung, das Gewissheitserleben sowie das soziale Handeln der Menschen eine sehr viel grundlegendere Bedeutung zu« (ebd., S. 83). Auf der anderen Seite »tendieren Systeme dazu, ihre Strukturen und Lösungsmuster konstant zu halten und nach Möglichkeit nicht zu verändern« (ebd., S. 90). Auf dieser Basis schlagen Arnold und Stroh (2017) Methoden systemischer Erwachsenenbildung vor, die zum Beispiel auf die Reflexion der persönlichen Perspektive und damit auf die Person ausgerichtet sind.

- Auch **Heinz Rosenbusch** sieht in seiner »Organisationspädagogik der Schule« (2005) Personen als Elemente des Systems Schule und betont die wechselseitige Einflussnahme: »Nach unserer Ausgangsüberlegung hat jedes Mitglied des Systems Schule Einfluss auf die Entwicklung der Schule als System, und gleichzeitig hat die Schule als System Einfluss auf die einzelnen Mitglieder« (ebd., S. 5).

Daneben gibt es zunehmend systemische Konzepte, die das Schwergewicht auf Interventionen legen, ohne sich auf theoretische Positionen festzulegen. Hier einige Beispiele: Rainer Schwing und Andreas Fryszer (2017) gehen im Buch »Systemisches Handwerk« davon aus, »dass die Umsetzung einer systemischen Schule in Reinform selten möglich ist und auch nicht praktiziert wird« und verstehen systemisches Arbeiten »als eine Handlungsperspektive«, in die »viele Verstehensansätze und Methoden aus der systemischen und auch aus anderen therapeutischen Traditionen« passen (2017, S. 19). Jan Bleckwedel stellt in dem Buch »Systemische Therapie in Aktion« (2015) systemische »Ideen, Konzepte und Techniken« (2015, S. 12) aus der Tradition der Familientherapie und des Psychodramas dar, die »problemlos mit vielen Richtungen, Verfahren und Methoden der Therapie verbunden werden« (2015, S. 17).

Insgesamt deutet die Diskussion um systemtheoretische Konzepte darauf hin, dass für praktisches Handeln die Ausklammerung von Personen aus dem sozialen System nicht tragfähig ist. Handeln in einem sozialen System ist immer Handeln von Personen und wendet sich an andere Personen. Eben diese Verknüpfung herzustellen, ist Anliegen der im Folgenden dargestellten Personalen Systemtheorie.

Außer den im Text dargestellten Konzepten hier einige weitere Literaturanregungen:

- Dirk Baecker: *Schlüsselwerke der Systemtheorie*. Springer, Wiesbaden/Berlin 2016
- Arist von Schlippe/Jochen Schweitzer: *Lehrbuch der systemischen Therapie und Beratung I*. Vandenhoeck & Ruprecht, Göttingen, 3. Auflage 2016

Personale Systemtheorie in der Tradition Gregory Batesons

Systemmodell bei Bateson und Watzlawick

Gregory Bateson war ursprünglich Anthropologe und führte auf Bali und Neuguinea anthropologische Expeditionen durch. In den 1940er-Jahren kam er auf den seit 1946 durchgeführten Macy-Konferenzen (regelmäßigen Treffen mit Norbert Wiener, John von Neumann, Kurt Lewin und anderen) in Kontakt mit der allgemeinen Systemtheorie. Sein 1951 zusammen mit dem Psychiater Jürgen Ruesch verfasstes Buch »Kommunikation« (Ruesch/Bateson 1995) stellt den Versuch dar, die allgemeine Systemtheorie auf soziale Systeme zu übertragen.

Ab 1952 arbeitet Bateson zusammen mit den Therapeuten John Weakland und Jay Haley in Palo Alto/Kalifornien an einem Forschungsprojekt der Rockefeller Foundation über »Paradoxien der Abstraktion in der Kommunikation«. Dabei gelangt er in Kontakt mit einer zweiten Forschungsgruppe mit Don D. Jackson, Virginia Satir, Paul Watzlawick, die (ebenfalls in Palo Alto) ein Projekt über »Homöostase in der Familie« durchführen. In der Folge entwickelt sich daraus eine enge Zusammenarbeit, in der eine deutlich auf praktisches Handeln ausgerichtete Systemtheorie entsteht (Bateson 1981; 1995; vgl. Lutterer 2009).

Bateson greift zunächst auf den Systembegriff in der Tradition der allgemeinen Systemtheorie zurück (Ruesch/Bateson 1995, S. 10 ff.) und verdeutlicht Systeme an einer technischen Maschine:

> »*Stellen Sie sich eine Maschine vor, an der wir, sagen wir, vier Teile unterscheiden, die ich locker als ›Schwungrad‹, ›Regler‹, ›Treibstoff‹ und ›Zylinder‹ bezeichne. Überdies ist die Maschine [...] mit der äußeren Welt verbunden [...] Die Maschine ist in dem Sinne zirkulär, dass das Schwungrad den Regler antreibt, der die Treibstoffzufuhr verändert, welche den Zylinder versorgt, der seinerseits das Schwungrad antreibt*« (Bateson 1995, S. 129 f.).

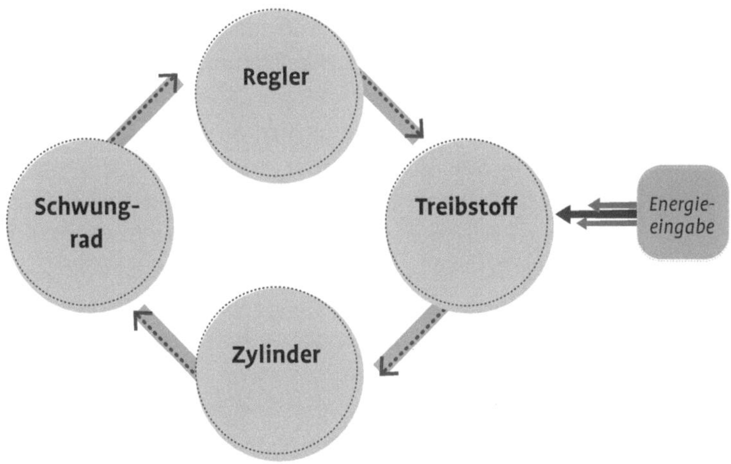

Systeme sind hier (in der Tradition der allgemeinen Systemtheorie) definiert durch:

- ihre Elemente
- die Abgrenzung zur Systemumwelt
- Regelkreise zwischen den Elementen

Wenn sich Bateson jedoch mit sozialen Systemen befasst, werden Personen als Teil des sozialen Systems verstanden:

- Soziale Systeme, so Bateson, bestehen aus »teilnehmenden Individuen« (Ruesch/Bateson 1995, S. 305). »Elemente« zum Beispiel des sozialen Systems »Partei« sind Geschäftsführer, Verwaltungsassistenten, Mitglieder des Komitees und technische Ratgeber (ebd., S. 174 ff.).
- Personen reagieren nicht lediglich, sondern machen sich ein Bild von der Wirklichkeit. Bateson spricht in diesem Zusammenhang davon, dass sie die Wirklichkeit »interpunktieren« (z. B. Bateson 1981, S. 386), das heißt ihr eine Bedeutung geben. Dabei ist dieses Bild, das man sich von der Wirklichkeit macht, nicht dasselbe wie die Wirklichkeit selbst. Bateson verdeutlicht das anhand des von dem Mathematiker Korzybski stammenden Satzes: »Die Karte ist nicht das Territorium, und ihr Name ist nicht die bekannte Sache«.

  »Etwas abstrakter betrachtet, besagt Korzybskis Behauptung, dass in allem Nachdenken, der Wahrnehmung oder in der Kommunikation über Wahrnehmung eine Umwandlung stattfindet, eine Codierung, die zwischen dem Bericht und der berichteten Sache, dem Ding an sich, vermittelt« (Bateson 1995, S. 40 f.).

- Soziale Systeme sind von sozialen Regeln bestimmt, von Vorschriften darüber, was einzelne Personen in einem sozialen System tun dürfen und was nicht:

  »*Jede soziale Situation ist bestimmt von expliziten oder impliziten Regeln [...] Die Bedeutung von Regeln, Regulationen und Gesetzen ist am besten zu verstehen, wenn man an ein Kartenspiel denkt, an dem mehrere Personen beteiligt sind. Die Kommunikationskanäle sind vorgeschrieben, die Abfolge der Botschaften ist reguliert und ihre Wirkungen überprüfbar. Die Regeln erklären auch, dass bestimmte Botschaften zu bestimmten Zeiten an bestimmte Leute nicht erlaubt sind und dass denen, welche die Regeln brechen, bekannte Strafen auferlegt werden*« (Ruesch/Bateson 1995, S. 39 f.).

  Bateson spricht in diesem Zusammenhang vom »Kontext«: Dass wir bestimmte Handlungen als »Spiel« und nicht als »Ernst« deuten, ergibt sich aus dem jeweiligen Kontext, aus bestimmten Regeln, die festlegen, was noch Spiel oder was schon Ernst ist (Bateson 1995, S. 158).
- Aus wechselseitigen Interpunktionen (wechselseitigen Deutungen) und auf der Basis sozialer Regeln ergeben sich Regelkreise. Bateson war auf diese »zirkuläre Struktur« sozialer Systeme bereits Anfang der 1930er-Jahre gestoßen:

  »*Bei meiner eigenen Arbeit [...] in Neuguinea habe ich herausgefunden, dass verschiedenartige Relationen zwischen Gruppen und zwischen verschiedenen Typen von Sippen durch einen Verhaltensaustausch charakterisiert waren, sodass, je mehr A ein gegebenes Verhalten an den Tag legte, die Wahrscheinlichkeit desto höher war, dass B dasselbe Verhalten zeigte*« (Bateson 1995, S. 131).

Bekannt geworden ist Batesons Systemtheorie durch Paul Watzlawick. Die fünf »Axiome menschlicher Kommunikation« im 1967 erschienenen Buch »Menschliche Kommunikation« (Watzlawick u. a. 1969) sind nichts anderes als die Definition des Begriffs »System« im Anschluss an Bateson.

Erstes Axiom: Man kann nicht nicht kommunizieren Jedes Verhalten in einem sozialen System wird gedeutet: Wenn von zwei Flugpassagieren sich der eine, A, unterhalten will und der andere, B, aber nicht, dann kann B sagen, dass er an einem Gespräch nicht interessiert ist, B kann nachgeben, oder B kann versuchen, »die eigenen Aussagen oder die des Partners zu entwerten« – in jedem Fall kommuniziert er, das heißt, sein Verhalten wird von A gedeutet (Watzlawick u. a. 1969, S. 74 f.).

Zweites Axiom: Jede Kommunikation besitzt einen Inhalts- und einen Beziehungsaspekt Dieses Axiom ist eine Erläuterung des ersten: Verhalten wird im Blick auf den Inhalt und im Blick auf die Beziehung zwischen zwei Personen gedeutet.

Drittes Axiom: Die Natur einer Beziehung ist durch die Interpunktion der Kommunikationsabläufe seitens der Partner bedingt Die Natur einer Beziehung in einem sozialen System ist durch ein »Hin und Her«, das heißt durch Regelkreise, gekennzeichnet. Watzlawick verdeutlicht das an der »Nörgler-Rückzug-Interaktion«:

> *»Ein oft zu beobachtendes Eheproblem besteht zum Beispiel darin, dass der Mann eine im Wesentlichen passiv-zurückgezogene Haltung an den Tag legt, während seine Frau zu übertriebenem Nörgeln neigt [...] Im Wesentlichen erweisen sich ihre Streitereien als monotones Hin und Her der gegenseitigen Vorwürfe und Selbstverteidigungen«* (Watzlawick u. a. 1969, S. 58).

Das Besondere sozialer Systeme besteht darin, dass diese Regelkreise aus den wechselseitigen Interpunktionen (den wechselseitigen Deutungen) resultieren: »Ich meide dich, weil du nörgelst« und »Ich nörgle, weil du mich meidest«.

Viertes Axiom: Menschliche Kommunikation bedient sich digitaler und analoger Modalitäten »Digital« und »analog« lassen sich grob mit »verbal« und »nonverbal« übersetzen. Damit wird das vierte Axiom zu einer Erläuterung des ersten: In sozialen Situationen wird ebenso verbales wie nonverbales Verhalten gedeutet.

Fünftes Axiom: Zwischenmenschliche Kommunikationsabläufe sind entweder symmetrisch oder komplementär, je nachdem, ob die Beziehung zwischen den Partnern auf Gleichheit oder Ungleichheit beruht Dieses Axiom ist eine Erläuterung des dritten: Regelkreise resultieren entweder aus gleichem Verhalten der Interaktionspartner (zum Beispiel, jeder kritisiert den anderen) oder unterschiedlichem (der eine kritisiert, der andere zieht sich zurück).

Merkmale sozialer Systeme

Das Systemmodell in der Tradition von Bateson liefert einen begrifflichen Rahmen, auf dessen Basis sich Probleme in sozialen Systemen erklären lassen, aus dem sich aber auch Konsequenzen für praktisches Handeln ergeben. Soziale Systeme, so lässt sich dieses Konzept präzisieren, sind durch sechs Merkmale bestimmt:

- Personen des sozialen Systems
- ihre subjektiven Deutungen, das heißt ihre Gedanken und Empfindungen
- soziale Regeln, die das Handeln in einem sozialen System leiten
- Regelkreise, das heißt immer wiederkehrende Verhaltensmuster

- die materielle und soziale Umwelt
- die Entwicklung des sozialen Systems

Zur Verdeutlichung greifen wir wieder auf das Eingangsbeispiel des unmotivierten Mitarbeiters zurück.

Personen als Elemente sozialer Systeme Die erste Frage, die sich im Rahmen einer systemischen Betrachtung stellt, lautet: Welche Personen sind daran beteiligt? Auf das Beispiel bezogen: Es wird die Aufmerksamkeit nicht nur auf die Person des Mitarbeiters gerichtet, sondern zugleich auf relevante Personen in seinem Umfeld. Wer ist an diesem Problem beteiligt: nur die beiden oder möglicherweise auch andere Personen? Wer sind die entscheidenden Personen in einem Team, einem Lehrerkollegium, einer komplexen Organisation?

Elemente sozialer Systeme

Personen werden damit als »Elemente« eines sozialen Systems definiert: Vorgesetzter und Mitarbeiter, die Mitglieder eines Teams, eines Schulkollegiums. Jedoch lässt sich nicht scharf abgrenzen, welche Personen jeweils zu dem sozialen System gehören: Es kann sein, dass fehlende Motivation nur vom Mitarbeiter und vom Vorgesetzten abhängt. Dann wäre das zu betrachtende System auf diese beiden Personen beschränkt. Es kann aber auch sein, dass dabei andere Kollegen oder ein übergeordneter Vorgesetzter eine Rolle spielen, dann wären sie »Teil des Systems«. Soziale Systeme bestehen somit nicht »an sich«, sondern die Definition des Systems ergibt sich aus der Perspektive des Beobachters: Wer zu einem sozialen System gehört, das ist jeweils in Bezug auf das anstehende Thema festzulegen.

Subjektive Deutungen Wenn man die Personen als Elemente sozialer Systeme definiert, ergibt sich daraus ein zentraler Unterschied zu anderen Systemen: Die Personen des sozialen Systems machen sich Gedanken über sich und ihre Umwelt. Sie beschreiben und bewerten Situationen und empfinden sie zugleich als belastend oder herausfordernd, als positiv oder problematisch. »Subjektive Deutung« wird hier als Oberbegriff für alles verwendet, was Menschen denken und empfinden. Auf das Beispiel des unmotivierten Mitarbeiters bezogen: Dem Mitarbeiter mag durch den Kopf gehen, dass er einen Vorgesetzten hat, der nicht richtig führt, und dass er schon des Öfteren zu Unrecht kritisiert wurde, dass er sich schon mehrfach überlegt hat, sich eine neue Stelle zu suchen. Zugleich erlebt er die Situation emotional: Er fühlt sich seinem Vorgesetzten gegenüber verunsichert, in die Enge getrieben, geht nur mit Widerwillen zur Arbeit. Beides, seine Gedanken und seine Emotionen, wird sein Verhalten beeinflussen.

Wenn der Systemzustand eines sozialen Systems von den subjektiven Deutungen der einzelnen Personen bestimmt ist, dann bedeutet das, dass in sozialen Systemen Menschen »Subjekte« sind, die nicht dem System »ausgeliefert« sind, sondern die sich entscheiden können und damit die Entwicklung des Systems beeinflussen. Der Mitarbeiter kann sich entscheiden, kann sich weiter zurückziehen oder auf den Vorgesetzten zugehen und wird damit auf den Zustand des Systems insgesamt einwirken. Der Vorgesetzte kann sich entscheiden, ein persönliches Gespräch mit dem Mitarbeiter zu führen. Dadurch wird das System verändert. Eine andere Mitarbeiterin kann neue Ideen einbringen und damit eine Veränderung anstoßen.

Soziale Regeln Im Unterschied zu technischen sind soziale Systeme durch soziale Regeln bestimmt. Soziale Regeln sind Anweisungen, was die einzelnen Personen tun sollen, tun dürfen oder nicht tun dürfen. So ist zum Beispiel in einem Familiensystem durch Regeln festgelegt, welche Entscheidung ein Ehepartner ohne Rücksprache mit dem anderen treffen darf. Entsprechend gibt es in einem Unternehmen Regeln, wie Produkte entwickelt und hergestellt werden oder wie Mitarbeiterinnen und Mitarbeiter miteinander umzugehen haben.

Diese Regeln können schriftlich (in Organisationsplänen, Aufgabenbeschreibungen, Konstruktionsplänen und so weiter) fixiert sein. Oder sie können unter der Oberfläche als »implizite« Regeln wirken. So kann es zum Beispiel sein, dass im sozialen System des unmotivierten Mitarbeiters die implizite Regel gilt: »Immer freundlich sein!«

Regeln sozialer Systeme

Die sozialen Regeln eines Systems beeinflussen das Verhalten der einzelnen Personen und damit den Zustand des gesamten sozialen Systems: Wenn die Regel gilt: Immer freundlich sein!«, dann ist zu vermuten, dass Vorgesetzter und Mitarbeiter ihre Konflikte nicht offen austragen werden, Spannungen und Probleme werden nicht angesprochen und bearbeitet.

Regelkreise (regelmäßig wiederkehrende Verhaltensmuster) Personen in einem sozialen System beeinflussen sich wechselseitig. Daraus entstehen immer wiederkehrende Verhaltensmuster oder Regelkreise: Das Verhalten des Mitarbeiters und das des Vorgesetzten verstärken sich wechselseitig. Der Vorgesetzte kritisiert zunehmend, dass der Mitarbeiter nicht genügend engagiert ist. Zugleich ist der Mitarbeiter aus seiner Sicht gerade deshalb nicht motiviert, weil er immer nur kritisiert wird.

Im Unterschied zu technischen oder biologischen Systemen sind die Regelkreise in sozialen Systemen Ergebnis wechselseitiger subjektiver Deutungen: Der Vorgesetzte deutet das Verhalten des Mitarbeiters als fehlende Bereitschaft, sich zu engagieren, und versteht seine Kritik als Reaktion darauf. Der Mitarbeiter deutet die Kritik des Vorgesetzten möglicherweise als Schikane und damit sein Sichzurückziehen als Reaktion auf die Kritik des Vorgesetzten.

Regelkreis

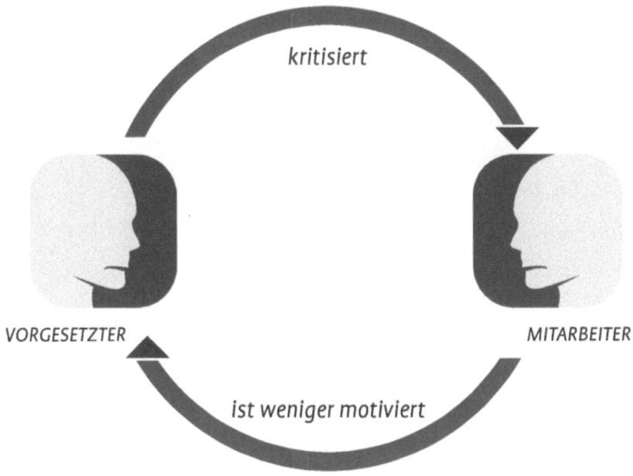

Jeder glaubt, durch sein bisheriges Verhalten das Problem lösen zu können: Der Vorgesetzte meint, durch Kritik den Mitarbeiter zu mehr Engagement bewegen zu können; der Mitarbeiter, durch seinen Rückzug weniger Anlass zu Kritik zu geben. Doch eben darin liegt der Irrtum: Das jeweilige Verhalten löst das Problem nicht, sondern ist »Teil des Problems«, denn es trägt zur Stabilisierung bei. Regelkreise sind nicht bloßes Resultat der jeweiligen Handlungen, sondern entwickeln eine Eigendynamik, die zugleich das System stabilisiert.

Systemumwelt Das Verhalten eines sozialen Systems ist durch die Systemumwelt bestimmt.

- Durch die materielle Umwelt: den Arbeitsplatz, die vorhandenen Technik, die räumliche Anlage des Unternehmens und so weiter.
- Durch die soziale Umwelt, wozu zum einen gesetzliche Regelungen, Konzernvorgaben, Erlasse des Ministeriums zählen, aber auch andere Personen und andere soziale Systeme (die Geschäftsführung, aber auch Kunden oder externe Berater) außerhalb des betreffenden Systems.

So wird das Verhalten des unmotivierten Mitarbeiters zum Beispiel von räumlichen Gegebenheiten beeinflusst sein (davon, dass sein Arbeitsplatz an einem anderen Ort, in einem anderen Gebäude ist als der des Vorgesetzten), von bestimmten Forderungen, die von außen an die Abteilung herangetragen werden (zum Beispiel von der Entscheidung der Geschäftsführung, ein bestimmtes Projekt dieses Mitarbeiters nicht weiterzuverfolgen).

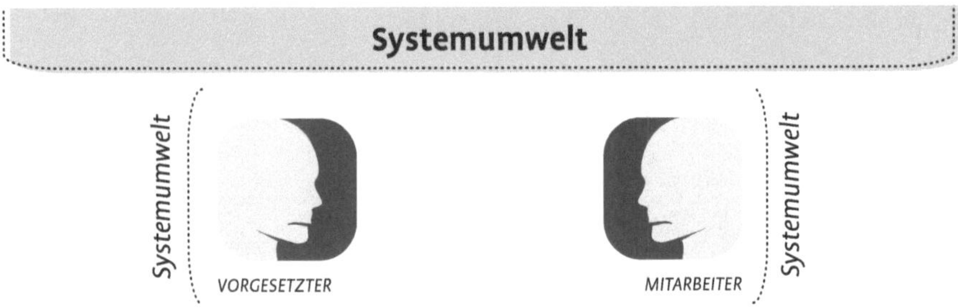

Die Systemumwelt legt das Verhalten in einem sozialen System nicht eindeutig fest. Soziale Systeme sind, wie man im Anschluss an Luhmann formulieren kann, »operativ geschlossen«, das heißt die Wirkungen der Systemumwelt werden durch das System definiert. So kann etwa die Geschäftsleitung (als Systemumwelt) den Arbeitsplatz des Mitarbeiters in ein anderes Gebäude verlegen. Aber es ist die subjektive Deutung des Mitarbeiters, ob er diese Veränderung als »Chance« oder »Abschieben« deutet, und je nachdem wird diese Veränderung zu unterschiedlichen Konsequenzen führen.

Entwicklung Analog zu biologischen Systemen entwickeln sich soziale Systeme im Laufe der Zeit: Personen des sozialen Systems können wechseln, ihre subjektiven Deutungen, Regeln und Regelkreise verändern sich. Das soziale System Vorgesetzter – Mitarbeiter ist entstanden, als der Vorgesetzte neu in die Abteilung kam. Es hat sich im Laufe der Zeit verändert. Möglicherweise war die Beziehung zunächst positiv und hat sich erst im Laufe der Zeit ohne erkennbare Ursache verschlechtert. Möglicherweise hat sich schließlich aus kleineren Ansätzen das gegenwärtige stabile Verhaltensmuster herangebildet.

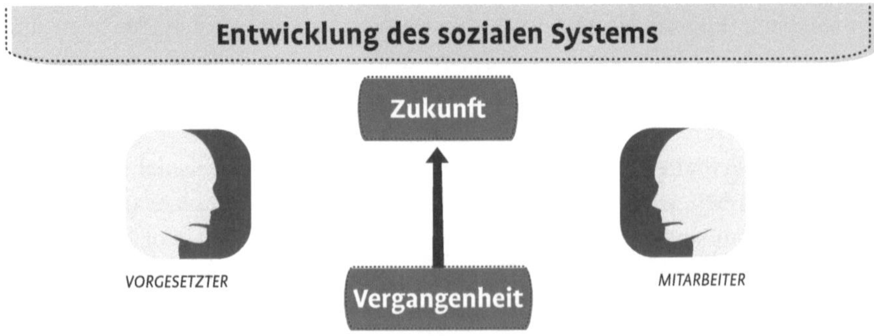

In der Zukunft wird sich das System weiterentwickeln: Möglicherweise eskaliert der Regelkreis. Oder es gelingt, neue Umgangsweisen zwischen Vorgesetztem und Mitarbeiter zu etablieren. Oder das System löst sich auf, weil zum Beispiel der Mitarbeiter kündigt oder der Vorgesetzte wechselt.

Insgesamt ergibt sich somit ein komplexes Bild des sozialen Systems:

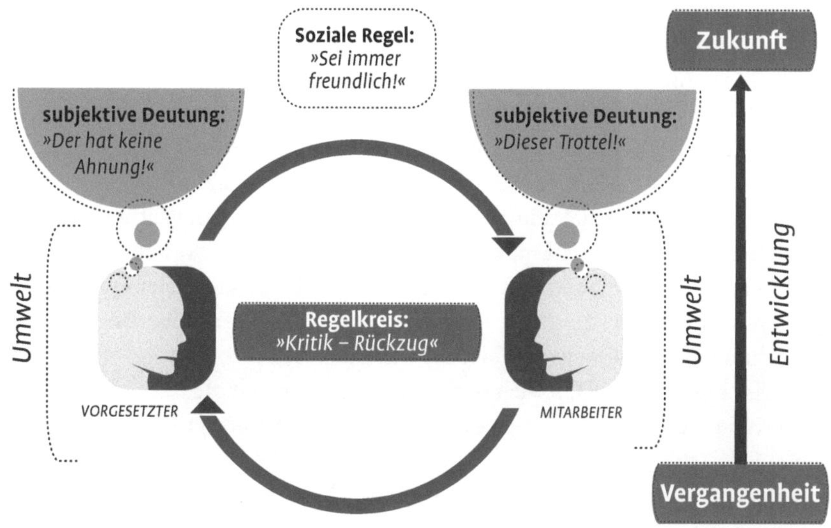

Der Vorteil der personalen Systemtheorie in der Tradition von Bateson liegt darin, dass sie die Personen nicht der Systemumwelt zuordnet, sondern als Teil des sozialen Systems sieht. Damit sind Personen auf der einen Seite »Subjekte«, die auf der Basis ihrer kognitiven und emotionalen subjektiven Deutungen handeln und dadurch ein soziales System beeinflussen. Auf der anderen Seite besitzt ein soziales System eine Eigendynamik, die über die Intentionen der handelnden Personen hinausreicht und sich zum Beispiel in immer wiederkehrenden Regelkreisen verfestigt. Menschen sind abhängig vom sozialen System – aber sie können zugleich soziale Systeme verändern. Eben diese These ist Ausgangspunkt für systemische Organisationsberatung: das Augenmerk sowohl auf die handelnden Personen, ihre Gedanken und Empfindungen zu richten, aber auch auf die Regeln, Regelkreise und Strukturen eines sozialen Systems.

Aus diesem Systemmodell ergeben sich Konsequenzen für die Diagnose und Intervention in sozialen Systemen: Bei der Analyse von Problemen geht es nicht darum, die »wirkliche« Ursache oder »den« Schuldigen zu finden, sondern es sind die verschiedenen Faktoren sozialer Systeme zu betrachten. Bezogen auf das Beispiel des nicht motivierten Mitarbeiters ist zu fragen:

- Welche Personen tragen zu dem Problem bei? Das werden sicherlich der Mitarbeiter und der Vorgesetzte sein – vielleicht aber auch ein Kollege, der bisherige Aufgaben dieses Mitarbeiters übernommen hat und sie »besser« erledigt?
- Was sind die subjektiven Deutungen der betreffenden Personen: Wie sieht der Mitarbeiter seine Arbeit, wie sieht er sich selbst, wie sieht er den Vorgesetzten? Wie empfindet er diese Situation, welche Gefühle hat er? Und wie sehen und empfinden der Vorgesetzte und mögliche andere Personen die Situation?
- Gibt es explizite oder implizite soziale Regeln, die die Situation beeinflussen? Das können explizite Regeln der Aufgabenbeschreibung sein oder implizite Regeln wie: »Konflikte dürfen nicht angesprochen werden!«
- Gibt es stabile Regelkreise wie das Muster »Kritik – Rückzug«?
- Welche Bedeutung hat die Systemumwelt für die gegenwärtige Situation? Spielt zum Beispiel die Einrichtung des Büros oder die vorhandene Technik (zum Beispiel das EDV-System) eine Rolle? Hat die soziale Systemumwelt (zum Beispiel die Familie des Mitarbeiters) für diese Situation Bedeutung? Welchen Einfluss haben Rahmenvorgaben des Unternehmens?
- Wie ist die bisherige Entwicklung verlaufen? Hat sich die Beziehung allmählich verschlechtert? Oder gab es ein einschneidendes Ereignis?

Konsequenz für die Intervention auf der Basis der personalen Systemtheorie ist, dass es nie nur eine oder »die richtige« Lösung eines Problems gibt, sondern dass Problemlösung bei den verschiedenen Elementen sozialer Systeme ansetzen kann. Bezogen auf unser Beispiel heißt das:

- **Veränderung in Bezug auf die Personen:** Zum Beispiel kann der Mitarbeiter in eine andere Abteilung, in eine andere Arbeitsgruppe wechseln. Dahinter steht eine Alltagserfahrung: Jemand, der in einem bestimmten sozialen System erfolglos war, kann in einem anderen sozialen System sehr wohl plötzlich erfolgreich sein, anerkannt werden und sich wohlfühlen.
- **Veränderung der subjektiven Deutungen einzelner Personen** bedeutet, dass der betreffende Mitarbeiter oder andere Personen des sozialen Systems (Vorgesetzter oder Kollegen) lernen, die Situation anders zu deuten. Das kann heißen, dass der Mitarbeiter, der sich bisher selbst als erfolglos oder als Versager gesehen hat, seine Stärken und Fähigkeiten entdeckt oder seinen Vorgesetzten in einem anderen Licht sieht. Es kann heißen, dass der Vorgesetzte den Mitarbeiter anders sieht (zum Beispiel nicht nur das negative Verhalten wahrnimmt), dass Kollegen einander anders sehen und so weiter. Das kann aber ebenso gut heißen, dass sich die Empfindungen der Personen ändern: Durch ein zufälliges Zusammentreffen auf dem Fußballplatz ändern sich die Gefüh-

le zwischen den beiden, was wiederum dazu führt, dass der Mitarbeiter nunmehr ein anderes Bild von seinem Vorgesetzten bekommt.

- **Veränderung von sozialen Regeln** kann Veränderung offizieller, schriftlich fixierter Regeln sein oder auch Veränderung impliziter Regeln. Es könnte zum Beispiel die Abteilung umstrukturiert werden (Veränderung offizieller Regeln). Oder es könnte die implizite Regel »Konflikte dürfen nicht angesprochen werden!« abgeändert werden.
- **Veränderung von Regelkreisen** bedeutet, dass Personen des Systems etwas anderes tun. Das kann darin bestehen, dass der Vorgesetzte, der bisher den Mitarbeiter immer kritisiert hatte, stärker die Sachkompetenz des Mitarbeiters nutzt – oder dass der Mitarbeiter, der sich bisher immer zurückgezogen hatte, deutlicher seine eigene Meinung vertritt.
- **Veränderung in Bezug auf die Systemumwelt** kann Veränderung der materiellen Systemumwelt bedeuten: Wechsel in ein anderes Büro, Veränderung der Ausstattung und so weiter. Veränderung in Bezug auf die Systemumwelt kann aber auch Veränderung der Systemgrenze zu anderen sozialen Systemen bedeuten: zum Beispiel Kontakte zu anderen Systemen (anderen Arbeitsgruppen) zu intensivieren oder einzuschränken.
- **Veränderung hinsichtlich der Entwicklungsrichtung und Entwicklungsgeschwindigkeit** kann bedeuten, dass man in dem betreffenden sozialen System Veränderungen vorantreibt und zum Beispiel kurzfristig die Aufgaben neu verteilt und die Abteilung umstrukturiert. Es kann aber auch bedeuten, dass ein System zunächst einmal zur Ruhe kommt und für eine bestimmte Zeit keine weiteren Veränderungen durchgeführt werden.

Literaturtipps

Als Einführungen in das Systemmodell in der Tradition von Bateson seien genannt:

- Eckard König/Gerda Volmer: *Einführung in das systemische Denken und Handeln*. Beltz, Weinheim und Basel 2016
- Paul Watzlawick/Janet H. Beavin/Don D. Jackson: *Menschliche Kommunikation*. Huber, Bern, 12. Auflage 2012
- Paul Watzlawick: *Anleitung zum Unglücklichsein*. Piper, München, 15. Auflage 2009

Grundlagen systemischer Organisationsberatung

02

Beratung und Organisationsberatung

Beratung ist eine aus dem Alltag vertraute Kommunikationsform: Ein Meister »berät« einen Auszubildenden bei der Herstellung eines Werkstücks; eine Zeitschrift »berät« zu Erziehungsfragen; ein Team »berät sich« über das weitere Vorgehen bei einem Projekt. Es gibt Erziehungs-, Lebens-, Paarberatung, es gibt Berufsberatung, Karriereberatung, Unternehmensberatung, IT-Beratung.

Im Alltag wird »Beratung« häufig im Sinne von »einen Rat geben« verstanden – ein Verständnis, das sich bis Mitte des 20. Jahrhunderts auch in der Literatur findet:

> »*Die Beratung gehört zum Lernverhältnis der Unterweisung, da ihr mit dem einfachen Rate (im Unterschied von der bloßen Mitteilung) gemeinsam ist, nicht nur das sachliche Moment, sondern vor allem auch die Hilfeleistung für den Menschen im Auge zu haben. Vom einfachen, gelegentlichen Rat unterscheidet sich die Beratung jedoch durch eine gewisse Gründlichkeit, Dauer, Eindringlichkeit und zumeist größeren Gegenstandsbereich*« (Dolch 1967, S. 34).

Davon zu unterscheiden ist ein Beratungsverständnis, das Beratung als professionelles Handeln versteht. Entwickelt wurde dieser Beratungsbegriff ursprünglich im Kontext der Sozialarbeit: Ausgehend von der Erfahrung, dass es wenig effektiv ist, Klienten in der Sozialarbeit nur materiell zu unterstützen, proklamiert Ruth Bang 1958 Beratung als »Hilfe zur Selbsthilfe« (Bang 1963). Entsprechend wird in neueren Definitionen Beratung als Unterstützung bei der eigenständigen Lösung von Problemen von dem alltäglichen »einen Rat geben« abgegrenzt:

- Ziel der Beratung ist es, »*einer Person, Gruppe, Organisation oder einem größeren System zu helfen, die für diese Auseinandersetzung mit Problemen und Veränderungsbemühungen erforderlichen inneren und äußeren Kräfte zu mobilisieren*« (Lippitt/Lippitt 2015, S. 3).
- »*Beratung ist eine kurzfristige, soziale Interaktion zwischen Ratsuchenden und Beratenden, bei der dem Ratsuchenden Unterstützung zur Bewältigung seines Problems angeboten wird. Sowohl bei lebenspraktischen Fragen als auch in psychosozialen Krisen erarbeiten Ratsuchende und Beratende gemeinsam kognitive, emotionale und praktische Problemlösungen*« (Schwarzer/Buchwald 2006, S. 578).
- »*Beratung ist [...] eine Interaktion zwischen zumindest zwei Beteiligten, bei der die beratende(n) Person(en) die Ratsuchende(n) mit Einsatz von kommunikativen Mitteln*

dabei unterstützen, in Bezug auf eine Frage oder auf ein Problem mehr Wissen, Orientierung oder Lösungskompetenz zu gewinnen« (Sickendiek u. a. 2008, S. 13).

Im Anschluss an diese Definitionen ergeben sich folgende Merkmale von Beratung:

Beratung ist Unterstützung beim Lösen von Problemen Dabei ist der Begriff »Problem« nicht in dem alltäglich negativen Sinn zu sehen, sondern im Verständnis der Problemlösungspsychologie: Ein Problem liegt immer vor, »wenn ein Lebewesen ein Ziel hat und nicht ›weiß‹, wie es dieses Ziel erreichen soll« (Duncker 1974, S. 1; ursprünglich 1935). Problem kann in diesem Verständnis auch sein, dass ein Team die bisher schon gute Zusammenarbeit weiter verbessern oder stabilisieren möchte oder die Leiterin eines Kindergartens wissen möchte, ob sie mit ihrem Vorgehen auf dem richtigen Weg ist.

»Unterstützung« bedeutet, dass ein Berater Anregungen gibt oder Fragen stellt oder neue Gesichtspunkte einbringt. Aber er gibt keine Anweisungen, nimmt dem Klienten die Entscheidung nicht ab. Das heißt: Der Klient kann die Anregungen annehmen oder ablehnen. Oder, wie Scheller/Heil bereits in den 1980er-Jahren formulieren: »Nicht-Bevormundung« ist das »wichtigste Prinzip eines derartigen Beratungsverständnisses« (Scheller/Heil 1986, S. 96).

Beratung kann Experten- oder Prozessberatung sein Beratung als Unterstützung bei der Lösung von Problemen kann in unterschiedlichen Formen erfolgen: Ein Berater kann »einen Rat geben«, kann darstellen, wie er in dieser Situation vorgehen würde – oder er kann Fragen stellen oder aktiv zuhören mit der Zielsetzung, dass der Klient die Situation unter anderen Aspekten sieht und selbst neue Lösungen entwickelt.

Zur Strukturierung dieser unterschiedlichen Vorgehensweisen ist eine Unterscheidung hilfreich, die Edgar H. Schein, der in der Tradition von Lewin und McGregor am Massachusetts Institute of Technology (MIT) tätig war, Ende der 1960er-Jahre eingeführt hat: die Unterscheidung zwischen Experten- und Prozessberatung (z. B. Schein 2003, S. 23 ff.).

- **Expertenberatung** ist dadurch gekennzeichnet, dass der Berater auf der Basis seines Wissens oder seiner Erfahrung Vorschläge, Anregungen, Hinweise gibt. Dabei kann es sich um Vorschläge zur Lösung bestimmter EDV-Probleme handeln, oder eine Beraterin kann darstellen, wie sie in einer Konfliktsituation vorgehen würde.
- **Prozessberatung** ist Unterstützung des oder der Klienten, die Situation selbst zu klären und selbst neue Lösungen zu entwickeln. Eine Klientin wird dabei unterstützt, herauszufinden, wo genau die Probleme mit ihrem Vorgesetzten

liegen; im Rahmen einer Teamberatung entwickelt das Team selbst neue Regeln zur Verbesserung der Zusammenarbeit. Gesteuert wird Prozessberatung durch »Prozessfragen« wie zum Beispiel: »Womit haben Sie in der Vergangenheit Erfolg gehabt?«, »Was könnte ein erster Schritt zur Lösung sein?«, aber auch durch aktives Zuhören und anderes mehr.

Beratung ist Interaktion zwischen Klient und Berater Eine Klientin kommt mit einem bestimmten Anliegen, erwartet dafür Hilfestellung. Die Beraterin gibt Anregungen oder stellt Fragen. Es findet Interaktion statt. Oder die Beraterin moderiert den Teamentwicklungsprozess eines Managementteams oder führt Interviews in einem Krankenhaus durch.

Dabei kann die Interaktion zwischen Berater und Klient als direkte mündliche Kommunikation erfolgen: Beraterin und Klient sitzen zusammen und sprechen miteinander. Die Interaktion kann aber auch telefonisch, auf schriftlichem oder elektronischem Weg erfolgen. Als Interaktion ist Beratung jedoch immer zugleich auch Intervention: Wenn eine Beraterin in eine Abteilung kommt, dann verändert sie durch ihre bloße Anwesenheit das soziale System: Die Mitarbeiter der Abteilung machen sich Gedanken darüber, was die Beraterin »eigentlich will«; ihr Verhalten wird sich verändern.

Beratung ist professionelles Handeln Ein wichtiges Kennzeichen professioneller Beratung ist, dass sie »im Gegensatz zum Alltagsgespräch planvoll, fachkundig und methodisch geschult durchgeführt« wird (Mutzeck 2005, S. 14). Das bedeutet im Einzelnen:

- Beratung benötigt eine theoretische Grundlegung, wobei die Bandbreite tiefenpsychologischer Theorien über Verhaltenstheorie bis zu humanistischen und systemischen Konzepten reicht (Übersichten bei Boeger 2013; Steinebach 2006, S. 161 ff.).
- Beratung ist methodisch geleitetes Handeln. Beratung war lange Zeit ein »anything goes«: Es wurde »irgendwie« beraten, ohne dass das Vorgehen methodisch geleitet wurde. In verschiedenen Beratungskonzepten steht mittlerweile ein umfangreiches Methodenrepertoire zur Verfügung und es sind Standards professioneller Beratung entwickelt.
- Beratung als professionelles Handeln ist geleitet von Werten: Ähnlich dem Eid des Hippokrates, der die Werte professioneller Medizin festschreibt, ist Beratung nicht eine bloße Technik, sondern ist geleitet von dem Wert Autonomie, dem oder den Klienten die Entscheidungsfreiheit zu lassen – wir werden im Folgenden immer wieder darauf zurückkommen.

Auf der Basis dieses Beratungsbegriffs lässt sich Organisationsberatung verstehen als Beratung von Organisationen oder einzelnen Personen innerhalb dieser Organisationen. Organisationsberatung ist dann Beratung von Unternehmen oder Schulen, Krankenhäusern, öffentlichen Verwaltungen und so weiter. Dabei ist die Form im Einzelnen sehr unterschiedlich:

- Organisationsberatung kann Beratung einer einzelnen Person zu ihrer Situation in der Organisation sein, zum Beispiel Beratung einer Abteilungsleiterin in einem Unternehmen.
- Organisationsberatung kann Beratung eines Teams, einer Arbeitsgruppe an einer Universität, eines Schulkollegiums sein. Hier geht es dann nicht (zumindest nicht vorrangig) um Probleme des Einzelnen, sondern zum Beispiel um die Zusammenarbeit im Team oder die Verbesserung der Abläufe.
- Organisationsberatung kann Beratung einer komplexen Organisation mit mehreren Hundert Mitarbeiterinnen und Mitarbeitern sein. Themen können dabei beispielsweise die Veränderung der Organisationsstruktur, die Entwicklung einer gemeinsamen Identität oder die Kommunikation zwischen verschiedenen Bereichen sein.

Definition

Zusammenfassend ergibt sich damit folgende Definition: Systemische Organisationsberatung ist

- Beratung von Organisationen oder einzelner Personen oder Teams im organisationalen Kontext,
- Unterstützung bei der Lösung von Problemen, ohne dem oder den Klienten die Entscheidung abzunehmen,
- Prozess- und Expertenberatung sowie
- Professionelles, das heißt methodisch geleitetes Handeln auf der Basis eines theoretischen Konzeptes (der personalen Systemtheorie) und bestimmter Werte.

Organisations- beziehungsweise Unternehmensberatung in der Tradition der Betriebswirtschaftslehre, aber auch von Informatik und Ingenieurwissenschaften, ist lange Zeit ausschließlich Expertenberatung gewesen. Beratung in der Tradition der Pädagogik und Psychologie war demgegenüber vorrangig Prozessberatung. Die Reduzierung von Beratung auf reine Expertenberatung ist für die Organisationsberatung jedoch ebenso problematisch wie die Reduzierung auf bloße Prozessberatung:

- Bei reiner Expertenberatung besteht die Gefahr, dass die Lösung nicht für den Klienten und seine besondere Situation passt. Auf dieses Problem hat bereits Edgar H. Schein hingewiesen: Das Modell der Expertenberatung funktioniert nur, wenn der Klient das Problem vollständig diagnostiziert und korrekt an den Berater kommuniziert hat und wenn schließlich durch die Beratung keine zusätzlichen Nebenwirkungen auftreten (Schein 1969, S. 5). Doch komplexe Probleme sind von außen überhaupt nicht adäquat beschreibbar, sie sind damit auch nicht von außen lösbar. Bei zunehmender Komplexität in sozialen Systemen sind die innerhalb des Systems entwickelten Lösungen besser und verlässlicher als von außen durch Experten herangetragene Lösungsvorschläge. Das stimmt mit der Erfahrung überein, dass in vielen Fällen Expertenberatung etwa im Rahmen klassischer Unternehmensberatung keineswegs zu den intendierten Zielen führt. Ein Experte macht Vorschläge, der Angesprochene antwortet mit »Ja – aber«. Oder es werden von Beraterfirmen umfangreiche Analysen durchgeführt und Maßnahmen in Gang gesetzt, die nur neue Probleme schaffen, anstatt sie zu lösen.
- Auf der anderen Seite kann Organisationsberatung auch nicht nur Prozessberatung sein. Klienten erwarten in vielen Situationen Anregungen von einem Experten. Beratung eines Projektteams macht nur Sinn, wenn die Beraterin zugleich als Expertin Hinweise zum Beispiel zur Formulierung des Projektauftrags gibt. Es wäre für den oder die Klienten wenig befriedigend, wenn ein Berater hier seine Erfahrung zurückhalten würde nach dem Motto: »Ich könnte Ihnen Anregungen geben, aber tue es nicht, überlegen Sie doch selbst!«

Systemische Organisationsberatung, wie wir sie hier verstehen, ist also sowohl Prozess- als auch Expertenberatung, ist also, wie man ebenfalls formuliert »Komplementärberatung« (z. B. Königswieser u. a. 2006), in der Experten- und Prozessberatung sich ergänzen:

- Insofern die Kompetenz des Klientensystems grundsätzlich die Kompetenz eines externen Experten übersteigt, weil erst im System selbst über die Wirkungen bestimmter Maßnahmen entschieden wird, ist Organisationsberatung zunächst Prozessberatung. Wie Interventionen sich auswirken, hängt »in erster Linie nicht von der Absicht der Intervention, sondern von der Organisationsweise und den Regeln der Selbststeuerung des Systems ab« (Willke 1992, S. 36 f.). Beratung ist hier zunächst Prozessberatung: den Klienten beziehungsweise die betreffende Organisation zu unterstützen, die Situation und die im System zu erwartenden Konsequenzen verschiedener Vorgehensweisen zu klären, um auf dieser Basis passende Lösungswege zu entwickeln.

- Das schließt nicht aus, von außen neue Gesichtspunkte und weitere Lösungsmöglichkeiten einzuführen. Ein Berater kann eine Konfliktsituation als einen festgefahrenen Regelkreis deuten, er kann auf mögliche Risiken im Projekt hinweisen, er kann auch zusätzliche Lösungsmöglichkeiten bei Teamproblemen vorschlagen. Er ist in solchen Situationen als Experte gefordert, der alternative Deutungen der Situation vornimmt und andere Lösungsmöglichkeiten einbringt.

Je nach der Thematik können die Anteile von Prozess- und Expertenberatung unterschiedlich verteilt sein.

- Wenn es zum Beispiel darum geht, einen Klienten zu unterstützen, sich über persönliche Karriereziele klar zu werden, wird Prozessberatung im Vordergrund stehen: Der Klient muss seine Situation und seine Ziele für sich klären.
- Wenn es darum geht, in einem Projekt Risikofaktoren zu identifizieren und dafür Maßnahmen zu entwickeln, sind sowohl Prozessberatung als auch Expertenberatung erforderlich: als Experte auf mögliche Risikofaktoren im Projekt hinzuweisen und Handlungsmöglichkeiten sowie mögliche Vor- und Nachteile zu nennen, dann aber im Rahmen einer Prozessberatung dem oder den Klienten die Entscheidung zu überlassen.

Beratung bedeutet, dass die Verantwortung für die Lösung des Problems grundsätzlich nicht beim Berater liegt, sondern beim Klientensystem bleibt. Die Antwort auf die Frage »Was sollen wir in dieser Situation tun?« kann nur das System selbst finden. Auch Expertenberatung kann dem Klienten nie die Entscheidung abnehmen. An Expertenberatung schließt sich somit grundsätzlich immer Prozessberatung an: Können Sie mit dem Vorschlag etwas anfangen? Passt das Vorgehen für Ihre Situation? Gibt es aus Ihrer Sicht noch Punkte, die wir hier beachten müssen?

Wenn man »Organisationsberatung« allgemein als Beratung von beziehungsweise in Organisationen versteht, dann sind Coaching, Consulting, Mentoring, Supervision verschiedene Formen der Organisationsberatung:

- **Coaching** ist »professionelle Beratung, Begleitung und Unterstützung von Personen mit Führungs-/Steuerungsfunktionen und von Experten in Unternehmen/Organisationen« (Deutscher Bundesverband Coaching DBVC 2012, S. 20). Dabei liegt das Schwergewicht auf Einzelberatung im beruflichen Kontext. Zuweilen wird der Begriff zum Beispiel auch auf Teamcoaching oder Coaching von Schülern im Blick auf den Berufsstart ausgeweitet.

- **Consulting** ist (vorwiegend fachliche) Beratung. Klassische Themen sind Beratung bei technischen oder betriebswirtschaftlichen Fragen (Cope 2010; Niedereichholz/Niedereichholz 2006).
- Der Begriff **Supervision** stammt ursprünglich aus der Sozialarbeit und ist »eine [...] Beratungsform in Situationen hoher Komplexität, Differenziertheit und dynamischer Veränderungen« (Deutsche Gesellschaft für Supervision 2012, S. 8). Supervision ist ursprünglich Beratung pädagogischer und psychologischer Fachkräfte bei beruflichen Problemen, wird mittlerweile aber auch auf Organisationen übertragen (z. B. Buchinger 2011).
- Schließlich ist auch das **Mentoring** (z. B. Edelkraut/Graf 2011) eine Form der Organisationsberatung, in der ein älterer »Mentor« zum Beispiel einem jungen Bereichsleiter Ratschläge gibt, darüber hinaus aber auch seinem oder seiner »Mentee« den Weg ebnet und Kontakte herstellt.

Literaturtipps

Eine umfassende Darstellung zum Thema Beratung ist immer noch folgender Sammelband:

- Frank Nestmann u. a. (Hrsg.): *Das Handbuch der Beratung*. 2 Bde. DGVT, (2. Auflage) Tübingen 2007; Bd. 3 2013

Als Diskussionsgrundlage für Beratung als professionelles Handeln eignen sich gut:

- Bernd Dewe/Martin P. Schwarz: *Beraten als professionelle Handlung und pädagogisches Problem*. Kovač, Hamburg 2011
- Hans-Georg Hauser (Hrsg.): *Worauf Berater achten. Kompetenzen – Methoden – Trends in der professionellen Beratung*. Linde, Wien, 3. Auflage 2012

Zur Grundlegung der systemischen Organisationsberatung

Neben Einzel- und Familienberatung hat sich seit Mitte des 20. Jahrhunderts die Beratung von Organisationen als Schwerpunkt etabliert. Dabei ist nach einigen frühen Ansätzen unter der Bezeichnung »Betriebsberatung«, »Industrieberatung«, »Wirtschaftsberatung« (Schleip 1966, S. 107 ff.) seit der Gründung des Bundesverbandes Deutscher Unternehmensberater 1954 Beratung von Organisationen vor allem unter dem Begriff »Unternehmensberatung« geläufig (vgl. z. B. Lippold 2016; Schwetje 2013). Unternehmensberatung sieht sich bis heute überwiegend als Expertenberatung:

> »*Unter Unternehmensberatung kann man die kommunikative Interaktion zwischen einem Ratsuchenden und einem Ratgebenden verstehen, die darauf abzielt, dem Ratsuchenden eine durch methodisches Vorgehen erarbeitete Handlungsempfehlung zur Lösung einer/s betriebswirtschaftlichen Fragestellung/Problems zu geben*« (Schwetje 2013, S. 11).

In Abgrenzung dazu findet sich seit Ende der 1980er-Jahre zunehmend der Begriff »Organisationsberatung« (z. B. Nevis 1988; Wimmer 1992). Hinter dieser Abwendung vom Begriff »Unternehmensberatung« dürften mehrere Gründe stehen.

- Während der Gegenstand der Unternehmensberatung in erster Linie betriebswirtschaftliche Probleme sind, geht es hier um »weiche« Themen wie Kommunikation, Führung, Unternehmenskultur.
- Damit verbunden ist eine Abwendung von (technisch oder betriebswirtschaftlich orientierter) Expertenberatung. Bei den unter dem Begriff »Organisationsberatung« angesiedelten Ansätzen steht Prozessberatung im Vordergrund: den Klienten bei der eigenständigen Problemlösung zu unterstützen.
- Schließlich deutet sich damit eine Ausweitung gegenüber herkömmlicher Unternehmensberatung an: Organisationsberatung hat nicht nur Unternehmen, sondern auch andere Organisationen wie Verwaltungen, Kliniken, Schulen, soziale Einrichtungen zum Gegenstand.

Dabei wird seit Mitte der 1980er-Jahre analog zu anderen Beratungsansätzen zunehmend auf therapeutische Konzepte zurückgegriffen:

- Organisationsberatung auf der Basis der klientenzentrierten Therapie und Beratung (z. B. Huse/Cummings 1985)
- Organisationsberatung auf der Basis der Transaktionsanalyse (z. B. Rüttinger 1992)
- psychoanalytische Organisationsberatung (z. B. Buchinger 2011; Fürstenau 2002, S. 120 ff.; Sievers 2003)
- Organisationsberatung auf der Basis der Gestalttherapie (z. B. Nevis 1988)
- Organisationsberatung auf der Basis der »Integrativen Therapie« von Hilarion G. Petzold (Petzold 2007, S. 211 ff.)
- Organisationsberatung auf der Basis der Themenzentrierten Interaktion (z. B. Freudenreich/Meyer 1992)
- Organisationsberatung auf der Basis der Lösungsorientierten Therapie im Anschluss an Steve de Shazer (z. B. Bentner 2007)
- Organisationsberatung auf der Basis der Hypnotherapie (z. B. Schmidt 2007, S. 387 ff.)
- Schließlich wird auch auf den Action-Research-Ansatz in der Tradition Lewins (Krizanits 2013) zurückgegriffen.

Seit den 1980er-Jahren finden sich zunehmend systemtheoretische Konzepte für die Beratung von Organisationen (z. B. Christ/Wedekind 1988; Elfgen 1991; König 1992; Schober 1991). Dabei wird teilweise explizit auf Luhmann zurückgegriffen, teilweise versucht, system- und handlungstheoretische Ansätze zu verbinden.

Systemische Organisationsberatung in der Tradition Luhmanns

Auf der Basis der Systemtheorie Luhmanns skizziert Rudolf Wimmer 1992 ein Konzept systemischer Organisationsberatung (Wimmer 1992). Für Wimmer sind Kommunikationsereignisse die »Basiselemente sozialer Systeme« (1992, S. 65). Aufgabe systemischer Organisationsberatung ist es, Regelkreise im Kommunikationssystem der Organisation zu stören: »Hat man einmal begriffen, dass soziale Systeme ständig neuer Aktivitäten bedürfen, um ihre Probleme auf Dauer zu stellen, dann können sich die Beraterinterventionen darauf konzentrieren, jene Prozesse zu stören, die das Problem reproduzieren« (Wimmer 1992, S. 66). Im weiteren Text finden sich dann konkrete Hinweise wie zum Beispiel:

> Förderlich ist, in der Anfangsphase zu klären, »*wer welche Sicht hat von der zu bearbeitenden Fragestellung […] und warum man meint, überhaupt Beratung zu benötigen*« (ebd., S. 87).

Wimmer hat diese Überlegungen 2004 wieder aufgegriffen (2004, S. 270 ff.), zugleich aber die Systemtheorie stärker als theoretischen Rahmen, weniger als Basis für konkrete Interventionen definiert:

> »*Die neuere Systemtheorie* [...] *beinhaltet* [...] *keinen konkret benennbaren Kanon an beraterischen Vorgehensweisen, die gleichsam kontextunabhängig bestimmte Wirkungen erzeugen* [...] *Sie bietet ein ausreichend elaboriertes Denkinstrumentarium, mit dem sich ein angemessenes Verständnis der jeweiligen Organisation* [...] *und ihrer spezifischen Probleme erarbeiten lässt*« (Wimmer 2004, S. 257).

Gleichzeitig wird der Rahmen der Systemtheorie erweitert, indem neben Luhmann auf den radikalen Konstruktivismus, die naturwissenschaftlichen Studien Prigogines und die systemische Familientherapie hingewiesen wird (ebd., S. 256).

Ebenfalls auf Luhmann greift Helmut Willke zurück. Im zweiten Band seiner »Systemtheorie« wird Organisationsberatung als eigener Interventionsbereich neben Therapie und Politik aufgeführt (Willke 2005, S. 140 ff.; urspr. 1994).

Da für Willke im Anschluss an Luhmann soziale Systeme »nicht aus konkreten Menschen, sondern aus Kommunikationen« bestehen (Willke 2006, S. 41), lenkt Organisationsberatung die Aufmerksamkeit in diesem Zusammenhang auf das Kommunikationssystem:

> »*Entgegen naiven Vorstellungen von Kommunikation und Handeln kommt es für die Inhalte der systemischen Interaktion nicht auf die Intentionen oder Interessen der beteiligen Individuen an, sondern auf die Gesetzmäßigkeiten der Operationsweise der betroffenen Sozialsysteme*« (Willke 2005, S. 160).

Daraus ergeben sich »Leitlinien einer [...] Methodologie der Intervention« (Willke 2005, S. 66):

> »*Die Kunst der Intervention besteht darin, mittels geeigneter Instrumente die empfindlichen und kritischen Parameter und Prozesse eines Systems ausfindig zu machen*« (Willke 2005, S. 74).

Willke entwickelt keine Methoden systemischer Organisationsberatung, sondern er greift auf verschiedene Interventionskonzepte wie »Systems Thinking« von Peter Senge oder die »Paradoxa der Organisationsentwicklung« von Tom Peters zurück. Im Anschluss daran formuliert er folgende »Grundsätze« für die Veränderung von Organisationen (Willke 2005, S. 71 ff.):

- Komplexe Systeme sind aufgrund ihrer hohen Vielschichtigkeit nicht linear vernetzt: »Zwischen Ursache und Wirkung gibt es keine Punkt-zu-Punkt-Zuordnung« (ebd., S. 71).
- Komplexe Systeme haben bestimmte Druckpunkte, die auf Interventionen besonders stark reagieren. Um Veränderungen in einem System erzielen zu können, gilt es, an den »sensitiven« Punkten des Systems anzusetzen. Daraus ergeben sich konkrete Interventionsregeln wie zum Beispiel:

  - *»Je stärker du drückst, desto stärker schlägt das System zurück [...]*
  - *Das Systemverhalten wird besser, bevor es schlechter wird [...]*
  - *Langsam ist schneller [...]*
  - *Kleine Änderungen können große Wirkungen erzielen – aber die sensiblen Druckpunkte des Systems sind am schwersten zu erkennen [...]*
  - *Schuldzuweisungen bringen nichts«* (Willke 2005, S. 183).

Solche Interventionsregeln machen jedoch letztlich nur Sinn auf der Basis eines handlungstheoretischen Modells: Die Forderung »Schuldzuweisungen bringen nichts« bleibt leer, wenn sie nicht als Forderung an ein handelndes Subjekt gerichtet ist, das sie verstehen und auch umsetzen kann. Insgesamt gilt: Eine Begründung von Organisationsberatung allein auf der Basis der Systemtheorie von Luhmann ist offenbar nicht durchzuhalten.

> *»Die (luhmannsche) Systemtheorie ist eine Theorie der Diagnose und der Verständnisses des Sozialen, keine Technologie zu seiner Änderung. In ihrer Anwendung wird sie zur Technologie – und das verändert sie zur Unkenntlichkeit. Die Praxis der Beratung zwingt – nicht stets, aber immer wieder – zur Aufgabe (auch: Preisgabe) der distanzierten Beobachtung und zur Handlung und Intervention«* (Neuberger 2007, S. 31).

Systemische Organisationsberatung zwischen System- und Handlungstheorie

Eine Reihe Autoren versucht, Luhmanns Ansatz mit konstruktivistischen und handlungstheoretischen Ansätzen zu verbinden.

- Der »Heidelberger Ansatz« geht auf die Rezeption der Familientherapie im Rahmen eines psychoanalytischen Ansatzes durch Helm Stierlin in den 70er-Jahren des 20. Jahrhunderts zurück (Stierlin 2001) und wurde dann durch Schüler von Stierlin, insbesondere Gunthard Weber, Fritz Simon, Gunther Schmidt und Arnold Retzer in verschiedene Richtungen weiterentwickelt. Dabei liegt der Schwerpunkt lange Zeit auf der Familientherapie, seit Ende der 1990er-Jahre wird – insbesondere durch Fritz Simon – die Aufmerksamkeit auch auf Organisationen gerichtet. Aufgabe systemischer Beratung ist es dann, Anstöße zur Veränderung des Kommunikationssystems zu geben: »Der systemische [...] Berater führt [...] alternative Beobachtungsschemata in die Kommunikation des Unternehmens ein« (Simon 2013, S. 322). – Schwerpunkt der Organisationsberatung ist damit die Analyse von Organisationen aus systemischer Sicht (zum Beispiel die Analyse von Regelkreisen: ebd., S. 49 ff., S. 74 ff.), weniger die Entwicklung und Anwendung konkreter Beratungstools.

- Der seit 1984 von Roswitha Königswieser, Alexander Exner, Frank Boos, Barbara Heitger u. a. entwickelte Neuwaldegger Ansatz ist ursprünglich stark betriebswirtschaftlich ausgerichtet und hat dann Luhmanns Systemtheorie rezipiert:

  »*Unternehmen als soziale Systeme aufzufassen bedeutet, Mitglieder dieser Organisation der inneren Systemumwelt zuzurechnen [...] Aus diesen Annahmen folgt, dass Diagnosen und Interventionen nicht bei Personen anzusetzen haben, sondern bei Handlungen und deren Voraussetzungen beziehungsweise Folgen*« (Exner 1992, S. 207).

  Organisationsberatung ist dann Veränderung des Kommunikationssystems, nicht eine Veränderung von Personen. Dass eine solche Position jedoch für Beratung nicht durchzuhalten ist, wird bei Roswitha Königswieser und Alexander Exner in dem 1998 erschienenen Band »Systemische Intervention« deutlich: Zwar werden auch hier Personen der Systemumwelt zugeordnet, aber zugleich sind sie »eine zentrale Einflussgröße für die Interventionsentscheidungen und deren Auswirkungen« (Königswieser/Exner 2004, S. 25 f.). Mittlerweile ist für Roswitha Königswieser »Systemtheorie« der Oberbegriff für sehr unterschiedliche Konzepte, wobei die Bandbreite von der Wissenschaftstheorie des logischen Empirismus über die Gestaltpsychologie, die Allgemeine Systemtheorie, Luhmann, die »Kommunikations- und Erkenntnistheorie« von Bateson und Watzlawick bis zur Lernpsychologie Piagets reicht (z. B. Königswieser/Hillebrand 2017, S. 26).
- Joana Krizanits (2013), Kooperationspartnerin der Beratergruppe Neuwaldegg, greift bei der Begründung systemischer Organisationsberatung auf den Action-Research-Ansatz in der Tradition Lewins (und damit auf ein handlungstheoretisches Konzept) zurück, versucht aber gleichzeitig, das in die Begrifflichkeit des Heidelberger und Neuwaldegger Ansatzes zu übersetzen und die dortige Diskussion mit einzubeziehen (Krizanits 2009). Kernmethode ist die »systemische Schleife«, das heißt der Wechsel von Informationensammeln, Hypothesenbilden, Interventionen planen und Intervenieren (Krizanits 2013, S. 30 ff.), wobei dann unterschiedliche »Kernmethoden« (von der Beschreibung

erster und zweiter Ordnung über die Abstraktionsleiter, systemische Fragen bis schließlich zu Methoden der Objektiven Hermeneutik und Grounded Theory) aneinandergereiht werden.

- Wilhelm Backhausen und Jean-Paul Thommen (2017) greifen bei der Frage nach der Grundlegung von Coaching auf das systemisch-konstruktivistische Denken zurück, betonen aber gleichzeitig die Bedeutung menschlichen Handelns, wenn sie feststellen, »dass Menschen in hohem Maße ihre Realität selber erschaffen und die eigene Zukunft […] unausweichlich kreativ (mit)gestalten« (Backhausen/Thommen 2017, S. 49). Die Frage, was Menschen tun können, um in komplexen Systemen ihre Zukunft zu gestalten (und wie Beratung diesen Prozess unterstützen kann), legt dann das Schwergewicht auf die Entwicklung konkreter Methoden unter anderem zur Implementierung von Coaching in Unternehmen.
- Heiner Ellebracht, Gerhard Lenz und Gisela Osterhold (2015) beziehen sich bei ihrem Konzept systemischer Organisations- und Unternehmensberatung auf die Allgemeine Systemtheorie beziehungsweise Kybernetik und Chaostheorie, greifen daneben aber auch auf andere Konzepte wie Bateson, Satir, König/Volmer, Sprenger, Kreativitätsforschung, Stressforschung und andere zurück. Systemische Organisations- und Unternehmensberatung ist weniger ein theoretisch geleitetes Konzept als ein »Praxishandbuch« (ebd., S. 5) mit hilfreichen Methoden, Fragen, Arbeitsblättern aus unterschiedlichen Ansätzen.

Systemische Organisationsberatung in der Tradition Batesons

Das erste Konzept einer systemtheoretischen Grundlegung der Organisationsberatung direkt im Anschluss an Bateson findet sich bei Mara Selvini Palazzoli, die im Rahmen ihrer familientherapeutischen Arbeit in Kontakt mit der Bateson-Gruppe kommt und diesen Ansatz dann auch auf Organisationen überträgt. Ihr Buch »Hinter den Kulissen der Organisation« aus dem Jahr 1984 schildert ihre Arbeit in vier unterschiedlichen Organisationen (einem Betrieb, einem Forschungszentrum, einer Krankenstation sowie einer Schule). Mara Selvini Palazzolis These ist, dass das Verhalten der jeweiligen Organisationen von »zirkulären Rückkopplungen« (Selvini Palazzoli u. a. 1984, S. 206) gekennzeichnet ist, wie zum Beispiel:

- *»Es kommt zu einer Fülle von Projekten, die nicht verwirklicht werden.*
- *Es kommt zu Spaltungen und Auseinandersetzungen in dem Versuch, das jeweilige Projekt durchzuziehen.*
- *Uneinigkeit an der Spitze einer Organisation sorgt dafür, dass die Spitze auch weiterhin die Kontrolle über alle Vorgänge behält«* (Selvini Palazzoli u. a. 1984, S. 205).

Auch die Heranziehung eines Beraters kann in diesem Zusammenhang Teil eines Regelkreises werden, das Verhalten des Beraters hat Einfluss darauf, »dass die Situation sich so und nicht anders entwickelt« (Selvini Palazzoli u.a. 1984, S. 221). Aufgabe von Beratung ist dann, Regelkreise in Organisationen zu verändern – ohne dass allerdings hier ein Instrumentarium zur Verfügung steht, mit dem solche Veränderungen zu erreichen sind.

Als systematische Darstellung eines Konzeptes systemischer Organisationsberatung auf der Basis der Systemtheorie von Gregory Bateson erscheint 1993 die erste Auflage der »Systemischen Organisationsberatung« (König/Volmer 1993):

- Theoretische Grundlage ist die »personale Systemtheorie« in der Tradition Gregory Batesons.
- Systemische Organisationsberatung wird ausdrücklich als Interventionskonzept verstanden, aus dem sich konkrete methodische Vorgehensweisen ergeben.
- Schließlich ist die systemische Organisationsberatung durch bestimmte Werte und ein bestimmtes Menschenbild in der Tradition der Humanistischen Psychologie gekennzeichnet.

Sicherlich entwickeln soziale Systeme auf der Basis von Regeln und Regelkreisen (des »Kommunikationssystems«) eine Eigendynamik, jenseits der subjektiven Ziele und Absichten der einzelnen Personen. Zugleich sind aber soziale Systeme immer auch »Personensysteme«, das heißt Systeme denkender und handelnder Personen, deren Denken und Handeln vom sozialen System beeinflusst wird, die soziale Systeme durch ihr Handeln aber auch verändern können. Damit lässt sich abschließend folgende Definition systemischer Organisationsberatung formulieren:

Systemische Organisationsberatung

Damit ist gemeint:

- Beratung einzelner Personen im organisationalen Kontext, Beratung von Teams oder komplexen Organisationen
- Unterstützung bei der Entwicklung neuer Lösungen, ohne dem oder den Klienten die Entscheidung abzunehmen
- bei der Lösung von Problemen den Blick auf das soziale System handelnder Personen lenken

Dabei sind zu berücksichtigen:

- die relevanten Personen als Elemente des sozialen Systems
- ihre subjektiven Deutungen

- die sozialen Regeln in der Organisation
- Regelkreise als immer wiederkehrende Verhaltensmuster
- die materielle und soziale Systemumwelt sowie die Systemgrenze zur Umwelt
- die Entwicklung des sozialen Systems

Basis ist ein humanistisches Menschenbild, das die Autonomie des anderen (und damit auch des Klienten, des Teams, der Organisation) betont. Die Interventionen sind in diesem Sinn zu planen und durchzuführen.

Das Menschenbild systemischer Organisationsberatung

Basis systemischer Organisationsberatung ist ein humanistisches Menschenbild. Ob Beratung tatsächlich als Unterstützung und Hilfestellung oder möglicherweise als Versuch der Beeinflussung in eine bestimmte Richtung erfahren wird, resultiert nicht aus dem methodischen Vorgehen, sondern hat etwas mit dem Menschenbild der Beraterin oder des Beraters zu tun. Was aber heißt »Menschenbild«?

»Menschenbild« ist ein faszinierender, aber zugleich unscharfer Begriff. Er bezeichnet etwas, das hinter einzelnen Verhaltensweisen steht und die »eigentliche« Persönlichkeit – zum Beispiel einer Beraterin oder eines Beraters – ausmacht. Auf der anderen Seite ist der Begriff »Menschenbild« unscharf. Was ist ein Menschenbild? Was ist das Menschenbild der Systemtheorie?

Menschenbild als begrifflicher Rahmen Ein Menschenbild ist zunächst der begriffliche Rahmen zur Beschreibung menschlichen Tuns. Im Behaviorismus sind das vor allem die Begriffe »Verhalten«, »Reiz«, »Reaktion«. Diese Begriffe bilden gleichsam die Brille für die Betrachtung der Wirklichkeit und lenken die Aufmerksamkeit auf das »Verhalten« zum Beispiel eines Mitarbeiters oder einer Teilnehmerin und auf die »Reize«, die dieses Verhalten ausgelöst haben.

In der personalen Systemtheorie sind das die Begriffe des Systemmodells: im Wesentlichen der Begriff »System«, aber auch die Begriffe »Person« (»Element«), »subjektive Deutung«, »Regel«, »Regelkreis«, »Systemumwelt« und »Entwicklung«.

Menschenbild als Rahmen für Erklärung und Intervention Dieses Begriffssystem lenkt die Aufmerksamkeit auf das soziale System und die in diesem System handelnden Personen und bildet damit einen Rahmen für Erklärung und Intervention. Die Probleme des unmotivierten Mitarbeiters werden aus den verschiedenen Faktoren des sozialen Systems erklärt – und Intervention kann eben bei diesen Faktoren ansetzen.

Menschenbild als zentrale Werte Ein Menschenbild definiert aber darüber hinaus zentrale Werte, die die Grundlage für das Handeln bilden und einzelne Interventionen begründen. Was sind die zentralen Werte der Systemtheorie?

Bei Bateson und auch bei Watzlawick bleibt die Frage nach Werten offen. Damit besteht die Gefahr, dass Interventionen in sozialen Systemen als gerechtfertigt gelten, wenn sie wirkungsvoll sind. Ein Beispiel dafür ist die Technik der »wohlwollenden Sabotage«, die Watzlawick in dem Buch »Lösungen« Eltern vorschlägt.

> »*Auf jedes freche oder ungehorsame Verhalten des Jungen antworten sie so bald wie möglich mit einem weiteren Sabotageakt: Wenn er sein Bett nicht macht, so macht es die Mutter für ihn, wirft aber eine Handvoll Brotbrösel zwischen die Leinentücher. Wenn er sich darüber beschwert, kann sie es zuerst nicht glauben, gibt dann aber verlegen zu, dass sie beim Bettenmachen Zwieback aß und dass es ihr leid tue*« (Watzlawick u. a. 2013, S. 197 ff.).

Werte werden in der Tradition Batesons dann bei der Familientherapeutin Virginia Satir thematisiert. Satir gehörte zum Gründungsteam des Mental Research Institute (MRI) und ist insbesondere durch die »Systemskulptur«, eine Form, die Dynamik in der Familie darzustellen, bekannt geworden. Satir übernimmt das Begriffssystem der Systemtheorie in Anlehnung an Bateson, was dann bei therapeutischer Arbeit die Aufmerksamkeit nicht nur auf den Klienten, sondern auf das jeweilige soziale System (die Familie) lenkt.

> »*In meiner langjährigen Tätigkeit als Familientherapeutin sind mir immer wieder die folgenden vier Aspekte des Familienlebens als besonders bedeutungsvoll aufgefallen:*
>
> - *Die Gefühle und Vorstellungen, die ein Mensch über sich selbst hat, was ich als Selbstwert bezeichne.*
> - *Die Art, wie Menschen sich sinnvoll miteinander verständigen, was ich als Kommunikation bezeichne.*
> - *Die Regeln, die Menschen darüber aufstellen, wie sie sich fühlen und wie sie handeln sollten, und die sich schließlich zu dem entwickeln, was ich als Familiensystem bezeichne.*
> - *Die Art, wie Menschen zu anderen Menschen und zu Institutionen außerhalb der Familie in Beziehung treten, was ich als Verbindung zur Gesellschaft bezeichne*« (Satir 1999, S. 17 f.).

Sie verknüpft dieses Begriffssystem jedoch mit den Wertvorstellungen der Humanistischen Psychologie im Anschluss an Carl Rogers. Von Rogers übernimmt sie das »Wachstumsmodell« (Satir/Baldwin 2004, S. 135 ff.): die Überzeugung, dass

Menschen sich entwickeln können in Richtung größerer Autonomie und dass Wertschätzung, Empathie und Authentizität (Satir spricht im Anschluss an Rogers hier von Kongruenz) dafür entscheidende Faktoren sind. Daraus ergibt sich:

Autonomie als Grundwert Für die Humanistische Psychologie, wie sie neben Rogers unter anderem von Abraham Maslow, Fritz Perls oder Ruth Cohn vertreten wird, ist Autonomie der zentrale Grundwert. Ein voll entwickeltes moralisches Wesen, so Maslow, ist durch »klare und lebenstüchtige Wahrnehmungen der Realität« und durch ein »reales Selbst, eine feste Identität, Autonomie, Einzigartigkeit« gekennzeichnet (Maslow 1959, S. 127). Für Rogers ist menschliche Entwicklung auf das Ziel der Autonomie hin ausgerichtet:

> *»Der Organismus [...] bewegt sich in Richtung auf größere Unabhängigkeit oder Selbstverantwortlichkeit. Seine Bewegung geht [...] in die Richtung einer wachsenden Selbstbeherrschung, Selbstregulierung und Autonomie und weg von abhängiger Kontrolle oder Kontrolle durch äußere Kräfte«* (Rogers 2000, S. 422).

Satir erläutert Autonomie durch die »fünf Freiheiten«:

> *»Die Freiheit zu sehen und zu hören, was ist, statt zu sehen und zu hören, was sein sollte oder einmal sein wird.*
> *Die Freiheit zu sagen, was du fühlst und denkst, statt zu sagen, was du darüber sagen solltest.*
> *Die Freiheit zu fühlen, was du fühlst, statt zu fühlen, was du fühlen solltest.*
> *Die Freiheit, um das zu bitten, was du möchtest, statt immer auf die Erlaubnis zu warten.*
> *Die Freiheit, um der eigenen Interessen willen Risiken einzugehen, statt sich dafür zu entscheiden, ›auf Nummer sicher zu gehen‹ und ›das Boot nicht zum Kentern zu bringen‹«* (Satir u. a. 2007, S. 80).

Das Entwicklungsmodell Rogers spricht in diesem Zusammenhang von Aktualisierungstendenz:

> *»Es wird angenommen, dass der Mensch eine ihm innewohnende Tendenz hat, all seine Fähigkeiten auf eine Art und Weise zu entwickeln, die der Erhaltung oder Steigerung des Organismus dient [...] Wenn ein angemessenes Wachstumsklima gegeben ist, kann man auf die Tendenz, dass der Organismus weiter aktualisiert wird, vertrauen, sogar wenn dabei Widerstände und Schmerz zu überwinden sind«* (Rogers/Schmid 2004, S. 211).

Entsprechend formuliert Virginia Satir:

> »*In meiner Praxis und in meinem Leben stelle ich fest, dass Menschen, die sich als Ganzheit erleben und das Gefühl besitzen, selbst etwas wert zu sein, fähig sind, mit allen Herausforderungen des Lebens in schöpferischer und angemessener Weise fertig zu werden – auch in liebevoller Weise [...] Wachstum bedeutet, dass das Leben in ständiger Veränderung besteht, und es gibt keine Möglichkeit, das zu unterbinden*« (Schneider 1983, S. 45, S. 15 ff.).

Dahinter steht die Grundannahme, dass Menschen über die Ressourcen verfügen, die sie brauchen, um sich selbst weiterzuentwickeln – und dass es Aufgabe auch von Therapie und Beratung ist, diese Ressourcen aufzudecken und zu nutzen.

Wertschätzung, Empathie und Authentizität als Grundhaltungen Entscheidende Grundvoraussetzung für Entwicklung und Wachstum sind Wertschätzung, Empathie und Authentizität:

- **»Wertschätzung« beziehungsweise »bedingungsfreies Akzeptieren«** sind für Rogers Voraussetzung für Beratung und Therapie (1977, S. 23 ff.), wobei »bedingungsfrei« bedeutet, dass das Akzeptieren des Gesprächspartners

  > »*[...] frei ist von Beurteilung und Bewertungen der Gedanken, Gefühle und Verhaltensweisen des Klienten [...] Dies [...] ist die Haltung, die mit größter Wahrscheinlichkeit dazu führt, dass der Klient Vertrauen fasst, sein Selbst weiter erkundet und unrichtige Äußerungen korrigiert, sobald sich sein Vertrauen gefestigt hat*« (Rogers 1977, S. 24).

  Damit ist nicht gemeint, alle Verhaltensweisen eines Klienten als »gut« zu bewerten, sondern es bedeutet, ihn als Person zu akzeptieren, die über alle Ressourcen zur Lösung ihrer Probleme verfügt.
- **»Empathie«/»einfühlendes Verstehen«:** Unter Empathie versteht Rogers,

  > »*dass man die private Wahrnehmungswelt des anderen betritt und völlig in ihr heimisch wird [...] dass man empfindsam ist, von Augenblick zu Augenblick, gegenüber den sich verändernden gefühlten Bedeutungen, die in einer anderen Person fließen*« (Rogers/Schmid 2004, S. 194).

  Empathie bedeutet, das eigene Bild nicht für die Wirklichkeit an sich zu halten, sondern offen zu sein für andere Bilder der Wirklichkeit, also das Bild der Wirklichkeit des anderen als dessen Bild zu akzeptieren, nachzuvollziehen und wertzuschätzen, sensibel zu sein für seine Empfindungen.

- **»Kongruenz« beziehungsweise »Authentizität«:** Für Rogers ist die Kongruenz die grundlegendste Bedingung für Beratung und Therapie:

  »Dies ist die grundlegendste unter den Einstellungen des Therapeuten, die den positiven Verlauf einer Therapie fördern. Eine Therapie ist mit größter Wahrscheinlichkeit dann erfolgreich, wenn der Therapeut in der Beziehung zu seinem Klienten er selbst ist, ohne sich hinter einer Fassade oder Maske zu verbergen […] Kongruenz bedeutet, dass der Therapeut seiner selbst gewahr wird, dass ihm seine Gefühle und Erfahrungen nicht nur zugänglich sind, sondern dass er sie auch […] in die Beziehung zum Klienten einbringen kann« (Rogers 1977, S. 26).

  Authentizität bedeutet, für sich selbst Verantwortung zu übernehmen und nicht etwas zu tun, zu dem ich als Person nicht stehen kann – und damit auch Übereinstimmung in Denken und Handeln.

Für systemische Organisationsberatung auf der Basis der personalen Systemtheorie bedeutet das, dass Beratung keine bloße Technik und Anwendung von Methoden ist, sondern zunächst eine Haltung und Grundeinstellung,

- den Klienten zu akzeptieren, sich auf ihn zu konzentrieren, seine Fragen, Befürchtungen, Ängste, aber auch Wünsche und Hoffnungen ernst zu nehmen,
- auf die Ressourcen des Klienten zu vertrauen, das heißt, darauf zu vertrauen, dass er die Fähigkeit hat, selbst Lösungen zu finden,
- zugleich aber authentisch zu bleiben, das heißt, auch auf sich zu achten, zu dem zu stehen, was ich sage.

Literaturtipps

Als Einführung zum Thema Menschenbild sei genannt:

- Bodo Rollka/Friederike Schultz: *Kommunikationsinstrument Menschenbild.* VS Verlag für Sozialwissenschaften, Wiesbaden 2011

Zum humanistischen Menschenbild:

- Robert Hutterer: *Das Paradigma der Humanistischen Psychologie.* Springer, Berlin 1998

Als Einführungen in das Menschenbild von Rogers und Satir:

- Carl R. Rogers/Peter F. Schmid: *Person-zentriert.* Grünewald, Ostfildern 2004
- Virginia Satir/Michele Baldwin: *Familientherapie in Aktion.* Junfermann, Paderborn 2004

Der Organisations-beratungsprozess 03

Die Grundstruktur

In einem Beratungsgespräch beginnt die Klientin damit, ihre Situation detailliert zu schildern, ohne dass klar ist, worum es überhaupt geht. Es werden Lösungen entwickelt, ohne dass mögliche Ursachen der Probleme geklärt sind. Ein Veränderungsprozess in einem Werk verliert sich in einer Fülle von Einzelaktivitäten. Was hier fehlt, sind eine klare Orientierung und Struktur.

Sie kennen solche Situationen vermutlich auch von der anderen Seite: Sie hängen an einem Problem, aber kommen nicht vorwärts. Die Gedanken drehen sich im Kreis, jedes Mal erscheint alles noch komplizierter und noch schwieriger. Was Sie für eine Lösung brauchen, ist nicht der fertige Ratschlag (»Mach doch einfach das «), sondern Sie brauchen jemanden, der Sie beim Denken gleichsam an die Hand nimmt: »Jetzt lass uns mal Schritt für Schritt das Problem durchgehen!« Eben das ist Ihre Aufgabe als Beraterin oder Berater: dem Denken eine Struktur zu geben.

»GROW« als Grundstruktur

Wenn Beratung als Unterstützung bei der Lösung von Problemen definiert wird, dann liegt es nahe, die Struktur des Problemlösungsprozesses, wie er in der Problemlösungspsychologie unter anderem von Newell/Simon (1972) oder Dietrich Dörner (z. B. 1992, S. 67 ff.) modelliert wurde, auch für die Strukturierung von Beratungsprozessen zugrunde zu legen. Ein Problem zu lösen bedeutet,

- das Ziel festzulegen: Was soll erreicht werden? Was genau ist der Zielzustand? Woran lässt sich feststellen, dass das Ziel erreicht ist?
- die Ist-Situation zu klären: Was ist die Ausgangssituation? Auf welche Randbedingungen muss ich achten? Wo genau liegen die Probleme? Was ist schon erreicht, was nicht? Was sind Ressourcen, die zur Verfügung stehen?
- mögliche Lösungen zu entwickeln und zu bewerten: Was sind Möglichkeiten zur Erreichung des Ziels? Gibt es Teilziele? Gibt es besondere kreative Möglichkeiten? Was sind jeweils Vor- und Nachteile?
- eine Entscheidung zu treffen und einen konkreten Handlungsplan zu entwickeln: Was ist zu tun? Was genau sind die nächsten Schritte?

Je nachdem, ob man diese vier Phasen übernimmt oder ob man die Kontaktaufnahme im Beratungsprozess noch als zusätzliche Phase einführt, Sammlung und

Bewertung von Lösungen in zwei Phasen aufgliedert, Evaluation als eine zusätzliche Phase einfügt, ergeben sich daraus Modelle mit vier, fünf, sechs Phasen:

- Die wohl bekannteste Strukturierung in vier Phasen findet sich bei John Whitmore (2006, S. 60 ff.) unter der eingängigen Bezeichnung »GROW-Modell«:
  - »**G**oal«: Festlegung des Ziels
  - »**R**eality«: Klärung der Ist-Situation
  - »**O**ptions«: Sammlung von Lösungen
  - »**W**ill« (oder »What next«): Festlegung der nächsten Schritte.
- Gordon und Ronald Lippitt (2015, S. 18 ff., urspr. 1984) unterscheiden sechs Phasen:
  - Kontakt und Einstieg
  - Formulierung des Kontrakts und Aufbau einer Arbeitsbeziehung
  - Definition des Problems und diagnostische Analyse
  - Zielsetzung und Vorgehenspläne
  - Durchführung und Erfolgskontrolle
  - Sicherung der Kontinuität.
- Christopher Rauen (2004/2017/2018) gliedert den Coachingprozess nach dem COACH-Modell in fünf Phasen: Come together, Orientation, Analysis, Change, Harbour.
- Ein anderes Modell stammt von Kurt Lewin (1947, S. 34 f.). Basis dafür für ist die These, dass in Veränderungsprozessen zunächst festgefahrene Einstellungen aufgetaut und verändert werden müssen, bis neue Stabilität entsteht. In Anlehnung daran ergeben sich drei Phasen für den Beratungsprozess (so z. B. Schley 2002, S. 161 ff.):
  - Auftauen (unfreezing)
  - Ändern (moving)
  - Wiederherstellen der Stabilität (refreezing)

  Allerdings ist das weniger ein Phasenmodell, sondern eher ein Grundprinzip von Beratung und Veränderung: Immer wird es darum gehen, festgefahrene Denk- oder Verhaltensmuster aufzubrechen und neue Perspektiven und neue Handlungsmöglichkeiten zu gewinnen. Das aber kann grundsätzlich in allen Phasen des Problemlösungsprozesses geschehen.

Je mehr Phasen angesetzt werden, desto schwieriger lassen sich die einzelnen Phasen voneinander abgrenzen und desto unübersichtlicher wird das Vorgehen. Aus diesem Grund beschränken wir uns auf eine Strukturierung in vier Phasen in Anlehnung an die dargestellte Struktur des Problemlösungsprozesses.

Grundstruktur systemischer Organisationsberatung	
Klärung des Themas und Ziels	Orientierungsphase (»Goal«)
Klärung der Ist-Situation	Klärungs- oder Diagnosephase (»Reality«)
Sammlung von Lösungsmöglichkeiten	Lösungsphase (»Options«)
Festlegung des Handlungsplans	Abschlussphase (»What next«)

Die Gliederung in die vier Phasen Orientierungsphase, Klärungsphase, Lösungsphase sowie Abschlussphase bildet die Grundstruktur systemischer Organisationsberatung und lässt sich auf unterschiedlichen Ebenen anwenden:

- Ein einzelnes Beratungsgespräch mit einem Klienten oder einem Team beginnt mit einer Orientierungsphase, in der Thema und Ziel festgelegt werden. Daran schließt sich eine Klärungsphase an: Wie ist die gegenwärtige Situation? In der Lösungsphase werden Handlungsmöglichkeiten gesammelt, und das Beratungsgespräch schließt mit einer Abschlussphase: Was ist das Ergebnis? Was sind die nächsten Schritte?
- Die gleiche Struktur findet sich auch bei umfangreichen Organisationsberatungsprozessen wie zum Beispiel einer längeren Teamberatung oder der Beratung eines ganzen Unternehmens. Dieser Prozess wird ebenfalls mit einer Orientierungsphase in Form der Auftragsklärung beginnen. Daran wird sich eine Diagnosephase (was nichts anderes ist als eine umfassende Klärungsphase) zum Beispiel mithilfe von Interviews oder Fragebogen anschließen. In der Umsetzungsphase (sie entspricht der Lösungsphase) werden möglicherweise Workshops durchgeführt, es kann die Strategie des Unternehmens im Rahmen einer Großgruppenveranstaltung entwickelt werden, es werden Teamentwicklungsmaßnahmen durchgeführt oder einzelne Führungskräfte werden gecoacht. In der Abschlussphase geht es darum, den Beratungsprozess zu evaluieren: Was ist erreicht worden? Was ist noch offen? Was muss nach Abschluss des Beratungsprozesses getan werden?

Schließlich lassen sich auch andere Gesprächsformen, in denen es um die Lösung von Problemen geht, nach GROW strukturieren: Auch ein Erstgespräch mit einem möglichen Kunden lässt sich so gliedern: Es gibt eine Orientierungsphase, in der das Ziel dieses Gesprächs (nochmals) abgestimmt wird. Es gibt eine Klärungsphase, in der der Kunde sein Anliegen (zum Beispiel die Situation des Unternehmens) darstellt und die Beraterin ihr Konzept vorstellt. Es werden mögliche Vorgehensweisen für einen Beratungsprozess diskutiert, und es sollte ein konkretes

Ergebnis (zum Beispiel eine Vereinbarung für das weitere Vorgehen) erreicht werden. Ähnlich lässt sich GROW aber auch auf Kritikgespräche, das wöchentliche Abteilungsmeeting oder die Moderation eines Workshops anwenden.

GROW bietet damit eine Strukturierung, die sich in sehr vielen Gesprächssituationen anwenden lässt. Sicher werden die einzelnen Phasen je nach der Situation unterschiedlich aufwendig und auch unterschiedlich gestaltet sein. In einer Einzelberatung beschränkt sich die Klärungsphase möglicherweise auf eine relativ knappe Klärung des Problems, in einem umfangreichen Organisationsberatungsprozess werden hier möglicherweise aufwendige Organisationsanalysen durchgeführt. Dabei lässt sich der gesamte Prozess nach GROW gliedern, aber auch jedes einzelne Gespräch – oder innerhalb eines längeren Gesprächs die Bearbeitung einzelner Themen. Möglicherweise wird auch nach einer Klärungsphase das Ziel nochmals zu überprüfen sein (es kann also ein Wechsel von der Klärungsphase wieder zurück zur Orientierungsphase erfolgen).

Prozess- und Expertenberatung innerhalb der verschiedenen Phasen

Die Steuerung des Beratungsprozesses innerhalb der einzelnen Phasen erfolgt im Wesentlichen durch Fragen, wir sprechen hier von »Prozessfragen«. Dabei können Fragen mehr oder weniger hilfreich sein: Stellen Sie sich vor, ein Klient berichtet von Problemen der Zusammenarbeit im Team und die Beraterin fragt nach der Anzahl der Teammitglieder. Die Beraterin versucht hier, die Situation zu verstehen. Der Klient wird erzählen – aber kommt mit der Antwort seinem Ziel, Anregungen für die Verbesserung der Zusammenarbeit zu erhalten, nicht näher.

Eine andere Möglichkeit wären folgende Fragen der Beraterin: »Wo genau liegen die Probleme?« oder »Was führt dazu, dass die Zusammenarbeit schlecht ist?« oder »Was haben Sie bisher versucht, das Problem zu lösen?«. Diese Fragen sind »starke Fragen«. Sie regen den Klienten an, darüber nachzudenken, was die Ursache für die Probleme ist und was er bislang alles versucht hat. Und damit ist er der Lösung seines Problems einen wichtigen Schritt näher: Wenn er weiß, dass die schlechte Zusammenarbeit (unter anderem) daran liegt, dass die Aufgabenverteilung nicht klar ist, dann wird deutlich, dass eine Lösung hier ansetzen muss.

Starke Fragen können in unterschiedliche Richtungen zielen: Sie helfen, das Problem zu klären und möglicherweise aus einer anderen Perspektive zu betrachten. Sie helfen ebenso, sich über die Ressourcen, die eigenen Fähigkeiten, die bisherige Erfahrung, aber auch mögliche Unterstützung klar zu werden und auf dieser Basis neue Lösungen zu entwickeln.

Ob eine Frage eine starke Frage war, merken Sie in der Regel an der Reaktion Ihrer Klienten: Auf eine starke Frage kann er nicht einfach Wissen abrufen, sondern muss nachdenken. Der Klient zögert, denkt nach (man kann das am Gesichtsausdruck erkennen), überlegt. Lassen Sie ihm diese Zeit – und hindern Sie ihn nicht am Denken durch zusätzliche Kommentare oder neue Fragen. Übrigens können Sie in der Regel an der Körpersprache erkennen, ob Ihr Klient denkt – oder ob er sich gerade verloren fühlt und nicht weiter weiß und dann in der Tat einen neuen Anstoß zum Denken benötigt.

Starke Prozessfragen sind vielleicht das wichtigste Tool zur Strukturierung des Beratungsprozesses innerhalb der einzelnen Phasen. Es ist nicht Ihre Aufgabe als Beraterin oder Berater, den Inhalt bis ins letzte Detail zu verstehen – das ist ohnehin nicht möglich. Sondern es ist Ihre Aufgabe, den oder die Klienten zum Nachdenken anzuregen – und eben dazu dienen starke Fragen.

Beratung kann aber auch Expertenberatung sein. Nicht selten wünschen sich Klienten Anregungen von der Beraterin. Und das ist durchaus legitim. Das bedeutet, Sie als Beraterin können in den verschiedenen Phasen selbst Hinweise und Anregungen einbringen. Sie können in der Orientierungsphase zum Beispiel ein Thema vorschlagen, können in der Klärungsphase die Situation als Regelkreis deuten, selbst Lösungsmöglichkeiten vorschlagen.

Wenn Sie an einer Stelle Anregungen haben, dann geben Sie die bitte »im Klartext« und nicht in Fragen verklausuliert. Manche Berater scheuen sich, direkte Hinweise zu geben. Und daraus entstehen dann Versuche, die Lösung aus dem Klienten herauszukitzeln. Das wirkt nicht nur unnatürlich, sondern verändert auch Beratung in eine »Oberlehrer-Beratung« in dem Sinne, dass ein Berater die Antwort schon weiß, aber den Schüler dazu bringen möchte, sie selbst zu finden. Klienten – das ist die entscheidende Grundvoraussetzung für Beratung – sind kompetent und können selbst entscheiden. Und hier kann ein direkter Vorschlag durchaus hilfreich sein – und wirkt natürlicher als krampfhaftes Vermeiden.

Aber: Seien Sie sich bewusst, dass es immer der Klient ist, der darüber entscheidet, ob die Lösung für seine Situation passt oder nicht. Er kann die Anregung annehmen oder verwerfen. Beides ist in der Beratung gleichermaßen legitim – aber manchmal nicht ganz leicht für die Beraterin, wenn ein Klient ihre Lieblingslösung als ungeeignet verwirft. Für die Struktur des Beratungsprozesses bedeutet das, dass auf Expertenberatung immer Prozessberatung folgen muss: »Können Sie damit etwas anfangen?«

Unter Berücksichtigung von Prozess- und Expertenberatung ergibt sich damit folgende Grundstruktur:

Phase des Beratungsprozesses	Prozessberatung: Beraterin stellt Fragen	Expertenberatung
Orientierungsphase (Goal)	• Was ist das Thema? • Was ist das Ziel des gesamten Beratungsprozesses? Was soll am Schluss erreicht sein? • Was soll Ergebnis dieses Gesprächs, dieser Teamberatung sein?	• Beraterin schlägt Thema vor • Beraterin schlägt Vorgehensweise für den Beratungsprozess vor
Klärungs- oder Diagnosephase (Reality)	• Wie ist die gegenwärtige Situation? • Wo liegen die Probleme? • Was ist bereits erreicht? • Was hat zu der gegenwärtigen Situation geführt? • Was sind die Ressourcen, die hier zur Verfügung stehen? Wie haben Sie es geschafft, diese Situation zu erreichen? • Was sind mögliche zukünftige Szenarien?	• Beraterin stellt ihre Sichtweise dar • Beraterin interpretiert die Situation auf der Basis theoretischer Konzepte (zum Beispiel des Systemmodells) • Feedback von anderen Personen • Reflecting Team: Berater und Beobachter oder Experten unterhalten sich über die Situation
Lösungs- beziehungsweise Veränderungsphase (Options)	• Was sind Handlungsmöglichkeiten? • Was sind Möglichkeiten, dem Ziel näher zu kommen? • Was sind jeweils Vor- und Nachteile?	• Berater oder Experte geben Anregungen zum Vorgehen • Gemeinsames Brainstorming: Klienten und Berater/Experte sammeln Lösungen • Andere Beteiligte machen Lösungsvorschläge
Abschlussphase (What next)	• Was ist das Ergebnis? • Was sind die nächsten Schritte?	• Evaluation des Prozesses • Vorschläge zum weiteren Vorgehen • Vorschläge zur Stabilisierung

Literaturtipps

Hier wieder einige Anregungen zur Vertiefung:
Als Grundlagentext zu GROW:

- John Whitmore: *Coaching für die Praxis. Allesimfluss*, Staufen 2006

Außerdem gibt es derzeit eine ganze Reihe Bücher zu Fragen im Beratungsprozess. Exemplarisch seien genannt:

- Carmen Kindl-Beilfuß: *Fragen können wie Küsse schmecken*. Carl Auer, Heidelberg, 6. Auflage 2015
- Martin Wehrle: *Die 500 besten Coaching-Fragen. managerSeminare*, Bonn, 2. Auflage 2013

Orientierungsphase in längeren Beratungsprozessen

Ein Organisationsberatungsprozess beginnt immer mit einem ersten Kontakt – gleichgültig, ob dieser Kontakt vom Kunden oder von Ihnen ausging: Sie werden aufgefordert, Ihr Konzept vorzustellen. Es folgt dann in der Regel eine Reihe Fragen: Was ist Organisationsberatung? Welche Lösung schlagen Sie uns vor? Wie ist der Ablauf eines Organisationsberatungsprozesses?

Diese Fragen sind nicht immer leicht zu beantworten. Sie sind es deshalb nicht, weil es kein Standardkonzept systemischer Organisationsberatung gibt, sondern das Vorgehen im Blick auf das jeweilige soziale System zu entwickeln ist. Aber grundsätzlich ergeben sich folgende Schritte:

- Es ist zunächst das »Kundensystem« zu diagnostizieren: Wer ist der Kunde? Was sind seine Erwartungen? Wer sind die Ansprechpartner?
- Im Blick darauf ist ein Angebot zu formulieren: Was schlagen wir zur Lösung dieses Problems vor? Was ist das Besondere des systemischen Ansatzes?
- Daran schließt sich in der Regel ein Auftragsklärungsgespräch (oder mehrere Gespräche) über den Bedarf des Kunden und das Angebot.
- Ergebnis muss ein Kontrakt sein: Findet Organisationsberatung statt, und wenn, was sind Inhalte und Vorgehen?

Diese Orientierungsphase ist noch kein Beratungsprozess: Der oder die Klienten haben sich noch nicht auf Beratung eingelassen, sondern es geht darum, einen möglichen Auftrag abzuklären. Die einzelnen Schritte dieser Orientierungsphase sollen im Folgenden dargestellt werden.

Analyse des Kundensystems

Analyse des Kundensystems heißt, die relevanten Faktoren in einem (möglicherweise bislang unbekannten) sozialen System zu erfassen. Daraus ergeben sich folgende Fragen:

Wer sind die für den Beratungsauftrag relevanten Personen? Letztlich sind es immer Personen, die darüber entscheiden, ob Organisationsberatung stattfindet oder nicht. Das kann bei einem Coachingprozess der Coachee allein sein, wenn er die Entscheidung trifft. Es kann aber auch sein, dass die Vorgesetzte ihre Zustimmung geben muss oder ein Mitarbeiter der Personalabteilung eine Vorauswahl trifft. Bei einem umfangreichen Organisationsberatungsprozess wird im Vorstand die Entscheidung getroffen oder in einem Managementteam, möglicherweise ist der Betriebsrat beteiligt. Daraus ergeben sich folgende Fragen:

- Wer ist Ansprechpartner?
- Wer ist Entscheider?
- Gibt es darüber hinaus andere Personen, die Einfluss auf die Entscheidung über den Beratungsauftrag haben?

Was sind die subjektiven Deutungen der relevanten Personen? Ob ein Beratungsauftrag zustande kommt oder nicht, hängt von den subjektiven Deutungen der relevanten Personen ab: Was möchten sie durch Organisationsberatung erreichen oder vermeiden? Im Einzelnen ergeben sich daraus folgende Fragen:

- Was ist das Problem, das der Kunde lösen möchte: Will er eine negative Situation beseitigen, oder will er noch besser werden, den Umsatz erhöhen, ein neues Bildungskonzept implementieren? Wie wird das Problem vom Betreffenden beschrieben und erklärt? Meint er, bereits die Ursache zu wissen?
- Was sind seine inhaltlichen Erwartungen: Erwartet er eine fertige Lösung? Hat er bereits bestimmte Lösungsideen?
- Was sind die persönlichen Ziele der jeweiligen Kunden? In vielen Fällen sind es nicht nur die »inhaltlichen« Ziele, die hier eine Rolle spielen, sondern immer auch – und möglicherweise noch stärker – persönliche Ziele: Jemand will Karriere machen, seinen Einflussbereich stärken. Was erhofft sich der Assistent des Vorstands davon, wenn er sich für den Beratungsprozess einsetzt?
- Was gewinnt beziehungsweise verliert die betreffende Person durch den Beratungsprozess? Gewinnt oder verliert sie (an Einfluss, Ansehen und so weiter), wenn der Beratungsprozess erfolgreich ist? Was gewinnt beziehungsweise verliert der oder die Betreffende, wenn der Beratungsprozess scheitert?
- Was weiß der Betreffende über den Berater? Wie ist der Kontakt zustande gekommen? Wurde der Berater empfohlen?

Was sind relevante soziale Regeln und Strukturen? Wie ist das Unternehmen strukturiert? Wo ist das Team beziehungsweise ist die Klientin in dieser Organisation angesiedelt? Gibt es Regeln im Umgang mit Beratung oder für die Auswahl möglicher Beratern? Gibt es Regeln, wie eine mögliche Beraterin sich zu präsentieren hat?

Gibt es Verhaltensmuster (Regelkreise), die immer wieder auftreten? Werden immer wieder neue Veränderungsprojekte in Angriff genommen, um dann ebenso regelmäßig zu versanden? Gibt es ein Muster, dass Angebote immer wieder überarbeitet werden müssen, ohne dass man zu einem Ergebnis kommt?

Was ist die Systemumwelt? Das betrifft zum einen die materielle Umwelt: Wo soll die Beratung überhaupt stattfinden? Aber auch: Wie werden Beratungsprozesse dokumentiert? Gibt es eine Intranetplattform? Nicht selten ist bereits hier die soziale Umwelt wichtig: Wer sind die »internen Kunden« des Teams? Welche Rahmenvorgaben des Konzerns sind zu beachten?

Was ist die Vorgeschichte in Bezug auf Organisationsberatung? Waren zu diesem Thema schon andere Berater tätig? Gab es frühere Kontakte zu diesem Kunden, und wie sind diese verlaufen?

Gerade bei neuen Kundenkontakten ist es bisweilen nicht leicht, diese Informationen zu erhalten. Im Wesentlichen bieten sich hier folgende Möglichkeiten:

- »Offizielle« Informationen findet man in Geschäftsberichten, im Internet, in Programmen eines Bildungsanbieters und Ähnlichem. Sie sind ein hilfreicher erster Schritt, aber zugleich einseitig: Sie zeigen, wie sich die Organisation nach außen darstellen möchte, sagen aber wenig über die tatsächlichen Machtverhältnisse oder die tatsächlich gelebte Kultur.
- Informationen über das Kundensystem kann man in offiziellen Gesprächen erfragen. Es ist legitim, im Erstgespräch nach der Struktur des Bereiches zu fragen oder danach, was der Kunde durch Beratung erreichen möchte.
- Damit bietet sich als Drittes die Möglichkeit, informelle Kontakte zu nutzen: Gibt es Kontakte aus einem früheren Beratungsprojekt? Kenne ich jemanden, der in diesem Bereich arbeitet und den ich fragen kann?

Angebot

Irgendwann müssen Sie Ihr »Angebot« vorstellen: Was kann Organisationsberatung zur Lösung dieses Problems leisten? Bei großen Projekten wird in der Regel ein schriftliches Angebot erwartet, in einem Coachingprozess kann sich das Angebot möglicherweise auf eine knappe Erläuterung des Vorgehens beschränken.

Allerdings: Was hier üblicherweise erwartet wird, ist Expertenberatung: Was schlagen Sie als Beraterin vor, um die Konflikte im Team zu lösen? Kunden erwarten hier klare Empfehlungen. Doch wenn die Beraterin als Expertin Lösungen anbietet, kann sie relativ sicher sein, dass dieses Vorgehen nicht zum Erfolg führt. Starre Rezepte sind eben nicht »systemisch«. Wenn sie andererseits Prozessberatung anregt, also vorschlägt, selbst nach einer Lösung des Problems zu suchen beziehungsweise im Team gemeinsam die passende Organisationsform zu entwickeln, dann besteht die Gefahr, dass dieses Angebot zurückgewiesen wird: Erwartet wird ein Lösungsvorschlag und nicht der Hinweis, selbst an der Lösung des Problems zu arbeiten.

Bewährt hat sich Folgendes: als Expertin das Vorgehen zu verdeutlichen, aber keine fertige Lösung vorschlagen. Sie als Beraterin können damit sowohl den Erwartungen des Kunden auf Expertenberatung entsprechen als auch das Konzept »systemisch« offen halten und die eigene Kompetenz beweisen.

Im Grunde ist das eine »paradoxe Intervention«: Die Beraterin greift die Erwartung des Kunden auf und übernimmt die Rolle der Expertin. Aber das, was sie vorschlägt, ist keine fertige Lösung, sondern ein bestimmtes Vorgehen: »Als Expertin schlage ich vor, dass wir zunächst die Situation klären (hierbei steht Prozessberatung im Vordergrund), dann Lösungen sammeln und ich Ihnen Anregungen gebe (hier der Hinweis auf Expertenberatung) und Sie abschließend entscheiden, welches Vorgehen für Ihre Situation passt« (dafür ist letztlich wieder Prozessberatung erforderlich). Im Einzelnen heißt das:

- Gefragt werden Sie sicherlich, was systemische Organisationsberatung bedeutet. Eine Antwort könnte sein: Systemische Organisationsberatung heißt,
  - die Aufmerksamkeit auf die verschiedenen Faktoren des sozialen Systems zu richten,
  - das (verborgene) Wissen der Organisation zu nutzen,
  - als Experte Anregungen zu geben, aber die Organisation oder den Klienten auch zu unterstützen, selbst Lösungen zu finden.

  Wie Sie diese Grundsätze im Einzelnen formulieren, wird von Beraterin zu Beraterin unterschiedlich sein (es drückt Ihr eigenes Selbstverständnis aus) und muss zugleich in die »Sprache des Kunden« übersetzt werden. Mit theoretischen Überlegungen können Ihre Gesprächspartner vermutlich wenig anfangen, sondern benötigen eine Erklärung in »ihrer Sprache«.
- Organisationsberatungsprozesse haben in der Regel die gleiche Grundstruktur: Orientierungsphase, Klärungs-/Diagnosephase, Lösungs-/Veränderungsphase und Abschlussphase. Diese Struktur kann dem Angebot zugrunde gelegt werden.
- Innerhalb der jeweiligen Phasen gibt es bewährte Vorgehensweisen: zum Beispiel Interviews für die Diagnosephase, Teamentwicklungsworkshops, Coaching für die Veränderungsphase.
- Es kann sinnvoll sein, ein zweigeteiltes Konzept vorzuschlagen: erst eine Diagnosephase und danach wird unter Berücksichtigung der vorliegenden Ergebnisse das Konzept für das weitere Vorgehen entwickelt.

- Sie können zwei mögliche Alternativen darstellen, sodass der Kunde anhand dieser Möglichkeiten selbst entscheiden kann, ob er mit einer Diagnosephase oder unmittelbar mit einem Workshop starten möchte.
- Schließlich ist es hilfreich, Beispiele für eigene Organisationsberatungsprozesse aus Ihrer Erfahrung darzustellen: Wie war das Vorgehen bei einer Strategieberatung? Wie wurde Coaching in einem Konzern implementiert?

Erstgespräch und Auftragsklärung

Im Regelfall wird die Entscheidung für diesen Berater/diese Beraterin nicht allein auf der Basis eines schriftlichen Angebots, sondern auf der Basis persönlicher Gespräche fallen. Dabei geht es darum, Kontakt aufzubauen, abzuklären, ob die Probleme des Kunden und das Konzept der Berater zusammenpassen, und möglicherweise zu einem Auftrag über einen Beratungsprozess zu gelangen. Der Kunde »testet« dabei die Kompetenz der Beraterin oder des Beraters: Verfügt sie oder er über die Kompetenz, das Problem zu lösen? Und er »testet« zugleich auf einer emotionalen Ebene: Kann ich ihm oder ihr vertrauen? Für die Beraterin heißt das, sowohl die kognitive als auch die emotionale Ebene zu berücksichtigen (z. B. Seßler 2017). Sie kann die eigene Kompetenz verdeutlichen, aber zugleich als Person wirken, Vertrauen aufbauen und authentisch sein. Aber sie muss sich auch selbst fragen, ob sie mit diesem Kunden arbeiten möchte.

Jedes einzelne Gespräch in der Orientierungsphase lässt sich in die vier Phasen Orientierungsphase, Klärungsphase, Lösungsphase und Abschlussphase gliedern. Wir beschränken uns hier auf einige wichtige Punkte (vgl. auch Schmidt/Berg 2004, S. 66 ff.; Schwing/Fryszer 2017, S. 32 ff.):

Orientierungsphase Hier stehen im Wesentlichen folgende Aufgaben an:

- **Sich auf die Gesprächssituation und die Gesprächspartner vorbereiten:** Entscheidend ist die eigene Einstellung: Sie sind mir wichtig! Aber auch: Ich bin kompetent, ich kann Sie unterstützen!
- **Sensibel für die Situation sein:** Kontakt aufbauen erfordert immer auch Sensibilität: Passt die Sitzposition oder bin ich möglicherweise zu drängend beziehungsweise zu weit zurückgezogen? Dafür gibt es keine allgemeinen Rezepte, entscheidend ist »das Gefühl für die Situation«.
- **Für das Gespräch danken:** Der Gesprächspartner nimmt sich Zeit, die Beraterin kennenzulernen und sich das Konzept anzuhören. Er signalisiert Interesse.
- **Sich gegenseitig vorstellen:** Normalerweise beginnt das Gespräch mit einer kurzen Vorstellung der Beteiligten. Für die Beraterin heißt das: Etwas über den

eigenen Werdegang sagen, über Erfahrungen und ähnliche Projekte im Bereich Beratung, möglicherweise etwas Privates erzählen. Hier kommt es darauf, an, den »richtigen Ton« zu treffen: Was passt zu dieser Situation? Was wäre möglicherweise zu aufgesetzt oder zu distanziert oder zu aufdringlich?

- **Thema und Ziel des Auftragsklärungsgesprächs (nochmals) abklären:** Thema dieses Gesprächs ist ein möglicher Beratungsauftrag, Ziel ist es, sich wechselseitig kennenzulernen und zu klären, ob Anliegen des Kunden und Konzept, Vorgehen und Persönlichkeit der Beraterin zusammenpassen.
- **Randbedingungen für das Gespräch abstimmen:** Wie viel Zeit steht zur Verfügung? Nicht, dass der Gesprächspartner plötzlich zu einer Sitzung muss, wenn die Beraterin gerade ihr Konzept vorstellen möchte.

In den meisten Fällen entscheiden die ersten Minuten eines Gesprächs darüber, ob Kontakt entsteht und man miteinander warm wird. Von daher: Nehmen Sie sich unbedingt genügend Zeit dafür!

Klärungsphase Häufig beginnt diese Phase mit einigen allgemeinen Informationen zum Unternehmen, dem Bereich oder (im Einzelcoaching) zu den eigenen Aufgaben – hilfreich ist, wenn die Beraterin hier schon Vorinformationen besitzt und das einbringen kann.

Aufgabe der Beraterin ist, genau zuzuhören, Verständnis zu signalisieren und nachzufragen. Hilfestellung dafür können die Checkfragen zur Kundenanalyse sein. Wer hat Interesse an Beratung? Was verspricht sich der Gesprächspartner davon? Gab es schon frühere Versuche, dieses Thema zu bearbeiten?

Lösungsphase Nach der Klärung der Ist-Situation wird von der Beraterin ein Konzept erwartet. Was sich hier auszahlt, ist, sich zuvor Gedanken über ein mögliches Konzept gemacht zu haben und diese Überlegungen dann im Blick auf die Situation zu ergänzen oder zu modifizieren. Häufig muss in einem ersten Gespräch das Konzept auch nicht detailliert ausgefeilt sein (das kann in einem weiteren Gespräch ergänzt werden) – aber es sollte zumindest Grundlinien der vorgesehenen Beratung deutlich machen und einen Eindruck von dem »Unique selling point«, also dem Besonderen der systemischen Organisationsberatung, vermitteln.

An die Präsentation des eigenen Angebots schließt sich üblicherweise eine Diskussion an: Wo sind Fragen offen? Wo sind mögliche Bedenken? Was wären alternative Vorgehensweisen oder mögliche Modifizierungen? Die Schwierigkeit für die Beraterin in dieser Phase liegt darin, hier fortwährend »umswitchen« zu müssen: die Fragen, Einwände und Bedenken des Gesprächspartners zunächst aufzugreifen, zu verstehen und nachzufragen – und anschließend wieder als Expertin dazu Vorschläge zu unterbreiten.

Abschlussphase In vielen Fällen wird die Auftragsklärung mehrere Gespräche umfassen. Aber jedes einzelne Gespräch erfordert ein konkretes Ergebnis und eine Vereinbarung zum weiteren Vorgehen. Das kann eine Vereinbarung sein, ein schriftliches Angebot zu erstellen, die Vereinbarung, dass sich der Kunde das Angebot überlegt. Günstig ist dabei, sich die Zustimmung zum Nachfragen einzuholen: Ist es in Ordnung, dass ich Sie in ungefähr drei Wochen nochmals anrufe?

Bei Ablehnung des Angebots ist es hilfreich, den Prozess dann unter dem Aspekt »Lessons learned« zu bearbeiten: Was war die wichtige Lernerfahrung in dieser Auftragsklärung? Was kann ich als Beraterin nächstes Mal anders oder besser machen? Bei Annahme des Angebots geht es anschließend darum, den Auftrag genauer zu klären. Dabei müssen mehrere Kontrakte geschlossen werden (vgl. auch Schneider 2002; Schwing/Fryszer 2017, S. 104ff.):

- **Kontrakt darüber, ob Organisationsberatung stattfindet:** Hilfreich kann sein, als Beraterin hier nochmals Orientierung zu geben: »Was ich Ihnen anbieten kann, ist, dass ich Sie dabei unterstütze, die Situation und mögliche Schwierigkeiten zu klären und Verbesserungsmöglichkeiten für die Arbeit zu finden. Das heißt: Ich werde Ihnen keine Lösung vorgeben, aber ich kann Sie dabei unterstützen, selbst die für Sie richtige Lösung zu finden. Wäre das für Sie eine akzeptable Vorgehensweise?«
- **Kontrakte über Themen und Ziele der Organisationsberatung:** Was sind Thema und Schwerpunkte des Beratungsprozesses? Was ist das Ziel? Was soll am Schluss erreicht sein?
- **Kontrakte über Indikatoren, an denen die Erreichung der Ziele überprüft werden kann:** Häufig sind Themen und Ziele zunächst unscharf formuliert. Deshalb schließt sich ein weiterer Schritt an: Woran lässt sich feststellen, ob das Ziel erreicht ist oder nicht? Das bedeutet, für die einzelnen Ziele »Indikatoren« festzulegen. Das können Kennzahlen sein (zum Beispiel Zahl der Neukunden in einem Beratungsprozess des Vertriebs), aber auch subjektive Einschätzungen aus Mitarbeiterbefragungen, Interviews, Feedback des Vorgesetzten – die jeweiligen Methoden werden im Teil über Diagnoseverfahren noch ausführlicher dargestellt.

  Festlegung von Indikatoren ist letztlich nur aus der Perspektive des sozialen Systems zu leisten: Die Mitglieder einer Organisation oder eines Teams haben sehr wohl eine Vorstellung davon, woran sich die Erreichung von Zielen überprüfen lässt. Fragen dafür sind:
  - Woran genau können Sie beziehungsweise wir feststellen, ob die Ziele wirklich erreicht sind?
  - Woran könnte jemand anderes merken, dass Sie die Ziele erreicht haben?
  - Was genau ist anders, wenn die Ziele erreicht sind?

Nach unseren Erfahrungen lassen sich dabei nicht selten wenige Indikatoren finden, die mehr Aussagekraft besitzen als umfangreiche Datensammlungen.

- **Kontrakte über Rahmenbedingungen und Vorgehen:** Im Einzelnen sind hier zu klären:
  - Dauer des Beratungsprozesses: Bis wann soll der Prozess abgeschlossen sein?
  - Die Anzahl und die Häufigkeit der einzelnen Beratungstermine
  - Bestimmte Vorgehensweisen (zum Beispiel Diagnosephase mithilfe von Interviews, Workshops und Einzelcoaching, Qualifizierung)
  - Meilensteine, bei denen dem Auftraggeber über den Stand des Beratungsprozesses berichtet wird
  - Kosten
- **Vereinbarungen über Vertraulichkeit:** zum Beispiel darüber, dass Daten über einzelne Personen nur den Betreffenden zurückgespiegelt werden.

Bei einem Einzelcoaching werden diese Kontrakte häufig nur zwischen Berater und Klient getroffen. Wenn der Vorgesetzte oder die zuständige Mitarbeiterin der Personalabteilung mit einzubeziehen sind, dann ergibt sich ein »Dreieckskontrakt« (Schlippe/Schweitzer 2017, S. 27f.). Bei einer Teamberatung mag die Vereinbarung mit dem Teamsprecher, mit dem Teamsprecher und seinem Vorgesetzten oder mit dem gesamten Team getroffen werden, bei einem umfangreichen Organisationsberatungsprozess möglicherweise mit der gesamten Geschäftsführung.

Entscheidend ist, dass die Vereinbarung zum Abschluss einer Orientierungsphase eine gemeinsame Vereinbarung ist: »Ein Vertrag gelingt letztendlich nur dann, wenn jeder Vertragspartner sich selbst ernst nimmt und sich selbst mit einer eigenen Entscheidung zu sich selbst in die Vertragsbeziehung einbringt« (Schneider 2002, S. 78). Das bedeutet im Einzelnen:

- **Der Klient beziehungsweise die Klienten müssen explizit zustimmen:** Falls die Zustimmung nicht eindeutig erfolgt, ist es zweckmäßig, nachzufragen – möglicherweise bestehen noch irgendwelche Bedenken, die zunächst bearbeitet werden müssen. Generell gilt, dass Klienten ihre Zustimmung umso eher geben werden, je mehr sie die Hoffnung haben, durch Beratung ihre Probleme (besser) zu lösen, was sicher von der Kompetenz der Beraterin und möglicherweise auch von Vorerfahrungen abhängt. Aber es kann natürlich auch sein, dass die Klientin nicht zustimmt: »Aus meiner Sicht wäre es sinnvoller, wenn Sie als Beraterin den Mitarbeitern deutlich sagen würden, worauf sie bei Teamarbeit zu achten haben.« Es liegt dann an der Beraterin zu entscheiden, ob sie sich darauf einlässt (möglicherweise entsteht ja daraus ein Teamtraining) oder ob das Gespräch hier beendet wird.

- **Die Beraterin muss den Kontrakten explizit zustimmen:** Ein klarer Kontrakt erfordert auch eine explizite Zustimmung der Beraterin. Kann ich als Beraterin oder Berater mich wirklich auf diesen Beratungsprozess einlassen:
  - Kann ich dem Klienten gegenüber »neutral« sein, dass ich einerseits eine positive Beziehung aufbauen kann, andererseits aber auch die notwendige Distanz wahre?
  - Fühle ich mich als Berater kompetent, das Thema zu bearbeiten, oder handelt es sich um Probleme, die eher im Rahmen einer Therapie zu behandeln wären? Erfordert das Thema umfassende Fachkenntnis, über die ich nicht verfüge?
  - Kann ich mich auf das Vorgehen einlassen? Wird möglicherweise erwartet, in einem Zwei-Tages-Workshop einen umfassenden Kulturwandel durchzuführen? – was nicht zu leisten ist.
  - Sehe ich Chancen für den Erfolg – oder ist möglicherweise der Beratungsprozess nur ein Alibi, um nachher »beweisen« zu können, dass das alles doch nichts gebracht hat?
  - Kann ich den Auftrag mit meinen eigenen Werten vereinbaren?

Denken Sie daran: Letztlich hat es etwas mit Ihrer eigenen Identität als Beraterin und Berater zu tun, sich bewusst auf einen Beratungsprozess einzulassen.

Literaturtipps

Es gibt zahllose Literatur über Akquise, auch eine ganze Reihe über Akquise von Beratung. Hier nur einige Anregungen

- Barbara Kettl-Römer: *Wege zum Kunden*. Linde, Wien, 2. Auflage 2011
- Bernhard Kuntz: *Fette Beute für Trainer und Berater*. managerSeminare, Bonn, 2. Auflage 2011
- Rainer Schwing/Andreas Fryszer: *Systemisches Handwerk*. Vandenhoeck & Ruprecht, Göttingen, 8. Auflage 2017 (speziell zur systemischen Beratung)

Phasen des Beratungsgesprächs

Die zu Beginn dieses zweiten Teils dargestellte GROW-Struktur des Beratungsprozesses mit den Phasen Orientierung, Klärung, Lösung und Abschluss (Goal, Reality, Options, What next) ist zugleich die Grundstruktur jedes einzelnen Beratungsgesprächs.

Orientierungsphase (»Goal«)

Ein Klient, der zum ersten Mal zur Beratung kommt, wird vermutlich eine Reihe Fragen haben: Was erwartet mich hier? Bekomme ich hier wirklich Unterstützung? Kann die Beraterin mein Anliegen verstehen? Kann ich ihr vertrauen?

Diese Fragen zu beantworten ist Aufgabe der Orientierungsphase. Es muss, wie man im Anschluss an Erving Goffman formulieren kann, eine »gemeinsame Definition der Situation« hergestellt werden.

Goffman geht davon aus, dass wir im Alltag Situationen »als etwas« definieren, also bestimmte Regeln und damit einen Rahmen festlegen, der dem Gesprächspartner die Interpretation der Situation ermöglicht (Goffman 1977, S. 18 ff., S. 31 ff.). Für alltägliche Situationen ist das gut nachvollziehbar. Eine Vorlesung in einer Hochschule ist durch soziale Regeln definiert, die festlegen, was die unterschiedlichen Personen tun dürfen und was nicht: Dozent oder Dozentin tragen etwas vor, die Studierenden sollen in erster Linie zuhören (und nicht gleichzeitig im Internet surfen), Beginn und Schluss der Vorlesung sind festgelegt. Entsprechend gibt es Regeln, die eine Situation als Workshop, als Kritikgespräch, als Plaudern beim Bier definieren – und jeder kennt die Unsicherheit (und auch Verärgerung), die entsteht, wenn eine Situation nicht eindeutig definiert ist, wenn sich zum Beispiel eine Plauderei unter der Hand in ein Kritikgespräch verwandelt. Daraus ergibt sich eine erste Aufgabe: die Situation als Beratung zu definieren:

- Es sind Regeln für den Ablauf des Beratungsgesprächs festzulegen: Die Beraterin steuert das Gespräch und hat damit das Recht, Fragen zu stellen, sie darf aber auch Hinweise und Anregungen geben.
- Es sind Systemgrenzen zu definieren: Was aus dem Beratungsgespräch wird nach außen weitergegeben? Wo besteht Vertraulichkeit? Werden andere Personen (beispielsweise Vorgesetzte oder andere Kollegen) eingebunden?

Die Definition der Situation als Beratung ist für eine externe Beraterin oder auch für einen internen Berater, der eine andere Abteilung berät, noch verhältnismäßig einfach. Sie wird umso schwieriger, je mehr der Berater in das soziale System des Klienten eingebunden ist. Eine Vorgesetzte ist etwas anderes als eine externe Beraterin. Sie muss Position beziehen, Zielvereinbarungen mit ihren Mitarbeitern treffen, Kritik üben. Aber sie kann auch beraten – aber nur unter der Voraussetzung,

- dass sie als Führungskraft nicht von dem Problem betroffen ist
- dass die Entscheidung beim Klienten bleibt
- dass die Beteiligten sich auf diese Definition der Situation als Beratung einlassen können

Konkret: Eine Vorgesetzte kann ihren Mitarbeiter zum Thema »Zeitmanagement« nicht beraten, wenn sie sich über seine Unpünktlichkeit ärgert. Sie kann ihn aber sehr wohl beraten, wenn der Mitarbeiter sich mit der Bitte um Unterstützung an sie wendet oder wenn es auf der Basis einer Zielvereinbarung um die Frage geht, wie der Mitarbeiter diese Ziele am besten erreichen kann. Dann kann die Beziehung zwischen Vorgesetztem und Mitarbeiter, aber auch zwischen Kollegen, für eine begrenzte Zeit als Beratung definiert werden: »Ist es in Ordnung, dass ich jetzt (für die nächste Stunde) die Rolle des Beraters übernehme?«

Daneben ist es Aufgabe der Orientierungsphase, Thema und Ziel der Beratung festzulegen. Daraus ergibt sich folgende Struktur:

- sich innerlich auf Beratung einstellen
- das äußere Umfeld vorbereiten
- Kontakt zum Klienten aufbauen
- Regeln des Beratungsgesprächs vereinbaren
- Thema und Ziel der Beratung festlegen
- Rahmenbedingungen und Ablauf klären.

Sich innerlich auf Beratung einstellen

Beratung beginnt nicht bei dem Klienten. Sie beginnt auch nicht erst, wenn Beraterin und Klient zusammenkommen. Sondern Beratung beginnt mit der Grundeinstellung des Beraters: sich bewusst machen, dass Beratung eine Haltung der Wertschätzung, der Empathie und der Authentizität ist, der Überzeugung, dass der Klient das Potenzial hat, seine Probleme selbst zu lösen. Beratung ist zugleich Klarheit, Konzentration und Achtsamkeit auf den Klienten. Das bedeutet, wie Sabine Asgodom (2012, S. 48) für das Coaching formuliert,

»sich zurücknehmen zu können und sich ganz auf den anderen Menschen zu konzentrieren. Verbunden mit einer Art Selbstvergessenheit lässt es Sie im Gespräch mit dem anderen die wichtigen Dinge hören und Zwischentöne vernehmen«.

Diese Haltung zu realisieren erfordert letztlich Klärung des Selbstverständnisses. In der konkreten Situation ist es hilfreich, sich dieses Selbstverständnisses jeweils neu zu vergewissern:

- sich (einige Minuten) Zeit nehmen, sich aus dem Tagesgeschäft zu lösen
- sich innerlich auf die Beratung einstellen und auf den Klienten konzentrieren

Das äußere Umfeld vorbereiten

Ein Büroraum, in dem während der Beratung immer wieder das Telefon klingelt, signalisiert dem Gesprächspartner: »Sie sind mir nicht so wichtig, anderes hat Vorrang.« Positiv gewendet: das Umfeld so einrichten, dass es gute Voraussetzungen für die Beratung bietet:

- einen Besprechungsraum wählen, in dem das Gespräch nicht gestört wird
- Telefon umschalten, der Sekretärin Bescheid sagen
- nach Möglichkeit das Gespräch nicht am Schreibtisch, sondern an einem eigenen Besprechungstisch oder in einer eigenen Sitzecke führen. »Vor dem Schreibtisch« zu sitzen weckt für manche Personen unangenehme Assoziationen (»Ich muss zum Chef«)
- gegebenenfalls Kaffee, Tee oder Mineralwasser bereitstellen
- Flipchart oder Metaplan-Karten bereitstellen
- sich überlegen, wo wähle ich meinen Platz, wo könnte der Klient sitzen

Das mag verhältnismäßig einfach sein, wenn Sie es mit einem Klienten zu tun haben, aber schwieriger, wenn Sie mit einem Team arbeiten. Nicht selten empfiehlt es sich, Tische umzustellen (oder zu entfernen). Nehmen Sie sich dafür Zeit – und achten Sie auf Ihr Gefühl: Passt der Raum? Ist dieser Platz passend für mich?

Kontakt zum Klienten aufbauen

Die ersten Sekunden und Minuten eines Gespräches sind für die Beziehung entscheidend: Man trifft einen (neuen) Gesprächspartner, und nach wenigen Minuten ist der Kontakt da – oder man wird mit ihm nicht warm. Entsprechendes gilt für das Beratungsgespräch. In der Regel entscheiden die ersten ein bis zwei Minuten darüber, ob Kontakt zu dem Gesprächspartner entsteht. Je nachdem, ob der Klient dabei zu dem Ergebnis kommt: »Ich kann hier von meinen Problemen erzählen, ich kann dem Berater vertrauen«, wird sich der weitere Verlauf des Beratungsgespräches gestalten. Im ersten Fall wird er sich öffnen und von seinen Schwierigkeiten erzählen, im anderen Fall wenig sagen, im Allgemeinen bleiben oder das Gespräch abbrechen. Als Fachbegriff hat sich dafür der Begriff »Rapport« eingebürgert:

> *»Rapport ist eine Beziehung zwischen zwei Menschen, die auf gegenseitiger Achtung, Wertschätzung und Vertrauen beruht. Eine solche Beziehung ist die Voraussetzung jeder Beratung«* (Mohl 2006, Bd. 1, S. 131).

Kontakt oder Rapport ist in erster Linie Sache der Einstellung. Der Klient spürt sehr schnell, ob ihm die Beraterin Wertschätzung entgegenbringt, ob er ihr vertrauen kann. Trotzdem gibt es verbale und nonverbale Verhaltensweisen, die den Kontakt eher behindern oder fördern:

Die passende Sitzposition Wir wissen aus der Forschung zur nonverbalen Kommunikation, wie wichtig Distanz und Positionierung (frontal gegenüber oder schräg) für die Beziehung zum Gesprächspartner sind (Argyle 2002, S. 281 ff.). Wenn die räumliche Distanz zu groß ist, geht der Kontakt verloren. Wenn sie zu gering ist, rückt einem der andere »auf die Pelle«. Wenn man einander in einer 180-Grad-Position gegenübersitzt, führt das leicht zur Konfrontation.

Die klassische Beratungsposition ist eine Sitzposition im Winkel von ungefähr 90 Grad. Der Klient hat die Möglichkeit, Blickkontakt aufzunehmen oder den Blick abzuwenden, je nachdem, wie es für ihn passend ist. Nun müssen es nicht immer genau 90 Grad sein. Probieren Sie es in Gesprächen selbst aus: Verändern Sie Distanz und Richtung des Körpers und achten Sie darauf, wie sich der Kontakt verändert. Nehmen Sie sich Zeit, »Ihre Position zu finden«.

Sich in der Körperhaltung auf den anderen einstellen Personen, die sich gut verstehen, zeigen oft eine ähnliche Körperhaltung. Man kann das im Biergarten beobachten oder an der Theke: Beide haben die Arme aufgestützt, den Oberkörper vorgebeugt. Auch das Gegenteil ist zu beobachten: Ein Gesprächspartner beugt sich immer mehr vor, kommt immer näher, der andere weicht immer mehr zurück. Hier ist der Kontakt verloren gegangen.

In der Tradition des Neurolinguistischen Programmierens spricht man in diesem Zusammenhang von »Pacing« oder »Spiegeln«: sich dem anderen in der Körperhaltung, möglicherweise auch in der Wortwahl oder im Sprachrhythmus angleichen (Dilts u. a. 2003, S. 121 ff.; Mohl 2006, Bd. 1, S. 131 ff.). Aber: Als Technik angewandt, wirkt Pacing unecht und erreicht eher das Gegenteil. Grundlegend ist Ihre Einstellung. Achten Sie dann auf Ihre Sitzposition und Ihre Körperhaltung: Passt es? Habe ich Kontakt zum Klienten?

Verbal Kontakt herstellen Eine Beratung beginnt mit dem Satz des Beraters: »Nun sagen Sie doch endlich klar, was Sie wollen!« Vermutlich wird eine solche Äußerung beim Gesprächspartner als Abwertung ankommen: »Sie haben bislang die Situation nicht klar dargestellt.« Für Beratung heißt das, auch die verbale Ebene zum Aufbau von Kontakt zu nutzen. Für die konkrete Umsetzung gibt es unterschiedliche Möglichkeiten:

- Oft brauchen Klienten etwas Zeit, bis sie zu ihrem eigentlichen Thema kommen. Hier kann »Small Talk« hilfreich sein: über die Herfahrt zu sprechen oder über das Büro des Gesprächspartners (oft geben besondere Einrichtungsgegenstände wie Bilder, Modelle von Autos einen Gesprächsanlass).
- Als weitere Möglichkeit zum Aufbau einer positiven Beziehung nennt Thomas Gordon »Türöffner« und »Aufmerksamkeitsreaktionen« (Gordon 2005, S. 58 ff.): Türöffner sind Einladungen an den Klienten, über ein Thema zu sprechen, und signalisieren dabei zugleich Zuwendung und Aufmerksamkeit: »Möchten Sie darüber sprechen?« Aufmerksamkeitsreaktionen sind ins Gespräch eingestreute Anzeichen dafür, dass der Zuhörer die Botschaft wahrnimmt: »Mh«, »Wirklich?«, »Ich verstehe«.
- Schließlich kann Pacing auch auf verbaler Ebene erfolgen: sich im Tonfall und Rhythmus auf den anderen einstellen.
- Eine besondere Form des Pacing ist die Angleichung an das Repräsentationssystem des Klienten: Menschen, so Bandler/Grinder (2010, S. 7 ff.; O'Connor 2006, S. 63 ff.), »repräsentieren« auf unterschiedliche Art ihre Erfahrungen, das heißt, sie vergegenwärtigen sich Situationen unterschiedlich. Dabei werden mehrere Repräsentationssysteme unterschieden. Die drei wichtigsten sind:
  - das visuelle Repräsentationssystem, bei dem Erfahrungen durch Bilder repräsentiert werden: Jemand »sieht nicht klar«, »blickt nicht durch« oder »findet keinen Weg«.
  - das auditive Repräsentationssystem: Jemand sagt sich: »Das schaffst du nie«, oder hört (in Gedanken) negative Botschaften.
  - das kinästhetische Repräsentationssystem: Jemand »fühlt sich nicht wohl«.

Verständigung, so Bandler/Grinder, hängt nicht zuletzt von der Übereinstimmung in den Repräsentationssystemen ab: Wenn jemand mit einem anderen »auf gleicher Welle« oder »im Gleichklang« ist (man achte auf die Prozesswörter), dann deutet das auf Übereinstimmung in den Repräsentationssystemen hin. Wenn jemand einen anderen nicht versteht und keinen Zugang zu ihm hat, dann deutet das auf Unterschiede (Cameron-Bandler 2002, S. 35 ff.).

Als Technik eingesetzt, wirken die in den vorangegangenen Abschnitten aufgeführten Verhaltensweisen unnatürlich und manipulativ – übrigens ein Sachverhalt, der sich im Zusammenhang mit Untersuchungen über Spiegelneuronen (die Nervenzellen, die eigene Empfindungen steuern, wenn der gleiche Vorgang bei einer anderen Person beobachtet wird) deutlich bestätigt:

> *»Eine Sympathie erzeugende Übereinstimmung zwischen einer gegebenen Situation und der in dieser Situation gezeigten Körpersprache lässt sich nicht bewusst planen oder willentlich herstellen. Der Sympathieeffekt überträgt sich nur, wenn die Person spontan und authentisch ist, das heißt, wenn ihr Ausdruck in Einklang mit ihrer tatsächlichen inneren Stimmung steht«* (Bauer 2005, S. 49).

Sie werden nur dann Kontakt zu Ihrem Klienten herstellen, wenn das Ihrer tatsächlichen Einstellung entspricht, wenn Sie authentisch sind. Achten Sie dabei auf das eigene Gefühl: Stimmen räumliche Distanz und Sitzposition? Passt die Wortwahl zu der Situation?

Regeln und Rahmenbedingungen des Beratungsgesprächs vereinbaren

Sofern es noch nicht in der Auftragsklärung geschehen ist: Hier ist (nochmals) die Rolle des Beraters zu klären – und das heißt, es sind Regeln festzulegen, die diese Situation als Beratung definieren:

- Beratung heißt, den Klienten bei der Lösung von Problemen zu unterstützen: Der Berater darf Fragen stellen, auch Hinweise und Anregungen geben, darf aber dem Klienten nicht die Entscheidung abnehmen.
- Der Berater ist für den Prozess, aber der Klient für das Ergebnis verantwortlich. Ihre Aufgabe als Berater ist es, den Beratungsprozess zu steuern. Lassen Sie sich die Steuerung nicht aus der Hand nehmen!
- Expertenberatung ist legitim: Wenn Sie als Berater Anregungen haben, formulieren Sie diese im Klartext, aber der Klient entscheidet, was er damit anfangen kann.
- Absolute Vertraulichkeit über das, was im Beratungsprozess geschieht. Der Klient kann davon erzählen, wem und was er will. Aber lassen Sie sich nicht vom Vorgesetzten über die Beratung ausfragen. Sondern sprechen Sie mit Ihrem Klienten ab, wie der Vorgesetzte eingebunden wird: zum Beispiel im Rahmen eines gemeinsamen Statusgesprächs.

Zugleich sind weitere Vereinbarungen zu treffen:

- Wie viel Zeit steht heute zur Verfügung?
- Wer darf von der Beratung wissen? Wer nicht?
- Wie werden Mitarbeiter, Vorgesetzte oder Kollegen eingebunden?

Thema und Ziel des Beratungsgesprächs festlegen

Es gibt Beratungsgespräche, in denen ein Klient anfängt zu erzählen, ohne dass man als Beraterin genau weiß, was das Anliegen ist. Hier fehlt Orientierung: Was ist das Thema dieses Beratungsgesprächs? Was möchte der Klient am Schluss erreicht haben? Im Einzelnen dazu die folgenden Anregungen (z. B. Fischer-Epe 2011, S. 68 ff.):

Thema des Beratungsgesprächs Es mag sein, dass der Klient bereits mit einem festen Thema in die Beratung kommt, oder das eigentliche Thema schält sich erst im Verlauf des Gesprächs heraus. Möglicherweise ist auch ein Thema vorgegeben (»die Zusammenarbeit im Team«), oder der Berater spricht von sich aus ein mögliches Thema an. Daraus ergeben sich folgende mögliche Prozessfragen für den Einstieg:

- Möchten Sie erzählen, worum es geht?
- Welches Thema möchten Sie heute bearbeiten?
- Möchten Sie kurz erzählen, um was es geht?

In der Regel wird der Klient mit einer allgemeinen Schilderung seiner Situation oder seines Problems beginnen. Sinnvoll ist, ihm dafür Zeit zu lassen: Er kann sich von der Seele reden, was ihn bewegt – und hat zugleich Zeit, sich zu überlegen, was heute zu bearbeiten wäre. Aufgabe des Beraters ist es hier, Kontakt zu halten, zuzuhören und auf mögliche Themen zu achten, die sich andeuten.

Diese erste Schilderung der Situation dient dazu, dass Ihr Klient sich auf das Thema konzentriert, es geht nicht darum, die Situation zu verstehen. Also nicht nachfragen (das führt nur dazu, dass der Klient anfängt, seine Situation dem Berater zu erklären), sondern im passenden Zeitpunkt zum Thema zurückführen: »Und im Blick auf diese Situation, was davon sollten wir heute bearbeiten?«

Wenn es sich nicht um das erste, sondern um ein späteres Beratungsgespräch im Rahmen eines längeren Prozesses handelt, wird diese erste Phase etwas länger sein. Einstiegsfragen sind:

- Was hat sich seit dem letzten Beratungsgespräch ergeben?
- Wir hatten letztes Mal vereinbart, dass Sie ein Gespräch mit Herrn Scholz führen. Was hat sich dabei ergeben?

Aber auch hier gilt: Diese Schilderung einige Zeit laufen lassen – aber dann die Frage nach dem heutigen Thema anschließen. Möglicherweise ergibt sich ein Anschlussthema, oder ein neues Thema ist aktuell, oder Sie als Berater haben einen Vorschlag (auch das ist legitim).

Ziel des Beratungsgesprächs Dabei sind zwei Ziele zu unterscheiden (ähnlich Whitmore 2006, S. 65 ff.):

- Ein **Prozessziel** (Whitmore spricht von »Endziel«), das der Klient über längere Sicht erreichen möchte: Eine Abteilungsleiterin möchte ihre Position innerhalb des Bereichs festigen; ein Team will die Zusammenarbeit verbessern. Das alles sind Ziele, die über das einzelne Beratungsgespräch hinausreichen: Die Abteilungsleiterin wird nicht nach zwei Stunden Beratung ihre Position gefestigt haben – aber sie kann dafür einen Handlungsplan entwickeln.
- Die letzte Formulierung ist dann ein konkretes **Beratungsziel:** das Ziel, das am Ende des Beratungsgesprächs erreicht werden soll, zum Beispiel:
    - Klarheit über mögliche Probleme im Projekt bekommen
    - Anregungen erhalten, die eigene Position zu festigen
    - Einen Handlungsplan entwickeln
    - Ein bereits bestehendes Konzept überprüfen

In manchen Fällen haben Klienten bereits zu Beginn genaue Vorstellungen über das Beratungsziel. In anderen Situationen wird ihnen nur das Prozessziel klar sein, und es ist dann Aufgabe des Beraters, das Beratungsziel abzuklären. Möglicherweise braucht der Klient Unterstützung bei der Formulierung: Geht es um Klarheit, um neue Ideen, einen Handlungsplan, die Überprüfung bereits vorhandener Vorstellungen?

Klärung des Beratungsziels

Die Prozessfrage zur Klärung des Beratungsziels lautet:

- »Was möchten Sie als Ergebnis dieses Beratungsgesprächs mitnehmen?«

Egal wie Sie diese Einstiegsfrage ausformulieren: Deutlich muss werden, dass sie sich auf das Ziel des Gesprächs bezieht und nicht auf einen längeren Prozess. Möglicherweise müssen Sie nochmals nachfragen: »Und im Blick auf dieses übergeordnete Ziel: Was soll Ergebnis des Gesprächs sein?«

In diesem Zusammenhang noch eine Anregung: Formulieren Sie das Beratungsziel schriftlich!
Eine schriftliche Formulierung zwingt zu Exaktheit. Klären Sie die genaue Formulierung mit Ihrem Klienten ab und verwenden Sie dabei die Begriffe Ihres Klienten. Wenn möglich visualisieren Sie das Ziel: auf einem Flipchart oder auf einer Karte – nach Möglichkeit so, dass sowohl Klient als auch Berater den Blick darauf werfen können. Das hilft Ihnen und dem Klienten, auf dem richtigen Weg zu bleiben.

Die Orientierungsphase schließt mit einer Orientierung über das weitere Vorgehen. Dabei ist in der Regel der Berater als Experte – hier als Experte für den Beratungsprozess – gefordert, der Vorschläge zum Ablauf macht: »Ich schlage Ihnen vor, dass wir zunächst die Situation anhand eines konkreten Beispiels genauer klären und dann gemeinsam Lösungen erarbeiten.«

Ergebnis der Orientierungsphase müssen explizite Kontrakte sein:

- Kontrakte über die gemeinsame Definition der Situation als Beratung. Dabei können auch Kontrakte darüber geschlossen werden, wo das Schwergewicht beim Beratungsprozess liegt: auf Prozess- oder Expertenberatung
- Kontrakte über Thema und Ziel des Beratungsgesprächs
- Kontrakte über zusätzliche Rahmenbedingungen, wie die zur Verfügung stehende Zeit, oder darüber, dass keine Informationen an andere Personen weitergegeben werden

Kontrakte erfordern die Zustimmung von Klient und Berater. Also genau nachfragen: Kann sich der Klient darauf einlassen? Stimmen alle Teammitglieder zu? Kann ich als Berater mich darauf einlassen?

Checkliste Orientierungsphase

- ☐ Nehmen Sie sich Zeit, sich auf das Beratungsgespräch einzustellen und Ihre Rolle zu klären.
- ☐ Bereiten Sie den Raum vor: Wo wählen Sie Ihren Platz? Wo sitzt Ihr Klient oder sitzen Ihre Klienten? Wie weit sind Materialien (Flipchart, Stifte) vorbereitet?
- ☐ Nehmen Sie sich Zeit, sich körpersprachlich auf Ihren Klienten einzustellen: Stimmen Abstand und Sitzposition?
- ☐ Steigen Sie mit einem Türöffner ein: Worum geht es heute? Was hat sich seit dem letzten Beratungsgespräch ergeben?

- ☐ Lassen Sie Ihrem Klienten Zeit, zum Thema zu kommen. Aber versuchen Sie nicht, die Situation zu verstehen, und fragen Sie nicht nach (Sie wissen noch gar nicht, was davon wirklich wichtig ist).
- ☐ Machen Sie Ihre Rolle transparent und klären Sie die Rahmenbedingungen.
- ☐ Führen Sie dann zum Thema: »Welches Thema sollen wir heute bearbeiten?«
- ☐ Anschließend klären Sie das Ziel dieses Beratungsgesprächs: »Im Blick auf dieses Thema: Was möchten Sie nach Abschluss unseres Gesprächs als Ergebnis haben?«
- ☐ Visualisieren Sie das Ziel (nach Möglichkeit so, dass Klient und Berater das Ziel im Blick haben). Verwenden Sie dafür die Begriffe des Klienten und versuchen Sie nicht, mit Ihren Begriffen zu interpretieren.

Klärungsphase (»Reality«)

Häufig liegt das eigentliche Problem darin, dass die Ausgangssituation nicht klar ist: Was ist erreicht? Wo liegen die Probleme? Wenn aber die Ausgangssituation nicht klar ist, dann besteht keine Möglichkeit, eine passende Lösung zu finden.

Daraus ergibt sich die zweite Phase des Beratungsgesprächs: die Klärungsphase oder, wie Whitmore sie bezeichnet, die »Reality«-Phase. Ziel der Klärungsphase ist, den oder die Klienten dabei zu unterstützen, für sich die Situation zu klären. Diese Formulierung ist zentral:

- Es geht nicht darum, herauszufinden, was »in Wirklichkeit« geschehen ist. Hier ist die Bezeichnung »Reality« mit der Forderung »Seien Sie objektiv!« (Whitmore 2006, S. 73 f.) irreführend: Eine »objektive« Erkenntnis der Wirklichkeit ist unmöglich, denn unser Bild von der Wirklichkeit ist immer von unserer Perspektive bestimmt. Klärungsphase kann also nur heißen, dass der Klient oder mehrere Klienten ihre jeweilige Sicht der Wirklichkeit klären und möglicherweise die Situation aus einer anderen Perspektive betrachten – ohne dass man sich in der Diskussion verfängt, was »in Wirklichkeit« war.
- Es geht nicht darum, dass die Beraterin die Situation vollständig versteht. Das ist ein typischer Anfängerfehler: Man versucht als Berater zu verstehen, fragt nach – und hindert gerade dadurch den oder die Klienten, die Situation »für sich« zu klären. Es verändert sich die Definition der Situation: Jemandem etwas zu erklären ist etwas anderes, als eine Situation für sich zu klären.

Das bedeutet, dass der Berater in dieser Phase seine Aufmerksamkeit weniger auf die Sache zu richten hat, sondern auf den Prozess und den Klienten: Wie sieht der Klient das Problem? Was braucht er, um für sich die Situation weiter zu klären?

»Starke Fragen« als Einstieg in die Klärungsphase

Doch was genau ist in einer komplexen Situation zu klären? Das Kriterium dafür ist das Beratungsziel. Daraus ergibt sich eine zentrale Frage für den Berater:

Was muss geklärt werden, um das Ziel des Beratungsgesprächs zu erreichen?

Beispiele

- Im Rahmen eines Coachingprozesses wird als Beratungsziel angesetzt, Möglichkeiten zu finden, um die Beziehung zum Vorgesetzten zu verbessern. Für die Lösung dieses Problems ist zu klären, wie die Beziehung zum Vorgesetzten in der bisherigen Zusammenarbeit ist: Wo genau liegen die Probleme? Gibt es aber auch Punkte, die gut laufen? Welche sind das?
- Ein Projekt ist in Zeitverzug geraten. Ziel ist es, Möglichkeiten zu finden, um diese Situation in Zukunft zu vermeiden. Daraus ergibt sich folgende Prozessfrage als Einstieg: Was hat zu diesem Zeitverzug geführt?
- Eine Mitarbeiterin einer Bildungsabteilung will ihr Konzept zu einem Teamworkshop im Beratungsgespräch überprüfen. Dann ergeben sich folgende Prozessfragen: Was ist Ihr Konzept für den Teamworkshop? Daran könnte sich eine zweite Frage anschließen: Was sind mögliche Risiken dieses Konzeptes?

In allen Beispielen bilden »starke Fragen«, also Prozessfragen, die zum Denken anregen, den Einstieg in die Klärungsphase. Einige in vielen Situationen hilfreiche Prozessfragen für den Einstieg in die Klärungsphase sind im Folgenden aufgeführt:

Prozessfragen für den Einstieg in die Klärungsfrage

Prozessfragen zur Klärung der gegenwärtigen Situation:

- Was ist erreicht? Was ist bisher nicht erreicht?
- Wie viel von dem, was Sie sich vorgenommen haben, haben Sie schon erreicht (skalieren zwischen 0 und 100)?
- Was genau ist das Problem?
- Was hindert Sie, x umzusetzen?
- Was haben Sie sich bislang dazu überlegt?
- Was sind die Fragen, die Sie sich dazu stellen?

Prozessfragen zur Klärung der Vorgeschichte:

- Wie kam es zu dieser Situation? Welche Faktoren haben dazu geführt?
- Wie ist die bisherige Entwicklung verlaufen?
- Welche Personen haben dazu beigetragen, dass diese Situation entstanden ist?
- Wie sind Sie bislang vorgegangen?
- Was haben Sie bereits geschafft?
- Was haben Sie bisher versucht, das Problem zu lösen?

Prozessfragen zur Klärung möglicher zukünftiger Szenarien:

- Was meinen Sie, wie wird sich die Situation weiterentwickeln?
- Welche Veränderungen im Umfeld sind zu erwarten oder können möglicherweise eintreten?
- Was sind zukünftige Chancen und Risiken?
- Was wäre der Best Case? Was wäre der Worst Case?
- Wie wird sich die Situation entwickeln, wenn nichts geschieht?

Auch die Frage »Was haben Sie bisher versucht, um das Problem zu lösen?« ist eine Frage der Klärungsphase. Sie weist darauf hin, dass häufig die bisherige »Lösung das Problem ist« (Watzlawick 1997). Wenn der Klient bislang immer wieder die schlechte Zusammenarbeit im Team kritisiert hat (das waren seine bisherigen Lösungsversuche) und dabei keinen Erfolg hatte (sonst würde er das Thema nicht in die Beratung einbringen), dann ergibt sich daraus für die Lösungsphase, in eine andere Richtung zu schauen und andere Möglichkeiten auszuprobieren.

Welche dieser (oder weiterer Fragen) Sie wählen, ergibt sich aus dem Beratungsziel. Hilfreich ist, sich als Beraterin selbst auf das Ziel zu konzentrieren. Treten Sie gleichsam einen Schritt zurück: Was muss im Blick auf das Ziel geklärt werden? Sie können auch in Gegenwart des Klienten gleichsam laut denken: »Lassen Sie uns gemeinsam überlegen. Das Ziel des Beratungsgesprächs ist, Möglichkeiten zur Verbesserung der Zusammenarbeit im Team zu finden. Dann sollten wir zunächst schauen, welche Faktoren dazu führen, dass die Zusammenarbeit schlecht ist.« Sie können auch zwei mögliche Prozessfragen formulieren. In der Regel werden Sie am Gesichtsausdruck Ihres Klienten erkennen, welche Frage für ihn passt – meist reicht es aber auch, wenn Sie die verschiedenen Möglichkeiten aussprechen, dass Ihnen selbst klar wird, welcher Einstieg in die Klärungsphase geeignet ist.

Ein – fast immer geeigneter – Einstieg in die Klärungsphase (vor allem, wenn Ihnen keine »elegante« Frage einfällt) ist das Fokussieren. Fokussieren heißt, die Aufmerksamkeit auf einen Punkt zu richten: Der Klient wird aufgefordert, für das genannte Problem eine konkrete Situation zu schildern. Wenn der Klient eine konkrete Situation fokussiert, gewinnt sie an Konturen: Es wird deutlich, wer hier was tut, was der Betreffende denkt, wie er reagiert. Es kommen damit neue Lösungsmöglichkeiten in den Blick.

Klärung »verdeckter Erfahrungen«

Wenn für ein Problem keine Lösungen gefunden werden, dann liegt das in vielen Fällen daran, dass sich der Betreffende über die Situation nicht klar ist. Carl Rogers, der Begründer der personzentrierten Therapie und Beratung, beschreibt diese Situation folgendermaßen:

> Der Klient »*ist von seinem gegenwärtigen Erleben so entfernt, dass er es nicht wahrnimmt [...] Probleme werden nicht erkannt. Gefühle und persönliche Bedeutungen werden weder wahrgenommen noch akzeptiert*« (Rogers 1977, S. 28 f.).

In der Tradition des Neurolinguistischen Programmierens wird diese Situation dadurch erklärt, dass für den Betreffenden Erfahrungen »getilgt« oder »verallgemeinert« oder »verzerrt« sind (Bandler/Grinder 2005, S. 65 ff.; Mohl 2010, S. 77 ff.). Um jedoch den im Businessbereich häufig missverständlichen Begriff »getilgt« zu vermeiden, sprechen wir hier davon, dass eine Reihe von konkreten Erfahrungen in der Sprache »verdeckt« und auch dem Betreffenden selbst nicht zugänglich sind. Wenn Ihr Klient zum Beispiel äußert: »Niemand in der Abteilung unterstützt mich«, dann bleibt offen, wer ihn nicht unterstützt, was dazu führt und wie es dem Klienten damit geht. Beratung heißt dann, solche verdeckten Erfahrungen aufzudecken. Vier Möglichkeiten werden im Folgenden dargestellt.

Fokussieren einer konkreten Situation Dieses Vorgehen hatten wir schon als möglichen Einstieg in die Klärungsphase aufgeführt. »Können Sie sich an eine konkrete Situation erinnern, in der Ihnen deutlich wurde, dass niemand in Ihrer Abteilung Sie unterstützt ... Was war das für eine Situation? Was taten, sagten die anderen? Was machten Sie? Was haben Sie in dieser Situation gefühlt?« Wenn der Klient eine konkrete Situation fokussiert, gewinnt sie an Konturen: Es wird deutlich, wer hier was tut, was der Betreffende denkt, wie er reagiert. Auf diese Weise kommen neue Lösungsmöglichkeiten in den Blick.

Direktes Erfragen verdeckter Erfahrungen Die Klärung verdeckter Erfahrungen ist unter der Bezeichnung »Metamodell-Fragen« eine zentrale Vorgehensweise des Neurolinguistischen Programmierens:

»Mithilfe von Metamodell-Fragen werden in sprachlichen Äußerungen feststellbare Verallgemeinerungen, Tilgungen und Verzerrungen aufgehoben und damit bewusste und unbewusste Erfahrungen wieder zugänglich gemacht« (Mohl 2006, Bd. 1, S. 165; S. 180 ff.; Bandler/Grinder 2005, S. 46 ff.).

Entscheidend ist, genau auf die Worte des Gesprächspartners zu hören: Hinter welchen Worten sind Erfahrungen angedeutet, aber nicht expliziert? Hier sind es vor allem die Wörter »niemand« und »unterstützen«. Daraus ergeben sich folgende mögliche Fragen:

- Wer in der Abteilung unterstützt Sie nicht?
- Wer könnte Sie unterstützen?
- Unterstützen heißt für Sie was?
- Welche Unterstützung würden Sie sich wünschen?
- Wie kam es dazu, dass niemand Sie unterstützt?
- Was meinen Sie, hindert den Betreffenden, Sie zu unterstützen?
- Wie erleben Sie diese Situation?
- Wie reagieren Sie, wenn Sie nicht unterstützt werden?

Für die Lösungsphase lassen sich diese Prozessfragen dann unmittelbar weiterführen, indem man zum Beispiel nach anderen Möglichkeiten fragt: »Was könnten Sie tun, um mehr Unterstützung zu erhalten?«

Erfragen verdeckter Erfahrungen ist ein schnell wirkendes Verfahren, die Problemsituation zu klären. Eine Gefahr kann sein, dass dadurch die Beziehung belastet und der Kontakt zum Gesprächspartner unterbrochen wird. Fortwährendes Nachfragen wird leicht als Verhör erlebt und führt zu Widerstand.

Paraphrasieren und Strukturieren Während bei den zuvor genannten Möglichkeiten der Klient durch Fragen dazu angeregt wird, die Situation für sich weiter zu klären, besteht hier das Vorgehen darin, dass der Berater wiederholt oder mit eigenen Worten zusammenfasst.

- **Paraphrasieren** bedeutet, dass der Berater die Aussagen des Gesprächspartners mit eigenen Worten wiederholt: »Das heißt, dass die anderen vermutlich gar nicht wahrnehmen, dass Sie Land unter sind.« Die Funktion eines solchen Paraphrasierens liegt darin, dass es für den Gesprächspartner den Anstoß gibt, die Situation weiter darzustellen (und damit von sich aus verdeckte Erfahrungen bewusst zu machen). Die Gefahr liegt darin, dass Paraphrasierungen echohaft klingen und damit den Gesprächsverlauf blockieren.

- **Strukturieren** bedeutet, dass eine Beraterin verschiedene Argumente strukturiert, gliedert, zusammenfasst und damit den Klienten unterstützt, selbst Ordnung in seine Gedanken zu bringen: »Ich höre hier zwei Faktoren heraus: dass andere Kollegen nicht wahrnehmen, wenn Sie Land unter sind, und die fehlende Unterstützung durch Ihren Vorgesetzten. Stimmt das?«

Beim Paraphrasieren ebenso wie beim Strukturieren ist wichtig, es (implizit) als Frage zu formulieren: »Stimmt das so?« Das gibt dem Klienten die Möglichkeit, nochmals darüber nachzudenken. Er kann dann zustimmen oder korrigieren: »Nein, eigentlich sind es drei Faktoren ...«

Aktives Zuhören Für Carl Rogers und im Anschluss daran für Thomas Gordon sind Akzeptanz und Empathie entscheidende Voraussetzungen dafür, dass der Klient die Situation für sich klärt und neue Lösungsmöglichkeiten entwickelt:

> »*Wenn der Klient feststellt, dass ihm jemand zuhört und ständig akzeptiert, wie er seine Gedanken und Gefühle äußert, lernt er nach und nach dem zuzuhören, was in seinem Inneren vorgeht*« (Rogers 1977, S. 27 f.).

Entsprechend heißt es bei Thomas Gordon:

> »*Wer ein Problem hat und jemanden findet, der den Mund hält und zuhört, wird dadurch [...] gewöhnlich ermutigt, weiter über sein Problem zu berichten [...] Schweigen (oder passives Zuhören) ist ein wirksames Instrument. Es bringt Menschen dazu, über das zu sprechen, was sie bekümmert. Wenn man zu jemandem spricht, der bereit ist zuzuhören, erfährt man die Ermutigung, um fortzufahren*« (Gordon 2005, S. 63).

Für Carl Rogers ist »einfühlendes Verstehen« durch den Therapeuten entscheidende Voraussetzung für den Beratungs- oder Therapieerfolg und zugleich Voraussetzung, dass ein Mensch sich weiterentwickeln kann:

> »*Diese höchst sensible Einfühlung ist wichtig, um es einem Menschen zu ermöglichen, dass er sich selbst nahekommt, dass er lernt, sich wandelt und entwickelt*« (Rogers 1977, S. 184).

Thomas Gordon hat dieses Vorgehen unter dem Begriff »aktives Zuhören« auf Alltagssituationen übertragen: die in den Äußerungen mitschwingenden, aber nicht explizierten Empfindungen dem Gesprächspartner widerzuspiegeln. Gordon gibt dafür in der »Managerkonferenz« folgendes Beispiel eines Gespräches zwischen einer Abteilungsleiterin (Nancy) und ihrer Mitarbeiterin (Kate):

*»Kate: Haben Sie ein paar Minuten Zeit, um mir bei einem Problem zu helfen, Nancy?
Nancy: Sicherlich, Kate. In einer halben Stunde habe ich ein Meeting. Reicht die Zeit?
Kate: Ganz bestimmt. Es ist kein sehr kompliziertes Problem, aber es fängt doch an, mich zu beunruhigen.
Nancy: Es fängt also an, Sie zu kneifen, ist es das?
Kate: Ja. Im Ernst, ich habe da eine Frau in meiner Gruppe, die mir ein Rätsel aufgibt. Ich kann nichts mit ihr anfangen. Ich dachte, dass Sie vielleicht wüssten, was in einem solchen Fall zu tun ist.
Nancy: Das klingt so, als wüssten Sie sich wirklich keinen Rat.
Kate: Ja, so eine Frau ist mir noch nie vorgekommen. Ich weiß gar nicht, wie ich sie beschreiben soll. Zuerst einmal ist sie verdammt helle – daran ist nicht zu rütteln. Sie hat Verstand, und das weiß sie. Der Ärger dabei ist nur, dass sie glaubt, sie wüsste alles. Wenn ich ihr einen Vorschlag mache, hat sie immer etwas an ihm auszusetzen – aus irgendeinem Grunde geht es nie so, wie ich es sage.
Nancy: Es frustriert Sie, wenn sie sich gegen alles wehrt, was Sie vorschlagen«* (Gordon 2005, S. 74 f.).

Die Abteilungsleiterin verbalisiert hier die in den Äußerungen der Mitarbeiterin anklingenden Empfindungen: »Es frustriert Sie, wenn sie sich gegen alles wehrt, was Sie vorschlagen.« Dieses Verhalten führt dann dazu, dass sich Kate (die Mitarbeiterin) über ihre Empfindungen und ihre Situation klar wird.

Aktives Zuhören ist ein geeignetes Vorgehen, den Klienten zu unterstützen, für sich die subjektive Bedeutung einer Situation zu klären. Für die Beraterin heißt das:

- Überlegen, welche Empfindungen hinter der Äußerung des Klienten anklingen: Ist er ärgerlich, enttäuscht, zweifelt er an den Worten des Vorgesetzten?
- In einem zweiten Schritt diese Empfindungen dem Klienten zurückspiegeln: »Sie fühlen sich von Ihren Kollegen im Stich gelassen?« Dabei gilt, dass dieses Zurückspiegeln als Aussage formuliert wird: »Sie ärgern sich«, »Sie sind enttäuscht …«, aber im Tonfall als Frage anklingt.

In der neueren personzentrierten Beratung ist im Vergleich zu Rogers und Gordon das einfühlende Verstehen weiter ausdifferenziert. So unterscheidet Finke (2004, S. 36 ff.) fünf Stufen einfühlenden Verstehens:

- **Einfühlendes Wiederholen:** Der Berater gibt die Empfindungen des Klienten mit seinen Worten wieder, zum Beispiel auf eine Äußerung des Klienten: »Als mein Kollege dann wieder diese vorwurfsvolle Miene aufsetzte, war es, als müsste ich ausrasten, ich bin einfach weggegangen.« – »Diese vorwurfsvolle Miene hat Sie sozusagen fortgetrieben.«

- **Aufgreifen des vorherrschenden Gefühls:** »Sie hätten überschäumen können vor Wut.«
- **Konkretisierendes Verstehen:** Der Berater spiegelt den Zusammenhang zwischen der Situation und dem Gefühl beziehungsweise Verhalten des Klienten wider, zum Beispiel: »Es war also der vorwurfsvolle Blick Ihres Kollegen, der Sie so wütend machte«.
- **Selbstkonzeptbezogenes Verstehen:** Hier wird der Zusammenhang zwischen Erleben beziehungsweise Verhalten sowie dem Selbstkonzept des Klienten, das heißt »seinen Bewertungen, seinen emotionalen und kognitiven Stellungnahmen« (Finke 2003, S. 51) herausgestellt: »Dass Sie so reagierten, war Ihnen anschließend richtig peinlich.«
- **Organismusbezogenes Verstehen:** Hier wird der Zusammenhang zwischen aktuellem Gefühl und zugrunde liegenden basalen Wünschen und Bedürfnissen (zum Beispiel dem Bedürfnis nach weiterer Entwicklung oder nach sozialen Kontakten) herausgestellt, zum Beispiel: »Da wurde etwas in Ihnen getroffen, das Sie ohnmächtig machte.«
- **Verdeutlichen des lebensgeschichtlichen Kontexts:** Hier wird der Zusammenhang zwischen gegenwärtigen Empfindungen und früheren biografischen Ereignissen hergestellt, zum Beispiel: »Sie fühlten sich wieder als der Auszubildende, der es seinem Meister nicht recht machen konnte.«

Wenn der Berater die Empfindungen des Gesprächspartners überhaupt nicht trifft, kann das Gespräch ergebnislos verlaufen – aber auch hier hat der Gesprächspartner meist noch das Gefühl, dass ihm zugehört wird. Problematisch wird es nur, wenn eine Interpretation von außen dem Gesprächspartner übergestülpt wird, wenn also der Berater »besser« als der Klient weiß, was dessen »wirkliche« Empfindungen sind. Hier gilt wieder, dass allein der Klient über die Richtigkeit von Deutungen entscheiden kann.

Expertenberatung in der Klärungsphase

Auch in der Klärungsphase ist Expertenberatung möglich, indem »von außen« eine andere Sicht der Situation eingebracht wird:

- Ein Experte für Projektmanagement weist darauf hin, dass ein Problem im unklaren Projektauftrag liegen könnte.

- Die Beraterin zeigt den Regelkreis in einer Interaktion auf oder gibt dem Klienten Feedback in Bezug auf die Moderation einer Besprechung.
- Ein anderer Beteiligter (Mitarbeiter, Kollege) stellt seine Sicht der Situation dar oder formuliert mögliche Hypothesen zur Erklärung der Situation.

Ein solches Vorgehen ist durchaus legitim und in vielen Fällen auch vom Klienten erwünscht. Aber die Perspektive von außen muss nicht die »richtige« sein, sondern ist immer nur eine »andere«. Das kann ein wichtiger Schritt zur Problemlösung sein: Der Klient kann dadurch die Situation »mit anderen Augen« sehen. Entscheidend ist jedoch, solche Annahmen als »Hypothesen«, das heißt als alternative Deutungen der Situation und nicht als »die Wirklichkeit« zu markieren. Also nicht: »Ich weiß, was wirklich ist – gleichgültig ob du es einsiehst oder nicht«, sondern: »Ich habe noch eine andere Deutung der Situation, vielleicht kann sie dir bei der Lösung deines Problems helfen.« Konkret heißt das:

- dem Klienten deutlich machen, dass die Sichtweise eines Experten oder der Beraterin nicht die richtige sein muss, sondern eine mögliche andere Sichtweise ist
- die eigene Sichtweise explizit als Hypothese beziehungsweise als eine andere mögliche Sichtweise formulieren: »Ich habe den Eindruck, dass …«
- nicht in eine Diskussion über die Sichtweise von außen verfallen. Die Sichtweise der Beraterin kann der Klient annehmen, muss es aber nicht. Ebenso können die Sichtweisen verschiedener Beteiligter unterschiedlich sein.
- nach Expertenberatung grundsätzlich wieder zur Prozessberatung wechseln: »Können Sie damit etwas anfangen?«

Im Anschluss an Mara Selvini Palazzoli (1981) gehört die Aufstellung von Hypothesen durchaus zum Handwerkszeug systemischer Therapeuten und Berater (ausführlich Schwing/Fryszer 2006, S. 129 ff.). Hypothesen »ordnen die Unzahl der Beobachtungen und Daten […] [und] fassen sie zu einem Bild zusammen […] sie regen an, Neues wahrzunehmen und alternative Perspektiven einzunehmen« (Schwing/Fryszer 2006, S. 129). Hypothesen können gebildet werden zum Beispiel über Beziehungen zwischen Klienten, zur Geschichte des Systems, zu spezifischen Verhaltensmustern. Aufstellung von Hypothesen ist wieder Expertenberatung, entscheidend ist auch hier, sie nicht »überzustülpen«, sondern als Anregung von den Klienten zu verstehen.

Checkliste Klärungsphase

- ☐ Denken Sie daran: Es ist nicht Ihre Aufgabe, die Situation zu verstehen. Es ist Ihre Aufgabe, den Klienten zu unterstützen, dass er seine Situation besser versteht.
- ☐ Halten Sie nach der Klärung des Ziels einen Moment inne und überlegen Sie sich eine »starke« Einstiegsfrage.
- ☐ Hören Sie genau zu: Wo wird (im Blick auf das Ziel) etwas Wichtiges angedeutet. Greifen Sie das auf.
- ☐ Versuchen Sie, verdeckte Erfahrungen aufzudecken: Was genau heißt …? Alternativ könne Sie auch paraphrasieren oder aktiv zuhören (die anklingenden Empfindungen verbalisieren).
- ☐ Sie können auch als Berater Ihre Deutung der Situation als Hypothese widerspiegeln. Aber denken Sie daran: Auch das ist nur eine mögliche Sichtweise, die der Klient nutzen oder verwerfen kann.

Lösungsphase (»Options«)

Entsprechend den Phasen des Problemlösungsprozesses folgt auf die Klärungsphase eine Lösungsphase, bei der es darum geht, neue Lösungsmöglichkeiten zu sammeln und zu diskutieren. Dabei ist der Übergang von der Klärungs- zur Lösungsphase nicht von außen zu bestimmen: Wenn der Klient in der Lage ist, neue Lösungswege zu entwickeln, war die Klärung hinreichend. Wenn er weiter die Problemsituation schildert, dann deutet das darauf hin, dass die Klärungsphase noch nicht abgeschlossen ist.

Entsprechend dem Problemlösungsprozess gliedert sich die Veränderungsphase in zwei Abschnitte: Sammlung und Bewertung neuer Lösungsmöglichkeiten.

Sammlung neuer Lösungsmöglichkeiten Aufgabe ist zunächst, möglichst viele unterschiedliche Lösungsmöglichkeiten zu sammeln. Um hier ein Diskutieren und Zerreden zu vermeiden, ist es sinnvoll, Brainstormingregeln explizit einzuführen und als Beraterin auf deren Einhaltung zu achten:

- Alle Ideen können eingebracht werden.
- Ideen können nachgefragt werden (»Was ist damit gemeint?«).
- Ideen dürfen nicht diskutiert werden.
- Ideen sollten an dem Flipchart oder auf Karten visualisiert werden.

Grundsätzlich haben dabei sowohl Prozess- als auch Expertenberatung ihren Platz. Im Rahmen der Prozessberatung geht es darum, mithilfe von Prozessfragen den Klienten anzuregen, sein intuitives Wissen für die Lösung des Problems zu nutzen. Häufig ergeben sich aus der Klärungsphase neue Möglichkeiten, der Klient kann einfach Ideen sammeln oder seine Erfahrung aus der Vergangenheit nutzen: Vielleicht hat er ähnliche Situationen schon früher einmal erfolgreich bewältigt. Hilfreiche Prozessfragen sind:

Hilfreiche Prozessfragen

Sammlung neuer Handlungsmöglichkeiten

- Welche Ideen ergeben sich aus den einzelnen Punkten der Klärungsphase?
- Was können Sie jetzt tun?
- Welche Lösungsmöglichkeiten kommen Ihnen jetzt in den Sinn?
- Wie würde jemand anderes in dieser Situation vorgehen?
- Was wäre ein erster Schritt, das Problem zu lösen?
- Raten Sie, was Lösungen sein könnten!

Nutzung vorhandener Ressourcen

- Was hat Ihnen geholfen, um die Situation bisher zu bewältigen?
- Haben Sie in der Vergangenheit eine ähnliche Situation erfolgreich bewältigt? Wie sind Sie dabei vorgegangen?
- Erinnern Sie sich an eine Situation, in der Sie erfolgreich waren? Wie sind Sie dabei vorgegangen?
- Gab es eine Situation, in der das Problem nicht auftrat? Was war da anders?

Verschlimmerungs- und Wunderfrage

- Was würde das Problem vergrößern?
- Stellen Sie sich vor, das Problem ist gelöst. Was ist anders? Was hat dazu geführt? In welchen Schritten sind Sie dabei vorgegangen?

Verschlimmerungs- und Wunderfrage stammen ursprünglich aus der lösungsorientierten Kurztherapie im Anschluss an Steve de Shazer (z. B. Shazer/Dolan 2008). Wenn ich weiß, wie ich ein Problem vergrößern kann (Verschlimmerungsfrage), brauche ich die entsprechenden Vorgehensweisen nur umzukehren und gewinne Ansätze zur Lösung des Problems. Die Frage »Stellen Sie sich vor, das Problem ist gelöst ...« wird als die »Wunderfrage« bezeichnet. Ähnlich wie die Aufforderung »Raten Sie ...« hat sie die Funktion, rationale Barrieren auszuschalten: Bei einem ungelösten Problem liegt die Schwierigkeit gerade darin, nicht die Schritte zur Lösung zu wissen. Die Aufforderung »Stellen Sie sich vor, das Problem ist gelöst« lenkt die Aufmerksamkeit weg vom Problem auf die Lösung und generiert auf dieser Basis oft neue Ideen. Aber Vorsicht: Die Wunderfrage gehört manchmal zu einem weitverbreiteten Beraterrepertoire und führt dann eher zu Abwehr. Von daher: Überlegen Sie selbst, was starke Fragen sind, um neue Lösungen zu generieren. Nutzen Sie als Beraterin oder Berater dafür Ihre Kreativität.

Im Rahmen der Expertenberatung können die Beraterin (oder eine andere Expertin oder andere Beteiligte) Lösungsmöglichkeiten vorschlagen – hier unterscheidet sich die systemische Organisationsberatung deutlich von manchen anderen Beratungskonzepten, die lediglich Prozessberatung zulassen. Häufig wird in der Lösungsphase gerade auch Expertenberatung vom Klienten erwartet. Für das Vorgehen gibt es unterschiedliche Möglichkeiten:

- Berater oder Experte nennen mögliche Ideen, die (ohne Bewertung und ohne Diskussion) notiert werden.
- Berater, Experte und Klient sammeln im Rahmen eines Brainstormings gemeinsam Ideen.
- Beraterin oder Expertin stellen dar, wie sie in dieser Situation vorgehen würden.

Hilfreich ist häufig, zunächst möglichst viele Ideen (wenigstens fünf bis zehn) zu sammeln. Nutzen Sie dafür Ihre Kreativität, und regen Sie Ihre Klienten zu weiteren Ideen an – das verändert das Bild der Wirklichkeit: Die Situation ist nicht aussichtslos, sondern es gibt Optionen. Sie können den Prozess visuell unterstützen: die Ideen auf Flipchart oder Karten schreiben, als »Alternativrad«, bei dem in die Mitte das Thema und als Speichen zwölf Alternativen aufgeschrieben werden, oder als »Fehlersonne«, bei der auf der linken Hälfte des Blattes (in der Klärungsphase) Faktoren aufgeführt werden, die zu dem Problem geführt haben, und auf der rechten Hälfte jeweils die Alternativen (Asgodom 2012, S. 85 ff.).

Bewertung der Lösungsmöglichkeiten Ergebnis des Brainstormings ist in der Regel eine (möglichst visualisierte) Liste von Handlungsmöglichkeiten. Diese Möglichkeiten werden nun bewertet: Was sind Vorteile, wo liegen Risiken?

Die Entscheidung für ein bestimmtes Vorgehen ist grundsätzlich nicht von außen, sondern nur aus Sicht des Systems, also durch den oder die Klienten möglich. Nur sie kennen die Situation, können die Reaktion der anderen Beteiligten einschätzen und können vor allem beurteilen, welches Vorgehen für sie passt. Das schließt jedoch nicht aus, dass Beraterin oder Experte Hinweise auf mögliche Vorteile beziehungsweise Risiken geben:

- Der Klient (oder das Team) bewertet aus seiner Sicht die verschiedenen Möglichkeiten: Was sind Vor- und Nachteile, Chancen und Risiken der einzelnen Vorgehensweisen? Man kann auch ein verkürztes Verfahren wählen, indem der Klient aufgefordert wird, von den auf einem Flipchart notierten Lösungsmöglichkeiten diejenigen zu kennzeichnen, die aus seiner Sicht für seine Situation brauchbar sind.
- Berater oder Experte nennen Chancen und Risiken der zuvor gesammelten Möglichkeiten, die dann abschließend wieder vom Klienten bewertet werden.

In vielen Fällen wird diese Bewertung vom Klienten nicht rational, sondern intuitiv getroffen: Er hat ein »gutes« oder »schlechtes« Gefühl. Oder er signalisiert Einwände zum Beispiel durch zweifelnden Gesichtsausdruck.

Checkliste Lösungsphase

- ☐ Entscheidend ist, dass im ersten Schritt Lösungen gesammelt, aber nicht bewertet werden. Achten Sie auf die Einhaltung der Brainstormingregeln.
- ☐ Gehen Sie dafür die einzelnen Punkte der Klärungsphase durch. Häufig finden sich hier Hinweise auf mögliche Lösungen.
- ☐ Durch starke Prozessfragen können Sie Ihren Klienten anregen, neue Lösungen zu finden.
- ☐ Sie können aber auch auf der Basis von Expertenberatung Anregungen einbringen. Formulieren Sie Ihre Anregungen deutlich als mögliche Vorgehensweisen – aber versuchen Sie nicht, oberlehrerhaft Ihre Lösung aus dem Klienten herauszukitzeln.
- ☐ Alle Ideen sollten visualisiert werden: Das macht nochmals deutlich, dass es Handlungsmöglichkeiten gibt.
- ☐ Die Bewertung erfolgt aus Sicht des Klienten (nur er kennt letztlich seine Situation), aber Sie können als Experte mögliche Chancen und Risiken nennen.
- ☐ Aber denken Sie daran: Der Klient entscheidet.

Abschlussphase (»What next«)

Gespräche ohne Ergebnis sind nicht nur im Alltag unbefriedigend. Das Gleiche gilt für Beratungsgespräche. Auch hier muss ein Ergebnis erzielt werden. Das kann Klarheit über Risiken sein, eine Liste von Anregungen, ein Handlungsplan oder die Bestätigung oder Korrektur eines Konzeptes. In einer Konflikt- oder Teamberatung werden es häufig Vereinbarungen sein, die zwischen den Gesprächspartnern (zum Beispiel Vorgesetzter und Mitarbeiter) getroffen werden. Im Einzelnen ergeben sich für die Abschlussphase folgende Aufgaben:

Festmachen des Ergebnisses Eingeleitet wird die Abschlussphase durch Prozessfragen:

- Was nehmen Sie jetzt als Ergebnis mit?
- Welche Lösung wählen Sie?
- Wenn Sie jetzt für sich die Situation betrachten, was nehmen Sie als Anregung?

Diese Prozessfragen geben den Anstoß, dass die Klientin für sich selbst ein Resümee zieht: Was ist ihr klar geworden? Was nimmt sie als Anregung? Ergebnis kann jedoch auch sein, dass sich ein Problem nicht lösen lässt. Auch dieses Ergebnis ist festzumachen: »Wenn Sie wissen, dass sich das Problem nicht lösen lässt, was bedeutet das für Sie?« Eine solche Prozessfrage lenkt die Aufmerksamkeit in eine andere Richtung: Wenn die Klientin weiß, dass sie ihren Vorgesetzten nicht ändern wird, ist es unnötig, es weiterhin zu versuchen – sie braucht in Zukunft nicht mehr Energie auf die Lösung eines unlösbaren Problems zu verwenden.

Entwicklung des Handlungsplans In vielen Fällen wird das Ergebnis ein Handlungsplan sein: Ich werde mit meinem Vorgesetzten ein Gespräch führen, wir werden uns regelmäßig zusammensetzen. Handlungspläne müssen so konkretisiert werden, dass sie für den Betreffenden umsetzbar sind: Er muss wissen, wie er das Gespräch mit dem Vorgesetzten zu führen hat. Wohlgemerkt: Nicht der Berater muss wissen, wie die einzelnen Schritte dabei verlaufen, sondern der oder die Klienten. Mögliche Prozessfragen sind:

- Wissen Sie, wie Sie dabei konkret vorgehen?
- Was ist der nächste Schritt?
- Was sind die weiteren Schritte?
- Wer muss informiert werden?
- Was können Sie bis zum nächsten Mal tun?
- Welche Unterstützung brauchen Sie? Von wem und wie können Sie die erhalten?

Gegebenenfalls kann Beratung hier nochmals in Expertenberatung wechseln: Die Beraterin gibt Hinweise, wie der Klient das Gespräch führen kann oder worauf er bei der Vorbereitung zu achten hat. Auch hier gilt: Auf Expertenberatung folgt grundsätzlich Prozessberatung: »Ist das für Sie plausibel?« Hilfreich ist, die Maßnahmen zu visualisieren – zum Beispiel in Form eines Aktionsplans:

Nr.	Was ist zu tun?	Wer mit wem?	Bis wann?	Bemerkungen
1.	Fahrplan für das Gespräch mit der Vorgesetzten erstellen	Klient	2.3.	Argumente für Gespräch überlegen
2.	Gespräch mit Vorgesetzten führen	Klient/ Vorgesetzter	9.3.	rechtzeitig Termin vereinbaren
3.				

Allerdings: Das Ergebnis muss nicht immer ein detaillierter Handlungsplan, sondern kann auch eine neue Einsicht, können Ideen zum weiteren Nachdenken sein. Wichtig ist, dass das Ergebnis für den Klienten stimmig ist.

Klärung möglicher Risiken Jede Veränderung bringt nicht nur Vorteile, sondern immer auch Nachteile und mögliche Risiken. Hilfreich kann sein, zum Abschluss nochmals Chancen und Risiken des Handlungsplans abzuchecken. Man spricht man hier vom »Öko-Check« (z. B. O'Connor 2006, S. 16 ff.) oder von »ökologischen Fragen« (Wehrle 2013, S. 370 ff.). Beispiele sind:

- Wie sicher sind Sie, das umzusetzen (zwischen 0 und 100)?
- Was sind mögliche Risiken dabei?
- Was müssen Sie dafür zahlen?
- Was verlieren Sie, wenn Sie x tun?
- Was können Sie tun, um die Risiken zu verringern oder zu beseitigen?
- Was würde Ihre Sicherheit beim Vorgehen erhöhen?

Diese Fragen geben dem Klienten die Möglichkeit, seinen Handlungsplan gleichsam nochmals aus einer anderen Perspektive zu betrachten. Häufig reicht ein kurzer Moment des Nachdenkens. Manchmal ergeben sich daraus noch zusätzliche flankierende Maßnahmen, um Risiken zu vermeiden. Manchmal kann es notwendig sein, hier aufgebrochene Fragen weiter zu bearbeiten.

Kontrakte Den Abschluss des Beratungsgesprächs bilden Kontrakte:

- **Kontrakte, die der Klient »mit sich selbst« vor der Beraterin schließt** und womit er Verbindlichkeit dokumentiert: »Ich werde ein Gespräch mit dem Vorgesetzten führen«, »Ich werde mir Zeit nehmen, mir alles durch den Kopf gehen zu lassen«.

- **Kontrakte zwischen den Klienten:** »Wir werden uns jeden Mittwoch eine Stunde zusammensetzen.«
- **Kontrakte zwischen dem oder den Klienten und der Beraterin:** Das können Kontrakte über bestimmte »Hausaufgaben« sein, die die Beraterin mit dem Klienten vereinbart hat, oder Kontrakte über den nächsten Termin, über Möglichkeiten für den Klienten, die Beraterin zwischendurch anzurufen. Das sind jedoch Kontrakte, die gleichermaßen Klienten und Beraterin betreffen. Daher hat sich auch die Beraterin zu fragen, ob sie sich auf diesen Kontrakt einlassen kann: Bin ich bereit, die Unterlagen zu erstellen? Lasse ich mich darauf ein, den Klienten jede Woche daran zu erinnern?
- **Kurze Feedbackrunde:** Wie ging es dem Klienten mit der Beraterin? Die Beraterin gibt aus ihrer Sicht Feedback und »würdigt« das Ergebnis: »Ich finde, Sie sind heute einen wichtigen Schritt gegangen.« Das kann dann den Erfolg für den Klienten nochmals verdeutlichen und stabilisieren.
- **Kontrakt über den Abschluss der Beratung:** Damit wird die Definition der Situation als Beratung außer Kraft gesetzt und das Beratungssystem aufgelöst.

Ein abschließender Hinweis: Achten Sie darauf, dass Ihnen am Schluss die Zeit nicht davonläuft. Sondern wechseln Sie (egal, wie weit Sie im Beratungsprozess sind) rechtzeitig in die Abschlussphase (bei einer Einzelberatung spätestens zehn Minuten vor Abschluss der Zeit): »Wenn Sie auf das Bisherige zurückblicken: Was nehmen Sie für sich als Ergebnis mit?«

Literaturtipps

Es gibt zahlreiche Bücher über die Strukturierung des Beratungs- oder Coachinggesprächs. Exemplarisch seien aus unterschiedlichen Kontexten genannt:

- Günter G. Bamberger: *Lösungsorientierte Beratung.* Beltz, Weinheim, 5. Auflage 2015
- Maren Fischer-Epe: *Coaching: Miteinander Ziele erreichen.* Rowohlt, Reinbek, 3. Auflage 2011
- Christine Sautter: *Systemische Beratungskompetenz.* Verlag für systemische Konzepte, Wolfegg, 2. Auflage 2016

Hilfreich sind auch Bücher zu »starken Fragen« in der Beratung:

- Carmen Kindl-Beilfuß: *Fragen können wie Küsse schmecken.* Carl Auer, Heidelberg, 6. Auflage 2011
- Martin Wehrle: *Die 500 besten Coaching-Fragen.* managerSeminare, Bonn, 2. Auflage 2013

Analoge Verfahren: die Nutzung des emotionalen Denkens

Theoretische Grundlagen: digital und analog

Insbesondere im Businessbereich sind wir es gewohnt, rational vorzugehen: Wir sammeln Argumente für oder gegen eine bestimmte Entscheidung, versuchen, Chancen und Risiken zu berechnen, führen eine Nutzwertanalyse durch. Doch daneben gibt es noch eine andere Art des Denkens: ein intuitives oder emotionales Denken, das gerade in komplexen Situationen nicht selten zu besseren Ergebnissen führt als rationales Argumentieren.

Seit der zweiten Hälfte des 20. Jahrhunderts wird im Kontext neurophysiologischer Gehirnforschung die Unterscheidung zwischen rationalem und emotionalem oder intuitivem Denken genauer untersucht (vgl. Damasio 2004; Schulze u. a. 2005). Roger Sperry führt in den 1960er-Jahren die »Hemisphärentheorie« ein, der zufolge rationale Denkprozesse stärker der linken Gehirnhälfte, unbewusste stärker der rechten zugeordnet sind. Joseph LeDoux unterscheidet auf der Basis von Untersuchungen über Patienten mit Hirnverletzungen kognitives und emotionales Prozessieren im Zentralnervensystem (z. B. LeDoux 2006, S. 288 ff.). In ähnliche Richtung zielt auch die von Seymour Epstein eingeführte Unterscheidung zwischen rationaler und intuitiver oder Erfahrungsintelligenz (Epstein/Brodsky 1994; Traufetter 2007). Daniel Goleman formuliert 1995 sein Modell der »emotionalen Intelligenz« (z. B. Goleman 2015), woran sich zahlreiche Konzepte zur Nutzung und Förderung emotionaler Intelligenz anschließen (z. B. Caruso/Salovey 2005; Cooper/Sawaf 1997; Neuhaus 2007; Pletzer 2017; Seidel 2004).

Offenbar lassen sich zwei Prozesse zur Verarbeitung von Erfahrungen unterscheiden: ein rationaler Prozess, der Informationen Schritt für Schritt, verbal, logisch und analytisch verarbeitet, und ein »analoger« oder intuitiver Prozess, der von Ganzheitlichkeit und Bildhaftigkeit geprägt ist:

Rationales Denken	Analoges (emotionales) Denken
analytisches Wahrnehmen	ganzheitliches Wahrnehmen
begriffliches, sprachliches Denken	nicht sprachliches Denken in Bildern, Formen, Farben
logische Verknüpfungen (wenn – dann)	keine logischen Verknüpfungen, Sowohl-als-Auch
mathematisches Denken	Intuition, Kreativität

Beide Vorgehensweisen lassen sich im Rahmen systemischer Organisationsberatung nutzen: Beratung kann den Klienten oder ein Team unterstützen, auf der Basis des rationalen Denkens Themen zu bearbeiten. Beratung kann aber auch das intuitive Denken nutzen:

- Im Rahmen eines Coachingprozesses wird die Klientin aufgefordert, sich ein Symbol für ihre Situation in der Abteilung zu suchen.
- Im Rahmen eines Teamentwicklungsprozesses wählt sich jedes Teammitglied ein Symbol für das Team, die verschiedenen Symbole werden dann zu einem »Teamsymbol« zusammengefügt.
- Im Rahmen eines Veränderungsprozesses wird das Unternehmen durch verschiedene Gruppen in kurzen Szenen dargestellt.
- Es werden Metaphern oder Geschichten genutzt, um die Bedeutung einer Situation zu klären und neue Lösungen zu finden
- Im Rahmen einer »Aufstellung« oder »Systemskulptur« wählen einzelne Teammitglieder ihren Platz, was die Beziehungen zwischen den einzelnen Personen deutlich macht.

Nun ist die Verwendung analoger Verfahren, wie wir sie im Folgenden bezeichnen wollen, in Beratung und Therapie keineswegs neu. Zentrale Bedeutung besitzt sie im Rahmen der von Fritz Perls begründeten Gestalttherapie: Perls geht von der These aus, dass der Mensch eine Ganzheit von Seele und Körper ist und damit »seine psychischen und körperlichen Handlungen miteinander vermischt sind« (Perls 1992, S. 53). Damit lässt sich die Beobachtung von Körperbewegungen, lassen sich aber auch Symbole, Metaphern, das Malen von Bildern nutzen, um Unbewusstes (unbewusste Empfindungen, aber auch unbewusste Vorstellungen zum Beispiel des Teams) bewusst zu machen (Anregungen u. a. bei Baer 2004; Stevens 2006). Daneben finden sich analoge Verfahren auch in anderen Beratungskonzepten, wie zum Beispiel der Familientherapie oder der Hypnotherapie oder dem Neurolinguistischen Programmieren (z. B. Bleckwedel 2015; Hammel 2013; Mohl 2014; Satir/Baldwin 2004; Theuretzbacher/Nemetschek 2016; Wilk 2012). Wir greifen stellenweise auf diese Konzepte zurück, wenn wir Ihnen im Folgenden einige wichtige Vorgehensweisen vorstellen.

Symbole

Ein Mitarbeiter eines größeren Unternehmens fühlt sich in seiner Situation im Betrieb nicht wohl, ohne jedoch genau sagen zu können, worauf genau sich sein Unbehagen bezieht. Auf die Aufforderung, sich ein Symbol für seine Situation im Unternehmen zu suchen, wählt er eine Schale mit Schlagsahne, die noch von der letzten Kaffeepause im Raum steht. Der Beratungsprozess (hier verkürzt dargestellt) verläuft in folgenden Schritten:

Beraterin: »Wie ist die Sahne?«
Klient: »Die Sahne ist süß das ist nicht angenehm süß, sondern widerlich süß, wenn man fortwährend Sahne essen muss, wird einem schlecht.« »Süß« wird dann verknüpft mit dem Verhalten des Vorgesetzten: »Wie er sich so gibt, das ist im Grunde genauso wie Sahne, so widerlich süß, man kann ihn nicht fassen«
Beraterin: »Was haben Sie bislang mit der Sahne gemacht?«
Klient überlegt kurze Zeit. »Ich habe versucht, sie zu greifen. Aber sie lässt sich nicht greifen, sie rutscht einem immer wieder zwischen den Fingern durch. Ich kann auch nicht in der Sahne bohren.« – Hier treten Assoziationen zu »bohrenden« Fragen auf, die er gegenüber seinem Vorgesetzten stellte.
Beraterin: »Was gibt es für andere Möglichkeiten?«
Klient: »Ich muss versuchen, die Sahne auszulöffeln. Aber dazu brauche ich einen Löffel.«
Beraterin: »Was könnte der Löffel sein?«
Klient: »... sachliches Abarbeiten konkreter Aufgaben.«
Beraterin: »Wer könnte Ihnen den Löffel geben?«
Klient: »Eigentlich niemand, aber ich könnte mir eigentlich selbst den Löffel holen ...«
Beraterin: »Wie lässt sich das in die Realität umsetzen?«
Klient: »Weniger auf den Vorgesetzten reagieren, sondern meine Arbeit machen und sachlich Abstand halten ...«

Dieser Ablauf ist typisch für die Arbeit mit Symbolen: Gerade dann, wenn es nicht gelingt, rational eine Lösung zu finden, kann es zweckmäßig sein, anhand eines Symbols auf die analoge Ebene zu wechseln.

Symbole sind Gegenstände, die »Bedeutungen im Denken der sie wahrnehmenden Menschen auslösen« (Hülst 1999, S. 21). Der Gegenstand »Sahne« löst bestimmte Bedeutungen aus, die den Klienten unterstützen, die Situation für sich zu klären.

Bei der Arbeit mit Symbolen im Rahmen der Organisationsberatung werden Klärungs-, Lösungs- und gegebenenfalls Abschlussphase im Beratungsprozess jeweils in zwei Schritte (einen analogen und einen rationalen) aufgegliedert. Daraus ergibt sich folgende Struktur:

Orientierungsphase Nach Festlegung von Thema und Ziel ist es hier in der Regel die Beraterin, die eine analoge Methode vorschlägt: »Ich möchte Ihnen heute zur Bearbeitung dieses Themas ein anderes Verfahren vorschlagen: dass wir nicht über das Thema reden, sondern dass Sie sich ein Symbol dafür suchen.« Bei Klienten, die stärker rational argumentieren, kann dieses Vorgehen mit Hinweisen zu emotionaler Intelligenz erläutert werden.

Klärungsphase Diese Phase beginnt damit, dass der Klient sich ein Symbol sucht. Das kann ein Symbol für eine konkrete Situation sein (zum Beispiel die Situation in seiner Abteilung) oder ein Symbol für eine Person, für eine Empfindung (»wie es mir geht«). Die Wahl des Symbols gelingt in der Regel umso besser, je weniger der Prozess rational gesteuert ist. Das bedeutet, der Klient soll nicht rational überlegen, welches Symbol zu seiner beruflichen Situation passt, sondern er kann beispielsweise durch den Raum oder den Garten gehen, verschiedene Gegenstände wahrnehmen und dann spontan entscheiden: »Wählen Sie sich ein Symbol, das Sie spontan anspricht. Nicht Sie suchen sich das Symbol, sondern das Symbol wird Sie finden.« Der Satz »Das Symbol wird Sie finden« ist eine paradoxe Anweisung, die rationale Denkprozesse ausschaltet. Der Gesprächspartner kann anschließend das Symbol mitbringen (zum Beispiel einen Stein) oder ein Symbol aus der Umwelt (einen Baum, einen Schrank und so weiter) schildern.

Anschließend wird der Klient aufgefordert, die Eigenschaften zu nennen, die für ihn an dem Symbol wichtig sind: »Der Stein ist teilweise kantig, hat aber auch Rundungen, und er hat unterschiedliche Farbschattierungen « Die Beraterin hat dabei die Aufgabe, die Wahrnehmung zu unterstützen und auf Beobachtungen hinzuweisen, aber nicht von außen zu interpretieren: Also nicht: »Hier ist eine scharfe Kante«, sondern: »Hat die Kante für Sie eine Bedeutung?«

Diese Beschreibungen des Symbols werden dann im Blick auf die reale Situation des Klienten übersetzt: »Was bedeuten die harten Kanten in Bezug auf Ihre Situation in der Abteilung?« Auch hier gilt die Forderung, keinesfalls von außen zu interpretieren (was gerade Anfängern oft schwerfällt), sondern den Gesprächspartner dabei zu unterstützen, selbst für ihn wichtige Zusammenhänge herzustellen. Hilfreich ist, die Eigenschaften des Symbols und die Bedeutung zum Beispiel auf Flipchart in zwei Spalten nebeneinanderzuschreiben und dabei die wörtlichen Formulierungen des Klienten zu übernehmen:

Eigenschaften des Symbols	Bedeutung
»Teilweise kantig, aber hat auch Rundungen«	»Nach außen tut er so, als hätte er alles im Griff. Innen ist er weich und verletzlich«
»Schwarze Farbe«	»Ist schwer zu durchschauen, was er wirklich denkt«
»Fühlt sich kalt an«	Atmosphäre in Besprechungen

Damit ergibt sich für die Klärungsphase folgende Grundstruktur:

- Der Klient wird aufgefordert, einen Gegenstand für ein bestimmtes Thema (seine Situation im Team, die Vorgesetzte, eine gute Lösung) zu suchen: »Suchen Sie sich ein Symbol für die Beziehung zu Ihrer Vorgesetzten.«
- Der Klient beschreibt, was ihm daran auffällt. Schreiben Sie als Berater die einzelnen Punkte wörtlich mit, achten Sie darauf, dass nur das Bild oder Symbol beschrieben, aber noch nicht gedeutet wird.
- Anschließend übersetzt der Klient die Eigenschaften des Bildes auf sein Thema: »Was bedeuten die Kanten für Ihre Beziehung zu Ihrer Vorgesetzten?«

Lösungsphase In manchen Situationen werden sich aus der Übersetzung des Symbols in die Realität unmittelbar Lösungen ergeben. Oder man wechselt zunächst wieder auf die analoge Ebene. Dafür bieten sich zwei Möglichkeiten:

- den Klienten fragen, was er am Symbol verändern könnte: »Was möchten Sie mit dem Stein tun?« … »Ich kann mir den Stein so hinstellen, dass ich vor allem die Rundungen im Blick habe.«
- den Klienten auffordern, für die Lösung ein neues Symbol zu suchen

Es schließt sich dann wieder die Übersetzung in die Realität an: »Was bedeutet es konkret, den Stein so hinzustellen, dass Sie die Rundungen im Blick haben?«

Abschlussphase Wie in anderen Beratungsgesprächen geht es hier darum, das Ergebnis festzumachen und Kontrakte zu schließen: Was nimmt die Klientin als Ergebnis mit? Was sind die nächsten Schritte? Welche Unterstützung benötigt sie?

Eine zusätzliche und oftmals wirkungsvolle Möglichkeit besteht darin, den Abschluss auch auf analoger Ebene durchzuführen: Der Klient wird aufgefordert, sich das Symbol zu Hause hinzustellen (den Stein so hinzustellen, dass der Blick auf die Rundungen fällt). Oder er wird aufgefordert, sich eine Ansichtskarte oder ein Foto des Baums zu besorgen, den er als Symbol gewählt hat.

Symbole in der Beratung

Symbole können in der Beratung an unterschiedlichen Stellen genutzt werden:

- In der Klärungsphase für die gegenwärtige Situation, für eine Person, für bestimmte Eigenschaften (»Suchen Sie sich ein Symbol für die Energie, die Sie haben«), aber auch für mögliche zukünftige Situationen. Wichtig ist, genau zu definieren, wofür das Symbol stehen soll.
- Bei Entscheidungsproblemen können mögliche Alternativen (zum Beispiel bei einer Berufsentscheidung) mithilfe mehrerer Symbole repräsentiert werden: »Finden Sie ein Symbol dafür, dass Sie in Ihrer Firma bleiben, und ein Symbol für die neue Stelle.«
- Symbole können in der Lösungsphase verwendet werden: »Suchen Sie sich ein Symbol für ein erfolgreiches Gespräch« oder – ganz allgemein »für eine gute Lösung«.
- In der Abschlussphase kann ein Symbol als »Anker« verwendet werden, um zum Beispiel den Klienten daran zu erinnern, in hektischen Situationen Ruhe zu bewahren.
- Im Rahmen von Strategieberatung können Symbole zur Darstellung der Vision verwendet werden.
- Symbole können verändert oder irgendwo anders hingestellt werden, das Symbol für eine belastende Situation kann möglicherweise auch verbrannt oder begraben werden. Solche Interventionen sind wirkungsvoll – aber Vorsicht: Sie erfordern Sicherheit im Umgang mit analogen Verfahren.

Entscheidend dabei ist, dass der Klient selbst das Symbol wählt, beschreibt und selbst die Verbindungen zwischen dem Symbol und der Realität herstellt. Also nicht von außen Symbol, Eigenschaften oder Bedeutungen überstülpen. Ein Baum muss für einen Klienten nicht Wachstum bedeuten, sondern kann für ihn kahl sein, in Gefahr, umzustürzen, oder auch Schutz.

Das Grundprinzip der Arbeit mit Symbolen lässt sich auf andere analoge Verfahren ausweiten: Es kann ein Bild gemalt, eine Collage erstellt werden; der Klient kann sich aber auch ein Bild vorstellen. Das Vorgehen ist das gleiche.

Bei der Arbeit in Teams bleibt die Grundstruktur, das Vorgehen ist aber der Situation entsprechend abzuändern: Alle Teammitglieder suchen sich ein Symbol für ihr Team. Aber es werden jeweils nur die zwei wichtigsten Eigenschaften und ihre Bedeutung notiert. In einem weiteren Schritt kann dann gepunktet werden, welches für das Team insgesamt die wichtigsten Eigenschaften und ihre Bedeutung sind – daraus können sich anschließend Themen für die weitere Bearbeitung ergeben.

Metaphern

Ähnlich wie Symbole können auch Metaphern im Rahmen der Organisationsberatung genutzt werden. Eine Metapher ist die »Übertragung eines Wortes in eine uneigentliche Bedeutung« (Glück 2005, S. 407). Worte beziehungsweise Wendungen oder Geschichten werden aus ihrem ursprünglichen Bedeutungszusammenhang in einen anderen übertragen: »Ein Schiff pflügt durch das Meer«: Hierbei ist »pflügen« die Metapher, die aus der ursprünglichen Bedeutung (»das Feld pflügen«) in einen anderen Zusammenhang (»Schiff«) übertragen wird.

Metaphern sind jedoch mehr als nur sprachliche Formeln, sondern sie prägen unsere Vorstellungen der Wirklichkeit. George Lakoff und Mark Johnson verdeutlichen das anhand der Metapher »Zeit ist Geld« (2004, S. 15 ff.): Formulierungen wie »Sie vergeuden viel Zeit«, »Ich habe viel Zeit in diese Frau investiert« schaffen ein bestimmtes Bild der Wirklichkeit und legen dadurch unseren Umgang mit der Zeit fest. Gareth Morgan (2006) stellt die These auf, »dass unsere Theorien und Erklärungen von Organisationsvorgängen auf Metaphern beruhen, die es uns ermöglichen, Organisationen differenziert und doch nur ausschnittsweise zu betrachten und zu begreifen« (2006, S. 15). Je nachdem, ob ich eine Organisation als Organismus, als Kultur, als Kampf zwischen verschiedenen politischen Gruppierungen, als fortwährende Veränderung verstehe, ergibt sich ein anderes Bild der Wirklichkeit und ergeben sich daraus andere Konsequenzen für das Handeln.

Metaphern lassen sich in unterschiedlicher Form im Beratungsprozess nutzen (weitere Anregungen bei Lindemann/Rosenbohm 2012):

- Metaphern können entsprechend Symbolen bearbeitet werden: Der Klient wählt eine Metapher, die seine gegenwärtige Situation charakterisiert: »Ich fühle mich in der Abteilung wie ein Gummiball.« Wie bei Symbolen können dann die für den Klienten wichtigen Eigenschaften und ihre Bedeutung herausgearbeitet werden.
- Sie können als Berater die Metaphern aufgreifen und bearbeiten, die Ihr Klient spontan verwendet. In einer Teamberatung fällt der Satz: »Wir als Team müssen uns mehr von unserem Vorgesetzten abgrenzen.« Hier ist im Begriff »abgrenzen« die Metapher der Grenze verborgen. Im Rahmen der Prozessberatung wird dann die Bedeutung dieser Metapher genauer geklärt: Eine Grenze verhindert den Zugang: Wobei soll der Zugang verhindert werden? Was genau soll

an der Grenze aufgehalten werden? Wodurch wird die Grenze gesichert? Man kann dabei an Gräben, Stacheldraht, Mauern denken. Eine Grenze kann aber auch Grenzübergänge haben: Was sind die Grenzübergänge zwischen Vorgesetztem und Team? Wie wird der Übergang geregelt?

- Als Beraterin können Sie auch eigene Prozessfragen in Metaphern kleiden. Martin Wehrle (2013, S. 13 ff.) berichtet von einem Pharmamanager, der Angst vor Präsentationen hat. Anstatt die Wunderfrage direkt zu stellen, kleidet er sie in eine Metapher: »Stellen Sie sich vor, Ihre Forschungsabteilung hat ein völlig neues Medikament entwickelt, das mit hundertprozentiger Sicherheit gegen Redeangst wirkt ...«
- Metaphern können auch in komplexeren Beratungssituationen genutzt werden: »Wählen Sie eine Metapher für Ihr Team« als Rundgespräch zu Beginn einer Teamberatung gibt schnell wichtige Hinweise. »Mit welcher Metapher würden Sie Ihr Unternehmen, Ihre Schule beschreiben?«
- Veränderungsprozesse können als Veränderung von Metaphern beschrieben werden: Von der Zeit des Pflügens, wo alles immer wieder umgeworfen wurde, kommen wir jetzt zu einer Zeit des Säens, in der es darum geht, den Boden vorzubereiten.

Metaphern stellen neue Verbindungen her. Hören Sie auf Metaphern, die Ihre Klienten »unbewusst« gebrauchen – aber seien Sie selbst auch kreativ.

Geschichten

Ein klassisches Beispiel für die Nutzung von Geschichten in Therapie und Beratung stammt von Milton H. Erickson: In einer Therapie zum Thema Sexualprobleme spricht Erickson als Therapeut nicht direkt über die Probleme, sondern erzählt eine ziemlich langatmige Anekdote über verschiedene Arten, das Essen zu sich zu nehmen: Er schildert ausführlich den Ablauf eines formellen Dinners und beschreibt die Bedeutung der richtigen Atmosphäre, die Wichtigkeit der Vorbereitung, die Abstimmung zwischen den einzelnen Gängen und so weiter. Er stellt dem dann das schnelle Sandwich gegenüber, das manchmal auch sinnvoll ist, wenn für das aufwendige Dinner nicht genügend Zeit ist. Erickson berichtet, dass sich die Sexualprobleme des Ehepaars von da an gleichsam von allein lösten (Haley 2006, S. 169 ff.).

Seit den 80er-Jahren des 20. Jahrhunderts hat sich »Storytelling« als eigener therapeutischer Ansatz (z. B. White/Epston 2006), aber auch als Ansatz für Management und Organisationsberatung herangebildet (z. B. Loebbert 2003; Thier 2006). Storytelling geht davon aus,

> »*dass das Erleben und Handeln von Menschen die Form von Geschichten hat. Was nicht als Geschichte erlebt und getan wird, hat keine Bedeutung für unser Leben […] Geschichten und Erzählungen sind die Sinngeneratoren menschlichen Handelns und der Organisation von Handeln in Organisationen und Unternehmen […] Das gilt für unsere persönliche Lebensgeschichte im Verhältnis zu dem, was wir gerade tun, genauso wie für die Geschichte eines Unternehmens, eines Staates oder einer Geschichte unserer Welt*« (Loebbert 2003, S. 12, S. 17).

Storytelling bedeutet, Geschichten zu erzählen, die in verschlüsselter Form eine Botschaft enthalten. Das können »Schatzgeschichten« über besondere Erfolge der Organisation, Führungsgeschichten, Reisegeschichten, aber auch Märchen sein. So kann das Thema Berufsweg anhand des Märchens von König Drosselbart bearbeitet werden (Ruwwe/Radke 2005): Die Königstochter wird mit einem Bettler verheiratet, muss sich der täglichen Arbeit fügen, mit Unsicherheiten und Widerwillen umgehen, muss sich überlegen, was wirklich wichtig ist, sich verändern, sich neu bewähren – der Weg der Königstochter als Metapher für den Berufsweg. Ein Veränderungsprozess kann als Geschichte »Der Weg ins Gelobte Land« mit verschiedenen Akten gestaltet werden (Loebbert 2006, S. 59 ff.): Von Abschied und Aufbruch über die ersten Erfolge (»Es gibt kein Zurück mehr«) über die »neue Ordnung«, die Realisierung mit ihren Krisen, bis zur Lösung (»das Gelobte Land«).

Es gibt verschiedene Möglichkeiten, Geschichten im Rahmen der Organisationsberatung zu verwenden:

- Vorliegende Geschichten können als Metaphern im Rahmen einer Beratung verwendet werden (z. B. Heß 2017; Mohl 2014; Peseschkian 2012).
- In jeder Organisation gibt es Geschichten, zum Beispiel die Geschichte des Gründers, die Geschichte eines besonderen Erfolgs. Man kann solche Geschichten im Rahmen von Interviews erheben, kann sie aber auch im Rahmen einer Teamberatung entwickeln lassen: Schreiben Sie die Erfolgsgeschichte des Teams, einen Brief eines begeisterten Kunden …
- Man kann aber solche Geschichten auch selbst konstruieren.

Geschichten konstruieren

Wenn Sie Geschichten selbst konstruieren möchten, dann empfehlen sich die folgenden Schritte (Loebbert 2003, S. 119 ff.; Trenkle 2012):

- Das Problem erfassen: Worin genau besteht das Problem?
- Mögliche Lösungsansätze überlegen: Welche veränderten Einstellungen, Gefühle, Verhaltensweisen würden das Problem verringern?
- Daraus eine Kernbotschaft für den Klienten entwickeln.

- Eine Geschichte zur Einbettung der Lösung konstruieren: andere Personen wählen, das Problem und die Lösung diesen Personen zuordnen. Dabei müssen Geschichte und reales Problem »isomorph« sein (Bacon 2003, S. 61ff.), das heißt Problem und Lösung des Problems müssen auf die reale Situation übertragbar sein.
- Das »Drehbuch« der Geschichte entwickeln. Fast immer haben Geschichten eine ähnliche Struktur: Nach einem Vorspiel werden Personen und Themen eingeführt, es kommt zu Spannungen und Problemen, die Situation eskaliert, es kommt zu einem Höhepunkt, bis schließlich die Lösung erreicht wird.
- Die Geschichte erzählen – hilfreich ist hierbei zu Beginn zum Beispiel mithilfe von Gedankensprüngen, Unterbrechungen mögliche rationale Barrieren auszuschalten.
- Abschließend zusammenhanglos zu einem anderen Thema wechseln: »Ach, wo waren wir noch stehen geblieben?«

- Schließlich sind in diesem Zusammenhang auch Fantasiereisen zu erwähnen (z. B. Maaß/Ritschl 1996; Wehrle 2013), die Botschaften (zum Beispiel zum eigenen Selbstbild) in die Form einer Geschichte kleiden.

Geschichten enthalten Botschaften. Aber nachdem diese Botschaften metaphorisch verkleidet sind, wirken sie nicht als Anweisungen: Es ist ja nur eine Geschichte – und der Klient ist frei, davon das anzunehmen, was für ihn hilfreich ist.

Eine besondere Form von Geschichten ist das Improvisationstheater, wie es Mitte des 20. Jahrhunderts von Keith Johnstone und Viola Spolin entwickelt wurde: eine Form des Theaters, bei der zuvor kein Drehbuch festgelegt, sondern der Ablauf improvisiert wird (z. B. Johnstone 2010; Spolin 2005; Vlcek 2016): Im Rahmen eines Teamentwicklungsprozesses werden Probleme im Team nicht diskutiert, sondern szenisch als Stegreiftheater dargestellt. Grundidee ist, den Teilnehmern einen »Spiegel« vorzuhalten und zugleich einen »sicheren Raum« zu schaffen, »in dem Menschen in eine ehrliche Auseinandersetzung mit sich selbst treten und authentisch miteinander kommunizieren können« (Papke/Berg 2004, S. 19). Das Improvisationstheater folgt in der Regel folgenden Schritten:

- Es werden bestimmte Themen entweder durch Gespräche im Vorfeld oder durch Zuruf der Teilnehmer festgelegt.
- Es werden zu diesem Thema Bilder, Wortreihen und so weiter assoziiert.
- Es wird eine Hauptfigur bestimmt und im Blick darauf andere Figuren definiert. Dabei kann es sinnvoll sein, die Figuren durch bestimmte Eigenschaften oder einen typischen Satz zu charakterisieren, die dann der Darsteller in Gestik und Mimik übersetzt.

- Es wird schließlich das Thema szenisch dargestellt.
- Gegebenenfalls kann die Szene unterbrochen, das entstehende Standbild kann gedeutet oder die Spieler können befragt werden.

Improvisationstheater macht unbewusstes Wissen der Organisation in einer spielerischen, überzeichneten Form bewusst – und gibt damit den Anstoß, sich mit dem System auf neue Art auseinanderzusetzen.

Analoge Positionierung

Eine Reihe weiterer analoger Verfahren setzt bei der Position an, die eine Person für sich oder im Raum einnimmt.

Embodiment Dies ist ein Vorgehen, das ursprünglich aus der Gestalttherapie im Anschluss an Fritz Perls stammt (Rahm 2004, S. 219 ff.; Richter 2011, S. 158 ff.) und in der Kognitionspsychologie unter dem Begriff »Embodiment« wieder aufgegriffen wurde (z. B. Rieger/Wenke 2017, S. 773 ff.; Storch u. a. 2017). Die Hauptthese ist, dass Psyche und Körper in Wechselwirkung stehen: Gedanken und Empfindungen drücken sich in der Körperhaltung aus. Das heißt: Jemand, der schlechter Stimmung ist, drückt das auch in seiner Körperhaltung aus. Umgekehrt kann die Veränderung der Körperhaltung Empfindungen und Gedanken verändern und damit Anregungen für neue Lösungsmöglichkeiten geben. Daraus ergibt sich folgendes Vorgehen für den Beratungsprozess:

- **Beobachtung auffälliger Verhaltensweisen beim Klienten:** Wie ist seine Haltung? Wie sind seine Bewegungen? Reibt er sich zum Beispiel den Nacken?
- **Ansprechen dieser Verhaltensweisen:** »Spüren Sie doch mal in Ihre Schultern. Was spüren Sie?«
- **Wiederholen und Variieren der Verhaltensweisen:** Das Verhalten wird wiederholt, es kann langsamer oder schneller erfolgen, aber auch intensiviert oder übertrieben werden – bis dann zum Beispiel aus einen verkrampfen Lächeln ein Zähnefletschen und dem Klienten die dahinterstehende emotionale Bedeutung dieses Verhaltens bewusst wird.
- **Identifikation:** In der Tradition der Gestalttherapie (z. B. Stevens 2006, S. 87 ff.) kann der Klient auch aufgefordert werden, den Körperteil in der »Ich-Form« berichten zu lassen: »Was sagt Ihnen Ihre Schulter?«
- **Erproben neuer Verhaltensweisen:** In der Lösungsphase kann anstelle des bisherigen Verhaltens ein neues ausprobiert werden. Die Klientin verändert ihre Körperhaltung und achtet auf die sich dabei verändernden Empfindungen.

- **Den Klienten aufzufordern, eine Körperhaltung zu wählen, die einer bestimmten Situation entspricht:** »Wählen Sie die Körperhaltung, die typisch ist für Ihren Umgang mit Ihrem Vorgesetzten.« Der Klient wählt eine niedergedrückte Haltung. »Jetzt stellen Sie sich vor, Sie vertreten Ihrem Vorgesetzten gegenüber erfolgreich Ihre Position. Wählen Sie eine Körperhaltung, die dazu passt!« Der Klient verändert die Körperhaltung, und möglicherweise wird ihm dabei bewusst, dass es in der Situation nicht darauf ankommt, Macht, sondern vor allem Ruhe zu zeigen.

Verdeutlichung von Positionen mithilfe von Karten oder Figuren Hier wird die Position verschiedener Personen, Alternativen, sonstiger Faktoren zueinander durch Karten oder Figuren bildlich dargestellt. Möglichkeiten sind:

- Die (im Zusammenhang mit den Personen des sozialen Systems ausführlich dargestellte) Visualisierung des sozialen Systems, bei der die Position verschiedener relevanter Personen durch Karten, Figuren oder Stühle verdeutlicht wird.
- Entsprechend lassen sich aber zum Beispiel auch Positionen in Bezug auf verschiedene Aufgaben, Teile eines »inneren Teams« oder andere Themen visualisieren: Der Klient wird zum Beispiel aufgefordert, seine verschiedenen Aufgaben auf Karten zu schreiben und der Wichtigkeit nach um eine Karte seiner eigenen Position anzuordnen: Welche Karten liegen näher an der Karte der eigenen Position (sind also wichtiger oder erfordern mehr Aufwand), welche Karten (Aufgaben) liegen eher nebeneinander? Was möchte der Klient verändern?

Systemskulptur und Aufstellung In der Systemskulptur beziehungsweise Systemaufstellung werden einzelnen Personen durch andere Personen repräsentiert (das Vorgehen wird im Zusammenhang mit den Personen des sozialen Systems noch ausführlicher dargestellt). Andere Möglichkeiten einer Aufstellung sind:

- Die systemische Strukturaufstellung im Anschluss an Matthias Varga von Kibéd und Insa Sparrer (zum Beispiel Varga von Kibéd/Sparrer 2016; Sparrer 2006; Daimler u. a. 2016), bei der nicht nur Personen, sondern auch Gegenstände, Ziele, Werte, Hindernisse durch einzelne Personen (Repräsentanten) dargestellt und in der Aufstellung positioniert werden – zum Beispiel bei dem Thema einer Klientin »Ich schränke meine Kreativität ein und klebe an meinem Schreibtisch« eine Repräsentantin für die Klientin, aber auch Repräsentanten für den Kleber, den Schreibtisch, die Kreativität und das, worum es geht (Daimler u. a. 2003, S. 8 ff.).
- Teammitglieder werden aufgefordert, sich auf einer Linie entsprechend ihrer Zustimmung oder Ablehnung zum Veränderungsprozess aufzustellen.

- Verschiedene Aufgaben des Teams werden durch Karten auf dem Boden markiert, einzelne Personen positionieren sich im Blick auf diese Aufgaben.
- Die ursprünglich von Robert Dilts (1993) entwickelte »Walt-Disney-Methode«, bei der ein Problem aus verschiedenen Perspektiven (Träumer/Visionär, Realist, Kritiker, zusätzlich möglicherweise neutraler Beobachter) betrachtet wird: Die verschiedenen Perspektiven werden durch Karten auf dem Boden gekennzeichnet, der Klient stellt sich zu der jeweiligen Position: Er entwickelt Ideen (aus der Position des Träumers), erarbeitet Umsetzungspläne (Realist) oder prüft das Vorgehen kritisch (Kritiker).
- Bei der »Tetralemma-Aufstellung« (Varga von Kibéd/Sparrer 2016) werden verschiedene möglicher Alternativen hinsichtlich eines Dilemmas durch Positionen im Raum dargestellt: das eine – das andere – keines von beiden – beide – und als fünfte Position »all dies nicht und selbst das nicht« (eine Position, die den ursprünglichen Referenzrahmen des Problems verändert).

Analoge Verfahren machen im Rahmen der Einzel- und Teamberatung, aber auch im Rahmen komplexer Veränderungsprozesse Situationen oder Möglichkeiten schneller deutlich, als wenn man rational darüber redet. Sie haben zugleich etwas Spielerisches, was die Arbeit damit – wenn erst einmal mögliche Barrieren überwunden sind – einfach erscheinen lässt. Nutzen Sie hier Ihre Kreativität!

Auf der anderen Seite sind analoge Verfahren nicht ungefährlich. Sie können in starkem Maße Emotionen freisetzen und rationale Barrieren unterbrechen. Es gibt Berater, die solche Übungen sehr leichtfertig einsetzen, ohne die Wirkungen einzuschätzen und ohne damit umgehen zu können. Demgegenüber gilt, dass hier Verantwortlichkeit und Kompetenz des Beraters von entscheidender Bedeutung sind. Also Vorsicht in der Anwendung: Nutzen Sie nur die Vorgehensweisen, die Sie selbst ausprobiert haben und bei denen Sie sicher sind, den Prozess kompetent und erfolgreich weiterführen zu können.

Literaturtipps

Zahlreiche Anregungen finden Sie u. a. bei

- Holger Lindemann/Christiane Rosenbohm: *Die Metaphern-Schatzkiste*. Vandenhoeck & Ruprecht, Göttingen 2012
- Klaus Theuretzbacher/Peter Nemetschek: *Coaching und Systemische Supervision mit Herz, Hand und Verstand*. Klett-Cotta, Stuttgart, 4. Auflage 2016
- Karin Thier: *Storytelling*. Springer, Heidelberg 2006
- Kurt W. Richter: *Coaching als kreativer Prozess*. Vandenhoeck & Ruprecht, Göttingen 2010

Organisationsberatung in Triaden und Teams

Grundsätze

Linienvorgesetzter und Projektleiterin wollen ihre jeweiligen Kompetenzen abklären und holen sich dafür die Unterstützung einer Beraterin. Mitarbeiter der Produktion schimpfen über die schlechte Wartung der Maschinen durch die Technik, die Technik beklagt, dass die Produktion nicht sorgfältig damit umgeht. Sie als Berater oder Beraterin werden angefragt.

In diesen Situationen entstehen Beratungssysteme, die eine andere Struktur aufweisen als das Zweierberatungssystem Berater – Klient. In einer Zweiersituation kann die Beraterin ihre Aufmerksamkeit ausschließlich auf eine Person (den Klienten) richten. In einer Triaden- (Dreier-) oder Teamsituation muss die Beraterin ihre Aufmerksamkeit auf zwei oder mehrere Personen zugleich richten und ein komplexes Beratungssystem steuern. Und das kann durchaus zu Problemen führen:

- In einer Teamberatung schildern Mitarbeiter der Beraterin ausführlich die Probleme mit ihrer Vorgesetzten. Die Beraterin hört intensiv zu, geht darauf ein – aber die Vorgesetzte ist ausgeblendet.
- Beraterin und Vorgesetzte sind einer Meinung, dass der Mitarbeiter sich mehr einsetzen müsse. Damit bilden beide ein Subsystem und grenzen die dritte Person aus; mit hoher Wahrscheinlichkeit wird der Mitarbeiter abwehren.
- In einer Konfliktberatung eskaliert der Konflikt zwischen beiden Parteien, sie unterbrechen sich gegenseitig, der Berater kommt nicht zu Wort. Es hat sich ein Subsystem gebildet – auch wenn die Interaktion gegeneinander gerichtet ist.
- Ein Experte übernimmt »unter der Hand« die Leitung im Beratungsgespräch und grenzt damit die Beraterin aus.
- Bereichsleiterin Müller spricht die Beraterin an: »Können Sie bitte Herrn Scholz beraten, er hat es nötig.« Wenn die Beraterin diesen Ball aufnimmt und sich an Herrn Scholz wendet »Frau Müller hat gesagt, wir sollten zusammenarbeiten«, wird Herr Scholz vermutlich nicht mit Begeisterung reagieren.

Steuerung eines komplexen Beratungssystems, das zeigen diese Beispiele, heißt demgegenüber:

- Der Berater muss Koalitionsangeboten widerstehen und seine Neutralität bewahren.
- Für begrenzte Zeit kann er ein Subsystem mit einem Klienten bilden, indem er ihn auffordert, seine Sicht zu schildern, und dabei zuhört und auf ihn eingeht. Er muss dieses Subsystem aber wieder auflösen und sich anderen Personen (dem zweiten Klienten, anderen Teilnehmern des Workshops, dem Experten, der Vorgesetzten) genauso zuwenden.
- Er kann Subsysteme zwischen den anderen Personen etablieren: Die Expertin wendet sich direkt an den Klienten, in einer Konfliktberatung wird die Kommunikation zwischen beiden »Gegnern« etabliert: »Sagen Sie das Ihrem Kollegen persönlich!«, oder im Schnittstellenworkshop zwischen Produktion und Technik setzen sich jeweils ein Mitarbeiter aus der Produktion und sein Ansprechpartner aus der Technik zusammen und entwickeln Lösungen. Aber die Gesamtsteuerung bleibt beim Berater.
- Möglicherweise muss der Berater Subsysteme unterbrechen – zum Beispiel dann, wenn beide Parteien anfangen zu diskutieren, wer schuld war.
- Schließlich muss er die verschiedenen Subsysteme »ausbalancieren«: Er darf nicht zu lange ein Subsystem mit einem Klienten aufrechterhalten (indem er ihn lange seine Sicht schildern lässt, nachfragt und so weiter). Er hat darauf zu achten, dass nicht die Beratung zu einem Zweiersystem zwischen Experte und Klientin wird, bei dem der Experte auf die Klientin einredet und sie von »seiner« Lösung überzeugen möchte.

Diese Hinweise deuten auf die entscheidenden Voraussetzungen für eine erfolgreiche Steuerung komplexer Beratungssysteme: klare Steuerung des Prozesses, die Neutralität des Beraters – aber auch hier die Grundvariablen in der Tradition von Rogers: Wertschätzung, Empathie und Authentizität.

Klare Steuerung des Beratungsprozesses Jay Haley, der Begründer der strategischen Familientherapie, hat darauf hingewiesen, dass Beratung nur möglich ist, wenn der Berater »die Kontrolle über die Beziehung« behält (Haley 1978, S. 32 f.). Ein Berater oder eine Beraterin müssen in der Lage sein, die vereinbarte Definition der Situation als Beratung durchzusetzen und das Beratungssystem zu steuern. Je unklarer oder konfliktträchtiger eine Situation ist, desto eher sind die Beteiligten in Gefahr, sich in Regelkreisen zu verfangen – und desto wichtiger ist hier eine klare Steuerung des Prozesses. Das kann heißen:

- Zu Beginn des Beratungsprozesses werden Regeln festgelegt. Die Beraterin hat die Aufgabe, den Prozess zu steuern, jeder darf seine Sicht sagen, den anderen ausreden lassen …

- Die Zustimmung der Beteiligten wird eingeholt.
- Auf die Einhaltung dieser Regeln wird geachtet.
- Regelkreise (zum Beispiel wechselseitige Vorwürfe) werden unterbrochen.

Eine klare Steuerung des Prozesses ist erfahrungsgemäß nur dann durchzusetzen, wenn sie an die Zustimmung der Betroffenen gebunden ist. In einer Konfliktberatung werden die Klienten nur dann einander ausreden lassen, wenn sie sich zuvor dazu verpflichtet haben. Sichern Sie daher das Vorgehen durch eindeutige Kontrakte ab: »Ist es in Ordnung für Sie, dass ich den Prozess steuere – und dann auch Diskussionen, wenn sie sich festgefahren haben, unterbreche?« In der Regel werden Sie diese Zustimmung erhalten – und können im jeweiligen Fall unter Berufung auf die Regel tatsächlich einen Dauerredner unterbrechen.

Neutralität Die Neutralität wird verletzt, wenn die Beraterin für eine Person Partei ergreift, also zum Beispiel die Vorgesetzte gegen die Mitarbeiterin unterstützt. Neutralität kann aber auch durch Kleinigkeiten im verbalen oder körpersprachlichen Bereich infrage gestellt werden, zum Beispiel wenn sich die Beraterin deutlich länger mit dem einen Klienten als mit dem anderen befasst oder wenn sie beide Klienten unterschiedlich begrüßt: »Ich freue mich, Sie wieder zu sehen, Frau Meier, und Sie sind also Herr Scholz …« – ein solcher Satz bedeutet unter der Hand die Bildung eines Subsystems zwischen Beraterin und Frau Meier. Subsysteme entstehen darüber hinaus bereits dann, wenn zum Beispiel die Beraterin mehr Blickkontakt mit dem einen Klienten hält, ihm von der Sitzposition mehr zugewandt ist oder räumlich näher bei ihm sitzt. Bewahrung von Neutralität in der Beratung mehrerer Personen erfordert somit:

- Sensibilität für die Abläufe in diesem komplexen Beratungssystem
- Klarheit über die eigene Rolle, gegenüber den verschiedenen Personen Neutralität zu bewahren
- Austarieren von Sitzposition und Körperhaltung im Blick auf eine »emotional gleiche Distanz«: Häufig ergibt sich so etwas wie ein gleichseitiges Dreieck, aber nicht über den Zollstock bestimmt, sondern emotional empfunden.
- Transparenz über die neutrale Rolle und Absicherung über eindeutige Zustimmung

Wertschätzung, Empathie und Authentizität Diese drei Grundvariablen sind bereits für die Einzelberatung entscheidend. Fast noch wichtiger sind sie in einer Triadenberatung, hier verbunden mit der Forderung nach Neutralität: jeden Beteiligten wertschätzen, jedem Verständnis für seine Sicht entgegenbringen – aber dabei zugleich authentisch sein, das heißt Wertschätzung und Empathie nicht als Technik, sondern als eigene Überzeugung zum Ausdruck bringen.

In der Mediation spricht man hier von »vier A's« (Dulabaum 2009, S. 12ff.; Mahlmann u. a. 2009, S. 110ff.): Allparteilichkeit in dem Sinne, für beide Seiten gleichermaßen Partei zu ergreifen, Akzeptanz, Anerkennung (beide Streitparteien mit Würde und Respekt ansprechen) und Affirmation (beide bestätigen).

Eine entscheidende Möglichkeit, Wertschätzung und Empathie zum Ausdruck zu bringen, ist die im letzten Teil dargestellte Referenztransformation: Verhaltensweisen anders, positiver deuten, und damit Anstöße geben, die Situation aus einer anderen Perspektive zu betrachten. Das kann heißen:

- Die Tatsache würdigen, dass alle an der Beratung teilnehmen. Das gilt insbesondere für eine Konfliktberatung, wenn ursprünglich nur einer der Beteiligten Interesse an der Beratung hatte: Die Tatsache, dass der andere mitgekommen ist, belegt, dass auch er Interesse an einer gemeinsamen Lösung hat.
- Dem Experten danken, dass er teilnimmt und unterstützt.
- Bei Konflikten eine Referenztransformation in einen systemischen Kontext vornehmen: Es gibt nicht den Schuldigen – sondern jeder hat etwas dazu beigetragen, und jeder kann auch etwas dazu beitragen, den Konflikt zu lösen.
- Das Prinzip der Mehrperspektivität einführen: Jeder hat eine unterschiedliche Perspektive und sieht wichtige Aspekte – was dann Wertschätzung jeder Perspektive beinhaltet.
- Gemeinsamkeiten betonen: Für alle ist die gegenwärtige Situation unbefriedigend, beide sehen häufig nur die Unterschiede – doch was sind Punkte, bei denen sie sich einig sind?
- Gemeinsame Ziele herausarbeiten: Zum Beispiel könnte ein gemeinsames Ziel sein, die Zusammenarbeit zu verbessern.
- Aus der festgefahrenen sachlichen Diskussion auf die emotionale Ebene wechseln oder – wie Marshall B. Rosenberg es formuliert hat – von der »Wolfssprache« in die »Giraffensprache« wechseln: Was sind die jeweiligen Empfindungen? Wusste der andere, wie es dem Betreffenden in dieser Situation geht (z. B. Rosenberg 2016).
- Erste Erfolge oder Zwischenergebnisse würdigen: Die beiden Klienten haben sich in einem ersten kleinen Punkt geeinigt. Sicher, auf das Ganze gesehen ist das noch nicht viel – aber es ist ein positiver erster Schritt. Machen Sie Ihren Klienten deutlich, dass sie damit etwas erreicht haben.

Aber, wie bereits festgestellt: Entscheidend ist, dass Sie dabei authentisch sind, dass Sie innerlich davon überzeugt sind. Und das hat nichts mit einer Technik zu tun, sondern letztlich mit Ihrem Menschenbild.

Phasen der Triadenberatung

Triadenberatung ist Beratung in einem Beratungssystem, das aus drei Personen besteht. Beispiele dafür sind:

- Beratung von zwei Klienten durch einen Berater
- Beratung von zwei Personen in einer Konfliktsituation
- Beratung eines Klienten in Anwesenheit eines Experten für Projektmanagement
- Beratung eines Mitarbeiters in Anwesenheit des Vorgesetzten, wobei der Vorgesetzte Feedback an den Mitarbeiter gibt oder zu bestimmten Maßnahmen seine Zustimmung geben muss
- Beratung eines Klienten durch zwei Berater

Der Ablauf wird im Folgenden dargestellt, wobei wir uns an einer Konfliktberatung in einer Triadensituation orientieren.

In der Literatur wird diese Form der Beratung als »Mediation« bezeichnet: Mediation umfasst »alle Verfahren der Konfliktlösung, in denen ein neutraler Dritter ohne eigentliche Entscheidungsgewalt versucht, sich im Streit befindenden Personen auf dem Weg zu einer Einigung zu helfen« (Altmann u. a. 2005, S. 18).

Mediation wurde in den 1970er-Jahren in den USA entwickelt. Ausgangspunkt war, dass zur Entscheidung von Konflikten immer häufiger Gerichte angerufen wurden. Das lenkte die Aufmerksamkeit auf »alternative Konfliktlösungsverfahren« (ADR: Alternative Dispute Resolution). Mittlerweile ist Mediation auch im deutschsprachigen Raum als Familien- und Scheidungsmediation, als Alternative zu Gerichtsprozessen und nicht zuletzt im Unternehmensbereich etabliert (Überblick bei Köstler 2010). Dabei gibt es eine ganze Reihe unterschiedlicher Mediationskonzepte wie das Harvard-Konzept (Fisher u. a. 2013), das Konzept der Klärungshilfe (Thomann 2014), das Konzept der gewaltfreien Kommunikation von Marshall B. Rosenberg (Rosenberg 2016) oder für Schulen verschiedene Streitschlichter-Programme (z. B. Jefferys-Duden 2002) – bis hin zu aufwendigen Konfliktmanagementsystemen, die (analog zu Qualitätsmanagement) dazu dienen, Strukturen zur Bearbeitung und Lösung von Konflikten in Organisationen zu implementieren (z. B. Faller u. a. 2014).

Grundsätzlich folgt die Gliederung einer Triadenberatung der Struktur des Beratungsprozesses, wobei jedoch in vielen Fällen Vorgespräche mit jedem Einzelnen hilfreich sind und in den einzelnen Phasen zusätzliche Aufgaben anstehen.

Vorgespräch

Meist erfolgt die Anfrage nach einer Triadenberatung von einem der Beteiligten oder von einer dritten Person wie zum Beispiel der Personalleiterin, die den Anstoß für eine Konfliktberatung von zwei Abteilungsleitern gibt. Das bedeutet, einer oder möglicherweise beide Klienten kennen die Beraterin überhaupt nicht und werden vermutlich mit Misstrauen reagieren. Hier hilft ein Vorgespräch, um zum Betreffenden Kontakt aufzunehmen und die eigene Rolle zu klären. Hilfreich ist zudem die Vorklärung mit dem Klienten, den die Beraterin schon kennt. Möglicherweise erwartet er Unterstützung im Konflikt – auch ihm gegenüber ist die neutrale Rolle des Beraters transparent zu machen. Für das Vorgespräch gilt Folgendes.

- **Kontakt zum jeweiligen Gesprächspartner aufbauen:** sich auf ihn einstellen, in der Körperhaltung auf ihn einstimmen (Nähe/Distanz und Körperhaltung austarieren), gegebenenfalls etwas Small Talk machen.
- **Erste Schilderung der Situation:** In der Regel wird der Gesprächspartner im Vorgespräch aus seiner Sicht das Problem schildern. Hier gilt: zuhören, Verständnis zeigen – aber zugleich sich nicht vor den Karren spannen lassen, sondern die eigene Rolle deutlich machen. Eine Alternative dazu (vor allem wenn es sich um Konflikte in einem Team handelt) ist, diese Phase als Interview zu führen. Mögliche Fragen können sein:
  - Um welche Themen geht es?
  - Was sind die Hauptkonfrontationspunkte?
  - Was wurde zur Lösung schon versucht?
  - Gibt es Situationen, in denen es keine Probleme gibt, in denen die Zusammenarbeit gut klappt?
  - Was könnte aus Ihrer Sicht Ergebnis der gemeinsamen Beratung sein?
  - Was sind Risiken?
  - Gibt es weitere Hinweise?
- **Die eigene Rolle deutlich machen:** Die Beraterin (oder Mediatorin – je nachdem, unter welchem Begriff die Beratung läuft) darf nicht Partei ergreifen. Sie ist auch kein Schiedsrichter, sondern unterstützt dabei, eine mögliche Einigung zu erzielen. Und im Blick darauf steuert sie den Prozess.
- **Kontrakte:** Ergebnis dieses Vorgesprächs müssen klare Kontrakte sein. Der Gesprächspartner lässt sich auf die Beratung sowie auf die Rolle des Beraters ein.

Orientierungsphase

Man kann nicht davon ausgehen, dass alle Beteiligten gleichermaßen Interesse an einer »neutralen« Beratung haben. Möglicherweise erhofft sich der eine Unterstützung bei der Durchsetzung seiner Position, möglicherweise ist der andere nur mehr oder weniger widerwillig mitgekommen und hat das Ziel, möglichst ungeschoren aus der ganzen Situation herauszukommen. Damit wird die Orientierungsphase entscheidend für den gesamten Beratungsprozess: Wenn es gelingt, einen eindeutigen Kontrakt mit beiden Klienten über Thema, Ziel und Rolle des Beraters zu schließen, ist ein entscheidender Schritt getan. Das heißt konkret:

- **Sich auf Beratung innerlich einstellen:** Der erste Schritt ist auch hier wieder, sich die eigene Einstellung bewusst zu machen. Ziel ist: die Klienten unterstützen, eine Lösung zu finden, auf die sich beide einlassen können. Das erfordert Wertschätzung gegenüber allen Beteiligten, Empathie und Kongruenz, erfordert Neutralität und klare Steuerung des Prozesses.
- **Das äußere Umfeld vorbereiten:** Die Position der Stühle planen, etwa in Art eines gleichseitigen Dreiecks, bei dem die Beraterin Kontakt zu beiden Personen hat. Wo soll das Flipchart (sofern es benötigt wird) stehen? Welchen Platz markiert die Beraterin als ihren eigenen?
- **Die Kommunikation der Klienten beobachten:** Wer betritt als Erster den Raum? Welcher Platz wird gewählt? Wird die Beraterin freundlich oder gar überschwänglich begrüßt (was darauf hindeutet, dass hier der Betreffende versucht, mit ihr eine Koalition gegenüber dem anderen Klienten zu bilden) oder eher reserviert, was Hinweis darauf sein kann, dass der oder die Betreffende »eigentlich« gar kein Interesse an der Beratung hat.
- **Zu jedem der Beteiligten positiven Kontakt aufbauen:** sich körpersprachlich auf beide Gesprächspartner einstellen, Blickkontakt aufnehmen, ihn persönlich begrüßen (mit Namen anreden), ihm danken, dass er gekommen ist.
  In einer Konfliktberatung ist das eine durchaus heikle Phase: Hier sitzen jetzt zwei Klienten vor der Beraterin, wo jeder den Kontakt zum anderen argwöhnisch beäugt. Hier gilt, die Triade »ausgewogen« zu gestalten, das heißt, zu jedem persönlichen Kontakt aufzubauen und keinen zu bevorzugen. Das ist manchmal nicht ganz einfach, man muss es ausprobieren: zum Beispiel den Oberkörper mehr dem einen Klienten zugewandt, das Gesicht in Richtung des anderen, jeden gleichermaßen positiv begrüßen – und nicht sich ausführlich dem einen zuwenden und den anderen nebenher ansprechen.
- **Die eigene Rolle transparent machen:** »Ich als Beraterin werde nicht Partei ergreifen, auch nicht Schiedsrichter sein. Sondern meine Aufgabe ist es abzuklären, ob sich Lösungen finden lassen, denen jeder von Ihnen zustimmt.« Ent-

scheidend ist, diese Botschaft eindeutig zu vermitteln, die Zustimmung beider Beteiligten ausdrücklich einzuholen und zugleich deutlich zu machen, diese Rolle auch durchzuhalten.
- **Kontrakt über Thema und Ziel des Beratungsprozesses schließen:** Beratung mit mehreren Personen ist nur möglich, wenn sich alle Beteiligten auf ein gemeinsames Thema und ein gemeinsames Ziel einlassen.

Einigung auf ein gemeinsames Ziel ist unproblematisch, wenn es zum Beispiel darum geht, zwischen zwei Abteilungsleitern die jeweiligen Verantwortlichkeiten abzuklären. Hier werden beide zwar nicht über den Inhalt, wohl aber über Thema und Ziel einig sein.

In einer Konfliktberatung ist das jedoch keine leichte Aufgabe. Was ist, wenn beide sehr unterschiedliche Ziele haben oder der eine Gesprächspartner überhaupt keine Probleme sieht und damit auch kein Ziel formuliert? Solche Situationen erfordern sorgfältiges Vorgehen:

- Wichtig ist eine genaue Unterscheidung zwischen Prozess- und Beratungsziel. Die Prozessziele sind in Konfliktsituationen häufig gegensätzlich. Bei einem Konflikt zwischen zwei Kollegen möchte der eine einen Teil seiner Arbeit an den anderen abgeben, der andere dagegen möchte eben genau das vermeiden.
- Wohl aber kann sich aus unterschiedlichen Prozesszielen ein gemeinsames Beratungsziel ergeben. In diesem Beispiel könnte Beratungsziel sein, eine Aufgabenverteilung zu finden, die für beide akzeptabel ist. Eine mögliche Prozessfrage dafür ist: »Im Blick auf diese unterschiedlichen Ziele, was könnte ein Ziel für dieses Gespräch sein, auf das Sie sich beide einlassen können?«
- Häufig ist es hilfreich, als Beraterin ein solches Metaziel vorzuschlagen:
  - Abklären, ob sich eine Einigung bezüglich der strittigen Punkte ergibt.
  - Herausfinden, ob es eine Lösung gibt, die für beide Parteien akzeptabel ist.
  - Herausfinden, ob es Möglichkeiten gibt, den Konflikt zu entschärfen.
- Manchmal können sich auch beide auf ein Ziel einigen, das nur einer formuliert. Fragen Sie hier beim anderen aber genau nach: »Können Sie sich ebenfalls auf dieses Ziel einlassen?«

Ergebnis der Orientierungsphase müssen eindeutige Kontrakte sein:

- Kontrakt über das Thema.
- Kontrakt über das Beratungsziel.
- Kontrakt darüber, dass beide Seiten die Beraterin und ihre Rolle akzeptieren.

Die Festlegung eines gemeinsamen Beratungsziels ist insbesondere dann schwierig, wenn eine der Konfliktparteien vermutet, durch die Beratung etwas zu verlieren. In solchen Fällen kann es leicht vorkommen, dass der oder die Betreffende ablenkt, auf die Frage nach dem Beratungsziel eine lange Geschichte erzählt, sich darüber auslässt, dass doch die Zusammenarbeit eigentlich gut klappt und es kein Problem gibt. Oder er wird versuchen, sich nicht eindeutig festzulegen: »Na, schauen wir mal.« Doch »Schauen wir mal« verpflichtet zu nichts. Hier gilt es, eine klare Entscheidung zu fordern: »›Schauen wir mal‹ heißt was? Können Sie sich auf dieses Thema und dieses Ziel einlassen oder nicht?«

In solchen Situationen gewinnt die Orientierungsphase häufig eine unerwartete Ernsthaftigkeit: Ist der eine Gesprächspartner wirklich nicht bereit, sich auf die Diskussion möglicher Lösungen einzulassen? Eine solche Position dürfte eher die Ausnahme sein – wer will von sich sagen lassen, er sei nicht gesprächsbereit.

Klärungsphase

Eine Konfliktsituation zeichnet sich durch gegensätzliche subjektive Deutungen aus. Jeder sieht die Schuld beim anderen, jeder hat ein anderes Bild der Vergangenheit. Jetzt herauszufinden, »was wirklich war«, ist ein ebenso langatmiges wie vergebliches Unterfangen. Es gibt eben nicht »die Wirklichkeit« an sich, sondern es gibt unterschiedliche Perspektiven und damit unterschiedliche Bilder. Damit kann es nur Ziel der Klärungsphase sein, die verschiedenen Sichtweisen transparent zu machen: Wie hat der eine die Situation erlebt und gedeutet? Wie der andere? Wo liegen die Hauptunterschiede? Wo aber gibt es möglicherweise Gemeinsamkeiten? Für den Ablauf der Klärungsphase bedeutet das:

- **Die jeweilige Darstellung der Situation steuern:** Hilfreich ist, zu Beginn nochmals Ziel und Regeln der Klärungsphase zu vereinbaren: »Ziel ist, dass jeder die Möglichkeit hat, seine Sichtweise darzustellen. Regel ist, einander ausreden zu lassen.« Hilfreich ist zudem, offen zu lassen, wer anfängt. Wenn die Beraterin die Reihenfolge zuweist, kann es sein, dass sie dadurch »ins System fällt« – möglicherweise erlebt der andere Klient das als Zurückweisung.
- **Während des Erzählens zuhören, fokussieren, verdeckte Informationen nachfragen:** Dabei gilt jedoch, die Aufmerksamkeit immer auch auf den anderen Klienten zu richten. Ist er noch bereit oder in der Lage zuzuhören? Wann sollte ihm die Möglichkeit gegeben werden, seine Sicht darzustellen?
- **Anschließend den anderen Klienten zu Wort kommen lassen:** »Wie sehen Sie die Situation?« Oder: »Können Sie die Situation aus Ihrer Sicht schildern?« Es ist auch möglich, die Schilderung des Gesprächspartners als Thema zu neh-

men: »Ich sehe, dass Ihnen viel durch den Kopf gegangen ist, als Sie zuhörten. Möchten Sie erzählen?«

- **Gegebenenfalls Regelkreise unterbrechen:** Während der Schilderung besteht die Gefahr, dass der andere unterbricht: »Nein, in Wirklichkeit war das so ... «, oder dass einer auf den anderen einredet. Hier ist es Aufgabe der Beraterin, die Kommunikation zunächst zu beobachten, dann einen geeigneten Moment zum Unterbrechen wählen, nachdrücklich unterbrechen (laute Stimme, sich vorbeugen, die Unterbrechung mit einer Handbewegung unterstreichen), anschließend als Berater selbst etwas länger reden, um ein Zurückfallen in das Muster zu vermeiden und den Klienten Zeit zum »Abkühlen« zu geben.
- **Subjektive Deutungen übersetzen:** Im Rahmen der Klärungsphase werden häufig Sachverhalte oder Empfindungen deutlich, die dem anderen Konfliktpartner bislang nicht bekannt waren. Damit bietet sich die Möglichkeit der Übersetzung: »Wussten Sie schon, dass ...?« Hilfreich kann hier sein, nochmals zu wiederholen oder zusammenzufassen oder aktiv zuzuhören: »Ich höre bei Ihnen heraus, Herr Scholz, dass Sie sich allein gelassen fühlten und Unterstützung gewünscht hätten. Ist es das?« Anschließend kann man dann zum anderen Gesprächspartner wechseln: »Wenn Sie das hören, was geht Ihnen dabei durch den Sinn?« Eine andere Möglichkeit der Übersetzung sind zirkuläre Fragen, das heißt, einzelne Personen danach zu fragen, was ihrer Meinung nach andere Personen denken oder tun: »Was meinen Sie, würde Ihr Kollege antworten, wenn man ihn nach dem Anlass für diesen Konflikt fragen würde?« Damit werden die wechselseitigen subjektiven Deutungen, die im Alltag verborgen sind, transparent und geben Anstoß, die eigene Deutung zu überdenken.
- **Die hinter den Positionen stehenden Emotionen herausarbeiten:** Das ist das Grundkonzept der gewaltfreien Kommunikation im Anschluss an Rosenberg. Auf Triadenberatung bezogen heißt das, die Klienten nach ihren Empfindungen fragen und für den anderen Klienten übersetzen: »Was haben Sie in dieser Situation empfunden?«, »Wussten Sie, was Ihr Kollege dabei empfunden hat?«
- **Ziele und Bedürfnisse klären, die hinter den Positionen stehen:** Dieser Schritt spielt in der Mediation und der gewaltfreien Kommunikation eine große Rolle (z.B. Rosenberg 2016, S. 59 ff.). Positionen sind Gegensätzlichkeiten, die isoliert betrachtet werden. Hinter den Positionen stehen aber immer übergeordnete »Interessen« beziehungsweise Ziele und Bedürfnisse. Positionen werden verständlicher im Blick auf die jeweiligen Ziele: Möglicherweise geht es dem Klienten gar nicht um die Teilnahme an der Arbeitsgruppe, sondern dahinter steht das Ziel, Anerkennung zu erhalten.
- **Direkte Kommunikation zwischen den Klienten anstoßen:** In Triadensituationen tritt häufig der Fall auf, dass jeder dem Berater etwas über den ande-

ren Teilnehmer erzählt: »Ich habe mich geärgert, dass ich von Herrn Berg nicht zur Strategiesitzung eingeladen wurde.« In dieser Situation kann es hilfreich sein, die Kommunikation zwischen beiden direkt anzustoßen: »Können Sie es Herrn Berg direkt sagen ...?« Anschließend kommt der zweite Klient zu Wort: »Wussten Sie, dass Herrn Wittmann das verletzt hat?«

- **Gemeinsamkeiten und Unterschiede visualisieren:** Jeder der beiden Klienten stellt auf einer Metaplantafel dar, was für ihn die besonders wichtigen Punkte im Projekt sind. Anschließend werden Gemeinsamkeiten und Unterschiede herausgearbeitet: Wo stimmen beide überein, wo bestehen Unterschiede?
- **Analoge Verfahren nutzen:** Jeder Klient wählt ein Symbol für die gegenwärtige Situation, stellt sein Symbol vor, und es wird im Blick auf die gegenwärtige Situation gedeutet. Anschließend lassen sich wieder Gemeinsamkeiten und Unterschiede herausarbeiten.

Gerade bei der Konfliktberatung in der Triadensituation ist die Klärung einer Situation immer schon ein Stück Veränderung, nämlich indem unterschiedliche Auffassungen, aber auch Gemeinsamkeiten deutlich werden. Möglicherweise besteht die Gemeinsamkeit darin, dass beide Klienten die Situation als belastend erleben, dass sie beide letztlich gemeinsame Ziele verfolgen oder dass es für jeden um Wertschätzung und Anerkennung geht.

Lösungsphase

Aus einer Außenperspektive erscheint es meist einfach, sich zusammenzusetzen und eine Lösung zu überlegen. Nur werden in einer Konfliktsituation die Betreffenden gerade das nicht tun. Sie akzeptieren es deshalb nicht, weil Handlungen immer das Ergebnis subjektiver Deutungen sind. Das heißt, eine gemeinsame Lösung ist erst möglich, wenn es gelungen ist, eine Referenztransformation durchzuführen, wenn die Konfliktparteien (in gewissem Maße) Verständnis für den anderen entwickelt und ihr negatives Bild vom anderen zumindest teilweise korrigiert haben.

Nun geschieht diese Referenztransformation keineswegs erst in der Lösungsphase, sondern beginnt bereits in der Orientierungsphase mit einer impliziten Referenztransformation durch den Berater. Er deutet die Tatsache, dass beide Klienten zur Beratung gekommen sind, positiv – als einen Beleg dafür, dass jeder Interesse an einer gemeinsamen Lösung hat. Eine implizite Referenztransformation ist ebenso die Einigung auf ein gemeinsames Thema und ein gemeinsames Beratungsziel. Sie belegt, dass hier Einigung möglich ist – und die Beraterin tut gut daran, dies als positives Ergebnis hervorzuheben. Referenztransformationen verlaufen fortwährend in der Klärungsphase, indem Gemeinsamkeiten herausgestellt werden, indem die Beraterin übersetzt, indem die direkte Kommunikation zwischen den beiden Klienten angestoßen wird. Immer steht dahinter die Botschaft: »Sie schaffen es, gemeinsam eine Lösung zu finden!« Das ist in der Lösungsphase weiterzuführen:

- **Das Erreichte würdigen:** In vielen Fällen kann ein sinnvoller erster Schritt der Lösungsphase sein, den Klienten nochmals zu verdeutlichen, was sie bereits geschafft haben. Beide sind gekommen, beide haben ihre Bereitschaft zu einer gemeinsamen Lösung dokumentiert, sie haben sich auf Thema und Ziel geeinigt und aus ihren alltäglichen Verhaltensmustern gelöst.
- **Komplexe Problemsituationen zergliedern und mit einem leicht zu lösenden Problem anfangen:** Konfliktsituationen bestehen in der Regel aus mehreren Problemen. Mit dem schwierigsten Problem zu beginnen, ist in der Regel wenig zielführend. Hilfreicher ist es, schrittweise vorzugehen: Was kann ein erstes, leichter zu lösendes Teilproblem sein? Damit lernen die Klienten, dass Lösungen möglich sind. Sie lernen, konstruktiv miteinander zu kommunizieren, und können dieses Ergebnis dann für die Lösung schwierigerer Probleme nutzen.
- **Bisherige Lösungsversuche streichen:** Erfolglose bisherige Lösungsversuche sind Bestandteil eines Regelkreises und damit Teil des Problems. Eine Liste der erfolglosen bisherigen Lösungsversuche kann helfen, die Energie auf »neue« Lösungen zu konzentrieren.
- **Brainstorming:** Sammlung möglichst vieler Lösungsmöglichkeiten, ohne sie zu bewerten. Was wäre in dieser Situation ein anderes Verhalten, das die beiden Konfliktparteien bislang noch nicht versucht haben? Was wären möglicherweise »verrückte« Ideen? Aufgabe der Beraterin hierbei ist, auf die Einhaltung der Brainstormingregel »Erst sammeln, nicht bewerten« zu achten – ansonsten wird bei der ersten Idee der Konflikt sofort wieder aufbrechen. Sie können als Beraterin zudem selbst Ideen einbringen. Anschließend können die Ideen von den Konfliktparteien gepunktet werden, um Ansatzpunkte für eine gemeinsame Lösung zu finden.
- **Aushandeln von Wünschen:** Alltägliche Interaktion leidet oft daran, dass die Wünsche, die man an andere Personen hat, nicht ausgesprochen werden. Hier besteht eine hilfreiche Möglichkeit darin, solche Wünsche explizit formulieren und aushandeln zu lassen – wir werden das Vorgehen noch ausführlicher darstellen.
- **Paradoxe Anweisungen:** Manchmal ist es hilfreich, das Problemverhalten zu »verschreiben«. Dann kann die Beraterin sagen: »Ich sehe, Ihr Konflikt ist so

tiefgreifend, dass hier keine Lösung möglich ist. Aber ich schlage Ihnen vor, den Konflikt zu kanalisieren. Meine Anweisung ist, dass Sie sich jeden Donnerstag um 14 Uhr treffen und sich gegenseitig die Dinge sagen, die Ihnen am anderen missfallen haben!« Unter der Hand wird hier eine Referenztransformation von Widerfahrnis in Handlung durchgeführt: Bislang hatten die Kollegen diesen Konflikt als Widerfahrnis gedeutet, dem sie ausgeliefert sind. Nun wird er als Handlung gedeutet, die sich willkürlich herbeiführen lässt. Wenn die Klienten versuchen, dieses paradoxe Verhalten auszuführen (darauf sollten Sie als Beraterin bestehen), werden sie feststellen, dass genau das zur Veränderung des Regelkreises führt: Man kann sich nicht auf Anweisung jeden Donnerstag um 14 Uhr streiten.
- **Arbeit mit analogen Verfahren:** Jeder Klient sucht sich ein Symbol für eine gute Lösung, oder beide Klienten erstellen gemeinsam eine Collage.

Abschlussphase

Wie auch in sonstigen Beratungsgesprächen gilt es, das Ergebnis festzumachen, den Handlungsplan für die nächsten Schritte festzulegen und das Beratungsgespräch abzuschließen. Auch hier ist die Aufmerksamkeit wieder auf beide Klienten zu richten. Für das Vorgehen ergeben sich daraus folgende Schritte:

- **Zusammenfassung der Ergebnisse:** Häufig kann das ein geeigneter Einstieg in die Abschlussphase sein. Die Beraterin fasst noch einmal zusammen: Wie war das Vorgehen? Welche Themen wurden bearbeitet? Was wurde erreicht? Das gibt beiden Klienten die Möglichkeit, sich aus der inhaltlichen Diskussion zu lösen und den Prozess zu reflektieren.
- **Kontrakte zwischen den Klienten:** Das entscheidende Ergebnis bei der Konfliktberatung in der Triadensituation sind Kontrakte zwischen beiden Klienten. Beide vereinbaren zum Beispiel, sich in Zukunft vor Beginn der Geschäftsführungssitzung jeweils eine halbe Stunde zusammenzusetzen. Für die Beraterin heißt das, darauf zu achten, dass beide sich dabei anschauen, direkt ansprechen und dass beide tatsächlich zustimmen (also kein »Schauen wir mal«).
- **Festlegung des Handlungsplans:** Meist enthalten die Kontrakte bereits Vereinbarungen über die nächsten Schritte. Möglicherweise muss das noch weiter ausgeführt werden: Es wird vereinbart, dass jeder zunächst das Ergebnis für sich überdenkt, dass sie vielleicht 14 Tage lang das neue Verhalten ausprobieren, sich dann zusammensetzen, um das Erreichte zu reflektieren.

- **Vereinbarung des weiteren Vorgehens im Beratungsprozess:** Was brauchen die Klienten an weiterer Unterstützung? Wird ein weiteres Beratungsgespräch oder ein Checktermin vereinbart? Können die Klienten zwischendurch die Beraterin anrufen?
- **Das Erreichte würdigen:** Ein ganz wichtiger Schritt in der Abschlussphase ist, deutlich zu machen, was die Klienten erreicht haben. Sie haben sich beide auf die Beratung eingelassen, haben Klarheit über die Sichtweise des anderen, haben möglicherweise bereits in einem Punkt eine Einigung erzielt. Das alles ist nicht selbstverständlich, sondern ist ein Erfolg, zu dem beide beigetragen haben. Diesen Erfolg gilt es zu würdigen: »Sie beide haben viel dazu getan« – eine solche Formulierung betont, dass das Klientensystem (wieder) funktionsfähig beziehungsweise auf dem Weg dazu ist.

Es gibt Beratungssituationen, die nicht zu einer Einigung zwischen den Konfliktparteien führen. Auch das kann ein Ergebnis sein und ist als solches zu würdigen. Es schafft Klarheit und entlastet damit von vergeblichen Versuchen einer Konfliktlösung. Häufig schließt sich daran eine kurze Phase der Prozessberatung mit jedem einzelnen Klienten in Anwesenheit des anderen: Was bedeutet es für ihn, wenn er weiß, dass sein Kollege kein Interesse an der Verbesserung der Beziehung hat? Was bedeutet es für den anderen?

Beratung kann keine heile Welt schaffen. Sie kann aber Transparenz schaffen und den Raum möglicher Lösungen abklären.

Arbeit mit Wünschen

Es gibt Wünsche zwischen Partnern, Wünsche des Mitarbeiters an seine Vorgesetzte, Wünsche von der Produktion an die Technik und umgekehrt. Wünsche werden jedoch vielfach nicht ausgesprochen oder hinter Kritik und Vorwürfen versteckt. Doch mit einem Vorwurf kann man schlechter umgehen als mit einem Wunsch, obwohl sich hinter jedem Vorwurf ein Wunsch verbirgt. Aufgabe in der Triadenberatung ist dann, Klienten zu unterstützen, Kritik in Wünsche zu transformieren, Wünsche an den anderen Partner zu formulieren und sie gemeinsam auszuhandeln.

In der Familientherapie ist die Arbeit mit Wünschen eine klassische Intervention bei Virginia Satir, die dann in der Tradition des Neurolinguistischen Programmierens weiterentwickelt wurde (Mohl 2002, S. 207 ff.).

Die Bearbeitung von Wünschen im Rahmen der Triaden- oder Teamberatung verläuft in folgenden Schritten:

Referenztransformation von Vorwürfen in Wünsche Der erste Schritt ist, Vorwürfe in Wünsche zu transformieren, also den Vorwurf »Ich bekomme von Ihnen zu wenig Information« zu übersetzen in »Ich wünsche mir von Ihnen mehr Information«. Das ist eine Referenztransformation, die durch die Beraterin selbst angestoßen werden kann: »Ich höre dahinter einen Wunsch heraus: Sie wünschen sich mehr Information von Ihrem Kollegen.« In der Regel wird der Gesprächspartner zustimmen – oder korrigieren: »Nein, eigentlich geht es nicht um Information, sondern ich möchte bei Entscheidungen mehr einbezogen werden.« Vorwürfe führen zu Abwehr, wenn ein anderer jedoch einen Wunsch an mich stellt, dann steht dahinter Wertschätzung: »Ich bin dem anderen wichtig.«

Eine andere Möglichkeit besteht darin, dass die Beraterin von sich aus das Thema Wünsche anspricht. Das ist dann hilfreich, wenn in einem Team unterschwellig Unzufriedenheit herrscht: »Ich schlage vor, dass jeder einen Wunsch formuliert.«

Transformation in wohlgeformte Wünsche »Wir sollten mehr gemeinsam Verantwortung übernehmen« sagt alles und nichts: Wer soll hier was tun? Was heißt »gemeinsam«? In einem solchen Fall besteht der nächste Schritt darin, die in diesem Wunsch verdeckten Erwartungen transparent zu machen beziehungsweise ihn in einen »wohlgeformten«, also konkreten Wunsch zu übersetzen. Kriterien sind:

- Es muss geklärt sein, an wen sich der Wunsch richtet: an den Vorgesetzten, an die Kollegen?
- Das Verhalten, das gezeigt werden soll, muss konkret sein: Was sollen die anderen konkret tun? Möglicherweise kommt dann etwas ganz Einfaches raus, dass zum Beispiel die Planung gemeinsam abgesprochen wird.
- Die Situation, in der das Verhalten gezeigt werden soll, muss geklärt sein. Wann, in welchen Situationen soll gemeinsam Verantwortung übernommen werden? Lassen sich dafür Beispiele oder Kriterien angeben?
- Wünsche sollten positiv formuliert sein, das heißt keine Negationen enthalten. Bei dem Wunsch »Ich wünsche mir, dass Sie meine Auffassung nicht sofort abwerten« bleibt unklar, was der Betreffende konkret tun soll. Soll er erst zuhören, bevor er Stellung bezieht?
- Wünsche sollten keine Reizwörter enthalten: »Ich wünsche mir, dass Sie mir endlich Informationen über die Bereichsbesprechung geben!« »Endlich« ist ein Reizwort und versteckter Vorwurf: »Nie geben Sie mir Informationen«. Damit wird die sorgsam erarbeitete Referenztransformation rückgängig gemacht, und man verfängt sich in einem Schema von wechselseitigen Vorwürfen.

Absicherung des Verständnisses beim anderen Gesprächspartner Der nächste Schritt ist, ein gemeinsames Verständnis abzusichern: »Also bevor wir klären, ob Sie bereit sind, diesen Wunsch zu erfüllen: Ist Ihnen klar, was Ihr Kollege von Ihnen wünscht?« Wenn das der Fall ist, ist damit eine gemeinsame Verständnisbasis erreicht. Ansonsten muss die Klärung noch weitergeführt werden: Was genau soll der Betreffende tun?

Das Aushandeln des Wunsches Wenn der Wunsch geklärt ist, beginnt die nächste Phase: »Sie haben gehört, was sich Ihr Kollege von Ihnen wünscht. Sind Sie bereit, diesen Wunsch zu erfüllen?«

Ganz selten wird man in solchen Situationen ein eindeutiges Ja oder Nein erhalten. Fast immer ist die Antwort ein Satz in der Form »Ich würde es tun, wenn ...«. Damit führt der Gesprächspartner Bedingungen ein. Doch hinter Bedingungen verbergen sich wiederum Wünsche: »Ich würde es tun, wenn mir mein Kollege auch einen Wunsch erfüllt.« A hat einen Wunsch an B formuliert, und jetzt deutet sich ein Wunsch von B an A an. Damit geht das Aushandeln von Wünschen in eine zweite Runde: »Ich höre bei Ihnen ebenfalls einen Wunsch heraus. Ist es in Ordnung, dass wir auch diesen Wunsch mit bearbeiten?«

Manchmal können sich daran mehrere Runden anschließen: A formuliert einen Wunsch, B knüpft Bedingungen an die Erfüllung, der dahinter stehende Wunsch von B wird bearbeitet, A knüpft seinerseits Bedingungen an die Erfüllung dieses Wunsches. Ein solcher Prozess des Aushandelns benötigt Zeit: die jeweiligen Wünsche aufdecken, klären, absichern, dass der andere weiß, was damit gemeint ist, schließlich die Zustimmung aushandeln. Wenn es zu kompliziert wird, kann man versuchen, das Verfahren in kleine Schritte zu zerlegen: »Gibt es aus diesen vielen Wünschen einen Wunsch, den wir heute bearbeiten könnten?«

Abschlussphase Wenn man sich auf die Erfüllung bestimmter Wünsche geeinigt hat, ist der Kontrakt abzusichern. Stimmen beide Klienten tatsächlich zu? Gegebenenfalls können die Klienten das durch einen Handschlag besiegeln. Möglicherweise werden »Hausaufgaben« oder Checktermine vereinbart. Aufgabe der Beraterin ist dann, das Ergebnis zu würdigen.

Wenn keine Einigung erzielt ist, schließt sich Prozessberatung mit jedem Einzelnen an: Wie geht es jedem Einzelnen damit, dass keine Einigung erzielt ist? Was zieht er für sich daraus für Konsequenzen?

Triadenberatung mit Experten

In manchen Situationen werden neben Berater und Klient zusätzliche Experten an der Beratung teilnehmen: ein Experte für IT-Projekte, der mögliche Risiken des Projekts nennen kann, ein Manager eines anderen Bereichs, der seine Erfahrungen einbringt.

Experten sind nicht selten so etwas wie »Primadonnen«, die mit ihrem Wissen und ihrer Kompetenz glänzen, dabei jedoch den Klienten aus dem Blick verlieren. Das führt leicht dazu, dass sie unter der Hand die Leitung des Gesprächs übernehmen. Hier sind klare Steuerung des Beratungsprozesses und klare Rollentrennung erforderlich:

- Der Klient definiert Thema und Ziel des Beratungsprozesses. Er sagt, was sein Problem ist, welches Ergebnis er möchte und welche Unterstützung er sich vom Experten erhofft.
- Der Experte stellt dafür sein Wissen zur Verfügung. Er tut damit etwas für den Klienten – und erwartet dafür Anerkennung und Wertschätzung.
- Der Berater schließlich ist verantwortlich für die Strukturierung des Prozesses, dafür, dass der Klient die Antworten bekommt, die er benötigt (und nicht der Experte sein Wissen lediglich darstellt), und dafür, dass der Klient entscheidet, wie er vorgeht – und nicht der Experte ihm eine Lösung vorschreibt. Der Berater ist aber auf der anderen Seite auch dafür verantwortlich, dass der Experte die Wertschätzung und Anerkennung erhält, die er verdient.

Die Grundstruktur folgt der Struktur der Triadenberatung. Zu den einzelnen Phasen folgen nun einige zusätzliche Hinweise.

Orientierungsphase Nicht nur Klient und Berater benötigen Orientierung, der Experte benötigt ebenfalls Klarheit darüber, was von ihm erwartet wird und worin seine Rolle besteht. Das heißt im Einzelnen:

- **Kontakt aufbauen:** Körpersprachlich Kontakt aufnehmen, jeden mit Namen begrüßen, dem Experten danken, dass er sein Wissen und seine Erfahrung zur Verfügung stellt.
- **Thema und Ziel festlegen:** Was möchte der Klient als Ergebnis des Beratungsgesprächs mitnehmen? Was möchte er vom Experten erhalten: einen konkreten Vorschlag, Anregungen, zunächst nur Informationen? Je genauer das geklärt ist, desto klarer wird dem Experten seine Rolle und desto eher wird er tatsächlich das beitragen können, was der Klient von ihm erwartet – und desto leichter ist der Experte zu steuern.
- **Die unterschiedlichen Rollen im Beratungsgespräch klären:** Der Experte bringt sein Wissen ein; die Beraterin hat die Gesamtsteuerung, und sie hat damit auch das Recht, den Experten anzuhalten.
- **Orientierung über den Ablauf des Beratungsgesprächs geben:** Das ist ebenfalls eine Aufgabe der Beraterin. Erst schildert der Klient seine Situation; dann wird dem Experten das Wort gegeben, seine Sichtweise beziehungsweise

seine Anregungen einzubringen; und am Ende wird schließlich wieder der Klient im Mittelpunkt stehen. Er muss klären, welche Anregungen des Experten für ihn passend sind und wo er anders vorgeht.

Wichtig ist, dass auch hier als Ergebnis eindeutige Kontrakte zwischen allen Beteiligten vorliegen: Ist die Rollenverteilung für den Klienten stimmig? Kann sich der Experte auf seine Rolle einlassen? Kann ich als Berater oder Beraterin zustimmen?

Klärungsphase Sinnvollerweise beginnt die Klärungsphase damit, dass der Klient seine Situation schildert. Hier ist die Aufmerksamkeit der Beraterin zunächst auf den Klienten gerichtet: zuhören, eine konkrete Situation fokussieren, verdeckte Informationen nachfragen. Aber zugleich gilt, den Experten nicht aus dem Blick zu verlieren: Ist er mit seiner Aufmerksamkeit noch dabei, brennt er darauf, »endlich« etwas zu sagen, oder beginnt er, sich schmollend zurückzuziehen?

Zumindest dann, wenn es eine längere Klärungsphase gibt, ist es günstig, den Experten mit einzubinden. Grundsätzlich bieten sich zwei Möglichkeiten:

- Hat der Experte noch irgendwelche Fragen zur vorliegenden Situation?
- Den Experten auffordern, die Situation aus seiner Sicht zu kommentieren.

Die erste Möglichkeit ist sinnvoll (in den meisten Fällen benötigt der Experte noch irgendwelche Informationen), aber durchaus nicht unproblematisch, wenn der Experte anfängt, eine Frage nach der anderen zu stellen. Das kann den gesamten Beratungsprozess blockieren. Versuchen Sie, hier das rechte Maß zu finden: Gibt es noch »wichtige« Fragen, deren Beantwortung zur Lösung des Problems erforderlich ist? Sie können den Zeitrahmen begrenzen: »Lassen Sie uns die nächsten zehn Minuten noch zur Klärung der Situation verwenden und dann die Anregungen des Experten nutzen.«

Eleganter ist oft, den Experten aufzufordern, die Situation aus seiner Perspektive zu kommentieren. Ein Experte für Risikomanagement kann die aus seiner Sicht wichtigsten Risiken des Projekts auflisten. Aber auch hier bleibt die Steuerung des Prozesses bei der Beraterin: Kommentare des Experten sind Anregungen. Der Klient kann nachfragen, oder an die Expertenberatung kann sich Prozessberatung anschließen: »Können Sie mit den Anregungen etwas anfangen?«.

Lösungsphase Grundsätzlich bieten sich hier zwei Ansatzpunkte:

- Der Experte stellt dar, wie er das Problem lösen beziehungsweise in der Situation des Klienten vorgehen würde.

- Die Lösungsphase wird als Brainstormingphase gestaltet: Was sind mögliche Ideen zur Lösung des Problems? Hier wird zunächst der Experte gefordert sein, aber auch der Klient oder die Beraterin können Ideen beitragen.

Wiederum ist hier die Steuerung des Beratungsprozesses Aufgabe der Beraterin. Wenn der Experte darstellt, wie er das Problem lösen würde, sind zunächst nur Verständnisfragen des Klienten zugelassen – die Bewertung und die Diskussion der Frage, was der Klient davon konkret übernehmen kann, folgt in einem zweiten Schritt. Bei einem Brainstorming ist es Aufgabe der Beraterin, auf die Einhaltung der Brainstormingregeln zu achten: Lösungen sammeln, aber nicht diskutieren.

Bei der Bewertung der verschiedenen Möglichkeiten im nächsten Schritt kann durchaus auch der Experte zu Wort kommen: Wo sieht er Risiken und Chancen der verschiedenen Vorgehensweisen? Aber die endgültige Bewertung kann immer nur durch den Klienten erfolgen. Nur er allein kann entscheiden, was für seine Situation wirklich passt, mit welchen Risiken hier zu rechnen ist.

Abschlussphase In der Abschlussphase ist die Aufmerksamkeit wieder in erster Linie auf den Klienten gerichtet: Was sind auf dem Hintergrund der Anregungen seine nächsten Schritte? Möglicherweise kann der Experte für einzelne Schritte nochmals Anregungen geben – aber die Entscheidung bleibt beim Klienten. Möglicherweise gibt es weitere Vereinbarungen mit dem Experten oder Kontrakte über Checktermine. Und nicht vergessen: Zum Abschluss Dank an den Experten für seine Unterstützung.

Systemische Teamberatung

In einem Werksleitungsteam häufen sich die Probleme. Es sind zwei neue Mitglieder (eine neue Bereichsleiterin und der Personalleiter) hinzugekommen, die noch nicht integriert sind. Die Teambesprechungen ziehen sich in die Länge, hinter vorgehaltener Hand wird Kritik geäußert. Vereinbart wird hier eine Teamberatung.

Dabei kann Teamberatung in unterschiedlichen Formen geschehen: analog zur Triadenberatung, allerdings hier nicht nur mit zwei Personen, sondern mit dem gesamten Team. Teamberatung kann aber auch Moderation eines Zwei-Tages-Workshops sein oder ein Workshop, bei dem verschiedene Gruppen (zum Beispiel Kunden und Lieferanten) zusammen Schnittstellenprobleme bearbeiten. Teamberatung kann schließlich ein längerer Teamentwicklungsprozess sein, bei dem ein Workshop durch Teamübungen oder Outdooraktivitäten ergänzt wird.

Die Grundstruktur systemischer Teamberatung

Eine Teamberatung verläuft wie jeder andere Beratungsprozess in den Phasen Orientierungsphase, Klärungsphase, Lösungsphase und Abschlussphase.

Das Vorgehen sei im Folgenden an einem Beispiel verdeutlicht. Es handelt sich um einen Beratungsprozess in einer Beratungsstelle, die vor ungefähr eineinhalb Jahren aus zwei ursprünglich selbstständigen Einrichtungen fusioniert worden war. Mittlerweile gibt es nur noch eine Leiterin, der Stellvertreter ist der ursprüngliche Leiter der zweiten Einrichtung. Das Team ist aber weiterhin auf zwei Orte aufgeteilt. Insgesamt dauerte der Beratungsprozess acht Monate, wobei ungefähr alle vier Wochen ein halber Tag Beratung stattfand. Im Folgenden wird exemplarisch ein Halbtagesworkshop aus der Mitte des Beratungsprozesses dargestellt.

Vorbereitungsphase Nachdem der Beratungsprozess schon längere Zeit lief, erübrigte sich hier eine eigene Vorbereitungsphase. In anderen Situationen, gerade dann, wenn die Beraterin die Teilnehmer noch nicht kennt, ist eine eigene Vorbereitungsphase hilfreich. Im Einzelnen stehen hier an:

- **Ziel und Rahmenbedingungen festlegen:** Das geschieht in der Regel im Rahmen einer Auftragsklärung mit dem Auftraggeber. Folgende Fragen werden gestellt:
  - Welche Probleme sollen bearbeitet werden?
  - Was soll Ergebnis sein? Was sollte auf keinen Fall passieren?
  - Wie sollen sie bearbeitet werden: in den »normalen« Teammeetings, in einem Workshop, in Einzel- oder Triadenberatung?
- **Teilnehmer festlegen:** Vereinbart wurde ein Workshop mit dem gesamten Team. In anderen Situationen ist sorgfältiges Abwägen hilfreich. Grundsatz ist, die verschiedenen Perspektiven einzubeziehen, die zu einer »ganzheitlichen Problemlösung« erforderlich sind. Das kann sich bei Workshops zur Teamentwicklung auf die Teammitglieder und möglicherweise den Vorgesetzten (wenn er sich als Teil des Teams versteht) beschränken. Wenn aber die IT-Abteilung allein einen Workshop durchführt, um Probleme zwischen IT und Produktion zu lösen, dann fehlt hier eine wichtige Perspektive, nämlich die der Produktion. Ein Workshop des Schulkollegiums allein zur Verbesserung der Elternarbeit ist weniger sinnvoll als ein gemeinsamer Workshop von Lehrern und Eltern, wo beide Perspektiven unmittelbar eingebracht werden.
- **Erwartungen der Teilnehmer abklären:** Der Erfolg wird davon abhängen, ob es gelingt, die Erwartungen aller Betroffenen – und das sind die Teilnehmer, aber auch der Auftraggeber und der Berater – zu erfüllen. Hilfreich sind Gespräche mit den Beteiligten im Vorfeld. Diese Vorgespräche sind im Grunde

nichts anderes als Interviews, sie werden aber in der Regel nicht so bezeichnet. Sie geben häufig entscheidende Informationen und bieten zugleich die Möglichkeit, als Berater mit den Teilnehmern im Vorfeld Kontakt aufzubauen.

- **Das Design für den Workshop entwickeln:** Wie kann der Workshop gestaltet werden, dass ein »roter Faden« erkennbar wird?
- **In Alternativen planen:** In jedem Workshop treten unvorhergesehene Situationen auf, sei es, dass plötzlich Konflikte aufbrechen oder dass Themen länger als geplant diskutiert werden. Hier ist es hilfreich, nicht nur einen linearen Ablauf, sondern verschiedene Alternativen zu überlegen.

Orientierungsphase Nachdem der Beratungsprozess bereits längere Zeit läuft, steht hier nicht mehr die Etablierung des Beratungssystems an: Es haben sich bereits Formen der Arbeit entwickelt, der Berater ist akzeptiert. Die Orientierungsphase kann also unmittelbar auf der inhaltlichen Ebene beginnen.

- In einem Rundgespräch berichten die einzelnen Teammitglieder: Was wurde von den Vereinbarungen vom letzten Mal umgesetzt? Was hat sich darüber hinaus ergeben? Sind irgendwo Probleme aufgetreten?
- Eine Teilnehmerin schlägt »Wir als Team« als Thema für heute vor. Hintergrund ist, dass schon häufiger versucht wurde, aus den Angehörigen der beiden Beratungsstellen »ein« gemeinsames Team zu machen, dass aber die Bemühungen bislang ohne Erfolg waren. Andere Teilnehmer unterstützen diesen Vorschlag. Als Beratungsziel wird angesetzt, Möglichkeiten zur Verbesserung der Teamarbeit zu entwickeln.

Hier war die Orientierungsphase unproblematisch. In anderen Situationen kann diese Phase aufwendiger sein: Es ist ein soziales System (das System aus Teilnehmern und Berater/Moderator) zu etablieren, es sind Thema und Ziel festzulegen, und es sind Rahmenbedingungen wie Zeiten abzuklären. Ein Workshop, bei dem sich die Teilnehmer nur mit Misstrauen begegnen (wo also kein arbeitsfähiges gemeinsames soziales System etabliert ist), wird ebenso scheitern wie ein Workshop, bei dem Ziel unklar oder strittig ist. Daraus ergeben sich folgende Aufgaben:

- **Vorstellung des Beraters/Moderators:** Gerade als Externer ist eine ausführlichere Vorstellung hilfreich. Die Teilnehmer wollen etwas über seinen Hintergrund, seine sonstige Arbeit, seine bisherigen Kontakte mit dem Unternehmen erfahren – und erhalten damit die Möglichkeit, ihn einzuschätzen.
- **Vorstellung der Teilnehmer:** Wenn sich die Teilnehmer untereinander nicht kennen, ist es hilfreich, etwas mehr über den anderen zu erfahren. Die einzelnen Teilnehmer können sich in einem Rundgespräch kurz vorstellen und etwas

über ihren Arbeitsbereich erzählen, oder man bildet gemischte Kleingruppen (jeweils ein Teilnehmer aus der IT und einer aus der Produktion), um sich untereinander auszutauschen. Wenn sich die Teilnehmer bereits kennen, wird man eher Fragen überlegen, die auch für die anderen Teilnehmer »neue« Informationen liefern: »Was war ein Erfolgserlebnis in den letzten Wochen?«, »Wie würden Sie Ihr Unternehmen, Ihre Abteilung mit einigen wenigen Schlagworten charakterisieren?«.

- **Einführung in den Workshop:** In der Regel hat der Workshop einen Auftraggeber, zum Beispiel den Vorgesetzten. Es ist seine Aufgabe (nicht die des Moderators), in den Workshop einzuführen: Wie ist dieser Workshop zustande gekommen? Was war die Vorgeschichte? Was ist die Intention?
- **Darstellung der Ergebnisse aus Interviews oder Vorgesprächen:** Wenn im Vorfeld Interviews geführt wurden, ist hier der richtige Zeitpunkt, die Ergebnisse (zum Beispiel anhand einiger Folien) vorzustellen.
- **Abklärung der Erwartungen der Teilnehmer:** Günstig ist häufig, als Erstes den Auftraggeber (sofern er an dem Workshop teilnimmt) zu bitten, seine Erwartungen zu formulieren. Er legt damit die Richtung fest, die anderen werden sich in der Regel im Wesentlichen anschließen, vielleicht einige Ergänzungen vornehmen oder einzelne Punkte besonders betonen – oder möglicherweise andere Themen nennen, die dann abzustimmen sind. Die Forderung nach Abklärung der Erwartungen der Teilnehmer gilt gleichermaßen, wenn Thema und Ziel im Vorhinein festgelegt oder die Erwartungen im Vorfeld abgefragt wurden. Ansonsten besteht die Gefahr, dass neue Themen, die zwischenzeitlich aufgetreten sind, nicht berücksichtigt werden und der Workshop an den Bedürfnissen der Teilnehmer vorbeiläuft.
- **Vereinbarung von Thema und Ziel:** Möglicherweise kann die Beraterin die wichtigsten Punkte der Erwartungsabfrage zusammenfassen und visualisieren. Können sich alle auf diese Themen einlassen? Ist das Ziel für alle akzeptabel? Hier ist ein eindeutiger Kontrakt erforderlich, also bei einem unklaren »Schauen wir mal!« lieber nachfragen: »Heißt das für Sie Ja oder Nein?«
- **Festlegung von Rahmenbedingungen:** Dazu gehören die üblichen Themen wie Essenszeiten, Kaffeepausen, Raucherpausen, möglicherweise auch Zeiten, um zu telefonieren.

Wenn das Thema nicht im Vorfeld festgelegt ist, bieten sich folgende Möglichkeiten:

- Jeden Teilnehmer nach einem Thema für die heutige Beratungssitzung fragen. Häufig stellt sich dann so etwas wie ein »Systemtrend« heraus, das heißt ein Thema, das auf allgemeine Zustimmung stößt.

- Man kann verschiedene Themen sammeln und anschließend punkten lassen. »Welches Thema sollten wir heute bearbeiten?«
- Es steht ein konkretes Problem an, das dringend gelöst werden muss.
- Schließlich kann der Berater das Thema vorschlagen. Möglicherweise hat er aufgrund der vorausgegangenen Beratungsgespräche ein Thema, das aus seiner Sicht bearbeitet werden sollte.

Entscheidend ist, hier schnell zu einer Einigung zu kommen – aber zugleich darauf zu achten, dass tatsächlich alle zustimmen. Ungenauigkeiten oder Fehler in der Orientierungsphase, insbesondere bei den Kontrakten, können in späteren Phasen zu Problemen, Widerstand oder offenen Konflikten führen. Besser ist, sorgfältig alles absichern, als von einer unklaren Ausgangsbasis zu starten.

Klärungsphase Voraussetzung für die Entwicklung guter Lösungen ist die Klärung der Situation. Mögliche Prozessfragen hierfür sind:

- Was ist die Ausgangssituation?
- Was haben wir erreicht, was ist nicht erreicht?
- Was sind Probleme?
- Welche Faktoren haben zu den Problemen geführt?
- Was haben wir bislang zur Lösung des Problems getan?
- Was hat uns geholfen, das jetzige Ergebnis zu erreichen?

Methodisch gibt es unterschiedliche Möglichkeiten. Hier einige Anregungen:

- **Einführende Präsentation über die Ausgangssituation:** Ein Teilnehmer, der sich mit der Thematik befasst hat, führt in das Thema ein.
- **Rundgespräch:** Jeder Teilnehmer berichtet, was aus seiner Sicht erreicht ist und was nicht.
- Es wird eine **Kartenabfrage** durchgeführt (gegebenenfalls gegliedert nach Schwachstellen/Stärken oder nicht erreicht/erreicht oder nach inhaltlichen Themen).
- **»Marktplatz«:** Die Ergebnisse unterschiedlicher Vorbereitungsgruppen werden auf Metaplantafeln dargestellt und dann im Herumwandern diskutiert.
- **Rundgespräch mit Skalierungsfragen:** »Auf einer Skala von 0 bis 100: Wie viel Prozent haben wir bereits erreicht?« – Das bietet dann die Möglichkeit, jeweils Bewertung inhaltlich nachzufragen: »Bei einer Einschätzung von 35: Was aus Ihrer Sicht haben wir erreicht, was fehlt noch?«
- **Skalierung auf der Basis einer Aufstellung:** Die Teilnehmer stellen sich auf einer Linie nach ihrer Einschätzung auf. 0 ist am einen Ende, 100 am anderen.

- **Analoge Verfahren:** Jeder Teilnehmer sucht sich ein Symbol für die gegenwärtige Situation, oder die Situation im Team wird mithilfe von Karten, Stühlen oder im Rahmen einer Systemskulptur dargestellt.

In der konkreten Situation wurde eine bestimmte Form der Systemvisualisierung gewählt. Dabei wurden Stühle als Symbole für die einzelnen Personen der Beratungsstelle gewählt (die Stühle waren mit Kreppstreifen gekennzeichnet). Ein Teilnehmer stellte die Stühle im Raum so auf, wie seinem Eindruck nach die Position der einzelnen Personen tatsächlich ist. Dabei ergab sich deutlich das Bild von zwei Subsystemen, die durch zwei im Raum befindliche Säulen getrennt waren, wobei einzelne Personen versuchten, den Kontakt zum jeweils anderen System herzustellen (die Leiterin A, die Mitarbeiter B und F).

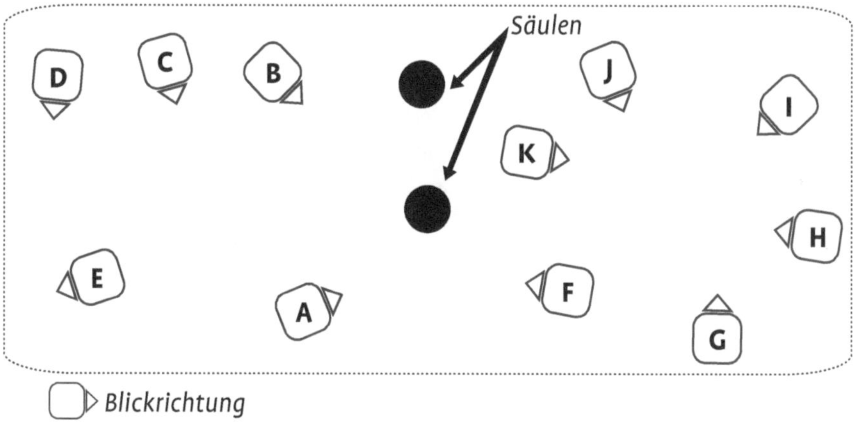

Bei der Visualisierung des Systems durch einen Teilnehmer erhält man die subjektive Sicht lediglich eines Teammitglieds. Günstig ist häufig, jemanden zu nehmen, der eher in einer Beobachterposition ist, ihn seine Sicht stellen lassen und das im Anschluss daran mit den übrigen Personen abzugleichen: Was sehen Sie genauso oder ähnlich? Würden Sie Ihre eigene Position anders sehen? Die Alternative ist, dass jedes Teammitglied selbst »seinen« Stuhl oder sich selbst positioniert.

Im genannten Beispiel stellte sich weitgehend Übereinstimmung heraus: Alle sahen das Team zweigeteilt, A, B und F erleben sich in einer Zwitterposition zwischen den Systemen. Der einzige Unterschied betrifft den Teilnehmer E, der sich zwar früher in dieser Position, nunmehr jedoch stärker dem System zugewandt sieht.

Lösungsphase Hier lässt sich in der Teamberatung der Gruppenvorteil nutzen: Mehrere Personen haben größere Chancen, neue Lösungen zu finden. Möglichkeiten dafür sind:

- **Brainstorming:** Was können Möglichkeiten zur Lösung des Problems sein?
- **Rundgespräch:** Jeder Teilnehmer wird gefragt, welche Möglichkeiten er sieht.
- **Sammlung von Ideen:** In Kleingruppen werden Ideen zusammengetragen.
- **Arbeit mit analogen Verfahren:** Jeder Teilnehmer sucht ein Symbol für das »ideale« Team oder die Vision des Unternehmens, es wird ein Bild gemalt.

Im Beispiel wurde im Rahmen eines Rundgesprächs nach Lösungen gefragt. Die Lösung fand sich überraschenderweise auf analoger Ebene: Eine Teilnehmerin nahm eine Stange, die zufällig im Raum stand, und verband damit die Stühle A und F. Daraus ergab sich eine überraschende neue Struktur aus drei unterschiedlichen Systemen, nämlich die Subsysteme der beiden Beratungsstellen und ein Leitungssystem aus A und F.

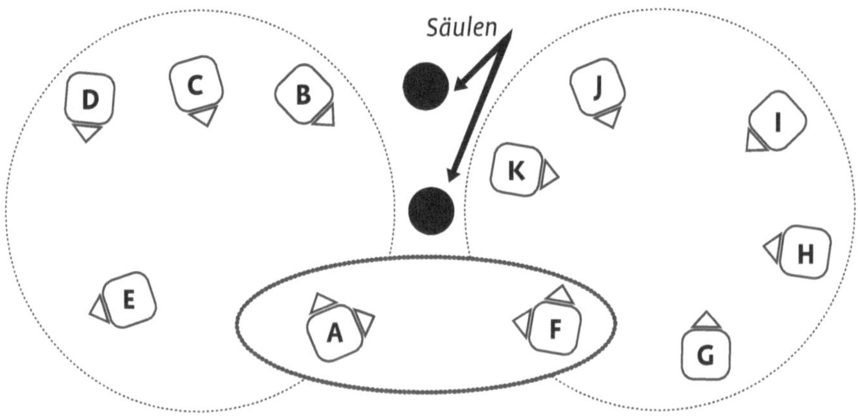

Die Bewertung der verschiedenen Möglichkeiten ist in der Regel verhältnismäßig einfach. Häufig stellt sich unmittelbar Konsens heraus (so in diesem Falle: Alle Teilnehmer fanden die Lösung überzeugend) oder die verschiedenen Ideen werden gepunktet. Alternativ kann man Chancen und Risiken diskutieren. Daran schließt sich häufig die Aufgabe, bestimmte Möglichkeiten zum Beispiel in arbeitsteiligen Kleingruppen zu konkretisieren, wobei abschließend die Ergebnisse im Plenum zu präsentieren und abzustimmen sind.

Schwierig wird es nur, wenn es einzelne Teilnehmer gibt, die sich nicht auf eine gemeinsame Lösung einlassen. Dann wechselt der Beratungsprozess zur Konfliktberatung: die unterschiedlichen Auffassungen klären, die Bereitschaft zum

Finden einer gemeinsamen Lösung absichern, Gemeinsamkeiten festmachen, neue Alternativen sammeln.

Abschlussphase Wie bei jedem Beratungsprozess ist es wichtig, zunächst das Ergebnis festzuhalten und daraus einen Handlungsplan zu entwickeln. Im Beispiel bestand der Handlungsplan darin, die neue Teamstruktur weiter abzuklären:

- In den drei Subsystemen werden Vorteile, Nachteile, Risiken und Chancen des neuen Vorschlags diskutiert. Dabei besteht zugleich die Möglichkeit, erstmals das neue Steuerungsteam A + F zu testen.
- Die Ergebnisse werden im Gesamtteam präsentiert und entschieden.

Den Abschluss bildet dann ein Rundgespräch. Prozessfragen können sein:

- Was nehmen die Teilnehmer als Ergebnis mit? Was ist erreicht? Was sind noch offene Themen?
- Was sind die nächsten Schritte? Wer macht was bis wann? Welche Unterstützung ist dafür erforderlich?

Häufig nimmt man sich in der Abschlussphase vor lauter Begeisterung zu viel vor, was dann im Alltag nicht umgesetzt wird. Daher sollten die folgenden zwei Empfehlungen beachtet werden.

- **Nicht zu viele Maßnahmen in den Handlungsplan aufnehmen:** Mehr ist nicht immer erfolgreicher, meist sind wenige Maßnahmen, die dann sorgfältig umgesetzt werden, viel wirkungsvoller. Darauf zu achten, ist auch Aufgabe der Beraterin.
- **Die Umsetzung der Maßnahmen absichern:** Die Diskussion dieser Frage gehört in den Workshop. Die Teilnehmenden überlegen sich: Was kann getan werden, um die Umsetzung der Maßnahmen abzusichern? Übernimmt es jemand, die Einzelnen an die jeweiligen Aufgaben zu erinnern und den Prozess zu »monitoren«? Gibt es einen Follow-up-Termin? Wie wird das Thema weitergeführt?

Teamentwicklung als Entwicklung eines sozialen Systems

Ein Team ist ein soziales System. Teamentwicklung bedeutet dann, die betreffenden Personen zu unterstützen, ein erfolgreiches soziales System zu werden.

Nun gibt es zum Thema Teamentwicklung eine Fülle von Literatur mit Hinweisen, Anregungen und Übungen – einige Titel finden Sie am Schluss dieses

Abschnitts. Die Inhalte sollen hier nicht im Einzelnen aufgeführt werden. Wohl aber wollen wir den Blick auf das Team als soziales System richten: Was heißt es im Einzelnen, ein Team zu unterstützen, ein erfolgreiches soziales System zu werden? Wir folgen dabei den Merkmalen sozialer Systeme.

Die Personen des Teams Stellen Sie sich vor, ein Projektteam wird neu gebildet. Eine der ersten Fragen, die sich hier stellt, ist die nach den richtigen Personen:

- Welche Personen gehören ins Team?
- Sind die richtigen Personen im Team?
- Wie viele Personen gehören ins Team: Sind es zu viele oder zu wenige?
- Sind die Aufgaben unter den Personen richtig verteilt?

Nun gibt es auf diese Fragen keine allgemeingültige Antwort, sondern es hängt jeweils von der konkreten Situation und der Aufgabenstellung ab. Wer gehört in das Projektteam? Wie groß kann das Managementteam sein, damit es überhaupt noch arbeitsfähig ist? Ist es sinnvoll, Mitarbeiter aus verschiedenen Abteilungen, die kaum Berührungspunkte haben, zu einem Team zusammenzuführen? Gehören Zeitarbeitskräfte mit ins Produktionsteam? Gehört die Abteilungsleiterin mit zum Team? Oder steht sie als Vorgesetzte eher außerhalb?

Eine zweite Aufgabe, die sich im Blick auf die Personen stellt, ist die Verteilung der Aufgaben: Wer soll welche Aufgaben übernehmen? Hier helfen folgende Prozessfragen:

- Welche Aufgaben sind im Team zu erledigen?
- Wer kann (zum Beispiel im Blick auf die jeweiligen Kompetenzen, aber durchaus auch die jeweiligen Neigungen) welche Aufgabe übernehmen?
- Wie kann abgesichert werden, dass auch bei Ausfall der betreffenden Person (Krankheit, Urlaub) die betreffenden Aufgaben weiter erledigt werden?

Verteilung (oder Umverteilung) der Aufgaben ist häufig ein Thema im Rahmen von Teamentwicklungsprozessen. Hier empfiehlt sich ebenfalls wieder ein systemisches Vorgehen. Das bedeutet: nicht von außen Aufgaben zuordnen, sondern mit den Betroffenen (zum Beispiel im Rahmen eines Workshops) eine passende Lösung zu erarbeiten.

Ein Hilfsmittel dafür sind »Teamrollenmodelle«. Eines der bekanntesten wurde Anfang der 80er-Jahre des 20. Jahrhunderts von Meredith Belbin entwickelt. Belbin (2010, S. 19 ff.; vgl. Strobel 2007, S. 13 ff.) unterscheidet folgende Rollen.

Teamrollen

- **Plant (Neuerer, Erfinder):** Dieses Teammitglied bringt neue Ideen ein, löst schwierige Probleme.
- **Ressource Investigator (Wegbereiter/Weichensteller):** Ein Teammitglied in dieser Rolle sieht neue Chancen, entwickelt neue Kontakte.
- **Coordinator (Koordinator, Moderator):** In dieser Teamrolle steuert es den Prozess, klärt Ziele, fördert die Entscheidungsfindung.
- **Shaper (Macher):** Dieses Teammitglied hat Energie und Mut, das Team voranzutreiben und Hindernisse zu überwinden.
- **Monitor-Evaluator (Beobachter):** Der Beobachter überprüft Ideen und Vorschläge auf Machbarkeit und praktischen Nutzen
- **Teamworker (Teamspieler):** Diese Teamrolle hilft den Teammitgliedern effektiv zu arbeiten, verbessert die Kommunikation.
- **Implementer (Umsetzer):** Dieses Teammitglied setzt allgemeine Konzepte und Pläne in praktikable Arbeitspläne um und führt diese systematisch aus.
- **Completer/Finisher (Perfektionist):** In dieser Rolle deckt das Teammitglied Fehler und Versäumnisse auf, sorgt für Einhaltung der Vorgaben.
- **Specialist (Spezialist, Experte):** Er stellt Fähigkeiten und Wissen zur Verfügung.

Ein Beispiel: Im Rahmen des Teamentwicklungsprozesses mit einem Managementteam stellt sich heraus, dass überwiegend die Rollen Implementer, Shaper und Coordinator besetzt sind. Damit stellt sich die Aufgabe, entweder bei Umbesetzung des Managementteams die fehlenden Rollen zu besetzen – oder (und dieser Weg wurde gewählt) unter den vorhandenen Teammitgliedern zu überlegen, wie die fehlenden Rollen ausgefüllt werden können.

Subjektive Deutungen Stellen Sie sich vor, Sie kommen in ein neu zusammengesetztes Team. Sie wissen kaum etwas von den anderen, können sie noch nicht richtig einschätzen, wissen vermutlich auch noch nicht allzu viel über die Aufgabe des Teams und die zu erwartenden Abläufe. Was hier ansteht, ist zunächst einmal Klarheit zu schaffen. Im Einzelnen heißt das:

- Es ist zu klären, was Aufgabe und Ziele des Teams sind. Das ist in der Regel Sache des Auftraggebers oder Vorgesetzten. Er kann darstellen, wie es zum Beispiel zu diesem Projekt kam, was der Auftrag ist, was am Schluss erreicht werden soll. Die Tatsache, dass der Auftraggeber diese Informationen gibt, gibt dem Ziel mehr Gewicht. Es wird klar, was wir hier tun, ist wichtig.

- Die Teilnehmer wollen zudem wissen, wer der Leiter oder Berater ist. Das heißt für den Leiter oder den Berater, etwas ausführlicher von sich zu erzählen. Wo kommt der Leiter her? Was bringt er mit? Wie ist es dazu gekommen, dass ein Berater das Team unterstützen soll? Das erfordert nicht nur gute Vorüberlegungen (Welche Informationen sind in dieser Situation wichtig?), sondern auch ein Gespür für die richtigen Worte.
- Es gilt, die Teilnehmer dabei zu unterstützen, sich ein Bild voneinander zu machen: Wer sind die anderen? Was sind ihre Stärken und Schwächen? Was sind ihre persönlichen Ziele? Die anderen einschätzen zu können ist Voraussetzung für erfolgreiche Zusammenarbeit.

Je nach der »Lebenszeit« des Systems ist diese Kennlernphase unterschiedlich zu gestalten:

- Jeder Teilnehmer stellt sich und seinen Arbeitsbereich vor und nennt seinen Beitrag, den er zum Team leisten will.
- Die Kennlernphase kann zunächst in kleineren Gruppen durchgeführt werden, um einige Teilnehmer genauer kennenzulernen.
- Die Vorstellung kann mithilfe analoger Verfahren erfolgen, indem zum Beispiel jeder Teilnehmer ein Bild vom Weg zu diesem Team malt.

Belastet wird Teamarbeit durch negative subjektive Deutungen: Die Arbeit wird negativ beurteilt (»Das Ganze bringt überhaupt nichts!«), der Leiter wird negativ gesehen (»Er steuert viel zu wenig!«), die anderen Teilnehmer werden negativ bewertet (»Wie der Herr Schmidt sich immer mit seinem Wissen in den Vordergrund spielt!«). Was hier im Blick auf die subjektiven Deutungen ansteht, ist zunächst, das bewusst zu machen, aber anschließend das Team bei einer Referenztransformation zu unterstützen, das heißt, den Blick auf das Positive zu lenken. Möglichkeiten sind:

- **Durchführung eines Blitzlichts:** Wie geht es mir jetzt?
- **Ein-Punkt-Abfrage:** Jeder Teilnehmer beurteilt die Teambesprechung hinsichtlich Klima und Effizienz. Das ergibt zum Beispiel folgendes Bild:

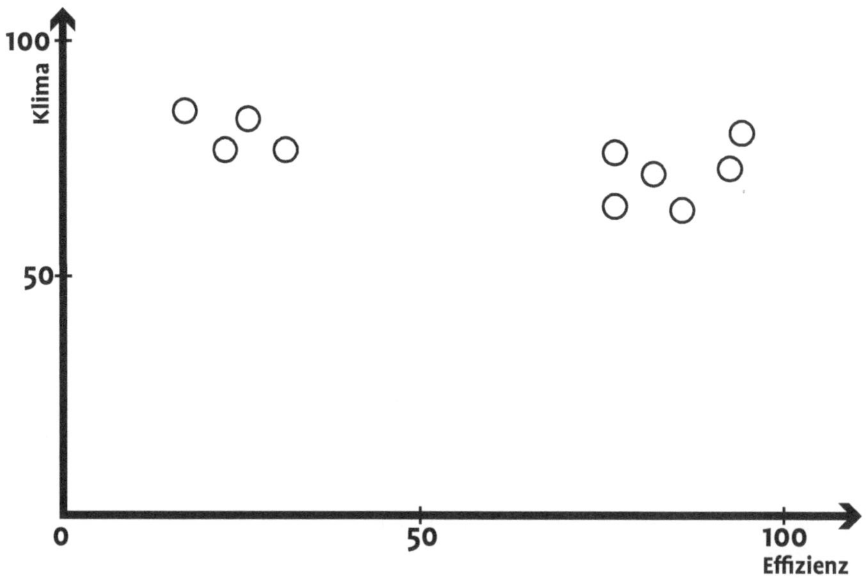

Hier wird das Klima von allen Teammitgliedern relativ hoch eingeschätzt, in Bezug auf die Effizienz kristallisieren sich jedoch zwei unterschiedliche Sichtweisen heraus – Anlass, das anschließend weiter zu klären.

- **Kartenabfrage:** Was läuft gut im Team? Wo drückt der Schuh? Was sind die Ressourcen im Team?
- **Feedback der Teilnehmer untereinander,** wobei das Feedback ausgewogen, das heißt positiv, und Anregung sein sollte.
- **Durchführung von Interviews,** um verdecktes Wissen des Systems aufzudecken. Diese Interviews kann die Leiterin selbst durchführen (als »Gespräche« mit den einzelnen Teammitgliedern deklariert) oder ein externer Berater.
- **Nutzung analoger Verfahren,** wobei die Spannweite vom Suchen eines Symbols bis zur Systemskulptur reicht.

Möglichkeiten, den Blick auf das Positive zu lenken, sind unter anderem:

- **Das Positive der gegenwärtigen Situation kann hervorgehoben werden:** »Ich finde es wichtig, dass diese verschiedenen Positionen hier aufeinanderprallen. Das verschafft uns Klarheit und gibt uns allen Möglichkeiten, nach vorn zu schauen.«
- **Durch Prozessfragen wird der Blick auf das Positive gelenkt:** Was ist erreicht? Was ist am anderen positiv?
- **Die Stärken der einzelnen Teammitglieder** werden bewusst gemacht.

- **Appreciative Inquiry** (wir haben es im Rahmen der Referenztransformation dargestellt)
- **Erfolge feiern**
- **Gemeinsame Teameventsdurchführen,** die einfach nur Spaß machen.

Soziale Regeln Jedes Team benötigt gemeinsame soziale Regeln:

- Regeln für den Ablauf von Teambesprechungen
- Regeln zur Verteilung von Aufgaben: Wer soll was tun?
- Regeln für Kompetenzen der einzelnen Teammitglieder
- Regeln zur Festlegung von Arbeitsweisen: Wie wird geplant? Wie verlaufen Entscheidungsprozesse? Wie werden einzelne Maßnahmen abgearbeitet?
- Regeln für den Umgang miteinander: Darf Kritik geäußert werden? Wie soll sie vorgebracht werden? Gibt es eigene Feedbackregeln? Wie werden Konflikte ausgetragen?
- Regeln für die Abgrenzung des Systems nach außen

Aufgabe ist es, im Hinblick auf die Aufgabenstellung ein funktionsfähiges Regelsystem zu entwickeln. Dafür bieten sich mehrere Möglichkeiten an:

- Regeln können zu Beginn explizit vorgeschlagen und vereinbart werden. So kann eine Leiterin oder ein Moderator die GROW-Struktur oder die Brainstormingregeln explizit einführen (wichtig ist hier ein Kontrakt, dass sich alle auf diese Regeln einlassen). Oder es können bei der Einführung von agiler Arbeit die entsprechenden Regeln (»Die Teammitglieder verteilen die anstehenden Aufgaben untereinander.«, »Jeden Morgen um acht Uhr findet ein zehnminütiges Standup-Meeting statt.«) explizit eingeführt werden.
- Eine zweite Möglichkeit besteht darin, Regeln durch das Vorbild der Leiterin einzuführen. Wenn die Leiterin oder Moderatorin einzelnen Teilnehmern aufmerksam zuhört und nicht unterbricht, wird damit für die Teilnehmer deutlich: »Hier gilt die Regel: wir lassen einander ausreden und hören zu!«
- Schließlich können Regeln in aktuellen Situationen eingeführt werden: wir lassen einander ausreden, wenn das Ausredenlassen ein Problem darstellt.

Natürlich können auch im späteren Verlauf bisher geltende Regeln infrage gestellt werden. Zur Erinnerung nochmals die im Abschnitt über Regeln genannten Prozessfragen:

- Welche Regel ist problematisch?
- Was ist das positive Ziel hinter dieser Regel?

- Was sind Nebenwirkungen, die diese Regel problematisch machen?
- Was wären Alternativen zu dieser Regel?
- Welche neue Regel kann vereinbart werden?
- Wie lässt sich die Einhaltung der Regel absichern? Sollten Sanktionen festgesetzt werden?

Regeln sind für die Steuerung eines sozialen Systems hilfreich – aber zugleich in Gefahr, das Handeln zu »kleinteilig« festzuschreiben. Die Alternative dazu ist, die dahinterstehenden Werte bewusst zu machen. Auch hier dürfte das Vorbild der Leiterin oder Beraterin wieder entscheidend sein: Wenn sie allen Teilnehmern wertschätzend gegenübertritt, wird damit der Wert »Wertschätzung« für das Team eingeführt. Andererseits kann es durchaus sinnvoll sein, sich im Rahmen eines Werteworkshops der eigenen Werte bewusst zu werden.

Regelkreise Probleme in Teams zeigen sich in negativen Regelkreisen. Es wird endlos diskutiert, ohne dass man zu einem Ergebnis gelangt. Vereinbarungen werden immer wieder umgeworfen oder nicht eingehalten.

Hier gilt das Vorgehen, das wir im entsprechenden Abschnitt über Regelkreise dargestellt haben: Den Regelkreis bewusstmachen und »etwas anderes tun«. Manchmal können das ganz einfache Lösungen sein: Wenn die Diskussion sich festgefahren hat und alle erschöpft sind: eine Pause machen. Wenn jede Idee zerredet wird: die Regeln des Brainstormings einführen.

Materielle und soziale Umwelt In vielen Aspekten ist die Systemumwelt vorgegeben: der Konzern, in den das Projekt eingebunden ist, die Vorgabe, die Teamsitzungen im Werk durchzuführen. Trotzdem gibt es immer noch Bereiche, die veränderbar sind und die zugleich den Erfolg der Arbeit beeinflussen. Wichtig ist hier zunächst die Diagnose:

- Welche Ressourcen stehen dem Team zur Verfügung? Hat es einen eigenen Etat? Sind hier Veränderungen möglich?
- Wie ist der Arbeitsraum beschaffen? Gibt es einen Besprechungsraum? Gibt es einen Treffpunkt (zum Beispiel eine Teeküche) für informelle Kommunikation?
- Welche Technik und welche weiteren Materialien stehen zur Verfügung? Ist die Ausstattung ausreichend beziehungsweise für die Situation passend?
- Wo sind die Teammitglieder örtlich angesiedelt? Kann man sich persönlich treffen? Oder handelt es sich um ein virtuelles Team, bei dem die meiste Kommunikation per E-Mail, telefonisch oder per Videokonferenz erfolgen muss?

Manchmal können kleine Veränderungen große Wirkung haben: ein festgefahrenes Meeting durch eine kurze Pause unterbrechen, die Teammitglieder nach draußen schicken, um informell bestimmte Themen zu besprechen.

Wichtig sind fast immer die Systemgrenzen: Systemgrenzen zwischen Team und Vorgesetztem, zu benachbarten Bereichen, Kunden und Lieferanten, zwischen Schule und Schulverwaltung, zwischen Pflege und medizinischem Bereich im Krankenhaus, zwischen verschiedenen Subsystemen (zum Beispiel alten und neuen Teammitgliedern). Hier nochmals die bereits zum Thema Systemgrenzen aufgeführten Prozessfragen:

- Welche Systemgrenzen bestehen nach außen (zu anderen Teams, zu Kunden und Lieferanten)?
- Wie ist die Systemgrenze zwischen Vorgesetztem und dem Team?
- Welche Systemgrenzen bestehen zwischen verschiedenen Subsystemen innerhalb des Teams?
- Wie sind diese Systemgrenzen beschaffen: sinnvoll, zu eng, zu durchlässig, diffus?
- Was wären Möglichkeiten der Abänderung?

Auch hier können häufig kleinere Veränderungen große Wirkung haben: Die Mitglieder des Teams »Einkauf« führen Interviews mit ihren internen Kunden, um deren Erwartungen zu klären, es werden regelmäßige Treffen zwischen den Einkäufern und ihren Ansprechpartnern in Entwicklung und Produktion vereinbart.

Entwicklung des Teams Das bekannteste Modell der Teamentwicklung hat Bruce W. Tuckman in den 1960er-Jahren entwickelt). Auf der Grundlage einer vergleichenden Analyse von über 50 Untersuchungen zur Gruppenentwicklung unterscheidet er vier, später fünf Phasen der Gruppenentwicklung (Tuckman 1965; Tuckman/Jensen 1977; vgl. Stahl 2017, S. 68 ff.):

- **Forming:** die Formierungsphase einer Gruppe
- **Storming:** die Konfliktphase, die von Auseinandersetzungen geprägt ist
- **Norming:** die Phase, in der man zu neuen Regelungen gelangt, die effizientes Arbeiten überhaupt erst ermöglichen
- **Performing:** die Arbeits- und Leistungsphase des Teams
- **Adjourning:** die Auflösungsphase

Auf der anderen Seite werden häufig Storming und Norming zusammengefasst (Bernstein/Lowy 1982; Langmaack/Braune-Krickau 2010, S. 145 ff.), woraus sich ein Modell mit vier Phasen ergibt:

- **Orientierungsphase (Forming):** Die Anfangsphase eines neuen Teams ist in der Regel durch Unsicherheit bei den Teammitgliedern gekennzeichnet: Was wird hier ablaufen? Wie verhalten sich die anderen? Daraus entsteht eine »Konventionsstruktur« (Stahl 2017, S. 69 ff.), die geprägt ist von Zurückhaltung (niemand wagt sich zu weit vor), von allgemeinen Umgangsregeln (man geht höflich miteinander um) und von den offiziellen Themen und Zielen (fangen wir schon mal an zu arbeiten). Aufgabe ist hier, Klarheit zu schaffen und gemeinsame Arbeitsregeln einzuführen.
- **Konfliktphase (Storming):** Nicht in allen, aber in vielen Teams gibt es ausgeprägte Konfliktphasen: Die eher konventionellen Regelungen der Orientierungsphase erweisen sich als nicht tragfähig, einzelne Personen geraten in die Kritik, die Situation wird negativ gedeutet, es entwickeln sich negative Regelkreise, Ergebnisse werden immer wieder umgestoßen, es brechen Konflikte auf.
  Das Abgleiten eines Teams in eine Konfliktphase deutet sich häufig durch »schwache Signale« an: durch kleine Sticheleien unter den Teilnehmern, durch Zuspätkommen, durch Zwischengespräche und Ähnliches. Erster Schritt der Bearbeitung ist dann, solche unterschwelligen Stimmungen wahrzunehmen. Möglicherweise kann die Situation angesprochen werden: »Mir fällt auf, dass es schwer ist, unsere Zeiten einzuhalten. Gibt es etwas, das in diesem Zusammenhang wichtig ist?« – Eine solche Formulierung signalisiert, dass der Leiter oder Berater die Situation wahrnimmt, lässt aber offen, wie weit mögliche dahinterstehende Konflikte aufgegriffen werden.
  Anschließend gilt es, diese Konflikte zu bearbeiten: ein eigener Teamworkshop, in dem sich die Teilnehmer Feedback geben, Betonung des Positiven, möglicherweise Veränderung der Teamstruktur.
- **Arbeitsphase (Norming/Performing):** Die Arbeitsphase ist gekennzeichnet durch ein effizientes Regelsystem, das zur Lösung der inhaltlichen Aufgaben ausreicht, durch gute Stimmung (»Wir kommen vorwärts!«), durch positive Arbeitsbeziehungen untereinander (man kommt miteinander klar) und dadurch, dass Ergebnisse erzielt werden. »Eigentlich« bräuchte man hier gar nichts zu tun – wenn nicht immer wieder die Gefahr bestände, dass sich das System »abnutzt«. Beispiele aus unserer Erfahrung sind:
  - Zielvorgaben oder Rahmenbedingungen werden von außen geändert.
  - Teammitglieder werden zunehmend aus dem Team herausgezogen.
  - Linienfunktionen haben zu starke Macht im Vergleich zum Team.
  - Es stellt sich heraus, dass die ursprünglich gesetzten Ziele nicht oder nur zum Teil erreicht werden können.
  - Die ursprünglichen Ziele werden angesichts zahlloser Detailaktivitäten aus dem Blick verloren.

- Es werden scheinbar lückenlose Kriteriensysteme und Bewertungsmatrizen entwickelt, die ein Eigenleben gewinnen.
- Es entwickeln sich »Verschmelzungstendenzen«, das heißt, es entsteht kollektiver Zwang innerhalb des Teams.
- Das Team zeigt Aufsplitterungstendenzen in verschiedene Subsysteme.
- Die Moderation wird unpräzise: »Es klappt doch alles.«
- Es treten Ermüdungserscheinungen auf, die Motivation sinkt.
- Die Tätigkeiten sind zur Routine geworden und werden weniger sorgfältig durchgeführt.
- Einzelne Mitglieder ziehen sich zunehmend aus dem Team raus.

Um solche Problemsituationen zu vermeiden oder sie rechtzeitig bearbeiten zu können, sind – etwa in ein- oder zweimonatlichem Rhythmus – Diagnosen sich andeutender Veränderungen notwendig. Anschließend muss reagiert werden:

- Auf inhaltlicher Ebene ist ein klarer Fahrplan für das weitere Vorgehen zu entwickeln: Was muss zusätzlich abgearbeitet werden? Wie viel Zeit ist für die einzelnen Aufgaben anzusetzen?
- Bei Unzufriedenheit einzelner Teammitglieder kann Einzelberatung hilfreich sein: Was genau macht die Unzufriedenheit aus? Was braucht der Betreffende, um wieder seinen Platz zu finden? Kann der Projektleiter mithilfe von Coaching unterstützt werden?
- Möglicherweise sind einzelne Regeln abzuändern. Vielleicht sind neue Organisationsformen (wie zum Beispiel verstärkte Bearbeitung der Themen in kleinen Arbeitsgruppen) zu bilden.
- Möglicherweise braucht das Team engeren Kontakt zu anderen sozialen Systemen, möglicherweise ist es hilfreicher, sich zunächst mehr auf die eigene Arbeit zu konzentrieren und mehr abzuschotten.
- Schließlich steht auch hier das Thema Geschwindigkeit an: Sollte man schneller vorangehen – oder wäre es besser, gerade in einer solchen Situation einzuhalten und zunächst einmal das weitere Vorgehen zu überlegen.

◦ **Abschlussphase:** Ein Projekt ist inhaltlich abgeschlossen, aber immer noch trifft sich das Projektteam, um irgendwelche Nacharbeiten zu erledigen. Eine solche Entwicklung ist durchaus verständlich. Ein funktionierendes soziales System bietet dem einzelnen Orientierung und Sicherheit. Auflösung des Systems bedeutet dann Verlust an Sicherheit. Das führt nicht selten dazu, dass soziale Systeme, die ab einem bestimmten Zeitpunkt keine Aufgabe mehr haben, nicht »sterben« können, sondern »langsam dahinsiechen«.
In der Regel ist es wenig sinnvoll, das Ende hinauszuzögern. Stattdessen gilt, es sorgfältig zu gestalten und zu begleiten. Hier einige Anregungen:

- Klare Planung des Abschlusses: Was muss bis zum Abschluss noch alles erledigt werden?

- Präsentation der Ergebnisse zum Beispiel vor der Geschäftsführung.
- Aufarbeitung der Lernerfahrungen (»Lessons learned«) – ein Punkt, der bei vielen Projekten zu kurz kommt.
- Unterstützung der Einzelnen bei der Einbindung in andere soziale Systeme (zum Beispiel bei der Wiedereingliederung in andere Bereiche des Unternehmens).
- Bewusste Gestaltung des Abschlusses: gemeinsame Abschiedsfeier, Bewusstmachen des Abschieds mithilfe analoger Verfahren (zum Beispiel ein Symbol als Abschiedsgeschenk, Verdeutlichung des bisherigen Weges im System anhand einer symbolischen Darstellung), Gestaltung des Abschlusses als Ritual.
- Etablierung von Kontrakten über mögliche Kontakte im Rahmen anderer Systeme, Aufbau eines Netzwerkes zwischen den Teilnehmern.

Abschlussphasen treten ebenso in sozialen Systemen auf, die nicht auf Zeit angelegt sind. Wenn die Abteilungsleiterin in den Ruhestand geht, dann ist das nicht nur ein Abschluss für sie selbst, sondern auch ein Abschluss für die Abteilung. Für die Mitarbeiter der Abteilung sind bis dahin ebenfalls noch Themen abzuschließen, sie sollten ihre Lernerfahrungen aufarbeiten und sich bewusst machen, dass danach (mit einem neuen Abteilungsleiter) ein neues soziales System entstehen wird.

Die Abschlussphase erfordert klare Struktur und Steuerung und den Blick darauf, dass hier ein soziales System aufgelöst wird und die Einzelnen bei Abschluss und Neuanfang in einem anderen sozialen System Unterstützung benötigen.

Wie andere soziale Systeme haben auch Teams eine Eigendynamik, die geprägt ist von stabilen Phasen (und das können ebenso stabile Arbeitsphasen wie »stabile« Konflikte sein) und plötzlichen Veränderungen. Teamentwicklung ist nicht technisch planbar, sondern erfordert fortwährende Diagnose darauf neu zu konzipierende Interventionen im sozialen System.

- **Diagnoseverfahren** reichen von relativ einfachen Reviews am Schluss der Teamsitzung (zum Beispiel Rundgespräch, Einpunktabfrage im Blick auf Effizienz und Klima, Teamrad, wobei einzelne Dimensionen wie Führung, Zusammenarbeit jeweils auf einer Skala zwischen 0 und 100 eingeschätzt werden) über Interviews oder Beobachtung von Teamsitzungen bis zu Teamfragebogen und der Erhebung von Kennzahlen (Übersicht bei Kauffeld 2001; Stumpf/Thomas 2003, S. 317ff.).
- **Interventionen** können auf allen Ebenen des sozialen Systems erfolgen und durch zusätzliche Teamübungen, gruppendynamische Übungen, Outdoorak-

tivitäten ergänzt werden. Solche zusätzlichen Interventionen können hilfreich sein, aber auch zu Verunsicherung und Destabilisierung führen – es ist schwer, am Montag wieder unbefangen miteinander arbeiten zu können, wenn man sich am Wochenende in einem Selbsterfahrungstraining weinend in den Armen gelegen hat. Im Grunde gilt auch hier wie bei der Nutzung anderer Verfahren. Sie können hilfreich sein, aber ihre Anwendung erfordert Professionalität und Verantwortlichkeit: Professionalität, die Konsequenzen bedenken und steuern zu können, und Verantwortlichkeit gegenüber Teilnehmern.

Literaturtipps

Aus der umfangreichen Literatur zu diesen Themen hier nur einige Anregungen.

Zum Thema Mediation (beziehungsweise Beratung in Triadensituationen):

- Susanne Klein: *Wenn die anderen das Problem sind.* Konfliktmanagement, Konfliktcoaching, Konfliktmediation. Gabal, Offenbach, 3. Auflage 2007
- Peter Knapp (Hrsg.): *Konfliktlösungs-Tools.* managerSeminare, Bonn, 4. Auflage 2016
- Seifert, Josef W.: *Moderation und Konfliktklärung.* Gabal, Offenbach, 2. Auflage 2018

Zum Thema Gewaltfreie Kommunikation:

- Marshall B. Rosenberg: *Gewaltfreie Kommunikation – eine Sprache des Lebens.* Junfermann, Paderborn, 12. Auflage 2016
- Ingrid Holler: *Trainingsbuch Gewaltfreie Kommunikation.* Abwechslungsreiche Übungen für Selbststudium und Seminare. Junfermann, Paderborn, 8. Auflage 2016

Zum Thema Teamberatung seien genannt:

- Manfred Gellert/Claus Nowak: *Teamarbeit, Teamentwicklung, Teamberatung.* Limmer Verlag, Meezen, 5. Auflage 2014
- Mirja Anderl/Uwe Reineck: *Handbuch Prozessberatung.* Beltz, Weinheim und Basel, 2. Auflage 2016
- Eberhard Stahl: *Dynamik in Gruppen: Handbuch der Gruppenleitung.* Beltz, Weinheim, 4. Auflage 2017
- Armin Poggendorf: *Angewandte Teamdynamik.* Cornelsen, Berlin 2012.
- Cornelia Edding/Karl Schattenhofer: *Einführung in die Teamarbeit.* Carl-Auer, Heidelberg 2015
- Rainer Niermeyer: *Teams führen.* Haufe, Freiburg im Breisgau 2016

Zu virtuellen Teams:

- Sandra Müller: *Virtuelle Führung.* Springer, Wiesbaden 2018

Abschluss von Organisationsberatung

Beratungsprozesse werden häufig mit viel Energie gestartet und mit viel Aufwand durchgeführt, aber sie versanden. Im Coaching oder in der Teamberatung werden keine neuen Termine angesetzt. Ein Veränderungsprojekt wurde mit viel Aufwand vorangetrieben – aber nach einem halben Jahr gerät es zunehmend in Vergessenheit. Gerade die Abschlussphase bedarf besonderer Aufmerksamkeit. Zwei Aufgaben sind hier zu erfüllen:

- Es ist zu evaluieren, was im Beratungsprozess erreicht wurde.
- Es sind Maßnahmen zu überlegen und einzuleiten, um die erreichten Veränderungen zu stabilisieren.

Mit diesen beiden Aufgaben werden wir uns in diesem Kapitel genauer befassen.

Evaluation von Organisationsberatungsprozessen

Bis in die 1980er-Jahre wurde Beratung mehr oder minder selbstverständlich durchgeführt, ohne dass man sich genauer mit der Frage nach den Ergebnissen auseinandersetzte. Danach wurde Evaluation zum Thema. Der Anstoß dazu erfolgte aus verschiedenen Richtungen (Gollwitzer/Jäger 2014):

- aus den Wirtschaftswissenschaften, in denen Fragen des Bildungscontrollings und des Qualitätsmanagements zunehmend an Bedeutung gewannen (z. B. Hummel 2001; Pieler 2000)
- aus Untersuchungen über die Wirksamkeit sozialer Programme (z. B. Rossi u. a. 1988)
- aus der Curriculumforschung der 1980er-Jahre. Man vertraute nicht mehr darauf, dass im Unterricht Schüler bestimmte Bildungsziele erreichen, sondern forderte zunehmend Evaluation des Unterrichts (z. B. Cronbach 1982)
- aus der Therapieforschung als Frage nach den Wirkungen verschiedener therapeutischer Interventionen auf (z. B. Petermann 1977)

Mittlerweile wird Evaluation bei Bildungsmaßnahmen (Reischmann 2003; Zech 2008), auch bei Beratung und Coaching (Greif u. a. 2004, S. 212 ff.), Personalentwicklung (Kellner 2006; Phillips/Schirmer 2005), bei umfangreichen Veränderungsprozessen (Sarodnick/Brau 2006) oder Schulentwicklung (Burkard/Eikenbusch 2013; Kempfert/Rolff 2005) gefordert.

Der Begriff »Evaluation« bedeutet zunächst nichts anderes als »Bewertung«. Daraus ergibt sich ein weiter Begriff von Evaluation: Evaluation wird verstanden als jegliche Bewertung eines Objektes, gleichgültig, wie sie durchgeführt wird. Eine »wissenschaftliche« Evaluation (häufig spricht man auch von »Evaluationsforschung«) dagegen erfordert verlässliche Daten. Evaluation, so definieren Bortz/Döring (2006, S. 96) ist

> *»die systematische Anwendung empirischer Forschungsmethoden zur Bewertung des Konzeptes, des Untersuchungsplanes, der Implementierung und der Wirksamkeit sozialer Interventionsprogramme«.*

Daraus ergeben sich folgende Merkmale von Evaluation:

- **Gegenstand der Evaluation** sind Maßnahmen (soziale Interventionen) oder Produkte, zum Beispiel ein Coachingprozess, ein Teamentwicklungsseminar, ein komplexer Veränderungsprozess, aber auch der Ablauf der Teambesprechung, ein Seminarkonzept.
- Evaluation ist eine **Bewertung** des jeweiligen Evaluationsgegenstandes.
- Evaluation verfolgt grundsätzlich einen praktischen Zweck, also den **Verwendungszweck:** zum Beispiel, ein neues Seminarkonzept zu verbessern oder eine Entscheidung darüber zu treffen, ob dieses Konzept auch in Zukunft zugrunde gelegt werden soll.
- Evaluation ist eine **methodisch abgesicherte Erhebung,** die den Standards empirischer Forschung entsprechen muss. Sie basiert auf bestimmten Daten (seien es Beobachtungen, Fragebogen, Interviews) und muss in nachvollziehbaren Schritten erfolgen.

Was das für systemische Organisationsberatung im Einzelnen heißt, soll im Folgenden anhand eines konkreten Beispiels dargestellt werden: Nehmen wir an, es soll eine Teamberatung zur Verbesserung der Zusammenarbeit im Team evaluiert werden. Das Vorgehen verläuft auch hier ähnlich den anderen Diagnosemethoden: Es sind Ziel und Verwendungszweck festzulegen, Kriterien und Indikatoren zu definieren, die Evaluation ist durchzuführen und auszuwerten (zum Vorgehen unter anderem auch Gollwitzer/Jäger 2014; Stockmann 2007).

Schritt 1: Festlegung von Gegenstand und Verwendungszweck der Evaluation Wenn man nicht geklärt hat, was genau evaluiert werden soll und wofür die betreffenden

Daten verwenden werden sollen, erhält man mit hoher Wahrscheinlichkeit Daten, mit denen man nichts anfangen kann. Daraus ergeben sich zwei Fragen:

- Was ist Gegenstand der Evaluation: Was soll evaluiert werden?
- Was ist der Verwendungszweck: Wozu (für welchen praktischen Zweck) werden die Evaluationsergebnisse benötigt?

Auf das Beispiel bezogen: Gegenstand der Evaluation ist die Teamberatung. Verwendungszweck kann sein, den weiteren Verlauf der Teamberatung zu planen oder eine Entscheidung zu treffen, ob der Teamberatungsprozess abgebrochen oder möglicherweise auf andere Werke ausgeweitet werden soll.

Schritt 2: Festlegung der Evaluationsform Es kann evaluiert werden, was der Aufwand (an Zeit, Kosten) war (Input-Evaluation), es kann der Verlauf der einzelnen Beratungsgespräche und des Prozesses insgesamt evaluiert werden (Prozessevaluation), und es kann das Ergebnis evaluiert werden. Daraus ergeben sich unterschiedliche Formen der Evaluation:

- **Input-Evaluation:** Was wurde in die Maßnahme investiert?
  - Wie hoch sind die Kosten?
  - Welche Zeit wurde in Vorbereitung, Durchführung und Auswertung investiert?
  - Gibt es darüber hinaus zusätzliche Investitionen, die ebenfalls zu berücksichtigen sind?

  Auf das Beispiel der Teamberatung bezogen sind Beraterkosten, Kosten für das Seminarhotel bei einem Workshop, Fahrtkosten, Kosten für Materialien, aber möglicherweise auch Ausfallkosten für die Teilnehmer zu berücksichtigen. Je nach dem Verwendungszweck wird man dabei das Schwergewicht auf unterschiedliche Faktoren legen. So mag es für die Beraterin hilfreich sein, eine Übersicht über ihren Zeitaufwand bei der Vorbereitung zu erhalten, während das Unternehmen möglicherweise eher an den Gesamtkosten (einschließlich Ausfallkosten der Teilnehmer) interessiert ist.
- **Prozess- oder formative Evaluation:** Hier geht es darum, den Verlauf eines Prozesses zu evaluieren:
  - Wie wird der bisherige Verlauf des Beratungsprozesses von den Beteiligten beurteilt? Was war gut? Was war weniger gut?
  - Wie wird der bisherige Prozess von Außenstehenden wie Vorgesetzten oder Kollegen beurteilt? Sind bereits Ergebnisse erkennbar?
  - Was sind Vorschläge zur Weiterführung des Prozesses? Was sollte beibehalten, was abgeändert werden?

Ziel einer Prozessevaluation ist in der Regel die Verbesserung der Maßnahme. Das betrifft in erster Linie längerfristige Maßnahmen wie einen längeren Organisationsberatungsprozess oder auch einer längere Fortbildungsreihe. Es kann aber auch hilfreich sein, am ersten Abend des Teamworkshops ein »Blitzlicht« als kurze Prozessevaluation durchzuführen mit der Frage, wie die Teilnehmer diesen Tag erlebt haben und welche Anregungen sie haben.

- **Output-Evaluation** ist die abschließende Bewertung einer Maßnahme unmittelbar im Anschluss daran: Wurden Abläufe und Aufgaben im Team aufgrund der Teamberatung abgeändert? Wie wird der Workshop von den Teammitgliedern bewertet? Mögliche Fragen sind:
  - Wurden die gesetzten Ziele erreicht?
  - Welche Ergebnisse wurden erreicht?
  - Wurden Vereinbarungen für das weitere Vorgehen getroffen?
  - Haben die Teilnehmer bestimmtes Wissen oder bestimmte Fähigkeiten erworben? Können sie bestimmte Methoden anwenden?
  - Wie schätzen die Teilnehmer das Ergebnis ein? Was wurde aus ihrer Sicht erreicht, was nicht?
  - Wurden Veränderungen von anderen Personen des sozialen Systems wahrgenommen?
- **Outcome- oder Impact-Evaluation:** Eine Evaluation unmittelbar nach Abschluss der Maßnahme sagt nichts über die Nachhaltigkeit der Ergebnisse aus: Ist die Zusammenarbeit auch nach zwei Monaten noch verbessert, oder ist das Team wieder in die alten Strukturen verfallen? Die Prozessfragen entsprechen im Wesentlichen denen bei der Output-Evaluation:
  - Welche Veränderungen sind nach längerer Zeit festzustellen?
  - Wie wird das Ergebnis einige Monate später eingeschätzt?
  - Sind die Veränderungen stabil?
  - Setzen die Teilnehmer weiterhin die Ergebnisse um?
  - Sind auf längere Sicht weitere Effekte (zum Beispiel die Reduzierung der Unfälle bei einem Beratungsprozess zum Thema Arbeitssicherheit) eingetreten?

Je nach dem Verwendungszweck wird man andere Schwerpunkte setzen. Wenn es um die Verbesserung eines laufenden Beratungsprozesses geht, wird die Prozessevaluation im Mittelpunkt stehen. Wenn es darum geht, zu entscheiden, ob alle internen Beraterinnen systemisch ausgebildet sein sollen, wird eher die Nachhaltigkeit der Ausbildung zu evaluieren sein.

Schritt 3: Festlegung von Evaluationskriterien Um festzustellen, ob eine Maßnahme erfolgreich war,

- müssen Kriterien definiert werden, mit denen sich zum Beispiel die Teamberatung beurteilen lässt
- müssen die Kriterien in messbare Indikatoren übersetzt werden, nach denen sich überprüfen lässt, ob die Kriterien tatsächlich erfüllt sind

Die Unterscheidung zwischen Kriterien und Indikatoren ist häufig unscharf. Kriterien sind die Maßstäbe, nach denen eine Maßnahme beurteilt wird. Indikatoren sind operationalisierte Kriterien, die sich unmittelbar beobachten lassen (entsprechend u. a. Reischmann 2003, S. 39 f.). Bezogen auf das Beispiel Teamberatung wäre Verbesserung der Zusammenarbeit das Kriterium, mögliche Indikatoren könnten Kontakte mit anderen Teammitgliedern, aber möglicherweise auch einzelne Items aus einem Teamfragebogen sein.

Der erste Schritt ist dabei das Festlegen von Kriterien. Im Groben lassen sich hier fünf Kriterien unterscheiden.

- **Kriterium der Zielerreichung:** Entscheidend für die Bewertung einer Maßnahme ist, ob die Ziele erreicht wurden. Am Beispiel der Teamberatung: Hat sich dadurch tatsächlich die Zusammenarbeit im Team verbessert?
  In diesem Zusammenhang wird im Anschluss an den amerikanischen Bildungsforscher Don J. Kilpatrick der »Return on Expectations (ROE)« (Kirpatrick/Kirkpatrick 2006) oder der »Value of Investment (VOI)« (Kellner 2006) als Kriterium vorgeschlagen Wie weit erfüllt der Beratungsprozess die Erwartungen der Kunden? Dabei können die Erwartungen monetärer Art sein, aber auch qualitative Aspekte beinhalten wie zum Beispiel die Verbesserung der Zusammenarbeit in einem Team.
- **Kriterium »Return on Investment« (ROI):** Kosten-Nutzen-Vergleiche sind im Rahmen der Betriebswirtschaft seit Langem geläufig. In den 1970er-Jahren wurde daraus das Konzept »Return on Investment« entwickelt, um Investition (Kosten) und erzielten Gewinn in Beziehung setzen zu können. Dabei sind
  - Effekte der Maßnahme zu identifizieren: Welche Effekte sind auf die Maßnahme zurückzuführen?
  - die Effekte finanziell zu bewerten: Welchen monetären Wert hat zum Beispiel die Verbesserung der Zusammenarbeit in einem Team?
  - die Kosten zu ermitteln, wobei in der Regel die Gesamtkosten (also einschließlich Ausfallkosten der Teilnehmer) zugrunde gelegt werden.

  Der ROI ergibt sich dann aus dem Netto-Programmnutzen (gesamter Nutzen abzüglich Gesamtkosten), dividiert durch die Gesamtkosten.

Return-on-Investment-Berechnungen wurden zunächst im Maschinenbau und in der Produktion angewandt, dann auf Dienstleistungen, Gesundheitswesen, öffentliche Verwaltung und schließlich auch auf den Bereich Personal- und Organisationsentwicklung und Beratung/Training übertragen (Dembrowski 2017; Niehoff u. a. 2006; Phillips/Schirmer 2005): Wie hoch sind zum Beispiel die Kosten für einen Veränderungsprozess? Wie hoch ist der Nutzen?
Positiv dabei ist, dass damit Organisationsberatung stärker in unternehmerische Entscheidungen eingebunden ist, sie muss sich »bezahlt« machen. Kritisch ist demgegenüber die ausschließliche Ausrichtung auf wirtschaftliche Ergebnisse. Die Veränderung der Organisationskultur kann zum Beispiel längerfristig entscheidende Auswirkungen auf den Erfolg der Organisation haben, die Effekte lassen sich aber schwer isolieren, messen und finanziell bewerten.

- **Kriterium »Usability« (Gebrauchsfreundlichkeit):** Dieses Kriterium wurde Mitte der 1980er-Jahre zunächst für technische Geräte und dann für das Web eingeführt. Usability ist ursprünglich definiert als »Passung von [technischem] System, Aufgabe und Nutzer aus der Perspektive einer vom Nutzer wahrgenommenen Qualität der Zielerfüllung« (Sarodnick/Brau 2011, S. 20). Allgemein geht es darum, wie weit ein Ergebnis von den Nutzern zur Erreichung ihrer praktischen Zwecke genutzt werden kann. Das Konzept lässt sich noch erweitern, wenn man dabei auch die emotionale Bewertung durch den Nutzer (die »Benutzerfreundlichkeit«) mit einschließt.
- **Kriterium der Systemakzeptanz:** Während Usability nur auf den Nutzer abhebt, werden hier die verschiedenen Perspektiven des sozialen Systems insgesamt in den Blick genommen: Wie beurteilen die Teammitglieder (das wären die unmittelbaren Nutzer) die neue Teamstruktur, wie aber auch Vorgesetzte, Kunden und Lieferanten?
- **Kriterium Qualität:** In vielen Fällen werden zusätzliche Qualitätskriterien an eine Maßnahme angelegt. Beispielsweise soll ein Coaching auf der Basis eines anerkannten Coachingkonzeptes erfolgen.
- **Kriterium relevante Nebenfolgen:** Kriterien sind nicht nur in Bezug auf die Ziele der Maßnahme zu evaluieren, sondern auch mit Blick auf mögliche Nebenfolgen (Wottawa/Thierau 2003, S. 92 ff.). Ein Coachingprozess kann für die jeweiligen Klienten erfolgreich sein, führt aber zugleich dazu, dass sie zunehmend unzufrieden mit dem Unternehmen werden und ein großer Anteil kündigt. Entsprechend können (positive) Nebenfolgen einer guten Teamberatung sein, dass die Beraterin von anderen Abteilungen angefragt wird.

Nun sind sicherlich diese verschiedenen Kriterien nicht trennscharf. Von daher: Nehmen Sie diese Übersicht als eine Checkliste, und legen Sie im Blick auf Ihren Beratungsprozess die wichtigen Kriterien fest.

Schritt 4: Festlegung von Indikatoren Nehmen wir an, es soll der Erfolg der im Rahmen des Beratungsprozesses eingeführten Teamstruktur evaluiert werden. Als wichtigstes Kriterium wurde Zielerreichung angesetzt: Wie weit führt die neue Teamstruktur dazu, dass tatsächlich die Zusammenarbeit verbessert wurde? Doch wie lässt sich das feststellen? Das geschieht durch die Festlegung von Indikatoren, das heißt die Übersetzung der Kriterien in beobachtbare Daten. Dafür können alle in Teil 5 dargestellten Diagnoseverfahren verwendet werden:

- **qualitative Evaluation auf der Basis von Interviews:** Eine erste Möglichkeit ist, die Teammitglieder (möglicherweise die Führungskraft) im Rahmen von Interviews (vgl. auch Kuckartz u. a. 2008) zu fragen: »Hat sich durch den Beratungsprozess die Zusammenarbeit im Team verbessert? Was hat sich verbessert, was nicht?«.
- **Evaluation auf der Basis von Fragebogen:** Ergebnisse von Interviews geben gerade im Rahmen einer Prozessevaluation wertvolle Hinweise. Sie sagen aber bei größeren Gruppen nichts über Häufigkeiten aus: Wenn bei einer Beratung im Rahmen einer Bereichsentwicklung über hundert Mitarbeiter betroffen sind, dann haben die positiven Einschätzungen von sieben Interviewpartnern wenig Aussagekraft. Hier sind quantitative Daten erforderlich: Im Blick auf die Kriterien wird ein eigener Fragebogen (zur Einschätzung des Teamberatungsprozesses) entwickelt, möglicherweise lassen sich aber auch vorliegende Fragebogen verwenden.
- **Evaluation auf der Basis von Beobachtungen:** Auch Beobachtungsergebnisse können als Indikatoren für die Evaluation dienen. So lässt sich zum Beispiel beobachten, wie häufig Regelkreise (Angriff – Gegenangriff, Besprechungen ohne Ergebnis) in Teambesprechungen auftreten und ob hier aufgrund der Teamberatung eine Änderung eintritt.
- **Evaluation auf der Basis von Kennzahlen (Key Performance Indicators):** Kennzahlen haben den Vorteil, dass sie direkt beobachtbar und messbar sind – und darauf zielen nicht selten die Erwartungen von Auftraggebern. Doch was können Kennzahlen sein, aufgrund deren sich zum Beispiel die Verbesserung der Teamarbeit feststellen lässt? Eben das ist die Kernfrage für die Festlegung von Indikatoren:
    - Woran genau lässt sich beobachten (messen, feststellen), dass das Kriterium x erreicht ist?

Bei der Festlegung von Kennzahlen im Rahmen eines systemischen Vorgehens empfiehlt es sich wieder, die Kompetenz des sozialen Systems nutzen. In der Regel können die Betroffenen sehr wohl angeben, woran sie festmachen können, dass zum Beispiel der Beratungsprozess erfolgreich war. So ergaben sich für das Kriterium »Verbesserung der Teamarbeit« im genannten Beispiel folgende Kennzahlen: Anzahl gemeinsam durchgeführter Projekte (vor Beginn des Beratungsprozesses arbeitete fast jeder für sich allein), Anzahl gemeinsamer Besprechungen einzelner Teammitglieder miteinander, Anzahl von Kontakten zu Mitarbeitern in anderen Bereichen.

Kennzahlen, aber auch quantitative Daten aus Mitarbeiterbefragungen, haben den Vorteil, dass sie »objektiv« erfassbar sind und damit häufig auf höhere Akzeptanz stoßen. Sie haben aber den Nachteil, dass die Zuordnung zu der jeweiligen Maßnahme kaum möglich ist: Der Rückgang von Reklamationen kann auf verbesserte Teamarbeit zurückzuführen sein, kann aber auch ganz andere Gründe haben.

Subjektive Indikatoren sind weniger »exakt«, geben aber mehr Auskunft über Zusammenhänge zwischen der Maßnahme und den Wirkungen. Teammitglieder können einschätzen, was die Teamberatung zur Verbesserung der Zusammenarbeit oder ein komplexer Veränderungsprozess zur Sicherung des Unternehmens beigetragen hat.

In vielen Fällen ist eine Kombination von Kennzahlen und subjektiven Indikatoren das geeignete Verfahren. Dabei können sich »objektive« Daten und subjektive Interpretationen gegenseitig stützen und damit ein umfassendes Bild bieten.

Schritt 5: Festlegung der Messzeitpunkte Möglichkeiten sind:

- Einpunktmessungen, wobei lediglich zu einem Zeitpunkt (in der Regel nach Abschluss der Maßnahme) Daten erhoben werden
- Zweipunktmessungen, meist vor oder zu Beginn und nach Abschluss der Maßnahme
- Zeitreihenmessungen mit mehreren Messzeitpunkten. Das empfiehlt sich insbesondere bei längeren Prozessen wie zum Beispiel einem längeren Veränderungsprozess. Bei einer Prozessevaluation können im Anschluss an die einzelnen Messungen noch während des Prozesses Veränderungen geplant und durchgeführt werden. Auch bei einer Impact-Evaluation sind mehrere Messzeitpunkte hilfreich, um die Nachhaltigkeit der Ergebnisse über einen längeren Zeitraum zu erfassen.

Schritt 6: Durchführen der Evaluation, Auswertung und Interpretation der Daten Das Vorgehen entspricht dem normalen Ablauf von Organisationsdiagnosen. Abschluss ist auch hier die Rückspiegelung der Daten an das soziale System, um daraus Konsequenzen für das weitere Vorgehen zu ziehen.

Entscheidend für den Erfolg einer Evaluation ist eine sorgfältige Planung, und das ist eine Aufgabe, die nicht erst am Ende eines Beratungsprozesses, sondern bereits in der Orientierungsphase zu leisten ist. Die Planung des Evaluationsdesigns wird damit zu einem Teil des Beratungsprozesses, wobei mit dem sozialen System (zum Beispiel mit dem Projektteam eines umfangreichen Veränderungsprozesses) Ziele, Form, Kriterien, Indikatoren und Messzeitpunkte festzulegen sind.

Literaturtipps

Weitere praktische Hinweise zum Thema Evaluation finden Sie bei

- Reinhard Stockmann (Hrsg.): *Handbuch zur Evaluation*. Waxmann, Münster 2007

Eine umfassende Einführung in die Evaluationsforschung ist:

- Nicola Döring/Jürgen Bortz: *Forschungsmethoden und Evaluation in den Sozial- und Humanwissenschaften*. Springer, Heidelberg, 5. Auflage 2016

Stabilisierung von Veränderungen

Eine Teamberatung ist abgeschlossen, die Zusammenarbeit im Team hat sich verbessert. Doch wie lange wird das Ergebnis halten? Wird alles relativ schnell wieder versanden? Positiv gewendet: Was kann getan werden, um die erreichten Ergebnisse zu stabilisieren?

In der Literatur wird das Thema »Stabilisierung« unter dem Begriff »Nachhaltigkeit« oder »Impact« diskutiert. »Nachhaltigkeit« ist ursprünglich ein gesellschaftspolitischer Begriff und wurde bei der Diskussion der Frage um den langfristigen Umgang mit sozialen und ökonomischen Ressourcen eingeführt (vgl. Caspari 2004, S. 45 ff.; Grunwald/Kopfmüller 2006). Den Anstoß gab der 1972 veröffentlichte Bericht »Die Grenzen des Wachstums« des Club of Rome. 1992 wird in Rio de Janeiro auf der UN-Konferenz für Umwelt und Entwicklung das Leitbild der nachhaltigen Entwicklung verabschiedet, das eine langfristige Gleichrangigkeit von wirtschaftlichen, ökologischen und sozialen Zielsetzungen proklamiert (vgl. Grundwald/Kopfmüller 2006, S. 14 ff.; Haas u. a. 2007, S. 12 ff.).

In den 1990er-Jahren wird das Konzept der Nachhaltigkeit auf Unternehmen übertragen. Nachhaltiges unternehmerisches Handeln wird dabei zum einen verstanden als die Berücksichtigung ökologischer und sozialer neben ökonomischen Faktoren, zum anderen als Langfristorientierung eines Unternehmens anstelle der Ausrichtung auf kurzfristige Gewinne (u. a. Dyllick 2003; Raisch u. a. 2007). Mittlerweile ist »Nachhaltigkeit« oder »Impact« ebenso Thema für Bildungsprozesse, für therapeutische Interventionen (z. B. Beaulieu 2007) oder für Organisationsveränderungen (z. B. Schäffner 2002; Seewald 2006).

Ausgangspunkt für das Thema »Nachhaltigkeit« ist die Erfahrung, dass Veränderungen in Organisationen häufig sehr kurzlebig sind:

> »*Sowohl diejenigen, die Veränderungen aus einer Distanz beobachten, als auch die, die als unmittelbar Betroffene in diesen leben, werden den Eindruck nicht los, dass diese Veränderungen häufig zum Selbstzweck geworden sind. Vor allem die Kurzatmigkeit, in der eine Veränderung kreiert, dann wieder begraben und schließlich durch eine neue ersetzt wird, weckt einen solchen Eindruck*« (Schäffner 2002, S. 303).

In diesem Zusammenhang wird eine Reihe von Faktoren genannt, die nachhaltigen Veränderungen entgegenstehen (z. B. Haas u. a. 2007; Schäffner 2002, vor allem S. 303 ff.):

- fehlende Klarheit darüber, warum Veränderung notwendig ist
- fehlende oder unklare Zielvorgaben
- fehlende Information der Mitarbeiter
- fehlende Vorbildfunktion des Managements
- zu wenige Verbündete
- keine stringente Durchführung der Intervention, kein systematisch durchgeführtes Projektmanagement
- fehlende Berücksichtigung kultureller Faktoren

Im Grunde stößt man hier wieder auf Faktoren, die auf der Ebene des sozialen Systems liegen. Nachhaltigkeit ist nicht Ergebnis einer bestimmten Technik, sondern die Eigenschaft eines sozialen Systems. Dabei bieten sich Ansatzpunkte bei den verschiedenen Faktoren des sozialen Systems.

Personen Jede Veränderung eines sozialen Systems bedeutet immer auch Veränderung in Bezug auf die Personen. Bisherige wichtige Stakeholder verlieren an Macht, andere Stakeholder gewinnen an Einfluss. Nicht alle Personen eines sozialen Systems werden die Veränderung mitgehen – sei es, dass sie es nicht wollen, sei es, dass sie es nicht (mehr) können. Veränderungen, die von niemandem getragen werden, »werden nicht gelebt«.

Um Nachhaltigkeit zu sichern, sind »Promotoren« erforderlich, die tatsächlich diese Veränderung und ihre Stabilisierung wollen. Dabei lässt sich zwischen Macht-, Fach- und Prozesspromotoren unterscheiden:

- Machtpromotoren, die von ihrer hierarchischen Position aus immer wieder Anstöße geben, bestimmte Umsetzungen einfordern und damit Veränderung nachhaltig durchsetzen können

- Fachpromotoren, die über das entsprechende Fachwissen verfügen
- Prozesspromotoren, die neue Konzepte einführen, die Umsetzung begleiten, Checktermine setzen und damit den Prozess am Leben erhalten

Daraus ergibt sich für die Stabilisierung der erreichten Veränderung:

- mögliche Promotoren für die Stabilisierung des Prozesses zu identifizieren, gegebenenfalls zu qualifizieren und sie zu unterstützen
- neue Personen in Schlüsselpositionen zu bringen, die die Veränderung weiter vorantreiben
- gegebenenfalls neue Positionen für Promotoren zu schaffen: Die Prozessbegleiter in einem größeren Veränderungsprozess, die ursprünglich lediglich in einem Projektteam zusammengeführt waren, werden nach Abschluss des Projekts in einer eigenen Abteilung »Organisationsentwicklung« in die Linie überführt
- möglicherweise sich aber auch von Personen zu trennen, die die Veränderung nicht mittragen (wollen oder können): »Sometimes the only way to change a culture is to change key people« (Kotter 1996, S. 157)

Subjektive Deutungen Veränderungen wie die Implementierung eines neuen Führungsverständnisses werden nur dann nachhaltig sein, wenn sie im Gedächtnis behalten und als wichtig angesehen werden; im anderen Fall werden sie vergessen und gehen verloren. Je nachdem, wie eine Veränderung gedeutet wird, wird sie nachhaltig sein oder nicht. Dabei spielen folgende Faktoren eine Rolle.

- **Die Bewusstheit der Veränderung:** Stabilisierung einer Veränderung bedeutet zunächst, sie im Bewusstsein zu halten. Danie Beaulieu, eine französische Therapeutin in der Tradition Milton Ericksons, hat für Therapie »mnemotechnische Prinzipien« entwickelt, die helfen, sich an etwas zu erinnern (Beaulieu 2007, S. 10 ff.). Die wichtigsten sind:
  - Informationen nicht nur auditiv, sondern zugleich visuell weitergeben!
  - Abstrakte Konzepte konkret machen!
  - Einfach formulieren!
  - Wiederholen, wiederholen!

  Diese Prinzipien lassen sich auch nutzen, um Nachhaltigkeit bei Veränderungsprozessen zu erzeugen. Angewandt auf die Stabilisierung eines neuen Führungsverständnisses könnte das bedeuten: Ein Symbol oder Logo für das neue Führungsverständnis einführen, das immer wieder sichtbar ist; ein einfaches Motto formulieren, zum Beispiel »Führen im Dialog«; immer wieder an das neue Führungsverständnis erinnern.

- **Priming:** Primes sind Auslöser, die unbewusst bestimmte Assoziationen auslösen: »Durch einen Stimulus, der nicht ins Bewusstsein der Person vordringen muss, um wirksam zu werden, wird eine Gedächtnisspur aktiviert, die dann in der Folge Gedanken, Gefühle oder sogar Verhalten bedeutsam beeinflussen kann« (Storch/Krause 2014, S. 158; vgl. auch Scheufele 2016). Primes für erfolgreiche Veränderungsprozesse können zum Beispiel ein bestimmtes, immer wiederkehrendes Logo, eine Melodie oder Ähnliches sein.
- **Die subjektive Bewertung der Veränderung:** Eine Veränderung wird nur gelebt, wenn die beteiligten Personen davon überzeugt sind. Ein neues Konzept von Gruppenarbeit mag »an sich« ausgezeichnet sein – aber wenn die Betroffenen davon nicht überzeugt sind, wird es versanden. Wenn befürchtet wird, dass durch einen Veränderungsprozess Stellen abgebaut werden, wird dieser Prozess nicht nachhaltig sein – unabhängig davon, wie berechtigt diese Befürchtungen sein mögen. Konsequenz davon ist, die Erfolge der Veränderung wiederholt aufzuzeigen oder sich bewusst zu machen: Was haben wir geschafft? Wie haben sich die Führung, die Organisation durch den Beratungsprozess verändert? Veränderung, so John P. Kotter »requires a lot of talk« (1996, S. 157).
- **Verankerung in einer Vision:** Veränderungen werden eher mitgetragen, wenn sie als Schritt auf dem Weg zu einer Vision gestaltet und verstanden werden – nur dann machen sie Sinn.

Veränderungen in den entsprechenden subjektiven Deutungen zu verankern heißt:

- abklären, mit welchen Konstrukten die Veränderung gedeutet wird
- das Positive an der Veränderung bewusst machen, hervorheben, belegen und dokumentieren
- sie in einer Vision verankern
- Einwände ernst nehmen
- Mitarbeiter einbeziehen, mit ihnen die nächsten Schritte besprechen, ihnen das Gefühl geben, einbezogen zu sein
- immer wieder an die Veränderung – bewusst oder unbewusst – erinnern

Soziale Regeln Nachhaltigkeit ist mitbeeinflusst von sozialen Regeln. Dabei lassen sich verschiedene Arten von Regeln unterscheiden:

- **Regeln für Methoden:** Jeder Veränderungsprozess zeichnet sich durch bestimmte Methoden aus: Da gibt es zum Beispiel Methoden der Prozessoptimierung, Methoden für ein bestimmtes Vorgehen im Team, Regeln für ein bestimmtes Vorgehen im Beratungsprozess. Dabei scheinen solche Tools die größte Nachhaltigkeit zu besitzen, die leicht tradierbar sind, vielseitig anwendbar und zugleich schnelle Erfolge bewirken. Die vier Phasen des Beratungsprozesses (möglicherweise auch auf andere Gesprächsarten übertragen), der klare Ablauf der Teamsitzung, die Toolbox mit einfachen Instrumenten, all das sind Verfahren, die Nachhaltigkeit unterstützen.

- **Aufbau- und Ablauforganisation zur Unterstützung der Nachhaltigkeit:** Wenn ein Veränderungsprozess als Projekt durchgeführt wird, wird damit das Regelsystem einer Projektorganisation eingeführt. Mit Abschluss der Projektphase wird dieses Regelsystem außer Kraft gesetzt. Es gibt kein Projektteam mehr, das den Fortgang des Projekts diskutiert, keinen Projektleiter, der getroffene Vereinbarungen nachhält. Um Nachhaltigkeit zu sichern, muss hier ein neues Regelsystem eingeführt werden: Eine obere Führungskraft erhält die Aufgabe, die Veränderung weiterzuverfolgen, es werden »Change-Beauftragte« implementiert, es werden Checktermine oder Audits festgelegt.
- **Werte und implizite Regeln:** Ein Konzept, das im Gegensatz steht zu den Werten und impliziten Regeln der Organisation, hat keine Aussicht auf Nachhaltigkeit. Wenn eine Regel »Wir kritisieren einander nicht« besteht, wird sich offenes Feedback im Team nicht etablieren lassen. In dieser Situation sind Werte und geheime Regeln zu thematisieren: Welche Werte sind uns wirklich wichtig? Was kann getan werden, um sie im konkreten Handeln mehr umzusetzen?
- **Rituale:** In diesem Zusammenhang können Rituale zur Sicherung der Nachhaltigkeit eine Rolle spielen. John Kotter gibt folgendes Beispiel: In einem Veränderungsprozess wurden alte Handbücher durch neue ersetzt, ohne dass die neuen in der Kultur verankert waren. Was die Wende brachte, war, das in ein Abschiedsritual einzubinden:

  »I want you to join with me today in saying good-bye. The books are like an old friend who's died after living a good life. We need to acknowledge his contribution to our lives and move on« (Kotter 1996, S. 162).

Regelkreise Versanden ist ein typisches Ergebnis von Regelkreisen: Immer wieder wird versucht, etwas zu verändern, aber immer wieder fällt das System in den ursprünglichen Zustand zurück. Sicherung von Nachhaltigkeit erfordert dann Unterbrechung von Regelkreisen. Damit gilt:

- abklären, ob es typische Regelkreise gibt, in denen der Veränderungsprozess festgefahren ist
- Möglichkeiten zweiter Ordnung entwickeln, um die bestehenden Verhaltensmuster zu unterbrechen

Systemumwelt Sowohl die materielle als auch die Systemumwelt können die Nachhaltigkeit einer Veränderung beeinflussen. Hier einige Prozessfragen:

- Wie werden die Ergebnisse der Veränderung dokumentiert: Steht eine Datenbank zur Verfügung? Gibt es eine Toolbox, in der die wichtigen Instrumente abrufbar sind? Werden Lessons learned und Best Practices dokumentiert? Wie können diese Ergebnisse anderen zugänglich gemacht werden?
- Sind die räumlichen und technischen Voraussetzungen für die Nachhaltigkeit gegeben: Sind die Mitglieder des neuen Teams räumlich zusammen angesiedelt oder auf mehrere Standorte verteilt? Gibt es eine gemeinsame Kommunikationsplattform?
- Mit welchen Medien wird die Veränderung kommuniziert: Gibt es eine Plakatwand? Wie ist sie gestaltet? Lenkt sie die Aufmerksamkeit auf wichtige Punkte, ohne überladen zu sein? Wie wird die Kommunikation am Leben erhalten?
- Wie ist die Systemgrenze zu anderen sozialen Systemen: Gibt es Austausch mit anderen Werken oder anderen Unternehmen, die an ähnlichen Themen arbeiten und von denen immer wieder neue Anstöße kommen können?
- Welche allgemeinen gesellschaftlichen Veränderungen beeinflussen die Nachhaltigkeit: Führt höherer Kostendruck dazu, dass die Notwendigkeit der Veränderung deutlicher wird – oder dazu, dass das neue Qualifizierungskonzept auf der Strecke bleibt, weil dafür kein Geld mehr vorhanden ist?

Entwicklung Es scheint, dass das Thema Entwicklung im Zusammenhang mit Fragen der Nachhaltigkeit besondere Bedeutung besitzt. Muss die Veränderung noch weiter vorangetrieben werden, um Nachhaltigkeit zu erzeugen – oder besteht möglicherweise die Gefahr, dass weitere Maßnahmen nur den Widerstand vergrößern? Muss man schnell einen weiteren Schritt gehen – oder benötigt die Organisation zunächst einmal Ruhe, um die Veränderungen zu stabilisieren.

- Auch bei Veränderungsprozessen gibt es so etwas wie **Lebenszyklen:** Ein neues Konzept der Gruppenarbeit wird eingeführt und langsam akzeptiert, erreicht dann einen Höhepunkt und wird allmählich wieder an Bedeutung verlieren. Das heißt, dass auch eine erreichte Veränderung nie »für immer« Bestand haben wird, sondern dass – nicht zuletzt aufgrund veränderter Umweltbedingungen – es irgendwann wieder abfallen wird.
  Bei der Produktentwicklung versucht man, dieser Situation durch versetzte Entwicklungszyklen zu begegnen. Bevor ein erfolgreiches Automodell seinen Höhepunkt erreicht hat, beginnt die Entwicklung eines neuen Modells, das das ursprüngliche ablösen kann. Ähnliches dürfte auch für Veränderungsprozesse gelten: Bei längerfristigen Veränderungsprozessen nicht alles zugleich

machen, sondern zeitlich versetzte Schwerpunkte setzen. Im Rahmen einer Teamberatung wird man möglicherweise zunächst das Schwergewicht auf Teamentwicklungsmaßnahmen zur Förderung der Zusammenarbeit legen, anschließend eine gemeinsame Vision erarbeiten, in einem dritten Schritt dann Prozesse und Abläufe optimieren.

- Im Rahmen der **Chaostheorie** bedeutet Stabilisierung eines Veränderungsprozesses den Wechsel aus einem ursprünglich stabilen Zustand über einen dissipativen (instabilen) Zustand in einen neuen stabilen Zustand. Doch wann ist dieser Zustand erreicht? Befindet sich das System nach Abschluss des Veränderungsprozesses bereits in dem neuen stabilen Zustand oder noch in dem ursprünglichen, in den es dann nach einiger Zeit zurückfallen wird?
  Es gibt kein »objektives« Kriterium, nach dem sich aus einer Beobachterperspektive feststellen lässt, ob sich das System noch in dem ursprünglichen oder bereits in einem neuen stabilen Zustand befindet. Wohl aber lässt sich aus der Perspektive des sozialen Systems abschätzen, wie stabil die erreichten Veränderungen sind:
  - Wie nachhaltig ist aus Sicht der Beteiligten die erreichte Veränderung?
  - Gibt es »schwache Signale« für einen Rückfall in den ursprünglichen oder einen Wechsel in den neuen Zustand?
  - Was sind die Faktoren (Attraktoren), die das System wieder in den ursprünglichen Zustand ziehen?
  - Was sind Attraktoren, die den neuen Zustand stabilisieren?
  - Was kann getan werden, um den neuen Zustand zu stabilisieren?

Die Stabilisierung der erreichten Veränderungen ist Thema der Abschlussphase längerer Beratungsprozesse: Im Rahmen eines Coachingprozesses ist zu überlegen, was der Coachee tun kann, um die erreichten Veränderungen zu stabilisieren. Welche Organisation ist notwendig, um die erreichten Veränderungen zu stabilisieren?

Literaturtipp

Eine hilfreiche Weiterführung ist:

- Evelyne Keller: *Nachhaltigkeit in Beratung und Training.* managerSeminare, Bonn 2013

Der Blick auf das soziale System 04

Die Personen des sozialen Systems: Stakeholder-Analyse, Stakeholder-Visualisierung und Systemskulptur

Das Verhalten eines sozialen Systems ist entscheidend von Personen bestimmt, Personen, von denen ein Klient abhängig ist, Personen, die das Klima in einem Team beeinflussen, die ein Projekt blockieren oder vorantreiben. Letztlich sind es immer die Menschen, die eine Veränderung anstoßen und die Energie haben, sie umzusetzen – oder die einen Veränderungsprozess zum Scheitern bringen.

In der Literatur spricht man in diesem Zusammenhang von »Stakeholdern«. »Stakes« sind ursprünglich die Stäbe, mit denen man sein Interessengebiet absteckt. Ein Stakeholder ist dann jemand, der ein (legitimes) Interesse an einer Sache hat. Bildlich könnte man auch die Analogie des Kartenspiels nutzen: Stakeholder sind diejenigen Personen, die die Trümpfe in der Hand haben.

In den 1960er-Jahren wird der Begriff »Stakeholder« durch Edward R. Freeman auf die Organisationstheorie übertragen: Stakeholder sind diejenigen »Individuen oder Gruppen, die die Ziele einer Organisation beeinflussen können oder die von deren Zielerreichung betroffen sind« (Freeman 1984, S. 25). Allgemeiner formuliert: Stakeholder sind die Personen oder Personengruppen, die maßgeblichen Einfluss auf den Erfolg eines Unternehmens, eines Projekts, eines Veränderungsprozesses, aber auch auf die Position eines Klienten in seiner Organisation haben; Stakeholder-Management ist ein wichtiger Erfolgsfaktor von Projektmanagement (z. B. Andler 2015, S. 98ff.; Michels 2015, S. 88 ff.; Verzuh 2016, S. 98 ff.) und Strategieprozessen (z. B. Kerth u. a. 2015, S. 153 ff.; Schuppisser 2002), aber auch Thema bei Einzelberatung:

- Stakeholder für die Karriere eines Klienten sind sicher der eigene Vorgesetzte, vermutlich die Mitglieder eines Führungskreises, die über die Besetzung von Führungspositionen entscheiden, die Personalreferentin, vielleicht auch Führungskräfte in anderen Bereichen, die ihn dann möglicherweise unterstützen. Stakeholder kann aber auch ein eigener Mitarbeiter sein, der sich bei anderen Vorgesetzten beschwert – oder der eigene Ehepartner, der gegen einen Ortswechsel ist.
- Stakeholder für den Erfolg eines Teams sind zunächst die Teammitglieder, der Vorgesetzte, der dem Team selbst nicht angehört, oder möglicherweise die Geschäftsleiterin eines anderen Unternehmens, auf deren Unterstützung das Team angewiesen ist.

- Stakeholder bei komplexen Veränderungsprozessen sind in der Regel die Führungskräfte, die den Prozess unterstützen oder ablehnen, vermutlich der Betriebsrat, Mitarbeiter, möglicherweise aber auch der interne Personalentwickler oder weitere externe Berater.

Wer jeweils die relevanten Stakeholder sind, lässt sich nicht aus dem Organigramm ablesen, sondern immer nur aus der Perspektive des sozialen Systems im Blick auf das jeweilige Problem bestimmen. Dieses Wissen ist dann im Rahmen von Organisationsberatung zu präzisieren und nutzbar zu machen. Daraus ergeben sich zwei Aufgaben (vgl. auch Krips 2017):

- Zunächst gilt es, eine Stakeholder-Analyse durchzuführen. Das heißt, zu klären, wer die Stakeholder sind und welchen Einfluss sie auf die Problemlösung haben.
- Im Blick darauf werden Interventionen geplant und durchgeführt.

Stakeholder-Analyse

Eine Stakeholder-Analyse kann sowohl mit einem einzelnen Klienten durchgeführt werden als auch in einem Team. Bewährt hat sich die Form einer Tabelle (s. S. 194), die neben den einzelnen Personen deren Ziele, typische Verhaltensmuster und Anregungen für das eigene Handeln enthalten kann.

Zu den einzelnen Spalten:

- Die erste Spalte nennt den jeweiligen Stakeholder. Im Rahmen von Organisationsberatung hat sich bewährt, hier nicht Gruppen (Kunden, Vertriebspartner …) zusammenzufassen, sondern so weit als möglich einzelne Personen zu identifizieren: Die Abteilungsleiter im genannten Beispiel sind keine homogene Gruppe. Hilfreich ist, sie einzeln aufzuführen oder »typische« Personen (zum Beispiel einen unterstützenden und einen eher kritischen Abteilungsleiter) herauszugreifen. Ergänzt werden kann diese Spalte durch zusätzliche Hinweise zu Funktion und Hintergrund der betreffenden Person.
- Die nächste Spalte kennzeichnet den positiven oder negativen Einfluss des jeweiligen Stakeholders von +++ (sehr starker positiver Einfluss) bis --- (sehr starker negativer Einfluss). In unserem Beispiel ist der Einfluss des Bereichsleiters Althaus sehr stark und überwiegend positiv (+++/-), der von Herrn Draeger schwach positiv, zugleich aber deutlich negativ (+/--), aber insgesamt schwächer als der des Bereichsleiters.

Stakeholder (Name, Funktion)	Einfluss	Ziele des Stakeholders (inhaltliche und persönliche)	Typisches Verhalten	Anregungen für das eigene Vorgehen	Bemerkungen
Bereichsleiter Althaus	+++/–	• will Erfolg des Projekts • will Bereich voranbringen • Will sich profilieren	• Alles muss im Konsens im Führungskreis entschieden werden • greift manchmal zu wenig durch	• ihm klares Konzept vorlegen • Konzept mit anderen abstimmen • ihn coachen, bei der Klärung seiner Führungsrolle unterstützen	16.11. Gespräch Beraterin – Bereichsleiter, Vereinbarung von Coaching
Abteilungsleiter Draeger	+/––	• Zahlen in seiner Abteilung müssen stimmen • will sich nicht in die Karten schauen lassen • will Status als »Fürst« behalten	• unterstützt auf der Oberfläche • lässt andere auflaufen • sagt nicht klar Ja oder Nein	• auf Zahlen in seiner Abteilung achten • persönlich einbeziehen • versuchen, von ihm eindeutige Zusage zu erhalten	

- Das Handeln von Menschen wird von ihren inhaltlichen und persönlichen Zielen beeinflusst. Dabei sind oft die persönlichen Ziele die entscheidenden: Jemand will Karriere machen, seine Position festigen oder zusätzliche Arbeit vermeiden. Gerade persönliche Ziele geben häufig wichtige Hinweise auf Interventionen: Wenn Bereichsleiter Althaus sich profilieren möchte, dann ergibt sich daraus als mögliche Konsequenz, den Erfolg des Veränderungsprozesses in erster Linie ihm (und nicht der Beraterin) zuzuschreiben.
- Unter der Überschrift »typisches Verhalten« werden typische Verhaltensmuster aufgeführt: Gibt es Regelkreise, die im Umgang mit ihm immer wieder auftreten? Gibt es Regeln, die im Umgang mit der betreffenden Person zu beachten sind?
- »Anregungen für das eigene Vorgehen« ist gleichsam ein Ideenspeicher für Stakeholder-Management, das heißt für den Umgang mit dem betreffenden Stakeholder: ein klares Konzept vorlegen, versuchen, ihn einzubeziehen. Übrigens kann Anregung auch sein, einzelne Daten zu überprüfen, zum Beispiel den Bereichsleiter Althaus im nächsten Gespräch direkt zu fragen, was seine Ziele mit dem Projekt sind.
- Die letzte Spalte schließlich ist offen für zusätzliche Bemerkungen: Welche Maßnahmen wurden durchgeführt? Was war das Ergebnis?

Selbstverständlich kann dieses Schema abgewandelt werden. Man kann zum Beispiel die Spalte »Einfluss« weglassen – oft ergibt sich das von selbst. Oder man erstellt eine Stakeholder-Matrix, bei der verschiedene Stakeholder nach Einfluss (gering – hoch) und/oder Unterstützung – Bedrohung eingeordnet werden (weitere Anregungen bei Schuppisser 2002, S. 48 ff.).

Zweckmäßig ist, die Stakeholder-Analyse kontinuierlich fortzuschreiben: Stimmt die Analyse noch, haben sich möglicherweise Ziele und Einstellungen des Stakeholders verändert, oder sind neue Verhaltensmuster aufgetreten?

Gerade bei komplexen Projekten ist die Stakeholder-Analyse häufig ein entscheidender Erfolgsfaktor: Sie sensibilisiert für die Bedeutung der Personen bei der Lösung aktueller Probleme und gibt Hinweise auf zusätzliche Interventionsmöglichkeiten: Man kann versuchen, Stakeholder einzubinden, sie zu »Gewinnern« zu machen, man kann mit ihnen verhandeln, sie möglicherweise ausblenden, kann versuchen »bridging stakeholders« (Schuppisser 2002, S. 60) aufzubauen, die den Zugang zu anderen Stakeholdern ermöglichen.

Stakeholder-Analysen sind sensible Daten. Jemand wird Informationen über (mögliche) persönliche Ziele nur dann preisgeben, wenn er sicher ist, dass diese Daten nicht weitergegeben werden. Man kann sich vorstellen, was passiert, wenn eine Kopie der Stakeholder-Analyse am Kopierer liegen bleibt und Herr Draeger liest, wie er eingeschätzt wurde.

Die hier dargestellte Stakeholder-Analyse ist ein rationales Verfahren. Es nutzt das rational verfügbare Wissen über die Stakeholder, es nutzt aber nicht die intuitiven, nur im »autobiografischen« Gedächtnis gespeicherten Erfahrungen. Ein Ansatz dafür ist, sich Stakeholder als konkrete Personen, sogenannte »Personas« vorzustellen.

Das Konzept der Persona wurde in den 1980er-Jahren entwickelt und ist dann 1998 durch Alan Cooper, einen der Pioniere von Design Thinking, bekannt geworden (Cooper 2004, S. 123 ff.). Es gehört heute zu den Standardtools von Design Thinking (z. B. Gerstbach 2016, S. 114 ff.), um zum Beispiel Kundenbedürfnisse bestimmter Zielgruppen zu erfassen. Wir wenden es aber gleichermaßen im Rahmen der Stakeholder-Analyse an.

Grundgedanke ist, sich intuitiv in eine Person (die konkrete Person eines Stakeholders oder eine typische Person einer Stakeholder-Gruppe wie zum Beispiel langjährige Führungskräfte) einzufühlen. Dazu hilft es, sich diese Person bildlich zu vergegenwärtigen und sich Geschichten vorzustellen. Daraus ergeben sich etwa folgende Prozessfragen:

- Schreiben Sie den Namen des Stakeholders auf: »Horst Berger, mein derzeitiger Vorgesetzter«. Bei Gruppen können Sie auch einen fiktiven Namen vergeben.
- Stellen Sie sich Herrn Berger bildlich vor: Vielleicht finden Sie ein Foto von ihm oder Sie malen ein Bild.
- Stellen Sie sich konkret seine private Situation vor: Wo wohnt er? Hat er Familie? Was macht er in seiner Freizeit? Hat er Hobbys?
- Wie ist er zu seinem jetzigen Beruf gekommen? Was hat er vorher gemacht?
- Was ist er für eine Persönlichkeit? Hat er typische Eigenschaften? Was wäre eine typische Aussage von ihm?

All das sind Frage, die nicht unmittelbar etwas mit Ihrer Fragestellung zu tun haben, aber sie helfen Ihnen, sich intuitiv auf ihn einzustellen. Dabei kommt es nicht darauf an, was Sie tatsächlich von dieser Person wissen. Fantasieren Sie einfach vor sich hin, was Sie sich vorstellen könnten. Sie aktivieren dadurch unbewusste Erfahrungen und so wird die Person für Sie plastischer und greifbarer. Daran können sich Fragen im Blick auf das Ziel anschließen:

- Wie gefällt ihm sein Beruf? Macht er ihm Spaß? Oder erlebt er ihn eher als Belastung?
- Was bewegt ihn? Was treibt ihn an? Was will er noch erreichen?
- Wie (um beim Beispiel zu bleiben) sieht er Sie als seinen Mitarbeiter? Was erhofft er sich dadurch? Was sind seine Erwartungen? Was sind möglicherweise Befürchtungen?

- Was würde ihn auf die Palme bringen? Was würde ihn erfreuen?

Diese zuletzt aufgeführten Fragen entsprechen teilweise denen, die Sie auch sonst von der Stakeholder-Analyse kennen. Aber der Unterschied liegt darin, dass Sie nunmehr diese Fragen nicht nur rational beantworten, sondern dabei ihre intuitiv gespeicherten Erfahrungen mit dieser Person (oder auch das, was Sie von ihr gehört haben) mit nutzen können.

Hilfreich ist häufig, sich diese »Persona« zu visualisieren, etwa folgendermaßen:

<table>
<tr><td>Name/Alter:</td><td rowspan="3">Wie sieht die Person aus? Malen Sie ein Bild:</td><td>Eine typische Aussage der Person:</td></tr>
<tr><td>Privates Umfeld (Familie, Freunde, Hobbys):</td><td>Bildungshintergrund, Karriereweg, Berufsleben:</td></tr>
<tr><td>Typische Eigenschaften (Persönlichkeit, Charakter, Auftreten):</td><td>Was bewegt diese Person im Job, was treibt sie an, was lehnt sie ab?</td></tr>
<tr><td colspan="3">Wie beschreibt diese Person das Problem:</td></tr>
<tr><td colspan="3">Was sind ihre Bedürfnisse, ihre Anforderungen an die Lösung?</td></tr>
<tr><td colspan="3">Was genau will sie als Ergebnis haben?</td></tr>
</table>

Eine andere Möglichkeit, bei der Stakeholder-Analyse das intuitive Wissen zu nutzen, besteht darin, Situationen szenisch darzustellen: Die Teilnehmer eines Führungskräfte-Workshops werden in verschiedene Stakeholder-Gruppen (Mitarbeiter, Geschäftsführung, Kunden, benachbarter Bereich) aufgeteilt: »Stellen Sie sich vor, Sie sind Mitarbeiter, die sich über ihre Führungskräfte unterhalten …«. Daraus entstehen häufig sehr lebendige und auch zutreffende Szenen. Die Teilnehmer nutzen ihr intuitives Wissen, um sich in die Situation der betreffenden Personen hineinzuversetzen. Möglicherweise protokolliert ein Teilnehmer wichtige Aussagen der jeweiligen Stakeholder mit (oder stellt die Situation zeichnerisch dar), was dann als Grundlage für die weitere thematische Arbeit im Workshop genutzt werden kann.

Die Systemvisualisierung

Eine andere Form der Stakeholder-Analyse ist die Visualisierung sozialer Systeme. Dabei handelt es sich um ein analoges Verfahren, das das vorhandene unbewusste Wissen des Einzelnen nutzt.

Die Methode der Systemvisualisierung ist eines der klassischen Verfahren systemischer Organisationsberatung, die wir Ende der 1980er-Jahre entwickelt haben (ursprünglich König/Volmer 1993, S. 155 ff.): Die Beziehungen zwischen verschiedenen Personen in einem sozialen System werden mithilfe von Karten oder Stühlen dargestellt, alternativ (zum Teil in Anlehnung an das »Familienbrett« des Familientherapeuten Kurt Ludewig) mit Bauklötzen, Spielfiguren, Playmobil- oder Legofiguren (Ludewig/Wilken 2000; Breiner/Polt 2016).

Die Systemvisualisierung ist gut geeignet, die Prinzipien systemischen Denkens zu verdeutlichen: Die einzelne Person ist beeinflusst von anderen Personen des sozialen Systems, daraus ergeben sich bestimmte Handlungsmöglichkeiten. Andererseits kann jede Person ihre Position und damit auch das System insgesamt verändern. Der Ablauf einer Systemvisualisierung wird im Folgenden anhand einer konkreten Einzelberatung dargestellt.

Orientierungs- und Klärungsphase

Ein Abteilungsleiter wendet sich mit der Bitte um Unterstützung an die Beraterin. Als Beratungsziel wird festgelegt, Anregungen für die Verbesserung der eigenen Position zu erhalten. Die Beraterin schlägt vor, das Thema nicht rational, sondern auf der Basis der emotionalen Intelligenz zu bearbeiten. Die Klärungsphase verläuft dann in folgenden Schritten:

Definition der Personen des Stakeholder-Systems Die eigene Position in einem sozialen System ist immer die Position in Bezug auf andere Personen. Damit setzt die Systemvisualisierung voraus, dass geklärt wird, wer die im Blick auf das Beratungsziel relevanten Personen (Stakeholder) sind. Hier nennt der Klient folgende Personen:

- drei Abteilungsleiter (AL 1 bis AL 3; AL 1 ist der Klient selbst)
- der Bereichsleiter (BL) als Vorgesetzter des Klienten
- drei Gruppenleiter (GL 1 bis GL 3) aus der Abteilung des Klienten

Günstig ist es, wenn der Klient die einzelnen Stakeholder kurz schildert: Was sind ihre Aufgaben, wie würde er die jeweilige Person mit drei Schlagworten charakterisieren, wie schätzt er sie ein? Ziel ist dabei nicht, dass die Beraterin die Situation genau versteht, sondern dass der Klient sich die Personen vergegenwärtigt und sich sein System selbst gedanklich bewusst macht.

Visualisierung des sozialen Systems auf analoger Ebene In unserem Beispiel wurden zur Visualisierung runde Moderatorenkarten genommen, die jeweils mit dem Namen der betreffenden Person gekennzeichnet sind. Aufgabe des Klienten ist es, diese Karten auf einem großen Tisch oder auf dem Boden so anzuordnen, wie er (unabhängig vom Organigramm) die Beziehung zwischen den jeweiligen Personen erlebt: Karten von Personen, zwischen denen eine enge Beziehung besteht, werden enger nebeneinandergelegt, größerer Abstand zwischen Personen spiegelt sich in größeren Abständen zwischen den Karten wider. Im genannten Beispiel ergibt sich ein Bild wie in der folgenden Abbildung.

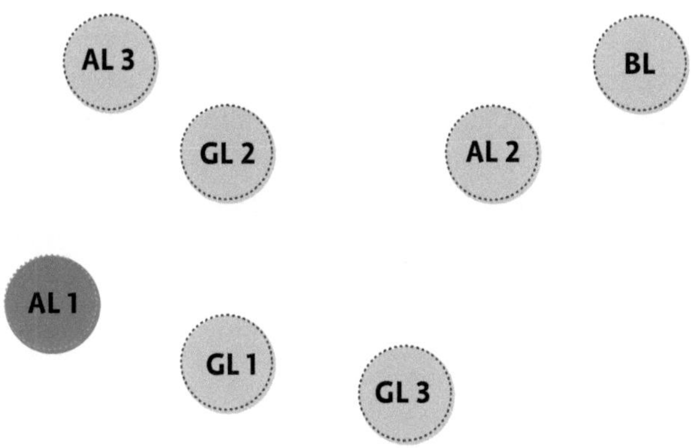

Fast nie gelingt es dem Klienten, auf Anhieb die »richtige« Position darzustellen. Er benötigt Zeit, sich seines Bildes der Wirklichkeit bewusst zu werden. Aufgabe der Beraterin ist, dem Klienten diese Zeit zu geben und auf Beobachtungen hinzuweisen. Dafür gibt es eine Reihe von Kriterien:

- **Nähe und Distanz zwischen den Karten:** Welche Karten (Personen) liegen näher nebeneinander, welche sind weiter voneinander entfernt? Stimmt es, dass GL 2 näher an AL 3 steht (obwohl er gemäß dem Organigramm zur Abteilung des Klienten gehört) und dass die Entfernung von AL 1 zum Bereichsleiter bedeutend größer ist als die der anderen Abteilungsleiter?
- **Subsysteme:** Werden in der räumlichen Anordnung Subsysteme deutlich? Im Beispiel deuten sich zwei Subsysteme an: das Subsystem »Klient, Gruppenlei-

ter 1, Gruppenleiter 3« sowie das Subsystem »Abteilungsleiter 3, Gruppenleiter 2, Abteilungsleiter 2, Bereichsleiter«. Auffällig ist, dass der Gruppenleiter 2, der gemäß der Organisationsstruktur zur Abteilung des Klienten gehört, bei der Darstellung dem anderen Subsystem zugeordnet wird.

- **Direkter Kontakt zwischen einzelnen Karten:** Manchmal werden einzelne Karten unmittelbar nebeneinandergelegt, oder sie überlappen sich.
- **Zugang zu anderen Personen:** Zu wem hat der Klient direkten Zugang? Ist der Zugang zu bestimmten Personen durch andere versperrt? Hier hat der Klient nur direkten Zugang zu Gruppenleiter 1 und Gruppenleiter 2; zu den Abteilungsleitern 2 und 3 wird der Zugang schwieriger.

Übertragung in die Realität Daran schließt sich die Übertragung auf die reale Situation an: Was heißt das in der Realität? In der Tat läuft die Kommunikation zu den Abteilungsleitern 2 und 3 zumindest teilweise über den Gruppenleiter 2. Nahezu versperrt ist für den Klienten der Zugang zum Bereichsleiter.

Den Abschluss dieser Phase bildet dann die Frage, wie es dem Klienten in seiner Position geht. Im Beispiel wird dem Klienten deutlich, dass die Beziehung zu Gruppenleiter 2 wesentlich problematischer ist, als er bisher angenommen hatte. Er meinte bislang immer, zu ihm ein gutes Verhältnis zu haben, nimmt aber nunmehr wahr, dass Gruppenleiter 2 sich von ihm gelöst hat und ihm zum Teil den Zugang zu anderen Abteilungsleitern und zum Bereichsleiter versperrt.

Lösungs- und Abschlussphase

Wie bei der Arbeit mit Symbolen beginnt auch hier die Lösungsphase auf analoger Ebene; die gefundenen Lösungen werden auf die reale Situation übertragen.

Entwicklung von Lösungen auf analoger Ebene Auf analoger Ebene lassen sich Veränderungsmöglichkeiten innerhalb des sozialen Systems dadurch aufzeigen, dass der Klient seine Karte verschiebt. Eine Verschiebung der eigenen Karte in Richtung auf Gruppenleiter 2 bedeutet in obigem Beispiel eine Annäherung, die Vergrößerung der Distanz zwischen den Karten würde entsprechend Vergrößerung der Distanz im sozialen System bedeuten.

Für das Erarbeiten von Veränderungsmöglichkeiten gibt es eine Grundregel: Nur der Klient selbst kann seine Position verändern. Also nicht: »Gruppenleiter 2 müsste seine Position verändern« – Gruppenleiter 2 ist nicht anwesend, und es ist zweifelhaft, ob er irgendein Interesse an einer Veränderung hat. Das bedeutet, dass die Beraterin als Regel einführen muss: »Nur Sie können Ihre Situation verändern, nur Sie können als ersten Schritt Ihre Karte verschieben.«

Als Reaktion auf die Veränderung des Klienten können dann in einem zweiten Schritt andere Karten verschoben werden (wobei die Karte des Klienten liegen bleibt): Wenn sich eine Person im sozialen System verändert, dann reagieren daraufhin die anderen und verändern ihre Position. Möglicherweise stellt sich dabei eine versuchte Lösung als ungeeignet heraus. Dann ist die Ausgangsposition wiederherzustellen, und es sind andere Möglichkeiten zu überlegen.

Im Beispiel versuchte der Klient, zwei unterschiedliche Wege zu gehen:

- Zunächst wendete er sich in Richtung Abteilungsleiter 3, gelangte aber damit noch stärker in eine Randposition.
- Eine zweite Veränderung (wieder ausgehend von der ursprünglichen Position) führt dazu, dass er sich auf den Abteilungsleiter 2 hin bewegt. Dabei ergibt sich ein Bild wie in der folgenden Abbildung.

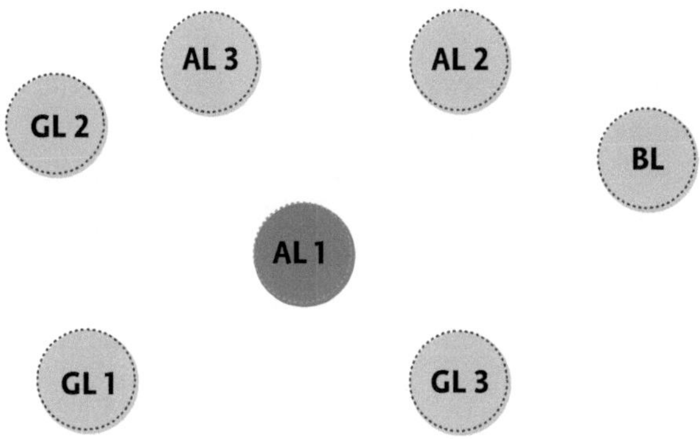

Abweichend davon besteht auch die Möglichkeit, gleichsam ein »Idealbild« der Situation darzustellen (wofür dann alle Karten verschoben werden): Welche Situation möchte der Klient erreichen? Möglicherweise kann man Ist-Bild und Soll-Bild nebeneinanderlegen. Dann ergibt sich die Frage, was der Klient tun kann, um diese Soll-Situation zu erreichen. Hier gilt wieder die Grundregel: Nur der Klient kann den ersten Schritt gehen, also seine Karte (in Richtung des Idealbilds) verschieben.

Übertragung auf die reale Situation Was bedeutet das Verschieben der eigenen Karte in der Realität? Auf den Abteilungsleiter 2 zugehen bedeutet für den Klienten, fachliche Aufgaben stärker mit ihm zu koordinieren. Gleichzeitig wird der Kontakt zu Gruppenleiter 1 geringer (der Klient orientiert sich mehr an Abteilungsleiter 2), und Gruppenleiter 2 wird etwas ausgeblendet (»Ich zeige ihm etwas mehr die kalte Schulter, er soll sich mehr um seine Aufgaben kümmern«).

Festlegung des Handlungsplans Ergebnis ist ein konkreter Handlungsplan: »Ich werde nächste Woche mit AL 2 fachliche Fragen besprechen und außerdem GL 2 stärker auf seine Aufgaben verpflichten.«

Eine Variante ist die Systemvisualisierung mithilfe von Stühlen: Der Name der betreffenden Person wird mit Kreppstreifen oder Karten auf dem jeweiligen Stuhl befestigt. Die Stühle werden dann von Klienten entsprechend seinem »Bild« des sozialen Systems im Raum angeordnet. Dieses Vorgehen bietet den Vorteil, dass dabei auch die Orientierung in Richtung auf andere Personen dargestellt werden kann: Der Stuhl zeigt in eine bestimmte Richtung beziehungsweise wendet sich von einer anderen Person ab. Außerdem ist das System »größer« dargestellt, der Klient kann von außen das System betrachten und die Personen besser mit den entsprechenden Stühlen verknüpfen. Er kann sich auch neben einen Stuhl stellen oder sich auf den Stuhl zum Beispiel des Abteilungsleiters setzen und möglicherweise sogar für ihn sprechen. Allerdings können hierbei leicht tiefere Empfindungen freigesetzt werden. Erforderlich ist dann, anschließend wieder Distanz zu schaffen: Der Klient stellt sich an einen Platz außerhalb der Visualisierung und kann damit sein System von außen betrachten.

Visualisierung des sozialen Systems mithilfe von Stühlen ist eine gute Möglichkeit im Rahmen von Teamberatung: Ein Teammitglied ordnet die Stühle so an, wie es das Team erlebt. Die anderen kommentieren anschließend: Was sehen sie genauso, was sehen sie anders? Dabei können auch unterschiedliche Bilder des Teams entstehen – was deutlich macht, dass es im Team keine einheitliche Sichtweise gibt. Diese unterschiedlichen Sichtweisen auszugleichen ist dann Thema des weiteren Beratungsprozesses.

Systemskulptur (Systemaufstellung)

Im Rahmen familientherapeutischer Arbeit hatte Virginia Satir die Personen einer Familie ihre Position stellen lassen und damit die »Familienskulptur« geschaffen: Ein Familienmitglied positioniert sich und die übrigen Personen der Familie, die durch andere Personen (Stellvertreter) dargestellt werden. Dabei werden Nähe und Distanz, aber auch Orientierung, Zuwendung, Abwendung oder Rückzug und Angriff usw. deutlich (Satir u. a. 2007, S. 305 ff.).

Bekannt geworden ist die »Familienaufstellung«, wie sie dann bezeichnet wurde, durch Bert Hellinger (z. B. 2006; 2015). Hellinger greift auf Virginia Satir zurück, entwickelt das Vorgehen jedoch in eine andere Richtung weiter. Hellingers Ansatz dürfte zu den bekanntesten – und zugleich umstrittensten – Vorgehensweisen im Rahmen systemischer Therapie und Beratung gehören.

Dabei liegt zwischen der Skulpturarbeit von Satir und der Aufstellungsarbeit im Anschluss an Hellinger ein entscheidender Unterschied (zur Diskussion vgl. Nelles 2009): In der Tradition des humanistischen Menschenbildes von Carl Rogers ist für Satir Autonomie der zentrale Wert. Für die Familienskulptur bedeutet das, dass der Klient entscheidet, welche Lösung er wählt beziehungsweise in welche Richtung er sich im Familiensystem bewegt.

Hellinger hat als zentralen Wert Ordnung: »Ordnungen der Liebe« und »Ordnungen des Helfens« sind die Titel zentraler Texte (Hellinger 2006; 2015). Daraus ergeben sich deutliche normative Vorstellungen über die »richtige« Struktur einer Familie oder einer Organisation. Gerade dieser normative Anspruch hat deutliche Kritik gegenüber Hellingers Ansatz herausgefordert.

Die Familienskulptur Satirs ebenso wie die Aufstellungsarbeit im Anschluss an Hellinger beziehen sich ursprünglich auf Familien. Ende der 1980er-Jahre wird die Methode der Familienskulptur als »Systemskulptur« (König 1992; König/Volmer 1993, S. 161 ff.) auf Organisationen übertragen. Daneben gibt es unterschiedliche Weiterführungen (Faulstich 2007; Groth/Stey 2012; Weber 2002; Weber/Rosselet 2016; Weber u. a. 2016). Exemplarisch seien genannt:

- Gunthard Weber (2002) und die systemdynamische Organisationsberatung von Klaus Grochowiak und Joachim Castella (2001) greifen den Ansatz Hellingers auf. So ist auch für Weber im Anschluss an Hellinger die Aufgabe, »Ordnung« zu schaffen, woraus sich bestimmte Leitlinien ergeben wie zum Beispiel: »Leitung hat Vorrang … Bei Gleichrangigen gilt allgemein der Vorrang derjenigen, die früher da waren, und dann: der Vorrang der Älteren. Leistung und Innovation müssen anerkannt werden« (Weber 2002, S. 56). Ähnlich sehen Grochowiak/Castella (2001, S. 15 f.) in den Grunddynamiken Hellingers – Bindung, Ordnung und Ausgleich von Geben und Nehmen – Grunddynamiken von Organisationen, die dann aber entsprechend zu modifizieren sind.
- Bei der systemischen Strukturaufstellung im Anschluss an Varga von Kibéd und Insa Sparrer (Varga von Kibéd/Sparrer 2016; Sparrer 2014; Daimler u. a. 2016) werden nicht nur Personen, sondern auch Gegenstände, Ziele, Werte, Hindernisse durch einzelne Personen (Repräsentanten) dargestellt und in der Aufstellung positioniert.

Die im Folgenden dargestellte Form der Systemskulptur greift nicht auf Hellinger, sondern unmittelbar auf den Ansatz von Virginia Satir zurück: Eine Systemskulptur dient dazu, die Position verschiedener Personen in einem sozialen System deutlich zu machen und neue Handlungsmöglichkeiten aufzuzeigen. Sie ist gebunden an den Wert der Autonomie: Die Klientin ist autonom, sich in die Richtung zu verändern, die für sie die sinnvollste ist.

Die Systemskulptur ähnelt der im vorigen Abschnitt dargestellten Systemvisualisierung, hat aber eine zusätzliche Dimension: Sie nutzt die Fähigkeiten der beteiligten Personen, sich in eine Situation (in ein soziales System) einzufühlen. Dabei können (zum Beispiel im Rahmen eines Teamberatungsprozesses) entweder die beteiligten Personen selbst die jeweilige Position einnehmen, oder andere Personen (»Stellvertreter«) nehmen die jeweilige Position ein.

Im Folgenden stellen wir zunächst das Vorgehen bei der Systemskulptur mit Stellvertretern dar: Lediglich der Klient ist anwesend, aber nicht die anderen Personen des sozialen Systems. Das ist ein Verfahren, das sich im Rahmen von Ausbildungsgruppen oder (wie es im Anschluss an Hellinger üblich ist) in eigenen Veranstaltungen durchführen lässt. Der Klient wählt andere Personen als »Stellvertreter« für Personen aus seinem System und positioniert diese Personen so, wie es seiner Meinung nach im sozialen System der Fall ist. Die einzelnen Schritte entsprechen teilweise denen der Visualisierung; zur Verdeutlichung wird auf das vorher aufgeführte Beispiel zurückgegriffen.

Orientierungsphase

Anstatt im Vorfeld lange das Vorgehen der Systemaufstellung zu erklären, ist es günstig, es lediglich anzudeuten: »An dieser Stelle möchte ich Ihnen vorschlagen, dass wir jetzt Ihr soziales System bildlich anschauen. Dabei würden andere Teilnehmer die Position verschiedener Personen in Ihrem sozialen System einnehmen. Können Sie sich darauf einlassen?«

Auch ohne zu wissen, was die Systemaufstellung im Einzelnen bedeutet, wird sich ein Klient darauf einlassen, wenn er der Beraterin vertraut und von ihrer Kompetenz überzeugt ist – manchmal ist die Unsicherheit des Beraters an dieser Stelle größer als die des Klienten.

Klärungsphase

Im Unterschied zur Visualisierung des sozialen Systems werden hier nicht Karten oder andere Symbole gelegt, sondern reale Personen nehmen die Position der jeweiligen Person ein.

Definition der relevanten Personen Hier ergibt sich folgendes Vorgehen:

- **Nennung der Personen durch den Klienten:** Die erste Frage an den Klienten lautet: »Welche Personen sind im Blick auf diese Zielstellung wichtig?« Günstig ist, die einzelnen Namen auf ein Flipchart zu schreiben (gegebenenfalls die Position mit angeben). Man kann (wie bei der Visualisierung) auch die Zahl der Personen einschränken oder das System im weiteren Verlauf erweitern.

- **Auswahl der Stellvertreter für die Aufstellung:** Grundregel dabei ist, dass der Klient selbst die Stellvertreter für die einzelnen Personen auswählt, also Personen, von denen er intuitiv meint, dass sie entsprechende Rollen übernehmen könnten. Es muss auch nicht eine Frau für eine Frau beziehungsweise ein Mann für einen Mann gewählt werden.
- **Einholen der Zustimmung der Stellvertreter:** »Sind Sie bereit, diese Rolle zu übernehmen?« Manchmal (insbesondere bei negativen Rollen) mag es hilfreich sein, zu verdeutlichen, dass es hier um das Einnehmen einer Rolle geht, aber nicht um ähnliche Eigenschaften. Günstig ist, die Stellvertreter zu kennzeichnen (zum Beispiel Namensschilder aus Kreppstreifen), sodass im weiteren Verlauf immer zu erkennen ist, wen man vor oder hinter sich hat.
- **Schilderung der einzelnen Personen:** Grundsätzlich hätte diese Schilderung bereits zu Beginn erfolgen können. Sie ist hier günstiger, weil dann die betreffenden Stellvertreter wissen, dass sie diese Rolle übernehmen, und aufmerksamer den Prozess verfolgen: Der Klient erzählt knapp, was ihm zu den betreffenden Personen einfällt. Gegebenenfalls kann die Beraterin dabei unterstützen: Was ist die Position, was sind die Ziele des Betreffenden, was sind drei typische Eigenschaften? Die einzelnen Stellvertreter haben die Möglichkeit, nachzufragen, um sich in ihre Rolle einzufinden. Aber: Diese Phase nicht zu sehr ausweiten, sie darf nicht in eine allgemeine Diskussion der Situation ausarten.

Aufstellung des sozialen Systems Aufgabe des Klienten ist es, die jeweiligen Stellvertreter im Raum so zu positionieren, wie er das soziale System in der gegenwärtigen Situation erlebt. Aufgabe der Beraterin ist es, diesen Prozess anzuleiten:

- »Wo positionieren Sie den Bereichsleiter: in der Mitte des Raumes oder eher am Rand?«
- »Stimmt die Entfernung zwischen dem Bereichsleiter und Abteilungsleiter 1? Stehen sie zu eng, oder sind sie zu weit voneinander entfernt?«
- »Wohin wendet sich der Bereichsleiter? Schaut er den Abteilungsleiter 1 an, oder kehrt er ihm eher den Rücken zu?«
- »Wie ist seine Körperhaltung: Ist die Hand eher eine Faust (Beraterin macht vor) oder so (Handfläche nach oben)?«
- Man kann auch Über- und Unterordnung mithilfe der Skulptur verdeutlichen: Ein Spieler wird auf einen Stuhl gestellt, ein anderer muss sich hinknien.
- Gegebenenfalls kann die Klientin selbst einzelne Personen »modellieren«: Sie führt einen Stellvertreter an seinen Platz, schiebt zum Beispiel seine Hand vor.

Bei umfangreicheren Systemen ist es günstig, mit zwei oder drei Stellvertretern zu beginnen (zum Beispiel mit Abteilungsleiter 2 und dem Bereichsleiter – der Klient wählt, mit wem er anfängt). Wie bei der Systemvisualisierung kann es auch hier relativ lang dauern, bis das Bild des sozialen Systems für den Klienten wirklich stimmig ist. Die Beraterin kann wieder auf Beobachtungen hinweisen: »Gruppenleiter 2 steht näher am Bereichsleiter als die Abteilungsleiter 2 und 3. Stimmt das so?« Sie kann auch den Klienten auffordern, um die Aufstellung herumzugehen und sie aus verschiedenen Perspektiven zu betrachten. Möglicherweise ergeben sich dann noch weitere Änderungen.

Prozessberatung in der Klärungsphase Im Unterschied zu einer Visualisierung mithilfe von Karten können hier die betreffenden Stellvertreter selbst ihre Sicht darstellen. Sie nehmen die jeweilige Position ein (entsprechende Körperhaltung) und versuchen, sich in die Person hineinzuversetzen. Daran schließen sich folgende Schritte an:

- **Abfragen der einzelnen Stellvertreter:** Wie erleben sie ihre Position? Wie erleben sie ihre Beziehung zum Klienten? Günstig ist, den Stellvertreter für den Klienten zuletzt abzufragen. Das gibt ihm die Möglichkeit, sich länger in die Situation einzufühlen. Aufgabe der Beraterin ist es dabei, den Prozess zu steuern und zugleich die jeweiligen Stellvertreter und den Klienten (auch räumlich) zu »begleiten«. Für beide kann diese Situation belastend sein: für den Stellvertreter, wenn er sich dabei an eine persönlich erlebte Situation erinnert, die für ihn nicht gut ausgegangen ist, oder für den Klienten, wenn er dabei wahrnimmt, dass zum Beispiel die Beziehung zu Gruppenleiter 2 wesentlich problematischer ist, als er bislang glaubte. Beim Wechsel zu anderen Personen gilt, nicht »durch« das System zu gehen (also nachdem Gruppenleiter 3 gesprochen hat, nicht zwischen Abteilungsleiter 1 und Gruppenleiter 2 zu Abteilungsleiter 3, sondern außen herum), weil Bewegungen innerhalb der Aufstellung als Störung des Systems erlebt werden können.
- **Prozessberatung mit dem Klienten:** Was ist ihm aufgefallen? Wie hat er die Situation erlebt? Sehr häufig stellt der Klient Ähnlichkeiten zwischen dem Verhalten der Stellvertreter und der realen Situation fest. Stellenweise sind diese Übereinstimmungen verblüffend – bis dahin, dass in Wortwahl und Tonfall Äußerungen der realen Personen wiedergegeben werden.
- Wenn die Äußerungen der Stellvertreter für den Klienten nicht passen, deutet das darauf hin, dass die Aufstellung noch nicht stimmt. Dann gilt es, nochmals zu korrigieren: »Ich sehe gerade, Gruppenleiter 2 steht doch nicht da, sondern eher hier.«

Lösungsphase

Auch hier beginnt die Erarbeitung neuer Handlungsmöglichkeiten wieder auf der analogen Ebene und wird dann auf die reale Situation übertragen. Daraus ergeben sich folgende Schritte:

Veränderung der Position des Klienten in der Aufstellung Nur der Klient hat die Möglichkeit, seine Position zu verändern. Das bedeutet für die Aufstellung, dass in einem ersten Schritt nur der Stellvertreter des Klienten seine Position verändern darf. Dabei gibt es unterschiedliche Vorgehensweisen.

- Die einzelnen Stellvertreter machen aus ihrer Rolle heraus Vorschläge: »Ich würde AL 1 vorschlagen, näher auf seinen Kollegen AL 2 zuzugehen.«
- Der Stellvertreter für den Klienten nennt selbst mögliche Veränderungen, die ihm in seiner Position deutlich sind: »Ich könnte mich auf AL 3 hinbewegen oder …«
- Die Beraterin nennt verschiedene Möglichkeiten, die sich aus der Struktur des Systems ergeben: »Sie können sich auf den GL 2 hinbewegen, Sie können näher an den AL 2 oder AL 3 herangehen, oder Sie können sich weiter zurückziehen. Sie können auch Ihre Position so lassen, wie sie ist.«
- Der Klient selbst macht Vorschläge.
- Der Stellvertreter für den Klienten probiert Handlungsmöglichkeiten aus und bewegt sich zum Beispiel einen Schritt auf AL 2 zu.
- Der Klient selbst probiert verschiedene Handlungsmöglichkeiten aus.

Reaktion der anderen Personen auf die Veränderung des Klienten Wenn der Klient (beziehungsweise der Stellvertreter für den Klienten) seine Position im sozialen System verändert, hat das Auswirkungen: Andere Personen werden darauf reagieren. Das bedeutet, dass in einem zweiten Schritt die anderen Stellvertreter ihre Position als Reaktion auf die Veränderung des Klienten verändern.

Damit wird der Prozess der Veränderung eines sozialen Systems in einzelne Abschnitte zerlegt: In einem ersten Schritt verändert der Klient (beziehungsweise sein Stellvertreter) seine Position, und die anderen Personen bleiben in ihrer Position »eingefroren«. In einem zweiten Schritt reagieren die anderen Personen (verändern ihre Position), während der Klient in seiner Position »eingefroren« bleibt.

Prozessberatung in der Lösungsphase Anschließend beginnt wieder Prozessberatung, wobei verschiedene Personen befragt werden können:

- Wie erlebt der Stellvertreter des Klienten die Veränderung? Wie geht es ihm in der neuen Position?
- Wie erleben die übrigen Personen die Veränderung?
- Wie erlebt der Klient selbst die Veränderung? Wie erlebt er die neue Position?

Natürlich kann es Situationen geben, in denen die erreichte Veränderung nicht befriedigend ist. Dann gibt es zwei Möglichkeiten: Der Stellvertreter kann noch einen zweiten Schritt gehen und die darauf erfolgende Reaktion der übrigen Spieler erleben. Manchmal entstehen dabei auch instabile Systemzustände: Abteilungsleiter 1 geht immer wieder auf Abteilungsleiter 3 zu, Abteilungsleiter 3 zieht sich regelmäßig zurück. Oder: Es wird zur Ausgangssituation (der Darstellung des gegenwärtig bestehenden Systems) zurückgegangen und eine neue Möglichkeit erprobt.

Die Phase ist abgeschlossen, wenn der Klient (beziehungsweise sein Stellvertreter) eine befriedigende Position erreicht hat oder wenn deutlich geworden ist, dass in diesem System eine solche Position nicht erreichbar ist.

Abschlussphase

Die Abschlussphase beginnt mit der Auflösung der Skulptur. Die Stellvertreter gehen auf ihren Platz (behalten aber möglicherweise noch ihr Namensschild). Ziel ist dann, die in der Skulptur gemachten Erfahrungen in die Realität zu übertragen und das Ergebnis festzumachen.

- Die Stellvertreter machen (noch aus ihrer Rolle heraus) Vorschläge an den Klienten: »Ich als Gruppenleiter 3 würde dir vorschlagen, binde mich mehr in die Arbeit ein!« Danach nehmen die Stellvertreter ihr Namensschild ab und lösen sich aus ihrer Rolle.
- Der Klient wird gefragt, was er aus der Aufstellung mitnimmt, welche Konsequenzen er daraus zieht und wie er konkret vorgeht.
- Die Stellvertreter werden gefragt, was sie aus der Aufstellung für sich persönlich mitnehmen. Hinter dieser Phase liegt die Erfahrung, dass die Stellvertreter ebenfalls durchaus persönlich betroffen sind. Möglicherweise wurden sie an eine ähnliche Situation erinnert, möglicherweise finden sie für sich neue Anregungen.
- Falls die Aufstellung im Rahmen eines Workshops mit weiteren Teilnehmern (die an dem Prozess nur als Beobachter beteiligt waren) durchgeführt wurde, schließt sich daran eine allgemeine Sharing-Phase an: Was ist den Beobachtern deutlich geworden, was nehmen sie für sich persönlich mit?

Eine andere Form ist die Skulptur mit den realen Personen des sozialen Systems. Die betreffenden Personen (zum Beispiel des Projektteams) sind real anwesend und nehmen selbst ihre Position ein. Grundsätzlich gibt es dafür zwei Möglichkeiten: Ein Betroffener (ein Teammitglied) stellt aus seiner Sicht die übrigen Personen. Diese Aufstellung wird dann von den übrigen kommentiert: Was erleben sie auch so, was anders? Und die zweite Möglichkeit: Jedes Teammitglied sucht seine eigene Position und wählt eine entsprechende Körperhaltung. Jeder kann damit auch seine eigene Position verändern.

Systemskulpturen mit den realen Personen des sozialen Systems können leicht unüberschaubar werden (wenn sich alle Personen gleichzeitig bewegen). Von daher gilt es, diesen Prozess sorgsam zu strukturieren:

- In der Orientierungsphase darauf hinweisen, dass es sich hier um ein momentanes Bild handelt, das sich selbstverständlich verändern kann.
- Vor allem bei großen Systemen hat es sich bewährt, den Prozess der Aufstellung schrittweise durchzuführen. Erst wählt zum Beispiel das Subsystem Abteilungsleiter/Bereichsleiter seine Position und nimmt die entsprechende Körperhaltung ein, anschließend gruppieren sich die Gruppenleiter dazu, was dann wieder zu Veränderungen bei dem System Abteilungsleiter/Bereichsleiter führt. Oder die Teammitglieder gehen im Raum umher, um sich dabei ihrer jeweiligen Beziehung gegenüber anderen Personen bewusst zu werden. Dieses Umhergehen kommt dann allmählich von selbst zur Ruhe: Erst bleiben Gruppenleiter 1 und 3 stehen, dann stellt sich Abteilungsleiter 1 dazu, Gruppenleiter 1 verändert seine Position, sukzessive gruppieren sich die anderen Personen.
- In der Klärungsphase wird jeder gefragt, wie er seine Position erlebt: Wie geht es ihm in dem Team? Zu wem hat er Kontakt? Welche Personen sind möglicherweise hinter anderen verdeckt? Gegebenenfalls kann ein Teilnehmer kurzzeitig gedoppelt werden: Die Beraterin nimmt kurzzeitig seine Position ein, damit sich der Betreffende das Team »von außen« betrachten kann.
- In der Lösungsphase besteht die Gefahr, dass zu viele Personen zugleich ihre Position verändern und der Prozess dann außer Kontrolle gerät. Günstig sind hier zunächst verbale Phasen, in denen die einzelnen Teilnehmer sagen, was sie an ihrer Position verändern möchten oder was sie sich von anderen Personen wünschen: »Ich als AL 1 hätte gern mehr Kontakt zu AL 2.«
- Anschließend geht jeder Teilnehmer einen und (damit das System nicht »unkontrollierbar« wird) nur einen ersten Schritt.
- Die Abschlussphase (die Teilnehmer sitzen wieder im Kreis) bezieht sich dann auf alle Personen des Systems. Was nimmt jeder Einzelne für sich als Anregung mit? Was nimmt er sich in Bezug auf andere Personen im Team vor? Welche Vereinbarungen ergeben sich daraus?

Die Systemskulptur ist ein sehr intensives und damit auch kein ungefährliches Verfahren, das, wenn es nicht professionell durchgeführt wird, beim Klienten zu Belastungen und Krisen führen kann. Sie erfordert hohe Kompetenz bei der Beherrschung der einzelnen Schritte, hohe Aufmerksamkeit, um wahrzunehmen, was bei den Teilnehmern gerade abläuft. Sie erfordert zugleich in hohem Maße Verantwortlichkeit, Akzeptanz, Empathie und Authentizität des Beraters.

Literaturtipps

Hilfreiche Einführungen zum Thema Stakeholder-Management sind:

- Günther, Edeltraud: *Stakeholder Management.* Ökologieorientiertes Management. Konstanz, UTB 2016
- Krips, David: *Stakeholdermanagement.* Kurzanleitung. Wiesbaden, Berlin, Springer 2017

Zum Thema Systemskulptur beziehungsweise Systemaufstellung seien exemplarisch genannt:

- Daimler, Renate/Sparrer, Insa/Varga von Kibéd, Matthias: *Basics der Systemischen Strukturaufstellungen.* Eine Anleitung für Einsteiger und Fortgeschrittene. München, Kösel, 5. Auflage 2016
- Sparrer, Insa: *Systemische Strukturaufstellungen.* Theorie und Praxis. Heidelberg, Carl-Auer, 3. Auflage 2016
- Rösner, Siegfried: *Systeme in Szene gesetzt.* Wiesbaden, Springer Fachmedien 2015

Subjektive Deutungen: das Bild der Wirklichkeit

Grundlagen

»Nicht die Dinge, sondern die Meinungen über diese beunruhigen die Menschen«, schreibt der römische Stoiker Epiktet um 100 n. Chr. in seinem »Handbüchlein der Moral und Unterredungen« (1984, S. 24). Damit wird erstmals der Gedanke formuliert, dass nicht die Situation an sich, sondern die »subjektive Deutung der Situation« zu Problemen führt.

Der gleiche Gedanke ist dann Grundlage des im ersten Teil dargestellten Handlungsmodells: Menschen machen sich ein Bild von der Wirklichkeit und handeln aufgrund dieses Bildes. Probleme können schließlich daraus resultieren, wenn sie sich ein »falsches« oder »verzerrtes« Bild von der Wirklichkeit machen. Neue Lösungen ergeben sich, wenn Menschen ihr »Bild von der Wirklichkeit« ändern.

Bezogen auf das Beispiel des unmotivierten Mitarbeiters aus der Einleitung heißt das: Der Vorgesetzte kann die fehlende Motivation seines Mitarbeiters als Ablehnung deuten: »Der will nicht« – oder zum Beispiel als Überforderung: »Der kann nicht, ihm fehlen bestimmte Qualifikationen, der ist überfordert.« Je nach Deutung wird er anders handeln: Wenn er die Situation als fehlende Bereitschaft des Mitarbeiters auslegt, wird er ihn vielleicht kritisieren, ihm Konsequenzen seines Verhaltens aufzeigen, möglicherweise abmahnen. Wenn er die Situation andererseits als Überforderung des Mitarbeiters deutet, wird er Unterstützung anbieten, möglicherweise eine Qualifizierung vorschlagen oder sich über eine andere Aufgabe für den Mitarbeiter Gedanken machen.

Albert Ellis, der Begründer der Rational-Emotiven Verhaltenstherapie, hat dafür das »ABC-Modell« entwickelt (z. B. Ellis 1977, S. 39 ff., S. 117 ff.; 2006). Dabei wird unterschieden zwischen:

- **A (activating event):** auslösendem Ereignis
- **B (belief):** subjektiven Deutungen, Annahmen, Gedanken, die sich die betreffende Person über das auslösende Ereignis macht
- **C (consequences):** Konsequenzen, das heißt aus B resultierenden Empfindungen und Handlungen

Auf unser Beispiel bezogen, ergibt sich folgendes Schema:

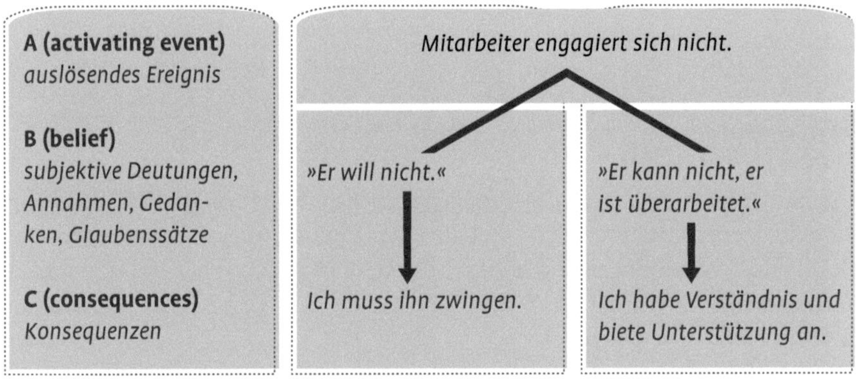

Die subjektiven Deutungen legen den Rahmen (wir sprechen im Folgenden vom »Referenzrahmen«) für mögliche Konsequenzen fest; Veränderung subjektiver Deutungen (»Referenztransformation«) rückt neue Handlungsmöglichkeiten in den Blick. Damit eröffnet sich ein neuer Raum von Interventionen: Wenn du in einer Situation nicht weiterkommst, verändere dein Bild der Wirklichkeit! Genau diese These ist Grundgedanke unterschiedlicher Konzepte:

Humanistische Psychologie Für Rogers resultieren Probleme daraus, dass Selbstkonzept und Erfahrung auseinanderklaffen: Der Mitarbeiter ist davon überzeugt, dass er alles kann – aber macht die Erfahrung, dass seine Leistungen immer wieder kritisiert werden. Die Lösung dieses Problems besteht dann darin, das Bild der Wirklichkeit zu verändern. Das kann durch aktives Zuhören geschehen oder zum Beispiel dadurch, dass (so die Gestalttherapie) die sich in der Körpersprache andeutenden unbewussten Empfindungen bewusst gemacht werden.

Kognitive Therapie Im Anschluss an Banduras Theorie des sozialen Lernens, in der er darauf hinwies, dass Modelllernen nicht automatisch abläuft, sondern von Kognitionen gesteuert ist, und der »multimedialen Therapie« von Paul Lazarus (2000), der Methoden der klassischen Verhaltenstherapie um »kognitive Methoden« aus anderen Konzepten erweitert, ist ein breites Spektrum weiterer Methoden der »kognitiven Umstrukturierung« (Wilken 2015; Einsle/Hummel 2015) entwickelt worden. Das Modell der kognitiven Therapie, so schreibt Robert E. Leahy, Leiter des Cognitive Therapy Center in New York, in dem Buch »Techniken kognitiver Therapie«,

> *»basiert auf der Auffassung, dass belastende Zustände wie Depression, Angst und Ärger oft durch übertreibende oder verzerrende Arten zu denken aufrechterhalten oder verschlimmert werden. Die Aufgabe des Therapeuten besteht diesem Ansatz gemäß darin, dem Patienten zu helfen, die Eigentümlichkeiten seines Denkens zu erkennen und sie aufgrund relevanter Tatsachen und logischer Überlegungen zu verändern«* (Leahy 2007, S. 17).

Systemische Familientherapie und NLP Im Anschluss an Bateson führt Paul Watzlawick in dem Buch »Lösungen« die »sanfte Kraft des Umdeutens« anhand des Beispiels von Tom Sawyer ein, der die harte Arbeit, einen Zaun zu streichen, als »Vergnügen« darstellt. So deutet er die eigentliche Bestrafung in eine Belohnung um. Und so schafft es Tom sogar, dass die anderen Jungen dafür bezahlen, um ein Stück Zaun streichen zu dürfen (Watzlawick u. a. 2013, S. 135 ff.). Virginia Satir

> *»deutet problematische Verhaltensweisen und Reaktionen so um, dass die darunterliegenden positiven Absichten und Nebenprodukte deutlich werden. Sinn der Umdeutung ist es, die Wahrnehmung von diesen Verhaltensweisen so zu verändern, dass die Familienmitglieder konstruktiver damit umgehen können«* (Satir/Baldwin 2004, S. 194).

Im Neurolinguistischen Programmieren (NLP) wird dafür der Begriff »Reframing« durch Richard Bandler und John Grinder eingeführt:

> *»Die Bedeutung, die ein Ereignis hat, hängt ab von dem ›Rahmen‹, in dem wir es wahrnehmen. Verändern wir den Rahmen, so verändern wir die Bedeutung. Das wird ›Reframing‹ genannt: Man wechselt den Rahmen, in dem ein Mensch Ereignisse wahrnimmt, um die Bedeutung zu verändern. Wenn sich die Bedeutung verändert, verändern sich auch die Reaktionen und Verhaltensweisen des Menschen«* (Bandler/Grinder 1992, S. 13).

Lösungsfokussierte Therapie und Beratung Unter dem Einfluss des MRI (Mental Research Institute) und Milton Erickson entwickelt Steve de Shazer zusammen mit seiner Frau Insoo Kim Berg am Brief Family Therapy Center in Milwaukee Ende der 1970er-Jahre die, wie er sie zunächst bezeichnet, »lösungsfokussierte Kurztherapie« (z. B. de Shazer 2012; de Shazer/Dolan 2008). Grundgedanke ist, die Aufmerksamkeit weniger auf die Probleme, sondern auf das Erreichte und die Lösungen zu richten – und das heißt gleichzeitig, Situationen positiv zu deuten.

Positive Psychologie im Anschluss an Martin Seligman In Abgrenzung von »defizitorientierten« Ansätzen versucht die positive Psychologie (Seligman 2005) die Aufmerksamkeit auf das Positive im Leben zu richten – ein Ansatz, der mittlerweile als »positives Management« (Ringlstetter u. a. 2011; Seliger 2014) auch auf Organisationen übertragen worden ist.

In allen Konzepten geht es darum, Klienten zu unterstützen, ihr Bild der Wirklichkeit – das heißt: ihre subjektiven Deutungen – zu verändern. Daraus lassen sich verschiedene Arten von Referenztransformationen unterscheiden.

- **Neubewertung Reframing:** Die Situation wird anders (positiver) bewertet.
- **Ziel-Referenztransformation:** Es werden dahinterstehende Ziele erfasst.
- **Perspektivwechsel:** Es geht darum, sich in die Position des anderen zu versetzen.
- **Thematische Referenztransformation:** Das Thema wird in einen anderen thematischen Kontext gestellt.
- **Transformation irrationaler Glaubenssätze**
- **Lösungsfokussierung:** Der Blick wird nicht auf die Probleme, sondern auf Lösungen gerichtet.

Arten von Referenztransformation

Neubewertung (Reframing)

Unsere Bewertung einer Situation hängt davon ab, mit welchen Begriffen wir sie beschreiben. Verändern wir die Begriffe, dann ändert sich auch die Bewertung: Ein Vorgesetzter beklagt sich über einen »kritischen Mitarbeiter«. Kritisches Verhalten lässt sich aber auch positiv deuten als Zeichen von Selbstständigkeit, Interesse und Eigeninitiative. Weitere Beispiele sind:

- Das Verhalten eines Vorgesetzten, der über alles informiert sein will, lässt sich negativ deuten als Kontrolle seiner Mitarbeiter oder positiv als Interesse an ihrer Arbeit.
- Ein entgangener Auftrag kann negativ gedeutet werden oder auch als Herausforderung, das eigene Angebot zu verbessern.

Die gleiche Situation lässt sich also mit unterschiedlichen Begriffen beschreiben – und je nachdem werden wir sie anders bewerten. Neubewertung bedeutet, die Situation mit anderen (positiv bewerteten) Begriffen zu beschreiben. In der Tradition der kognitiven Therapie spricht man hier von »Neubewertung« (z. B. Barnow 2014, S. 89 ff.); im Neurolinguistischen Programmieren ist »Reframing« das »Umdeuten von negativ bewertetem Erleben« (Mohl 2010, S. 363): die positiven oder nachvollziehbaren Aspekte einer Situation herausstellen.

Eine Neubewertung kann im Rahmen der Prozessberatung durch gezielte Prozessfragen angestoßen werden:

- Was ist eine mögliche positive Bedeutung dieser Situation oder dieses Verhaltens?
- Was sind mögliche positive Aspekte dieser Situation?

Sie kann aber auch durch die Beraterin erfolgen, indem sie »unter der Hand« eine neue Deutung zum Beispiel eines kritischen Mitarbeiters einführt: »Kritisch heißt aber auch, Ihr Mitarbeiter denkt mit.«

Im Rahmen der Konfliktberatung mit beiden Parteien ist die Neubewertung der Situation einer der entscheidenden Erfolgsfaktoren: In Konfliktsituationen sehen sich die Konfliktparteien ausschließlich negativ. Hier ist es ein entscheidender Schritt, die Klienten zu unterstützen, die Situation positiver zu sehen.

Schließlich lässt sich diese Form der Referenztransformation auch bei der Beratung von Teams oder größeren Gruppen anwenden. Dafür einige Beispiele:

- In einem Teamworkshop wird in Zweiergruppen herausgearbeitet, was jeder Einzelne als positiven Beitrag für das Team beitragen kann.
- In einem Veränderungsprozess wird deutlich gemacht, was schon erreicht ist – anstatt nur auf die Probleme zu schauen.

Eine besondere Form, die sich gut in Teams und größeren Gruppen einsetzen lässt, ist Appreciative Inquiry (AI), ein von David Cooperrider in den 1980er-Jahren in den USA entwickeltes Verfahren, Veränderungsprozesse in Organisationen durchzuführen (z. B. Cooperrider u. a. 2008; zur Bonsen/Maleh 2012). Kerngedanke ist eine inhaltliche Referenztransformation: die Aufmerksamkeit nicht auf Probleme und Schwachstellen der Organisation zu legen, sondern auf die Stärken. Zur Bonsen und Maleh formulieren dies in folgenden Grundannahmen (zur Bonsen/Maleh 2012, S. 27):

> *»Jeder Mensch, jedes Team und jede Organisation hat ein ungeahntes Potenzial, das manchmal schon aufblitzt.*
> *Organisationen entwickeln sich immer in Richtung dessen, worauf sie ihre Aufmerksamkeit richten und was sie untersuchen.«*

Ein AI-Prozess verläuft in vier Schritten: Discovery (Erkunden und Verstehen), Dream (Visionieren), Design (Gestalten), Destiny (Umsetzen). Entscheidend im Zusammenhang der Referenztransformation ist Schritt 1 (Discovery): Es wird nicht nach Problemen und Schwachstellen, sondern ausschließlich nach Stärken einer

Organisation gefragt. Matthias zur Bonsen und Carole Maleh (2012, S. 94 f.) schlagen dafür folgende Leitfragen vor:

Leitfragen im AI-Prozess

»Ihr Start bei der Organisation

Erzählen Sie mir bitte, wie Sie die Anfangszeit bei dieser Organisation empfunden haben:

- Wann kamen Sie zum Unternehmen?
- Was hat Sie zur Organisation hingezogen?
- Was waren Ihre ersten Eindrücke und was hat Sie bereits am Anfang begeistert, als Sie zu uns kamen?

Ihre herausragend positive Erfahrung

Während Ihrer Zeit bei der Organisation haben Sie höchstwahrscheinlich Höhen und Tiefen erlebt [...] Ich möchte, dass Sie sich an eine herausragend positive Erfahrung erinnern. Gleichgültig, ob aus der jüngeren oder ferneren Vergangenheit. Erzählen Sie mir bitte nur diese Geschichte.

- Was ist genau geschehen?
- Wer war dabei wichtig? Und warum?
- Was hat es zu einer herausragenden Erfahrung gemacht?
- Welche Faktoren bei der Organisation machten dieses Gipfelerlebnis beziehungsweise diese großartige Phase möglich? [...]
- Was ist daraus für unsere Zukunft zu lernen?

Wertschätzung Ihrer Arbeit und Ihrer Person

Lassen Sie uns jetzt über einige Dinge sprechen, die Sie in Bezug auf sich selbst und auf Ihre Organisation am meisten wertschätzen.

- Ohne zu bescheiden zu sein, was schätzen Sie an sich selbst am meisten [...]?
- Was schätzen Sie am meisten an Ihrer Arbeit?
- Was schätzen Sie am meisten an Ihrer Organisation?
- Was ist der wichtigste Beitrag, den das Unternehmen bislang für Ihr Leben geleistet hat? Und den es für die Welt geleistet hat?

Belebende Faktoren

- Was sind Ihrem Erleben nach Schlüsselfaktoren, die der Organisation Vitalität, Lebendigkeit und Stärke geben?
- Geben Sie einige Beispiele dafür, wie Sie diese Schlüsselfaktoren bei uns erleben.«

Entscheidend bei Appreciative Inquiry ist, dass der Blick weg von den Problemen zum Positiven gelenkt wird. Eben das ist Voraussetzung dafür, dass für die Zukunft neue kreative Lösungen entwickelt werden können. Das wird bei AI durch die »Wunderfrage« angestoßen (ebd. S. 96):

Die Wunderfrage im AI-Prozess

»Wenn ein Wunder geschähe

Stellen Sie sich vor, über Nacht ist ein Wunder geschehen [...] Das Unternehmen ist sehr erfolgreich und steht in jeder Hinsicht in voller Blüte. Unsere Kunden, Partner und wir, die Mitarbeiter, sind begeistert. Welche drei Dinge sind über Nacht verändert worden, die die Vitalität, Lebendigkeit und den Erfolg von der Organisation nachhaltig gestärkt haben?

Wozu sind wir berufen?

Was müssten wir als Organisation erreichen (für die Kunden, für die Welt, für ...), wie müssten wir werden, damit Sie sagen könnten: ›Meine Mitarbeit hier ist für mich wertvoll und bereichernd‹?«

Selbstverständlich lassen sich diese Fragen je nach der Situation abwandeln. Oder man kann die positiven Höhepunkte des Teams, der Organisation oder auch des eigenen Lebens durch eine Collage, ein Bild darstellen, kann bestimmte Situationen szenisch nachspielen – entscheidend ist, dass der Blick von den Problemen in Richtung des Positiven gelegt wird.

Ziel-Referenztransformation

Ziel-Referenztransformation bedeutet, nach positiven oder zumindest nachvollziehbaren Zielen hinter dem Verhalten zu fragen. Hinter dem Verhalten eines Vorgesetzten, keine Entscheidungen zu treffen, kann möglicherweise das Ziel stehen, Mitarbeitern Freiraum zu geben, hinter »Unpünktlichkeit« das Ziel, sich selbst mehr Zeit zu nehmen. Im NLP wird in diesem Zusammenhang vom »Sekundärgewinn« eines Verhaltens gesprochen (z. B. Bandler/Grinder 2002, S. 167 ff.). Problematisches Verhalten (zum Beispiel Vergesslichkeit) lässt sich immer auch als Mittel zur Erreichung nützlicher Ziele deuten.

Eine auch für die Beratung hilfreiche Ziel-Referenztransformation findet sich in der Individualpsychologie im Anschluss an Alfred Adler. Adler geht davon aus, dass es oberstes Ziel eines jeden Menschen ist, seinen Platz in der Gemeinschaft

(z. B. Adler 2003, S. 36 ff.) zu finden, dass aber im Blick auf dieses Ziel unterschiedliche »Lebensstile« entwickelt werden. Rudolf Dreikurs, ein Schüler Adlers, hat dieses Konzept weiterentwickelt und unterscheidet dann verschiedene »irrtümliche Ziele«: ungeeignete Verhaltensweisen letztlich im Blick auf das Ziel, Anerkennung und Beachtung zu bekommen (z. B. Dreikurs/Grey 2007, S. 26 ff.). Was Dreikurs durchführt, ist eine Ziel-Referenztransformation: Störendes Verhalten eines Jugendlichen wird nicht als Böswilligkeit gedeutet, sondern als – nicht selten erfolgreiches – Mittel, Aufmerksamkeit zu erreichen.

Dreikurs hat sein Modell für die Arbeit mit Kindern und Jugendlichen entwickelt, es lässt sich aber auch auf Teams übertragen. Damit lassen sich verschiedene negative Verhaltensweisen »verstehen« und positiver deuten:

konstruktiv		**destruktiv**		**Lebensstil**
aktiv	**passiv**	**aktiv**	**passiv**	
der Aktive • ist engagiert • handelt	der stille Positive • nickt • stimmt zu • lächelt • hält sich zurück	• »Dauerredner« • »Ausfrager« • »Alleswisser«	• runzelt kritisch die Stirn	Aufmerksamkeit erlangen
		• »Besserwisser« • »Leiter ohne Kontrakt«	• weigert sich, mitzumachen • ist ablehnend	Überlegenheit, Macht zeigen
		• »der grundsätzliche Kritiker«	• zieht sich ablehnend zurück	Vergeltung üben
			• braucht Hilfe, • schafft es nicht allein • »Versager« • »Sündenbock«	Unzulänglichkeit, Hilflosigkeit zeigen

Das Verhalten eines »Dauerredners« in einem Team lässt sich damit als Versuch deuten, Beachtung und Anerkennung zu erhalten – und diese Deutung macht es leichter, damit umzugehen, und eröffnet neue Handlungsmöglichkeiten.

Den Anstoß zu einer Ziel-Referenztransformation geben folgende Fragen:

- Welches positive Ziel kann hinter dem negativen Verhalten stehen?
- Welchen Nutzen hat das Verhalten?
- Was würde passieren, wenn das Problem gelöst wäre?

Paul Watzlawick gibt zu der letzten Frage zusätzlich die Aufforderung, auf diese Frage zwei Antworten zu suchen: »Was würde passieren, wenn Sie weniger krank wären?« Eine erste Antwort bleibt häufig an der Oberfläche (»Dann ginge es mir besser«), die zweite Antwort verweist auf einen möglichen Sekundärgewinn: »Dann würde sich meine Familie weniger um mich kümmern.«

Eine methodisch ausformulierte Form der Ziel-Referenztransformation ist das von Bandler/Grinder (1992, S. 61 ff.) entwickelte Six-Step-Reframing. Alexa Mohl (2006, Bd. 1, S. 200 ff.) hat dafür eine einfachere Form entwickelt:

Vereinfachtes Six-Step-Reframing

1. Problemverhalten (x) suchen lassen: »Gibt es ein Verhalten oder eine Gewohnheit in deinem Leben, die du ändern möchtest?«
2. Problemverhalten genau bestimmen, zum Beispiel: »Ist es genau x, das dich stört, oder ist x nur ein Teil des Problems? ... Worum geht es dabei genau?«
3. Positive Funktion erkennen: »Überlege bitte, gibt es vielleicht eine dir bisher verborgene positive Absicht, die du, ohne es zu wissen, mit diesem Verhalten verfolgst?«
4. Bereitschaft zu neuen Wegen zeigen: »Bist du bereit, auch andere Wege zu gehen, um diese positive Absicht zu erreichen, wenn diese Wege ebenso gut, sicher und wirksam sind wie x?«
5. Neue Wege suchen: »Dann überlege dir bitte drei Wege oder Möglichkeiten, mit denen du deine positive Absicht ebenso gut, sicher und wirksam erreichen kannst wie mit x!«
6. Eventuell Einwände überprüfen (Ökologie-Check): »Überlege bitte jetzt, ob es irgendwelche Einwände gegen diese neuen Wege gibt!« Bei Ja: »Dann verändere diese Wege so lange, bis dir keine Einwände mehr einfallen!«
7. Verantwortung übernehmen (Future-pace): »Traust du dir zu, diese Wege auszuprobieren, die du eben erarbeitet hast?«

Eine besondere Form der Ziel-Referenztransformation ist die Kontext-Referenztransformation: Hier gilt es zu fragen, in welchem Kontext ein Problemverhalten sinnvoll ist. So ist es für einen Mitarbeiter in bestimmten Situationen möglicherweise sinnvoll, keine eigenen Entscheidungen zu treffen. Auch Unpünktlichkeit kann in bestimmten Kontexten nützlich sein (zum Beispiel, wenn man zu einer langweiligen Party eingeladen ist). Häufig sind es Kontexte der Vergangenheit, in denen das Verhalten nützlich war: Als Führungskraft nicht Position zu beziehen, mag für den Betreffenden in der Kindheit nützlich gewesen sein, wenn er in einer Familie mit einem autoritären Vater aufgewachsen ist, wo er keine Chance hatte, eine eigene Meinung zu bilden – es ist aber für die aktuelle Situation nicht mehr hilfreich.

Den Anstoß für eine Kontext-Referenztransformation geben folgende Fragen:

- In welcher Situation könnte dieses Verhalten sinnvoll oder nützlich sein?
- Gab es in der Vergangenheit möglicherweise Situationen, in denen dieses Verhalten für den Betreffenden nützlich war?

Perspektivwechsel: sich in die Position des anderen versetzen

Das Prinzip der »Mehrperspektivität« ist eines der Grundprinzipien systemischen Denkens: Jeder »Beobachter« hat eine unterschiedliche Perspektive, jeder sieht wichtige Aspekte, jeder hat aber auch blinde Flecke. So einleuchtend dieses Prinzip auch sein mag – so fällt es doch im Alltag schwer, eben das umzusetzen. Daraus ergibt sich eine weitere Form der Referenztransformation: Klienten zu unterstützen, sich in die Position des anderen zu versetzen. Hierfür einige Vorgehensweisen:

Zirkuläre Fragen Der Begriff »zirkuläre Frage« wurde Anfang der 1980er-Jahre in der Arbeitsgruppe von Mara Selvini Palazzoli u. a. (1981) eingeführt und bezeichnet Fragen, in denen eine Person nicht nach ihrer eigenen subjektiven Deutung der Situation, sondern nach ihrer Einschätzung der subjektiven Deutungen anderer Personen gefragt wird (vgl. Schlippe/Schweitzer 2016, S. 251 ff.). Mittlerweile wird der Begriff »zirkuläre Frage« teilweise ausgeweitet und als Oberbegriff für sehr unterschiedliche Fragenarten verwendet (z. B. Simon/Rech-Simon 2013). Demgegenüber werden hier zirkuläre Fragen als Fragen nach den subjektiven Deutungen einer Person über die subjektiven Deutungen anderer Personen eingeschränkt: »Was meinen Sie, wie deutet die Person x die Situation?« Zirkulär fragen in einer Triadenberatung zwischen Vorgesetztem und Mitarbeiter bedeutet, nicht den Vorgesetzten zu fragen, wie er die Situation sieht – sondern den Mitarbeiter zu fragen: »Was meinen Sie, wie sieht Ihr Vorgesetzter die Situation?«

Dieses Grundmuster zirkulärer Fragen lässt sich unterschiedlich ausfüllen, je nachdem, auf welche Personen man sich bezieht und welche Situation erfragt wird (vgl. u. a. Patrzek 2017; Wehrle 2013, S. 124 ff.).

Beispiele für zirkuläre Fragen in der Klärungsphase

- Wer meinen Sie, würde am meisten bei der Umstrukturierung der Abteilung verlieren? Wer würde am meisten gewinnen?
- Mit wem versteht sich Ihr Vorgesetzter besser, mit Ihnen oder mit Ihrem Kollegen?
- Was, meinen Sie, erwarten Ihre Mitarbeiter von Ihnen als neuer Abteilungsleiterin?
- Was, meinen Sie, empfindet Ihre Kollegin in dieser Situation?
- Wie meinen Sie, würden Ihre Mitarbeiter das schlechte Ergebnis erklären?
- Was würde Ihr Kunde auf die Frage antworten, warum er sich gegen Ihr Angebot entschieden hat?
- Was, meinen Sie, könnte die Befürchtung der Mitarbeiter bei diesem Veränderungsprozess sein?

Beispiele für zirkuläre Fragen in der Lösungsphase

- Was, meinen Sie, würde Herr Scholz vorschlagen, um die Zusammenarbeit mit Ihrer Abteilung zu verbessern?
- Was könnte Ihr Konkurrent tun, um Ihnen am meisten zu schaden?
- Was, meinen Sie, wird die Reaktion Ihrer Mitarbeiter und Ihres Vorgesetzten auf Ihren Teamentwicklungsworkshop sein?

Eine andere Vorgehensweise besteht darin, den Klienten aufzufordern, »seine« Geschichte zum Beispiel eines Konfliktes zu erzählen und anschließend die Perspektive zu wechseln: »Versuchen Sie, sich in die Position Ihres Kollegen zu versetzen. Wie würde er diese Geschichte erzählen?«

Im Rahmen von Einzelberatung helfen zirkuläre Fragen oder Geschichten, sich in andere Personen zu versetzen und damit das Verhalten dieser Personen zu verstehen. Bei der Stakeholder-Analyse zum Beispiel sind zirkuläre Fragen – »Was meinen Sie, welche Ziele verfolgt der Bereichsleiter mit diesem Projekt?« – ein unverzichtbarer Bestandteil.

Das Vorgehen lässt sich aber auch auf Teams und Großgruppen anwenden. Ein Beispiel: Im Rahmen eines Veränderungsprozesses fällt auf, dass Führungskräfte kaum eine Vorstellung davon haben, wie die von Ihnen geplanten Maßnahmen bei den Mitarbeitern ankommen. Der Perspektivwechsel wird durch zirkuläre Fragen angestoßen: »Bilden Sie Dreiergruppen. Zwei davon sind Mitarbeiter, die sich über den Veränderungsprozess unterhalten. Der Dritte schreibt wichtige Aussagen mit.«

Darüber hinaus helfen zirkuläre Fragen, gegenseitige subjektive Deutungen transparent zu machen: Wenn ich ein Teammitglied frage, wie die (anwesende) Vorgesetzte das Team einschätzt, wird nicht nur die betreffende Person dabei unterstützt, sich über ihre subjektiven Deutungen klar zu werden, sondern auch die Vorgesetzte erhält Informationen darüber, wie sie gesehen wird.

Nutzung analoger Verfahren Perspektivwechsel fällt häufig auf der Ebene der emotionalen Intelligenz leichter, als wenn man sich ausschließlich rational überlegt, was die anderen wohl meinen werden. Hier können analoge Vorgehensweisen unterstützen:

- **Technik des leeren Stuhls:** Ein leerer Stuhl wird dem Klienten, Herrn Schulz, gegenübergestellt: »Stellen Sie sich vor, da sitzt Ihre Kollegin Frau Müller. Sagen Sie ihr, was Sie ihr eigentlich immer schon sagen wollten Anschließend setzen Sie sich auf den Platz Ihrer Kollegin. Sie haben gehört, was Herr Schulz gerade gesagt hat. Was geht Ihnen dabei durch den Kopf? Was antworten Sie als Frau Müller Herrn Schulz?« Daraus können sich dann ganze Dialoge entwickeln, die dem Klienten helfen, sich über die Bedeutung der Situation aus einer anderen Perspektive klar zu werden.
- **Perspektivwechsel mithilfe von »Bodenankern«:** Im Rahmen eines Strategie-Workshops werden die Positionen verschiedener Stakeholder (Mitarbeiter, Kunden, der Vorstand ...) im Raum gekennzeichnet. Jeweils einige Teilnehmer ordnen sich den einzelnen Positionen zu: »Sie sind jetzt der Vorstand, der sich über den Veränderungsprozess unterhält ... Schreiben Sie dann die wichtigsten Ergebnisse auf.« Gegebenenfalls kann man die Fragen noch im Blick auf die Stakeholder-Analyse ergänzen: »Was möchten Sie als Vorstand durch den Veränderungsprozess erreichen? Was möchten Sie vermeiden?« Auch das sind zirkuläre Fragen, aber dadurch, dass die jeweiligen Perspektiven als Plätze im Raum (Bodenanker) gekennzeichnet sind, fällt es häufig leichter, sich in die Situation des anderen zu versetzen.
- **Nutzung weiterer analoger Verfahren:** Im Grunde können Sie alle weiteren analogen Verfahren auch hier nutzen: Ihren Klienten auffordern, in die Körperhaltung seines Kollegen zu gehen und seine Empfindungen zu sagen, ein Symbol für die Einschätzung der Mitarbeiter zu suchen, im Rahmen eines Teamprozesses eine Situation szenisch darzustellen.

Übrigens gilt auch hier: Sich in den anderen versetzen – Empathie – ist keine Technik. Sie kann durch die hier aufgeführten Vorgehensweisen angestoßen und unterstützt werden, aber sie, darauf deuten die Untersuchungen über Spiegelneuronen (z. B. Bauer 2005; Keysers/Kober 2013) hin, wird letztlich neurobiologisch angestoßen – kann aber dann eingeschränkt oder bewusst werden. Konsequenz daraus wäre, dass letztlich Ihre Empathie als Berater mit dazu beiträgt, dass Ihre Klienten es lernen, selbst empathisch zu sein.

Thematische Referenztransformation: Einbettung in einen anderen thematischen Kontext

Eine Klientin nennt als offizielles Thema in einem Beratungsgespräch ihr Problem mit einer Kollegin. Eine konkrete Situation wird fokussiert, es wird nach anderen Möglichkeiten gefragt, mit dieser Kollegin umzugehen. Aber keine Lösung ist befriedigend. Während der Schilderung erwähnt die Klientin jedoch mehrmals gleichsam »im Hintergrund« das Thema »Selbstvertrauen«. Sie berichtet nebenher, dass ihre Kollegin »eben mehr Selbstvertrauen hat« oder dass sie sich selbst »manchmal wenig zutraut«. In der Beratung wird dieses Thema »Selbstvertrauen« thematisiert: »Sie erwähnten an verschiedenen Stellen mehrmals ›Selbstvertrauen‹. Was bedeutet Selbstvertrauen für Sie?« Damit kommt ein neues Thema in den Blick: Der Klientin wird deutlich, dass ihr eigentliches Problem nicht die Kollegin, sondern ihr fehlendes Selbstvertrauen ist.

Ähnliche Situationen treten in vielen Beratungsgesprächen auf: Sie beginnen mit einem offiziellen Thema. Auf dieser Basis ist jedoch keine Lösung möglich. Erst wenn das Problem in einen anderen thematischen Kontext gestellt wird, eröffnen sich neue Lösungsmöglichkeiten. Dafür gibt es unterschiedliche Vorgehensweisen.

Referenztransformation durch Thematisierung von »Hintergrundthemen« Dieses Vorgehen wurde bereits in obigem Beispiel deutlich. Aufgabe für Beratung ist es, den Klienten dabei zu unterstützen, sich seiner Hintergrundthemen bewusst zu werden und sie zu bearbeiten. Dafür gibt es keine eigenen Prozessfragen. Hintergrundthemen werden vom Gesprächspartner selbst nicht thematisiert, aber sie werden (in der Regel mehrmals) angedeutet. Der bisherige Erzählfluss wird kurz unterbrochen, eine Art kurzes Zögern, häufig ändert sich der Tonfall. In solchen Situationen klingen wichtige Hintergrundthemen kurz an, bevor dann die Klientin im normalen Tonfall auf der Basis ihres ursprünglichen Themas fortfährt. Für den Berater bedeutet das, aufmerksam auf solche wiederholten Andeutungen zu achten und sie anschließend anzusprechen, dem Klienten bewusst zu machen und im weiteren Beratungsprozess zu thematisieren.

Referenztransformation durch Veränderung des zeitlichen Bezugs Hierfür ein Beispiel aus einem Workshop mit Virginia Satir: Das offizielle Problem eines Klienten sind Sexualprobleme. Das Problem wird zunächst geschildert, aber es zeichnen sich keine Lösungen ab. Nahezu abrupt wird das Gespräch abgebrochen und ein neues Thema eingeführt: »Erzähle etwas von der Geschichte deiner Familie.« Der Klient erzählt, wie sich seine Eltern kennenlernten, und von deren Herkunftsfamilien. Das Thema wird dann als Familienskulptur (Familienaufstellung) weitergeführt. Erst am Schluss wird die Verbindung zum aktuellen Problem wiederhergestellt.

Was hier abläuft, ist wieder eine Referenztransformation. Ursprünglich hatte der Klient sein Problem als ein individuelles gedeutet. Aber dadurch, dass Satir »Geschichte der Familie« als neues Thema einführt, wird »Geschichte der Familie« zu einem neuen Referenzrahmen: Er sieht nunmehr sein Problem im Zusammenhang mit der Geschichte der Familie, aus der er Erfahrungen mitbringt, die in der Familie von Generation zu Generation weitergegeben wurden und die seine Sicht des Problems mitbestimmen. Diese Referenztransformation gibt damit neue Möglichkeiten, die aus der Familie übernommenen Handlungsmuster abzuändern.

Im Grunde findet sich dieses Vorgehen auch in anderen Konzepten wie der Transaktionsanalyse oder der Schematherapie: Dadurch, dass der Berater das Thema in einen anderen zeitlichen Zusammenhang einordnet, verändert sich die Bedeutung. Im Einzelnen kann das heißen:

- **Blick in die Vergangenheit:** Das gegenwärtige Problem wird im Zusammenhang mit früheren Erfahrungen betrachtet. Möglicherweise wird dem Klienten dabei klar, dass er in der Gegenwart Handlungen durchführt, die er früher im Umgang mit seinem Ausbilder angewandt hatte, dass er aber jetzt in einer anderen Situation ist und ihm andere Handlungsmöglichkeiten zur Verfügung stehen. Eine Prozessfrage ist:
  - Wenn Sie sich an Ihre Geschichte in der Familie oder an Ihre frühere berufliche Laufbahn erinnern: Kommt Ihnen dazu eine Erinnerung?
- **Thematisierung der gegenwärtigen Situation:** Die Beraterin nimmt wahr, dass der Klient mehr oder weniger abwesend aus dem Fenster schaut. Auf die Frage »Was geht Ihnen jetzt gerade durch den Sinn?« erzählt der Klient von einer ganz anderen Begebenheit mit einem Kollegen, die aber – so stellt sich heraus – einen wichtigen Zusammenhang mit dem offiziellen Thema hat und für den Klienten eine ganz andere Deutung der Situation ermöglicht.
  Entsprechend kann man auch die Körpersprache thematisieren: Der Gesprächspartner erzählt, dass ihn eine Auseinandersetzung mit einem Kollegen relativ wenig berührt hat. Es fällt aber auf, dass dabei seine Hände völlig verkrampft

sind. Die Beraterin spricht dieses Verhalten an: »Mir fällt auf, dass Ihre Hände verkrampft sind. Was bedeutet das?« Damit wird für die Deutung der Situation ein neues Konstrukt »verkrampft« eingeführt. Der Klient sieht, dass er sich im Umgang mit diesem Kollegen verkrampft; und es stellt sich als neue Aufgabe, sich aus dieser Verkrampfung zu lösen. Mögliche Prozessfragen:

- Was geht Ihnen jetzt gerade durch den Sinn? Welcher Gedanke kommt Ihnen gerade?
- Was bedeutet das jetzt für Sie?
- Was empfinden Sie gerade?
- Mir fällt auf, dass ..., was bedeutet das für Sie?

◦ **Blick aus der Zukunft zurück in die Gegenwart:** Dieses Vorgehen wird im Kontext der Zeitlinienarbeit angewandt (vgl. Nemetschek 2011): In der gegenwärtigen Situation erscheinen manche Probleme überverhältnismäßig groß. Wenn man aus dem Abstand von einigen Monaten oder Jahren darauf zurückblickt, relativiert sich Größe des Problems. Mögliche Prozessfrage:

- Stellen Sie sich vor, es sind 20 Jahre vergangen, und Sie blicken zurück auf diese heutige Situation: Was für Gedanken kommen Ihnen dabei?

Hypothesenbildung durch den Berater Hypothesen wurden im Anschluss an Mara Selvini Palazzoli in die familientherapeutische Arbeit eingeführt (ausführlicher Schwing/Fryszer 2017, S. 129 ff.): Aufgabe der Beraterin ist es hier, alternative Erklärungshypothesen für eine Situation zu liefern, die dann für den Klienten als Anregung dienen: »Es könnte auch anders sein.« Entscheidend ist, dass diese Hypothesen als Anregung verstanden werden, die Situation anders zu betrachten – aber nicht als die Wirklichkeit.

Eine besondere Form der Hypothesenbildung ist die Deutung der Situation auf der Basis theoretischer Konzepte. Ein Beispiel dafür ist die hier dargestellte Systemtheorie: In vielen Fällen versuchen Klienten, die »wirkliche« Ursache des Problems herauszufinden. Der Verweis auf die Systemtheorie verändert den Rahmen: Ein Problem wird nicht mehr als Resultat einer einzigen Ursache gesehen, sondern als Ergebnis zahlreicher Faktoren des sozialen Systems, die sich gegenseitig beeinflussen.

Reflecting Team Dieses Vorgehen stammt ursprünglich aus der Familientherapie (vgl. Schlippe/Schweitzer 2013, S. 335 ff.) Im Rahmen der Ausbildung von Therapeuten war es üblich, dass sich Beobachter hinter einer Einwegscheibe über den Klienten unterhielten. In einer festgefahrenen Therapiesituation wird die Familie gefragt, ob sie eine Weile der Diskussion der Beobachter über den Fall zuhören möchte. Das Ergebnis war, dass dieses Anhören von Kommentaren anderer beträchtlichen Einfluss auf die Familie hatte, die dadurch neue Einsichten erhielt

(Andersen 1990, S. 26ff.). Dieses Vorgehen kann auch im Rahmen von Organisationsberatung genutzt werden. Im Einzelnen ergeben sich folgende Schritte:

- Der Beratungsprozess wird unterbrochen, Berater und Beobachter oder Experten rücken etwas zusammen (und demonstrieren damit eine Systemgrenze zwischen dem Klientensystem und dem Reflecting Team) und unterhalten sich über die Situation des Klienten. Man kann diese Unterbrechung auch deutlich markieren: »Lassen Sie uns hier kurz innehalten, ich möchte mich kurz mit meiner Kollegin über Ihre Situation austauschen.«
- Die Klienten erhalten die Anweisung, zu dem, was sie hören, nicht Stellung zu beziehen. Dieser Punkt ist wichtig, ansonsten entsteht sofort ein Muster, bei dem ein Klient seine Sichtweise verteidigt.
- Berater und Beobachter können nun Hypothesen, Vermutungen und Ähnliches über die Situation äußern. Wichtig ist hier wieder, dies explizit als Hypothesen zu formulieren: »Mein Eindruck ist …«, »Ich habe die Vermutung, dass …«, »Meine Fantasie ist …«
- Das Reflecting Team schließt damit, dass sich Beobachter oder Experten wieder zurückziehen (auch räumlich wegrücken), der Berater wieder seine ursprüngliche Position einnimmt (wieder zur Klientin rückt) und wieder mit ihr Kontakt aufnimmt, dass also wieder das ursprüngliche Beratungssystem etabliert wird. Einstieg in den Beratungsprozess kann dann eine Prozessfrage sein wie: »Vielleicht haben Sie ja das eine oder andere mitgehört. Was ist Ihnen dabei durch den Kopf gegangen?«

Übertragen auf Organisationsberatung: Der Beratungsprozess mit dem oder den Klienten wird gleichsam kurz unterbrochen. Unbeteiligte (zum Beispiel Beraterin und Experte, möglicherweise auch andere Beobachter) formulieren Hypothesen und Ideen zu dieser Situation. Unbelastet von dem Problemdruck, können sie das Problem in einen anderen Zusammenhang stellen und neue Lösungsideen entwickeln, die dann von den betroffenen Mitgliedern der Organisation als Anregung aufgegriffen oder verworfen werden können. Folgende Punkte sind dabei wichtig:

- Die Äußerungen der Experten dürfen nur Hypothesen sein. Wichtig ist, die Experten bereits zu Beginn darauf hinzuweisen und gegebenenfalls einzelne Äußerungen zu korrigieren.
- Die Klienten dürfen zu den Äußerungen nicht Stellung beziehen, sondern nehmen sie als Anregung.
- Entscheidend ist die Wertschätzung der Klienten durch das Reflecting Team: die Klienten nicht zu kritisieren, sondern Verständnis für die Situation zu zeigen.

Für die Klienten bietet das Reflecting Team den Vorteil, dass sie nicht unter dem Druck stehen, zu einzelnen Äußerungen Stellung beziehen zu müssen, sondern dass sie anschließend frei überlegen können, was davon sie als Anregung nehmen, was nicht.

Transformation irrationaler Glaubenssätze

Ist Ihnen der Satz »Ich muss alles selber machen, sonst klappt es nicht« bekannt? Sicher kennen Sie in Ihrem Umfeld Personen, die eben dieser Auffassung anhangen – und dann häufig aus dem Hetzen nicht herauskommen. Sätze wie »Ich muss alles selber machen« oder »Ich schaffe das nicht« sind, wie man in der Tradition des NLP definiert, »Glaubenssätze«. »Überzeugungen über uns selbst und darüber, was in der Welt um uns herum möglich ist« (Dilts 1993, S. 11). Dabei lassen sich zwei Arten unterscheiden:

- deskriptive Glaubenssätze wie »Ich schaffe das nie«, »Wir sind ein erfolgreiches Team«, die etwas über die Fähigkeiten und Möglichkeiten aussagen
- normative Glaubenssätze oder persönliche Regeln: »Ich muss alles selbst machen, sonst wird es nicht gut«, »Ich muss perfekt sein«

Glaubenssätze können einen unterschiedlichen Geltungsbereich haben. Sie können für eine Person, für ein Team oder auch für eine gesamte Organisation gelten. »Wir können nichts machen, der Markt erlaubt es nicht« ist Glaubenssatz einer gesamten Organisation – und hat entscheidend dazu beigetragen, dass das betreffende Unternehmen über Jahre erfolglos blieb.

Glaubenssätze können limitierend, aber auch motivierend sein. Vergleichen Sie die zwei Glaubenssätze »Ich werde nie Führungskraft« und »Was ich mir vorgenommen habe, schaffe ich auch«. Vermutlich spüren Sie schon beim Lesen, dass die beiden Glaubenssätze unterschiedliche Emotionen auslösen und unterschiedliche Handlungskonsequenzen haben.

Glaubenssätze werden (unter anderen Begriffen) auch in anderen Konzepten thematisiert:

- **Albert Ellis,** der Begründer der Rational-Emotiven Verhaltenstherapie (REVT) sieht in der Veränderung »irrationaler Denkmuster« den zentralen Ansatzpunkt für die Lösung von Problemen (z. B. Ellis 1997). Er unterscheidet dabei vier Arten (Ellis/Hoellen 2004, S. 90 ff.):
  - Muss-Denken: »Ich muss perfekt sein!«, »Sie müssen unbedingt pünktlicher werden!«

    - Katastrophendenken: »Es ist schrecklich, wenn ich den Termin nicht einhalten kann!«
    - globale negative Bewertungen von sich selbst und anderen: »Ich bin ein totaler Versager!«, »Der Chef ist ein absoluter Mistkerl!«
    - negative Frustrationstoleranz: »Ich kann es nicht ertragen!«, »Es ist zu schwierig!«
- Die **Transaktionsanalyse** spricht in diesem Zusammenhang von »Antreibern« (z.B. Stewart/Joines 2010, S. 228ff.), also normativen Glaubenssätzen (persönlichen Regeln), die das Handeln leiten:
    - Sei perfekt!
    - Sei (anderen) gefällig!
    - Streng dich an!
    - Sei stark!
- Schließlich ist in diesem Zusammenhang auch die Ende der 1980er-Jahre von Jeffrey E. Young entwickelte **Schematherapie** relevant. Schemata werden hier verstanden als »emotionale und kognitive Muster« (Young u.a. 2008, S. 36), die meist aus der Kindheit übernommen sind und später Auslöser für immer wiederkehrendes Verhalten sind. Young unterscheidet dabei verschiedene Schemata (Young u.a. 2008, S. 42ff.; vgl. auch Migge 2013, S. 133ff.). Ein Beispiel dafür ist das Schema »überhöhte Standards/übertrieben kritische Haltung«. Dahinter steht eine Grundüberzeugung, dass man sich intensiv anstrengen muss, um den (eigenen) Standards gerecht zu werden:

  »Das Schema ruft bei den Betroffenen häufig das Gefühl hervor, unter Druck zu stehen, oder erschwert es ihnen, die Dinge gelassener zu sehen und anzugehen, und veranlasst sie zu einer überkritischen Haltung sich selbst und anderen gegenüber. Führt zwangsläufig zu massiven Beeinträchtigungen der Fähigkeit, Freude zu erleben und sich zu entspannen, der Gesundheit, der Selbstachtung, des Gefühls, etwas zu erreichen und zu leisten, und befriedigender Beziehungen zu anderen Menschen« (Young u.a. 2008, S. 49).

Der Glaubenssatz »Alles muss perfekt sein!« wird mit hoher Wahrscheinlichkeit dazu führen, dass der Betreffende selbst fortwährend überlastet ist, dass jemand als Führungskraft mit den Ergebnissen des Teams nicht zufrieden ist, dass alles immer wieder überarbeitet werden muss.

Für die Bearbeitung hinderlicher Glaubenssätze bieten sich unterschiedliche Ansatzpunkte (Übersicht bei Einsle/Hummel 2015).

Der Disput limitierender Glaubenssätze Dieses Verfahren wurde von Albert Ellis entwickelt (z.B. Ellis 1997). Ausgangspunkt ist (in der Klärungsphase) die Analyse auf der Basis des ABC-Modells, meist in der Reihenfolge C, A, B:

Das ABC-Modell in der Klärungsphase

C: Analyse des Gefühls und des Verhaltens in der Problemsituation

- Was ist das Gefühl in dieser Situation?
- Wie reagiert der Körper in dieser Situation?
- Welches Verhalten resultiert daraus?

A: Analyse der auslösenden Bedingungen:

- Wann/wo/mit wem trat die Situation das letzte Mal auf? Was ist ein typisches Beispiel für diese Situation?
- Wie sah die Situation genau aus?
- Was genau ist passiert?

B: Analyse der Gedanken und Bewertungen:

- Was ging Ihnen in dieser Situation durch den Kopf?
- Was haben Sie sich in dieser Situation gesagt?
- Was haben Sie befürchtet?

Transformation der hinderlichen Glaubenssätze geschieht dann im Rahmen eines »Disputs«, in dem die jeweiligen Aussagen auf ihre Berechtigung hin überprüft werden. Prozessfragen dafür sind unter anderem:

Stimmen die negativen subjektiven Deutungen mit der Realität überein?

- Woher wissen Sie das?
- Wo ist der Beweis dafür?
- Wie realistisch ist diese Annahme? (z. B. dass Menschen keine Fehler machen dürfen)
- Gibt es eine Situation, wo das nicht so war?
- Was könnte im schlimmsten Fall wirklich passieren, wenn diese Situation eintritt?

Ist es logisch, so zu denken?

- Ist diese Schlussfolgerung logisch?
- Wer sagt das? (z. B. dass die Welt gerecht ist, dass der Wert des Menschen nur über seine Leistung zu bestimmen ist)
- Gibt es ein allgemeines Gesetz, das das vorschreibt?

Benutze ich zur Beschreibung die richtigen Begriffe?

- Ist der Begriff »Katastrophe« für die Beschreibung dieser Situation wirklich angemessen?

Nützen die Gedanken für die Erreichung meiner angestrebten Ziele?

- Hilft es, gerade jetzt über die Misserfolge nachzudenken?
- Was haben Sie davon, wenn Sie jetzt über die Probleme nachdenken?

Allerdings beschränkt sich Ellis hier nicht nur auf Prozessfragen, sondern Aufgabe des Beraters kann es auch sein, Argumente, empirische Fakten, logische Widersprüche aufzuzeigen. Ziel ist dann eine Neuformulierung des Glaubenssatzes: »Es ist ärgerlich, dass uns der Auftrag entgangen ist, aber es ist keine Katastrophe.«

Neubewertung von Glaubenssätzen Auch hinderliche Glaubenssätze haben eine positive Funktion oder haben sie in bestimmten Situationen gehabt. Damit bietet sich an, zu überlegen, was die positive Funktion (der »Sekundärgewinn«) des Glaubenssatzes ist, aber auch, welche negativen Nebenwirkungen er hat und welche anderen (besseren) Möglichkeiten es gibt, die hinter dem Glaubenssatz stehenden Ziele zu erreichen. Prozessfragen dafür (zur Verdeutlichung nehmen wir den Satz »Ich muss alles perfekt machen«) können sein:

- Was gewinnen Sie dadurch, dass Sie versuchen, alles perfekt zu machen?
- Was würde passieren, wenn Sie nicht mehr alles perfekt machen würden? Was würden Sie dabei verlieren?
- Was wären andere (bessere) Möglichkeiten, die hinter dem Glaubenssatz stehenden Ziele zu erreichen?

Transformation von Glaubenssätzen durch Einbindung in die Vorgeschichte Die persönliche Regel »Sei perfekt« kann eine regelmäßige Botschaft in der Herkunftsfamilie gewesen sein und die Befolgung dieser Regel Voraussetzung, um überhaupt Anerkennung zu bekommen. Entsprechend kann der Glaubenssatz eines Vorgesetzten »Ich muss mich um alles kümmern« in der Anfangsphase eines Start-up-Unternehmens seinen Sinn gehabt haben – aber nicht mehr in einem mittlerweile gewachsenen Unternehmen mit 120 Mitarbeitern.

Prozessfragen zur Transformation

Erinnern Sie sich an eine Situation aus der Vergangenheit, in der Ihnen dieser Glaubenssatz deutlich wurde:

- Was war das für eine Situation?
- Von wem haben Sie diesen Glaubenssatz gelernt?
- Wobei hat Ihnen dieser Glaubenssatz geholfen?

Wenn Sie diese Situation aus Ihrer heutigen Perspektive betrachten:

- Wie würden Sie heute mit einer solchen Situation umgehen?
- Was ist heute anders? Inwiefern unterscheidet sich die heutige Situation von der damaligen?
- Wenn Sie die heutige Situation betrachten: Was sind die negativen Wirkungen des Glaubenssatzes?
- Wie könnten Sie heute anders mit der Situation umgehen?
- Wie könnten Sie den Glaubenssatz umformulieren?

Nutzung analoger Verfahren Hier nur einige Beispiele:

- Suchen Sie sich ein Symbol für diesen Glaubenssatz. Was bedeuten die Eigenschaften des Symbols? Wie können Sie das Symbol verändern? Welche Konsequenzen für Ihren Glaubenssatz ergeben sich daraus?
- Versuchen Sie, in die Körperhaltung entsprechend Ihrem Glaubenssatz zu gehen. Versuchen Sie nun, schrittweise Ihre Körperhaltung zu verändern. Was würde das für den Glaubenssatz bedeuten?
- Wählen Sie einen Platz im Raum für diesen Glaubenssatz. Wie weit möchten Sie sich davon entfernen? Was bedeutet das?
- Was wäre eine Metapher für Ihren Glaubenssatz? Was bedeutet diese Metapher? Wie könnten Sie die Metapher verändern? Was bedeutet das für den Glaubenssatz?
- Schließlich ließe sich der Glaubenssatz im Anschluss an Varga von Kibéd auch im Rahmen einer Aufstellung bearbeiten, wobei der Glaubenssatz, die ursprünglichen Ziele, möglicherweise irgendwelche Personen, die hier wichtig sind, aber auch mögliche Hindernisse und die neue Lösung durch Repräsentanten dargestellt werden.

Von der Problem- zur Lösungsfokussierung

Es gibt zahlreiche Klienten, aber auch zahlreiche Teams, die nur das Negative sehen, immer ihr Schicksal beklagen, sich dem Schicksal wehrlos ausgeliefert fühlen – und eben deshalb nicht weiterkommen. Das Beklagen des Schicksals kann dabei zu einem Regelkreis werden, bei dem man sich immer tiefer in den Problemen verstrickt.

Referenztransformation bedeutet hier, sich selbst nicht mehr als Opfer, sondern als Handelnder zu verstehen, der eine Situation grundsätzlich verändern kann. Watzlawick u. a. schildern im Buch »Lösungen« die Therapie eines Stotterers, der schon jahrelang vergeblich versucht hatte, gegen das Stottern anzukämpfen (er arbeitete zudem noch als Vertreter und erlebte das Stottern als äußerst schädlich). Ihm wird in der Therapie die Anweisung gegeben, in Zukunft möglichst viel und auffällig zu stottern und »auch dann (und wenn nötig absichtlich) einen hohen Grad von Stottern beizubehalten« (2013, S. 138). Das Ergebnis war, dass er von diesem Moment an überhaupt nicht mehr stotterte.

Das Stottern wurde vom Klienten als etwas gedeutet, dem er ausgeliefert ist und das er nicht willentlich beeinflussen kann. Alle bisherigen vergeblichen Versuche, das Stottern zu vermeiden, bestätigten diese Deutung. Indem nun die Anweisung gegeben wird, möglichst viel und intensiv zu stottern, wird unter der Hand Stottern als etwas gedeutet, das sich beeinflussen lässt. Indem der Klient diese Bedeutung akzeptiert, akzeptiert er die Veränderbarkeit: Was sich verstärken lässt, das lässt sich auch abbauen.

Der Philosoph Wilhelm Kamlah, einer der Begründer des Erlanger Konstruktivismus der 1970er-Jahre, hat in diesem Zusammenhang die Unterscheidung von »Handlung« und »Widerfahrnis« vorgeschlagen (Kamlah 1972, S. 49 ff.): Handlung ist etwas, das sich willentlich beeinflussen lässt: beispielsweise ein klärendes Gespräch zu führen. Widerfahrnisse dagegen sind nicht beeinflussbar. Ein Widerfahrnis ist zum Beispiel der Regen, der auf mich niederregnet, Widerfahrnisse sind auch Geburt und Tod.

Nun gibt es Bereiche, in denen die Unterscheidung zwischen Handlung und Widerfahrnis eindeutig ist. Aber dazwischen gibt es einen relativ großen Bereich, in dem die Grenzen unscharf werden: Ist die Situation, dass ein Mitarbeiter einen Chef hat, mit dem er nicht auskommt, ein Widerfahrnis oder eine Handlung? Ist er dieser Situation hilflos ausgeliefert? Oder hat er selbst etwas dazu beigetragen?

In der Persönlichkeitspsychologie wird dieses Thema im Anschluss an Albert Bandura (1997) unter dem Begriff »Selbstwirksamkeitserwartung« behandelt. Selbstwirksamkeit ist der Glaube, anstehende Herausforderungen meistern zu können. Aufgabe von Beratung ist es dann, die Selbstwirksamkeitserwartung der Klienten zu unterstützen, das heißt, sich nicht als ausgeliefertes Opfer, sondern als handelnde Person zu verstehen, die etwas bewirken kann. Auch das kann durch Prozessfragen angestoßen werden (vgl. auch Volgen 2013).

Prozessfragen zur Selbstwirksamkeit

Die Aufmerksamkeit auf das lenken, was der Klient schon erreicht hat:

- Was haben Sie bisher (in Ihrem Beruf ...) geschafft?
- Was haben Sie dazu getan, dass Sie es erreicht haben.

Entsprechend kann man bei Problemsituation auch fragen:

- Was haben Sie dazu beigetragen, dass das Problem so entstanden ist?
- Möglich sind auch paradoxe Interventionen, zum Beispiel: »So, wie sich beschreiben, kann ich mir nicht vorstellen, dass Sie überhaupt das Abitur geschafft haben, geschweige denn, wie Sie es geschafft haben, Führungskraft zu werden.«

Ein anderer Ansatz ist das Konzept der lösungsorientierten Therapie und Beratung im Anschluss an Steve de Shazer und Insoo Kim Berg (z. B. Shazer/Dolan 2016; vgl. auch Bamberger 2015) weniger nach den Ursachen zu schauen, sondern nach dem Positiven und das für die Veränderung zu nutzen.

De Shazer fasst das Konzept der lösungsorientierten Beratung in einer Reihe von Thesen zusammen. Die wichtigsten sind (Shazer/Dolan 2016, S. 22 ff.):

- Was nicht kaputt ist, muss man auch nicht reparieren!
- Kein Problem besteht ohne Unterlass; es gibt immer Ausnahmen, die genutzt werden können.
- Das, was funktioniert, sollte man häufiger tun.
- Wenn etwas nicht funktioniert, sollte man etwas anderes probieren.
- Kleine Schritte können zu großen Veränderungen führen.
- Die Lösung hängt nicht zwangsläufig mit dem Problem zusammen.

Mittlerweile ist der Ansatz von de Shazer in verschiedene Richtungen der lösungs- beziehungsweise ressourcenorientierte Therapie und Beratung, aber auch des lösungsorientierten Coachings ausgeweitet worden. In diesem Zusammenhang sind eine Reihe von Prozessfragen entwickelt worden, die gleichsam zum Standardrepertoire eines lösungsorientierten Vorgehens zählen. Die wichtigsten seien hier aufgeführt (Übersichten bei Bruin 2016; Schmitz 2016; Wehrle 2015, S. 266 ff).

Fragen für die Klärungsphase

In der Klärungsphase geht es der lösungsorientierten Beratung darum, das in den Blick zu nehmen, was schon erreicht ist. Beispiele sind

- Skalierungsfragen: Wenn sie die jetzige Situation im Blick Ihr Ziel betrachten und auf einer Skala von 1 bis 10 einordnen: Wo stehen Sie jetzt. Was haben Sie bereits erreicht?
- Frage nach dem Sekundärgewinn: Wofür könnte es gut sein, dass Sie das Problem x haben? Was gewinnen Sie dadurch?

- Fragen nach Ausnahmen: Sicher gab es Tage, an denen Sie es ein klein wenig besser geschafft haben. Was war da in Ihrem Verhalten anders als sonst?
- Frage nach Unterschieden: Wenn sie einen positiveren und einen weniger positiven Tag vergleichen: Was war in Ihrem Verhalten da anders?
- Fragen nach Ressourcen: Was hat Ihnen geholfen, diese Situation bislang zu überstehen?
- Fragen nach Verbesserungen: Was hat sich seit unserem letzten Gespräch (wenn auch nur einen kleinen Schritt) in die positive Richtung verändert?

Fragen für die Lösungsphase

- Fragen zur Konkretisierung des Ziels: Woran würden Sie merken, dass Sie Ihr Ziel erreicht haben? Woran würden es andere merken?
- Fragen nach dem ersten Schritt: Um auf Ihrer Skala einen Punkt weiter zu kommen, was wäre hier der erste Schritt?
- Fragen nach Lösungen in der Vergangenheit: Wie haben Sie eine ähnliche Situation in der Vergangenheit bewältigt? Wie sind Sie dabei vorgegangen?
- Verschlimmerungsfrage: Was können Sie tun, um Ihr Problem zu vergrößern?
- Wunderfrage: Stellen Sie sich vor, Ihr Problem ist gelöst. Was ist da anders? Was haben Sie getan, das zu erreichen?

Diese Prozessfragen können gleichermaßen für die Arbeit in Teams oder Großgruppen genutzt werden. Hierfür einige Anregungen:

- Zunächst können diese Fragen durchaus in das Alltagsrepertoire von Teambesprechungen integriert werden: sich nicht auf Probleme zu konzentrieren, sondern den Blick auf das Erreichte und mögliche Lösungen zu richten.
- Was erreicht ist oder was nächste Schritte sein können, lässt sich gut im Rahmen von Kartenabfragen oder auch in Kleingruppen bearbeiten.
- Eine andere Möglichkeit sind Aufstellungen: Die Teilnehmer ordnen sich auf einer Linie im Raum entsprechend ihrer Zuordnung im Blick auf das Ziel (zwischen 0 und 10) an. Auf dieser Basis können einzelne Teilnehmer »interviewt« werden, was aus ihrer Sicht erreicht ist, was nicht. Entsprechend lassen sich auch ein zukünftiger Zustand (was soll/kann in sechs Monaten erreicht sein?) oder der nächste Schritt zunächst in der Aufstellung darstellen.

Zwei Punkte sind uns in diesem Zusammenhang jedoch wichtig:

- Diese Fragen sind wie alle Fragen immer in Gefahr, zu einem technischen Instrument zu werden. Insbesondere die Wunderfrage kann, nachdem sie durchaus häufiger im Übermaß verwendet wird, zu Widerstand führen. Hier gilt, sorgsam zu überlegen, welche Frage für welche Situation angemessen ist.
- Noch wichtiger ist aber, dass die Fragen wirkungslos bleiben oder sogar negative Nebenwirkungen haben, wenn sie nicht von der entsprechenden Einstellung der Beraterin oder des Beraters getragen sind. Wertschätzung des Klienten und der Glaube an seine Ressourcen, aber auch Empathie sind hier entscheidende Voraussetzungen.
- So wichtig der Blick auf das Positive und Erreichte auch ist, so sollte man sich doch vor einem radikalen Entweder-Oder hüten. Vielfach haben Klienten zunächst das Bedürfnis, von ihren Problemen zu erzählen. Und ebenso ist der Blick auf die Ursachen des Problems hilfreich, weil sich daraus neue Lösungen ableiten. Von daher scheint eine Verknüpfung beider Ansätze in vielen Situationen sinnvoll: Zunächst die Probleme zu analysieren, aber dann den Blick darauf zu lenken, was schon erreicht ist. In der Tat: Die Entwicklung neuer Lösungen erfordert, den Blick von den Problemen weg und auf das Erreichte und die Zukunft zu lenken.

Unterstützung der Referenztransformation

Der bisherige Referenzrahmen bietet für den oder die Klienten Orientierung und Sicherheit. Wenn der Klient davon überzeugt ist, dass sein Vorgesetzter »ein Schwein ist« oder dass er in dieser Situation »keinerlei Chancen hat«, kann er sich zurücklehnen und braucht sich nicht zu verändern. Wenn dieser Referenzrahmen infrage gestellt wird, führt das zu Verlust an Orientierung und damit in vielen Fällen zu Abwehr und Widerstand: Klienten tendieren dazu, ihren bisherigen Referenzrahmen durch Argumente zu verteidigen.

In diesem Zusammenhang gibt es eine Reihe von zusätzlichen Vorgehensweisen, den Prozess der Referenztransformation zu unterstützen:

- **Unterstützung der Referenztransformation durch theoretische Erläuterungen:** Eine Referenztransformation wird leichter akzeptiert, wenn sie in – plausible – theoretische Argumentationen eingebunden ist. Die Herausarbeitung positiver Eigenschaften eines negativ gesehenen Kollegen lässt sich durch Hinweise zu Wahrnehmungsfehlern unterstützen, die Nutzung analoger Verfahren mit Verweis auf emotionale Intelligenz.
- **Unterstützung der Referenztransformation durch Einbindung in das bisherige Referenzsystem:** Referenztransformation ist leichter durchführ-

bar, wenn sie nur einzelne Konstrukte betrifft und als Konsequenz zentraler Annahmen des bisherigen Referenzrahmens gedeutet und in dieser Sprache formuliert wird. Ein Therapeut oder Berater »argumentiert nicht direkt gegen dysfunktionale Muster des Patienten [...], sondern argumentiert aus dem Denk- und Wertesystem des Patienten heraus« (Einsle/Hummel 2015, S. 127; ähnlich z. B. auch Dilts u. a. 2003, S. 121 ff.). Übertragen auf Organisationsberatung: Ein Ausbilder sieht seine zentrale Aufgabe darin, für die Jugendlichen »verantwortlich zu sein«. Das führt dazu, dass er ihnen keinen Freiraum lässt. Dem Ausbilder plausibel zu machen, dass er weniger Verantwortung übernehmen sollte (womit er das zentrale Konstrukt »verantwortlich sein« verwerfen müsste), ist schwieriger, als eine Referenztransformation durchzuführen, in der das ursprüngliche Konstrukt »Verantwortung« beibehalten, aber in seiner Bedeutung verändert wird: »Freiraum« wird als entscheidender Teil von »Verantwortung« bestimmt.

- **Unterstützung der Referenztransformation durch implizite Annahmen:** Dieses Vorgehen wurde schon bei der Umdeutung von Widerfahrnissen in Handlungen aufgeführt. Auf eine als Widerfahrnis gedeutete Situation zu fragen: »Was haben Sie dazu beigetragen, dass es so gekommen ist?«, unterstellt, dass eine Handlung vorliegt, das heißt, dass der Betreffende hier etwas tun kann.
- **Unterstützung der Referenztransformation durch Verstärkung von Einwänden:** Wenn der Klient betont, dass er etwas nicht schafft, erwartet er üblicherweise eine Gegenargumentation. Eine Alternative ist, die Einwände des Gesprächspartners zu unterstützen – was dann zu Widersprüchen zwischen den Erwartungen des Klienten und dem Vorgehen des Beraters führt und damit häufig die Bereitschaft zur Abänderung des bisherigen Referenzrahmens steigert.
- **Unterstützung der Referenztransformation durch Einbettung in Geschichten:** Dies ist ein in der Tradition von Storytelling (z. B. Frenzel u. a. 2004) geläufiges Verfahren. Es wird eine Geschichte erzählt wird, die (in verfremdeter Form) bestimmte Botschaften enthält. Hier gilt das gleiche Prinzip wie beim Reflecting Team: Der oder die Klienten sind nicht unter dem Druck, Stellung beziehen zu müssen – und damit offener für neue Ideen.
- **Unterstützung der Referenztransformation durch Konfusionstechniken:** Wenn ein Klient, der keine Lösung findet, von der Beraterin aufgefordert wird: »Dann raten Sie mal!«, besteht die Chance, dass er neue Lösungsmöglichkeiten entwickelt. Dabei ist die Aufforderung »Nun raten Sie mal« in dieser Situation rational sinnlos: Wenn jemand keine Lösung kennt, kann er auch keine erraten. Dass sie trotzdem ihre Wirkung zeigt, liegt daran, dass dadurch rationale Einwände ausgeschaltet werden, die Anweisung ist eine »Konfusionstechnik«.

In der Therapie sind Konfusionstechniken insbesondere in der Tradition von Milton Erickson (Erickson/Rossi 2006) entwickelt worden. »Der Nutzen von Konfusionstechniken«, so Gilligan (2005, S. 286), besteht darin, »eine Person von einer rigiden Bindung an bewusste Prozesse zu lösen und ihr dadurch persönlichere Seinsweisen zu ermöglichen, die dem Selbst gerechter werden.« Konfusion kann dadurch erzeugt werden, dass Sätze syntaktisch verändert und damit unverständlich werden oder dass der Klient mit Informationen überflutet wird: Die Beraterin erzählt zum Beispiel ausführlich irgendwelche Nebensächlichkeiten, wechselt von einem Thema zum anderen, verändert den Zeitbezug, verbindet vergangene, gegenwärtige und zukünftige Ereignisse oder wechselt die Bedeutung von Begriffen. Der Klient überlegt, was die Argumentation bedeutet, hat keine Möglichkeit, den Gedankengang nachzuvollziehen, gerät damit in Verwirrung und vergisst seine »rationalen Einwände«.

- **Unterstützung der Referenztransformation durch Humor:** Humor – wir kommen am Schluss des Buches nochmals darauf – ist einer der Erfolgsfaktoren von Therapie. Humor baut Spannungen ab, macht es leichter, bisherige Auffassungen infrage zu stellen und eine neue Perspektive einzunehmen.

Referenztransformation ist keine Technik, die man einfach so anwenden kann. Sondern auch hier gilt die Grundvoraussetzung: Es muss authentisch sein. Das heißt, achten Sie selber auf Ihr Gefühl: Kann ich dazu stehen? Sehe ich das wirklich positiv? Nur wenn es authentisch ist, wird es dazu beitragen, dass Ihr Klient sein Bild der Wirklichkeit verändert.

Emotionale subjektive Deutungen

Für die ältere Kognitive Psychologie sind subjektive Deutungen kognitiv und Emotionen Resultat dieser Gedanken. Doch Emotionen sind offenbar nicht bloße Reaktionen auf unsere Gedanken, sondern Emotionen sind eine eigenständige Art, unsere Wirklichkeit zu deuten. Sie sind ein Signalsystem, das unser Handeln eigenständig leitet. Zugleich stehen Emotionen und Kognitionen auch in Wechselwirkung: Emotionen können Gedanken beeinflussen, aber auch von Gedanken beeinflusst werden.

Antonio Damasio, einer der einflussreichsten Neuropsychologen, führt das Beispiel des Geschäftsmanns Elliot Smith auf (Damasio 2004, S. 64 ff., ursprünglich 1994): Durch eine Tumoroperation waren bei Elliot Smith Gehirnareale zerstört worden, die für die emotionale Wahrnehmung und Bewertung zuständig sind. Zwar waren Gedächtnis und Intelligenz nicht beeinträchtigt, wohl aber seine Gefühle. Elliot Smith konnte weder Ungeduld, noch Traurigkeit oder Schmerz erfassen – und das führte dazu, dass er letztlich nicht mehr in der Lage war, sein Leben zu gestalten.

Damasio hat in diesem Zusammenhang den Begriff »somatischer Marker« eingeführt:

> »*Bevor Sie [...] logische Überlegungen zur Lösung des Problems anstellen, geschieht etwas sehr Wichtiges: Wenn das unerwünschte Ergebnis, das mit einer gegebenen Reaktionsmöglichkeit verknüpft ist, in Ihrer Vorstellung auftaucht, haben Sie, und wenn auch nur ganz kurz, eine unangenehme Empfindung im Bauch [...] der somatische Marker [...] wirkt [...] als automatisches Warnsignal, das sagt: Vorsicht, Gefahr, wenn du dich für die Möglichkeit entscheidest, die zu diesem Ergebnis führt*« (Damasio 2004, S. 137 f.; vgl. auch Storch 2012, S. 27 ff.)

Gerd Gigerenzer, Direktor am Max Planck Institut für Bildungsforschung Berlin, führt als Beispiel einen Mann auf, der sich nicht zwischen zwei Frauen entscheiden konnte. Er versucht zunächst eine rationale Lösung des Problems, indem er Vor- und Nachteile beider auflistet und gewichtet:

> »*Eine innere Stimme sagte ihm, es sei nicht richtig. Da erkannte Harry zum ersten Mal, dass sein Herz bereits entschieden hatte – gegen die Kalkulation und zugunsten des anderen Mädchens*« (Gigerenzer 2007, S. 13.).

Offenbar, so Leslie S. Greenberg, der Begründer der »emotionsfokussierten Therapie«, sind Emotionen nicht lediglich Resultat unserer Gedanken, sondern stellen, neben den Gedanken eine eigenständige Deutung der Wirklichkeit dar:

> »*Emotionen sind ein Phänomen des Gehirns und unterscheiden sich deutlich von den Gedanken, Sie haben eine eigene neurochemische und physiologische Grundlage und bilden eine einzigartige Sprache, mit deren Hilfe das Gehirn kommuniziert*« (Greenberg 2006, S. 22).

Luc Ciompi, ehemaliger Professor für Psychiatrie an der Universität Bern, entwickelt in den 1980er Jahren eine »fraktale Affektlogik« mit der Hauptthese, »dass affektive und kognitive Komponenten – oder Fühlen und Denken – in sämtlichen psychischen Leistungen obligat zusammenwirken« (Ciompi 2017, S. 13).

Gemeinsamer Grundgedanke dieser Ansätze ist: Wir deuten unsere Wirklichkeit auf der Basis zweier unterschiedlicher Verarbeitungssysteme, des rationalen (kognitiven) und des emotionalen. Wir versuchen, eine Situation rational zu erklären, indem wir zum Beispiel Kosten und Nutzen verschiedener Alternativen berechnen. Zugleich aber nehmen wir die Situation emotional wahr, wir haben ein gutes oder schlechtes Gefühl dabei, fühlen und unsicher oder zuversichtlich. Dabei erfolgt die emotionale Deutung einer Situation nicht begrifflich, sondern mithilfe emotional geprägter Bilder und Geschichten, Wir erinnern uns an unseren ersten Schultag nicht, indem wir eine Reihe von Begriffen aneinanderreihen, sondern indem wir Bilder vor uns sehen, vielleicht etwas hören. Und wir spüren dabei möglicherweise immer noch das Gefühl des Stolzes, das wir damals empfunden haben.

Die emotionale Deutung der Situation beruht auf unseren im Gedächtnis gespeicherten Erfahrungen, dem »episodischen« oder »emotionalen Erfahrungsgedächtnis« (Hoffmann/Engelkamp 2017, S. 112): Begriffe, aber auch logische Operationen sind in unserem semantischen Gedächtnis gespeichert. Im episodischen Gedächtnis werden mit Emotionen versehene Bilder oder Geschichten gespeichert: »Das episodische Gedächtnis ist so etwas wie der Protokollant unseres Lebens. Es sorgt dafür, dass wir unsere Orientierung in der raum-zeitlichen Welt, in der wir leben, nicht verlieren« (Hoffmann/Engelkamp 2017, S. 112). Das schlechte Bauchgefühl, das wir in einer Situation haben, basiert damit auf den im episodischen Gedächtnis gespeicherten Erfahrungen, die wir irgendwann gemacht haben und uns möglicherweise gar nicht bewusst sind.

Damit werden Emotionen zu einem Signalsystem, das uns hilft, uns in der Welt zurechtzufinden und erfolgreich zu handeln. Emotionen, so Greenberg (2006, S. 31),

> *»sind ein Signal an uns selbst […], bereiten uns auf Handlungen vor […], zeigen, ob die Dinge so verlaufen, wie man es gerne möchte […] senden Signale an andere«.*

Sie sind so etwas wie eine Ampel mit »Stopp!« und »Go!«.

> *»Wenn etwas entschieden werden soll, erzeugt das Gehirn Vorstellungsbilder, die wie innere Filme ablaufen […] Die inneren Filme werden nun verglichen mit ähnlichen Situationen aus dem Pool an Erfahrungen, die ein Mensch in seinem emotionalen Erfahrungsgedächtnis angesammelt hat. Wenn eine vergleichbare Situation gefunden wurde, löst dies automatisch eine damit verbundene Bewertung aus […] Wenn ein Szenario mit einem negativen Ergebnis gekoppelt ist, entsteht eine unangenehme Empfindung. Dies bedeutet, Vermeidung ist angesagt […] Wenn ein Szenario mit einem positiven Ergebnis gekoppelt ist, entsteht eine angenehme Empfindung. Dies bedeutet, Annäherung ist angesagt«* (Storch 2012, S. 38 ff.).

Emotionen bieten aber darüber hinaus ein ganzes Spektrum an Botschaften. Freude zum Beispiel signalisiert uns, »dass wir etwas positiv Bewertetes erhalten. Sie hilft, die […] Anspannung zu lösen«. Angst signalisiert »eine Notwendigkeit zum Schutz vor einer möglichen Bedrohung« (Glasenapp 2013, S. 130, S. 134), sie signalisiert Gefahr und lässt einen spontan zurückschrecken. Emotionen können auch signalisieren, dass Grenzen überschritten wurden, dass man etwas Wichtiges verloren hat, aber auch, dass man sich jemandem nahe fühlt, dass man die Anspannung loslassen, sich in Sicherheit fühlen kann.

Nicht jede Emotion ist eine hilfreiche Botschaft. Greenberg unterscheidet hier verschiedene Arten:

- »adaptive« oder, wie wir hier formulieren, »bedeutsame« primäre Emotionen wie Trauer, Hilflosigkeit, aber auch Freude, Stolz, Erleichterung. Sie sind spezifisch, entstehen spontan in einer Situation und senden eine Botschaft. Nach einem Erfolg Stolz zu verspüren bedeutet zum Beispiel: »Du kannst die Anspannung jetzt loslassen.« Der Betreffende hat dabei ein sicheres Gefühl: »Genau das ist es.«
- »Verzerrte« (»maladaptive«) primäre Emotionen: Trauer, Hilflosigkeit, aber auch Stolz oder Erleichterung können ebenso in anderen Situationen auftreten. Trauer kann auftreten, wenn es nicht angebracht ist. Dabei sind in der Regel vergangene Erfahrungen generalisiert. Verzerrte Emotionen sind altbekannte Gefühle, unabhängig von einer konkreten Situation, und stiften eher Verwirrung: Warum bin ich eigentlich traurig?
- Sekundäre Emotionen sind Emotionen, die durch andere Emotionen ausgelöst werden und diese dann verdecken: Eltern haben sich Sorgen gemacht, dass ihrem Kind etwas passiert ist, weil es nicht nach Hause kommt. Als es kommt, ist die eigentliche primäre Emotion Erleichterung, sie wird aber verdeckt durch eine Emotion Ärger.

Offenbar sind viele Menschen nicht in der Lage, ihre Emotionen wahrzunehmen, sie als Botschaften zu deuten und zu nutzen. Oder sie werden von übertriebenen oder verzerrten Emotionen überrollt.

Es gibt mittlerweile eine ganze Reihe von Konzepten zur Bearbeitung von Emotionen (z. B. Barnow 2014; Elliott u. a. 2008; Glasenapp 2013). Im Wesentlichen lassen sich dabei folgende Aufgaben unterscheiden.

Aufgaben bei der Bearbeitung von Emotionen

Klienten unterstützen,

- sich ihrer Emotionen bewusst zu werden
- zwischen »bedeutsamen« und »verzerrten« Emotionen zu unterscheiden
- die Botschaft bedeutsamer Emotionen zu entschlüsseln
- diese emotionalen Botschaften für das eigene Handeln zu nutzen
- verzerrte Emotionen verändern

Klienten unterstützen, sich ihrer Emotionen bewusst zu werden Das ist gerade im Business-Kontext bisweilen schwierig. Wir sind es gewohnt, rational zu überlegen. Das führt dann dazu, dass Emotionen nicht bewusst werden und damit auch nicht genutzt werden können. Hier brauchen Klienten Unterstützung.

Eine erste Möglichkeit findet sich bereits in der personzentrierten Gesprächsführung im Anschluss an Carl Rogers. Aufgabe des Therapeuten ist es hier, den Klienten zu unterstützen, sich seiner Empfindungen bewusst zu werden:

> *»Durch die Mitteilung des Therapeuten, dass er den vom Klienten gefühlten und auch den noch nicht ins Bewusstsein getretenen Sinn von dessen Äußerungen versteht, lernt der Klient sich selbst besser verstehen und kann mehr von seinem aktuellen Erleben, das in ihm leibhaft […] abläuft, in seinem Bewusstsein zulassen«* (Rogers 1977, S. 20).

Dieser Ansatz lässt sich grundsätzlich ebenso in der Beratung anwenden. Ein Beispiel: Der Klient berichtet, dass er früher von seinem Vorgesetzten immer Rückendeckung erhalten hat, sie aber derzeit nicht bekommt. Welche Emotionen könnten hinter so einer Äußerung stehen: Enttäuschung, Verunsicherung? Hier gilt es zurückzuspiegeln: »Sie sind verunsichert.« Dabei kommt es nicht unbedingt darauf an, dass der Berater die tatsächlichen Emotionen erfasst (gegebenenfalls wird der Klient korrigieren), aber er gibt dem Klienten einen Anstoß, sich seiner Emotionen bewusst zu werden.

Darüber hinaus können Klienten auch mithilfe von Prozessfragen oder durch analoge Verfahren dabei unterstützt werden (vgl. auch Barnow 2014, S. 61 ff.; Greenberg 2006, S. 120 ff.).

Sich der Emotionen bewusst werden

Daraus ergeben sich folgende Vorgehensweisen und Fragen:

- Was empfinden Sie jetzt?
- Was haben Sie in dieser (vergangenen) Situation empfunden?

- Erinnern Sie sich an eine Situation, in der Sie ärgerlich, gelassen usw. waren: Wie war die Situation? Was haben Sie in dieser Situation empfunden?
- Können Sie einen Begriff für Ihre Emotion finden? Versuchen Sie, Ihre Emotion zu beschreiben!
- Wo im Körper spüren Sie diese Emotion? Können Sie Ihre Empfindung körpersprachlich ausdrücken?
- Können Sie Ihre Emotion in einer Metapher ausdrücken? (»Es fühlt sich an wie ein Baum, der auf meinen Schultern liegt.«)
- die Emotion widerspiegeln

Klienten unterstützen, zwischen bedeutsamen und verzerrten Emotionen zu unterscheiden Zwei Vorgehensweisen sind hier vor allem hilfreich:

- Zunächst gilt es, die Berechtigung der Emotionen rational zu reflektieren. Nachdem Emotionen und Kognitionen sich wechselseitig beeinflussen, lässt sich – in Anlehnung an das Vorgehen von Ellis – die Frage nach der Berechtigung in einem Disput überprüfen: Ist diese Angst tatsächlich berechtigt?
- Eine andere Möglichkeit besteht darin, in die Vergangenheit zurückzugehen – wir werden auf das Vorgehen im Abschnitt über Geschichte und Entwicklung sozialer Systeme nochmals zurückkommen.

Zwischen bedeutsamen und verzerrten Emotionen unterscheiden

Daraus ergeben sich folgende Prozessfragen:

- Wie können Sie unterscheiden, ob Ihr Gefühl berechtigt oder überzogen ist?
- Überlegen Sie: Ist diese Emotion berechtigt oder ist sie überzogen? Ist es wirklich so, dass diese Situation eine Katastrophe ist? Was wäre das Schlimmste, das passieren könnte? Was nützt es Ihnen, darüber nachzudenken?
- Erinnern Sie sich an eine Situation, in der Sie Ihrer Emotion gefolgt sind und zu einem guten Ergebnis kamen: Was war das für eine Situation? Was war das für eine Emotion? Was war die Botschaft hinter dieser Emotion? Woran könnten Sie feststellen, dass das eine bedeutsame Emotion war?
- Erinnern Sie sich an eine Situation, in der diese (überzogene) Emotion (zum ersten Mal) auftrat: Was war das für eine Emotion? Auf der Basis Ihres heutigen Wissens und Ihrer Erfahrung: War diese Emotion berechtigt? Was wäre eine angemessenere Emotion gewesen?

Ein Punkt, der in diesem Zusammenhang ebenfalls wichtig ist, ist das »Grübeln« oder Lamentieren darüber, was man hätte tun können, zu unterbrechen (Barnow

2014, S. 69 ff.). Grübeln ist ein Kreisen der Gedanken um eine Problemsituation, ohne dass eine Lösung gefunden wird. Grübeln geht fast immer mit negativen Emotionen einher, die sich dann verstärken. Die Alternative ist hier, die Situation zu unterbrechen, zum Beispiel konsequente Problemlösungsstrategien anzuwenden, das Thema in anderen (kleineren) Gruppen zu bearbeiten.

Die Botschaft der Emotionen entschlüsseln Das ist ein Vorgehen, das sich sowohl in der Einzelberatung als auch in Teams gleichsam nebenher immer wieder anwenden lässt: die Klienten nach der Bedeutung ihres »Bauchgefühls« fragen. Darüber hinaus lässt sich mit Blick auf die Geschichte auch die Bedeutung bestimmter Emotionen bewusst machen.

Die Botschaften der Emotionen entschlüsseln und nutzen

- Was sagt Ihr Bauchgefühl?
- Was ist die Botschaft, die hinter dieser Emotion steht? Wie ließe sich diese Botschaft formulieren?
- Welche Handlungskonsequenzen ergeben sich daraus?
- Erinnern Sie sich an eine Situation, in der Sie Ihrer Emotion gefolgt sind und zu einem guten Ergebnis kamen: Was war das für eine Situation? Was war das für eine Emotion? Was war die Botschaft hinter dieser Emotion?

Verzerrte Emotionen verändern Der Klient ist total niedergedrückt. Er sieht keinen Ausweg und benötigt Unterstützung, sich daraus zu lösen. Veränderung von Emotionen kann Veränderung der Kognitionen bedeuten (z. B. Ellis 1977; Greenberger/Padesky 2007) oder mithilfe analoger Verfahren erfolgen.

Verzerrte Emotionen verändern

- Was hilft Ihnen, aus diesen Emotionen herauszukommen?
- Was sind die Gedanken, die Ihnen bei diesem Gefühl kommen? Sind diese Gedanken berechtigt? Was wären angemessenere Gedanken?
- Können Sie eine konkrete Situation, in der dieses Gefühl entstanden ist, beschreiben? Welches Gefühl wäre dafür angemessener?
- Die Emotionen unterbrechen: sie von außen betrachten, die Körperhaltung verändern, einen anderen Ort wählen, etwas aktiv tun, etwas für sich tun.
- Was könnte eine positivere (angemessenere) Emotion für diese Situation sein?
- Suchen Sie sich ein Symbol für diese Emotion: Wie könnten Sie es verändern?
- Man kann auch im Rahmen einer Aufstellung Emotionen durch Karten, Stühle oder Stellvertreter symbolisieren.

Umgang mit Emotionen ist ein Ansatz, der sich ursprünglich auf die Einzelberatung bezieht. Es gibt durchaus aber auch in Teams entsprechende Situationen: zum Beispiel ein Team, das völlig niedergeschlagen ist, weil ein Projekt nicht erfolgreich war. Solche »kollektiven Emotionen« können sich dann gleichsam ausbreiten und das gesamte Team arbeitsunfähig machen. Jochen Peter Breuer und Pierre Frot haben hierfür die Metapher »emotionale Viren« vorgeschlagen:

> *»Emotionale Viren sind negative Emotionen oder Irritationen (Angst, Frustration, Misstrauen, Eifersucht usw.) mit Infizierungspotenzial. Sie greifen das psychische Immunsystem des Einzelnen an, und durch emotionale Ansteckung [...] verbreiten sie sich, übernehmen die Macht über das Handeln und lähmen dadurch die Organisation«* (Breuer/Frot 2012, S. 100).

Positive kollektive Emotionen sind Voraussetzung für erfolgreiche Veränderungen: Erst wenn es gelingt, die Veränderung positiv zu sehen und zu empfinden, werden Mitarbeiter bereit sein, sich darauf einzulassen. Hier gilt im Grunde das gleiche Vorgehen: Distanz zur (überzogenen) Emotion schaffen, etwas anderes tun, die Gedanken hinter diesen Emotionen überprüfen, von der Problemorientierung zur Lösungsorientierung wechseln.

Hier folgt eine Übersicht über hilfreiche Vorgehensweisen, die Sie sowohl in der Teamberatung als auch bei komplexen Beratungsprozessen nutzen können.

- **Erhebung und Rückspiegelung kollektiver Emotionen:** Der erste Schritt ist hier ebenfalls eine Diagnosephase mithilfe von Interviews, Gruppendiskussionen, Workshops, um relevante kollektive Emotionen aufzudecken. Daran schließt sich die Rückspiegelung an das soziale System an. Bereits dadurch, dass negative Emotionen transparent gemacht werden, verändert sich häufig schon ihre Intensität: Die Situation ist bekannt und damit bearbeitbar. Wichtig ist, hier das Management einzubinden. Die Botschaft muss sein: Wir haben die Emotionen wahrgenommen, nehmen sie ernst und arbeiten daran.
- **Referenztransformation:** Hier können alle Vorgehensweisen genutzt werden, die wir in dem entsprechenden Abschnitt vorgestellt haben. Einige Beispiele:
  - Den Blick auf das Positive lenken. Das kann in den ganz normalen Teammeetings geschehen, indem man nicht nur nach Problemen fragt, sondern nach dem, was erreicht worden oder auf einem guten Weg ist.
  - Appreciative Inquiry: Was sind die Highlights des Teams, der Organisation? Was sind die Schlüsselfaktoren, die uns bislang Erfolg gegeben haben? Was können wir tun, sie zu bewahren?

    - Besondere Bedeutung kommt in diesem Zusammenhang der Referenztransformation von Handeln in Widerfahrnis zu: deutlich zu machen, dass der Einzelne etwas tun und verändern kann.
- **Strukturen schaffen, die den Blick auf das Positive lenken:** Das kann bedeuten, dass man Erfolgserlebnisse schafft. Möglicherweise ist eine Lösung, »emotional verseuchte« Teams aufzulösen, oder es wird eine Person versetzt, die immer nur das Negative sieht und empfindet. Es kann aber auch sein, dass man Tandems bildet, die sich gegenseitig unterstützen: Jeweils ein Mitarbeiter aus der Produktion und der Technik bilden ein Tandem, lernen sich dabei näher kennen, können gemeinsam Probleme besprechen und neue Lösungen entwickeln – gleichsam von selbst ändern sich die Emotionen.
- **Nutzung analoger Verfahren:** Das kann bedeuten, dass mithilfe analoger Verfahren eine (positive) Vision des Unternehmens oder des Teams erarbeitet wird. Es können Metaphern verändert oder die Geschichte des Wegs in die Zukunft geschrieben oder szenisch dargestellt werden. Das Thema Emotion kann ebenso mit Symbolen oder im Rahmen einer Aufstellung (Emotionen werden durch Karten oder durch Personen räumlich dargestellt) bearbeitet werden.
- **Nutzung von Ankern:** Dieses Vorgehen ist ursprünglich das klassische Konditionieren in der Tradition des Verhaltensmodells und wurde als »Ankern« insbesondere im NLP genutzt (zum Beispiel Mohl 2010, S. 153 ff.; O'Connor 2006, S. 95 ff.). Dahinter steht die Erfahrung, dass Emotionen durch bestimmte Auslöser (»Anker«) ausgelöst werden: Sie sehen einen Vorgesetzten, mit dem Sie vor längerer Zeit eine heftige Auseinandersetzung hatten, und schon ist das negative Gefühl wieder da. Für die Einzelberatung ergeben sich folgende Schritte:
    - Es wird ein Gefühl (zum Beispiel Gefühl der Sicherheit) definiert, das in bestimmten Situationen hilfreich wäre.
    - Es wird ein »Anker« als Auslöser für dieses Gefühl gewählt. Das kann ein Gegenstand (ein Schlüsselanhänger, ein bestimmter Satz, aber auch eine bestimmte Bewegung sein).
    - Der Klient wird aufgefordert, sich an eine Situation zu erinnern, in der dieses Gefühl deutlich vorhanden war: Was war das für eine Situation? Welches Bild sah der Klient? Hörte er möglicherweise Stimmen? Wie war das Gefühl?
    - Sobald das Gefühl deutlich vorhanden ist (man kann es am Gesichtsausdruck gut erkennen), wird es mit dem Anker verknüpft.

Das Verfahren lässt sich gleichermaßen auf Teamsituationen übertragen: Für kreative Arbeitsphasen wird ein besonderer Raum gewählt, ein Teamerfolg durch ein Symbol vergegenwärtigt, ein Ritual dient als Anker, die Gemeinsamkeit des Teams bewusst zu machen.

- **Coaching von Schlüsselpersonen:** Schlüsselpersonen werden beraten (gecoacht) mit der Zielsetzung, sie bei Veränderung ihres Referenzrahmens und ihrer emotionalen Einstellung zu unterstützen – wobei alle in diesem Buch genannten Vorgehensweisen genutzt werden können.

Literaturtipps

Referenztransformationen finden sich in sehr unterschiedlichen Konzepten. Hier finden Sie einige Einführungen.

Zur lösungsorientierten Beratung:

- Günter G. Bamberger: *Lösungsorientierte Beratung.* Beltz, Weinheim, 5. Auflage 2015
- Kirsten Dierolf: *Lösungsorientiertes Teamcoaching.* Solutions Academy, München 2013

Zu den Ansätzen aus der Tradition der kognitiven Psychologie geben eine gute Übersicht:

- Franziska Einsle/Katrin V. Hummel: *Kognitive Umstrukturierung.* Beltz, Weinheim 2015
- Robert L. Leahy: *Techniken kognitiver Therapie.* Junfermann, Paderborn 2007

Hilfreiche praktische Anregungen finden Sie bei:

- Renate Dehner/Ulrich Dehner: *Steh dir nicht im Weg.* Campus, Frankfurt am Main, 2. Auflage 2013

Zum Umgang mit Emotionen:

- Sven Barnow: *Gefühle im Griff!* Wozu man Emotionen braucht und wie man sie reguliert. Springer, Berlin, 3. Auflage 2018
- Matthias Berking: *Training emotionaler Kompetenzen.* Springer, Berlin/Heidelberg, 4. Auflage 2017
- Claus-Hinrich Lammers: *Emotionsfokussierte Methoden.* Beltz, Weinheim 2015
- Maja Storch: *Das Geheimnis kluger Entscheidungen.* Piper, München, 3. Auflage 2012

Zur Bedeutung von Emotionen in Organisationen:

- Jochen Peter Breuer/Pierre Frot: *Das emotionale Unternehmen.* Gabler, Wiesbaden 2. Auflage 2012

Regeln, Werte und Rituale

Soziale Regeln

Grundlagen: Der Regelbegriff

Die Koordination zwischen den Handlungen verschiedener Personen erfolgt durch soziale Regeln. Dass jeden Donnerstag um elf Uhr Teambesprechung ist, ist eine Regel. Man weiß, was zu tun ist, und kann sich darauf einrichten.

Der Sprachphilosoph Ludwig Wittgenstein ist einer der ersten, der sich Mitte des 20. Jahrhunderts ausführlich mit Regeln auseinandersetzt. Wittgenstein verdeutlicht Regeln am Beispiel des Schachspiels: »Das Schachspiel ist dies Spiel durch alle seine Regeln« (Wittgenstein 1968, § 197). Man kann nur verstehen, was die Figur des Königs im Schachspiel bedeutet, wenn man die Regeln kennt, nach denen diese Figur im Spiel ziehen darf.

Wittgenstein überträgt dann den Regelbegriff auf die Sprache: Analog zu Regeln des Schachspiels lernt man Regeln des jeweiligen »Sprachspiels« (Wittgenstein 1968, § 83). Ähnlich formuliert dann der amerikanische Sprachphilosoph John R. Searle:

> *»Sprechen ist eine (höchst komplexe) Form regelgeleiteten Verhaltens. Eine Sprache zu lernen und zu beherrschen bedeutet [...], entsprechende Regeln zu lernen und zu beherrschen«* (Searle 2007, S. 24, S. 26).

Ein Kind lernt eine Sprache, indem es Regeln lernt. Es wird korrigiert: »Nein, das ist keine Lokomotive, das ist ein Omnibus« – was die Regel beinhaltet: »Diesen Gegenstand darfst du nicht als Lokomotive bezeichnen!«.

Einen weiteren Ansatzpunkt zur Untersuchung von Regeln bietet die Ethnomethodologie, eine im Anschluss an George H. Mead in den 60er- und 70er-Jahren des 20. Jahrhunderts entwickelte Richtung der Soziologie (z. B. Cicourel 1973, Goffman 1971; Garfinkel 1967; vgl. Abels 2017). Ausgangspunkt ist die Frage, wie Menschen es schaffen, ihre Handlungen aufeinander abzustimmen. Sie schaffen es, so lautet die Antwort, weil es Regeln gibt, die das Handeln leiten und wechselseitige Verständigung ermöglichen: Regeln, so Aaron Cicourel,

> *»setzen den Handelnden in den Stand, seine Perspektive von der Welt mit derjenigen anderer in einer aufeinander abgestimmten sozialen Handlung zu verbinden und davon auszugehen, dass Konsens oder geteiltes Einvernehmen die Interaktion steuern«* (Cicourel 1973, S. 172).

Dabei wirken Regeln, so Erving Goffman,

> *»auf das Individuum im Allgemeinen auf zwei Arten ein, und zwar einerseits direkt, als Verpflichtungen, die das Verhalten des Individuums selbst erzwingen, und andererseits indirekt, als Erwartungen«* (Goffman 1986, S. 56).

Goffman verdeutlicht das am Beispiel des Krankenhauses:

> *»Eine Krankenschwester ist zum Beispiel verpflichtet, den Anweisungen des Arztes bei der Behandlung ihrer Patienten zu folgen. Auf der anderen Seite hegt sie die Erwartung, dass ihre Patienten bereit sind, zu kooperieren, indem sie ihr erlauben, sie gemäß den Anweisungen zu behandeln«* (ebd.).

Entsprechend gilt: Die Regel, dass jeden Donnerstag um elf Uhr eine Teambesprechung stattfindet, ist eine Verpflichtung für jeden Einzelnen, daran teilzunehmen, und zugleich existiert die Erwartung, auch die anderen zu dieser Zeit hier zu finden.

Im Blick auf diese Beispiele lassen sich die Merkmale von Regeln genauer bestimmen (vgl. Duschek u. a. 2012):

Regeln sind Handlungsanweisungen, die festlegen, was man in einer Situation tun soll, tun darf oder nicht tun darf Regeln sind, wie Günter Ortmann (2012, S. 60) formuliert, »im Rahmen sozialer Systeme mit einer gewissen Akzeptanz etablierte, allgemeine Auferlegungen«. Sie legen einer Person auf, wie sie sich im Umgang mit anderen verhalten soll, darf oder nicht verhalten darf. Dabei gibt es unterschiedliche Arten von Regeln:

- Regeln zur Herstellung von Produkten, wie die Coca-Cola-Formel, oder auch Regeln, wie ein Training durchzuführen ist
- Regeln der Aufbau- und Ablauforganisation einer Organisation: Das Organigramm eines Unternehmens legt Aufgaben und Rechte der Führungsebenen und verschiedener Bereiche fest; Prozesse im Rahmen des Prozessmanagements sind Systeme von Regeln: In welchen Schritten ist ein Angebot zu erstellen, und welche Abteilungen sind daran zu beteiligen?

- Regeln, die den Umgang zwischen Personen regeln: Höflichkeitsregeln, Gesetzestexte, aber auch Regeln, die nirgendwo schriftlich fixiert sind wie: »Wenn der Vorgesetzte dich ruft, lass alles andere liegen!«

Regeln sind durch Sanktionen gestützt Die Regel »Besucher haben sich beim Pförtner zu melden!« wird dadurch sanktioniert, dass derjenige, der diese Regel übertritt, nicht ins Unternehmen gelassen wird. Ein Mitarbeiter, der die Regel »Wenn der Vorgesetzte ruft, lass alles andere liegen!« nicht befolgt, wird kritisiert oder erhält möglicherweise in Zukunft keine Termine.

Regeln durch Sanktionen stützen bedeutet: Konsequenzen setzen, die die Befolgung dieser Regeln absichern. Dabei können diese Konsequenzen negativ oder positiv sein. Sie reichen von Kritik und Anerkennung bis zu Kündigung oder Beförderung.

Regeln gelten innerhalb eines bestimmten Geltungsbereichs Regeln sind keine einmaligen Aufforderungen, sondern gelten für alle Situationen des Typs x: Die Regel, »Besucher haben sich beim Pförtner zu melden« gilt für alle Besucher, aber nicht für Mitarbeiter. Dabei kann der Geltungsbereich von Regeln unterschiedlich groß sein. Es gibt

- Regeln wie die Regel »Auge um Auge, Zahn um Zahn«, die sehr allgemeine oder universelle Geltung haben
- kulturspezifische Regeln. Ein Mitarbeiter, der aus Deutschland in eine Filiale nach Singapur kommt, muss neue kulturelle Regeln lernen
- Regeln für bestimmte Funktionen wie für Projektleiter oder Referendare
- Regeln, die nur für ein bestimmtes soziales System Geltung besitzen: Unternehmensgrundsätze für diese Organisation, besondere Regeln für ein einzelnes Team
- »persönliche Regeln« als eine Art Glaubenssätze, die nur für eine einzelne Person gelten wie zum Beispiel: »Ich darf keine Schwäche zeigen!«

Regeln können explizit festgelegt sein oder implizit Geltung besitzen Beispiel für explizit festgelegte Regeln sind Gesetzestexte, Arbeitsplatzbeschreibungen, Unterschriftenregelungen. Daneben gibt es zahllose »implizite« Regeln, die nicht schriftlich fixiert sind, möglicherweise auch offiziellen Regeln entgegenstehen und doch höchst wirksam sind: »Mache nichts ohne Absicherung durch deinen Vorgesetzten!« Dass hier eine Regel vorliegt, wird dann überhaupt erst an den jeweiligen Sanktionen erkennbar: Wer selbstständig Entscheidungen trifft, wird kritisiert, wer sich bei jedem Schritt absichert, möglicherweise befördert.

Regeln schaffen Verhaltenssicherheit im sozialen System Wer die Regeln beherrscht, gehört dazu und weiß, wie er sich zu verhalten hat: »Mithilfe von kollektiv geltenden Regeln bringen die Akteure die beobachtbare Geordnetheit dieser sozialen Welt hervor« (Reckwitz 1997, S. 33). Unklarheit über Regeln führt zu Orientierungslosigkeit und Verhaltensunsicherheit.

Orientierungslosigkeit entsteht zum Beispiel, wenn jemand in ein fremdes soziales System mit fremden sozialen Regeln kommt und die Regeln nicht kennt: Wie viel Trinkgeld ist in einem anderen Land angemessen? Ein Mitarbeiter, der in ein neues Unternehmen oder in einen anderen Bereich des gleichen Unternehmens kommt, steht vor einer ähnlichen Situation: Er muss zum Beispiel lernen, dass hier nicht mehr die Regel »Jeder Mitarbeiter darf jederzeit beim Vorgesetzten vorbeischauen« Gilt. Er wird sich in diesem neuen System erst dann zurechtfinden, wenn es ihm gelingt, die neuen Regeln zu lernen.

Regeln stehen im Zusammenhang mit anderen Faktoren des sozialen Systems Regeln sind Teil eines komplexen sozialen Systems. Sie werden durch andere Faktoren gestützt oder infrage gestellt:

- Es gibt Stakeholder sozialer Regeln, das heißt Personen, die maßgeblichen Einfluss auf die Beibehaltung oder Abänderung der Regel haben. Ein Beispiel sind die Stakeholder für bürokratische Vorschriften: Betroffene klagen immer wieder über die Menge an Statistiken und Formblättern. Auf der anderen Seite gibt es in Verwaltungen Stakeholder, die Interesse an der Beibehaltung haben. Sie sind der ehrlichen Überzeugung, dass solche Statistiken wichtig sind – und unterstreichen damit zugleich die Bedeutung des eigenen Arbeitsbereiches.
- Regeln werden gedeutet: Sie werden als notwendig oder unnötig, als Hilfestellung oder als Einengung gesehen.
- Regeln sind Teil umfassender Regel- und Wertesysteme: Einzelne Regeln stehen nicht isoliert für sich, sondern miteinander im Zusammenhang und stützen sich gegenseitig. Eine aufwendige Unterschriftenregelung kann aus der Regel, dass alle Vorgänge genau kontrolliert werden sollen, abgeleitet sein. Sie kann aber auch von einer geheimen Regel gestützt sein: »Übernimm keine Verantwortung, sondern sichere dein Vorgehen ab!«
- Regelmäßige Befolgung von Regeln führt ebenso zu stabilen Regelkreisen wie regelmäßiges Übertreten.
- Umgang mit der Technik (als einem Bereich der materiellen Umwelt) erfordert Regelungen, zum Beispiel für die private Nutzung des Internets – ebenso aber auch der Umgang mit anderen sozialen Systemen.
- Regeln werden häufig in einer Situation aufgestellt, in der konkreter Regelungsbedarf besteht. Im Laufe der Zeit ändert sich die Situation, der Regelungs-

bedarf besteht nicht mehr, aber die Regel wird beibehalten. Ein Beispiel: Für das Gebäude der zentralen Datenverarbeitung werden enge Besucherregelungen festgelegt, um Zugang zu sensiblen Daten zu verhindern. Die Datenverarbeitung wird jedoch in ein anderes Gebäude verlegt. Es gibt nichts Besonders mehr zu sichern, trotzdem bestehen die ursprünglichen Regeln weiter.

Soziale Regeln – und hier insbesondere die impliziten Regeln« – können Veränderungsprozesse in starkem Maße behindern (Scott-Morgan/Little 2008): In einem Unternehmen wird Teamarbeit eingeführt, aber die Ergebnisse der Teamarbeit bleiben hinter den Erwartungen zurück. Der Grund dafür ist eine implizite Teamregel: »Eine Krähe hackt der anderen kein Auge aus.« Aufgrund dieser Regel verstehen sich alle gut, aber Konflikte werden nicht ausgetragen und Probleme nicht diskutiert.

Auf der anderen Seite bedeutet Veränderung von Organisationen immer auch Veränderung sozialer Regeln. Erfolgreiche Menschen, »deren Ideen die Welt verändern«, so Jánszky/Jenzowsky (2010), sind »Rulebreaker«:

> *»Es sind Rulebreaker, die den Fortschritt unserer Welt treiben [...] Vor allem scheinen Rulebreaker radikale Branchenveränderungen und disruptive Umwälzungen in der Zukunft nicht als Gefahr oder Problem, sondern als Chance zu bewerten [...] Rulebreaker brechen Regeln. Manchmal, um sie zu brechen, manchmal en passant und unbewusst. Aber immer ist ihnen der Regelbruch, sobald er ihnen bewusst wird, ein Antrieb und Ansporn«* (Jánszky/Jenzowsky 2010, S. 309, S. 314 f.).

Regeln können Thema sowohl von Einzel- als auch Teamberatung als auch der Beratung komplexer Organisationen sein:

- **Die Regeln einer neuen Organisation kennenlernen:** Im bisherigen Bereich von Herrn Schulz galt die Regel, dass man Kritik üben durfte und sollte. Jetzt wurde er in einen anderen Bereich versetzt, in dem eine andere Regel gilt: »Der Bereichsleiter darf nicht kritisiert werden!« Solange sich Herr Schulz über diese neue Regel nicht klar ist, wird er immer wieder anecken. Beratung hat hier die Aufgabe, den Klienten zu unterstützen, neue Regeln zu erfassen und – wie auch immer – sich darauf einzustellen.
- **Die hinter Problemen stehenden Regeln aufdecken:** In einem Internat fällt auf, dass zahlreiche Mitarbeiter nach gut einem halben Jahr wieder kündigen. Eine Organisationsanalyse deckt auf, dass Ursache eine Regel ist: »Die Erzieher haben jederzeit für die Jugendlichen da zu sein«, was in kurzer Zeit zu Erschöpfung der Mitarbeiter führt. Erst die Abänderung dieser dahinterstehenden Regel ermöglicht eine Lösung.

- **Gemeinsame Regeln etablieren:** Das ist die Ausgangssituation für jedes neue Projektteam. Die Teilnehmer kommen aus unterschiedlichen Bereichen mit zumindest teilweise unterschiedlichen Regeln. Das führt zu Unsicherheit und Missverständnissen. Auch hier gilt wieder: kritische Punkte identifizieren, die dahinterstehenden (möglicherweise unterschiedlichen) Regeln aufdecken und neue Regeln vereinbaren.
- **Problematische oder strittige Regeln verändern:** Die Konfliktphase in der Teamentwicklung zeichnet sich dadurch aus, dass es kein gemeinsam anerkanntes Regelsystem gibt. Konflikte in Teams sind immer auch der Streit um Regeln.
- **Geltende Regeln überprüfen:** Nicht wenigen Besprechungen liegt die Regel zugrunde: »Wir müssen alles ausdiskutieren.« Doch ist diese Regel wirklich sinnvoll – oder führt sie nicht vielmehr zu endlosen Diskussionen ohne Ergebnis? Generell: Geltende Regeln in einer Organisation bedürfen in gewissen Abständen immer wieder der Überprüfung: Sind sie für die gegenwärtige Situation noch angemessen? Müssen sie verändert werden?
- **Regeln im Rahmen von Veränderungsprozessen abändern:** Veränderungsprozesse in einer Organisation erfordern immer auch Veränderung von Regeln. Im Unternehmen x soll die Eigenverantwortlichkeit der Mitarbeiter gefördert werden. Doch dem steht eine geltende Regel entgegen: »Sichere dich bei jeder Entscheidung ab!« Für den Veränderungsprozess heißt das, zu klären, welche Faktoren diese ursprüngliche Regel stabilisieren, wie diese Faktoren verändert werden können.

Erfassung impliziter Regeln

Ein soziales System verstehen heißt, die Regeln zu erfassen, die dieses System leiten. Das ist bei offiziellen Regeln verhältnismäßig einfach, sie sind in Arbeitsanweisungen, Prozessbeschreibungen, Verfahrensanweisungen dokumentiert. Schwieriger ist es bei impliziten Regeln, die nicht codiert sind. Solche Regeln sind auch nicht beobachtbar. Zwar kann ich feststellen, dass in einer konkreten Situation ein Mitarbeiter die Schuld für einen Fehler auf einen anderen schiebt. Aber ob dahinter eine Regel steht, ob möglicherweise der Betreffende eine geltende Regel übertreten hat oder ob hierfür überhaupt keine Regel vorliegt, ist nicht beobachtbar. Regeln lassen sich immer nur aus dem Verhalten »erschließen«.

Im Groben bieten sich dafür zwei Ansatzpunkte: Man kann versuchen, durch Beobachtung aus Regelmäßigkeiten (immer wiederkehrenden Verhaltensmustern) Regeln zu erschließen, oder man kann das vorhandene Regelwissen erfragen.

Erfassung von Regeln durch Beobachtung Die Befolgung einer Regel führt dazu, dass ein bestimmtes Verhalten regelmäßig (das heißt immer wieder) auftritt. Regelmäßigkeit in Verhaltensabläufen ist beobachtbar. Daraus lässt sich auf Regeln schließen: Aus der Beobachtung, dass in einem Team Vereinbarungen häufig nicht eingehalten werden und dass darauf keine negativen Sanktionen folgen, kann man auf die dahinterstehende implizite Regel schließen: »Vereinbarungen brauchen nicht eingehalten werden!« Daraus ergeben sich folgende Beobachtungskategorien für die Erfassung von Regeln:

- Gibt es Verhaltensweisen und Abläufe, die immer wieder (oder nie) auftreten?
- Welches Verhalten wird positiv beziehungsweise negativ sanktioniert? Wofür erhalten Mitarbeiter Anerkennung? Was wird unbeachtet gelassen (Nichtbeachtung als eine negative Sanktion), was provoziert kritisches Stirnrunzeln oder ausdrückliche Kritik?

Beobachtung von Sanktionen ist dabei mehr als eine reine Beobachtung, ist immer auch Interpretation, ob zum Beispiel das Stirnrunzeln des Vorgesetzten die Bedeutung einer negativen Sanktion hat oder Zeichen von Kopfschmerzen ist.

Erfassung von Regeln mithilfe von Befragungen Es liegt nahe, Angehörige eines sozialen Systems zu fragen, welche Regeln in ihrem sozialen System gelten:

Regeln erfassen

Geltende Regeln direkt erfragen:

- Welche offiziellen Regeln (Vorschriften) gelten im Unternehmen?
- Was sind »geheime« Regeln in Ihrem Team, in Ihrer Abteilung?
- Was darf man? Was darf man nicht?

Nach Regeln für bestimmte Tätigkeiten fragen:

- Für welche Tätigkeiten sind Sie zuständig?
- Wie weit ist durch Regeln festgelegt, wie Ihre Tätigkeiten auszuführen sind?

Nach Kommunikationsregeln fragen:

- Wie frei können Sie über das sprechen, was Sie sehen und hören?
- Wie gehen Sie damit um, wenn Sie mit etwas nicht einverstanden sind?
- Wie fragen Sie, wenn Sie etwas nicht verstehen? Was dürfen Sie fragen? Wen fragen Sie?
- Worüber dürfen Sie mit Ihrem Vorgesetzten, mit Kollegen oder Mitarbeitern reden?

Allerdings wird man auf solche Fragen nur diejenigen Regeln erhalten, die dem Interviewpartner tatsächlich bewusst sind. Regelwissen ist zu einem großen Teil »latentes Wissen«, das dem Betreffenden nicht unmittelbar bewusst ist. Dieses Wissen lässt sich leichter erfragen, wenn man nach Regelmäßigkeiten oder Sanktionen fragt:

Regelmäßigkeiten und Sanktionen erfassen

Nach Regelmäßigkeiten fragen:

- Was sind typische Abläufe?
- Was passiert immer wieder in Ihrem Team?
- Was sind Probleme, die immer wieder auftreten (auch dahinter können Regeln stehen)?
- Was passiert nie, obwohl man es erwarten würde?

Nach Sanktionen fragen:

- Wofür erhalten Sie von Ihrem Vorgesetzten beziehungsweise in Ihrem Team Anerkennung?
- Was müssen Sie tun, um bei Ihrem Vorgesetzten anzuecken?
- Wofür werden die Mitglieder Ihres Teams, Ihrer Abteilung belohnt, wofür werden sie bestraft?
- Welche Verhaltensweisen haben positive Konsequenzen, welche negative?
- In welchen Situationen runzelt Ihr Vorgesetzter kritisch die Stirn?
- Was muss man tun, um im Unternehmen Karriere zu machen?

Dissoziiert, das heißt nach anderen Personen oder anderen (vergangenen) Situationen fragen:

- Was mussten Sie lernen, als Sie neu ins Unternehmen kamen?
- Was muss jemand lernen, der im Unternehmen vorankommen will?
- Denken Sie an einen Kollegen, der im Unternehmen angesehener (oder weniger angesehen) ist als Sie: Was macht er anders?
- Wenn von außen ein Beobachter in Ihr Team, in Ihre Abteilung kommen würde, was würde ihm als besonders merkwürdig auffallen?
- Eine »Geschichte« erzählen lassen: »Erzählen Sie doch, wie es Ihnen ging, als Sie hier im Unternehmen angefangen haben.« Implizit werden hier auch Regeln deutlich, die dann jedoch im Rahmen zusätzlicher inhaltsanalytischer Arbeit genauer zu analysieren sind.

Erfassung von Regeln durch Kontrastierung und Typisierung Im Rahmen der objektiven Hermeneutik im Anschluss an Ulrich Oevermann (z. B. Oevermann u. a. 1979; Wernet 2006) ist eine Reihe von Verfahren entwickelt worden, auf deren Basis sich implizit vorhandenes Regelwissen explizieren lässt. Grundgedanke dabei ist, dass ein sachkundiger Beobachter sehr wohl entscheiden kann, ob in einem sozialen System eine Handlung regelkonform ist oder nicht. In vereinfachter Form lässt sich ein solches Verfahren auch für die Analyse von Regeln in Organisationen anwenden. Ausgangsbasis dafür ist die Protokollierung konkreter Verhaltensweisen, zum Beispiel: Bei Teambesprechungen kommen einzelne Teilnehmer regelmäßig zehn bis fünfzehn Minuten zu spät und setzen sich dann ohne Kommentar auf den Platz. Zur Explizierung der hinter diesem Verhalten stehenden Regeln können folgende Fragen dienen:

- Was wären mögliche Alternativen zu diesem Verhalten? Auf das Beispiel bezogen: »rechtzeitig kommen«, »sich für das Zuspätkommen entschuldigen«, »Kritik vonseiten des Besprechungsleiters oder der anderen Teammitglieder«.
- Für welche Situationen wäre ein solches Verhalten typisch? Typisch könnte dieses Zuspätkommen für informelle Treffen sein: Es spielt keine Rolle, ob jemand später dazukommt.
- Ist dieses Verhalten in dem sozialen System »normal« und »akzeptiert«? In diesem Fall: Das Verhalten ist selbstverständlich, niemand nimmt Anstoß.

Damit deutet sich eine dahinterstehende Regel an: »Termine brauchen nicht genau eingehalten zu werden.« In weiteren Schritten wäre dann zu klären, ob diese Regel nur für Teambesprechungen oder auch für andere Termine gilt.

Entsprechend lässt sich zum Beispiel die anhand von Fotos dokumentierten Einrichtung des Empfangsbereichs auf dahinterstehende Regeln analysieren: Steht der Besucher hinter einer großen Barriere oder findet er sich in einem Empfangsbereich vor einer Reihe von Schreibtischen? Was wären Alternativen? Für welche Art Organisation ist ein solcher Empfangsbereich typisch?

Analoge Verfahren Schließlich kann man Regeln auch mithilfe analoger Verfahren erfassen. Möglichkeiten dafür sind:

- szenische Darstellung von Regeln: »Stellen Sie einen typischen Vormittag in Ihrer Abteilung szenisch dar!«
- Darstellung von Regeln mithilfe von Symbolen und Metaphern: »Mit welcher Metapher würden Sie Führung in Ihrer Abteilung beschreiben?«

Systemdiagnose sozialer Regeln

Wir hatten bereits darauf hingewiesen: Soziale Regeln bestehen nicht isoliert, sondern stehen im Zusammenhang mit anderen Faktoren des sozialen Systems: Es gibt Stakeholder sozialer Regeln, Regeln werden gedeutet, Regeln stehen im Zusammenhang mit anderen Regeln und Werten des Systems, mit der Umwelt und haben eine Entwicklung. Das macht die Systemdiagnose von Regeln zu einem zentralen Ansatz bei Veränderungsprozessen: Welche Faktoren des sozialen Systems unterstützen bestehende Regeln beziehungsweise eine mögliche Veränderung?

Die Systemdiagnose sozialer Regeln

Im Einzelnen ergeben sich daraus folgende Prozessfragen:

Fragen in Bezug auf die Stakeholder:

- Welche Personen haben maßgeblichen Einfluss auf die Beibehaltung oder Abänderung der sozialen Regel?
- Wer gewinnt beziehungsweise verliert durch Abänderung der Regel?

Fragen in Bezug auf die subjektiven Deutungen der Regeln:

- Werden die betreffenden Regeln als hilfreich oder einengend erlebt, als notwendig oder problematisch?
- Werden überhaupt Regeln problematisiert?
- Was sind die Ziele, die durch diese Regel erreicht werden sollen?
- Was gewinnen oder verlieren einzelne Stakeholder durch diese Regel?
- Was gewinnen beziehungsweise verlieren sie bei einer möglichen Abänderung?
- Was befürchten sie bei einer Abänderung?

Fragen in Bezug auf andere Regeln und Werte:

- Durch welche anderen (offiziellen oder impliziten) Regeln wird diese Regel gestützt?
- Welche anderen (offiziellen oder impliziten) Regeln können eine Abänderung dieser Regel unterstützen?
- Welche anderen Regeln müssen geändert werden, um die betreffende Regel abzuändern?
- Welche Werte stehen hinter den Regeln? Gibt es Werte, zu denen diese Regeln im Gegensatz stehen?

Fragen in Bezug auf Regelkreise:

- Was geschieht im Zusammenhang mit der betreffenden Regel immer wieder: Wird sie immer wieder problematisiert, immer wieder infrage gestellt, immer wieder übertreten? Wird immer wieder versucht, sie durchzusetzen?
- Was sind Wirkungen und Nebenwirkungen dieser Regel?
- Gab es frühere Versuche, diese Regel abzuändern?

Fragen in Bezug auf die Systemumwelt:

- Gibt es gesetzliche Regelungen oder Konzernvorgaben, die Einfluss auf diese Regel haben?
- Wie groß ist der Spielraum für eine Abänderung?
- Welchen Einfluss hat die materielle Systemumwelt auf die Regel? Welche technischen, räumlichen usw. Gegebenheiten müssen geregelt werden?

Fragen in Bezug auf die Entwicklung der Regel:

- Was waren die zu lösenden Probleme und die Zielsetzung bei der ursprünglichen Einführung der Regel?
- Hat sich das Umfeld zwischenzeitlich geändert?
- Ist die Regel für die gegenwärtige Situation noch angemessen?

Beurteilung von Regeln

Ist die Regel, dass jede Woche ein sechsstündiges Management-Meeting stattfindet, sinnvoll? Diese Frage weist auf den nächsten Schritt hin: die Beurteilung einzelner Regeln. Das heißt im Einzelnen:

Beurteilung der Regel im Blick auf die vorausgesetzten Ziele Regeln verfolgen immer praktische Ziele: Die Regel für Besucher, sich am Empfang zu melden, dient dazu, dass Fremde sich nicht unkontrolliert im Werk bewegen. Die Regel, die Mitglieder des Managementteams mit den Geschäftsdaten zu versorgen, verfolgt das Ziel, eine verlässliche Datenbasis für Entscheidungen zu erhalten. Die Frage ist, ob diese Ziele sinnvoll sind und erreicht werden. Daraus ergeben sich folgende Prozessfragen:

- **Ist das Ziel für das soziale System sinnvoll?** Die Mitglieder des Managementteams mit gesicherten Daten zu versorgen ist zweifelsohne sinnvoll. Aber in einer Ausbildungsabteilung durch enge Personenkontrolle den Schutz sensibler Daten zu gewährleisten ist vermutlich kein sinnvolles Ziel.

- **Wird das Ziel durch die Regel erreicht?** Strenge Empfangsregeln erreichen nicht das Ziel, dass Besucher sich nicht frei auf dem Werksgelände bewegen dürfen, wenn die Betreffenden im Anschluss an den Besuch ohne Begleitung durch das Werksgelände zurückgehen können.
  Eine besondere Art von Regeln, die die intendierte Funktion nicht erfüllen, sind zu pauschale Regeln, die so allgemein gehalten sind, dass sie keine konkreten Handlungen beinhalten beziehungsweise ausschließen. Manchmal finden sich Beispiele dafür in Gesprächsregeln: Die Forderung »Jeder Teilnehmer soll für den Gesprächsverlauf Verantwortung tragen!« ist, wenn sie nicht weiter erläutert wird, leer. Was bedeutet »für den Gesprächsverlauf Verantwortung tragen«?
- **Ist die Regel realisierbar?** Ein Beispiel für eine nicht realisierbare Regel ist die Forderung an die Führungskraft, den Mitarbeitern »alle« Informationen zukommen zu lassen. Diese Forderung ist nicht realisierbar, weil die vorhandenen Informationen die Möglichkeiten überschreiten, sie weiterzugeben.

Beurteilung geltender Regeln im Blick auf Nebenwirkungen Die bereits erwähnte Regel in einem Internat, dass Mitarbeiter »jederzeit« für die Jugendlichen da zu sein haben, ist sicherlich gerade für eine soziale Organisation lobenswert. Aber sie hat die Nebenwirkung, dass Mitarbeiter fortwährend überfordert sind, Schuldgefühle entwickeln und die meisten relativ schnell wieder kündigen, weil sie der von ihnen akzeptierten Regel nicht genügen können.

Andere Beispiele für Regeln mit negativen Nebenwirkungen sind bürokratische Regelsysteme (z. B. Baecker 2003, S. 21 ff.): Bürokratien entstehen aus dem Ziel, Verhaltensunsicherheit zu verringern: Es werden zusätzliche Regeln eingeführt, die Ausnahmen und Zusatzbedingungen definieren. Damit entsteht ein umfangreiches Regelsystem mit einer Fülle von Vorschriften. Die unerwünschte Nebenwirkung ist, dass solche Regelsysteme letztlich nicht mehr überschaubar sind und flexibles Handeln verhindern.

Nebenwirkung einer Regel sind auch dadurch entstehende Kosten: Das Ausfüllen eines Formblattes kostet Zeit, die man dann nicht mehr für die eigentlichen Aufgaben (Gespräche mit Kunden in einer Vertriebsabteilung, Vorbereitung des Unterrichts bei einer Lehrerin) zur Verfügung hat.

Regelveränderung

Welche Regeln müssen geändert werden, damit das Team ein Spitzenteam wird? Wie kann die geheime Regel »Erst einmal abwarten, auch dieser Veränderungsprozess wird vorübergehen!« in einer Organisation abgeändert werden? Was kann aber auch eine einzelne Mitarbeiterin tun, wenn in ihrer Abteilung die Regel gilt: »Niemand darf vor dem Vorgesetzten nach Hause gehen«?

Eine erste Möglichkeit besteht darin, Regeln zu verändern, neue Regeln einzuführen oder bestehende Regeln aufzuheben. Veränderung kann auf unterschiedliche Weise erfolgen: durch explizite Kontrakte, aber auch dadurch, dass jemand die Macht hat, eine neue Regel durchzusetzen, durch mikropolitische Taktiken oder durch Veränderungen auf anderen Ebenen eines sozialen Systems.

Vereinbarung sozialer Regeln mithilfe von Kontrakten Das transparenteste Verfahren der Regelveränderung besteht darin, neue Regeln durch explizite Kontrakte festzulegen. Dieses Vorgehen ist umso leichter realisierbar, je überschaubarer das betreffende soziale System ist: Zwischen einem Vorgesetzten und einer Mitarbeiterin oder in einem Team lassen sich sehr wohl neue Regeln (zum Beispiel über Arbeitsabläufe) durch Kontrakte vereinbaren. Das heißt im Einzelnen:

- Grundlage ist die Beurteilung bisher geltender Regeln im Blick auf Ziele und Nebenwirkungen. Diese Beurteilung kann jedoch je nach der Perspektive unterschiedlich ausfallen, der Vorgesetzte wird eine Regel möglicherweise anders beurteilen als seine Mitarbeiterin. Konsequenz daraus ist, dass die Beurteilung geltender Regeln die unterschiedlichen Perspektiven berücksichtigt.
- Es ist nach Alternativen für die bisher geltende Regel zu suchen. Auch hier gelten die klassischen Regeln für das Brainstorming: zunächst unterschiedliche Alternativen sammeln, ohne sie gleich zu bewerten.
- Diese verschiedenen Alternativen sind dann (wiederum im Blick auf die vorausgesetzten praktischen Ziele, mit Blick auf ihre Realisierbarkeit und mögliche Nebenwirkungen) zu beurteilen.
- Ziel ist, einen Kontrakt über die Regeln zu erzielen, dem alle Beteiligten zustimmen. Die Zustimmung muss explizit sein: Lässt sich jeder auf diese Regel ein? Gibt es noch Einwände? Wogegen bestehen Einwände? Lassen sich diese Einwände durch Modifizierung der Regel beseitigen?
- Regeln vereinbaren heißt, zugleich positive oder negative Sanktionen festzulegen. Häufig werden neue Regeln zwar verbal akzeptiert, aber wenn sie nicht durch Sanktionen gestützt sind, fehlt gleichzeitig der Druck, sie einzuhalten.
- Die Wirkung neuer Regeln lässt sich in komplexen Systemen immer erst im Nachhinein feststellen. Nicht selten treten Nebenwirkungen auf, mit denen man nicht gerechnet hat. Bewährt hat sich, bei der Vereinbarung neuer Regeln Check-Punkte mit zu vereinbaren, an denen die neue Regel überprüft wird.

Regelveränderung lässt sich auch mithilfe analoger Verfahren durchführen: In einem Teamentwicklungs-Seminar suchen die Teilnehmerinnen und Teilnehmer ein Symbol für gute Teambesprechung. Es wird das Inhaltsverzeichnis eines Fachbuches gewählt. Im Rahmen der Prozessberatung wird dann deutlich, dass dahinter einer neuen Regel steht, die Teambesprechung als »Inhaltsverzeichnis« eines Buches zu verstehen, indem jeder Teilnehmer diejenigen Themen nennt, die er bearbeitet, aber nur auf Nachfragen genauere Informationen über den Inhalt gibt.

Veränderung von Regeln durch soziale Macht Nicht immer werden Regeln durch Vereinbarungen beschlossen. Konzernvorgaben werden durchgesetzt, ein Abteilungsleiter fordert: »Jeder muss so lange im Büro bleiben wie der Vorgesetzte.« Regeln durchzusetzen erfordert Macht als die Fähigkeit, »den eigenen Willen auch gegen Widerstand durchzusetzen«, wie die klassische Definition von Max Weber (1972, S. 28; ursprünglich 1921) lautet.

Bei der Durchsetzung von Macht denkt man vermutlich zunächst an den Vorgesetzten: Er hat die aufgrund der Struktur legitimierte Macht, Regeln abzuändern. Doch Macht ist nicht nur gesellschaftlich legitimierte Macht, sondern kann, wie John R. P. French und Bertram Raven (1959) beschrieben haben, unterschiedliche Grundlagen haben (vgl. Bierhoff 2006, S. 414f.):

- **Belohnungsmacht** als die Fähigkeit, zu belohnen. Belohnen (in Form von Geld, Status, Anerkennung) können in erster Linie Vorgesetzte. Doch auch Mitarbeiter haben Macht, zu belohnen: Der positive Kommentar mehrerer Mitarbeiter, dass diese Besprechung besonders effizient war, ist eine Form von Belohnungsmacht und kann durchaus zu einer Veränderung von Regeln über die Dauer von Besprechungen führen.
- **Bestrafungsmacht** als die Fähigkeit, negative Sanktionen zu setzen. Auch über diese Bestrafungsmacht verfügen nicht nur Vorgesetzte, sondern durchaus auch Mitarbeiter: durch zweifelnde Blicke, Kritik, Verzögerung bei der Erledigung von Aufgaben, innere Kündigung.
- **Legitimierte Macht:** Das ist die Macht, die in einer Organisation im Rahmen von Entscheidungskompetenzen festgelegt ist: Ein Werksleitungskreis hat die Macht, über die Veränderung von Prozessen zu entscheiden.
- **Identifikationsmacht:** Jemand, der eine gute Beziehung hat, anerkannt ist, Vorbild ist, emotionale Beziehungen aufgebaut hat, hat damit die Macht, bestimmte Entscheidungen voranzutreiben.
- **Expertenmacht:** Schließlich hat auch ein Experte aufgrund seines Wissens und seiner Fachkompetenz soziale Macht: Er kann andere überzeugen, bestimmte Regeln abzuändern.

Veränderung sozialer Regeln durch Veränderung anderer Faktoren des sozialen Systems Veränderung von Regeln ist immer Veränderung eines sozialen Systems. Regelveränderung erfordert somit ein systemisches Vorgehen: zu überlegen, welche Faktoren des sozialen Systems die Befolgung der neuen Regel anstoßen oder unterstützen können.

- **Veränderung sozialer Regeln als Veränderung in Bezug auf die Stakeholder:** Die Einsetzung einer neuen Bereichsleiterin kann ein entscheidender Schritt bei der Veränderung geltender Regeln sein. Umgekehrt kann es unter Umständen notwendig sein, zunächst eine zentrale Verwaltungsabteilung, die bislang immer weitere Differenzierung von Statistiken und Formblättern vorangetrieben hat, zu reduzieren, aufzulösen oder umzustrukturieren, bevor sich entsprechende Regeln überhaupt abändern lassen.
- **Veränderung sozialer Regeln als Veränderung subjektiver Deutungen:** Veränderung von Regeln wird häufig als Orientierungslosigkeit erlebt. Verlust an Orientierung führt zu Angst und Widerstand, die so lange anhalten, bis neue Regeln neue Orientierung und neue Handlungssicherheit gewährleisten. Die Vereinfachung von Vorschriften im Rahmen eines Großkonzerns stößt zunächst auf massiven Widerstand von Mitarbeitern im Personalbereich, die jetzt ihre Aufgabe gefährdet sehen. Eine Lösung kann darin bestehen, die Personalabteilung stärker in Beratung einzubinden: In dem Moment, wo diese Mitarbeiter Beratung als sinnvolle eigene Aufgabe sehen (und entsprechend qualifiziert sind), lässt sich eine Vereinfachung von Regeln durchsetzen.
- **Veränderung sozialer Regeln als Veränderung von Regelsystemen oder dahinterstehenden Werten:** Häufig lassen sich Regeln nicht isoliert, sondern nur im Zusammenhang eines umfassenderen Regelsystems verändern. So lässt sich zum Beispiel eine aufwendige Unterschriftenregelung nur dann aufheben, wenn die dahinterstehende Regel »Wir müssen alles genau kontrollieren« abgeändert wird. Möglicherweise ist es erforderlich, einen Wert »Vertrauen« zu thematisieren und zu implementieren.
- **Veränderung sozialer Regeln durch Veränderung der Systemumwelt:** Um Zusammenarbeit zu fördern, ist die Einrichtung eines gemeinsamen Büros manchmal der leichtere Weg als die Aufstellung von Regeln.

Mit nicht abänderbaren Regeln leben?

Was kann man mit Regeln tun, die sich nicht abändern lassen? Was soll eine Mitarbeiterin tun, wenn in ihrer Organisation die Regel gilt, dass Mitarbeiter erst nach dem Chef das Büro verlassen dürfen? Sicher, sie kann versuchen, ihren Vorgesetzten zu überzeugen, sie kann sich Verbündete suchen. Aber sie muss sich möglicherweise auch überlegen, ob sie diese Regel akzeptiert oder sich einen anderen Arbeitsplatz sucht.

Dass sich eine Regel nicht abändern lässt, kann auch Ergebnis eines Beratungsprozesses sein. Die Frage ist, wie die Klientin dann damit umgeht:

- Sie kann die Situation anders/positiver/weniger belastend deuten. Das heißt, sie kann eine Referenztransformation durchführen: Was ist das Positive dieser Regel? Lässt sich die Situation als eine Übergangszeit deuten, die ohnehin in einem halben Jahr (weil dann der Chef in Rente geht) vorbei sein wird?
- Sie kann das soziale System verlassen: Hat die Mitarbeiterin die Möglichkeit, in eine andere Abteilung zu wechseln? Kann sie sich woanders bewerben, sich möglicherweise selbstständig machen?

Eine besondere Form des Umgangs mit Regeln sind »mikropolitische Taktiken«. »Mikropolitik« ist das »Insgesamt jener alltäglichen Einflussversuche einzelner Akteure, durch die sie ihren eigenen Handlungsspielraum erweitern und sich fremder Kontrolle entziehen wollen« (Neuberger 2003, S. 44; vgl. auch Neuberger 2015). Es gibt unterschiedliche Formen solcher mikropolitischen Taktiken:

- **Regelmäßiges Übertreten von Regeln:** Regeln können dadurch verändert werden, dass sie übertreten werden. Die Regel, keinen Kontakt zu der (konkurrierenden) Parallelabteilung aufzunehmen, kann ein Mitarbeiter (in den meisten Fällen) übertreten, ohne gravierende Sanktionen befürchten zu müssen. Vielleicht erntet er kritische Kommentare. Aber wenn die Regelübertretung weitergeführt wird und nicht massive Sanktionen erfolgen, dann besteht die Chance, dass mit der Zeit auch andere Mitarbeiter diese Gewohnheit teilen und die ursprüngliche Regel außer Kraft gesetzt wird.
- **Ausweitung des Spielraums geltender Regeln:** Regeln haben stets einen gewissen Interpretationsspielraum. Die Regel »Über wichtige Vorgänge in der Arbeitsgruppe ist der Abteilungsleiter zu informieren!« lässt offen, wo genau die Grenze zwischen wichtigen und unwichtigen Vorfällen liegt.
- **Verdeckte Ablehnung geltender Regeln:** Wenn sich ein Mitarbeiter weigert, die Regel »Mitarbeiter dürfen erst nach Hause gehen, wenn der Vorgesetzte das Büro verlassen hat« zu befolgen, muss er vermutlich mit negativen Sanktionen rechnen. Er hat aber auch die Möglichkeit, diese Regel »verdeckt« abzulehnen. Er kann sich darauf berufen, dass er diese Regel nicht kannte oder einen wichtigen Termin in der Nachbarabteilung vorschieben. Er kann den Anschein erwecken, dass er sie befolgt, sie aber in Wirklichkeit unterlaufen.

- »**Regeldrift**« als zunächst unmerkliche Abweichungen von der Regelbefolgung (Ortmann 2012, S. 81). Solche Abweichungen können durchaus bisweilen unintendiert sein: Es geschieht einfach, dass eine Regel weniger genau genommen wird, mit der Zeit werden Abweichungen zur Normalität. Regeldrift kann aber auch eine mikropolitische Taktik sein: schrittweise den eigenen Freiraum auszuweiten, ohne dass es thematisiert und bewusst wird.
- **Reduzierung des Aufwands bei der Befolgung von Regeln:** Ein (gemäß Regeln gefordertes) Protokoll einer Besprechung zu schreiben kann einen Aufwand von mehreren Stunden bedeuten. Es kann aber auch in 30 Minuten oder während der Besprechung erledigt sein.
- **Bildung von Koalitionen:** Soziale Macht ist umso größer, je mehr Personen des sozialen Systems sie zugleich ausüben. Ein Vorgesetzter wird eine neue Regel »Besprechungen dürfen nicht länger als zwei Stunden dauern« eher befolgen, wenn er von mehreren Mitarbeiterinnen positiv beziehungsweise negativ sanktioniert wird, indem sie zum Beispiel ihren Unmut über lange Sitzungen oder ihre Befriedigung über (erste) kürzere Sitzungen äußern.

Regeln sind für ein soziales System notwendig und geben Orientierung. Regeln können aber auch einengend sein. Man kann sich ihnen ausgeliefert fühlen – aber man kann immer auch »Spielmacher« (Kohlöffel/Rosche 2009) sein, der Regeln erkennt, nutzt, Freiräume ausnutzt, schließlich auch Regeln verändert. Systemische Organisationsberatung hat die Aufgabe, dabei zu unterstützen.

Literaturtipps

Einen ausführlichen Überblick über Regeln in Organisationen gibt der Sammelband:

- Stephan Duschek u. a. (Hrsg.): *Organisationen regeln*. Springer, Wiesbaden 2012

Darüber hinaus weitere Texte mit zahlreichen Anregungen:

- Hilfreiche Anregungen zum Umgang mit verdeckten Regeln finden Sie zum Beispiel bei: Thomas Saller/Sebastian Mauder/Simone Flesch: *Tabu*. Versteckte Regeln und ungeschriebene Gesetze in Organisationen. Haufe-Lexware, Freiburg 2016
- Sven Gábor Jánszky/Stefan A. Jenzowsky: *Rulebreaker. Wie Menschen denken, deren Ideen die Welt verändern*. Goldegg, Wien 2010

Werte

Neben sozialen Regeln gibt es noch eine weitere Möglichkeit der Steuerung eines sozialen Systems: die Steuerung durch Werte. Hilfsbereitschaft ist ein Wert; die Forderung, im Bus älteren Personen den Sitzplatz anzubieten, ist eine soziale Regel. Beide Male geht es um die Steuerung des Verhaltens. Während jedoch Regeln das Verhalten für relativ konkrete Situationen festlegen, sind Werte allgemeiner und zugleich weniger eindeutig. Der Wert Hilfsbereitschaft kann das Anbieten des Sitzplatzes einschließen, er muss es aber nicht in jeder Situation, lässt sich aber darüber hinaus in zahlreichen anderen Situationen anwenden.

Eine klassische Definition von »Wert« stammt von Talcott Parsons:

> »*Values are modes of normative orientation of action in a social system which define the main directions of action without reference to specificgoals or more detailed situations or structures*« (Parsons 1958, S. 171).

Anhand dieser Definitionen lassen sich die zentralen Merkmale des Begriffs »Wert« herausarbeiten (vgl. Abels 2007, S. 15 ff.).

- Werte sind »Formen der normativen Orientierung für das Handeln in einem sozialen System« (ebd.): Der Wert *Hilfsbereitschaft* gibt Orientierung.
- Werte können individuelle oder gemeinsame Werte sein: die individuellen Werte, die eine Person verfolgt, und die gemeinsamen Werte eines Teams, eines Unternehmens, einer Gesellschaft.
- Werte sichern den Zusammenhalt eines sozialen Systems. Sie bilden einen gemeinsamen Rahmen, wie gehandelt werden soll.

Insofern haben Regeln und Werte eine ähnliche Funktion: Sie sind ein Orientierungsrahmen für praktisches Handeln und sichern den Zusammenhalt eines sozialen System. Auf der anderen Seite gibt es deutliche Unterschiede:

- Regeln sind situationsspezifische Anweisungen der Form »In der Situation x tue y!«. Werte demgegenüber sind nicht auf konkrete Situationen bezogen: Sie definieren »die allgemeine Richtung des Handelns ohne Bezug auf spezifische Ziele oder konkrete Situationen oder Strukturen« (Parsons 1958, S. 171; eigene Übersetzung) und sind damit ein allgemeiner Orientierungsrahmen. Hilfsbereitschaft ist ein allgemeiner Wert – etwa im Unterschied zur Teamregel, im morgendlichen Stand-up des Teams abzuklären, wer wen bei bestimmten Aufgaben unterstützt.
- Während Regeln das Handeln (vorwiegend) auf einer rationalen Ebene steuern,

leiten Werte das Handeln auf einer emotionalen Ebene: »Werthaltungen implizieren Motive und Motive Verhaltensdispositionen« (Neyer/Asendorpf 2018, S. 205). Werte werden anhand von Bildern und Geschichten im episodischen Gedächtnis gespeichert und auf dieser Basis weithin intuitiv angewandt. Wenn ich den Wert Hilfsbereitschaft emotional gespeichert habe, dann überlege ich nicht lange (außer in besonderen Grenzsituationen), ob Hilfsbereitschaft hier angesagt ist oder nicht, sondern ich helfe einer anderen Person einfach. Bei der Teamregel, sich bei konkreten Aufgaben zu unterstützen, werde ich rational überlegen und die angefragte Unterstützung abwägen gegenüber den Aufgaben, die ich zu leisten habe.

Um gemeinsame Verbindlichkeit im Handeln zu sichern, liegt es einerseits nahe, Werte in konkrete Regeln herunterzubrechen: Hilfsbereitschaft wird konkretisiert in der Regel, im Team morgens mögliche Unterstützung abzuklären, oder Zuverlässigkeit durch die Regeln einer To-do-Liste. Andererseits kann der Zusammenhang mit konkreten sozialen Regeln verloren gehen und es besteht die Gefahr, sich in zahllosen, nicht mehr überschaubaren Regeln zu verlieren: Was sind die Werte, die hinter den komplizierten Vorschriften des Steuerrechts stehen? Welche Werte stehen hinter zahllosen Erlassen etwa eines Ministeriums?

Die Erfahrung, dass komplexe soziale Systeme durch soziale Regeln allein nicht steuerbar sind, hat seit Ende des 20. Jahrhunderts zu intensiver Beschäftigung mit dem Thema Werte geführt. Mittlerweile gibt es zahlreiche Bücher zu Themen wie Wertemanagement (z. B. Beckers 2016; Kensok 2012; Wieland 2004a), Wertecoaching (z. B. Schlieper-Damrich 2011) oder Implementierung von Werten in der Organisation (z. B. Barrett 2017; Köstler 2010; Scheitler/Wetzel 2007).

Offenbar haben Werte einen entscheidenden Einfluss auf den Zustand eines sozialen Systems und damit auch auf den Erfolg einer Organisation. Eine der wohl bekanntesten Studien hierzu ist die Untersuchung von Jim Collins und Jerry I. Porras aus den 90er-Jahren des 20. Jahrhunderts. Collins/Portas (2005) untersuchten 18 »visionäre Unternehmen«, die sich durch ihre Marktstellung, aber auch ihr Ansehen und anderem von anderen Organisationen unterscheiden. Ergebnis ist, dass sich diese Unternehmen von anderen in erster Linie dadurch unterscheiden, dass sie über zentrale Werte verfügen, die auch gelebt werden. »Entscheidend ist nicht, welche Grundwerte eine Organisation besitzt, sondern vielmehr dass sie sie besitzt« (Collins/Porras 2005, S. 282). In die gleiche Richtung deutet eine Reihe weiterer Untersuchungen (Übersicht bei Hofmeister 2006, S. 61 ff.). So geht eine 2004 durchgeführte Untersuchung »Wertekultur und Unternehmenserfolg« der Unternehmensberatung Deep White in Zusammenarbeit mit der Universität St. Gallen davon aus, dass 25 Prozent des Unternehmenserfolgs auf die gelebte Wertekultur zurückzuführen sind (Deep White 2004, S. 2).

Systemische Organisationsberatung bedeutet hier: ein soziales System unterstützen, sich über seine Werte klar zu werden, Werte zu verändern und zu implementieren. Dabei lässt sich der Werteprozess in die folgenden Schritte gliedern.

Analyse von Ist-Werten

Was sind die Werte, die tatsächlich gelebt werden, die das Handeln eines Klienten, eines Teams, einer Organisation leiten? Grundsätzlich bieten sich hier unterschiedliche Möglichkeiten an.

Erfragen der Ist-Werte Die erste Möglichkeit besteht darin, den Klienten oder ein Team nach Werten zu fragen:

- Was sind die Werte, die für Sie besonders wichtig sind?
- Was sind die Werte, die uns als Team leiten?
- Was sind die Werte, die von Ihren Kollegen oder im Team oder im Unternehmen tatsächlich gelebt werden?

Allerdings kann das Erfragen von Werten Antworten enthalten, die auf soziale Erwünschtheit zielen. »Zuverlässigkeit« wird vermutlich jeder als wichtigen Wert ansetzen, unabhängig davon, inwieweit der Wert tatsächlich gelebt wird, also inwieweit die betreffende Person tatsächlich zuverlässig ist.

Um tatsächlich gelebte Werte zu erfassen, sind zirkuläre Fragen besser geeignet. Also nicht: »Was sind Ihre Werte?«, sondern: »Was sind die Werte, die Ihre Kollegen ihrem Handeln zugrunde legen?«

Eine Variante des Erfragens von Werten sind Wertekataloge, wie sie in der Forschung zum Beispiel zur Analyse des Wertewandels herangezogen werden (vgl. Hillmann 2003, S. 163 ff.). Ein relativ weitverbreitetes Verfahren dafür ist der Ende der 1990er-Jahre entwickelte Wertetest von Richard Barrett. Dabei werden als mögliche aktuelle Kulturwerte (die Werte, die in der gegenwärtigen Organisation Gültigkeit besitzen) unter anderen genannt (Barrett 2017, S. 35 f.):

- an zukünftige Generationen denken
- Anerkennung
- Anpassungsfähigkeit
- Ausgleich (Privatleben/Beruf)
- Begeisterung
- Beharrlichkeit

Das Werteviereck gliedert Werte in Leistungswerte, Kommunikationswerte, Kooperationswerte und moralische Werte (Wieland 2004b, S. 24).

Leistungswerte

- *Nutzen*
- *Kompetenz*
- *Leistungsbereitschaft*
- *Flexibilität*
- *Kreativität*
- *Innovationsorientierung*
- *Qualität*

Kommunikationswerte

- *Achtung*
- *Zugehörigkeit*
- *Offenheit*
- *Transparenz*
- *Verständigung*
- *Risikobereitschaft*

Kooperationswerte

- *Loyalität*
- *Teamgeist*
- *Konfliktfähigkeit*
- *Offenheit*
- *Kommunikationsorientierung*

Moralische Werte

- *Integrität*
- *Fairness*
- *Ehrlichkeit*
- *Vertragstreue*
- *Verantwortung*

Erschließen von Werten aus dem konkreten Handeln Wenn man davon ausgeht, dass dem konkreten Handeln immer auch Werte zugrunde liegen, lassen sich daraus die tatsächlich gelebten Werte erschließen.

Ein hilfreiches Verfahren dafür ist die Ziel-Wert-Klärung, die F. H. Kanfer u. a. im Zusammenhang mit der Selbstmanagementtherapie entwickelt haben (Kanfer u. a. 2012, S. 381 ff.). Kanfer u. a. gehen davon aus, dass hinter häufig auftretenden Verhaltensweisen, aber auch hinter immer wieder auftretenden Problemen letztlich Werte stehen: Wenn jemand ständig überarbeitet ist, dann kann dahinter Arbeit als Wert stehen. Daraus ergeben sich folgende Prozessfragen:

- Welche Tätigkeiten treten spontan und immer wieder auf?
- Welche Werte stehen dahinter?
- Was sind immer wieder auftretende Probleme?
- Welche Werte begünstigen das Auftreten dieser Probleme?

Eine andere Möglichkeit ist das »Wertegespräch« von Evelyne Maaß und Karsten Ritschl (2000, S. 193 ff.):

> *»Erinnere dich an eine Situation aus dem Berufsbereich, in der du freiwillig gegangen bist [...] Auch wenn du in einem Job innerlich gekündigt hast, kannst du diese Situation*

nehmen [...] Was hat dir hier gefehlt? Welche Qualität war nicht da? Was war es, das dich dazu veranlasst hat zu gehen? Schreibe es jetzt für dich auf [...]
Erinnere dich [...] an eine Situation aus dem Arbeitsbereich, wo du dich wohlgefühlt hast und wo alles so war, wie du es dir gewünscht hast. Was bedeutet für dich angenehmes Arbeiten? [...] Finde diese Arbeitssituation, in der du gerne geblieben bist. Was war da, was diese Situation so besonders werden lässt? Welche Qualität hast du in dieser Situation besonders geschätzt [...] Schreibe die Begriffe, die das ausdrücken, jetzt auf [...]
Wenn du mit den Notizen zum Abschluss gekommen bist, dann [...] streiche die Begriffe oder Qualitäten an, die öfter vorkommen. Welche Qualitäten kommen in mehreren Bereichen vor? Welche Werte nennst du mehrmals und sind dir besonders wichtig?«

Festlegung der Soll-Werte

Die Unterscheidung zwischen Ist- und Soll-Werten bietet die Basis für die weitere Bearbeitung des Themas Werte: Sind die Werte, die wir gegenwärtig leben, die Werte, die wir als Einzelpersonen, als Team oder als Organisation tatsächlich brauchen? Auch hier gibt es verschiedene Vorgehensweisen.

- Die erste Möglichkeit besteht darin, direkt nach Soll-Werten zu fragen: Was sind die Werte, die Ihnen (unserem Team, unserer Organisation) besonders wichtig sind?
- Man kann einen Wertefragebogen nutzen, um nach Soll-Werten zu fragen: Welche zehn Werte sollen das Verhalten unserer Organisation (unseres Teams usw.) vorrangig bestimmen?
- Werte lassen sich mit analogen Verfahren erfassen: Suchen Sie sich ein Symbol für die Werte, die für Ihr Team in der Zukunft besonders wichtig sind!

Collins/Porras (2005, S. 283 f.) schlagen folgende Prozessfragen zur Identifizierung der Grundwerte vor:

- *»Welche Werte bringen Sie persönlich in Ihre Arbeit ein – Werte also, die Sie für so grundlegend halten, dass Sie auch dann an ihnen festhielten, wenn Sie in keiner Weise dafür belohnt würden?*
- *Was würden Sie sagen, wenn Sie Ihren Kindern [...] erklären sollten, für welche Werte Sie sich in Ihrem Job engagieren? [...]*
- *Wenn Sie morgen früh als reicher Mann erwachten und für den Rest Ihres Lebens ausgesorgt hätten, würden Ihre zentralen Werte dann immer noch eine wichtige Rolle für Sie spielen? [...]*

- *Würden Sie an diesen Werten auch dann noch festhalten, wenn einer oder mehrere zu einem Wettbewerbsnachteil für Sie würden?*
- *Wenn Sie morgen ein neues Unternehmen in einer ganz anderen Branche hochziehen müssten, welche Grundwerte würden Sie unabhängig von der Branche darin verankern?«*

Erfragen von Soll-Werten kann manchmal ein harmonisches Miteinander vorspiegeln, das nicht für das Überleben der Organisation ausreicht. Benötigt ein Unternehmen, das von Schließung bedroht ist, wirklich vor allem Verständnis und Zusammenarbeit? Oder benötigt es nicht vor allem Mut und Verantwortung? Soll-Werte sind nie isoliert für sich zu sehen, sondern sind in den Zusammenhang mit der Vision einer Organisation zu stellen: Wo wollen wir hin? Welche Werte benötigen wir, um unsere Vision zu erreichen? Andererseits sind Werte nicht nur von der Vision abhängig, sondern definieren zugleich unveränderliche moralische Standards unseres Umgangs miteinander.

Implementierung von Werten

»Wir haben gute Werte, aber sie werden nicht gelebt« – eine Äußerung, die wir häufiger zu hören bekommen. Das heißt: Das Handeln folgt nicht den Werten, auf die man sich geeinigt hat. Auch das ist ein Thema der Organisationsberatung: Es ist zu klären, welche Werte nicht gelebt werden, was daran hindert, was Möglichkeiten der Implementierung von Werten sein können, und es ist ein Commitment einzufordern. Hierzu beispielhaft das Vorgehen aus einem Werteworkshop (weitere Beispiele bei Kensok 2012, S. 61 ff.; Scheitler/Wetzel 2007). Ausgangspunkt war ein gemeinsam erarbeiteter Wertekanon, nun ging es um die Implementierung.

- Als Einstieg werden durch den Werksleiter und Betriebsratsvorgesetzten (das Vorgehen war mit dem Betriebsrat abgesprochen) die Werte vorgestellt.
- Was bedeuten die Werte für uns? (Ergebnisse auf Metaplan).
- Wie weit leben wir die Werte? Jeder Teilnehmer punktet die einzelnen Werte zwischen 0 und 100. Hilfreich ist, hier dissoziiert, das heißt nicht zu fragen, wie weit der Betreffende die Werte lebt: Jeder wird von sich behaupten, dass er die Werte lebt. Alternativ kann hier auch eine Aufstellung durchgeführt werden, wo sich jeder entsprechend seiner Einschätzung auf der Linie zwischen 0 und 100 positioniert.
- Sammlung von konkreten Situationen, in denen die Werte gelebt beziehungsweise nicht gelebt werden: Was sind Beispielsituationen, die Werte zu leben? Woran können andere feststellen, dass die Werte gelebt werden?

- Was sind Faktoren, die uns an der Umsetzung der Werte hindern beziehungsweise uns dabei unterstützen? Welche Handlungskonsequenzen ergeben sich daraus?
- Commitment im Sinne der persönlichen Verpflichtung auf die Werte. Das Commitment war hier kein allgemeines Gruppencommitment, wo sich jeder Einzelne zu leicht hinter den anderen verstecken kann, sondern zunächst ein persönliches Commitment: »Ich werde ...« Für eine Teamberatung heißt das zum Beispiel, dass jeder sein persönliches Commitment auf ein Flipchart schreibt und es den anderen darstellt. Möglicherweise kann sich ein gemeinsames Commitment (zum Beispiel ein gemeinsames Foto, jeder unterschreibt) anschließen.

Sie können diese Prozessfragen je nach der Situation entsprechend modifizieren und ebenso für Einzelberatung wie für Teamberatung verwenden. Auch hier ist Gespür für die Situation notwendig: Es wäre auch denkbar, dass ein solcher Werteworkshop als aufgesetzt verstanden wird (was darauf hindeutet, dass die Werte eher vorgegeben anstatt gemeinsam erarbeitet sind), dann sind möglicherweise deutlicher die Bedenken gegenüber den Werten zu thematisieren.

In einem größeren Beratungsprozess kann die Implementierung ein umfangreicher Prozess sein. Man kann mit einem Werteworkshop mit 40 bis 50 Mitarbeitern aus allen Bereichen und Ebenen (einschließlich Betriebsrat und Werksleitung) beginnen. Man kann zunächst den Werteworkshop mit der Geschäftsleitung durchführen. Oder jedes Team führt einen (verkürzten) Werteworkshop in seiner Abteilung oder seinem Team durch. Man kann auch – so das Konzept der St. Gallener Business School (Köster 2010, S. 256 ff.) – zunächst auf der Basis von Checklisten Umsetzungsbarrieren für die Implementierung von Werten identifizieren, auf dieser Basis ein Implementierungskonzept und einen Aktionsplan entwickeln und schließlich die Implementierung überprüfen. Schwerpunkte des Aktionsplans können zum Beispiel sein: Leidensdruck kreieren, Werte, Vision und Strategie diskutieren, Hindernisse in Strukturen, Prozessen, aber auch personelle Hindernisse schrittweise abzubauen und die neue Unternehmensphilosophie durch Vorstand oder Geschäftsführung zu kodifizieren.

Wenn man jedoch davon ausgeht, dass Werte das Handeln weniger rational, sondern vorwiegend auf einer emotionalen Ebene leiten, reicht ein solches überwiegend rationales Vorgehen schwerlich aus. Einstellungen (und die Internalisierung von Werten gehört dazu) sind nur in geringem Maße auf einer kognitiven Ebene veränderbar, eher auf einer emotionalen oder einer »konativen Ebene« durch praktisches Handeln (vgl. z. B. Aronson/Wilson/Akert 2014, S. 215 ff.). Daraus ergeben sich Ansätze für die Implementierung von Werten, die stärkeres Gewicht auf das Handeln und die emotionale Ebene legen (vgl. auch Hofmeister 2006, S. 183 ff.).

Verdeutlichung von Werten durch Geschichten und Rituale Das emotionale Denken speichert Erfahrungen nicht als Begriffe, sondern als Bilder und Geschichten. Das bedeutet, dass auch die Bedeutung von Werten weniger in abstrakten Begriffen, sondern in Geschichten transportiert wird: Es werden Geschichten erzählt, bildlich oder szenisch dargestellt, wie bestimmte Werte gelebt werden. Oder man kann die Implementierung von Werten als eine »Heldengeschichte« darstellen, in der sich ein Team auf die Reise macht, Stürme übersteht, aber auch bestimmte Leitsterne findet, die den Weg zum Ziel weisen, wobei dann während dieser Reise die leitenden Werte mit der Zeit immer deutlicher werden (vgl. z. B. Loebbert 2008; Müller 2013). Auch ein Ritual – wir kommen im nächsten Abschnitt darauf zurück – ist eine Form erlebter Geschichten und kann Werte verdeutlichen: zum Beispiel das Geburtstagsritual als Ausdruck der Wertschätzung.

Ausrichtung der Prozesse und Strukturen, aber auch der räumlichen Umwelt auf die Werte Prozesse, Strukturen, aber auch die Einrichtung eines Büros, in dem zum Beispiel alle Teammitglieder sitzen, können Werte unterstützen, aber ihnen auch entgegenstehen: Enge Kontrollen sind mit dem Wert Eigenverantwortlichkeit nicht vereinbar; Teamarbeit in einem Vertriebsteam wird nicht dadurch gefördert, dass jeder Vertriebsmitarbeiter nach seinem eigenen Umsatz bezahlt wird. Im Blick darauf gilt es, die bestehenden offiziellen, aber auch die impliziten Regeln immer wieder zu überprüfen, wie weit sie die Werte der Organisation unterstützen oder ihnen entgegenstehen:

> *»To the values-driven leader, structure and systems are always means, never ends. Raising aspiration for an value always suggests realignment of structure and systems«* (Harmon 1996, S. 177).

Beispielhaft dafür folgende Prozessfragen:

- Passt die Aufbauorganisation zu unseren Werten?
- Ermöglichen die Prozesse überhaupt noch selbstständiges Handeln?
- Wie weit werden unsere Werte positiv sanktioniert?
- Welche Rahmenbedingungen können geschaffen werden, die wertorientiertes Handeln unterstützen?

Wertekonflikte

Werte stimmen nicht immer überein, sondern können gegeneinander stehen: Flexibilität und Planung sind gegensätzliche Werte, die dann zu wechselseitigen

Vorwürfen und Konflikten führen. Das heißt, Wertekonflikte müssen bearbeitet werden.

Eine erste Möglichkeit besteht darin, den Wertekonflikt auf gemeinsame übergeordnete Werte zu beziehen. Das setzt eine Wertehierarchie voraus (Middendorf 2004): Welche Werte sind für uns wirklich wichtig? Häufig lassen sich zentrale übergeordnete Werte (Sicherung des Unternehmens als gemeinsamer Wert oberhalb der Diskussion zwischen Flexibilität und Planung) finden und dann der Konflikt als Diskussion um verschiedene Wege zur Erreichung des gemeinsamen übergeordneten Wertes führen.

Eine andere Möglichkeit ist das durch Schulz von Thun bekannt gewordene Wertequadrat. Grundgedanke ist, dass jeder Wert immer in Gefahr ist, übertrieben zu werden: Flexibilität kann zu Chaos führen, Planung zu Starrheit und Kleinkariertheit (Schulz von Thun 2006, S. 43).

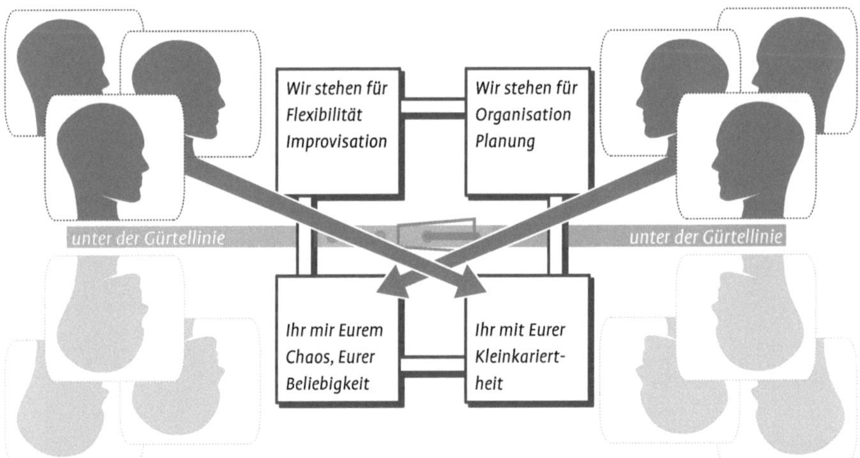

Im Blick darauf sind gegensätzliche Werte »auszubalancieren«. Daraus ergeben sich folgende Prozessfragen:

- Was ist der eigene positive Wert?
- Was sind Gefahren der Übertreibung dieses Wertes?
- Was ist der negativ empfundene (übertriebene) Werte des anderen?
- Was ist der dahinterstehende positive Wert?
- Wie lassen sich Wert und Gegenwert ausbalancieren?

Literaturtipps

Als Anregung zur Vertiefung:

- Ulrich Hemel: *Wert und Werte*. Hanser, München/Wien, 2. Auflage 2007
- Gerd Köster: *Kurskorrekturen*. Ethik und Werte im Unternehmen. Bertelsmann, Gütersloh 2010

Praktische Hinweise finden Sie zum Beispiel auch bei:

- Peter Kensok: *Der Werte-Manager – das Arbeitsbuch*. Jürgen Wagner, Stuttgart 2012

Rituale

»Rituale sind gemeinsam entwickelte symbolische Handlungen« (Imber-Black u. a. 2001, S. 23). Bei Ritualen denkt man zunächst an religiöse Rituale (das Ritual der Ostermesse, Beerdigungsrituale); Rituale gibt es ebenso in Familien (das Gutenachtritual beim Zubettgehen der Kinder) wie in Organisationen (das Freisprechungsritual für Auszubildende, das jährliche Betriebsfest); es gibt Kaufrituale, Gedenkrituale, Reinigungsrituale.

In der Folge der 68er-Jahre des 20. Jahrhunderts sind Rituale als unnötiges Überbleibsel vergangener Traditionen und Ausdruck ungerechtfertigter Machtverhältnisse kritisiert worden. In der Folge davon verschwanden zahlreiche Rituale: Studierenden wurde das Examenszeugnis nicht mehr in einer offiziellen Verabschiedung überreicht, sondern mit der Post zugeschickt; in Unternehmen wurden Rituale wie die morgendliche Teepause aus Kostengründen gestrichen.

Seit den 1990er-Jahren wird jedoch zunehmend wieder die Bedeutung von Ritualen erkannt: Studierende fordern die Wiedereinführung der Examensfeier. Rituale wurden als wichtiges Instrument der Therapie entdeckt – oder besser: wiederentdeckt (Welter-Enderlin/Hildenbrand 2011; Imber-Black u. a. 2001). Alltagsrituale werden als »Quellen der Kraft« beschrieben (Kaiser 2005). Es wird die Wichtigkeit von Ritualen im Management betont (Echter 2011) oder darauf hingewiesen, dass Bildungsprozesse »in stärkerem Maße in rituellen Arrangements stattfinden, als dies in der Theorie und in der Geschichte der Bildung gesehen wird« (Wulf u. a. 2004, S. 7). Das macht Rituale zu einem wichtigen Thema systemischer Organisationsberatung.

Doch was sind Rituale? Hier ein einfaches Beispiel: das »Gutenachtritual« in einer Familie: Zum Schlafengehen muss der vierjährige Stephan von seinem Vater (oder seiner Mutter) ins Bett gebracht werden. Das Kissen wird ordentlich aufgeschüttelt, der Teddy bekommt seinen Stammplatz. Dann muss der Vater die Gutenachtgeschichte vorlesen. Es folgt der Gutenachtkuss; vorher kann Stephan nicht einschlafen. An diesem Beispiel lassen sich folgende Merkmale von Ritualen erkennen (vgl. auch Dücker 2007, S. 28 ff.; Imber-Black u. a. 2001, S. 20 ff.):

- Rituale sind sich wiederholende Handlungen: Das Gutenachtritual wird jeden Abend durchgeführt.
- Rituale sind Handlungen, die einen nicht sprachlichen Anteil haben: das Aufschütteln des Kissens, den Teddy auf seinen Stammplatz legen.
- Rituale sind regelgeleitet: Der Teddy muss seinen Stammplatz bekommen (und wehe, wenn er abends nicht zu finden ist), die Gutenachtgeschichte darf nicht verkürzt werden. Das Gutenachtritual darf auch nicht zum Mittagsschlaf oder beim Aufwachen ausgeführt werden.
- Rituale sind keine (ausschließlich) instrumentellen Handlungen: Zum Einschlafen könnte Stephan auch alleine ins Bett gehen. Essen, um satt zu werden (indem man zum Beispiel an den Kühlschrank geht und sich etwas holt), ist noch kein Ritual. Aber sich zum Essen eine Kerze anzuzünden, »Mahlzeit« zu sagen ist mehr als eine bloß zweckrationale Handlung.
- Rituale sind an Werte gebunden. Das wird insbesondere an religiösen Ritualen deutlich. Rituale, so schreibt Émile Durkheim in seinem Buch »Die elementare Formen des religiösen Lebens«, sind Verhaltensregeln, »die dem Menschen vorschreiben, wie er sich den heiligen Dingen gegenüber zu benehmen hat« (Durkheim 1981, S. 67). Entsprechend heißt es bei Erving Goffman (1999, S. 97):

  »Ein Ritual ist eine mechanische, konventionalisierte Handlung, durch die ein Individuum seinen Respekt und seine Ehrerbietung für ein Objekt von höchstem Wert […] bezeugt.«

In der Tat wissen wir im Anschluss an Untersuchungen in Soziologie, Anthropologie, aber auch aus der Therapieforschung, dass Rituale eine wichtige Funktion in sozialen Systemen besitzen:

- **Rituale sind Orientierungsmuster zur Lebensbewältigung:** Stephan hilft das Gutenachtritual, das Alleinsein in der Nacht und die Dunkelheit zu bewältigen. Übergangsrituale zum Beispiel beim Antritt einer neuen Stelle oder bei der Verabschiedung aus dem Unternehmen helfen, den Übergang zu bewältigen (Gennep 2005). Abschieds- oder Trauerrituale helfen, den Schmerz des Abschieds oder beim Tod eines nahen Menschen zu bewältigen.
- **Rituale stützen die Identität eines sozialen Systems:** Das Gutenachtritual, an dem Stephan und beide Eltern teilnehmen, stützt die Identität der Fami-

lie. Das Ritual beim Eintritt einer neuen Mitarbeiterin in das Unternehmen oder der gemeinsame Betriebsausflug stärkt die Identifikation mit dem Unternehmen:

»*Dadurch dass Rituale die Werte der eigenen Gemeinschaft mit dem Gestus von Bestätigung und Verpflichtung sichtbar machen, auch wenn sie deren Schwächen, Übertreibungen und Anfälligkeiten für individuelles Ausnutzen bloßstellen, fördern sie auf der einen Seite deren Zusammenhalt und Kontinuität (Binnenintegration), auf der anderen markieren sie notwendig eine Grenze gegenüber anderen Formationen*« (Dücker 2007, S. 31).

Gewiss erfüllt nicht jedes bestehende Ritual diese Funktion. Der Betriebsausflug der Abteilung wird zur lästigen Pflicht; das Abschiedsritual bei der Verabschiedung eines Kollegen wird nur noch notgedrungen ausgeführt. Rituale sind dann »leer« oder »ausgehöhlt«, wenn der Bezug zu den dahinterstehenden Werten verloren geht.

Rituale als Thema der Organisationsberatung bedeutet: einen Klienten zu unterstützen, für sich Rituale zu entwickeln, Rituale in einem Team zu etablieren, um die Gemeinsamkeit des Teams zu stärken, eine Schule oder ein Unternehmen dabei zu unterstützen, gemeinsame Werte durch neue Rituale zu stabilisieren – aber auch ein System zu unterstützen, leere Rituale aufzuheben. Das heißt im Einzelnen:

Diagnose des sozialen Systems im Blick auf Rituale Die Diagnose eines sozialen Systems kann ebenso im Rahmen einer Klärungsphase wie im Rahmen einer Teamdiagnose oder einer umfangreichen Organisationsanalyse erfolgen:

- Verfügt das soziale System über Rituale?
- Welche Rituale bestehen?
- Ist den Angehörigen die Bedeutung der Rituale (das heißt die Verknüpfung mit Werten) bewusst?
- Werden Werte mithilfe von Ritualen bewusst gemacht oder gestützt?
- Gibt es »leere« Rituale, die aufzuheben oder abzuändern sind?
- Gab es früher hilfreiche Rituale, die in Vergessenheit geraten sind?
- Was könnten Rituale zur Stützung der gemeinsamen Werte sein?
- Gibt es Ansätze zu Ritualen, die genutzt werden können?
- Gibt es besondere Probleme, zu deren Bewältigung Rituale hilfreich wären?

Veränderung von Ritualen in sozialen Systemen Veränderung von Ritualen kann bedeuten, Rituale aufzuheben, wenn sie keine sinnvolle Funktion im Blick auf die Werte des Systems haben, Rituale abzuändern, bestehende Rituale wieder mit Leben zu füllen oder neue Rituale einzuführen.

Dabei dürfte das Aufheben von Ritualen in vielen Fällen am einfachsten vonstattengehen: Ein gemeinsamer Betriebsausflug kann ausgesetzt werden, wenn die Mitglieder damit keinen Sinn mehr verbinden. Doch wie lassen sich bestehende Rituale wieder mit Leben füllen oder neue Rituale einführen? Sicher kann ein Berater Rituale vorschlagen oder ein Leitungskreis Rituale festsetzen – aber offen bleibt dabei immer noch, ob diese Rituale im sozialen System akzeptiert und nicht als leere Floskel verstanden werden. Abänderung und Einführung von Ritualen sind Veränderung eines sozialen Systems und haben mit Abwehr und Widerständen ebenso zu rechnen wie jeder andere Veränderungsprozess. Hier einige Prozessfragen:

- Welche Werte sollten oder könnten durch Rituale gestützt werden?
- Bestehen Ansätze zu Ritualen, die hier genutzt werden könnten?
- Gibt es Ideen, Anregungen für neue Rituale?
- Wer können die Stakeholder für die neuen Rituale sein, die die Implementierung der Rituale vorantreiben?
- Wie kann die Bedeutung der Rituale transparent gemacht werden?
- Wie lässt sich die Einführung des Rituals gestalten (zum Beispiel die Feier des ersten Jahrestages als ein besonderes Ereignis)?
- Was kann getan werden, um das Ritual zu stabilisieren?

Entscheidend dabei ist, nicht allein bei den Ritualen anzusetzen, sondern bei den dahinterstehenden Werten und Zielen: Welche Werte sollen durch Rituale verdeutlicht werden? Die Bewältigung welcher Probleme ist Ziel des Rituals? Erst im Blick darauf lässt sich so etwas wie ein »Ritual-Drehbuch« (Kaiser 2005, S. 78 ff.) erstellen: Welche Worte sollen im Vollzug des Rituals gesprochen werden? Welche Symbole sind dabei geeignet? An welchem Ort und zu welcher Zeit soll das Ritual stattfinden?

Sicher kann eine Beraterin oder ein Berater Rituale vorschlagen (etwa auf der Grundlage ihrer Erfahrungen in anderen Organisationen). Aber das können nur Anregungen sein. Letztlich wird im sozialen System entschieden, welche Rituale passend sind und sich durchsetzen.

Literaturtipps

Zum Abschluss wieder einige Literaturhinweise:

Als theoretische Einführung in die Thematik:

- Christiane Brosius/Axel Michaels/Paula Schrode (Hrsg.): *Ritual und Ritualdynamik. Schlüsselbegriffe, Theorien, Diskussionen*. Vandenhoeck & Ruprecht, Göttingen 2013
- Burckhard Dücker: *Rituale. Formen – Funktionen – Geschichte*. Metzler, Stuttgart 2007

Anregungen für die Arbeit mit Ritualen finden Sie u. a. bei:

- Dorothee Echter: *Führung braucht Rituale*. Vahlen, München, 2. Auflage 2011
- Rosemarie Welter-Enderlin/Bruno Hildenbrand (Hrsg.): *Rituale – Vielfalt in Alltag und Therapie*. Carl Auer, Heidelberg, 3. Auflage 2011

Regelkreise: Verhaltensmuster in sozialen Systemen

Grundlagen

»Systemisches Denken heißt, anstatt in linearen Verläufen in Kreisläufen zu denken« (O'Connor/McDermott 2004, S. 45): Ein Element A wirkt auf das Element B und umgekehrt beeinflusst B wiederum A.

Erinnern Sie sich an das Beispiel des unmotivierten Mitarbeiters aus der Einleitung: Der Mitarbeiter ist nicht motiviert, der Vorgesetzte kritisiert, daraufhin ist der Mitarbeiter noch weniger motiviert, der Vorgesetzte kritisiert umso mehr und so weiter. Eben das ist ein typischer Regelkreis. Allgemein formuliert: Regelkreise in sozialen Systemen sind immer wiederkehrende Verhaltensweisen, die aus den jeweiligen subjektiven Deutungen resultieren und die sich wechselseitig beeinflussen. Bildlich dargestellt ergibt sich folgender Kreislauf:

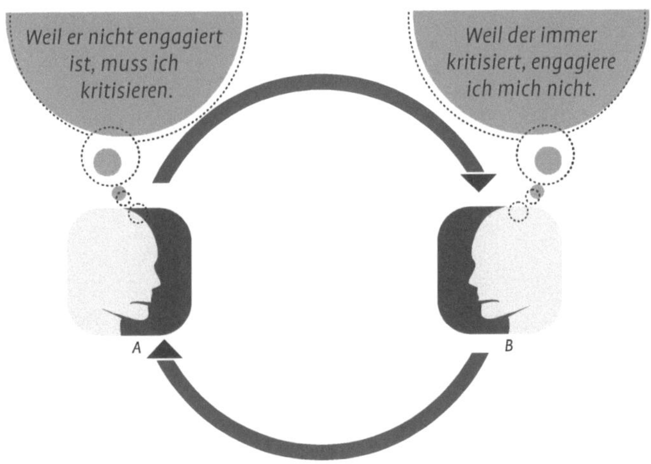

Es gibt typische Regelkreise (teilweise in Anlehnung an Dehner/Dehner 2014, S. 150 ff.):

- Der »Ja, aber«-Regelkreis: Eine Expertin macht Vorschläge, der Gesprächspartner antwortet mit »Ja, aber«.
- Der »Ich bin hilflos«-Regelkreis: Ein Mitarbeiter kommt nicht zurecht und holt sich Hilfe beim IT-Unterstützer. In Zukunft kommt er immer wieder.
- Der »Ach, wie schrecklich«-Regelkreis: Eine Kollegin klagt ihr Leid, Sie trösten – was dazu führt, dass die Kollegin in Zukunft noch häufiger kommt und ihr Leid klagt.
- Der »Schwarze Peter«-Regelkreis: Anstatt das Problem zu lösen, ist man damit beschäftigt, die Schuld auf andere abzuschieben.
- Der »Makel«-Regelkreis: Ein Vorgesetzter findet an allem etwas zu kritisieren, die Mitarbeiterin erklärt – der Vorgesetzte beharrt auf seiner Kritik.
- Der »Ausweich-Regelkreis«: Der Vorgesetzte fragt nach Kosten und Zeit für ein Projekt, der Mitarbeiter verteidigt ausführlich die Notwendigkeit.
- Der »Chancenlos«-Regelkreis: Es wird ausführlich das Schicksal beklagt – aber nichts wird verändert
- Der »Wir müssen«-Regelkreis: Alle sind sich einig, dass etwas geschehen müsste – aber nichts wird umgesetzt.
- Der »Zu Tode reiten«-Regelkreis«: In der Diskussion wird endlos geredet, es kommt kein Ergebnis zustande.

Die Beispiele zeigen, dass an Regelkreisen unterschiedlich viele Personen beteiligt sein können:

- **Regelkreise zwischen zwei Personen** wie der sich wechselseitig verstärkende Konflikt zwischen zwei Kollegen: Jede der beiden Personen trägt durch ihr Verhalten etwas zu dem Regelkreis bei.
- **Regelkreise mit »Personen im Hintergrund«:** Manchmal gibt es zusätzliche Personen im Hintergrund, die den Regelkreis beeinflussen. Der Konflikt zwischen zwei Kollegen mag nicht allein von den beiden Kollegen abhängen, sondern wird möglicherweise von der Vorgesetzten beeinflusst, die (ob absichtlich oder unabsichtlich) beide gegeneinander ausspielt und beiden immer wieder die gleichen Aufträge gibt.
- **Regelkreise in Gruppen:** Festgefahrene Team- oder Abteilungsbesprechungen sind durch Regelkreise gekennzeichnet: Es wird endlos diskutiert, man gelangt zu keinem Ergebnis – oder es wird ein Ergebnis erzielt, aber in der nächsten Sitzung umgeworfen, oder …
- **Regelkreise in komplexen Organisationen:** Im Rahmen der Organisationsanalyse eines Werkes stellt sich heraus, dass nahezu alle Führungskräfte darüber klagen, dass die Mitarbeiter zu wenig eigenverantwortlich handeln.

Gleichzeitig beklagen sich alle Mitarbeiter darüber, dass ihre Vorschläge nicht gehört werden.

- **Regelkreise im Verhalten einer einzelnen Person:** »Intrapersonale Regelkreise« sind als Thema von Coachingprozessen nicht selten: Es ist Termindruck, man fängt an, eine Aufgabe zu bearbeiten, wendet sich einer anderen Aufgabe zu, dann wieder der ersten (oder einer dritten), gerät unter Druck, nichts wird fertiggestellt. Auch das ist ein Regelkreis: Verschiedene Verhaltensweisen (Unterbrechen der Arbeit an Aufgabe A, Unterbrechen der Arbeit an Aufgabe B) verstärken einander.

Alle genannten Regelkreise sind Beispiele für problematische Regelkreise oder »Teufelskreise« (Schulz von Thun 1981, S. 193 ff.). Es gibt aber auch »Tugendkreise« (Sherwood 2011, S. 103 ff.): Zwei Kollegen unterhalten sich. Der eine erzählt, der andere hört zu, dann erzählt der andere, der Erste hört zu. Auch das ist ein Regelkreis, aber er trägt zu einer erfolgreichen Kommunikation bei.

Analyse und Abänderung von Regelkreisen sind insbesondere Thema verschiedener systemtheoretischer Konzepte:

- Allgemeine und evolutionistische Systemtheorie behandeln Regelkreise in unterschiedlichen Gebieten: der Regelkreis Thermostat und Heizung, Kommunikation als Regelkreis zwischen Sender und Empfänger, Regelkreise in der Biologie oder in ökologischen Systemen.
- Watzlawick u. a. (1969, S. 58 ff.) verdeutlichen Regelkreise an dem »Nörgler-Rückzug-Beispiel«: Der Mann verhält sich sehr passiv-zurückgezogen, während die Frau nörgelt.
- Regelkreise sind typisches Muster von Konflikten, die dann häufig zu Eskalation führen (z. B. Glasl 2013).
- Die Anwendung der Systemtheorie auf Organisationen bei Senge, Ulrich/Probst oder Sherwood legt das Schwergewicht auf komplexe Regelkreise in Organisationen: Regelkreis zwischen Kosteneinsparung und den Auswirkungen auf das Betriebsklima und Arbeitsqualität, somit langfristig auch auf Umsatz und Gewinn, oder zwischen Patientenbedürfnissen, politischem Druck, Deckungsbeitrag und Zahl der Einweisungen im Klinikbereich.

Ein anderes Konzept, in dem Regelkreise thematisiert werden, ist die Transaktionsanalyse. Grundlage ist die auf Berne zurückgehende Unterscheidung zwischen den verschiedenen Ich-Zuständen »Eltern-Ich«, »Erwachsenen-Ich« und »Kind-Ich« (Berne 1970, S. 25 ff.; vgl. Dehner/Dehner 2013; Stewart/Joines 2010, S. 33 ff.):

- **Eltern-Ich:** Im Umgang mit anderen lege ich Verhaltensweisen, aber auch Denkweisen und Empfindungen an den Tag, die ich bei einem Elternteil erlebt habe.
- **Erwachsenen-Ich:** Ich benutze Verhaltensweisen und Denkweisen, die mir als Erwachsenem zur Verfügung stehen.
- **Kind-Ich:** Ich benutze Gedanken, Empfindungen und Verhalten, wie ich es als Kind getan habe.

Aus der Interaktion zwischen verschiedenen Ich-Zuständen unterschiedlicher Personen entstehen Regelkreise, Transaktionen, aber auch »Maschen« und »Spiele« (Stewart/Joines 2010), zum Beispiel der Regelkreis zwischen einem kritischen Vorgesetzten und einem Mitarbeiter, der sich bemüht, alles recht zu machen, als Transaktion zwischen kritischem Eltern-Ich (der Vorgesetzte verhält sich wie ein kritisches Elternteil) und angepasstem Kind-Ich aufseiten des Mitarbeiters.

Ein typischer Regelkreis ist das »Drama-Dreieck« mit den Rollen Verfolger, Opfer, Retter: Ein Vorgesetzter (Verfolger) kritisiert einen Mitarbeiter, der fühlt sich als Opfer, die Beraterin (als Retter) versucht, den Mitarbeiter zu unterstützen (Dehner/Dehner 2007, S. 24 ff.). Daraus entsteht ein Regelkreis, bei dem das Verhalten der Beraterin – so positiv es auch gemeint ist – zur Stabilisierung des Problems beiträgt.

Schließlich ist im Zusammenhang mit Regelkreisen auch die bereits erwähnte Schematherapie relevant. Schemata, verstanden als »emotionale und kognitive Muster« (Young u. a. 2008, S. 36), sind Auslöser für immer wiederkehrendes Verhalten – und somit Regelkreise: Eine Mitarbeiterin ist davon überzeugt, dass sie sich nicht auf Zusagen ihres Vorgesetzten verlassen kann, sie reagiert entsprechend – und bestätigt eben damit ihre Annahmen.

Regelkreise als Merkmal sozialer Systeme: Erklärung und Intervention

Systemisch gesehen sind Regelkreise keine isolierten Verhaltensweisen, sondern sie sind stets im Zusammenhang mit den anderen Faktoren des sozialen Systems zu begreifen:

- Unterschiedliche Faktoren des sozialen Systems können zum Entstehen oder Aufrechterhalten von Regelkreisen beitragen.
- Unterbrechung hinderlicher Regelkreise kann entsprechend auf unterschiedlichen Ebenen erfolgen.

Im Alltag versucht man häufig, Regelkreise durch »mehr desselben« aufzulösen: Wenn der Vorgesetzte in unserem Eingangsbeispiel merkt, dass seine Kritik keinen Erfolg hat, wird er nachdrücklicher kritisieren. Wenn in einem Team die Diskussion nicht zu einem Ergebnis führt, diskutiert man intensiver. All das sind, wie Watzlawick u. a. formulieren, »Lösungen erster Ordnung« (Watzlawick u. a. 2013, S. 59 ff.), die jedoch selten zu einer positiven Lösung führen, sondern meist zur Verstärkung des Problems: Der Mitarbeiter wird sich nur noch mehr zurückziehen, jedes Argument in einer Diskussion provoziert ein Gegenargument. Der Regelkreis verhärtet sich und eskaliert. Daraus ergibt sich ein ebenso grundlegendes wie einfaches Prinzip für die Auflösung von Regelkreisen:

Auflösung von Regelkreisen bedeutet, etwas anderes zu tun!

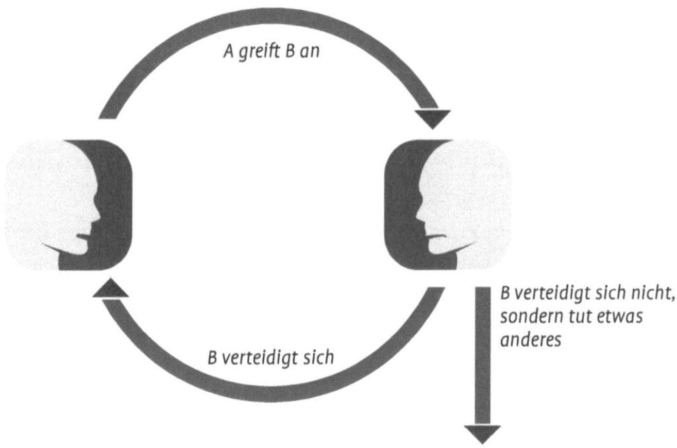

Watzlawick u. a. (2013) verwenden hier den Begriff »Lösungen zweiter Ordnung«, des Öfteren spricht man auch von »Musterwechsel« (Kruse 2015, S. 54 ff.) oder »Musterunterbrechung« (Radatz 2015, S. 240 ff.). Die Unterbrechung blockierender Regelkreise ist nur dadurch möglich, dass zumindest einer der Interaktionspartner »etwas anderes« tut:

- Der Regelkreis Nörgler–Rückzug lässt sich dann unterbrechen, wenn eine der beteiligten Personen etwas anderes tut, zum Beispiel der Vorgesetzte ein Coachinggespräch mit seinem Mitarbeiter führt oder der Mitarbeiter den Vorgesetzten um ein ausführliches Feedback-Gespräch bittet, möglicherweise aber auch die Stelle wechselt.

- Der Regelkreis von Argumenten und Gegenargumenten wird sich dann unterbrechen lassen, wenn einer der Diskussionspartner anstelle von Argumenten zuhört, zu verstehen sucht, nachfragt, wenn Diskussionsregeln verändert werden.

Lösungen zweiter Ordnung können bei den unterschiedlichen Faktoren sozialer Systeme ansetzen: indem Personen ausgewechselt werden, die Situation anders gedeutet wird, Regeln, Systemumwelt oder die Entwicklung verändert werden. Wir möchten diese Ansatzpunkte im Folgenden diskutieren, wobei wir im Blick auf das praktische Vorgehen jedoch nicht bei den Personen beginnen, sondern auf der Verhaltensebene.

Unterbrechung von Regelkreisen auf der Verhaltensebene: etwas anderes tun Das Grundprinzip hatten wir schon genannt: Auflösung eines Regelkreises bedeutet, etwas anderes zu tun. Was »das andere« jeweils ist, kann ganz unterschiedlich sein. Hilfreich ist, hier im Sinne des klassischen Brainstormings zunächst einmal Möglichkeiten zu sammeln. Im Beratungsprozess können Sie den oder die Klienten fragen, was alternative Möglichkeiten wären – oder Sie können selbst Ideen einbringen. Das können Ideen aus Kommunikationskonzepten sein, oder Sie bringen als Beraterin oder Berater Ideen ein, die Ihnen spontan einfallen. Nicht selten sind es gerade zunächst unvernünftig erscheinende Möglichkeiten, die überraschende und unerwartete Veränderungen bringen. Im Folgenden einige Beispiele:

- **Distanz schaffen:** Um einen Regelkreis aufzulösen, ist es in vielen Fällen hilfreich, zunächst Distanz zu schaffen, zum Beispiel eine festgefahrene Diskussion zu unterbrechen. Jeder gewinnt Zeit, um sich »abzukühlen«, die Situation nochmals zu überdenken und gegebenenfalls neue Lösungsmöglichkeiten zu überlegen. Anschließend kann man die Diskussion von einem anderen Ausgangspunkt wieder aufnehmen.
- **Gar nichts tun:** »Gar nichts tun« als Lösung zweiter Ordnung zu verstehen ist manchmal für Klienten schwer einsichtig. Aber es ist hilfreich: Wenn ich mich bislang in Teambesprechungen immer vergeblich angestrengt habe, zu einem gemeinsamen Ergebnis zu kommen, besteht die Lösung zweiter Ordnung hier darin, sich zurückzuhalten, das Gespräch einfach laufen zu lassen. Es besteht eine gute Chance, dass sich damit das Verhaltensmuster ändert – und es spart Nerven.
- **Fragen stellen, anstatt zu argumentieren:** Die Moderatorin des Workshops wird kritisiert, der Workshop sei zu theoretisch. Normalerweise würde man sich hier verteidigen. Doch das führt in einen Regelkreis Kritik – Erklärung. Eine Lösung zweiter Ordnung ist, stattdessen nachzufragen: »Was genau fehlt

Ihnen im Workshop?« Generell: Häufig entstehen Regelkreise dadurch, dass Behauptung gegen Behauptung steht. Hier sind Fragen in vielen Fällen eine entscheidende Möglichkeit, festgefahrene Muster aufzubrechen.

- **Unterscheidung von Inhalts- und Beziehungsebene:** Diese Unterscheidung findet sich bei Watzlawick u. a. (2013, S. 188) und ist dann durch Schulz von Thun (1981, S. 25 ff.) zu der Unterscheidung zwischen Inhalt, Selbstoffenbarung (oder Selbstkundgabe), Beziehung und Appell erweitert worden. Kritik zum Beispiel wird vom Gesprächspartner in der Regel nicht als inhaltliches Argument, sondern als Kritik auf der Beziehungsebene verstanden: »Sie haben keine Ahnung«. Um hier nicht in einen Regelkreis Angriff – Verteidigung zu verfallen, kann die Antwort zwischen Inhalt und Beziehung unterscheiden: dem anderen für den Beitrag zu danken und ihn ernst zu nehmen (Beziehungsebene) und dann auf der Inhaltsebene Position zu beziehen.
- **Positives Verhalten verstärken, statt negatives Verhalten zu kritisieren:** Das ist ursprünglich der Ansatz der Verhaltensmodifikation (z. B. Bodenmann u. a. 2016, S. 107 ff.): Kritik führt häufig zu einer Verstärkung des betreffenden Verhaltens (also zu einem Regelkreis), stattdessen ist die Aufmerksamkeit auf das positive Verhalten zu richten.
- **Aktives Zuhören** im Anschluss an Thomas Gordon (wir haben es bereits im Abschnitt über das Beratungsgespräch aufgeführt): Wenn der Gesprächspartner Unterstützung bei der Lösung von Problemen möchte, nicht mit Ratschlägen kommen (was dann leicht zu einem Ja-aber-Regelkreis führt), sondern versuchen, die hinter der jeweiligen Äußerung stehenden Empfindungen zu erfassen, und diese dann dem Gesprächspartner widerspiegeln. Das »aktive Zuhören« führt dazu, dass die Gesprächspartnerin das Problem weiter für sich klärt und schließlich selbst eine Lösung entwickelt.
- **Ich-Botschaften anstelle von Du-Botschaften:** Auch dieses Vorgehen stammt von Thomas Gordon (z. B. 2005): den Gesprächspartner nicht mit Du-Botschaften kritisieren, sondern im Rahmen einer Ich-Botschaft die eigenen Empfindungen nennen.
- **Von der Wolfssprache in die Giraffensprache wechseln:** Wolf und Giraffe sind für Marshall B. Rosenberg (z. B. 2016) Metaphern für zwei unterschiedliche Sprachmuster. Die Wolfssprache ist durch Kritik, Strafe, Drohung, Bewertung, Forderung, Manipulation, aber auch durch Analyse, Interpretation, Lob und Belohnung gekennzeichnet, die Giraffensprache als die Sprache des Herzens durch Wahrnehmung der eigenen Gefühle und Bedürfnisse, aber auch durch Wahrnehmung der Gefühle des anderen und Berücksichtigung seiner Bedürfnisse.
- **Wechsel auf die Ebene des Erwachsenen-Ich anstelle von Reaktionen auf der Ebene des Eltern- oder Kind-Ich:** Dies ist der Ansatz der Transaktions-

analyse. Der kritische Vorgesetzte, der aus dem Eltern-Ich argumentiert, und der angepasste Mitarbeiter aus der Rolle des angepassten Kind-Ich können sich aus diesem Verhaltensmuster lösen, wenn beide (oder einer von beiden) auf die Ebene des Erwachsenen-Ich wechselt und rational versucht, die Situation zu klären (ausführlicher z. B. Hennig/Pelz 2007, S. 173 ff.).

- **Metakommunikation als Lösung zweiter Ordnung:** Im Anschluss an Watzlawick wird von Schulz von Thun (1981, S. 91 ff.) Metakommunikation als Lösung zur Abänderung von Regelkreisen vorgeschlagen:

  »*Gemeint ist eine Kommunikation über die Kommunikation, also eine Auseinandersetzung über die Art, wie wir die gesendeten Nachrichten gemeint und die empfangenen Nachrichten entschlüsselt und darauf reagiert haben*« (Schulz von Thun 1981, S. 91).

  Metakommunikation bedeutet, dass über die bisherige Kommunikation gesprochen wird: »Ich habe den Eindruck, wir verfangen uns hier in einem Muster...« Entscheidend dabei, dass auf der Metaebene (wenn also über die bisherige Kommunikation geredet wird) nicht unter der Hand das ursprüngliche Muster weitergeführt wird. Ein Satz wie »Lassen Sie uns über die Art und Weise unseres Gesprächs reden. Wieso greifen Sie mich immer an?« ist Metakommunikation – und zugleich führt dieser Satz die ursprüngliche Angriffsstruktur weiter. Metakommunikation ist nur erfolgreich, wenn man, wie Schulz von Thun formuliert, gleichsam von einem »Feldherrnhügel« aus die Kommunikation betrachtet (1981, S. 91 ff.).
- **Symptomverschreibung:** In manchen Fällen besteht eine wirksame Abänderung der Strukturen darin, das Problemverhalten, das der Klient bislang zu vermeiden suchte, explizit zu verschreiben (Watzlawick u. a. 2013, S. 162 ff.). Wenn das Problem zum Beispiel darin besteht, dass zwei Kollegen immer wieder in Konflikt geraten, ist es möglich, ihnen zu verschreiben, sich jeden Donnerstag von 14 bis 15 Uhr zusammenzusetzen und ihre Konflikte auszutragen – was in der Regel dazu führt, dass beiden die Absurdität dieses Vorgehens bewusst wird.

Entscheidend für den Erfolg einer Veränderung von Regelkreisen auf der Verhaltensebene ist, dass das neue Verhalten konsequent durchgeführt wird. Wenn man auf Angriffe zunächst mit Nachfragen antwortet, zwei Minuten später aber wieder in das alte Angriff-Angriff-Schema verfällt, bleibt der Regelkreis weiterhin bestehen.

Unterbrechung von Regelkreisen durch Veränderung subjektiver Deutungen: etwas anderes denken Dass Regelkreise aus subjektiven Deutungen resultieren, haben bereits Watzlawick u. a. (1969, S. 58 f.) und Schulz von Thun (1981, S. 85 f.) am Nörgler-Rückzug-Beispiel verdeutlicht:

- Die Frau reagiert kritisch auf das Verhalten des Mannes, weil sie es negativ deutet: »Er hat kein Interesse an mir«, »Er will nichts von mir wissen«.
- Entsprechend sind die Verhaltensweisen des Mannes Ergebnis seiner subjektiven Deutung der Situation: Er deutet das Nörgeln der Frau als Ablehnung.

Generell sind negative Regelkreise durch negative Deutungen und die entsprechenden Gefühle gekennzeichnet:

- **Die Situation wird insgesamt als belastend erlebt:** Man hat das Gefühl, auf der Stelle zu treten. Dies ist der wohl sicherste Indikator für Regelkreise überhaupt: Wenn Sie in einer Situation das Gefühl haben, trotz aller Anstrengung nicht vorwärtszukommen, dann haben Sie sich mit hoher Wahrscheinlichkeit in einem Regelkreis verfangen.
- **Das Verhalten des anderen wird negativ gedeutet:** Der Mitarbeiter sieht bei seinem Vorgesetzten das Negative (dass der Vorgesetzte ihn fortwährend kritisiert und ablehnt) und nimmt mögliche positive Seiten nicht wahr. Entsprechend deutet der Vorgesetzte das Verhalten des Mitarbeiters negativ: »Er hat kein Interesse, engagiert sich nicht.«
- **Das eigene Verhalten wird als Reaktion auf das Verhalten des Interaktionspartners gedeutet:** Der Vorgesetzte meint kritisieren zu müssen, weil der Mitarbeiter nicht motiviert ist – aus der Sicht des Mitarbeiters ist es umgekehrt: Er engagiert sich nicht, weil er immer kritisiert wird.
- **Häufig wird auch das eigene Verhalten negativ gedeutet:** Der Mitarbeiter ist mit sich unzufrieden, weil er es nicht schafft, seine Aufgabe vollständig zu erfüllen und sich gegenüber dem Vorgesetzten durchzusetzen. Der Vorgesetzte beklagt, dass er bislang noch keine Möglichkeiten gefunden hat, den Mitarbeiter stärker einzubinden.

Etwas anderes tun bedeutet hier, etwas anderes zu denken. Bezogen auf das Nörgler-Rückzug-Beispiel:

- Wenn die Frau das Verhalten des Mannes nicht als Interesselosigkeit, sondern als Anzeichen von Stress deuten würde (»Der Arme muss ja jetzt völlig erschöpft sein«), würde sie anders handeln. Sie könnte Verständnis zeigen, würde versuchen, es ihm schön zu machen, das Essen vorbereiten.

- Entsprechend gilt aber auch: Wenn der Mann das Nörgeln der Frau als Zeichen von Interesse und als Wunsch, mit ihm mehr Zeit zu verbringen, deutet, ergeben sich auch für ihn neue Handlungsmöglichkeiten. Er kann der Frau Blumen mitbringen, sich mit ihr in der Stadt zum Essen treffen – oder auch ihr die Situation erklären und mit ihr neue Lösungen überlegen.

Die Veränderung subjektiver Deutungen als Möglichkeit der Abänderung hinderlicher Regelkreise findet sich sowohl in der Tradition von Bateson und Watzlawick als insbesondere auch im Neurolinguistischen Programmieren und in der Tradition der kognitiven Verhaltenstherapie: »Das Modell der kognitiven Therapie«, so schreibt Robert L. Leahy, einer der profiliertesten Vertreter der kognitiven Therapie,

> »*basiert auf der Auffassung, dass belastende Zustände wie Depression, Angst und Ärger oft durch übertreibende oder verzerrende Arten zu denken aufrechterhalten oder verschlimmert werden. Die Aufgabe des Therapeuten besteht diesem Ansatz gemäß darin, dem Patienten zu helfen, die Eigentümlichkeiten seines Denkens zu erkennen und sie zu verändern*« (Leahy 2007, S. 16).

Damit können alle im Abschnitt über Referenztransformation beschriebenen Vorgehensweisen auch zur Unterbrechung und Auflösung von Regelkreisen genutzt werden:

- die Situation oder das Verhalten des anderen positiv deuten
- sich in die Perspektive des anderen versetzen
- die hinter Positionen stehenden Gefühle und Bedürfnisse des anderen wahrnehmen
- das Problem in einen anderen thematischen Kontext stellen
- irrationale Denkmuster und Glaubenssätze überprüfen und verändern
- den Blick nicht auf das Problem, sondern die Lösungen richten
- sich der eigenen Emotionen bewusst werden und sie als Botschaft nutzen

Unterbrechung von Regelkreisen durch Veränderung von Regeln Wenn in einem Team die Regel gilt: »Bei uns gibt es keine Konflikte«, dann ist es unwahrscheinlich, dass sich in diesem System ein Regelkreis massiver Angriffe etabliert. Eher wird sich ein Muster unterschwelliger Vorwürfe herauskristallisieren.

Etwas anderes zu tun bedeutet hier, Regeln abzuändern. Bei dem Nörgler-Rückzug-Beispiel lässt sich der Regelkreis möglicherweise auflösen, wenn die Partner vereinbaren, dass der Mann nach der Arbeit erst einmal eine halbe Stunde für sich bleibt, um anzukommen, oder dass er sich einen Nachmittag in der Woche freinimmt, an dem man gemeinsam etwas unternimmt. Man kann zur Vermeidung von Regelkreisen in Besprechungen die Moderationsregeln einführen, bei schwierigen Themen in einer ersten Runde zunächst die Argumente zu sammeln, erst beim nächsten Termin eine Entscheidung zu treffen. Im Einzelnen ergeben sich dabei folgende Schritte:

- **Es ist zu klären, welche (expliziten oder impliziten) Regeln das Verhaltensmuster stützen:** Zum Beispiel kann der Regelkreis »Es wird endlos geredet, ohne dass ein Ergebnis erzielt wird« dadurch gestützt sein, dass die Regel besteht: »Jeder darf so viel sagen, wie er möchte.«
- **Es sind mögliche alternative Regeln zu überlegen.**
- **Es ist die neue Regel explizit einzuführen:** Das kann durch explizite Kontrakte geschehen oder zusätzliche Maßnahmen erfordern.
- **Es ist die Einhaltung der neuen Regel abzusichern:** Auch hierfür gibt es eine Reihe von Unterstützungsmöglichkeiten: Vereinbarung von Sanktionen bei Übertretung, Festlegung eines Verantwortlichen, der die Einhaltung der neuen Regel überprüft, Vereinbarung von Terminen, bei denen überprüft wird, ob der ursprüngliche Regelkreis wirklich überwunden ist.

Unterbrechung von Regelkreisen durch Veränderung der Umwelt oder der Systemgrenze Regelkreise werden gleichermaßen von Faktoren aus der Systemumwelt beeinflusst:

- Knappe Ressourcen führen zu einem Regelkreis fortwährender Streitigkeiten um die Verteilung der Mittel.
- Fortwährende Veränderung der Vorgaben durch den Vorstand führt zu zunehmenden Konflikten zwischen Führungskräften und Mitarbeitern.
- Unsicherheit über den Bestand des Unternehmens begünstigt Unruhe und Unsicherheit unter Mitarbeitern.
- Familiäre Belastungen führen zu intrapersonalen Regelkreisen (man konzentriert sich weniger auf die Arbeit, schafft weniger).
- Die räumliche Enge von vier Mitarbeitern in einem kleinen Büro führt zunehmend zu Reibereien.

Dabei sind die Umweltfaktoren nicht die »Ursache« für bestimmte Regelkreise, aber sie beeinflussen sie. Ein enges Büro muss nicht zwangsläufig zu Reibereien führen. Es wird immer auch auf die Personen und ihre subjektiven Deutungen ankommen. Trotzdem bieten sich hier zusätzliche Möglichkeiten der Abänderung von Regelkreisen.

- **Veränderung der materiellen Umwelt:** Wenn sich die Konfliktpartner im Nörgler-Rückzug-Beispiel nach der Arbeit nicht zu Hause, sondern in einem Café treffen würden, wäre vermutlich die Struktur eine andere: Nörgeln – Rückzug passt hier nicht. Ein anderes amüsantes Beispiel dafür erzählt Paul Watzlawick (Watzlawick u. a. 2013, S. 118 f.):

  »Ein Ehepaar hat Sexualprobleme. Nun geschieht es zufällig, dass dieses Ehepaar Freunde besucht und bei ihnen übernachtet. Im Gästezimmer steht das Doppelbett an der Wand, sodass der Ehemann über seine Frau hinwegsteigen muss, um aus seinem Bett zu kommen. Das war der Auslöser, dass damit alle Probleme gelöst waren.«

  Generell lassen sich Regelkreise manchmal allein dadurch auflösen, dass man die Umwelt verändert: Veränderung des Raumes (das Büro anders einrichten), der Technik, möglicherweise andere Verteilung finanzieller Ressourcen, Veränderung der Software, aufgrund derer es immer wieder zu Reibereien kommt.
- **Veränderung geltender Vorgaben:** Dies ist in der Regel nicht unmittelbar zu leisten. Möglicherweise ergibt sich daraus ein neues Thema: Gibt es Möglichkeiten, auf Vorstandsebene die Vorgaben zu diskutieren? Gibt es Möglichkeiten, Freiräume besser zu nutzen oder auszuweiten?
- **Veränderung von Systemgrenzen:** Systemgrenzen zwischen sozialen Systemen sind durch Regeln gekennzeichnet. Das heißt, es sind Regeln abzuändern, um die Systemgrenze geschlossener, durchlässiger oder transparenter zu machen: Kann zum Beispiel die Systemgrenze Team – Vorgesetzter durchlässiger oder weniger durchlässig gemacht werden? Macht es Sinn, zusätzliche Experten von außen hinzuziehen oder sich zusätzliche Informationen zum Beispiel über den Markt zu besorgen – was bedeuten würde, die Grenze zwischen System und Umwelt durchlässiger zu machen.

Unterbrechung von Regelkreisen durch Bearbeitung ihrer Geschichte und Beeinflussung der Entwicklung Im Alltag tendieren wir dazu, nach der Ursache für einen Regelkreis zu fragen. Was ist die Ursache, dass es in der Teamarbeit zu keinem Ergebnis kommt? Meist finden wir eine Ursache, nämlich einen Schuldigen – und es ist immer der andere. Doch genau das ist ein Ursache-Wirkungs-Denken, das zu keiner Lösung führt.

- Regelkreise entstehen oft aus Kleinigkeiten wie einem unbedachten Wort oder einer negativen Deutung dieses Wortes. Dann gibt ein Wort das andere – und die Fronten verhärten sich. Die Diskussion darüber, was den Regelkreis auslöste (das Verhalten von A oder das Verhalten von B) ist ebenso langatmig wie fruchtlos – als Beraterin (und auch als Beteiligte in einem solchen Verhaltensmuster) sollten Sie solche Diskussionen unterbrechen.

- In Regelkreisen tauchen nicht selten Verhaltensmuster auf, die aus früheren Situationen stammen: Ein neuer Abteilungsleiter verhält sich seinem neuen Vorgesetzten gegenüber so, wie er sich früher als Auszubildender gegenüber seinem Ausbilder verhalten hat. Der Transaktionsanalyse zufolge können auch »überholte Kindheitsstrategien« (Stewart/Joines 2010, S. 37) Ausgangspunkt für hinderliche Verhaltensmuster sein, ähnlich heißt es in der Schematherapie:

  »*In der Vergangenheit finden wir meist verankerte Muster und Ursprungserfahrungen, die sich auf jetzige Begebenheiten auswirken und in ihnen als Blaupausen wirken. Insofern leben viele Klienten in einer immer wieder erinnerten Vergangenheit, die sie für die Gegenwart halten*« (Migge 2013, S. 103).

- Ein Kind hat sich seinem Vater gegenüber früher stets hilflos gefühlt – das gleiche Verhalten taucht Jahre später im Umgang mit Vorgesetzten wieder auf.
- Regelkreise entwickeln eine Eigendynamik, ohne dass es dafür einen bewusst Handelnden gäbe: Die wechselseitigen Angriffe werden massiver, man diskutiert länger. Es tritt das Gefühl ein, nicht vorwärtszukommen. Einzelne Verhaltensweisen verstärken sich wechselseitig.
- Regelkreise können über lange Zeit bestehen bleiben: Sobald sich die betreffenden Kollegen begegnen, bricht der Konflikt los.
- Regelkreise können auch einen »Wendepunkt« haben. Ein nicht motivierter Mitarbeiter, der lange Zeit Kritik des Vorgesetzten in sich hineinfrisst, beschwert sich plötzlich über dessen autoritäres Verhalten und kündigt. Eric Berne vergleicht diesen Prozess mit dem »Sammeln von Rabattmarken«: Negative Erfahrungen werden nicht nach außen hin verarbeitet, sondern unterdrückt, sie werden wie Rabattmarken gesammelt, um dann schließlich in einer neuen Aktion (Kündigung, plötzlicher Wutausbruch) »ausgezahlt« zu werden (Berne 1983, S. 172 ff.; Stewart/Joines 2010, S. 287 ff.).
- In vielen Fällen eskalieren Regelkreise mit der Zeit: »Nicht viele menschliche Probleme aber bleiben auf längere Zeit unverändert; sie neigen vielmehr dazu, sich zu verschlimmern und zu eskalieren, … ganz besonders dann, wenn mehr einer falschen Lösung angewendet wird« (Watzlawick u. a. 2013, S. 61).

Der Konfliktforscher Friedrich Glasl hat (ursprünglich für Konflikte in größeren sozialen Systemen) ein Schema für verschiedene Eskalationsstufen von Konflikten entwickelt (Schmidt/Berg 2004, S. 322; ausführlicher Glasl 2013):

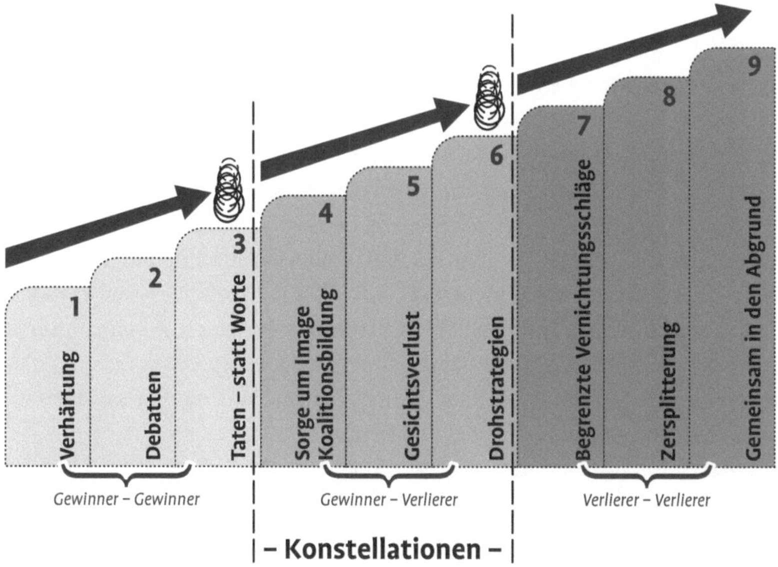

Im Zusammenhang mit der Vorgeschichte und der Entwicklung von Regelkreisen kann Folgendes eine Lösung sein:

- **Sich die Vorgeschichte bewusst machen:** zum Beispiel sich an eine ursprüngliche Situation erinnern und überlegen, wie man heute – auf der Basis allen Wissens und aller Kompetenz, über die der Betreffende verfügt – damit besser umgehen könnte. Das Vorgehen werden wir im Abschnitt über die Entwicklung sozialer Systeme ausführlicher darstellen.
- **Frühzeitig deeskalieren:** zum Beispiel in einem Konflikt die hinter den Positionen stehenden »Interessen« (die eigentlichen Anliegen) erfassen, Ich-Botschaften formulieren, sich in die Position des anderen versetzen, einen externen Berater oder Mediator einschalten.
- **Das bisherige Tempo verändern:** Ist es jetzt sinnvoll, besonders schnell zu handeln, oder sollte man zunächst alles laufen lassen und erst einmal abwarten? Wie kann man die Hektik, die durch diese Verhaltensmuster entsteht, vermeiden? Wo gibt es Ruhepunkte?
  Ein Beispiel dafür findet sich im Zeitmanagement. Zeitdruck ist durch typische Regelkreise gekennzeichnet: Man hat viel zu tun, gerät zunehmend ins Hetzen, macht daher nichts mehr so richtig konzentriert, der Druck von außen nimmt immer mehr zu. Der Ausweg aus solchen belastenden Situationen lautet daher, sich in solchen Situationen bewusst Zeit zu nehmen: »Wenn du es

eilig hast, gehe langsam!« (Seiwert u. a. 2011): sich zunächst eine halbe Stunde zurückziehen und die Situation durchdenken – häufig ergeben sich allein daraus neue Handlungsmöglichkeiten.

Unterbrechung von Regelkreisen durch Auswechseln von Personen Auch das kann eine Möglichkeit zur Auflösung von Regelkreisen sein – eine Möglichkeit, an die nicht wenige Vorgesetzte sogar vorwiegend denken: »Wir müssen den Projektleiter auswechseln, er schafft es nicht.« Dabei ist den Betreffenden meist nicht deutlich, dass hier letztlich ein Eigenschaftsmodell zugrunde gelegt wird (die Probleme als Ergebnis von Eigenschaften bestimmter Personen sehen). Unter einer systemischen Perspektive ist die Wirklichkeit komplexer: Es gibt eben nicht nur einen Schuldigen, sondern die Probleme ergeben sich aus dem Zusammenwirken der verschiedenen Faktoren des sozialen Systems.

Auswechseln von Personen ist somit eher eine letzte Möglichkeit zur Unterbrechung von Regelkreisen. Bezogen auf das Nörgler-Rückzug-Beispiel: Die Konfliktstruktur würde sich (möglicherweise) verändern, wenn sich die Frau einen neuen Partner oder der Mann eine neue Partnerin wählen würde – was allerdings nicht heißt, dass nicht in einer neuen Beziehung neue (möglicherweise ähnliche) Konfliktstrukturen entstehen können. Auch im Kontext von Organisationen kann durchaus sinnvoll sein,

- einen Berater, der sich in einer Organisation in Regelkreisen verfangen hat, auszuwechseln,
- eine Projektleiterin dann auszuwechseln, wenn sie »in der Organisation verbrannt ist«,
- dass der Klient oder die Klientin die Abteilung oder den Bereich wechselt, um in einem anderen sozialen System einen neuen Anfang zu machen.

Regelkreise als Thema systemischer Organisationsberatung

Die Bearbeitung von Regelkreisen gehört zu den klassischen Aufgaben systemischer Organisationsberatung:

- Im Rahmen der Einzelberatung sind Regelkreise immer dann ein Thema, wenn der Klient von einer Situation berichtet, in der er nicht weiterkommt, auf der Stelle tritt, von Problemen, die immer wiederkehren.
- Konfliktberatung mit zwei Klienten ist immer auch Bearbeitung von Regelkreisen. Regelkreise können Thema sein (zum Beispiel die fortwährenden Kon-

flikte), können aber auch in der Beratung aufbrechen: Einer redet auf den anderen ein, der andere wehrt ab.

- Im Rahmen der Teamberatung können Regelkreise Gegenstand der Beratung sein – sei es, dass Sie durch teilnehmende Beobachtung auf solche Regelkreise aufmerksam werden oder die Teammitglieder davon berichten. Das können Regelkreise innerhalb des Teams sein oder im Umgang mit anderen sozialen Systemen. Dann haben Sie verschiedene Möglichkeiten der Bearbeitung: Sie können versuchen, beide Seiten (zum Beispiel Team und Lieferanten) an einen Tisch zu bekommen und gemeinsam den Regelkreis zu bearbeiten, oder Sie beschränken sich auf die Beratung des Teams.
- Ein Regelkreis »Mitarbeiter übernehmen keine Verantwortung – Führungskräfte kritisieren Mitarbeiter, wenn sie eigene Entscheidungen treffen« kann Thema eines umfangreichen Beratungsprozesses sein.

Der Beratungsprozess verläuft auch hier nach den üblichen Phasen, wobei wir im Folgenden Orientierungs- und Klärungsphase sowie Lösungs- und Abschlussphase zusammenfassen.

Orientierungs- und Klärungsphase

Thema sind hier meistens Konflikte oder Situationen, in denen Klienten nicht weiterkommen. Wenn jede Bereichsbesprechung dadurch gekennzeichnet ist, dass der Bereichsleiter und ein Gegenüber sich angreifen, dann ist das zugrunde liegende Verhaltensmuster leicht erkennbar. Andere Verhaltensmuster sind subtiler: Gespräche laufen gut, man einigt sich – aber trotzdem werden die Ergebnisse nicht umgesetzt. Es ist schwieriger, diesen Regelkreis aufzudecken. Grundsätzlich gibt es für die Erfassung von Regelkreisen in der Beratung drei Ansatzpunkte.

- Eine erste Möglichkeit besteht darin, aufgrund von Beobachtung Regelkreise zu erfassen: Die Beraterin nimmt an einer Bereichsbesprechung teil und beobachtet, dass endlos lange ohne Ergebnis diskutiert wird.
- Die zweite Möglichkeit besteht darin, Regelkreise zu erfragen. Dabei ist der Ausgangspunkt in den meisten Fällen das subjektive Empfinden des oder der Klienten, dass es nicht vorwärts geht. Hier gilt es, genauer nachzufragen: Welche Situationen werden als belastend erlebt? Wo hat der Betreffende das Gefühl, auf der Stelle zu treten, nicht vorwärtszukommen? Wo erlebt er »Sand im Getriebe«?
- Regelkreise können schließlich auch im Rahmen von Organisationsanalysen zum Beispiel auf der Basis von Interviews aufgedeckt werden.

Als Beraterin sind Sie dann als Experte gefordert: Sie schlagen hier ein bestimmtes Vorgehen vor, nämlich das Thema unter dem Aspekt »Regelkreis« zu bearbeiten. Möglicherweise können Sie an die Erzählung des Klienten anknüpfen: »Ich höre bei Ihnen heraus, dass es hier eine Art Muster gibt, das immer wieder vorkommt.«

Der nächste Schritt ist dann, den Regelkreis genauer zu analysieren: Worin genau besteht der Regelkreis? Welche Faktoren verstärken ihn? Wählen Sie dafür eine konkrete Situation als Beispiel. Je konkreter der Regelkreis dargestellt wird, desto leichter fällt es anschließend, konkrete Lösungsmöglichkeiten zu entwickeln. Bewährt haben sich bei der Analyse folgende Schritte:

Schritt 1: Diagnose der am Regelkreis beteiligten Personen Das ist die erste Frage bei der Diagnose von Regelkreisen. Prozessfragen sind:

- Welche Personen sind daran beteiligt?
- Wer sind die Akteure im Vordergrund?
- Gibt es darüber hinaus noch weitere relevante Personen, zum Beispiel eine Vorgesetzte, die unterstützen will, aber dadurch den Regelkreis nur verstärkt, jemanden, der im Hintergrund die Fäden zieht?

Schritt 2: Diagnose des Verhaltensmusters Immer wiederkehrende Verhaltensmuster sind das augenfälligste Merkmal von Regelkreisen. Prozessfragen für die Diagnose sind:

- Womit hat diese Situation begonnen? Lag der Anfang bei einem der Akteure, oder kam der Anstoß von außen (zum Beispiel durch einen Vorstandsbeschluss, eine Anfrage der Schulverwaltung)?
- Was war die erste Aktion? Hat der Klient (oder ein Teammitglied) die Verhaltenssequenz begonnen oder sein Gegenüber?
- Was war dann der nächste Schritt? Wie hat B auf die Aktion von A reagiert?
- Was waren die bisherigen Lösungsversuche? Auch die werden als Schritte auf dem Regelkreis eingetragen – bisherige Lösungsversuche, die keinen Erfolg brachten, sind Teil des Regelkreises.

Schritt 3: Diagnose der subjektiven Deutungen und weiterer Systemfaktoren Die subjektiven Deutungen lassen sich für jeden Schritt in der Verhaltenssequenz aufführen. Im Rahmen einer Teamberatung können jeweils die Betreffenden ihre subjektiven Deutungen unmittelbar nennen. Das hilft zugleich, wechselseitig Verständnis zu schaffen. Wenn jedoch im Rahmen einer Einzelberatung nur ein Klient oder im Rahmen der Teamberatung nur eine Seite anwesend ist (zum Beispiel weil es sich um Regelkreise mit nicht anwesenden Personen handelt), ist die

Situation schwieriger: Mithilfe zirkulärer Fragen wird der Betreffende angeregt, sich in die Situation des Gegenübers zu versetzen: »Was, meinen Sie, dachte und empfand in dieser Situation Ihr Gegenüber?« Damit ergeben sich folgende Prozessfragen:

- Was ging A in dieser Situation durch den Kopf? Was dachte und empfand A?
- Was ging B in dieser Situation durch den Kopf? Was waren die Empfindungen von B?

Häufig reicht die Analyse des Verhaltens und der jeweiligen subjektiven Deutungen aus, dass dem oder den Klienten deutlich wird, in welche Muster sie sich verstrickt haben. Hilfreich kann darüber hinaus sein, auch die anderen Faktoren des sozialen Systems mit zu berücksichtigen. Hierfür einige Prozessfragen:

- Gibt es Regeln, die diesen Regelkreis verstärken oder am Leben erhalten? Welche Regeln sind das?
- Inwieweit wird der Regelkreis durch Faktoren der materiellen Umwelt (finanzielle Ressourcen, vorhandene Technik usw.) verstärkt?
- Gibt es allgemeine Rahmenvorgaben, Gesetze, Vorschriften, Erlasse, Vorstandsbeschlüsse oder Ähnliches, die Einfluss auf diesen Regelkreis haben?
- Gibt es andere soziale Systeme (Vorstand, Familie, Konkurrenten), die den Regelkreis beeinflussen?
- Was war die Vorgeschichte des Regelkreises?
- Erinnern Sie sich an eine typische Situation aus der Vergangenheit, in der dieser Regelkreis auch auftrat?
- Wie hat sich der Regelkreis entwickelt?
- Ist der Regelkreis stabil geblieben? Gibt es eventuell Brüche? Ist der Regelkreis eskaliert?
- Gab es in der Vergangenheit Versuche, diesen Regelkreis zu deeskalieren oder aufzulösen? Was war das Ergebnis dieser Versuche?

Ein wichtiges Hilfsmittel für die Klärungsphase ist die Visualisierung des Regelkreises. Bewährt hat sich die Darstellung als Kreislauf. Wenn man dabei jeweils die einzelnen Verhaltensschritte und die entsprechenden subjektiven Deutungen aufführt, kann sich daraus eine recht komplexe Darstellung ergeben. Im Folgenden als Beispiel für diese Darstellung der (immer wiederkehrende) Regelkreis »K delegiert vor dem Urlaub Aufgaben an M, M tut nichts«:

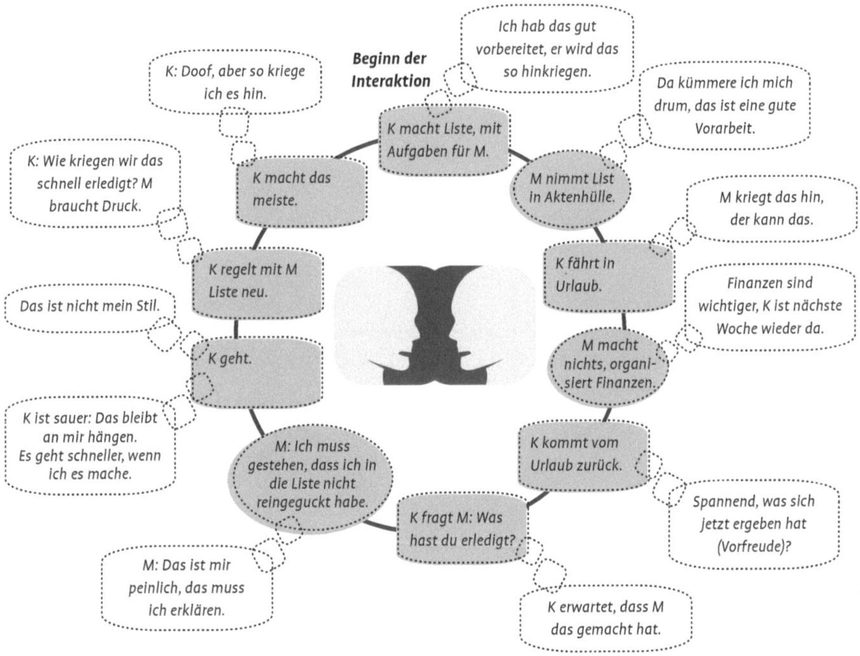

Eine Alternative ist, die einzelnen Verhaltenssequenzen in einer Tabelle darzustellen, wobei jeweils die Person, ihr Verhalten, die subjektive Deutung und (im weiteren Verlauf des Beratungsprozesses) auch mögliche Lösungen dargestellt werden können.

Lösungs- und Abschlussphase

In vielen Fällen werden bei einer genauen Analyse Ansatzpunkte für alternative Vorgehensweisen gleichsam von selbst deutlich. Prozessfragen sind:

- An welcher Stelle des Regelkreises hätte der Klient (hätten die Klienten) etwas anderes tun können?
- Was sind darüber hinaus noch andere Alternativen?

Bei der Sammlung neuer Lösungsmöglichkeiten ist Expertenberatung hilfreich. Gerade dann, wenn eine Klientin in einem Regelkreis feststeckt, fällt es ihr meistens schwer, die nötige Distanz zu finden und neue Möglichkeiten zu entdecken.

Hier können die Beraterin oder andere Experten (andere Teammitglieder) Lösungsideen einbringen.

Denken Sie dabei an die verschiedenen Ansatzpunkte auf den verschiedenen Ebenen des sozialen Systems. Unter der Hand erfolgt dabei eine Referenztransformation für den Klienten: Die Situation ist doch nicht so hoffnungslos, wie ursprünglich gedacht, es eröffnen sich neue Perspektiven.

Die Bewertung der Lösungsmöglichkeiten ist letztendlich Sache der Klientin. Nur sie kann entscheiden, welche Ideen für sie und ihre Situation wirklich passend sind.

Literaturtipps

Konkrete Beispiele für Regelkreise in alltäglichen Situationen und praktische Hinweise zur Lösung finden Sie bei

- Renate und Ulrich Dehner: *Schluss mit diesen Spielchen*. Campus, Frankfurt am Main 2014

Als weiterführende Information zu Regelkreisen aus unterschiedlichen Konzepten seien genannt:

- Ulrich Dehner/Renate Dehner: *Transaktionsanalyse im Coaching*. managerSeminare, Bonn 2013
- Friedrich Glasl: *Selbsthilfe in Konflikten*. Haupt, Bern, 7. Auflage 2015
- Peter Kruse: *Next Practice*. Gabal, Offenbach, 8. Auflage 2015
- Ian Stewart/Vann Joines: *Die Transaktionsanalyse*. Herder, Freiburg 2010

Systemumwelt und Systemgrenze

Materielle und soziale Umwelt

Soziale Systeme werden von der Umwelt beeinflusst. Ein Unternehmen ist abhängig vom Markt, eine Schule wird beeinflusst von Erlassen der Schulverwaltung, den Eltern, der örtlichen Situation. Ein Team steht unter dem Einfluss sowohl räumlicher und materieller Voraussetzungen als auch anderer Teams, von denen es sich abgrenzt beziehungsweise mit denen es zusammenarbeitet. Im Groben lassen sich zwei Hauptbereiche unterscheiden: die materielle und die soziale Umwelt:

- Zur materiellen Umwelt eines sozialen Systems gehören räumliche Gelegenheiten, die vorhandene Technik, aber auch finanzielle Ressourcen.
- Die soziale Umwelt sind andere soziale Systeme: das politische System mit gesetzlichen Vorgaben oder Erlassen, Kunden, Lieferanten, aber auch andere Teams oder Abteilungen, die Konzernleitung.

Die Unterscheidung zwischen System und sozialer Umwelt ergibt sich nicht »aus der Wirklichkeit«, sondern hängt von der Fragestellung und damit von der jeweiligen Perspektive ab. Der Vorgesetzte kann bei Fragen der Zusammenarbeit zwischen den Teammitgliedern Teil der Systemumwelt sein; wenn es um die Zusammenarbeit mit dem Vorgesetzten geht, ist er jedoch Teil des sozialen Systems.

Jedes soziale System wird von der materiellen und der sozialen Umwelt beeinflusst. Andererseits aber ist jedes System, wie man in der soziologischen Systemtheorie formuliert, »operativ geschlossen«, das heißt, die Wirkungen der Umwelt werden durch das System definiert. Knappe Ressourcen können zu Resignation und Beklagen des Schicksals führen, zu operativer Hektik oder auch zur Erschließung neuer Märkte.

Systemgrenzen, die das soziale System von anderen sozialen Systemen abgrenzen – es sei an die Systemtheorie in der Tradition von Luhmann erinnert –, werden durch soziale Regeln definiert, die festlegen, was in das System kommen beziehungsweise was nach außen gegeben werden darf: Es gibt (explizite oder implizite) Regeln, die festlegen, wann und mit welchen Themen der Vorgesetzte ins Team kommen darf oder dass der »Dienstweg« einzuhalten ist. Dabei kann die Systemgrenze mehr oder weniger geschlossen sein:

- Geschlossene Systemgrenzen führen zur Abschottung des sozialen Systems: In einem Forschungsinstitut stellte sich erst im Nachhinein heraus, dass zwei Arbeitsgruppen das gleiche Thema bearbeitet hatten – ohne miteinander zu kommunizieren. Hier war die Systemgrenze eindeutig zu geschlossen.
- Zu durchlässige Systemgrenzen führen letztlich zu der Auflösung eines sozialen Systems: Wenn alle Aktivitäten, die innerhalb einer Partnerschaft laufen, auch mit anderen Personen außerhalb geschehen, löst sich das System Partnerschaft auf. Wenn die Vorgesetzte in sämtliche Aktivitäten des Teams einbezogen wird, löst sich das Team als eigenständiges, vom Vorgesetztensystem abgegrenztes System auf.
- Schließlich können Systemgrenzen diffus sein, das heißt, dass die Regeln zur Abgrenzung nicht eindeutig sind: Unter welchen Bedingungen darf man zu einem Konkurrenten Kontakt aufnehmen?

Soziale Systeme müssen sich in ihrer Umwelt einrichten oder die Umwelt passend gestalten und benötigen eine ausbalancierte Systemgrenze gegenüber anderen sozialen Systemen. Veränderung eines sozialen Systems kann damit auch heißen,

- die materielle Umwelt zu verändern: Kann das Büro anders eingerichtet werden, um fortwährende Reibereien zwischen zwei Kollegen zu vermeiden? Wie kann das Team mit der Flut an E-Mails besser umgehen?
- die Systemgrenze zu anderen sozialen Systemen oder zwischen verschiedenen Subsystemen zu verändern: Sollte die Systemgrenze durchlässiger werden, indem zum Beispiel der Informationsfluss verbessert wird? Geht es darum, den eigenen Verantwortungsbereich einer Mitarbeiterin zu vergrößern und damit die Systemgrenze deutlicher zu ziehen? Lässt sich der Spielraum in Bezug auf allgemeine Vorgaben vergrößern? Oder gilt es, sich damit einzurichten?

Umwelt als Thema der Organisationsberatung

Systemumwelt und Systemgrenzen können Thema sowohl der Einzelberatung als auch der Teamberatung oder bei der Beratung komplexer Organisationen sein:

- Die materielle Umwelt kann Thema in Einzel- und Teamberatung sein. Das beginnt bei einfachen Themen wie der Einrichtung der Besprechungsecke und des Teamraums oder der Organisation von Ablagen, kann aber auch die Überprüfung von Transportwegen im Rahmen von Prozessoptimierungen beinhalten.
- Die soziale Umwelt wird Thema der Beratung bei Fragen wie: Welche anderen sozialen Systeme beeinflussen das Team? Wie ist die Systemgrenze zu den

(internen) Kunden? Geht es zum Beispiel darum, den Freiraum gegenüber der Vorgesetzten zu vergrößern oder Kundenkontakte zu verstärken, das heißt, die Systemgrenze zu Kunden durchlässiger zu machen?

- Schließlich ist die Umweltanalyse ein zentraler Bestandteil der Strategieentwicklung. Wichtig ist, zu erwartende Umweltveränderungen in verschiedenen Bereichen frühzeitig zu erfassen – wir kommen darauf im Abschnitt über Strategie zurück.

Prozessfragen für die Klärungs- beziehungsweise Diagnosephase

Prozessfragen zur Analyse der materiellen Umwelt

- Welche Bedeutung hat die Einrichtung des Büro- oder Arbeitsplatzes? Wie wird diese Situation von den betreffenden Personen gedeutet?
- Wo sind die jeweiligen Personen räumlich angesiedelt? Ist zum Beispiel das Team auf mehrere Standorte verteilt?
- Welche Bedeutung haben Technik und Maschinen für das soziale System?
- Wie wird sich die Umwelt entwickeln, was ist der Best Case, was der Worst Case?

Prozessfragen zur Analyse der sozialen Umwelt

- Welche anderen sozialen Systeme haben Einfluss?
- Welche anderen Personen kommen in das Team, die Abteilung? Welche Personen kommen nicht oder selten, obwohl es möglicherweise zu erwarten wäre?
- Welche gesellschaftlichen, konzerninternen und sonstigen Rahmenbedingungen beeinflussen das System?
- Was darf aus dem System an andere Personen weitergegeben werden?
- Was darf nicht weitergegeben werden?
- Wie weit werden Einflüsse von außen gefiltert?
- Wie wird die Einhaltung von Systemgrenzen sanktioniert?
- Wie sind die Systemgrenzen zwischen verschiedenen Subsystemen beschaffen: Sind sie zu geschlossen, zu eng, unklar (diffus)?

Diese Fragen können Prozessfragen innerhalb der Klärungsphase des Beratungsgesprächs sein oder bei umfangreicheren Organisationsberatungsprozessen im Rahmen einer eigenen Diagnosephase bearbeitet werden. Möglichkeiten dafür sind Interviews, aber auch Dokumentenanalyse oder Beobachtung:

- Wenn man aufmerksam zum Beispiel den Empfangsbereich eines Unternehmens oder das Büro der Personalleiterin betrachtet, erkennt man häufig Faktoren, die für das soziale System relevant sind. Wie ist die Besprechungsecke der Personalleiterin eingerichtet? Man kann auch im Rahmen des Beratungsprozesses Teammitglieder auffordern, für sie bedeutsam erscheinende Situationen im Unternehmen zu fotografieren und zu interpretieren.

- Man kann beobachten oder erfragen, wie Besprechungen mit Personen aus anderen Abteilungen verlaufen. Wie häufig finden Besuche bei (internen) Kunden statt? Wird Kontakt mit Personen aus der Systemumwelt positiv oder negativ sanktioniert?
- Schließlich kann man vorliegende Erlasse, Vorstandsbeschlüsse oder auch interne Protokolle analysieren. Welche Bereiche der Umwelt werden insbesondere thematisiert? Werden zum Beispiel der Kontakt zu anderen Unternehmensbereichen oder die vorhandenen Büroräume als ein Thema gesehen?

Im Rahmen der Lösungsphase geht es dann darum, neue Handlungsmöglichkeiten zu entwickeln: Wie können die materielle Umwelt oder die Systemgrenze zu anderen sozialen Systemen verändert werden? In vielen Fällen ist hier Expertenberatung erforderlich: Was sind Möglichkeiten zur Eindämmung der E-Mail-Flut? Wie verläuft eine vorbeugende Instandhaltung im Rahmen von TPM?

Eine besondere Möglichkeit auch zur Bearbeitung des Themas »Systemgrenze« sind schließlich analoge Verfahren:

- **Darstellung der Systemgrenze im Rahmen der Visualisierung:** Die räumliche Distanz zwischen einzelnen Karten sagt etwas über die Systemgrenze zwischen dem Vorgesetzten und dem Team oder zwischen Planern und Entwicklern. Man kann die Visualisierung auch noch weiterführen, indem zum Beispiel eine Systemgrenze durch ein eigenes Symbol (eine Stange, ein Seil) verdeutlicht wird, und anhand dieses Symbols Durchlässigkeit oder Starrheit der Systemgrenze bearbeiten. Ähnlich kann die Systemgrenze im Rahmen einer Systemskulptur bearbeitet werden.
- **Darstellung der Systemgrenze mithilfe von Symbolen oder Metaphern:** Der Klient wird aufgefordert, für die Systemgrenze zu seinen Mitarbeitern ein Symbol oder eine Metapher zu wählen: »Die Grenze ist wie ein Holzzaun, bei dem einige Latten herausgebrochen sind.« Entsprechend dem Vorgehen bei analogen Verfahren wird diese Metapher dann bearbeitet: Welches Bild hat der Klient hier vor Augen? Wie ist der Holzzaun beschaffen? Was bedeuten die herausgebrochenen Latten?
- **Szenische Darstellung der Systemgrenze:** Man kann zum Beispiel die Kommunikation mit einer benachbarten Abteilung oder die Kommunikation bei einer Kundenanfrage szenisch darstellen, meist wird dabei die Systemgrenze (übertrieben) deutlich. In einer zweiten Runde wären dann Möglichkeiten der Abänderung zu diskutieren.

Entwicklung sozialer Systeme

Ein soziales System hat eine Geschichte, die Personen des Systems handeln in der Gegenwart, aber mit Blick auf die Zukunft. Die Vergangenheit beeinflusst die Gegenwart. Ein Team leidet etwa daran, dass ein bestimmtes Projekt gegen die Wand gefahren ist – und hat immer noch mit diesem Vorurteil zu kämpfen. Einem Klienten wird in der Beratung bewusst, dass er Verhaltensweisen zeigt, die letztlich aus der Kindheit oder früheren Berufserfahrungen herstammen.

Auf der anderen Seite ist die Zukunft keine lineare Weiterentwicklung des gegenwärtigen Zustands. Sondern die Entwicklung kann von Phasen der Stagnation, aber auch plötzlichen Veränderungen gekennzeichnet sein. Ein Team war bislang ein stabiles System, plötzlich und ohne ersichtlichen Grund kommt es zu Konflikten. Soziale Systeme haben eine Eigendynamik, und eben diese Eigendynamik schränkt die Prognostizierbarkeit und die Steuerbarkeit ein: Es lässt sich nicht vorhersagen, wann eine Organisation in eine Krise gerät oder ein Veränderungsprozess den Durchbruch erzielt; und es lassen sich ebenso wenige Maßnahmen dafür technisch planen.

Damit stellt sich die Frage, wie Organisationsberatung einen Klienten, ein Team, eine Schule oder ein Unternehmen dabei unterstützen kann, zum einen wichtige Erfahrungen der Vergangenheit aufzuarbeiten und daraus zu lernen, zum anderen solche nicht linearen Entwicklungen erfolgreich zu bewältigen. Um diese Fragen geht es im Folgenden.

Geschichte sozialer Systeme

Ein Beispiel aus einem eigenen Beratungsprozess:

»Altlasten« verstehen lernen

Ein Team war über Jahre von Konflikten der Leiterin mit ihrem Stellvertreter belastet. Im Rahmen eines Beratungsgesprächs wird deutlich, dass diese Konflikte auf eine einige Jahre zurückliegende Situation zurückzuführen sind, in der sich die Leiterin von ihrem Stellvertreter im Stich gelassen fühlte. Die Lösung bestand darin, sich wechselseitig die unterschiedliche Bedeutung der damaligen Situation zu verdeutlichen.

Dass die jeweilige Geschichte Einfluss auf das gegenwärtige Verhalten und gegenwärtige Probleme haben kann und dass dann die Lösung darin besteht, diese vergangenen Erfahrungen »aufzuarbeiten«, ist im Bereich Therapie seit Langem geläufig. Hier einige Beispiele:

- Bereits die **Psychoanalyse** geht von der These aus, dass Einstellungen, aber auch daraus resultierende Verhaltensmuster und Probleme in hohem Maße aus der Kindheit stammen und dass damit das Verarbeiten der frühkindlichen Erfahrungen ein entscheidendes Moment der Therapie ist.
- Die **Transaktionsanalyse** betont, dass Menschen in der Kindheit bestimmte »Kindheitsstrategien«, nämlich bestimmte Glaubenssätze und Verhaltensmuster erwerben (man spricht hier von dem »Lebensskript«), die sich dann auch in späteren Lebensabschnitten insbesondere in Belastungssituationen durchhalten. Eine Veränderung von Glaubenssätzen und Verhaltensmustern kann dann dadurch erfolgen, sich dieses Skript bewusst zu machen. Goulding/Goulding (1981, S. 230 ff.) und Stewart (2000, S. 222 ff.) schlagen dafür vier Schritte vor:

Vier Schritte zur Veränderung von Glaubenssätzen und Verhaltensmustern

- Der Gesprächspartner wird aufgefordert, sich an eine kurz zurückliegende Situation zu erinnern, in der ein negatives Verhaltensmuster auftrat.
- Der Gesprächspartner wird dann aufgefordert, eine Kindheitsszene wieder zu erleben, die dieser Problemsituation entspricht. Damit geht der Gesprächspartner zu einer (möglichen) Ursprungssituation zurück, in der das entsprechende Verhalten als Strategie entstand.
- Vor dem Hintergrund dieser Kindheitssituation wird der Gesprächspartner aufgefordert, seine gesamten Fähigkeiten als Erwachsener zu nutzen, um für solche Situationen neue Strategien zu entwickeln.
- Abschließend werden die hier gefundenen neuen Strategien bewusst gemacht und auf die Gegenwart übertragen.

- In der Tradition der **Familientherapie** ist zunächst die Familienrekonstruktion von Virginia Satir (Satir u. a. 2007, S. 227 ff.) zu nennen als eine Intervention, die Bedeutung der Herkunftsfamilie für die gegenwärtige Situation bewusst zu machen. Analog zur Systemskulptur wird dabei die Skulptur der Ursprungsfamilie – nicht selten über mehrere Generationen – dargestellt. Dabei wird häufig deutlich, wie sich damals bestimmte Verhaltensweisen als zweckmäßig und sinnvoll herangebildet haben und wie sich bestimmte Muster oder auch Familiendramen von Generation zu Generation wiederholen.

Eine andere Möglichkeit ist das Erzählen der Lebensgeschichte, um die Bedeutung der Vergangenheit für die gegenwärtige Situation zu klären:

> »*Geschichten erzählen heißt: Erfahrungen mit Bedeutung versehen und von ihnen Sinn und Orientierungsmöglichkeiten für Gegenwart und Zukunft ableiten ... mit der Eröffnung von Möglichkeiten, unerledigte Geschäfte zu Ende zu führen und Handlungsfreiräume in der Gegenwart und Zukunft zu entdecken*« (Welter-Enderlin 2006, S. 39).

- **NLP** hat diesen Ansatz unter den Begriffen »Changing History« (Bandler/Grinder 2002, S. 104 ff.) und »Reimprinting« (Dilts u. a. 2006, S. 71 ff.) weiterentwickelt. Auch hier geht es darum, prägende Situationen aus der Vergangenheit zu identifizieren, den Nutzen des damaligen Verhaltens herauszuarbeiten und im Blick darauf die entsprechenden Glaubenssätze neu zu formulieren (ausführlicher Mohl 2006, Bd. 1, S. 345 ff.).
- Für die **Schematherapie** sind Schemata

  > »*schädigende emotionale und kognitive Muster, die früh in unserer Entwicklungszeit entstehen und unser ganzes Leben lang erhalten bleiben*« (Young u. a. 2008, S. 36).

  Die Veränderung solcher Schemata beginnt auch hier damit, dass frühere Erinnerungen, die Ursprung des Schemas sind, aktiviert werden. Veränderung kann dann dadurch erfolgen, dass der Klient aufgefordert wird, einen Brief an den »Verursacher des Schemas« zu schreiben oder ihn im Rollenspiel zur Rede zu stellen, das Schema aus der Perspektive des Erwachsenen zu betrachten und rational zu diskutieren, oder sich den »glücklichen Kindmodus« bewusst zu machen und dadurch ein positiveres Schema zu entwickeln (Leahy 2007, S. 296 ff.; Jacob u. a. 2017, S. 101 ff.; Migge 2013).

Auch in Organisationen bilden sich im Verlauf der Geschichte der Organisationen Überzeugungen, Glaubenssätze, Regeln und damit auch bestimmte Verhaltensmuster aus, die für die Gegenwart hilfreich, aber auch hinderlich sein können. Typische Beispiele dafür sind Familienunternehmen, die von Generation zu Generation »gute Lösungen«, aber auch Probleme zum Beispiel vom Übergang von einer zur anderen Generation mit sich tragen (z. B. Schlippe u. a. 2011). Ebenso sind Veränderungsprozesse in der Regel nur dann erfolgreich, wenn sie ein Gleichgewicht zwischen Bewahren und Verändern herstellen, das heißt, wenn sie an die bisherige Geschichte der Organisation anknüpfen.

Für systemische Organisationsberatung bedeutet das zum einen, die gegenwärtige Situation im Blick auf die ursprüngliche Entstehung von gegenwärtigen Problemen zu betrachten:

- Gibt es typische (individuelle oder gemeinsame) Glaubenssätze und Verhaltensweisen, die aus der Vergangenheit stammen?
- Was ist eine typische Situation in der Vergangenheit, in der diese Verhaltensweisen (erstmals) auftraten?
- Was war damals Ziel und Nutzen dieser Glaubenssätze und Verhaltensweisen?
- Auf dem Hintergrund der heutigen Erfahrung: Was wären damals bessere Möglichkeiten gewesen?
- Im Blick auf die heutige Situation: Was sollte beibehalten, was verändert werden?

Entsprechend lässt sich die Geschichte der Organisation als Reservoir von Ressourcen, guten Ideen und Lösungen begreifen (z. B. Deppe-Schmitz/Deubner-Böhme 2016): Fast immer gab es ähnliche Situationen in der Vergangenheit, die erfolgreich bewältigt wurden. Die damals dafür zur Verfügung stehenden Ressourcen sind aber möglicherweise in Vergessenheit geraten. Aber sie können reaktiviert werden. Mögliche Prozessfragen sind:

- Können Sie sich an eine ähnliche Situation aus der Vergangenheit erinnern, die Sie erfolgreich bewältigt haben?
- Wie sind Sie dabei vorgegangen?
- Was waren die Ressourcen, die Ihnen damals geholfen haben?
- Was davon können Sie für die Gegenwart nutzen?

Ein Ansatz, die Ressourcen der Organisation aufzudecken, ist auch das narrative Management von Michael Loebbert, das die »Erfolgsgeschichten« der Organisation aufzudecken sucht. Daraus ergeben sich zum Beispiel folgende Prozessfragen (in Anlehnung an Loebbert 2003, S. 64):

- Welche Geschichten und Situationen fallen Ihnen ein, wenn Sie die ursprüngliche Idee Ihrer Organisation beschreiben wollen? Welche Geschichten würden Mitarbeiter, Kunden und Lieferanten erzählen?
- Was sind die Geschichten über die großen Erfolge der Organisation?
- Was sind die Geschichten über die erfolgreiche Bewältigung schwieriger Situationen?
- Was erzählen diese Geschichten über das Erfolgsgeheimnis der Organisation?
- In welcher dieser Geschichten sind Handlungsmuster beschrieben, die für erfolgreiche Problemlösungen stehen?

Nachdem Ressourcen aus der Vergangenheit »verschüttet« sein können, sind auch hier analoge Vorgehensweisen hilfreich: »Suchen Sie sich ein Symbol für die Ressourcen, die Ihnen geholfen haben, das zu erreichen, was Sie erreicht haben.«

Ein weiterer analoger Ansatz bei der Bearbeitung der Entwicklung ist die »Lebenslinie«, wie sie im Neurolinguistischen Programmieren und im Anschluss daran durch Tad James, den Begründer der »Timeline-Therapie« bekannt geworden ist (z.B. James/Woodsmall 2012; Mohl 2006, S. 731ff.): Verschiedene Lebensereignisse werden auf einer Zeitlinie dargestellt. Ähnlich kann auch im Rahmen systemischer Organisationsberatung die Entwicklung einer Person, eines Teams oder einer komplexen Organisation als Entwicklungslinie dargestellt werden (weitere Anregungen bei Theuretzbacher/Nemetschek 2016, S. 40ff.):

Entwicklungslinie im Rahmen der systemischen Organisationsberatung

- Verschiedene »Stationen« der Entwicklung werden durch Karten oder auch durch Symbole auf dem Boden markiert.
- Ergänzend lassen sich auch die Ressourcen, die seinerzeit geholfen haben, auf Karten oder durch Symbole darstellen.
- Bei der Einzelberatung kann der Klient die einzelnen Stationen durchlaufen (der Klient stellt sich jeweils auf den Platz dieser Position) oder die Entwicklung dissoziiert von einer Außenposition betrachten. Ähnlich können bei der Arbeit mit einem Team sich einzelne Personen zu den einzelnen Stationen stellen oder sie in Kleingruppen bearbeiten. Prozessfragen sind jeweils:
  - Was war das für eine Situation?
  - Was hat Ihnen geholfen, diese Situation zu bewältigen?
  - Was können Sie davon für die heutige Situation nutzen?
  - Was (auf dem Hintergrund Ihrer jetzigen Erfahrung) sollte heute aber geändert werden?
- Den Abschluss bildet der Blick auf die Zukunft: Was nimmt der Klient (oder das Team) davon als Ergebnis und Anregung für die Zukunft mit?

Letztlich ist die Betrachtung der Geschichte eine Referenztransformation: Ein aktuelles Problem wird nicht als gegenwärtiges Versagen, sondern als Resultat einer Geschichte begriffen, Probleme in einem Team oder einer Organisation als eine Phase in einer längeren Entwicklung, der eine andere – bessere – Phase nachfolgen kann. Ressourcen des Systems werden bei der Betrachtung der Erfolgsgeschichte deutlich. Und damit eröffnen sich neue Handlungsmöglichkeiten.

Entwicklungsmodelle

Der Blick auf die Vergangenheit deckt die Ursprünge von Problemen, aber auch vorhandene Ressourcen auf. Er lässt aber offen, wie die Entwicklung in der Zukunft weitergehen könnte. Nun lässt sich die Zukunft nicht vorhersagen, wohl aber gibt es Modelle, die versuchen, Hinweise auf mögliche Entwicklungen zu geben. Drei verschiedene Modelle, die auch im Rahmen systemischer Organisationsberatung genutzt werden können, seien im Folgenden vorgestellt: das Phasenmodell, das Evolutionsmodell und die Chaostheorie.

Das Phasenmodell

Bekannt sind Phasenmodelle ursprünglich aus dem Bereich der Entwicklungspsychologie, wo bei der Entwicklung der Person die Phasen frühe Kindheit, Kindheit, Jugendalter, frühes Erwachsenenalter, Erwachsenenalter und Alter unterschieden werden (z. B. Schneider/Lindenberger 2012). Dahinter steht das Modell, dass Entwicklung in deutlich unterscheidbaren Phasen verläuft und jede Phase durch bestimmte Merkmale und anstehende Aufgaben gekennzeichnet ist.

Auch die Entwicklung sozialer Systeme lässt sich in Phasen gliedern. Dabei wurden Phasenmodelle für unterschiedliche Bereiche entwickelt:

Phasen der Teamentwicklung Die Grundannahme ist, dass ein Team in seiner Entwicklung verschiedene Phasen durchläuft. Bekannt ist das Modell von Tuckman (1965; Tuckman/Jensen 1977) mit folgenden Phasen:

- Forming: die Formierungsphase einer Gruppe
- Storming: die Konfliktphase, die von Auseinandersetzungen geprägt ist
- Norming: die Phase, in der man zu neuen Regelungen gelangt, die effizientes Arbeiten überhaupt erst ermöglichen
- Performing: die Arbeits- und Leistungsphase des Teams
- Adjourning: die später ergänzte Auflösungsphase

Der Produktlebenszyklus Grundannahme ist hier, dass jedes Produkt einen Lebenszyklus in bestimmten Phasen durchläuft: Ein neues Produkt (zum Beispiel ein neues Automodell) wird entwickelt, es läuft langsam an, wird zunehmend mehr nachgefragt (»Jeder will dieses Modell haben«), erreicht einen Höhepunkt, verliert dann aber wieder an Bedeutung. Daraus ergibt sich zum Beispiel ein Phasenmodell mit den Phasen Einführung, Wachstum, Reife, Sättigung und Degeneration (Levitt 1965; Aumayr 2006, S. 283 ff.).

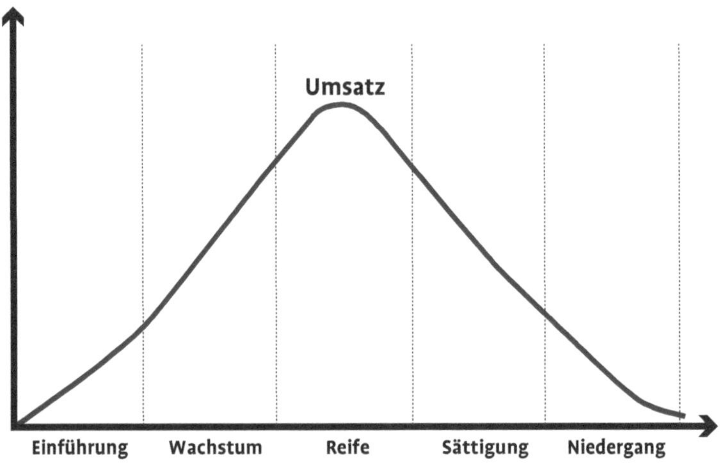

Phasen der Unternehmensentwicklung Man stelle sich ein Start-up-Unternehmen im IT-Bereich vor: Es beginnt damit, dass einige Studenten mit viel Engagement und Kreativität darangehen, die ersten Produkte zu entwickeln und erste Aufträge zu gewinnen. Das Unternehmen wächst, sodass neue Strukturen eingeführt werden müssen (nicht jeder kann mehr alles machen); es treten Spannungen zwischen der Unternehmensleitung und einzelnen Teams auf; es werden Verfahren festgelegt. Larry E. Greiner hat in den 1970er-Jahren (Greiner 1982) diese Entwicklung als Phasenprozess beschrieben (Breu 2002, S. 53).

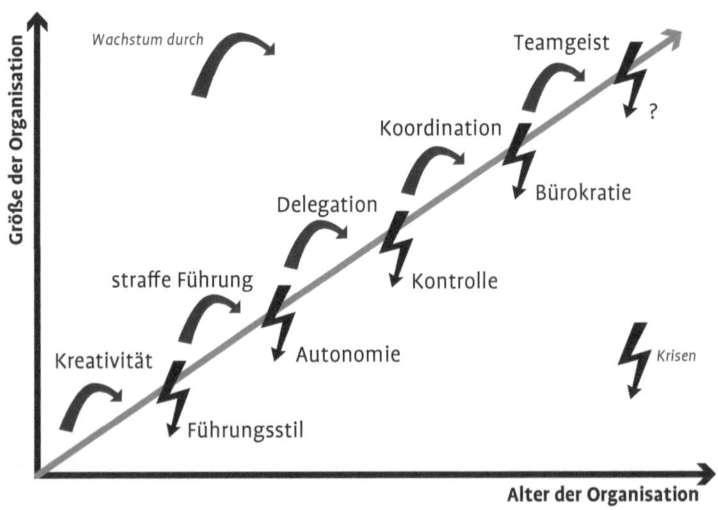

Andere Phasenmodelle für die Entwicklung von Organisationen (Übersicht bei Marek 2010, S. 34 ff.) sind zum Beispiel:

- Ichak Adizes (1995) gliedert die Entwicklung einer Organisation nach den Entwicklungsphasen des Menschen und unterscheidet dann zwischen Visionär, Gründer, Kind, Teenager, Manager, Selbstgefällige, Verwalter und Insolvenzverwalter. Die Phase des Teenagers ist zum Beispiel gekennzeichnet durch Aufbruchstimmung, gute Kernprozesse, aber möglicherweise auch durch Konflikte in der Belegschaft; die Phase der Selbstgefälligkeit durch Vertrauen in bestehende Produkte, Verringerung der Flexibilität.
- Friedrich Glasl und Bernard Lievegoed (2016, S. 51 ff.) unterscheiden vier Phasen der Unternehmensentwicklung:
  - Pionierphase, die in der Regel von spontanem Handeln geleitet und oft von Pionierpersönlichkeiten geprägt ist – was dann zu Willkür, Nachfolge- und Machtkämpfen führen kann.
  - Differenzierungsphase, die durch klare Prozesse und Strukturen, Formalisierung und Standardisierung geprägt ist – was letztlich zu Überregulierung und Bürokratisierung führt.
  - Integrationsphase, in der sich das Unternehmen als Organismus versteht, der auf Sinn und Zweck der Organisation ausgerichtet ist und wo die Kultur große Bedeutung hat, wobei aber die Umwelt und die Stakeholder aus dem Blick geraten können.
  - Assoziationsphase, in der die Aufmerksamkeit stärker auf die Stakeholder und die Umwelt gerichtet ist und in der zunehmend Partnerschaften gebildet werden.
- Knut Bleicher (2017, S. 571 ff.) unterscheidet sechs Phasen: Pionier-, Markterschließungs-, Diversifikations-, Akquisitions-, Kooperations- sowie Restrukturierungsphase.
- Mintzberg (1984) unterscheidet Entstehungsphase, Entwicklungsphase, Reifephase, Niedergangsphase.

Phasenmodelle von Veränderungsprozessen Kurt Lewin gliedert Veränderungsprozesse in die Phasen Auftauen (Unfreezing), Ändern (Moving) und Wiederherstellen der Stabilität (Refreezing). Ein anderes Phasenmodell hat Ende der 1990er-Jahre John P. Kotter entwickelt (Kotter 1995, S. 61; 1996, S. 33 ff.): Wir kommen im Abschnitt über Beratung bei Veränderungsprozessen darauf zurück.

Ein Phasenmodell ist letztlich auch das auf die Phasen des Sterbens zurückreichende Phasenmodell von Veränderungsprozessen der Schweizer Psychiaterin Elisabeth Kübler-Ross: Betroffene reagieren auf plötzliche Veränderungen häufig zunächst mit Schock, dann mit Ablehnung, bis erst allmählich emotionale Akzeptanz und schließlich Integration in das eigene Handeln erfolgen (z. B. Kostka/ Mönch 2006, S. 11):

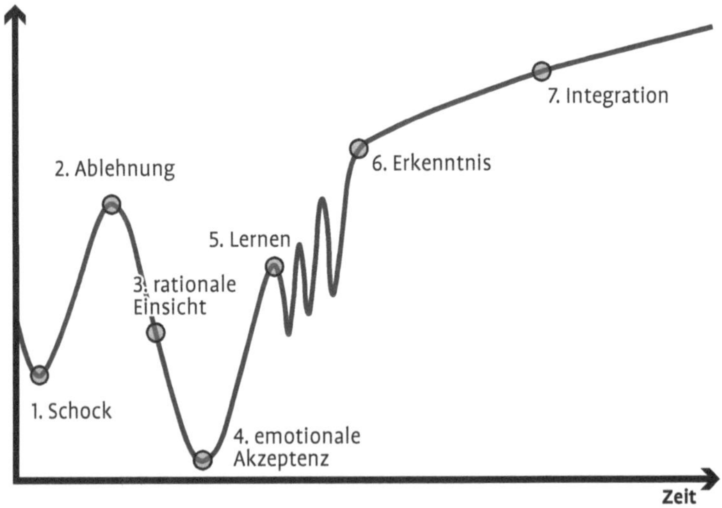

Phasenmodelle können aber auch von den Klienten oder dem Team selbst entwickelt werden: In welche Phasen würden Sie die bisherige Entwicklung gliedern? Was sind Merkmale der jeweiligen Phasen? Was ergibt sich daraus an Konsequenzen?

Phasenmodelle wären überzogen, wenn man sie als empirische Gesetzmäßigkeiten auffassen würde: Die Entwicklung eines Teams verläuft nicht immer in der Reihenfolge der Phasen, Konflikte (Stormingphase) können durchaus auch ganz zu Beginn oder in der Abschlussphase eines Projektteams auftreten.

Phasenmodelle sind jedoch hilfreich als Kriterien für die Beobachtung sozialer Systeme, die die Aufmerksamkeit auf bestimmte Sachverhalte lenken. Die Formingphase lenkt die Aufmerksamkeit darauf, dass die Mitglieder in einem neu zusammengesetzten Team Orientierung benötigen. Entsprechend lenkt eine (vom Tam selbst so bezeichnete) Phase »schwieriger Start« die Aufmerksamkeit auf Probleme in der Anfangsphase des Teams und die Faktoren, die zur Bewältigung dieser Situation geführt haben. Prozessfragen sind:

- Wie lässt sich die bisherige Entwicklung in Phasen gliedern? Geben vorliegende Phasenmodelle dafür Hinweise – oder entwickeln Klient oder Team ein eigenes Phasenmodell?
- Wie lassen sich die einzelnen Phasen bezeichnen?
- Was sind Merkmale dieser Phase?
- Welche möglichen Probleme kommen damit in den Blick?

- Gibt es Hinweise auf mögliche anschließende Phasen?
- Was wären mögliche Interventionen, um die nächste Phase zu erreichen?

Das Evolutionsmodell

Seit Beginn der 70er-Jahre des 20. Jahrhunderts wird in Unternehmenstheorie und Managementforschung auf evolutionstheoretische Konzepte in Anlehnung an die Evolutionstheorie von Darwin zurückgegriffen (Übersicht bei Kumbartzki 2002):

- Von Hayek fordert Anfang der 1970er-Jahre, Institutionen nicht unter dem Gesichtspunkt der Konstruktion gemäß vorgegebenen Zwecken, sondern unter dem Gesichtspunkt der Evolution zu betrachten (Hayek 1971, S. 23 ff.; ähnlich Weick 1985, S. 174 ff.). Es wird gefordert, nicht mehr die Mechanik, sondern die Biologie »zum Mekka der Ökonomen« zu machen (Bauer/Oeser 1989, S. 8).
- »Evolution« (das wurde bereits in Kapitel 1 deutlich) ist ein Grundbegriff des biologischen Systemmodells, wie es von Capra oder Vester in den 1980er-Jahren entwickelt wurde. Vester fordert, lebenden Systemen »ein wenig ihre Tricks abzuschauen, die sich im Laufe der Jahrmillionen als nützlich erwiesen haben« (1983, S. 117).
- Auf dieser Basis werden seit Ende der 1980er-Jahre zunehmend »evolutionäres Management« (z. B. Balck/Kreibich 1991; Königswieser/Lutz 1992; Malik 2000, ursprünglich 1993) und »evolutionäre Führung« (Servatius 1991) proklamiert.

Grundlage der evolutionstheoretischen Betrachtung von Organisationen ist letztlich Darwins Evolutionsmodell. Evolution wird bekanntlich hier durch drei zentrale Faktoren erklärt (Junker/Hoßfeld 2009; Zrzavý u. a. 2013).

- **Genetische Tradierung:** Voraussetzung für evolutionäre Prozesse ist die Fähigkeit der Reproduktion von Individuen. Dabei werden bestimmte Merkmale des Individuums wie Farbe und Musterung der Flügel bei Schmetterlingen genetisch weitertradiert.
- **Variation:** Die genetisch bestimmten Merkmale werden nicht stets auf die gleiche Art weitergegeben, sondern es treten Variationen (zum Beispiel unterschiedliche Formen und Farben der Flügel) auf. Variationen können durch unterschiedliche Kombinationen des Genpools entstehen oder durch Mutation, wobei zufällig neue Eigenschaften auftauchen oder alte Eigenschaften verschwinden können.
- **Selektion:** Unterschiedliche Varianten bieten den Individuen unterschiedliche Chancen, sich in der Umwelt besser zu behaupten. Eine bestimmte durch

Mutation entstandene Musterung der Flügel eines Schmetterlings bietet eine bessere Tarnung und erhöht damit die Chance für das Überleben. Die für das Überleben am besten angepassten Individuen (»the fittest«) haben die größte Chance, ihre genetischen Merkmale weiterzutradieren.

Auf Organisationen übertragen bedeutet das, dass auch hier die Entwicklung auf der Basis von Tradierung, Variation und Selektion geschieht (z. B. Kumbartzki 2002; Litz 2007).

Tradierung in sozialen Systemen In sozialen Systemen werden »Kompetenzen« (Mersch 2012, S. 63 ff.), nämlich bestimmte Wissensbestände und Regeln, tradiert:

- das Wissen zur Herstellung von Produkten (von der Coca-Cola-Formel bis hin zu Regeln über den Aufbau eines Kommunikationstrainings)
- Kenntnisse über den Markt, die Erwartungen verschiedener Kunden
- Regeln zur Steuerung von Abläufen, aber auch geheime Regeln (zum Beispiel »Andere Teammitglieder dürfen nicht vor Dritten kritisiert werden«) und Werte eines sozialen Systems

Während in biologischen Systemen Tradierung genetisch gesteuert wird, haben soziale Systeme andere Formen der Tradierung:

- Die Tradierung kann schriftlich erfolgen: Der Ablauf eines Projekts wird auf der Basis eines ausführlichen Projekthandbuchs tradiert.
- Die Tradierung kann mündlich erfolgen: Einer neuen Kollegin werden bestimmte Regeln im Umgang mit Kunden erklärt.
- Die Tradierung kann unterschwellig erfolgen: Ein neues Teammitglied lernt im Laufe der Zeit geheime Regeln des Teams kennen.

Variation in sozialen Systemen Variation in einem sozialen System bedeutet, dass neue Wissensbestände und neue Regeln (neue Herstellungsverfahren, neue Ablaufregeln und so weiter) entstehen. Dabei gibt es mehrere Möglichkeiten:

- Variationen können das Ergebnis von »Kopierfehlern« sein. Eine Trainingsübung wird bei der Anwendung auf eine andere Zielgruppe modifiziert und dann in dieser modifizierten Form auch auf andere Situationen übertragen.
- Variationen entstehen durch Austausch zwischen verschiedenen sozialen Systemen. Eine neue Mitarbeiterin bringt neues Wissen in ein soziales System ein; im Rahmen der Fusion zweier Unternehmen treffen unterschiedliche Unternehmenskulturen aufeinander.

- Variationen können bewusst hergestellt werden. Die Entwicklung eines neuen Produktes, Brainstorming im Rahmen eines Moderationsprozesses oder Benchmarking sind eine bewusste Erzeugung von Alternativen.

Selektion in sozialen Systemen In der biologischen Evolutionstheorie wird die Selektion durch die Umwelt gesteuert – was Darwin als »survival of the fittest« bezeichnete. Ähnliche Prozesse finden sich in Organisationen: Ein Produkt wird nicht mehr hergestellt, wenn es sich nicht verkaufen lässt. Ein besonders erfolgreiches Seminarkonzept wird in das Seminarprogramm aufgenommen.

Selektion in sozialen Systemen wird jedoch nur zu einem Teil direkt durch die Umwelt gesteuert, zum Teil erfolgt sie nach eigenen Regeln des sozialen Systems selbst. Die Entscheidung für ein bestimmtes Coachingkonzept in einem Unternehmen wird nicht unbedingt nach dem Erfolg dieses Konzeptes getroffen, sondern möglicherweise aufgrund persönlicher Vorlieben der Bildungsabteilung. Umstrukturierungen einer Organisation erfolgen möglicherweise nicht wegen eines Selektionsvorteils (wenn auch ein solcher postuliert wird), sondern weil bestimmte Führungskräfte ihren Einflussbereich vergrößern möchten.

Wenn man die Evolutionstheorie als theoretischen Rahmen für die Diagnose der Entwicklung eines sozialen Systems nimmt, ergeben sich folgende Prozessfragen:

- Was sind relevante Umweltveränderungen für das Überleben des sozialen Systems?
- Was bestimmt den gegenwärtigen Zustand des sozialen Systems: Tradierung, Variation oder Selektion?
- Was sind die Mechanismen, durch die Tradierung, Variation, Selektion gesteuert werden?
- Wie weit entsprechen die Veränderungen des sozialen Systems den Veränderungen der Umwelt?
- Im Blick auf die Umweltveränderungen: Benötigt das System Tradierung, Variation oder Selektion?
- Was sollte tradiert, was verändert werden?
- Wie lassen sich Tradierung, Variation oder Selektion umsetzen?

Auf dieser Basis kann dann die Entwicklung eines sozialen Systems unterstützt werden. Das bedeutet im Einzelnen:

- Die Entwicklung kann stärker Richtung Variation, Selektion oder Tradierung verlaufen. Es geht um Fragen wie: Müssen neue Produkte entwickelt werden, oder muss sich das Führungsverständnis ändern? Geht es darum, aus verschiedenen verfügbaren Modellen (zum Beispiel verschiedenen Seminarkonzepten) eines auszuwählen? Müssen bestimmte Abläufe standardisiert werden? Muss die Organisation wirklich schon wieder umstrukturiert werden?

- Variation, Selektion und Tradierung können in verschiedenen Bereichen unterschiedlich verlaufen. Es kann sinnvoll sein, sich auf die Entwicklung neuer Produkte zu konzentrieren und die Abläufe gleichzeitig stabil zu halten.
- Das Austarieren von Variation und Tradierung ist in Veränderungsprozessen ebenfalls ein zentrales Thema. Das bedeutet: Nicht alles zugleich verändern, sondern überlegen, was in der Veränderung bewahrt werden soll.

Chaostheorie

Als Begründer der Chaostheorie gilt Henri Poincaré, ein Mathematiker zu Beginn des 20. Jahrhunderts. Der schwedische König Oskar II. hatte einen Preis für die wissenschaftliche Beantwortung der Frage ausgelobt, ob das Sonnensystem auf Dauer stabil sei. Poincaré antwortete darauf, dass diese Frage sich nicht beantworten lasse, da die wechselseitigen Einwirkungen verschiedener Körper (Planeten) zu völlig unterschiedlichen Ergebnissen führen können. In dem Buch »Wissenschaft und Methode« aus dem Jahr 1912 fasst Poincaré das Ergebnis in dem späteren Grundsatz der Chaostheorie zusammen:

> »*Es kann der Fall eintreten, dass kleine Unterschiede in den Anfangsbedingungen große Unterschiede in den späteren Erscheinungen bedingen ... Die Vorhersage wird unmöglich, und wir haben eine ›zufällige Erscheinung‹*« (Poincaré 2003, S. 57).

Zu Beginn der 60er-Jahre des 20. Jahrhunderts kommt der amerikanische Meteorologe Edward N. Lorenz bei Untersuchungen zur Zuverlässigkeit von Wettervorhersagen zu sehr ähnlichen Ergebnissen, wenn er die Frage stellt: »Kann der Flügelschlag eines Schmetterlings in Brasilien einen Tornado in Texas auslösen?« (Lorenz 1993, S. 181 ff.) – was später als »Schmetterlingseffekt« beschrieben wird.

Insbesondere in den 90er-Jahren des 20. Jahrhunderts erlebt die Chaosforschung ihre Blütezeit (als Einführung Eckhardt 2004). Gleichzeitig wird die Chaostheorie als Grundlage der Psychologie (z. B. Bütz u. a. 1997), aber auch für die Entwicklung von Organisationen (z. B. Büssow 2003) oder als Grundlage des Managements (z. B. Henkel 1996; Pascale u. a. 2002) proklamiert. »Das Chaos im Griff« zu haben gilt als zentrale Aufgabe (Breu 2002).

Allerdings wird dabei der Chaosbegriff unscharf und zu einem Universalbegriff ausgeweitet, der ebenso mathematische wie astronomische wie psychologische oder soziale Sachverhalte erklären soll: »Chaos ist überall – und es funktioniert« (Morfill/Scheingraber 1991). Schließlich werden in der Chaostheorie die Grenzen zu anderen Ansätzen wie der Systemtheorie, der Selbstorganisationstheorie oder zum Thema Selbstmanagement unscharf.

Trotzdem kann die Chaosforschung wichtige Hinweise bieten: Anliegen ist gewesen, darauf aufmerksam zu machen, dass kleine Veränderungen große Wirkungen zur Folge haben können. Das ist ein Sachverhalt, der auch in Organisationen immer wieder festzustellen ist. Chaostheorie ist ein Modell zur Beschreibung und Erklärung solcher Veränderungen:

Stabile und dissipative Systeme Chaostheorie besagt nicht, dass Systeme fortwährend in Veränderung sind, sondern sie können durchaus stabile Zustände einnehmen. Dabei ist Stabilität nicht dadurch gekennzeichnet, dass der Zustand des Systems immer genau gleich bleibt, sondern dass er sich mit gewissen Abweichungen zwischen zwei Punkten einpendelt. Der Begriff »einpendeln« deutet bereits auf das ursprüngliche Standardbeispiel für stabile Systeme hin: das Pendel, das sich zwischen zwei Polen hin und her bewegt (Eckhardt 2004, S. 7).

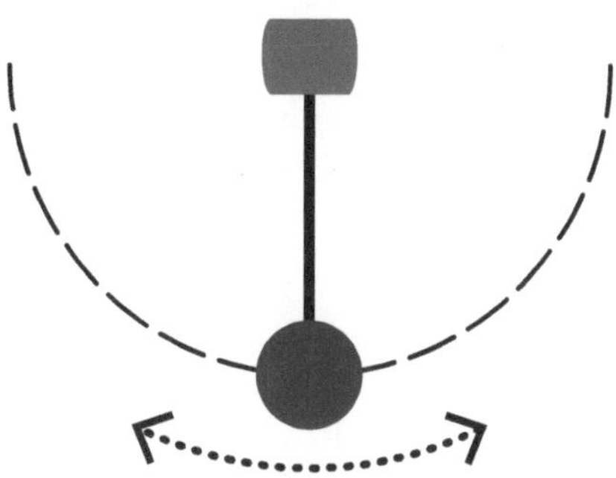

Stabile Zustände, bei denen der Zustand des Systems zwischen zwei Polen schwingt, finden sich auch in sozialen Systemen. Ein Beispiel ist der Wechsel zwischen Führung und Teamarbeit: Ein Unternehmen setzt auf Teamarbeit mit der Konsequenz, dass Führung zunehmend an Bedeutung verliert. Im Laufe der Zeit wird jedoch deutlich, dass hier Führung fehlt. Führung wird wieder stärker betont, Teamarbeit tritt in den Hintergrund, bis sich der Prozess wieder umkehrt.

Ein dissipatives System ist ein zerfallendes System, das nicht mehr in den ursprünglichen Zustand zurückkehrt, sondern sich in einen neuen (stabilen) Zustand verändert. Den Begriff »dissipative Struktur« hat Ilya Prigogine in den 1970er-Jahren im Zusammenhang mit Modellen der Thermodynamik eingeführt. Er versteht darunter »ein Mittelding zwischen dem reinen Zufall und der redundanten Ordnung« (Prigogine/Stengers 1993, S. 123).

Ein Beispiel dafür ist wieder das Pendel, aber nunmehr dasjenige Pendel, das sich in der Nähe des oberen Scheitelpunkts bewegt. Kleine Anstöße in die eine oder andere Richtung führen dazu, dass das Pendel in die eine oder andere Richtung fällt und sich dann mit zunehmender Geschwindigkeit von dem Scheitelpunkt wegbewegt. Dissipative Strukturen bleiben jedoch nicht »chaotisch«, sondern gelangen mit der Zeit in einen neuen stabilen Zustand.

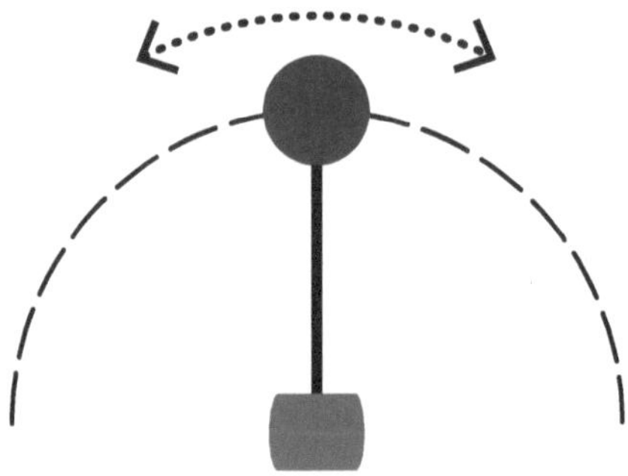

Dissipative Zustände finden sich bei der Veränderung von Großwetterlagen: Die Wetterlage war lange Zeit von einem Hoch bestimmt (also in einem stabilen Zustand). Dann aber entsteht eine Tiefdrucksituation als eine neue Großwetterlage. In der Phase zwischen den beiden Großwetterlagen ist das Wettersystem dissipativ: Kleine Faktoren können dazu führen, dass sich das Wetter in die eine oder die andere Richtung verändert.

Auch in Organisationen finden sich dissipative Strukturen: Ein Unternehmen war über längere Zeit erfolgreich (war also in einem stabilen Zustand), gerät aber plötzlich in Lieferschwierigkeiten und Finanzierungsprobleme und zerfällt. Ein Seminar läuft längere Zeit gut, plötzlich aber kommt aufgrund von Kleinigkeiten Unzufriedenheit auf, es entstehen Konflikte. Die ursprüngliche Struktur zerfällt, und es tritt ein neuer (möglicherweise auch über längere Zeit stabiler) Zustand (in diesem Fall: eine Konfliktsituation) ein.

Attraktoren Attraktoren sind die Kräfte, die ein System in die eine oder andere Richtung ziehen (Wehr 2002, S. 85 ff.). Dabei lassen sich unterscheiden:

- Punktattraktoren sind Attraktoren, die ein System in einen Ruhepunkt ziehen. Ein Beispiel ist die Schwerkraft, die ein Pendel schließlich an dem tiefsten Punkt zur Ruhe kommen lässt.
- Periodische Attraktoren sind Attraktoren, die ein System in einen stabilen Zustand zwischen zwei Polen ziehen.

- »Seltsame Attraktoren« sind Attraktoren, die ein System in einen dissipativen Zustand ziehen. Dabei ist der Begriff »seltsam« nicht ganz unpassend: Es sind oft die unerwarteten kleinen Faktoren, die ein System zum Kippen bringen.

In sozialen Systemen kann eine Monopolstellung ein punktueller Attraktor für die Sicherung eines Unternehmens sein, der Verlust eines unwichtigeren Auftrags ein »seltsamer Attraktor«, der das Beratungsunternehmen auseinanderbrechen lässt. In einem umfangreichen Organisationsberatungsprojekt von uns waren die Einführung der Liste offener Punkte und das konsequente Verfolgen der Aktivitäten der »seltsame Attraktor«, der die Führungsmannschaft von dem Veränderungsprozess überzeugte und den Durchbruch gab.

Attraktoren können auf unterschiedlichen Ebenen liegen.

- Personen können Attraktoren in Richtung Stabilität oder Veränderung sein: ein Bereichsleiter, der alle Veränderungen blockiert, oder eine neue Personalleiterin, die den Anstoß zu einem umfassenden Veränderungsprozess gibt.
- »Ideenkiller« wie »Das haben wir alles versucht« oder »Das bringt sowieso nichts« sind Attraktoren, die ein soziales System in dem bisherigen Zustand beharren lassen. Andererseits ist die Aufbruchstimmung in einem Team häufig ein wirkungsvoller Attraktor in Richtung Veränderung.
- Eine starre bürokratische Organisation oder eine implizite Regel »Warte erst mal ab, auch dieser Veränderungsprozess geht vorbei!« können Attraktoren sein, die den bisherigen Zustand stabilisieren, während andererseits ein Projektteam möglicherweise den Anstoß zu einer Veränderung geben kann.
- Regelkreise sind häufig Attraktoren, die einer Veränderung entgegenstehen. Der Regelkreis »Es wird alles ausdiskutiert« führt oft dazu, dass überhaupt nichts geschieht. Entsprechend kann die Auflösung eines Regelkreises ein »seltsamer Attraktor« in Richtung Veränderung sein.
- Auch die Umwelt wirkt häufig als Attraktor: Umweltveränderungen können Veränderungen des sozialen Systems anstoßen, eine stabile Umwelt begünstigt den bisherigen Zustand.

Schwache Signale Der Begriff »schwache Signale« stammt ursprünglich nicht aus der Chaostheorie, sondern wurde in den 70er-Jahren des 20. Jahrhunderts von dem Mathematiker und Wirtschaftswissenschaftler Harry Igor Ansoff im Kontext des strategischen Managements eingeführt (Ansoff 1984, S. 22 ff.). Gravierende Veränderungen beziehungsweise (in der Begrifflichkeit der Chaostheorie) dissipative Strukturen deuten sich häufig durch kleine Vorzeichen, sogenannte »schwache Signale«, an. Solche schwachen Signale gibt es bereits bei technischen

Systemen. Störungen können sich zum Beispiel dadurch andeuten, dass sich die akustische Frequenz der Maschine verändert. Im Kontext sozialer Systeme kann zum Beispiel die Tatsache, dass Mitarbeiter aufhören, sich zu unterhalten, wenn ein Vorgesetzter in die Nähe kommt, ein schwaches Signal für sich anbahnende Konflikte sein.

Die Chaostheorie liefert damit zusätzliche begriffliche Unterscheidungen, die die Aufmerksamkeit auf bestimmte Sachverhalte lenken und damit neue Handlungsmöglichkeiten eröffnen. Daraus ergeben sich folgende Prozessfragen:

- Wie stabil ist der gegenwärtige Zustand des Systems? Ist es eher stabil oder eher dissipativ?
- Gibt es »schwache Signale«, die auf Veränderung hindeuten?
- Was sind die Attraktoren, die das System in Richtung des ursprünglichen Zustands oder in Richtung eines neuen Zustands ziehen?
- Wenn sich das System in einer dissipativen Phase befindet: Was können die »Triggerpunkte« (das heißt die »seltsamen Attraktoren«) sein, die das System in einen neuen Zustand überführen?
- Was sind möglicherweise aber auch Attraktoren, die das System wieder zurückfallen lassen?
- Was kann getan werden, um ein solches Zurückfallen zu vermeiden?

Eine weitere Konsequenz kann der Aufbau eines »Frühwarnsystems« sein, wie es seit den 1970er-Jahren im Rahmen der Organisationsforschung (Krystek/Müller-Stewens 2002; Schöpfner 2006) proklamiert und dann insbesondere von George S. Day und Paul H. J. Schoemaker in dem Buch »Peripheral Vision« (2006) entwickelt wurde. Aufgabe eines solchen »Frühwarnsystems« ist es, frühzeitig schwache Signale für sich andeutende Veränderungen (Chancen oder Risiken) zu erfassen.

Das kann informell geschehen, indem zum Beispiel eine Abteilungsleiterin beim Rundgang durch die Abteilung (und andere Abteilungen) auf »kleine Besonderheiten« achtet, »die feine Unterschiede und Abweichungen erkennen lassen«, dass sie »kleinere Diskrepanzen« und »Nuancen« aufzuspüren sucht, »die auf eine Störung hindeuten könnten« (Weick/Sutcliffe 2010, S. 34 f.). Man kann am Schluss jeder Teambesprechung ein Rundgespräch durchführen: »Was könnte möglicherweise für uns noch wichtig sein?«, man kann auch regelmäßige Gespräche mit »informellen Führern« durchführen:

> *»Die informellen Führer findet man relativ einfach, indem man einem Personenkreis von maximal 15–20 Personen verschiedener Hierarchieebenen dieselbe Frage stellt: Wer ist im Unternehmen menschlich und fachlich unumstritten? Der befragte Personenkreis nennt meistens 2–3 wiederkehrende Namen […] Diesen menschlich und fachlich*

von den meisten akzeptierten Personen fließen alle wesentlichen Informationen zu […], wo der Erfahrungspool des Unternehmens zu finden ist und damit die Fragen nach der Gegenwart und Zukunft des Unternehmens situationsgerecht beantwortet werden« (Turnheim 1993, S. 231).

Das Vorgehen kann aber auch systematisiert werden, indem man Beobachtungsbereiche (Markt, Entwicklung bei Konkurrenten, aber auch Entwicklungen innerhalb der eigenen Organisation) definiert, auf sich schrittweise andeutende Trends, aber auch unerwartete Brüche achtet und die Daten systematisch auswertet. Im Anschluss an Day/Schoemaker schlagen Kotler/Caslione (2009, S. 93) dafür folgende Prozessfragen vor:

- Wo lagen in der Vergangenheit unsere blinden Flecken? Was geschieht derzeit an diesen Stellen?
- Gibt es in anderen Branchen aufschlussreiche Beispiele?
- Wie rationalisieren wir wichtige Signale weg?
- Wer ist dazu fähig, schwache Signale zu empfangen und früher als alle anderen darauf zu reagieren?
- Was haben uns Eigenbrötler und Außenseiter zu sagen?
- Welche Überraschungen könnten uns schaden (oder auch helfen)? …
- Gibt es ein undenkbares Szenario? Wenn ja, welches?

Gemeinsam ist allen drei Entwicklungsmodellen, dass die Entwicklung sozialer Systeme nicht linear, sondern in Brüchen verläuft. Gemeinsam ist allen Modellen ebenso, dass sich die Entwicklung sozialer Systeme nicht technisch steuern lässt, sondern eine Eigendynamik besitzt.

Im Rahmen systemischer Organisationsberatung können die verschiedenen Entwicklungsmodelle die Aufmerksamkeit jeweils auf unterschiedliche Aspekte der Entwicklung lenken: auf eine Gliederung in verschiedene Phasen, auf die Frage, was zu bewahren oder zu verändern ist, und auf die jeweiligen Attraktoren, die eine Veränderung unterstützen oder behindern. Im Blick darauf lassen sich die Modelle durchaus auch verknüpfen, indem man bei Phasen ansetzt und anschließend den Übergang in eine zukünftige Phase auf der Basis von Evolutionsmodell und Chaosmodell betrachtet.

Literaturtipps

Einen Überblick über verschiedene Entwicklungsmodelle gibt zum Beispiel:

- Daniel Marek: *Unternehmensentwicklung verstehen und gestalten.* Gabler, Wiesbaden 2010

Um die Geschichte (die eigene oder die der Organisation) zu verstehen und zu nutzen, bieten folgende Bücher hilfreiche Anregungen:

- David Denborough: *Geschichten des Lebens neu gestalten.* Grundlagen und Praxis der narrativen Therapie. Vandenhoeck & Ruprecht, Göttingen 2017
- Gitta Jacob/Hannie van Genderen/Laura Seebauer: *Andere Wege gehen.* Lebensmuster verstehen und verändern. Beltz, Weinheim, 2. Auflage 2017
- Michael Müller: *Einführung in die narrativen Methoden der Organisationsberatung.* Carl Auer, Heidelberg 2017

Diagnoseverfahren im Rahmen systemischer Organisationsberatung 05

Grundlagen

Der Klärungsphase im Beratungsgespräch Einzelner entsprechend gibt es in komplexen Beratungsprozessen ebenfalls eine eigene Diagnosephase. Beispiele dazu sind:

- Ein internationales Großunternehmen will umstrukturieren. Im Rahmen einer Organisationsanalyse werden Schwachstellen und Vorschläge zur Veränderung erhoben.
- Im Rahmen eines Coachingprozesses mit einer Bereichsleiterin wird mithilfe von Interviews erfragt, wie die Bereichsleiterin von ihren Mitarbeitern, Kollegen und Vorgesetzten eingeschätzt wird. Darüber hinaus nimmt die Beraterin an Besprechungen der Bereichsleiterin teil und beobachtet ihr Vorgehen.
- Eine Schule will ihr Schulprogramm weiterentwickeln. Mithilfe eines Fragebogens wird die Sicht von Lehrerinnen, Eltern und Schülern erhoben.

Es gibt zahlreiche Diagnoseverfahren, die im Rahmen von Organisationsberatung eingesetzt werden, wobei die Spannweite von Selbsteinschätzungen über Interviews, Fragebogen bis zu Prozessanalysen und systematischen Beobachtungen reicht (Übersichten bei Felfe/Liepmann 2008; Kühl/Strodtholz/Taffertshofer 2009; Werner/Elbe 2013).

Solche Analysen sind jedoch dann problematisch, wenn sie ausschließlich »aus einer Beobachterperspektive« durchgeführt werden: Ein Fragebogen, der »von außen« am Schreibtisch entwickelt wurde, erfasst die Themen, die ein Beobachter für wichtig hält – was aber noch nichts darüber aussagt, ob diese Themen für die Betroffenen selbst relevant sind. Einem Beobachter, der Abläufe in einer Organisation misst, entgeht möglicherweise die Bedeutung, die diese Abläufe für das Funktionieren des sozialen Systems haben. Daraus ergeben sich drei Grundsätze für die Diagnose im Rahmen systemischer Organisationsberatung.

Das soziale System ist dem von außen kommenden Beobachter grundsätzlich fremd

Im Alltag gehen wir davon aus, dass wir unmittelbar verstehen, was der andere meint. In der Tat klappt die Verständigung in vielen Situationen – vor allem dann, wenn die Gesprächspartner sich in einer gemeinsamen Lebenswelt bewegen: Die Mitglieder einer Arbeitsgruppe, eines Schulkollegiums verstehen einander.

Eine andere Situation ist jedoch die Diagnose einer fremden Organisation. Wenn ein Teammitglied von Teamproblemen spricht, kann der Beobachter nicht davon ausgehen, dass diese Probleme im Informationsfluss und in der Zusammenarbeit liegen. Möglicherweise ist für die Mitglieder das Hauptproblem das fehlende »Standing« des Teamleiters.

Ein soziales System ist für den von außen kommenden Beobachter eine neue unbekannte Welt, der Interviewpartner ein »professioneller Fremder« (Agar 2008), dem die »Konstruktion der Wirklichkeit« des sozialen Systems zunächst unbekannt ist. Zielstellung einer systemischen Diagnose ist es demgegenüber, die »Perspektive« des sozialen Systems zu erfassen.

Die Wirklichkeit eines sozialen Systems setzt sich zusammen aus unterschiedlichen Perspektiven Ein Mitarbeiter in der Produktion sieht Probleme, die der Bereichsleiter aus seiner Perspektive nicht wahrnimmt, eine Expertin aus der IT-Abteilung erfasst Aspekte, die den anderen verborgen bleiben, hat aber andererseits selbst ihre blinden Flecken. Man kann sich das gut mithilfe der folgenden Abbildung verdeutlichen:

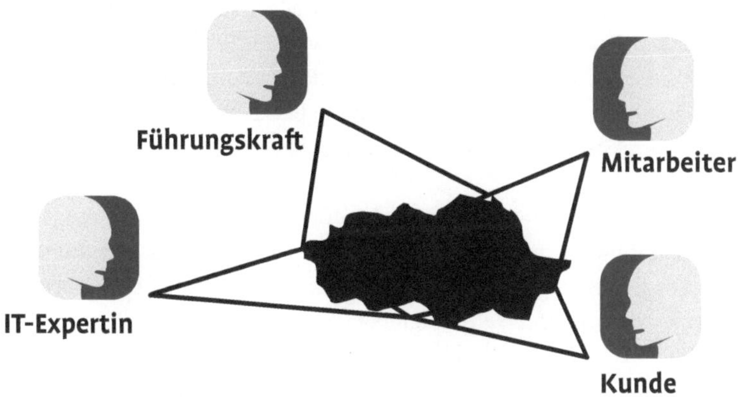

Die Konsequenz daraus ist, dass eine systemische Diagnose die verschiedenen Perspektiven des sozialen Systems zu erfassen hat. Wie sieht, um bei obigem Bild zu bleiben, ein Mitarbeiter die Situation, eine Führungskraft, ein Kunde?

Das Wissen einer Organisation ist teilweise »verdecktes« Wissen Hier gilt das Gleiche, was wir schon zur Klärungsphase im Beratungsprozess festgestellt haben: Nur ein Teil des Wissens, das die Mitarbeiter einer Organisation haben, ist direkt abrufbar. Der größere Teil der Erfahrungen (und damit auch der Erfahrungen über die Ursachen von Problemen oder geeignete Lösungsmöglichkeiten) ist erst dann zugänglich, wenn zum Beispiel durch gezieltes Nachfragen dieses Wissen bewusst gemacht wird.

Es gibt eine Reihe von Ansätzen systemischer Organisationsforschung beziehungsweise systemischer Forschung allgemein (z. B. Mohr 2006; Ochs/Schweitzer 2012b; Tuckermann 2013), die in diesem Zusammenhang genutzt werden können. So unterschiedlich dabei die jeweiligen theoretischen Ansätze auch sind (Übersicht bei Ochs/Schweitzer 2012a, S. 17 ff.), so lassen sich doch in Anlehnung an das »Handbuch Forschung für Systemiker« von Matthias Ochs und Jochen Schweitzer (2012a, S. 24 ff.) einige Gemeinsamkeiten aufzeigen:

- Systemische Forschung zielt darauf ab, die Struktur sozialer Systeme aufzudecken: Was sind die zentralen Unterscheidungen und Begriffe, mit denen die Situation gedeutet wird? Wo gibt es immer wiederkehrende Regelkreise und Strukturen? Welche typischen Entwicklungsverläufe lassen sich erkennen? Wie wird Komplexität in einem sozialen System gesteuert?
- Wie schauen die verschiedenen Perspektiven der Akteure in sozialen Systemen aus? Inwieweit passen diese Perspektiven zueinander oder sind widersprüchlich?
- Schließlich: Auch die empirische Forschung ist stets eine Konstruktion der Wirklichkeit. Die Ergebnisse der Interviews oder Fragebogenuntersuchungen »konstruieren« ein Bild der Wirklichkeit, das grundsätzlich nie »die Wirklichkeit an sich« ist, sondern eine zusätzliche Perspektive, die Anregung für die Weiterentwicklung des sozialen Systems sein kann.

Das bedeutet keine Vorentscheidung für eine bestimmte Forschungsmethode, sondern im Rahmen von systemischen Organisationsdiagnosen können Interview, Fragebogen, Beobachtung, aber auch andere Verfahren eingesetzt werden. Wichtig ist jeweils die unterschiedliche Zielrichtung:

- Ein Fragebogen ist ein hypothesengeleitetes Verfahren: Es wird eine Vorannahme (zum Beispiel über den Zusammenhang zwischen Coaching durch die Führungskraft und Zufriedenheit der Mitarbeiter) als Hypothese formuliert, und es wird überprüft, inwieweit diese Hypothese zutreffend ist.
- Wenn es darum geht, Hypothesen zu generieren (zum Beispiel um neue Ideen zur Verbesserung der Arbeitszufriedenheit aufzudecken), ist ein Fragebogen ungeeignet. Hier bringt ein Interview mit offenen Fragen viel bessere Ergebnisse.

Im Folgenden möchten wir Ihnen verschiedene Erhebungsmethoden vorstellen, die sich im Rahmen systemischer Organisationsberatung bewährt haben.

Literaturtipps

Verschiedene Methoden der Organisationsforschung finden Sie unter anderem bei:

- Jörg Felfe/Detlev Liepmann: *Organisationsdiagnostik*. Hogrefe, Göttingen 2008
- Stefan Kühl/Petra Strodtholtz/Andreas Taffertshofer (Hrsg.): *Handbuch Methoden der Organisationsforschung*. Quantitative und qualitative Methoden. VS Verlag für Sozialwissenschaften, Wiesbaden 2009
- Christian Werner/Martin Elbe (Hrsg.): *Handbuch Organisationsdiagnose*. Herbert Utz, München 2013

Weitere Anregungen finden Sie auch bei:

- Nicolai Andler: *Tools für Projektmanagement, Workshops und Consulting*. Kompendium der wichtigsten Techniken und Methoden. Publicis, Erlangen, 6. Auflage 2015

Das Konstruktinterview

Das gleichsam klassische Verfahren zur Erfassung unbekannten Wissens ist das, wie man in der Sozialforschung formuliert, »qualitative« Interview (Friebertshäuser/Langer 2013, S. 437 ff.; Kruse 2915, S. 147 ff.; Flick 2017, S. 315 ff.; Flick 2017, S. 53 ff.). Im Unterschied zum (quantitativ auszuwertenden) Fragebogen können sich die Interviewten in eigenen Worten äußern. Ziel ist, die individuellen Sichtweisen der Befragten, »nicht nur oberflächlich, sondern detailliert und vertieft« (Döring/Bortz 2016, S. 365) zu erschließen.

Wenn zum Beispiel in einem Fragebogen gefragt wird: »Erhalten Sie genügend Informationen, um Ihre Arbeitsaufgaben erfüllen zu können?«, so wird von außen das Konstrukt »Information« vorgegeben. In einem qualitativen Interview würde man stattdessen offen fragen »Welche Problempunkte können Sie in Ihrem Team feststellen?« – und der Interviewpartner hat die Möglichkeit, von sich aus die für ihn wichtigen Themen auszuwählen.

Im Einzelnen lassen sich folgende Ansätze qualitativer Interviews unterscheiden (Friebertshäuser/Langer 2013, S. 437 ff.; Kruse 2015, S. 147 ff.):

- Das **fokussierte Interview** von Merton/Kendall (1993), bei dem es darum geht, die Bedeutung und die Wirkungen bestimmter Aspekte einer Situation mithilfe unstrukturierter, halbstrukturierter oder strukturierter Fragen zu erfassen.
- Das **problemzentrierte Interview** von Witzel (1985): Auf der Basis des vorhandenen Wissenshintergrunds werden bestimmte gesellschaftliche Problemstellungen festgelegt, die dann mithilfe von Erzählbeispielen, durch Zurückspiegelung, Verständnisfragen und Konfrontation mit Widersprüchen und Ungereimtheiten geklärt werden.
- Das **»narrative Interview«**, das von Fritz Schütze entwickelt wurde, wird insbesondere in der Biografieforschung verwendet (Schütze 1983; vgl. u. a. Holtgrewe 2009). Hier wird der Interviewpartner aufgefordert, Phasen seiner Lebensgeschichte zu erzählen. Diesem Vorgehen liegt die Annahme zugrunde, dass im freien Erzählfluss die für den Gesprächspartner relevanten Konstrukte am wenigsten verfälscht auftreten und damit »Prozessstrukturen des individuellen Lebenslaufs« (Schütze 1983, S. 285) erkennbar werden.
- Im **Beobachtungsinterview** (Kuhlmann 2009) werden die subjektiven Theorien zu bestimmten Arbeitsabläufen erhoben: »Die Forschenden folgen den Untersuchungspersonen während des Arbeitsablaufs und stellen immer wieder

Fragen, die der Einordnung des Geschehenen dienen, ohne aber die jeweiligen Handlungsabläufe dabei zu stören« (Kuhlmann 2009, S. 82).

- Mithilfe des **Repertory-Grid-Interviews** im Anschluss an Kelly (1955; Rosenberger/Freitag 2009; Fromm/Paschelke 2010) wird versucht, die für den Interviewpartner relevanten Konstrukte durch den Vergleich verschiedener Situationen (zum Beispiel durch Vergleich mehrerer Vorgesetzter) zu erfassen.
- Das **Experteninterview** (z. B. Bogner/Littig/Menz 2005; Liebold/Trinczek 2009) dient als ein Leitfadeninterview mit der Zielsetzung, das »Deutungswissen«, das heißt die »subjektiven Relevanzen, Regeln, Sichtweisen und Interpretationen des Experten« über sein »spezifisches professionelles oder berufliches Handlungsfeld« zu erfassen (Bogner/Menz 2005, S. 43, 46).
- Das im Folgenden ausführlicher dargestellte **Konstruktinterview,** eine besondere Form des Experteninterviews, wurde im Rahmen der systemischen Organisationsberatung von Eckard König und Gerda Volmer Ende der 1980er-Jahren entwickelt (König/Volmer 1993, S. 101 ff.). »Experteninterview« bedeutet dabei keine Einschränkung auf irgendwelche Spezialisten, sondern weist darauf hin, dass jeder Interviewpartner grundsätzlich »Experte« (für seinen Arbeitsbereich) ist, dessen Sichtweise es zu entdecken gilt. Das Konstruktinterview unterscheidet sich von anderen Interviewformen durch den Fremdheitsgrundsatz, das heißt durch die Basisannahme, dass dem Interviewer die Konstruktion der Wirklichkeit seines Gesprächspartners zunächst grundsätzlich fremd und erst durch gezieltes Nachfragen zu klären ist.

Vorbereitung, Durchführung und Auswertung qualitativer Interviews erfordern ebenso professionelles Vorgehen wie die Entwicklung eines Fragebogens. Die einzelnen Schritte dabei möchten wir Ihnen in den folgenden Abschnitten am Beispiel eines Organisationsberatungsprozesses eines Werkes vorstellen.

Vorbereitung des Interviews

Schritt 1: Festlegung von Untersuchungsziel und Verwendungszweck »Wenn man nicht weiß, wohin man will, landet man mit hoher Wahrscheinlichkeit dort, wo man auf keinen Fall hinwollte.« Dies gilt gleichermaßen für Interviews: Wenn man nicht weiß, was man wissen will und warum man es wissen will, stellt man mit hoher Wahrscheinlichkeit falsche Fragen und erhält am Schluss irrelevante oder verfälschte Ergebnisse. Das Festlegen des Ziels ist damit der Ausgangspunkt für die gesamte weitere Vorbereitung des Interviews. Dabei lässt sich zwischen dem Untersuchungsziel und dem Verwendungszweck unterscheiden:

- Das **Untersuchungsziel** legt fest, was untersucht werden soll. In unserem Beispiel: Es sollen Stärken und Schwachstellen des Werks erhoben werden.
- Der **Verwendungszweck** gibt an, wozu die Daten verwendet werden sollen. Hier: Planung und Begleitung des Veränderungsprozesses des Werks.

Untersuchungsziel und Verwendungszweck zielen in verschiedene Richtungen

- Untersuchungsziel: Was will ich wissen?
- Verwendungszweck: Was soll mit den Ergebnissen getan werden?

Schritt 2: Festlegung der Stichprobe Bleiben wir beim Beispiel des Bereichsentwicklungsprozesses: Wer kann alles Auskunft über Stärken und Schwachstellen des Werks geben? Dabei sind (denken Sie an obiges Bild) in der Regel verschiedene Perspektiven zu berücksichtigen: die Mitarbeiter und Führungskräfte des Werks, darüber hinaus aber auch Ansprechpartner im Konzern, Kunden, externe Berater und so weiter. Daraus ergeben sich folgende Fragen:

- **Lassen sich innerhalb des zu analysierenden Systems verschiedene Perspektiven unterscheiden:** Muss zwischen verschiedenen Bereichen und verschiedenen Führungsebenen unterschieden werden, zwischen älteren und jüngeren Mitarbeitern?
- **Sind neben der internen Sicht auch externe Perspektiven wichtig:** Denken Sie dabei an Kunden, Lieferanten, Berater, Trainer, Experten zum Thema und so weiter, bei der Diagnose eines Teams an höhere Vorgesetzte, die Personalabteilung …

Ob Mitarbeiter aus verschiedenen Bereichen eine unterschiedliche Perspektive haben, kann der Ansprechpartner aus der Personalentwicklung eher einschätzen als die externe Beraterin.

Hinweis

Die verschiedenen Perspektiven grundsätzlich zusammen mit den Betroffenen (interne Ansprechpartner, möglicherweise Auftraggeber, Betriebsrat) klären!

Im nächsten Schritt ist festzulegen, welche Personen tatsächlich befragt werden. Bei manchen Fragestellungen ist es möglich, alle Personen, zum Beispiel das gesamte Team, zu befragen. In den meisten Fällen wird man eine Stichprobe auswählen. Dabei ist bei qualitativen Interviews die Zahl der Befragten deutlich geringer als bei Fragebogen. Für die Festlegung der Stichprobe gibt es folgende Kriterien:

- Innerhalb einer »Zelle« einer geschichteten Stichprobe (zum Beispiel der Gruppe der Meister mit längerer Berufserfahrung) ist es zweckmäßig, wenigstens zwei bis drei Gesprächspartner zu befragen, um zufällige Einseitigkeiten auszuschließen.
- Begrenzt wird die Zahl der Interviews zum einen dadurch, dass ab einer bestimmten Zahl von Interviews (etwa 20 je nach der Homogenität der Gruppe) eine »Sättigung« auftritt und weitere Interviews kaum noch neue Ergebnisse bringen. Zum anderen wird die Zahl der Interviews im Blick auf die zur Verfügung stehende Durchführungs- und Auswertungszeit begrenzt.

Letztlich geschieht die Festlegung der Stichprobe auf der Basis von Kosten-Nutzen-Gesichtspunkten: Zum einen im Blick auf Ziel und die verschiedenen Perspektiven, zum anderen im Blick auf die zur Verfügung stehenden Kapazitäten (Zeitbedarf, zur Verfügung stehende Mitarbeiter) ist zu entscheiden, wie aufwendig die Befragung durchgeführt wird. Wenn es darum geht, die Erwartungen der Teilnehmer an einen Teamentwicklungsworkshop zu klären, können vier bis fünf Interviews ausreichend sein. Eine Stärken-Schwächen-Analyse eines Werks erfordert eher 20 bis 30 Interviews.

Es ist hilfreich, die Stichprobe in Form einer Matrix darzustellen. Hier das Beispiel für die Organisationsanalyse des Werks:

	Zentrale	Produktion	Vertrieb	Technik	Externe Sicht
Werkleiter	1				
Bereichsleiter		1	1	1	
Abteilungsleiter		2	2	1	
Mitarbeiter		3	3	3	
Stabsstellen	3				
Betriebsrat	2				
Konzern					2
Externe Berater					2

Die Auswahl der konkreten Interviewpartner erfordert wiederum Kenntnis des sozialen Systems. Gute Erfahrungen haben wir damit gemacht, das Anliegen deutlich herauszuarbeiten: Es geht darum, ganz unterschiedliche Perspektiven zu erfassen, um ein umfassendes Bild zu bekommen. Das bedeutet: Es macht keinen

Sinn, wenn der Werkleiter lediglich die Mitarbeiter auswählt, die ihm gegenüber positiv eingestellt sind. Was erforderlich ist, ist eine gesunde Mischung: solche, die dem Werk (und dem Werkleiter) positiv gegenüberstehen, und eher kritische.

Schritt 3: Sammlung möglicher Leitfragen Als Interviewerin möchten Sie etwas von Ihrem Gesprächspartner wissen: Was sind für den Interviewpartner die in diesem Zusammenhang wichtigen Themen? Wie erklärt er bestehende Probleme? Welche Möglichkeiten sieht er?

Um die Interviewergebnisse später miteinander vergleichen zu können, greift man auf einen Interviewleitfaden zurück. Hierbei gilt: weg von einem umfangreichen Fragenkatalog, hin zu einem Leitfaden mit wenigen offenen Fragen, die dem Interviewpartner die Möglichkeit bieten, das aufzuführen, was ihm hier wichtig ist. Je enger der Interviewer fragt, desto mehr stülpt er den Interviewpartnern seine eigene Perspektive über.

Doch wie sieht ein solcher Leitfaden aus? Wir verdeutlichen es am bereit genannten Beispiel der Organisationsdiagnose des Werks. Zielsetzung war, Stärken und Schwachstellen sowie Möglichkeiten der Verbesserung zu erfassen. Verwendungszweck war, auf dieser Basis ein Konzept für einen Veränderungsprozess zu entwickeln. Zugrunde gelegt wurde folgender Leitfaden:

Leitfaden für Veränderungsprozess

1. Welche Schlagworte fallen Ihnen spontan zum Werk ein?
2. Wie erfolgreich ist aus Ihrer Sicht das Werk zwischen 0 (völlig erfolglos) und 100 (könnte nicht erfolgreicher sein)?
3. Im Blick auf diese Einschätzung: Wo sehen Sie Stärken und wo Schwachstellen?
4. Stellen Sie sich vor, es ist ein Jahr vergangen, und das Werk ist höchst erfolgreich: Was ist dann anders?
5. Was sollte aus Ihrer Sicht getan werden, um dieses Ziel zu erreichen?
6. Welche dieser Möglichkeiten sollte vorrangig in Angriff genommen werden?
7. Abgesehen von den Punkten, die wir bereits angesprochen haben: Gibt es zu diesem Themenbereich noch etwas zu ergänzen?

Die Entwicklung eines solchen Leitfadens ist ein längerer und keineswegs einfacher Prozess. Der erste Schritt besteht darin, mögliche Leitfragen zu sammeln. Diese Phase ist eine typische Brainstormingphase. Dabei kann man zwischen verschieden Fragetypen unterscheiden. Mögliche Leitfragen können sein:

- **Einstiegsfragen:** Die Einstiegsfrage hat die Aufgabe, den Interviewpartner zum Thema hinzuführen. Sie muss leicht und unproblematisch zu beantworten sein. Häufige Einstiegsfragen sind:
  - Frage nach dem Aufgabenbereich des Betreffenden
  - Frage nach seinem Werdegang im Unternehmen
  - Frage nach dem Aufbau des Unternehmens
  - Freies Assoziieren: »Was fällt Ihnen spontan zu diesem Thema ein?« Dabei nennt der Interviewpartner diejenigen Begriffe, die ihm spontan zum Thema in den Sinn kommen.
- **Skalierungsfragen:** Die zweite Frage im Beispiel ist eine Skalierungsfrage. Ein Sachverhalt wird auf einer Skala (zum Beispiel zwischen 0 und 100 oder 1 bis 5) eingeschätzt: »Wie erfolgreich ist auf einer Skala von 0 bis 100 aus Ihrer Sicht das Werk?« Dabei kommt es nicht auf die genaue Zahl an, sondern auf die daran anschließende offene Frage: »Bei einer Einschätzung von 60: Was sind aus Ihrer Sicht Stärken, was sind Schwachstellen?«
- **Dissoziierte Fragen:** Wenn man einen Abteilungsleiter direkt nach Schwachstellen innerhalb seiner Abteilung fragt, ist mit Widerstand zu rechnen. Der Betreffende möchte nicht zugeben, dass es in seiner Abteilung Schwachstellen geben könnte. Hier fällt es leichter, »dissoziiert« zu fragen: Was sind Stärken und Schwachpunkte in anderen Bereichen? Bei anderer Führungskräften?
- **Zirkuläre Fragen:** Der Interviewpartner wird nach der Einschätzung anderer Personen gefragt: »Was, meinen Sie, was würden Ihre Mitarbeiter als Stärken und Schwächen des Bereichs nennen?«
- **Nach vergangenen Situationen fragen:** Gefragt wird zum Beispiel, welche Schwachstellen früher vorhanden waren: »Gab es Schwierigkeiten, die Sie in Ihrer Anfangsphase als Abteilungsleiterin hatten?« Eine solche Frage unterstellt, dass diese Schwachstellen inzwischen beseitigt wurden. Fortführung wäre dann eine weitere Leitfrage »Was hat Ihnen geholfen, die zu überwinden?«
- **Nach zukünftigen Situationen fragen:** »Wie könnte die Abteilung in einem Jahr ausschauen? Was wäre die günstigste, was die ungünstigste Entwicklung?« Eine Variante davon ist die bereits beim Beratungsgespräch aufgeführte »Wunderfrage«: »Stellen Sie sich vor, es ist ein Jahr vergangen, und das Werk ist äußerst erfolgreich: Was ist dann anders?« Eine solche Frage hilft, sich von der gegenwärtigen Situation (und dem Beklagen der gegenwärtigen Situation) zu lösen und neue Ideen zu entwickeln.
- **Die Geschichte zu einem Thema erzählen lassen:** In Anlehnung an das narrative Interview lässt man den Interviewpartner eine Geschichte erzählen. Das mag die Geschichte des Berufseinstiegs im Unternehmen sein (wenn es zum Beispiel darum geht, Schwachstellen in der Einarbeitung von neuen Mitarbeitern zu erfassen) oder die Geschichte der Veränderungen, die die Abteilung in

den letzten Jahren durchlaufen hat. Aufgabe des Interviewers ist es, das »Thema« der Geschichte sowie Anfangs- und Endpunkt zu definieren: »Könnten Sie erzählen, wie sich die Abteilung in den letzten Jahren verändert hat? Vielleicht fangen Sie zu dem Zeitpunkt an, als Sie in diese Abteilung kamen!« Im Verlauf des Interviews gilt es dann, den Gedankengang möglichst wenig zu unterbrechen. Also: Zuhören, nicken und zum Weiterreden ermutigen. Wenn Brüche oder Unklarheiten auftreten, kann dies als neue Geschichte definiert werden: »Und wie kam es dazu, dass sich das Klima in der Abteilung verschlechtert hat?«

- **Vergleichsfragen:** Verglichen werden können zwei (oder mehrere) Vorgesetzte (ein guter und ein schlechter), zwei Projektteams, verschiedene Unternehmen, zwei Situationen (die Abteilung vor einem Jahr und jetzt): »Erinnern Sie sich an zwei unterschiedliche Vorgesetzte, die Sie hatten!«, »Vergleichen Sie ein gutes Führungskräftetraining mit einem, das Sie weniger gut fanden!«
- **Erfragen von Metaphern:** Dies ist eine Variante zum freien Assoziieren: »Nennen Sie eine Metapher, die Ihnen spontan zu Ihrem Team einfällt. Das Team ist wie ein ...« Auch hier wird das analoge Wissen aktualisiert: »Das Team ist wie ein müder Lastesel.« Entscheidend ist (wie im Beratungsprozess), die Eigenschaften der Metapher zu übersetzen: »Was trägt das Team? Was heißt müde in Bezug auf das Team?« Entsprechend könnte man einen Interviewpartner ein Symbol für das Team suchen lassen und anhand dieses Symbols die Bedeutung erfragen.
- **Lautes Denken:** Dieses Verfahren wurde in den 1980er-Jahren zur Erforschung subjektiver Theorien von Lehrern entwickelt. Eine reale Situation wird auf Video aufgenommen und dem Interviewpartner vorgeführt. Dieser stoppt die Videoaufzeichnung an den für ihn relevanten Stellen (gegebenenfalls kann auch der Interviewer unterbrechen) und erzählt dann, was ihm in dieser Situation »durch den Sinn« gegangen ist. Entsprechend lassen sich aber auch die subjektiven Deutungen zu bestimmten Prozessen, zu Besprechungen und anderem erheben. Oder man legt dem Interviewpartner das Leitbild des Werks vor und erhebt die subjektive Sicht zu jedem einzelnen Satz: »Wir übernehmen Verantwortung: Was geht Ihnen zu diesem Satz durch den Kopf?«
- **Visualisierungsmethoden im Rahmen von Interviews:** Das bekannteste Visualisierungsverfahren im Rahmen von Interviews ist die von Norbert Groeben, Brigitte Scheele und Hans-Dietrich Dann in den 1980er-Jahren entwickelte Struktur-Lege-Technik (Scheele 1992). Es werden die für einen Themenbereich wichtigen Begriffe erfragt. Anschließend wird der Interviewpartner aufgefordert, die genannten Begriffe als Kärtchen auf einer Fläche anzuordnen, wobei die Relationen zwischen Begriffen (zum Beispiel »wenn – dann«, und »Voraussetzung für«) durch zusätzliche Symbole dargestellt werden. Damit kann ein relativ umfassendes Begriffssystem deutlich gemacht werden. Zudem lassen sich noch andere Visualisierungsmethoden in Interviews einbinden – die

Bandbreite reicht von der Systemvisualisierung über die Visualisierung von Regelkreisen, Einbindung von Elementen aus der Moderationsmethode, Mindmapping bis zur Darstellung von Lebenslinien (z. B. Moldaschl 2009).

In manchen Fällen ergeben sich Leitfragen auch aus theoretischen Konzepten:

- So kann das Systemmodell für die Analyse sozialer Systeme genutzt werden. Mögliche Leitfragen für die Diagnose zu einem Veränderungsprozess könnten sein:
  - Wer sind die relevanten Key-Player (Stakeholder) für den Veränderungsprozess? Wer sind Befürworter? Wer Gegner?
  - Was denken die Personen über den Veränderungsprozess? Was erhoffen sie sich oder befürchten sie?
  - Welche (impliziten) Regeln gelten in der Organisation? Wofür erhält man Anerkennung? Wofür wird man bestraft?
  - Welche typischen Verhaltensmuster lassen sich erkennen? Was passiert immer wieder?
  - Welche Bedeutung hat die Umwelt? Wie ist die Grenze zur Systemumwelt definiert?
  - Wie ist die Vorgeschichte des Veränderungsprozesses?

  Gegebenenfalls lassen sich einzelne Themen noch stärker ausdifferenzieren. So unterscheidet Günther Mohr (2006) Leitfragen zu den Themen Systemstruktur, Systemprozesse, Systembalancen und Systempulsation, verstanden als »Bewegung der Grenzen eines Systems« (Mohr 2006, S. 223). Beispiele für mögliche Leitfragen sind dabei (Mohr 2006, S. 25 ff.):
  - Womit beschäftigen sich die Leute in der Organisation beziehungsweise Organisationseinheit am meisten?
  - Welche Rollen gibt es momentan im System?
  - Was charakterisiert die Art, wie man miteinander kommuniziert?
  - Welche Probleme treten im Augenblick auf? Wie geht man damit um?
  - Wie erreicht oder vermeidet man Erfolge?
  - Welches Gleichgewicht wird angestrebt?
  - Wie sind ähnliche Prinzipien auf unterschiedlichen Ebenen der Organisation verwirklicht?
  - Wie entwickelt sich die äußere Grenzlinie des Systems?
  - Welche relevanten Subsysteme lassen sich in der Organisation unterscheiden? Und wie wirken sie sich aus?
- Für die Entwicklung eines Qualifizierungskonzepts (zum Beispiel neues Führungskräftetraining) können Konzepte der Didaktik/Methodik hilfreich sein, zum Beispiel:

    - Welche Besonderheiten der Zielgruppe lassen sich definieren?
    - Was sollten aus Ihrer Sicht Ziele der Qualifizierung sein?
    - Was sind wichtige Themen?
    - Haben Sie Anregungen für die Durchführung?
- Schließlich bieten auch allgemeine Organisationskonzepte einen Rahmen für mögliche Leitfragen. Exemplarisch sei die Balanced Scorecard (Kaplan/Norton 1997; Niven 2009) aufgeführt. Daraus ergeben sich ursprünglich vier Hauptkategorien (Finanzperspektive, Kundenperspektive, Prozessperspektive und Mitarbeiter- beziehungsweise Lern- und Entwicklungsperspektive), die sich je nach Situation durchaus (zum Beispiel durch Kategorien wie Strategie, Kommunikation, Umfeld) erweitern lassen.

Aber Vorsicht: Je mehr Sie sich bei der Sammlung von Leitfragen an solche Konzepte annähern, desto stärker stülpen Sie Ihre Beobachterperspektive über!

Schritt 4: Revision der Leitfragen Aus dem dritten Schritt ergibt sich eine ungeordnete Sammlung möglicher Leitfragen. Doch wie erhält man aus dieser Sammlung den »richtigen« Leitfaden? Auch hier empfiehlt es sich, in kleinen Schritten vorzugehen.

- **Auswahl geeigneter Leitfragen:** Die Auswahl geeigneter Leitfragen erfolgt im Blick auf Untersuchungsziel beziehungsweise Verwendungszweck sowie hinsichtlich der jeweiligen Zielgruppe. Zweckmäßig fängt man mit einer »Zelle«, also einer Gruppe innerhalb der Stichprobe an. In unserem Beispiel können das die Führungskräfte im Werk sein. Welche Fragen sind für diese Gruppe in Bezug auf Untersuchungsziel und Verwendungszweck geeignet? Die Einstiegsleitfrage »Erzählen Sie etwas über ihren beruflichen Werdegang« wäre hier offensichtlich wenig geeignet. Sie lenkt die Gedanken in eine andere Richtung. Hilfreich ist es, sich selbst in die Situation des Interviewpartners zu versetzen: Wie würde ich auf diese Frage antworten? Könnte ich überhaupt darauf antworten?
- **Überprüfung der Formulierung der Leitfragen:** Leitfragen sollten klar, knapp und eindeutig formuliert sein, jedoch zugleich Raum geben, die eigenen Ansichten zu entwickeln. Also: Ist die Leitfrage für den Interviewpartner verständlich? Ist sie eindeutig? Ist sie offen genug?
- **Festlegung der Reihenfolge der Leitfragen:** Durch Leitfragen bedingte Sprünge führen dazu, dass der Gedankengang des Interviewpartners unterbrochen wird. So wäre es ein Bruch, nach einer Einstiegsleitfrage über die eigenen Aufgaben nach dem bisherigen Verlauf des Veränderungsprozesses zu fragen und erst danach wieder auf den eigenen Arbeitsbereich zurückzukommen.

Leitfragen werden so offen formuliert, damit sie dem Gesprächspartner die Möglichkeit geben, seine eigene Sichtweise ganz frei zu erzählen. Trotzdem gibt es manchmal Situationen, in denen wichtige Aspekte nicht genannt werden: Wenn zum Beispiel bei einer Bildungsbedarfsanalyse nur fachliche Themen angesprochen werden, kann es sein, dass andere wichtige Faktoren (zum Beispiel das Thema Führung) verloren gehen. An dieser Stelle besteht die Möglichkeit, zusätzliche Nachfragekategorien festzulegen, die eine Übersicht über das Feld möglicher Antworten geben: nach Methoden, Sozial- und Persönlichkeitskompetenz (möglicherweise unter Verwendung anderer Begriffe) zu fragen.

Nachfragekategorien lassen sich aus früheren Erhebungen, aufgrund der eigenen Erfahrung oder auch aus theoretischen Konzepten gewinnen. Nachfragekategorien können den Blick weiten, können aber auch die Aufmerksamkeit des Gesprächspartners auf Themen lenken, die für ihn keine Rolle spielen. So kann der Gesprächspartner zum Beispiel bei Nachfrage die Wichtigkeit kooperativer Führung betonen (»Natürlich ist kooperative Führung wichtig«), ohne dass dies seiner tatsächlichen Einstellung entspricht. Deshalb: Erst offen fragen (damit der Gesprächspartner das erwähnen kann, was für ihn wichtig ist), anschließend mögliche Nachfragekategorien ansprechen, aber immer offen lassen, ob der Gesprächspartner dazu etwas sagen möchte oder nicht.

Anfänger tendieren dazu, zu viele Leitfragen anzusetzen. Drei bis sieben Leitfragen sind in der Regel ausreichend. Hilfreich ist, Untersuchungsziel, Verwendungszweck und Leitfragen schriftlich zu formulieren und sie während des Interviews im Blick zu haben. Man zwingt sich dadurch zur Genauigkeit und ist weniger in Gefahr, das Ziel aus den Augen zu verlieren. Das bedeutet nicht, die Leitfragen im Interviewverlauf wörtlich abzulesen. Häufig ergibt sich die passende Formulierung aus dem Verlauf des Gesprächs. Oder ein Interviewpartner spricht von sich aus das Thema einer späteren Leitfrage an, die dann nicht mehr eigens gestellt werden muss. Nur: Am Ende sollten alle Fragen behandelt sein.

Schließlich: Leitfragen müssen in ein oder zwei Probe-Interviews zuvor getestet werden. Oft stellt man erst im Verlauf eines solchen Probe-Interviews fest, dass eine Leitfrage vom Gesprächspartner anders verstanden wird oder in eine falsche Richtung führt, und hat damit die Möglichkeit, Leitfragen nochmals zu überprüfen.

Schritt 5: Abstimmung des Erhebungsdesigns mit dem sozialen System Untersuchungsziel, Verwendungszweck, Stichprobe und Leitfragen lassen sich nicht »von außen« festlegen, sondern müssen im Blick auf das soziale System angemessen sein. Das bedeutet aber, dabei auch die Perspektive des sozialen Systems selbst zu berücksichtigen. Das kann in Absprache mit dem internen Ansprechpartner geschehen; bei umfassenderen Erhebungen ist eine Abklärung mit Auftraggeber und

Betriebsrat dringend zu empfehlen: Befragungen sind mitbestimmungspflichtig, und der Betriebsrat sollte auf jeden Fall rechtzeitig einbezogen werden. Im Einzelnen sind hier abzuklären:

- **Abstimmung von Untersuchungsziel und Verwendungszweck:** Trifft das Untersuchungsziel das, was der Auftraggeber haben möchte? Kann sich der Betriebsrat darauf einlassen?
- **Festlegung der Stichprobe:** Insbesondere das namentliche Festlegen der Interviewpartner ist nur im gemeinsamen Gespräch möglich: Kann die ins Auge gefasste Interviewpartnerin zu diesem Thema etwas sagen? Bilden die Interviewpartner eine gesunde Mischung aus dem Thema gegenüber kritischen und positiv eingestellten Personen?
- **Überprüfung der Leitfragen:** Sind die Leitfragen aus Sicht des sozialen Systems plausibel? Können die Interviewpartner mit dieser Formulierung etwas anfangen? Gibt es aus Sicht des Betriebsrats Bedenken gegenüber der einen oder anderen Leitfrage?
- **Gewährleistung der Anonymität:** Lässt sich die Anonymität sichern – oder lassen sich (zum Beispiel bei einer Teambefragung) alle Teammitglieder darauf ein, dass erkennbar ist, von wem die Aussagen stammen?
- **Information der Interviewpartner:** Das Informieren der Interviewpartner ist eine Aufgabe, die sinnvollerweise von der jeweiligen Führungskraft, dem Werksleiter oder einer Mitarbeiterin der Personalabteilung erfolgt. Wie wird informiert? Werden die einzelnen Interviewpartner angeschrieben oder persönlich (telefonisch) informiert? Wie wird die zuständige Führungskraft darüber informiert, dass in ihrem Bereich Interviews geführt werden?

Die Durchführung des Interviews

Ein Interview ist kein alltägliches Gespräch, sondern es ist durch eine besondere »Definition der Situation« gekennzeichnet. Es gelten Regeln, die den Verlauf des Gesprächs steuern: Der Interviewer will etwas wissen. Er darf Fragen stellen, die der Interviewpartner beantwortet. Interview und Beratung sind durch eine unterschiedliche Definition der Situation gekennzeichnet:

- Im Beratungsgespräch ist es die Klientin, die ein Problem lösen möchte und dazu Unterstützung von der Beraterin bekommt.
- Im Interview ist es die Interviewerin, die etwas wissen möchte, und die Interviewpartnerin unterstützt, indem sie ihr Wissen und ihre Ideen weitergibt.

Trotzdem gibt es Gemeinsamkeiten zwischen Interview und Beratungsgespräch. So finden sich drei der vier Phasen des Beratungsgesprächs ebenso im Interview wieder: die Orientierungs-, die Erhebungs- (Klärungs-) und die Abschlussphase.

Orientierungsphase im Interview Stellen Sie sich vor, jemand kommt auf Sie zu und will Informationen über Ihre Abteilung. Vermutlich sind Sie zunächst erst einmal misstrauisch: Wer will das wissen? Was will er wissen? Warum will er es wissen? Das heißt, der Interviewpartner benötigt zu Beginn Orientierung. Genau das ist die Aufgabe der Orientierungsphase. Daraus ergeben sich folgende Schritte:

- **Sich innerlich auf das Interview einstellen:** Machen Sie sich Folgendes bewusst: Es geht jetzt nicht um Ihre Sichtweise zu dem Thema, Sie wollen Ihren Gesprächspartner nicht beraten oder überzeugen. Sondern es geht darum, dass Sie einen »Experten« vor sich haben, nämlich den Experten seiner spezifischen Sichtweise. Ein Interview ist wie eine Entdeckungsreise: Sie werden immer neue Aspekte entdecken. Konkret heißt das:
  - Nehmen Sie sich Zeit für die Vorbereitung. Lösen Sie sich aus dem Tagesgeschäft, bedenken Sie Untersuchungsziel und Verwendungszweck und lesen Sie die Leitfragen nochmals durch.
  - Machen Sie sich Ihre Rolle als Interviewer bewusst! »Mich interessiert Ihre Sichtweise.«
- **Das äußere Umfeld vorbereiten:** Ein ungestörtes Besprechungszimmer, Kaffee oder Mineralwasser signalisieren: »Sie sind mir wichtig.«
- **Kontakt zum Interviewpartner aufbauen:** Interviewer und Interviewpartner brauchen Zeit, sich aufeinander einzustellen. Lassen Sie sich Zeit dafür. Sind Nähe und Distanz und Sitzposition für diese Situation passend? Vielleicht etwas Small Talk zu Beginn
- **Dem Gesprächspartner danken, dass er gekommen ist:** Bedenken Sie, dass der Gesprächspartner etwas für Sie und das Unternehmen tut.
- **Sich vorstellen:** Der Interviewpartner will wissen, wer die Interviewerin ist. Ist sie Mitarbeiterin des Unternehmens? Wurde sie vom Vorstand geschickt? Ist sie eine externe Beraterin? Auf diese Fragen benötigt er eine Antwort. Daher ist es wichtig, sich als Interviewerin vorzustellen: einige Sätze äußern über die eigene Position in der Organisation oder woher Sie als externe Beraterin kommen, über ihre Erfahrungen.
- **Ziel und Verwendungszweck des Interviews verdeutlichen:** Nur wenn dem Interviewpartner klar ist, worum es in diesem Gespräch geht und wozu es dient, wird er bereit sein, tatsächlich Informationen zu geben. Daher gilt es für die Interviewerin, eine gute inhaltliche Einführung zu geben.

Inhaltliche Einführung in das Interview

Folgende Fragen helfen dabei:

- Wie sind die Interviews zustande gekommen: Handelt es sich um einen Auftrag in Verbindung mit einem Teamentwicklungsprozess? Oder geht es um inoffizielle Interviews als Vorbereitung für ein neues Seminar?
- Was ist das Untersuchungsziel: Was will ich als Interviewerin vom Gesprächspartner wissen?
- Welcher Verwendungszweck wird verfolgt: Wozu dienen die erhobenen Daten? Was soll damit gemacht werden?

Darüber hinaus sind folgende Punkte zu klären:

- Wie wird die Anonymität der Daten zugesichert? Kann sie überhaupt gewährleistet werden?
- Wem werden die Daten präsentiert?
- Wie werden die Interviewpartner über die Ergebnisse informiert?
- Was geschieht anschließend mit den Daten? Als Interviewer kann man sicherlich die Umsetzung der Ergebnisse nicht garantieren (das ist eine Entscheidung des Auftraggebers), man kann aber garantieren, dass man die Daten unverzerrt weitergibt und so Anstöße für den weiteren Prozess liefert.
- Darf der Interviewer ein Tonband verwenden?

Ergebnis der Orientierungsphase müssen eindeutige Kontrakte sein über: die Definition der Situation als Interview, das heißt darüber, dass der Interviewer das Recht hat, Fragen zu stellen, und der Interviewpartner bereit ist, Fragen zu beantworten, aber auch über Untersuchungsziel und Verwendungszweck, Weitergabe und Verwendung der Daten, Verwendung des Tonbands und Zeitrahmen.

Entscheidend ist, dass die Zustimmung des Interviewpartners explizit erfolgt. Gelegentlich werden hier noch Bedenken geäußert, manchmal stimmt der Interviewpartner verbal zu, aber die Körpersprache drückt eindeutig Ablehnung aus. Bedenken des Interviewpartners sollten unbedingt bearbeitet werden. Daher Nachfragen stellen: Worauf beziehen sich diese Bedenken? Was kann getan werden, um diese Bedenken zu beseitigen?

Wenn Sie im Interview das Gefühl haben, dass Ihr Interviewpartner versucht, Informationen zurückzuhalten, dann liegt das in vielen Fällen an der Orientierungsphase: Entweder waren Ziel und Verwendungszweck nicht klar, oder der Interviewpartner hat Bedenken hinsichtlich Anonymität und Verwendung der Daten. Gehen Sie dann nochmals zurück und sichern die Kontrakte ab. Und für das nächste Interview gilt: Noch sorgsamer auf die Orientierungsphase vorbereiten!

Erhebungsphase Leitfragen (und eventuelle Nachfragekategorien) bilden die Grobstruktur für den Verlauf des Interviews. Sinnvollerweise wird der Interviewpartner dabei zunächst frei seine subjektive Sicht zur jeweiligen Leitfrage darstellen. Er muss erst einmal mit dem jeweiligen Thema »warm« werden und sich darauf einstellen. Aufgabe des Interviewers in dieser freien Phase ist es, diesen Prozess durch Zuhören, Nicken und Lautäußerungen wie »Hmhm« zu unterstützen.

Während es jedoch im Beratungsgespräch letztlich nicht darauf ankommt, dass der Berater die Sicht des Klienten versteht (der Klient selbst muss die Situation für sich klären), ist es Ziel des Interviews zu verstehen, was der Gesprächspartner jeweils meint. Im Einzelnen stehen dafür die bereits im Zusammenhang mit dem Beratungsprozess dargestellten Verfahren Fokussieren, Erfragen verdeckter Informationen und Paraphrasieren zur Verfügung:

- **Fokussieren:** »Können Sie eine Situation schildern, in der deutlich wird, dass mit Ihrer Führungskraft schwer auszukommen ist?«
  Die Sprachphilosophen Wilhelm Kamlah und Paul Lorenzen (1973, S. 29 ff.) sprechen in diesem Zusammenhang von »exemplarischer Einführung« von Begriffen. Sie gehen von der These aus, dass sich unbekannte oder missverständliche Begriffe am besten anhand konkreter Beispiele oder Gegenbeispiele verdeutlichen lassen. Wir können eher sicher sein, ein Konstrukt wie »mit jemanden schwer auskommen können« richtig zu verstehen, wenn es an Beispielsituationen exemplarisch verdeutlicht wird. Nutzen Sie diesen Grundsatz für das Interviews.
- **Erfragen verdeckter Informationen:** Mögliche Fragen bei einer Äußerung des Interviewpartners »man kann mit dem Vorgesetzten schwer auskommen« sind:
  - »Was heißt für Sie, mit ihm schwer auskommen zu können?«
  - »Wer kann mit Ihrem Vorgesetzten schwer auskommen?«
  - »Was tut Ihr Vorgesetzter, dass man mit ihm schwer auskommen kann?«
  - »Was würden Sie sich von Ihrem Vorgesetzten wünschen, um mit ihm besser auskommen zu können?«

  Aber: Behalten Sie beim Nachfragen das Ziel des Interviews stets im Auge. Wenn im Rahmen einer Bildungsbedarfsanalyse der Interviewpartner davon spricht, dass sich seit einiger Zeit die Anforderungen an die Führungskräfte deutlich wandeln, dann muss man im Blick auf das Ziel nicht nachfragen, seit wann sie sich gewandelt haben. Aber zu klären ist: Welche Anforderungen haben sich gewandelt? Welche Führungskräfte sind davon betroffen? Welche möglichen Konsequenzen ergeben sich daraus?

- **Paraphrasieren und Strukturieren:** Paraphrasieren bedeutet hier, sich zu vergewissern, dass man den Gesprächspartner richtig verstanden hat: »Bedeutet also ›schwer auskommen‹, mit ihm nicht gemeinsam über fachliche Fragen diskutieren zu können?« Wichtig ist, dass die Paraphrasierung als Frage gemeint und auch so formuliert ist: »Verstehe ich Sie richtig, dass ...?« Gegebenenfalls wird der Gesprächspartner korrigieren: »Nein, nicht ganz ...«
  Strukturieren bedeutet, sich der Struktur einer Argumentation oder der Hauptpunkte zu einem Themenbereich zu vergewissern: »Habe ich Sie richtig verstanden, dass für Sie Kennzeichen einer guten Führungskraft ›fachlich kompetent sein‹, ›sagen, wo es langgeht‹ und ›gutes Verhalten zu Mitarbeitern‹ sind?«

Der Gesamtverlauf des Interviews ist somit durch die jeweiligen Leitfragen, durch freie Erzählphasen und gezieltes Nachfragen bestimmt. Häufig spricht der Gesprächspartner bei seinen Antworten mehrere Aspekte an, bleibt aber zunächst an der Oberfläche. So könnte zum Beispiel ein Mitarbeiter bei der Frage nach Merkmalen einer guten Führungskraft antworten: »Oh, das ist eine ganze Menge: Er muss fachlich kompetent sein, aber er muss auch sagen, wo es langgeht, aber zugleich sollte er nicht den Chef rauskehren«. Als Interviewerin können Sie in einer solchen Situation sowohl »in die Breite« als auch »in die Tiefe« fragen:

- **In die Breite fragen** bedeutet, weitere Merkmale einer guten Führungskraft zu erfragen: »Gibt es noch etwas, wodurch sich eine gute Führungskraft auszeichnet?«
- **In die Tiefe fragen** bedeutet, die einzelnen Begriffe aufzugreifen und (mit den zuvor genannten Möglichkeiten) zu explizieren: »Können Sie sich an eine Situation erinnern, wo ein Vorgesetzter fachlich kompetent war?« (Fokussieren); »Wo muss er fachlich kompetent sein?« oder »Fachlich kompetent sein heißt für Sie?« (Erfragen verdeckter Informationen); »Heißt ›fachlich kompetent‹: Er muss mehr Fachkenntnisse haben als die Mitarbeiter?« (Widerspiegeln)?

Bildlich dargestellt ergibt sich dann so etwas wie eine Matrix:

»Der Vorgesetzte muss fachlich etwas draufhaben…	*… sagen, wo es langgeht«*	*… nicht den Chef rauskehren«*	*(weitere Themen)*
Frage des Interviewers: *»Was muss er fachlich draufhaben?«*			
Erläuterung des Interviewpartners:	**Erläuterung**	**Erläuterung**	**Erläuterung**
»Das heißt, er muss die Maschinen kennen …«	….	….	….

Wenn die Matrix ausgefüllt ist, wenn sowohl in die Breite als auch in die Tiefe keine neuen Informationen erfragt werden können, ist die Erhebung zu dieser Leitfrage abgeschlossen und Sie können zur nächsten wechseln.

Abschlussphase Die Abschlussphase ist bei Interviews in der Regel weniger aufwendig als bei Beratungsgesprächen. Drei Punkte sind hier zu beachten:

- Gibt es zu den Themen des Interviews (unabhängig von den Leitfragen) weitere Punkte, die der Gesprächspartner ergänzen möchte?
- Gibt es Kontrakte zwischen Interviewer und Gesprächspartner, die zu schließen oder nochmals abzusichern sind?
- Dank an den Interviewpartner, dass er sich die Zeit genommen und seine Ideen eingebracht hat.

Inhaltsanalytische Auswertung

27 Interviews der Stärken-Schwächen-Analyse des Werks sind durchgeführt. Es liegt eine Fülle von Daten vor. Doch was sind die Kernaussagen? – Damit kommen wir zu dem oft größten Problem bei der Durchführung qualitativer Interviews: die Menge der Daten zu ordnen, zu komprimieren und die entscheidenden Ergebnis-

se herauszufiltern. Im Wesentlichen stehen dafür zwei Verfahren zur Verfügung (Übersicht bei Flick 2017, S. 189 ff.):

- die **Grounded Theory** nach Anselm Strauss und Berney Glaser (Glaser/Strauss 2010; Glaser/Strauss 2010; vgl. Breuer/Muckel/Dieris 2017)
- die **qualitative Inhaltsanalyse** nach Philipp Mayring (2016)

In beiden Verfahren geht es darum, einzelne Daten verschiedenen Kategorien zuzuordnen. Das im Folgenden dargestellte Vorgehen lehnt sich teilweise an das Vorgehen von Mayring an (vgl. auch Kuckartz 2016). Es besteht aus folgenden Schritten:

Erstens: Datenbasis festlegen In aufwendigen Untersuchungen im Rahmen von Forschungsvorhaben wird häufig das gesamte Interview auf Tonband aufgenommen und verschriftlicht (transkribiert). Ein solches Vorgehen ist extrem zeitaufwendig und im Kontext von Organisationsberatung in der Regel nicht erforderlich. Man kann die Interviews aufzeichnen und anschließend lediglich die relevanten Äußerungen transkribieren, um sie später als Belege benutzen zu können. Manchmal ist nur das Mitschreiben des Interviews möglich. Hier besteht allerdings die Gefahr, dass zu viele Interpretationen des Interviewers einfließen. Daher gilt: Möglichst wörtlich aufschreiben, gegebenenfalls den Interviewpartner bitten, eine Äußerung zu wiederholen.

Zweitens: Relevante Textstellen codieren Die einzelnen Äußerungen müssen für die Auswertung codiert werden. Das bedeutet im Einzelnen:

- **Relevante Textstellen identifizieren:** Im Blick auf Untersuchungsziel und Verwendungszweck werden nie alle Textstellen eines Interviews relevant sein. Von daher ist die erste Frage: Enthält diese Textstelle relevante Informationen in Bezug auf Untersuchungsziel und Verwendungszweck? Allerdings: Im Zweifelsfall lieber codieren. Bisweilen stellt sich erst im weiteren Verlauf heraus, dass ein bestimmter Abschnitt des Interviews doch relevant ist. Insgesamt ist es leichter, im Nachhinein irrelevante Äußerungen auszuscheiden, als mühsam anhand der Aufzeichnung eine bestimmte Textstelle zu suchen und wiederzufinden.
- **Möglichst kurze Codiereinheiten wählen:** Codiereinheit ist der kleinste Textbestandteil, der für sich ausgewertet werden kann. Grundsätzlich sollten diese Codiereinheiten immer nur einen Kerngedanken enthalten, ansonsten wird die Zuordnung zu Kategorien unscharf.

- **Das Material sprachlich glätten:** Nicht inhaltstragende Bestandteile des Textes (»Hm«, Wiederholungen innerhalb eines Satzes und so weiter) können entfallen, ebenso können Sätze grammatikalisch geglättet werden. Damit ergibt sich aus einer Äußerung »dass, hm ja, dass viele Vorgesetzte Angst haben, dadurch Kompetenz und Macht zu verlieren, von den Vorgesetzten her, weil die ja was abgeben müssen« der Satz »viele Vorgesetzte haben Angst, Kompetenz und Macht zu verlieren, weil sie etwas abgeben müssen«. Dabei wird trotz der sprachlichen Glättung der Wortlaut beibehalten. Je mehr ein Auswerter eigene Begriffe verwendet, desto mehr überträgt er seine subjektive Deutung auf die des Interviewpartners.
- **Gegebenenfalls Kontextinformationen in Klammern ergänzen:** »Viele Vorgesetzte haben Angst, [durch den Veränderungsprozess] Kompetenz und Macht zu verlieren, weil sie etwas abgeben müssen.«

Als Beispiel seien einige Äußerungen aus einem Interview mit einem Abteilungsleiter aufgeführt:

IV-Nr.	Zelle	Kategorie	Äußerung
3	FK		Warum soll ein Mitarbeiter seinem Meister noch vertrauen, wenn *dieser* versucht, seine Fehler zu vertuschen?
3	FK		Es müsste mehr Verantwortung runtergebrochen werden. Die Entscheidungswege sind manchmal überholt.
3	FK		Das, was bei uns im Werk manchmal untergeht, ist das Menschliche.
3	FK		Bei Besprechungen sind oft von sechs Leuten fünf gar nicht vorbereitet

Die erste Spalte gibt die Nummer des Interviews an. Die zweite Spalte wurde eingefügt, um die Interviews der Führungskräfte und der Mitarbeiter getrennt auswerten zu können. Die Spalte 3 bleibt zunächst offen, sie dient am Ende der Zuordnung zu bestimmten Kategorien, Spalte 4 enthält die konkrete Äußerung.

Drittens: Kategoriensystem festlegen Ergebnisse der Interviews müssen »strukturiert« werden, das heißt, einzelne Textäußerungen werden Kategorien zugeordnet. Die Bildung eines klaren Kategoriensystems ist der entscheidende Schritt für die

Auswertung. Je sorgfältiger das Kategoriensystem festgelegt und je brauchbarer es ist, desto leichter fällt die weitere Auswertung. Aber Kategorien ergeben sich nicht »aus der Wirklichkeit«. Sie werden vielmehr im Blick auf Untersuchungsziel und Verwendungszweck festgelegt: Wie lässt sich die Darstellung von Stärken und Schwachstellen des Werkes strukturieren?

Die Kategorienbildung wird umso schwieriger, je mehr Daten vorliegen. Von daher bietet sich an, als Basis für die Kategorienbildung nicht sämtliche, sondern zunächst nur zwei bis drei Interviews zu nehmen. Außerdem ist es in der Regel wenig sinnvoll, sofort ein vollständiges Kategoriensystem zu bilden, bei dem sämtliche Äußerungen kategorisiert werden, sondern sich schrittweise vorzuarbeiten, indem man zunächst leichter fassbare Aussagen zusammenfasst und die entsprechenden Kategorien bildet, nicht sofort zuordenbare Äußerungen beiseitelegt. In mehreren Runden (bei Heranziehung weiterer Interviews) werden schließlich die Kategorien erweitert, verändert und gelegentlich wieder verworfen, bis sich ein brauchbares Kategoriensystem ergibt.

Wie Kategorien im Einzelnen festgelegt werden, dafür gibt es kein Patentrezept, sondern immer nur verschiedene Möglichkeiten (Früh 2017, S. 145 ff.; Kuckartz 2016, S. 63 ff.):

- Eine erste Möglichkeit besteht darin, »induktiv« Äußerungen mit derselben Thematik zusammenzufassen. Wenn Sie als Auswerter zwei Interviews einige Male durchlesen, erhalten Sie vermutlich schon einen ersten Eindruck, welche Themen hier angesprochen werden: das Thema »Zusammenarbeit«, das Thema »menschlicher Umgang«, das Thema »Führung«. Daraus können die ersten Kategorien gebildet werden.
- Ein anderer Ansatz besteht darin, »deduktiv« aus theoretischen Konzepten Kategorien abzuleiten. So kann die in der Organisationstheorie geläufige Unterscheidung zwischen Aufbau- und Ablauforganisation eine Unterscheidung zwischen zwei Kategorien bilden. Entsprechend ließe sich die Unterscheidung zwischen verschiedenen Kompetenzbereichen (Fachkompetenz, Methodenkompetenz, Sozialkompetenz, Persönlichkeitskompetenz) als allgemeine Kategorien übernehmen.
- Manchmal ergeben sich Kategorien aus Leitfragen und Nachfragekategorien. Wenn in einer Befragung als Vorbereitung für eine Seminarreihe folgende Leitfragen gestellt werden: »Was könnten Inhalte des Seminars sein?«, »Wie wünschen Sie sich den methodischen Ablauf?«, dann liegt es nahe, die Begriffe »Seminarinhalte« und »methodischer Ablauf« als Kategorien festzulegen.
- In Anlehnung an das »axiale Codieren« im Rahmen der Grounded Theory (Glaser/Strauss 2010, S. 75 ff.) lassen sich Kategorien aus dem Modell der Handlungstheorie gewinnen. Daraus ergeben sich folgenden Grundkategorien:

    - ursächliche Bedingungen
    - Phänomen
    - Kontext
    - intervenierende Bedingungen
    - Handlung/Interaktion
    - Konsequenzen.
- Die (zunächst naheliegende) Unterscheidung zwischen Stärken und Schwachstellen wäre als Gliederung nur dann sinnvoll, wenn alle Interviewpartner bei dieser Bewertung übereinstimmen. Das ist aber eher die Ausnahme. Häufig wird zum Beispiel Zusammenarbeit im Team von einigen positiv, von anderen negativ gesehen; oder ein Interviewpartner spricht sowohl positive als auch negative Punkte an. Hier ist eine thematische Gliederung sinnvoller: »Zusammenarbeit im Team« als Kategorie festsetzen und innerhalb dieser Kategorie zwischen positiven und negativen Bewertungen unterscheiden.

Als Endergebnis entsteht in der Regel ein hierarchisch gegliedertes Kategoriensystem mit mehreren Ebenen von Ober- und Unterkategorien. Für das Thema »Informationsfluss« (hier als Kategorie 3 codiert) könnte ein solches Kategoriensystem (es ist hier verkürzt aufgeführt) etwa folgendermaßen ausschauen:

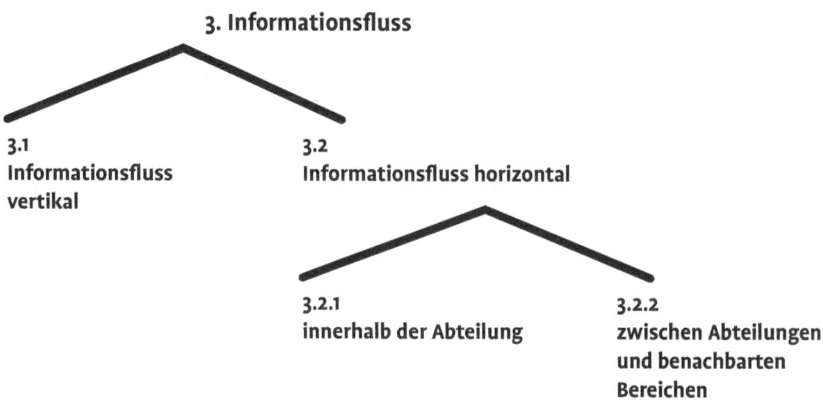

Zu den Grundsätzen der Kategorienbildung zählt die Forderung, die Kategorien eindeutig zu definieren. Mayring (2016, S. 69 ff.) schlägt hier die folgenden Schritte vor.

- **Definition der Kategorien:** Zum Beispiel »horizontaler Informationsfluss« ist definiert als »Informationsfluss zwischen den Mitarbeitern innerhalb der Abteilung oder mit Mitarbeitern benachbarter Bereiche«.

- **Festlegung von »Ankerbeispielen«:** Konkrete Textstellen werden festgehalten, die als Beispiele für eine Kategorie dienen, zum Beispiel für die Kategorie »Informationsfluss zwischen den Abteilungen«: »Da arbeitet man schon jahrelang nebeneinander an derselben Aufgabe und weiß vom anderen überhaupt nichts.«
- **Festlegung von Codierungsregeln**, die bei Unklarheiten die Abgrenzung zwischen verschiedenen Kategorien regeln.

Viertens: Qualitative und quantitative Auswertung In einem nächsten Schritt sind die einzelnen Äußerungen der jeweiligen Kategorie zuzuordnen. Bezogen auf obige Tabelle bedeutet das: Die Nummer der jeweiligen Kategorie wird in die Spalte 3 eingetragen. Auf diese Weise erhält man die Möglichkeit, mithilfe eines Sortierprogramms (Excel oder besser spezielle Programme zur inhaltsanalytischen Auswertung; vgl. Kuckartz 2016, S. 115 ff.; Kuckartz 2016, S. 163 ff.) eine nach Kategorien gegliederte Gesamtauswertung zu erhalten. Dabei kann die Gesamtauswertung qualitativ und quantitativ erfolgen.

- **Qualitative Auswertung** bedeutet zu fragen, welche Auffassungen überhaupt vertreten werden: Welche Schwachpunkte des Teams, welche Lösungsvorschläge werden genannt? Bei einer qualitativen Auswertung kommt es nicht auf die Zahl der Interviewpartner an: So kann beispielsweise eine Anregung wichtig sein, auch wenn sie nur von einer einzigen Interviewpartnerin genannt wurde.
- Bei der **quantitativen Auswertung** wird die Zahl der Interviewpartner zusammengefasst, die eine bestimmte Auffassung vertreten: Wie viele Interviewpartner sind der Auffassung, dass die Zusammenarbeit zwischen den Abteilungen ein Problem darstellt? Waren es zwei von 15 Interviews oder waren es zehn? Quantitative Auswertungen ergeben Hinweise auf die Häufigkeit bestimmter Einschätzungen. Dabei empfiehlt es sich, die Häufigkeit in Rohwerten anzugeben, das heißt, die Zahl derjenigen Interviewpartner zu nennen, die diese Auffassung vertreten haben: Von den befragten 27 Interviewpartnern sehen 18 den Informationsfluss zwischen Abteilungen als Problem an.

Übrigens ist hierbei zu beachten, dass Interviews ein »nicht reaktives« Messverfahren darstellen: Die Interviewpartner werden nicht nach dem Informationsfluss zwischen den Abteilungen gefragt, sondern sprechen von sich aus das Thema an, wenn es aus ihrer Sicht relevant ist. Das bedeutet, dass die Zahl der Nennungen in der Regel geringer ist als bei direktem Nachfragen.

In manchen Fällen ist es günstig, typische Einzelinterviews detailliert darzustellen. So ließe sich bei einer Befragung, wie Mitarbeiter das eigene Unternehmen sehen, das Interview eines »positiven« Mitarbeiters mit dem Interview eines »negativen« Mitarbeiters kontrastieren. Wenn man nach Kategorien gegliederte Ergebnisse der beiden Interviews einander gegenüberstellt, kann ein solches Verfahren der »Fallkontrastierung« (Bohnsack 2014, S. 138) die Spannweite unterschiedlicher Auffassungen gut verdeutlichen.

Literaturtipps

Einige Literaturhinweise zum Interview:

- Jochen Gläser/Grit Laudel: *Experteninterviews und qualitative Inhaltsanalyse.* VS Verlag für Sozialwissenschaften, Wiesbaden, 4. Auflage 2010
- Jan Kruse: *Qualitative Interviewforschung.* Beltz, Weinheim und Basel 2015

Zur Inhaltsanalyse:

- Franz Breuer/Petra Muckel/Barbara Dieris: *Reflexive Grounded Theory.* Springer, Wiesbaden/Berlin 2017
- Udo Kuckartz: *Qualitative Inhaltsanalyse.* Methoden, Praxis, Computerunterstützung. Beltz, Weinheim und Basel, 3. Auflage 2016
- Philipp Mayring: *Qualitative Inhaltsanalyse.* Grundlagen und Techniken. Beltz, Weinheim und Basel, 12. Auflage 2015

Hilfreich sind auch folgende Einführungen beziehungsweise Überblicksbände:

- Uwe Flick: *Qualitative Sozialforschung.* Rowohlt, Reinbek, 8. Auflage 2017
- Barbara Friebertshäuser/Antje Langer/Annedore Prengel (Hrsg.): *Handbuch qualitative Forschungsmethoden in der Erziehungswissenschaft.* Beltz, Weinheim und Basel, 4. Auflage 2013

Weitere Befragungsverfahren

Neben dem Interview sind die Gruppendiskussion und der Fragebogen die beiden weiteren wichtigen Befragungsverfahren. Dabei erfolgt die Vorbereitung grundsätzlich in den gleichen Schritten wie beim Interview:

1. Untersuchungsziel und Verwendungszweck festlegen: Was will ich wissen? Und was soll mit den Daten geschehen?
2. Grundgesamtheit und Stichprobe bestimmen: Wen könnte ich grundsätzlich befragen? Wen befrage ich tatsächlich?
3. Mögliche Fragen oder Items werden gesammelt, gewichtet und festgelegt.

Gruppeninterview und Gruppendiskussion

In der Soziologie werden Gruppeninterviews und Gruppendiskussionen seit den 1950er-Jahren angewandt – ursprünglich wurden sie eingesetzt, um politische Einstellungen zu erfassen. Heutzutage werden sie häufig im Kontext der Markt- und Meinungsforschung genutzt, aber sind ebenso in der Organisationsforschung geläufig (Liebig/Nentwig-Gesemann 2009). Sie sind dadurch gekennzeichnet, dass hier nicht nur eine, sondern mehrere Personen gleichzeitig befragt werden:

- Beim Gruppeninterview werden die Antworten der einzelnen Personen individuell erhoben und ausgewertet.
- Bei der Gruppendiskussion spielt darüber hinaus die Interaktion der Gesprächspartner eine besondere Rolle. Die Daten werden erst durch die Interaktion der Gruppenmitglieder untereinander gewonnen (Flick 2017, S. 384ff.). Das heißt, hier bildet sich ein Bild der Organisation erst durch das Gespräch innerhalb der Gruppe heraus.

Entscheidend bei der Gruppendiskussion (wir verwenden nur diesen Begriff) ist die Zusammensetzung der Gruppe. Hierbei sind folgende Kriterien zu beachten:

- **Gruppengröße:** Die Gruppengröße kann zwischen zwei und 20 Teilnehmern schwanken, wobei als optimale Größe acht bis zwölf Teilnehmer gelten.
- **Natürliche oder künstliche Gruppe:** Eine natürliche Gruppe wären die Mitglieder eines Teams oder die Vorgesetzte mit ihren Mitarbeitern. Eine künstli-

che Gruppe ergibt sich, wenn man Mitarbeiter aus verschiedenen Bereichen für die Gruppendiskussion zusammenführt.

- **Homogene oder heterogene Gruppe:** Eine Gruppe ist dann homogen, wenn die Gruppenmitglieder in relevanten Merkmalen übereinstimmen. Eine homogene Gruppe wäre zum Beispiel die Gruppe der Referendare im Rahmen eines Schulentwicklungsprojekts oder die Gruppe der Abteilungsleiter in einem Unternehmen. Für eine Bildungsbedarfsanalyse kann eine heterogene Gruppe aus Mitarbeitern und der zuständigen Führungskraft günstig sein, um Selbst- und Fremdsicht unmittelbar aufeinander zu beziehen. Dagegen dürfte bei einer Analyse des Führungsverhaltens eine heterogene Gruppe von Führungskräften und Mitarbeitern problematisch sein.

In der Erhebungsphase kommt es darauf an, dass alle Teilnehmenden zu Wort kommen und zugleich die Diskussion beim Thema bleibt. Das erfordert eine klare Moderation. Zudem gilt es, Vielredner zu bremsen und zurückhaltende Teilnehmer einzubinden. Als zusätzliche Methoden lassen sich Kartenabfragen oder Rundgespräche gut einbinden. Oder es wird eine kurze schriftliche Befragung integriert: Jeder Teilnehmer schreibt die ihm wichtigen Punkte auf Moderationskarten oder gibt seine Stellungnahme zur betreffenden Leitfrage im Fragebogen oder im Rundgespräch ab.

Um zu klären, was mit den jeweiligen Konstrukten gemeint ist, bietet sich auch hier an, konkrete Situationen schildern zu lassen, die verdeckten Erfahrungen direkt nachzufragen, zu paraphrasieren und zu strukturieren.

Die Abschlussphase kann die wichtigsten Ergebnisse zusammenfassen (gegebenenfalls in Form eines Rundgesprächs: Was ist für jeden das wichtigste Ergebnis?) und gibt Ausblick auf das weitere Vorgehen: Wie werden die Daten weiter verwendet, wie werden sie an die Teilnehmer zurückgespiegelt und so weiter.

Exemplarisch zeigen wir hier den Ablauf einer Gruppendiskussion im Rahmen eines Teamentwicklungsprozesses, bei dem es um die Erhebung der Stärken und Schwachstellen eines Teams geht.

Ablauf einer Gruppendiskussion im Rahmen eines Teamentwicklungsprozesses

- **Beginn:** Begrüßung und Vorstellung der Teilnehmer, Einführung in das Thema, Klärung der Ziele der Gruppendiskussion.
- **Kartenabfrage:** Wo sehen Sie Stärken und Schwächen des Teams? Die einzelnen Teilnehmer schreiben die ihnen wichtigen Punkte auf Moderationskarten. Die Karten werden vorgestellt und auf der Pinnwand nach Kategorien geordnet. Aufgabe des Interviewers ist hier, verdeckte Erfahrungen nachzufragen: Was genau heißt, »zu wenig Zusammenhalt«? Gibt es ein Beispiel, an dem sich dies verdeutlichen lässt?

- **Punkten der Ergebnisse:** Was sind die wichtigsten Punkte, mit denen wir uns befassen müssen?
- **Kleingruppenarbeit:** In Zweier- beziehungsweise Dreiergruppen werden die wichtigsten Punkte bearbeitet. Leitfragen hierfür sind:
  - Wo genau liegen in diesem Bereich die Probleme?
  - Was sollte getan werden, um diese Probleme zu lösen?
- **Ergebnispräsentation:** Die einzelnen Kleingruppen präsentieren ihre Ergebnisse, von den übrigen Teilnehmern werden Ergänzungen eingebracht. Gegebenenfalls erfragt der Moderator verdeckte Informationen.
- **Abschließendes Rundgespräch:** Was schlägt jeder – vor dem Hintergrund der Diskussion – als nächsten Schritt vor?

Beim Vergleich von Einzelinterview und Gruppendiskussion sprechen für die Gruppendiskussion folgende Argumente (Flick 2017, S. 392 ff.):

- Der Zeitaufwand für Gruppendiskussionen ist geringer.
- Gruppensituationen können als Anregung für die eigene Meinung dienen: Durch den Beitrag eines Gesprächspartners werden andere angeregt, die eigene Auffassung weiter zu klären.
- Gruppendiskussionen sind besonders geeignet zur Ermittlung »kollektiver Bedeutungsmuster« (Bohnsack 2014, S. 51): Die Teilnehmer pendeln sich im Verlauf der Diskussion auf ein gemeinsames Bild ein.

Andererseits kann die Gruppendiskussion unterschiedliche Sichtweisen unterdrücken. Wenn man Vorgesetzte und Mitarbeiter zugleich über Stärken und Schwächen in der Abteilung befragt, ist damit zu rechnen, dass Mitarbeiter sich der Position ihres Vorgesetzten anschließen. Außerdem kann man weniger nachfragen, was der Einzelne zum Beispiel unter zu geringer »Positionierung« der Führungskräfte versteht, und es bleibt meist ungeklärt, ob tatsächlich alle Gruppenmitglieder dasselbe darunter verstehen.

Ob man Einzelinterviews oder Gruppendiskussionen durchführt, hängt von der Zielsetzung und den zur Verfügung stehenden Ressourcen ab. Sinnvoll ist in vielen Fällen eine Kombination beider Vorgehensweisen. So führen wir bei umfangreicheren Erhebungen in der Regel zunächst Einzelinterviews durch, um unterschiedliche Sichtweisen möglichst genau zu erfassen. Anschließend ergänzen wir die Ergebnisse durch Gruppenbefragungen. Oder man kann umgekehrt die im Rahmen der Gruppendiskussion angerissenen Themen in Einzelinterviews nachfragen.

Literaturtipps

Es gibt eine Fülle von Literatur zur Gruppendiskussion. Exemplarisch seien genannt:

- Kühn, Thomas/Koschel, Kay-Volker: *Gruppendiskussionen.* Springer VS, Wiesbaden 2018
- Lamnek, Siegfried: *Gruppendiskussion.* Theorie und Praxis. Beltz, Weinheim und Basel, 2. Auflage 2005

Fragebogen

Während das Interview durch wenige offene Fragen gekennzeichnet ist, ergibt sich die Struktur des Fragebogens aus einem Katalog überwiegend geschlossener Fragen. Dabei kommt die Perspektive des externen Beobachters zum Tragen: Er gibt Themen (Konstrukte) vor, stellt Hypothesen auf (zum Beispiel über den Zusammenhang zwischen Anerkennung und Leistung) und formuliert im Blick darauf Items (Aussagen oder Fragen), mit deren Hilfe die Hypothesen überprüft werden sollen.

Die im Fragebogen vorgegebene Beobachterperspektive entspricht jedoch nicht zwangsläufig der des sozialen Systems. Deshalb ist bei der Entwicklung von Fragebogen in vielen Fällen eine qualitative Vorphase hilfreich: Interviews oder Gruppendiskussionen liefern eine Übersicht über die relevanten Themen des sozialen Systems. Eine darauf aufbauende Fragebogenuntersuchung kann die Häufigkeiten erheben, in welchem Umfang diese subjektiven Deutungen von den einzelnen Angehörigen des sozialen Systems geteilt werden.

Die Konstruktion eines Fragebogens beginnt ebenfalls sinnvollerweise mit der Festlegung von Untersuchungsziel und Verwendungszweck – es gibt leider zahlreiche Fragebogen, in denen genau das fehlt. In diesen Fällen werden Daten erhoben, ohne dass überhaupt klar ist, was genau damit herausgefunden und getan werden soll. Für das weitere Vorgehen bei der Fragebogenkonstruktion gibt es eine Fülle an Literatur (z. B. Bösch 2011; Hollenberg 2016; Raab-Steiner/Benesch 2015), sodass wir uns hier auf einige Hinweise beschränken.

Festlegung der Stichprobe Abgesehen von Vollbefragungen (aller Teammitglieder, aller Mitarbeiter des Bereichs, der gesamten Organisation) arbeitet man in der Regel mit Stichproben. Das bedeutet: Für die Befragung wird nur ein Teil aller möglichen Personen (der Grundgesamtheit) ausgewählt. Zur Bestimmung der Stichprobengröße gibt es relativ aufwendige wahrscheinlichkeitstheoretische Überlegungen (z. B. Döring/Bortz 2016, S. 398 ff.). Zu bedenken, ist, dass Stichproben unter 50 in der Regel wenig aussagekräftig sind. Zu berücksichtigen ist ferner die Schichtung der Grundgesamtheit: die Aufgliederung in mehrere Teilgruppen gemäß unterschiedlichen Merkmalen.

Itemsammlung Fragebogen arbeiten mit Blick auf die Auswertbarkeit vorwiegend mit geschlossenen Items (Fragen oder Aussagen). Hilfreich ist hier zunächst ein Brainstorming: Auf der Basis von Interviews, Gruppendiskussionen, eigenen Überlegungen, gegebenenfalls bereits vorliegenden Fragebogen aus früheren Befragungen (aber Vorsicht: diese erfassen unter Umständen nicht die für das soziale System aktuell wichtigen Themen) werden mögliche Items zusammengestellt.

Itemrevision In einer weiteren Runde sind die endgültigen Items festzulegen sowie auf ihre Formulierung hin zu überprüfen: Sind die Items im Hinblick auf Ziel und Verwendungszweck relevant? Sind sie verständlich? Sind die Sätze nicht zu kompliziert? Ist die Frage eindeutig formuliert und nicht mehrdeutig?

Definition der Antwortformate Das Antwortformat legt fest, wie die befragten Personen auf ein Item antworten sollen: Sollen sie auf eine offene Frage frei antworten? Sollen sie zwischen verschiedenen möglichen Antworten wählen (Nominalskala)? Sollen sie die verschiedenen Antwortkategorien in eine Reihenfolge bringen (Ordinalskala) oder Häufigkeit und Dauer einschätzen (Intervall- beziehungsweise Ratioskala)?

Dabei ist zu beachten, dass nicht alle mathematischen Operationen mit jedem Skalenniveau möglich sind. So darf zum Beispiel der Mittelwert nur bei Antworten berechnet werden, die mindestens Intervallskalenniveau haben (Döring/Bortz 2016, S. 232 ff.; Porst 2011, S. 69 ff.). Und streng genommen darf man auf Ordinalskalenniveau (zum Beispiel Einschätzung der Zusammenarbeit zwischen 0 und 5 oder Bewertung nach Schulnoten) zwar den Median, nicht aber das arithmetische Mittel berechnen. Berechnung des Mittelwerts dagegen wäre bei Häufigkeiten (Ratioskala) korrekt.

Aufbau des Fragebogens Ein Fragebogen erfordert eine bestimmte »Dramaturgie« (Porst 2011, S. 133 ff.) in der Anordnung der Fragen. Sie muss für den Befragten logisch sein und zugleich zum Ausfüllen motivieren. Grundsätze sind:

- Beginn mit einer motivierenden Einstiegsfrage
- Zusammenfassung von Fragen zu Themenblöcken (möglicherweise mit Überschriften)
- demografische Fragen am Schluss

Zu überlegen ist zudem die einleitende Instruktion, die Untersuchungsziel und Verwendungszweck deutlich macht und Anonymität zusichert – nur so können das Interesse am Ausfüllen geweckt und mögliche Widerstände ausgeräumt werden.

Pretest des Fragebogens Zu den Regeln der Fragebogenerstellung gehört ein Pretest mit der Zielsetzung, die Verständlichkeit zu überprüfen, die bei den Antworten aufgetretene Varianz zu überprüfen. Im Rahmen systemischer Organisationsberatung ist dabei die Abstimmung mit dem sozialen System entscheidend: Sind aus der Perspektive der Betroffenen das Anschreiben, die einzelnen Items und der Gesamtaufbau plausibel?

Zweckmäßigerweise wählt man dafür eine kleine Gruppe aus der Grundgesamtheit: ein bis zwei Vertreter der Geschäftsleitung, Betriebsrat, jeweils ein bis zwei Angehörige verschiedener Führungsebenen, gegebenenfalls unterschiedliche Bereiche oder Werke. Die betreffenden Personen werden aufgefordert, die Instruktion durchzulesen und den Fragebogen auszufüllen. Anschließend können Instruktion und einzelne Fragen durchgesprochen werden:

- Welche Fragen bereiteten Schwierigkeiten?
- Wo sind Missverständnisse und Unklarheiten aufgetreten?
- Wo gibt es zusätzliche Themen, die darüber hinaus nachzufragen wären?

Ein weiterer Punkt hier nur als Hinweis: Fragebogen sind mitbestimmungspflichtig. Daher den Betriebsrat frühzeitig in die Fragebogenkonstruktion einbinden!

Was die Auswertung von Fragebogen betrifft, so liegt dabei das Schwergewicht auf quantitativen Daten. Das einfachste Verfahren ist die deskriptive Darstellung statistischer Kennwerte: Modalwert (derjenige Wert, der am häufigsten vorkommt), Median (der die Häufigkeitsverteilung halbiert) und arithmetisches Mittel als Maße der zentralen Tendenz sowie Varianz und Standardabweichung als Maße, wie weit die Ergebnisse gestreut sind. Darüber hinaus bieten Varianzanalysen Möglichkeiten, Zusammenhänge zwischen Faktoren zu untersuchen.

Eine abschließende Anmerkung: Es gibt zahlreiche standardisierte Fragebögen und Testverfahren, die im Rahmen von Organisationsberatungsprozessen verwendet werden können. Solche Verfahren sind im Rahmen der Organisationsberatung durchaus sinnvoll. Aber sie sind immer nur eine zusätzliche Außenperspektive, die aus Sicht des sozialen Systems zu interpretieren ist.

Interview und Gruppendiskussion als »qualitative Verfahren« zielen darauf ab, neue Einsichten zu gewinnen und das verdeckte Wissen der Organisation aufzudecken. Allerdings ist eine quantitative Auswertung hier über die bloße Verteilung der Rohwerte (Wie viele der befragten 20 Personen sehen das Thema positiv oder negativ?) in der Regel wenig sinnvoll. Vorteil des Fragebogens als eines »quantitativen Verfahrens« ist, dass aufgrund der größeren Stichprobe zuverlässigere Aussagen über die Häufigkeit verschiedener Auffassungen oder den Zusammenhang zwischen verschiedenen Faktoren möglich sind. Nachteil ist, dass ein Auswerter die Bedeutung, die einzelne Antworten für den Befragten haben, nicht weiter klären kann.

Das legt eine Verknüpfung von qualitativen und quantitativen Vorgehensweisen nahe: Ein Fragebogen gewinnt, wenn die Items im Rahmen einer qualitativen Vorstudie »aus der Perspektive des sozialen Systems« entwickelt werden. Andererseits können sich Interviews durchaus auch an einen Fragebogen anschließen, indem zum Beispiel bei auffälligen Ergebnissen einer Mitarbeiterbefragung mithilfe von Interviews nachgefragt wird, wo genau die Probleme liegen und was Möglichkeiten zur Lösung wären.

Literaturtipps

Wenn Sie sich genauer in das Thema Fragebogen und Auswertung einarbeiten möchten, hier einige Anregungen:

- Werner Bösch: *Praxishandbuch Mitarbeiterbefragungen*. Praxium, Zürich 2011
- Ingwer Borg: *Mitarbeiterbefragungen in der Praxis*. Hogrefe, Göttingen 2015
- Rolf Porst: *Fragebogen*. VS Verlag für Sozialwissenschaften, Wiesbaden 2008
- Elisabeth Raab-Steiner/Michael Benesch: *Der Fragebogen*. Facultas, Wien, 4. Auflage 2015

Beobachtung

Neben der Befragung ist die Beobachtung die zweite grundlegende sozialwissenschaftliche Erhebungsmethode. Dabei standen sich bis Ende der 1980er-Jahre standen zwei Konzepte gegenüber: die quantitative und die qualitative (oder teilnehmende) Beobachtung (Übersicht bei Atteslander 2010, S. 73 ff.).

Die quantitative Beobachtung ist durch folgende Merkmale gekennzeichnet:

- Gegenstand der Beobachtung ist sinnlich wahrnehmbares Verhalten, zum Beispiel das Verhalten einer Führungskraft oder das Verhalten der Teilnehmer in einer Teambesprechung. Gegenstand der Beobachtung sind aber nicht subjektive Deutungen, Einstellungen, Empfindungen.
- Ziel der Beobachtung ist die Überprüfung von Hypothesen, zum Beispiel über den Zusammenhang von Führungsverhalten und Leistung der Mitarbeiter.
- Beobachtungskategorien sind operationalisiert, das heißt, sie sind so definiert, dass eindeutig entschieden werden kann, ob ein Verhalten vorliegt oder nicht.
- Die Ergebnisse werden quantifiziert, indem zum Beispiel Häufigkeit und Dauer gemessen werden.
- Der Beobachtungsprozess ist standardisiert, die einzelnen Schritte sind festgelegt.

Die qualitative oder teilnehmende Beobachtung wurde seit den 1930er-Jahren zunächst im Bereich von Ethnomethodologie und Soziologie entwickelt (z. B. Flick 2017, S. 515 ff.):

- Zielstellung ist es, eine Situation zu verstehen. Grundprinzip des Ansatzes ist das Fremdverstehen: der *außenstehende* Beobachter soll die Situation verstehen. Es geht somit darum, herauszufinden, welche Bedeutung zum Beispiel eine Bereichsbesprechung für die Beteiligten hat.
- Sie ist teilnehmende Beobachtung. Die Bedeutung einer Situation für die Betroffenen lässt sich nur durch Teilnahme an der Interaktion erschließen. Dabei möchte die Beobachterin die Lage aus der Perspektive der Betroffenen verstehen: »Will man etwas über andere Menschen herausfinden, geht man einfach zu ihnen hin, bleibt eine Weile, macht das mit, was diese Menschen dort normalerweise treiben, und lernt sie so durch eigene Erfahrung besser kennen« (Bachmann 2009, S. 248).

- Teilnehmende Beobachtung setzt kein ausdifferenziertes Beobachtungsschema voraus, sondern ist offen, der gesamte Beobachtungsprozess ist weniger standardisiert.

Allerdings lässt sich diese scharfe Unterscheidung nicht ohne Weiteres aufrechterhalten:

- Zum einen ist Beobachtung nie reine Verhaltensbeobachtung, sondern immer ein Stück Interpretation. Ob eine Teilnehmerin »konstruktiv« mitarbeitet, ist das Ergebnis einer Deutung.
- Zum anderen kann Beobachtung nie vollständig die Perspektive der Betroffenen übernehmen, sondern wird stets bestimmt von der Perspektive des Beobachters, so sehr er auch versucht, mit der Lebenswelt des sozialen Systems vertraut zu werden. In Anlehnung an den Grundsatz des radikalen Konstruktivismus, »alles was gesagt wird, wird von einem Beobachter gesagt« (Maturana 2000, S. 25), lässt sich für die Beobachtung formulieren: »Alles, was beobachtet wird, wird von einem Beobachter beobachtet.«

Ein von außen kommender Beobachter erfasst nicht die »Wirklichkeit« des sozialen Systems, sondern seine Perspektive ist immer nur eine neben anderen. Sie ist »eine subjektive Erfahrung, die anderen Beobachtern in Form von Beschreibungen mitgeteilt werden kann« (Lindemann 2008, S. 13). Ein von außen kommender Beobachter blickt einerseits »aus einer anderen Perspektive« auf das soziale System und bemerkt Sachverhalte, die den Angehörigen des Systems verborgen bleiben. Andererseits ist die Perspektive des Beobachters immer eine eingeschränkte Perspektive: Zum Beispiel nimmt er Sachverhalte nicht wahr, die für die Angehörigen des sozialen Systems offenkundig sind. Oder er deutet eine Situation aus Sicht des sozialen Systems »falsch«. Die Perspektive des Beobachters steht neben, aber nicht über der Perspektive des sozialen Systems. Konsequenz davon ist, dass es grundsätzlich nicht die »richtige« Beobachtung gibt – was manchmal nicht leicht zu akzeptieren ist.

Die Beobachtung kann mehr oder weniger offen erfolgen, wobei man zwischen unstrukturierter, teilstrukturierter und strukturierter Beobachtung unterscheidet. Wir möchten das jeweilige Vorgehen an einem konkreten Beispiel, der Beobachtung der Zusammenarbeit in einem Team darstellen.

Unstrukturierte Beobachtung

Unstrukturierte Beobachtung bedeutet: Beobachtet wird alles, was auffällt. Bewährt hat sich hier eine Protokollmitschrift mit Aufgliederung in mehrere Spalten, wobei Zeitpunkt, die jeweilige handelnde Person, ihr Verhalten sowie mögliche Interpretation aufgeführt werden:

Beobachtetes System:	Abteilung CM 3
Beobachtungssituation:	wöchentliches Abteilungsgespräch Abteilung CM 3
Teilnehmer:	Abteilungsleiter Schmidt (AL), Mitarbeiter (MA) 1–6
Datum:	15. 02., 9:00–11:30 Uhr
Beobachter:	Hörmann

Zeit	Teilnehmer	Verhalten	Mögliche Interpretation
9:20	MA 3	*Wir hatten gestern wieder Störungen mit dem Großrechner.*	
	AL	*Ich weiß nicht, warum wir da nicht weiterkommen.*	
	MA 3	*Wir denken, dass die vielleicht beim Installieren Fehler gemacht haben.*	*Schuld auf andere schieben*
	AL	*Aber das geht nicht, dass wir da die Störung haben. Wieso kriegen Sie das nicht hin?*	*Vorwürfe*
	MA 6	*Berichtet aus seinem Bereich*	*Keine weiteren Nachfragen vom AL nach bisherigen Lösungsversuchen, kein Kontrakt über das weitere Vorgehen*

Als zweckmäßig hat sich herausgestellt, wichtige Stellen wörtlich zu protokollieren. Denn so können konkrete Beispiele im Beratungsprozess genutzt werden. Oder es werden einzelne Beobachtungsprotokolle analog zum Interview inhaltsanalytisch ausgewertet, um auf diese Weise typische Verhaltensweisen und Problemsituationen zu erfassen.

Der Vorteil der unstrukturierten Beobachtung besteht darin, dass die Beobachterin offen ist für neue Ergebnisse und ein weites Spektrum qualitativer Daten erhält. Die Gefahr besteht darin, dass dieses Spektrum zu weit ist und damit wichtige Details ausblendet. Ein weiterer Nachteil ist, dass hier die subjektiven Deutungen der Beobachterin relativ stark zum Tragen kommen: Sie schreibt das auf, was aus ihrer Sicht wichtig ist – und es wird von ihrer Kenntnis der Lebenswelt abhängen, wie weit ihre Sicht der des Systems entspricht.

Teilstrukturierte Beobachtung

Bei der teilstrukturierten Beobachtung wird durch offene Leitkategorien die Aufmerksamkeit der Beobachterin in eine bestimmte Richtung gelenkt. Eine solche Leitkategorie könnte »soziale Regeln« sein: Bei der Beobachtung einer Teambesprechung gilt es darauf zu achten, welche sozialen Regeln hier gelten. Das bedeutet für die Beobachterin, sie hat darauf zu achten,

- ob Regeln explizit angesprochen werden, ob bestimmte Ereignisse immer wieder oder nie auftreten, was auf Regeln hindeuten könnte.
- ob bestimmte Handlungen (positiv oder negativ) sanktioniert werden: Ein kritischer Blick des Vorgesetzten auf einen Einwand eines Teammitglieds kann auf die Regel deuten »man darf Vorgesetzten nicht widersprechen!«

Leitkategorien können auf unterschiedliche Weise gewonnen werden:

- Ein induktives Vorgehen besteht darin, als Beobachter zunächst mit der Lebenswelt des beobachteten Systems so weit als möglich vertraut zu werden, wie es insbesondere in der Tradition der Ethnographie (Übersicht bei Bachmann 2009) vorgeschlagen wird.
- Um die für das soziale System relevanten Beobachtungskategorien zu erfassen, lässt sich auf der Basis von Interviews klären, welches die für das System relevanten Themen sind, um daraus Beobachtungskategorien zu entwickeln.
- Beobachtungskategorien können ebenso auf der Basis theoretischer Konzepte (oder eigener Erfahrungen) festlegt werden. Auch dieses Vorgehen hilft, das System aus einer anderen Perspektive zu betrachten.

Einige hilfreiche Kategorien zur Beobachtung sozialer Systeme auf der Basis verschiedener theoretischer Konzepte seien exemplarisch hier aufgeführt (vgl. auch Lindemann 2008).

Kategorien zur Beobachtung von Prozessen Im Anschluss an die verschiedenen Ansätze des Prozessmanagements lassen sich verschiedene Beobachtungskategorien entwickeln. Zum Beispiel kann gefragt werden: In welchen Schritten verläuft der Prozess? Inwieweit verläuft der Prozess effizient? Wo liegt »Verschwendung« von Zeit, Material und anderem vor?

Als Grundlage für offene Beobachtungskategorien kann die Strukturierung von Gesprächen in Orientierungs-, Klärungs-, Lösungs- und Abschlussphase genommen werden.

Kategorien zur Beobachtung sozialer Systeme Auf der Grundlage des Systemmodells der personalen Systemtheorie ergeben sich folgende Kategorien:

- **Personen:** Nehmen die richtigen Personen teil? Fehlen welche oder sind zu viele dabei? Werden die anwesenden Personen einbezogen?
- **Subjektive Deutungen:** Welche subjektiven Deutungen einzelner Personen lassen sich aus der Beobachtung interpretieren?
- **Soziale Regeln:** Welche offiziellen Regeln bestehen? Werden sie eingehalten? Gibt es verdeckte soziale Regeln? Welches Verhalten wird positiv oder negativ sanktioniert?
- **Regelkreise:** Was geschieht immer wieder? Was geschieht nie?
- **Systemumwelt:** Welche Bedeutung spielt die materielle Umwelt, wie zum Beispiel Raum, Technik, Sitzplatz, Materialien, für das Ergebnis der Diskussion? Wie ist die Systemgrenze zu anderen sozialen Systemen? Ist die Systemgrenze durchlässig (dergestalt, dass zum Beispiel mehrfach die Vorgesetzte unangemeldet in die Teambesprechung kommt)? Oder schottet sich das System von anderen ab?
- **Entwicklung des sozialen Systems:** Gibt es eine kontinuierliche Entwicklung oder ist die Entwicklung durch plötzliche Brüche oder Veränderungen gekennzeichnet? Was verändert sich? Was bleibt gleich?

Kategorien zur Beobachtung der Kommunikation Es gibt zahllose Kommunikationskonzepte, aus denen sich Beobachtungskategorien gewinnen lassen (Übersicht bei Simon 2004). Hier einige Beispiele:

- Die grundlegenden Variablen der personzentrierten Gesprächsführung im Anschluss an Carl Rogers – Authentizität, Akzeptanz und Empathie – lassen sich in Beobachtungskategorien transformieren: Inwiefern wirken die Personen authentisch? Wie werden andere wertgeschätzt? Inwieweit bemühen sich die Gesprächspartner, einander zu verstehen?
- Die Unterscheidung zwischen Inhalt, Selbstoffenbarung, Beziehung und Appell (Schulz von Thun 1981) kann in Beobachtungskategorien übersetzt werden: Was wird über den Inhalt ausgesagt? Was sagt der Sprecher über sich selbst (Selbstoffenbarungsebene) und über den anderen (Beziehungsebene)? Welche Aufforderung (Appell) verbirgt sich hinter der Äußerung?
- Bei Präsentationen ist das Thema Verständlichkeit entscheidend (z. B. Langer/Schulz von Thun/Tausch 2011): Wieweit ist die Präsentation auf die Adressaten ausgerichtet? Ist die Präsentation strukturiert? Werden zu viele Informationen gegeben? Wird die Information anhand von Beispielen verdeutlicht?

- Wie ist die Körpersprache? Welche körpersprachlichen Signale werden gesendet? Stimmen Körpersprache und sprachliche Äußerungen überein?
- Auf der Basis der Transaktionsanalyse: Verlaufen die einzelnen Transaktionen parallel oder gekreuzt? Gibt es verdeckte Transaktionen? Aus welchem Ich-Zustand (Erwachsenen-Ich, Eltern-Ich, Kind-Ich) agieren die einzelnen Personen (z. B. Gerhold 2008)?

Kategorien zur Beobachtung von Teams Aus unterschiedlichen Teamkonzepten lassen sich Beobachtungskategorien ableiten (Übersichten bei van Dick/West 2013, S. 52 ff.; Langmaack/Braune-Krickau 2010; König/Schattenhofer 2016, S. 34 ff.; Stahl 2017). Beispielsweise werden folgende Fragen eingesetzt: Welche Rollen haben die einzelnen Teammitglieder? Wie werden Nähe und Distanz sowie Dauer und Wechsel im Team gehandhabt?

Kategorien zur Beobachtung von Führung (z. B. Steiger/Lippmann 2013): Wie definiert die Führungskraft ihre Rolle: Sieht sie sich als Fachmann, als Moderator, als Coach, als Entscheider, als Unternehmer? Welcher Führungsstil wird hier deutlich? Liegt das Schwergewicht von Führung eher auf strategischen Themen oder eher auf dem Tagesgeschäft?

Es gibt für teilstrukturierte Beobachtungen keinen festen Katalog von Beobachtungskategorien. Sondern aus verschiedenen theoretischen Konzepten lassen sich unterschiedliche Kategorien gewinnen, die sich (das zeigt sich auch an den genannten Beispielen) überschneiden können. Je nach Ihrem theoretischen Hintergrund und Ihren Erfahrungen, aber natürlich ebenso im Blick auf die jeweilige Situation und Zielstellung haben Sie unterschiedliche Möglichkeiten, Beobachtungskategorien zu entwickeln.

Strukturierte Beobachtung mit festem Beobachtungsschema

Hier liegt ein festes Beobachtungsschema vor, in das eine Beobachterin oder ein Beobachter schnell ihre Beobachtungen eintragen können. Ergebnis ist dann eine quantitative Übersicht, anhand derer man feststellen kann, wie oft oder wie stark ein bestimmtes Merkmal auftritt.

Es gibt zahllose Beobachtungsbogen, wobei die Bandbreite von der Beobachtung der Häufigkeit einzelner Beiträge (es wird die Zahl der Wortmeldungen einzelner Teilnehmer in einer Strichliste festgehalten) bis zu Vorgehensweisen in Managementaudits oder Checklisten im Rahmen des Prozessmanagements reicht. Sie können aber auch selbst einen spezifischen Beobachtungsbogen entwickeln.

Exemplarisch zeigen wir hier auszugsweise einen Beobachtungsbogen aus einem Teamberatungsprozess, in dem es um Teambesprechungen ging.

Team:
Datum:
Beginn:
Ende:

Beobachtung	Einschätzung nicht – erfüllt	Bemerkungen
Tagesordnung liegt vor.	☐ ☐ ☐ ☐ ☑	
Materialien zur Vorbereitung liegen vor.	☐ ☐ ☑ ☐ ☐	*Materialien teilweise zu umfangreich (TOP 3: 12 Seiten)*
Die Teamsitzung beginnt pünktlich.	☐ ☑ ☐ ☐ ☐	*Beginn 9:18 statt 9:00 (Warten auf AL Müller)*
Rundgespräch »Status der Teamarbeit«	☐ ☑ ☐ ☐ ☐	*stellenweise zu lange Diskussion, roter Faden geht verloren*
Der Leiter gibt in seinem Statusbericht knapp wichtige Informationen.	☐ ☐ ☐ ☑ ☐	*wichtiger Überblick über Entwicklung des Bereichs, nicht nur Zahlen angeben*
Die anderen Teilnehmer geben knappen Statusbericht.	☐ ☑ ☐ ☐ ☐	*stellenweise zu ausführlich: AL Buchholz 12 Minuten*
Für jedes Thema ist ein Prozessowner vorhanden, der in das Thema einführt.	☐ ☐ ☐ ☐ ☑	
Anregungen und Hinweise anderer Teilnehmer werden aufgegriffen.	☐ ☐ ☑ ☐ ☐	*werden stellenweise zerredet; Brainstormingregeln beachten!*

Durchführung der Beobachtung

Auch die Vorbereitung der Durchführung beginnt mit der Klärung von Ziel und Verwendungszweck: Was soll beobachtet werden, und was soll mit den Ergebnissen geschehen. Zusätzlich sind folgende Punkte zu beachten (vgl. auch Flick 2017, S. 536 ff.):

Festlegung der Beobachtungssituation In welchen Situationen ist es möglich und sinnvoll, die Beobachtung durchzuführen? Beobachte ich zum Beispiel das gesamte Team? Oder konzentriere ich die Aufmerksamkeit auf eine einzelne Person (die Bereichsleiterin)? Beobachte ich die wöchentlichen Teambesprechungen? Oder erforsche ich die Zusammenarbeit der Teammitglieder während ihrer täglichen Arbeit? Wie lange und wie häufig soll die Beobachtung durchgeführt werden?

Mit zu bedenken ist, ob und wie ein Beobachter Zugang zu bestimmten Situationen erhält: Kann ein außen stehender Beobachter an einem Kundengespräch teilnehmen? – Es ist möglich, erfordert aber sorgfältige Vorbereitung und Abklärung.

Klärung der Rolle des Beobachters Wenn die Bereichsleiterin bei ihrem Rundgang von einer fremden Person (der Beobachterin) begleitet wird, die nichts sagt, erregt das Verwunderung: Was will die hier? Das Gleiche gilt für eine Teambesprechung, in der plötzlich ein Unbekannter auftaucht. Von daher ist gerade bei der Beobachtung die Abstimmung mit dem sozialen System besonders wichtig.

Grundsätzlich lässt sich in diesem Zusammenhang zwischen offener und verdeckter Beobachtung unterscheiden: Offen ist eine Beobachtung dann, wenn den Betroffenen klar ist, dass sie beobachtet werden. Verdeckt ist die Beobachtung, wenn der Beobachter eine andere Rolle (zum Beispiel die des Teilnehmers, des Experten, des Praktikanten) einnimmt, wobei als Begründung für die verdeckte Beobachtung häufig angeführt wird, dass sich dann das Verhalten des beobachteten sozialen Systems weniger stark verändert (Döring/Bortz 2016, S. 329).

Im Rahmen systemischer Organisationsberatung bevorzugen wir die offene Beobachtung: Beratung erfordert Transparenz – und damit auch Transparenz über mögliche Beobachtungen. Wenn transparent gemacht wird, wozu die Beobachtung dient, und wenn klare Kontrakte geschlossen werden, gibt es in der Regel keinen Widerstand. Zum einen spricht gegen verdeckte Beobachtungen: Wenn die Betroffenen im Nachhinein feststellen, dass es sich bei der Praktikantin um eine verdeckte Beobachterin gehandelt hat, kann das Vertrauensverhältnis gestört werden, was vielleicht eine weitere Beratung unmöglich macht. Zum anderen ist die Fähigkeit eingeschränkt, das Verhalten im Blick auf die soziale Erwünschtheit (das heißt, um einen möglichst guten Eindruck zu machen) zu steuern. Sicher ist es wenig wahrscheinlich, dass in einer beobachteten Situation zwei Kontrahenten sich gegenseitig anschreien, wie es ansonsten vielleicht häufiger vorkommt. Aber es ist damit zu rechnen, dass die jeweiligen Verhaltensmuster (weniger eskalierend) beibehalten werden: Zwei Gegner werden nicht nur deshalb, weil sie beobachtet werden, plötzlich kooperieren.

Günstig ist, wenn die Beobachterin vom Auftraggeber eingeführt wird und anschließend sich selbst sowie Ziel und Verwendungszweck vorstellt. Das Ergebnis muss ein eindeutiger Kontrakt sein: Die beobachteten Personen müssen zustimmen, dass die Beobachterin an der Teambesprechung teilnimmt.

Zu klären ist in diesem Zusammenhang auch, ob und wie sich die Beobachterin am Geschehen beteiligt: Bleibt sie außerhalb als reine Beobachterin? Greift sie als Expertin in die Diskussion ein? Oder hat sie (zum Beispiel als Moderatorin) zugleich eine aktive Rolle? Insgesamt spricht viel dafür, hier keine aktive Rolle zu übernehmen: Man kann sich ganz intensiv auf die Beobachtung konzentrieren und vermischt nicht Beobachtung und Intervention.

Dokumentation der Beobachtungsergebnisse Nur in Ausnahmefällen (etwa im Zusammenhang mit Forschungsprojekten) wird man die Beobachtungssituation transkribieren. Sinnvoll kann aber durchaus sein, eine Teambesprechung oder ein Mitarbeitergespräch aufzuzeichnen und anschließend im Rahmen des Beratungsprozesses einzelne Abschnitte zu analysieren. Häufiger wird man während der Beobachtung simultan ein Beobachtungsprotokoll erstellen. Hilfreich ist, dabei konkrete Beispiele zu notieren, an denen später die Beobachterin ihre Einschätzung verdeutlichen kann.

Rückmeldung der Beobachtungsergebnisse Wenn eine externe Beraterin an der Abteilungsbesprechung teilnimmt, wird sie fast immer nach ihrer Einschätzung gefragt. Aber denken Sie dabei daran, dass die Perspektive des externen Beobachters nur eine unter verschiedenen ist. Konsequenz davon ist, das Feedback als Beobachter mit dem Feedback der übrigen Beteiligten abzugleichen:

- Sie können die Teilnehmenden bitten, die Situation aus ihrer Perspektive einzuschätzen, gegebenenfalls eingeleitet mit einer Skalierungsfrage: »Wie schätzen Sie Klima und Effizienz in dieser Besprechung zwischen 0 und 100 ein? Was sind Punkte, die Sie gut finden? Welche Anregungen können Sie geben?«
- Damit kann die Beraterin ihre Einschätzung mit der des sozialen Systems abgleichen: Wo entspricht meine Einschätzung der der Teilnehmer? Welche zusätzlichen Punkte sind mir aufgefallen?
- Das Feedback sollte ausgewogen gestaltet sein: Welche drei positiven Punkte sind aufgefallen? Welche Anregungen(maximal drei) können gegeben werden?
- Die einzelnen Punkte werden jeweils durch ein oder zwei konkrete Beispiele belegt.
- Anschließend können einzelne Punkte im Rahmen eines Beratungsprozesses weiter bearbeitet werden.

Literaturtipps

Hier wieder einige Hinweise auf weiterführende Literatur zum Thema Beobachtung:

- Peter Atteslander: *Methoden der empirischen Sozialforschung.* Erich Schmidt, Berlin, 13. Auflage 2010
- Uwe Flick: *Qualitative Sozialforschung.* Rowohlt, Reinbek, 8. Auflage 2017
- Holger Lindemann: *Systemisch beobachten – lösungsorientiert handeln.* Ökotopia, Münster 2008

Selbstbeobachtung

In diesem Fall wird nicht von außen beobachtet, sondern der Klient oder ein Teammitglied beobachtet sich selbst und schreibt Erlebnisse, Erfahrungen, Vorgehensweisen auf. Gegenstand der Selbstbeobachtung können somit Ereignisse, Handlungen, aber auch Deutungen (Gedanken, Empfindungen, Gefühle) sein.

Selbstbeobachtung ist in der Tradition der kognitiven Verhaltenstheorie gebräuchlich (zum Beispiel als »rationale Selbstanalyse« bei Albert Ellis 1997), in der Tradition der verhaltenstheoretischen Organisationsforschung als »Selbstaufschreibung«, in der eine handelnde Person ihre Tätigkeiten und den Zeitbedarf erfasst (z. B. Schmidt 2000, S. 150 ff.) oder im Rahmen der Biografiearbeit (z. B. Miethe 2017; Ruhe 2012).

Wie bei der Fremdbeobachtung lassen sich auch bei der Selbstbeobachtung unterschiedliche Formen je nach dem Strukturierungsgrad unterscheiden.

Die unstrukturierte Selbstbeobachtung Die betreffende Person schreibt auf, was ihr wichtig ist. So kann man als Anweisung im Rahmen eines Beratungsprozesses geben: »Bitte notieren Sie (zum Beispiel am Ende des Arbeitstages) alle Gedanken, die Ihnen zu Ihrem Team (oder Ihrer Organisation, Ihrem Unternehmen) spontan durch den Kopf gehen.«

Die teilstrukturierte Selbstbeobachtung Wie bei der teilstrukturierten Beobachtung wird hier die Aufmerksamkeit mithilfe von Kategorien in eine bestimmte Richtung gelenkt. Hierfür einige Beispiele:

- Im Rahmen eines Coachingprozesses zum Thema Stress wird folgende Aufgabe gegeben: »Schreiben Sie bitte im Anschluss an die Stresssituation auf: Was war der Auslöser? Was ging Ihnen dabei durch den Kopf? Was haben Sie empfunden? Wie haben Sie darauf reagiert? Was haben Sie getan?«

- Selbstbeobachtung kann eingesetzt werden, um die Aufmerksamkeit auf Erfolge zu lenken: »Legen Sie sich bitte ein ›Tagebuch Ihrer Erfolge‹ an. Schreiben Sie jeweils an drei Tagen der Woche ein ›Erfolgserlebnis‹ auf, also etwas, wo Sie selbst erfolgreich waren. Aber schreiben Sie dabei nur den Teil auf, den Sie wirklich gut fanden!«
- Im Rahmen eines komplexen Organisationsberatungsprozesses können die Angehörigen der Organisation aufgefordert werden, zu Themen wie Führung, Zusammenarbeit, Abläufe ihre Gedanken niederzuschreiben.

Die strukturierte Selbstbeobachtung Standardbeispiel hierfür ist die Aufschreibung von Abläufen, wie sie im Rahmen von Prozessmanagement als Fremd- oder Selbstbeobachtung durchgeführt wird (z. B. Brecht-Hadraschek/Feldbrügge 2015, S. 91 ff.; Hanschke/Lorenz 2012, S. 73 ff.). Exemplarisch folgt nun die Selbstbeobachtung des Prozesses der Angebotserstellung in einem kleineren Trainingsunternehmen.

Datum	Prozessschritt	Bemerkungen
26.06.	Telefonische Anfrage des Kunden bei der Geschäftsführerin: »Können Sie mir ein Angebot für ein Teamentwicklungsseminar machen!«	
26.06.	Die Geschäftsführerin ruft Trainer A an: »Machen Sie dafür ein Angebot!«	
	Trainer A ist im Training. Das Angebot bleibt liegen.	
03.07.	Trainer A (zurück vom Training) ruft die Geschäftsführerin an: »Wie war das noch mit dem Teamtraining?«	
06.07.	Trainer A mailt einen Entwurf an die Geschäftsführerin und ruft sie wegen der offenen Fragen an.	
09.07.	Die Geschäftsführerin telefoniert mit Kunden: »Wir sind beim Erstellen des Angebots und haben noch einige offene Fragen.«	
09.07.	Geschäftsführerin mailt die erhaltenen Informationen an Trainer A.	
10.07.	Trainer A ergänzt das Angebot, schickt es der Geschäftsführerin zurück.	
14.07.	Die Geschäftsführerin kommt nach einer Geschäftsreise wieder ins Büro, liest sich Angebot durch.	

Datum	Prozessschritt	Bemerkungen
15.07.	Die Geschäftsführerin hat Änderungsvorschläge und gibt diese telefonisch an Trainer A weiter.	
19.07.	Trainer A nimmt sich wieder das Angebot vor und so weiter und so weiter.	

In etlichen Fällen wird die Selbstaufschreibung genutzt, um die Dauer von Tätigkeiten zu messen: Die Führungskraft schreibt zum Beispiel selbst auf, welche Zeiten sie für welche Tätigkeiten verwendet. Wenn sich dabei herausstellt, dass die Führungskraft über 50 Prozent ihrer Zeit für operative Tätigkeiten nutzt und nicht für die eigentlichen Führungsaufgaben (Entwicklung der Strategie, Mitarbeitergespräche und so weiter), ist das eine gute Basis für eine Beratung zum Thema »Aufgaben einer Führungskraft«.

Kennzahlen (Key Performance Indicators)

Kennzahlen wie Umsatz, Gewinn, Kosten, aber auch Teilnehmerzahl bei Weiterbildungsveranstaltungen oder Abbrecherquote bei Coachingprozessen sind Daten, die zur Steuerung benutzt werden können. Kennzahlen (man spricht häufig auch von »Key Performance Indicators« beziehungsweise KPIs: vgl. Schmelzer/Sesselmann 2013, S. 293 ff.) sind Indikatoren für bestimmte Abläufe und Ergebnisse. Sie geben Hinweise, sind aber sind keine Beweise. Die sinkende Teilnehmerzahl in einer Weiterbildung deutet darauf hin, dass hier etwas zu verändern ist, könnte aber durchaus ganz andere Gründe (zum Beispiel schlechtere wirtschaftliche Situation) haben. Kennzahlen bedürfen somit immer der Interpretation.

Für die Steuerung von Organisationen lag lange Zeit das Schwergewicht auf betriebswirtschaftlichen Kennzahlen wie Umsatz, Gewinn, Kosten, Auftragseingang, Return of Invest (ROI), Cashflow. Seit den 90er-Jahren des 20. Jahrhunderts geht man jedoch verstärkt dazu über, Kennzahlen ebenso für andere Bereiche zu entwickeln. Ein Beispiel dafür ist die von David Norton und Robert Kaplan entwickelte »Balanced Scorecard«. Dabei werden ursprünglich vier Bereiche unterschieden (Kaplan/Norton 1997, S. 23 ff., 46 ff.; Niven 2009, S. 46 ff.):

- die finanzwirtschaftliche Perspektive (dazu gehören Kapitalrendite, Cashflow, Kosten, Investition im Verhältnis zum Umsatz)
- die Kundenperspektive (Markt- und Kundenanteile, Kundentreue, Anteil von Neukunden, Kundenzufriedenheit auf der Basis von Fragebogen)
- die interne Prozessperspektive, wozu Zeit-, Qualitäts- und Kostenkennzahlen gehören, wie zum Beispiel Dauer des Entwicklungsprozesses eines neuen Produkts, Anzahl fehlerhafter Rechnungen, Umfang von Nacharbeit, Kosten für die Reparatur eines Produkts, Wartezeiten und Ähnliches
- Lern- und Entwicklungsperspektive (Mitarbeiterzufriedenheit, Mitarbeitertreue, Ertrag pro Mitarbeiter, Umfang der Weiterbildung der Mitarbeiter, Anzahl von Verbesserungsideen)

Im Rahmen des Prozessmanagements gibt es mittlerweile umfangreiche Kataloge von Kennzahlen (Übersichten z. B. bei Krüger 2012; Probst 2014; Schmelzer/Sesselmann 2013, S. 293 ff.; für das Personalwesen Hafner/Polanski 2015). Bestimmte Bereiche finden sich immer wieder. Hier einige Beispiele:

- **Finanzkennzahlen:** Umsatz, Kosten, Ergebnis, Return on Arbeitskosten pro Stück, Kosten für die Durchführung des jeweiligen Prozesses
- **Produktkennzahlen:** Anzahl der Produkte, Verkaufszahlen, Anzahl fehlerhafter Produkte, produzierte Stückzahlen pro Stunde
- **Kundenkennzahlen:** Anteil der Kunden in verschiedenen Kundensegmenten, Anzahl neuer Aufträge, Anzahl von Beschwerden oder Anerkennung von Kunden, Auftragsverluste, Kundentreue (Wie lange bleiben Kunden dem Unternehmen erhalten? Wie oft kommen sie wieder?), Anteil der Kunden, die aufgrund von Empfehlungen kommen, Häufigkeit und Umfang von Kundenbesuchen
- **Mitarbeiterkennzahlen:** Anzahl der Mitarbeiter in verschiedenen Bereichen, Mitarbeiterfluktuation, Krankheitsrate, Qualifizierung der Mitarbeiter
- **Prozesskennzahlen:** Anzahl, Schritte und Zeitaufwand der einzelnen Prozesse, Zeitaufwand für Nachbesserungen, Reklamationen, Ausfallzeiten für Maschinen, Prozessqualität (Wie viele Fehler treten bei einzelnen Prozessen auf?), Anteil der Prozesse, die ohne Terminverzug fertiggestellt wurden, Anzahl, Dauer und Teilnehmer von Besprechungen
- **Lieferantenkennzahlen:** Anzahl der Lieferanten und Aufgliederung nach Lieferantengruppen, Dauer der Zusammenarbeit mit Lieferanten, Anzahl von Nachfragen und Reklamationen

Welche Kennzahlen in der konkreten Situation geeignet sind, lässt sich nicht von außen bestimmen, wohl aber haben die Personen des jeweiligen sozialen Systems ein Verständnis davon, woran sie Erfolg und Misserfolg feststellen können. Für die praktische Umsetzung bedeutet das, dass die Festlegung von Kennzahlen stets Interviews oder Gruppendiskussionen voraussetzt. Zudem ist es zweckmäßig, Kennzahlen durch die subjektive Einschätzung (zum Beispiel mithilfe von Interviews oder Fragebogen) zu ergänzen. Dabei geht es nicht darum, möglichst viele Kennzahlen festzulegen (was zu erhöhtem Aufwand bei der Datenbeschaffung führt), sondern für viele Situationen gibt es einfache, aber relativ aussagekräftige Kennzahlen. Hierfür einige Beispiele:

- Im Rahmen einer Einzelberatung können Kennzahlen zur Überprüfung des Erfolgs des Beratungsprozesses sein: die Zahl ausgefallener Termine als Indikator dafür, dass die Klientin den Wert des Beratungsprozesses eher gering einschätzt, möglicherweise auch die Anzahl umgesetzter Vereinbarungen oder die Weiterempfehlung der Beraterin.
- Im Rahmen einer Teamberatung könnten Kennzahlen zur Beurteilung der Zusammenarbeit im Team sein: Anzahl der rechtzeitig abgeschlossenen Projekte, Anzahl der Rückfragen an den Vorgesetzten oder Anzahl der Situationen, in denen der Vorgesetzte bei Konflikten zwischen Teammitgliedern eingreifen

oder Entscheidungen treffen muss (was darauf hindeutet, dass das Team Probleme nicht allein lösen kann).

- Bei der Beratung komplexer Systeme liegen meist bereits im Vorfeld zahlreiche Kennzahlen (Störungszeiten an Maschinen, Anzahl der Reklamationen, Krankheitstage und andere) vor, sodass sich eher die Frage stellt, welche davon für den Beratungsprozess relevant sind. Daten aus Mitarbeiterbefragungen können als Indikator für die Veränderung des Führungsverständnisses genutzt werden.

In vielen Organisationen werden zu viele Daten mit zu hohem Aufwand erhoben. Die Erhebung von Kennzahlen ist jedoch, wie man in der Begrifflichkeit des Prozessmanagements formulieren kann, ein Unterstützungs-, aber kein Wertschöpfungsprozess. Sie ist hilfreich, um Hinweise auf zu bearbeitende Themen zu erhalten – aber sie ist immer nur ein Hilfsmittel. Meist gibt es einige wenige, relativ leicht zu erhebende Indikatoren, die zur Steuerung völlig ausreichen.

Literaturtipps

Weiterführende Literaturhinweise:

- Günther H. Krüger: *Mit Kennzahlen Unternehmen steuern.* NWB, Herne 2012
- Hans-Jürgen Probst: *Kennzahlen.* Richtig anwenden und interpretieren. Redline, München, 4. Auflage 2014
- Hermann J. Schmelzer/Wolfgang Sesselmann: *Geschäftsprozessmanagement in der Praxis.* Hanser, München, 8. Auflage 2013

Von der Diagnose zum Konzept

Interpretation der Daten

Das Ergebnis der Diagnosephase ist eine Fülle von Daten. Doch was sagen diese Daten aus? Wo liegen die zentralen Stärken der Organisation, die bewahrt werden sollten? Wo lassen sich Schwachpunkte konstatieren? Wo sind Ansatzpunkte für den Beratungsprozess? Was hier ansteht, ist die Interpretation der Daten. Dafür ergeben sich im Wesentlichen folgende Schritte:

Schritt 1: Zusammenführung der Daten Der erste Schritt besteht darin, die Daten aus unterschiedlichen Erhebungen zusammenzuführen. Bewährt hat sich, dafür das Kategoriensystem aus der Inhaltsanalyse (in der Regel ist es am nächsten an der Sicht des sozialen Systems) als Grundlage zu nehmen. Dann lassen sich ergänzend Kennzahlen, aber auch Daten aus Mitarbeiterbefragungen oder aus Beobachtungen einfügen. Exemplarisch dafür nachfolgend die Ergebnisse zum Thema »Betriebliches Vorschlagwesen«, wobei Daten aus vorliegenden Dokumenten (Dokument 14) sowie Ergebnisse aus den Interviews einfließen:

Betriebliches Vorschlagwesen

+ 51 Prozent der Vorschläge werden positiv bewertet (Dokument 14)
- Durchlaufzeit pro Vorschlag 10,5 Monate (Dokument 14)
- Verbesserungsvorschläge werden zwar umgesetzt, aber die Umsetzung wird von der Technik nicht richtig durchgeführt.
- Verbesserungsvorschläge werden von zig Leuten geprüft und es dauert oft Jahre, bis sich etwas bewegt.

▸ Damit die Bearbeitung der Vorschläge nicht so lange dauert, sollte man die Vorschläge direkt an der Anlage prüfen und dann schnell freigeben

Die zwei oberen Zeilen sind Ergebnisse aus einem bereits vorliegenden Dokument. Die Äußerungen in den Interviews dagegen legen den Schwerpunkt auf mögliche Erklärungen und liefern konkrete Vorschläge – die Prüfung direkt an der Anlage war ein Ergebnis, das dann im Verlauf des Beratungsprozesses tatsächlich umgesetzt wurde.

Generell gilt: Die Verknüpfung verschiedener methodischer Zugänge steigert die Zuverlässigkeit der Ergebnisse – ein Sachverhalt, den man in der Sozialforschung als »Triangulation« bezeichnet (Flick 2017, S. 258 ff.).

Schritt 2: Zusammenfassung der Ergebnisse Ergebnis einer Organisationsdiagnose ist in der Regel eine umfangreiche Materialsammlung von Stärken und Schwachstellen, möglichen Ursachen und möglichen Lösungen. Eine solche Sammlung ist eine hilfreiche Grundlage (und kann die Basis für umfangreiche Prozesse darstellen). Aber es stellt sich die Frage: Welches sind die zentralen Ergebnisse? Was sollte als Erstes in Angriff genommen werden:

- Man kann bereits in die Interviews die Frage nach zentralen Ergebnissen aufnehmen: »Was, meinen Sie, sind die drei zentralen Probleme, an denen der Beratungsprozess ansetzen sollte?« Damit erhält man eine Gewichtung aus Sicht der Betroffenen, die man bei der eigenen Interpretation mit berücksichtigen kann.
- Bei der Auswertung besteht ein erster Schritt darin, bei den Daten besondere Auffälligkeiten herauszufiltern: Welche herausragenden positiven Ergebnisse lassen sich festhalten? Was sind die besonders häufig oder nachdrücklich genannten Problempunkte? In der Regel ergeben sich daraus einige wenige zentrale Botschaften: »Besprechungen müssen optimiert werden«, »Führungskräfte können nicht coachen«.
- Man kann zeitliche Veränderungen in den Blick nehmen: Was hat sich seit der letzten Diagnose verändert? Was ist besser, was ist schlechter geworden? Woran könnten diese Veränderungen liegen?
- Zentrale Ergebnisse können sich aus Benchmark-Vergleichen ergeben: Wo liegen die Hauptunterschiede zwischen diesem und vergleichbaren Teams?

Hilfreich kann in diesem Zusammenhang sein, zentrale Ergebnisse grafisch darzustellen (z. B. Bladowski 2007, S. 136 ff.), sei es mithilfe von Skalen oder als Portfolio, in denen Themen nach Wichtigkeit und Veränderungsbedarf in ein Vier-Felder-Schema (geringer/hoher Veränderungsbedarf – geringer/hoher Aufwand) eingeordnet werden.

Interpretation der Ergebnisse auf der Basis theoretischer Konzepte Wenn in den Interviews der fehlende menschliche Umgang von Führungskräften beklagt wird, so wird damit ein Thema angesprochen, das in der Literatur unter Begriffen wie »mitarbeiterorientierter Führungsstil« oder »Coachingfunktion von Führungskräften« behandelt wird. Allgemeiner formuliert: Ergebnisse lassen sich auf der Basis theoretischer Konzepte interpretieren.

Hierfür ein Beispiel aus einem Beratungsprozess: Im Rahmen von Interviews stellt sich auf der einen Seite heraus, dass fast alle Führungskräfte darüber klagen, dass die Mitarbeiter zu wenig Verantwortung übernehmen. Auf der anderen Seite beklagen die Mitarbeiter, dass sie keinen Freiraum haben, sondern ihnen alles vorgesetzt wird. Diese Ergebnisse legen eine systemtheoretische Interpretation nahe. Hier besteht ein Regelkreis:

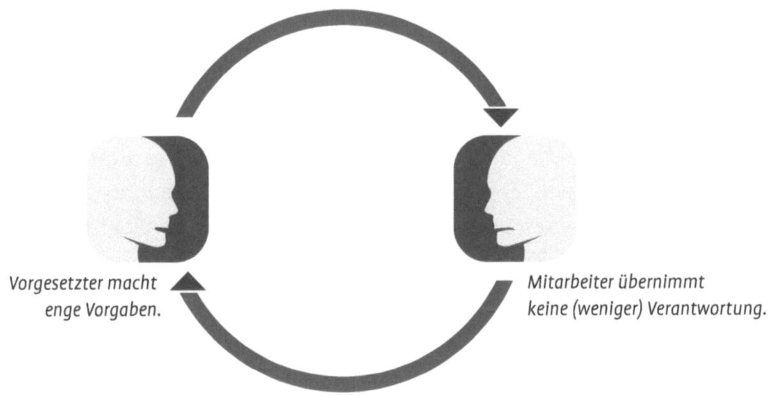

Aber Vorsicht: Das sind Interpretationen aus Sicht der Beraterin oder des Beraterteams. Sie können hilfreich sein und bieten für die Organisation Anregungen. Aber die Perspektive eines außerhalb des Systems stehenden Beobachters ist immer nur eine mögliche Perspektive neben anderen. Konsequenz ist, sie als solche dem sozialen System zurückzuspiegeln. Sie ist damit Anregung, die mit den Betroffenen (etwa im Rahmen von Rückspiegelungsworkshops) diskutiert wird.

Rückspiegelung der Ergebnisse

In einer Diagnosephase »tun« die Mitarbeiterinnen und Mitarbeiter etwas für ihre Organisation: Sie lassen sich interviewen, füllen einen Fragebogen aus, lassen sich beobachten. Sie haben einen Anspruch darauf, die Ergebnisse dieser Diagnose zu erfahren – nichts ist demotivierender, als wenn eine aufwendige Diagnose anschließend im Schreibtisch verschwindet und man nie wieder etwas davon hört. Von daher gilt als Grundsatz: die Ergebnisse der Diagnose zurückspiegeln.

Die Rückspiegelung der Daten (»Survey Feedback«) wurde Ende der 1940er-Jahre im Anschluss an die Arbeiten von Kurt Lewin am »Research Center of Group Dynamics« am MIT entwickelt und gehört seitdem zu den klassischen Vorgehensweisen der Organisationsentwicklung (Gebert/Rosenstiel 2002, S. 380 ff.). Das soziale System erhält dadurch ein neues Bild seiner eigenen Situation, die betroffenen Personen setzen sich damit auseinander, das soziale System verändert sich. Doch wie sollen die Ergebnisse dem sozialen System zurückgespiegelt werden, in welcher Form und in welcher Reihenfolge? Hierzu folgende Anregungen:

Projektbericht und Präsentation als Formen der Rückspiegelung

- Der **Projektbericht** enthält neben Angaben über die Zielstellung und das methodische Vorgehen eine relativ umfassende Übersicht über qualitative und quantitative Ergebnisse. Dabei haben Zitate aus den Interviews den gleichen Status wie Belege aus der wissenschaftlichen Literatur: Sie werden wörtlich zitiert und belegen bestimmte Thesen. Sie dokumentieren damit zugleich die Qualität der Erhebung. Einzelne Interviewpartner finden sich in solchen Zitaten wieder.
- **Präsentationen** erfordern eine nochmalige Komprimierung der Daten. Häufig beschränkt man sich dabei auf:
  - wichtige qualitative Ergebnisse: Welche Schwachstellen beziehungsweise Stärken wurden genannt? Welche Lösungsvorschläge wurden unterbreitet?
  - Hinweise auf quantitative Ergebnisse (je nach dem Umfang der Befragung mit absoluten Werten oder Prozentzahlen oder als Angabe von Trends)
  - typische Zitate als Belege, die Ergebnisse illustrieren und zugleich auch verdeutlichen können, dass es sich bei der Diagnose nicht um ein von außen aufgesetztes Ergebnis, sondern um die Sicht des Systems selbst handelt – wobei es wichtig ist, die Ergebnisse sorgfältig zu anonymisieren.

Reihenfolge der Rückspiegelung Sie ergibt sich aus dem Grad der Betroffenheit. Es wäre problematisch, wenn der Werkleiter die massive Kritik an fehlender Strategie des Werks zum ersten Mal in einer allgemeinen Präsentation zu hören bekommt. Er ist hier der am meisten Betroffene. Er braucht Zeit, sich gedanklich damit auseinanderzusetzen, bevor er im Managementteam dazu Stellung bezieht. Besser ist hier Rückspiegelung in mehreren Runden durchzuführen, zum Beispiel:

- Rückmeldung an den Werksleiter in einem persönlichen Gespräch
- Präsentation im Managementteam
- Präsentation vor dem Vorstand als dem Auftraggeber
- Präsentation vor dem Betriebsrat
- Präsentation an die Interviewpartner
- Information über die Ergebnisse in den einzelnen Bereichen (zum Beispiel durch die jeweiligen Vorgesetzten im Rahmen der Teambesprechungen, mithilfe von Schaukästen, in der Unternehmenszeitung, im Intranet)

- gegebenenfalls Information weiterer Gruppen (zum Beispiel der Kunden, wenn sie an der Befragung beteiligt waren)

Eine solche gestufte Rückspiegelung gibt den am meisten Betroffenen die Möglichkeit, rechtzeitig zu reagieren: Der Werkleiter hat die Möglichkeit, bei der Präsentation im Vorstand schon über Maßnahmen aufgrund der Diagnose zu berichten, und kann das für sich als Erfolg verbuchen – er ist ein wichtiger Stakeholder. Möglicherweise können Sie das im Rahmen eines Coachingprozesses vorbereiten. Übrigens: In vielen Fällen wird man für die jeweiligen Präsentationen die Daten anders aufbereiten müssen, abhängig von der zur Verfügung stehenden Zeit und der Zielgruppe.

Ablauf der Rückspiegelung Die Rückspiegelung ist die Schnittstelle zwischen Diagnose und Intervention: Es werden Daten vorgestellt, es werden aber auch schon Konsequenzen und Maßnahmen diskutiert. Damit ergibt sich eine Gliederung entsprechend den Phasen des Beratungsprozesses:

- Aufgabe der Orientierungsphase ist es, neben dem Dank für die Teilnahme an den Interviews die Zielsetzung des heutigen Treffens zu verdeutlichen. Es geht darum, die Ergebnisse der Diagnosephase kennenzulernen und gegebenenfalls erste mögliche Konsequenzen daraus zu diskutieren.
- In der Klärungsphase werden die Ergebnisse präsentiert. Daran schließt sich eine erste Auseinandersetzung mit den Daten an: Wie schätzen die Teilnehmer die Daten ein? Was war unerwartet? Wo regt sich möglicherweise Widerspruch?
- Die Lösungsphase hat dann die Diskussion möglicher Konsequenzen zum Thema. Welche Themen sollten in Angriff genommen werden? Wie kann man dabei vorgehen? Aber: die Rückspiegelung darf nicht die normalen Entscheidungswege außer Kraft setzen: Es ist Sache des Werkleiters oder des Leitungsteams, über das weitere Vorgehen zu entscheiden.
- Die Abschlussphase dient dann dazu, die nächsten Schritte festzulegen. Wie gehen wir weiter vor? Wird das weitere Vorgehen zunächst nochmals im Managementteam diskutiert? Oder werden Arbeitsgruppen zu einzelnen Themen gebildet? Wie werden die Ergebnisse kommuniziert?

Die Rückspiegelung einer Diagnose kann einerseits Zustimmung auslösen, andererseits aber durchaus auch Betroffenheit und manchmal sogar Abwehr. Wenn massiv der schlechte Informationsfluss in der Abteilung beklagt wird, dann liegt es nahe, dass der Abteilungsleiter zunächst abwehrt: »Aber ich gebe doch alle wichtigen Informationen weiter.« Hilfreich ist hier, den Status einer Diagnose deutlich zu machen: Ob der Abteilungsleiter »in Wirklichkeit« genügend Information weitergibt, ist letztlich nicht entscheidbar. Aber Mitarbeiterinnen und Mitarbeiter sehen das so. Daraus ergibt sich auf jeden Fall Handlungsbedarf: entweder gilt es, bestimmte Abläufe beim Informationsfluss zu verändern, oder es ist wichtig, den Mitarbeitern deutlich zu machen, dass sie alle relevanten Informationen erhalten.

Ein zusätzlicher Hinweis: Fast immer erhält man in Interviews auch Daten über einzelne Personen. Es wird der Führungsstil des Bereichsleiters kritisiert oder der Abteilungsleiterin vorgeworfen, dass sie zu wenig Position beziehe. Solche personenbezogenen Daten gehören nicht in eine allgemeine Präsentation – es sei denn, die Betroffenen haben ausdrücklich zugestimmt, oder die Daten sind so weit anonymisiert, dass nicht jeder weiß, wer gemeint ist. Wir haben gute Erfahrungen damit gemacht, diese Daten der oder dem Betreffenden (im Rahmen eines persönlichen Feedbackgesprächs) persönlich zurückzuspiegeln; nicht selten schließt sich daran eine Einzelberatung mit dem Betreffenden an.

Architektur des Beratungsprozesses

»Und wie sollen wir jetzt weiter vorgehen?« Spätestens bei der Rückspiegelung der Daten werden Sie als Beraterin oder Berater gefragt, was Sie denn vorschlagen. Was hier von Ihnen erwartet wird, ist Expertenberatung, nämlich ein Vorschlag für die, wie man häufiger formuliert, »Architektur« des Beratungsprozesses (Königswieser/Hillebrand 2017, S. 58 ff.) im Sinne der Gesamtplanung bezüglich des Ziels, der relevanten Akteure, der Laufzeit, der einzelnen Schritte. Allerdings sind hier zwei Einschränkungen zu beachten:

Zum einen besteht die Gefahr, dass Sie in die Rolle des Experten gedrängt werden, der das »richtige« Vorgehen kennt. Aber auch hier gilt: Die Kompetenz des sozialen Systems übersteigt grundsätzlich die Kompetenz des Einzelnen – und damit die Kompetenz des Beraterteams. Das bedeutet für Sie, Ihren Vorschlag an die Sichtweise des sozialen Systems anzubinden. Ein entscheidender erster Schritt dafür ist, dieses Thema bereits im Rahmen der Interviews anzusprechen: »Im Blick auf das Ziel: Was schlagen Sie als erste Schritte vor?« Damit erhalten Sie Hypothesen über wirkungsvolle Interventionen aus Sicht des sozialen Systems – und können eben das bei der Frage »Wie sollen wir vorgehen?« berücksichtigen.

Ein zweites Problem liegt in dem Begriff »Architektur«. Die Metapher »Architektur« ist angelehnt an das Vorgehen des Architekten: mit der Architektur werden die »Grundrisse, die das Haus strukturieren«, vorgegeben (Hochreiter 2006, S. 31). Die Architektur ist ein relativ starres Gerüst, das nicht mehr abgeändert wird. Beratungsprozesse sind aber nicht starr planbar wie ein Gebäude. Sondern es treten immer wieder unvorhergesehene Nebenwirkungen auf, die eine Abänderung des ursprünglichen Vorgehens, eine »flexible« Architektur oder, wie Gerhard Hochreiter formuliert, eher so etwas wie eine »Choreografie« erforderlich machen:

> »*Bei der Choreografie geht es um die Paradoxie, durch eine fixe Gestaltung Freiräume zu ermöglichen, Choreografie beschreibt die Gesamtstruktur des Veränderungsprozesses: wann etwas inszeniert wird; die Ausgestaltung bestimmter Gefäße (wie Projekte, Steuergruppe etc.) wie auch die Entscheidungen über gewählte Schrittfolgen; die zu bearbeitenden Gesichtspunkte und deren besondere Inszenierung*« (Hochreiter 2006, S. 35).

Für die Entwicklung der Architektur beziehungsweise der Choreografie des Beratungsprozesses hier einige Hinweise (vgl. auch Ischebeck 2014):

- Ausgangspunkt ist sinnvollerweise die Interpretation der Ergebnisse: Was sehen die Interviewpartner als vorrangige erste Schritte? Ergeben sich auf dem Hintergrund der für die Interpretation zugrunde gelegten Konzepte mögliche Ansätze?
- Klären Sie die bisherigen Lösungsversuche: Was hat man bisher versucht, um das Problem zu lösen? Möglicherweise sind die bisherigen Lösungsversuche Teil eines Regelkreises – dann gilt es, nach anderen Ansätzen zu schauen. Möglicherweise gibt es aber bereits Ansätze, in denen Erfolge erzielt wurden. Vielleicht können Sie daran anschließen?
- Daran schließt sich eine klassische Brainstormingphase an: Was wären Möglichkeiten, das Thema zu bearbeiten beziehungsweise den Beratungsprozess zu strukturieren? Überlegen Sie hier durchaus verschiedene Möglichkeiten!
- Legen Sie im Blick darauf den Schwerpunkt fest. Worauf sollte der Beratungsprozess ausgerichtet sein? Daraus entsteht eine »Kernbotschaft«: »Die Kernbotschaft ist die gefundene zentrale These oder Lösung für Ihre Aufgabe. Sie ist die Antwort auf die Frage: Worauf wollen Sie eigentlich hinaus?« (Ischebeck 2014, S. 108).
- Hinsichtlich der Kernbotschaft lässt sich dann die (vorläufige) Struktur des Beratungsprozesses planen: Was wären Ansatzpunkte mit der größten Hebelwirkung? Was könnte ein »Quick Win« sein, ein schnell zu erreichender Erfolg, der die Organisation von der Richtigkeit des Weges überzeugt? Manchmal ergibt sich auch eine Storyline aus der Struktur des Prozesses: in einem Strategieprozess zunächst mit der Vision und dem Ist-Prozess beginnen, bevor man konkrete Maßnahmen umsetzt. Manchmal müssen auch zunächst Voraussetzungen geschaffen werden, zum Beispiel, dass zunächst Führungskräfte qualifiziert werden, um eine neue Kultur zu implementieren.
- Auch hier gilt der Grundsatz: Ein Schritt nach dem anderen. Allzu leicht sind Klienten oder Organisationen in Gefahr, zu viel auf einmal in Angriff zu neh-

men – mit dem Ergebnis, dass nichts richtig gemacht wird. Hier sind Sie wieder als Experte gefordert, der davor warnt.

Insgesamt lässt sich feststellen: Die Entwicklung des Konzepts für den Beratungsprozess ist ein kreativer Prozess, der Erfahrung, Kreativität und Fantasie und nicht zuletzt Einfühlungsvermögen voraussetzt. Er erfordert wiederholt die Rückkopplung mit dem sozialen System selbst: Was hat sich bewährt? Welche Wirkungen und Nebenwirkungen der durchgeführten Interventionen sind zu erkennen? Welche (neuen) Vorgehensweisen ergeben sich daraus, was muss möglicherweise verstärkt und beschleunigt oder möglicherweise verlangsamt werden?

Exemplarisch sei abschließend das Konzept eines Beratungsprozesses aufgeführt. Es handelt sich dabei um die Entwicklung eines Bereichs. Angestoßen wurde der Prozess durch die beiden Bereichsleiter (technischer und kaufmännischer Bereichsleiter). Der Prozess begann mit einer Diagnose, Schwerpunkt waren Interviews mit den beiden Führungskräften, ihren Mitarbeitern, aber auch Vorgesetzten, Kollegen und einigen Kunden. Als zentrale Herausforderungen wurden herausgearbeitet (und zurückgespiegelt):

- Verstärkung der Kundenorientierung
- konsequentere und schnellere Umsetzung der Strategie
- Bereichsleiterteam deutlicher als Führung positionieren
- gemeinsame Linie des Bereichsleiterteams verstärken

Die Kernfrage ist: Womit fangen wir an? Nun ist Kundenorientierung einerseits ein relativ weit gefasstes Thema (das schwerlich schnell Erfolge sichtbar machen lässt). Andererseits deuten die Interviews darauf hin, dass ein entscheidender Faktor bei den beiden Bereichsleitern liegt. Daher gilt es hier anzusetzen. Daraus ergab sich folgendes Vorgehen im Beratungsprozess (Umfang von etwa sechs Monate):

Schritt 1: Verstärkung der Position und Zusammenarbeit des Bereichsleiterteams

- Erstes Beratungsgespräch mit beiden Bereichsleitern: Priorisierung der Ergebnisse, Planung des weiteren Vorgehens
- Teamworkshop mit beiden Bereichsleitern zum Thema »Gemeinsam sind wir stark«:

Uhrzeit	Ablauf	Kommentare
16:00	Begrüßung Was soll morgen Mittag erreicht sein? Orientierung über den Ablauf	

Uhrzeit	Ablauf	Kommentare
16:30	»Gemeinsam sind wir stark«: Jeder schreibt für sich seine drei wichtigsten Stärken auf, die er ins Team einbringen kann. Jeder schreibt drei »schwache Punkte« auf, wo er Unterstützung benötigt.	Einzelarbeit anschließend Austausch
	Rundgespräch: Wie geht es Ihnen mit diesem Ergebnis?	
18:00	Wo haben wir Gemeinsamkeiten und Unterschiede? Wo sehe ich Gemeinsamkeiten? (grüne Karten) Wo sehe ich Unterschiede zwischen uns? (orange Karten)	Einzelarbeit Ergebnisse auf Moderationskarten festhalten
	Austausch: Jeder stellt seine Ergebnisse vor. Bewertung: • sehe ich auch so (grüne Klebepunkte) • sehe ich anders/kritisch (rote Punkte) • müsste weiter geklärt werden (gelbe Punkte)	Moderationskarten auf einer Pinnwand
	Diskussion erster Punkte	
08:30	Wie können wir bei den unterschiedlichen Punkten (zum Beispiel Nachhaken von Terminen) eine gemeinsame Linie absichern: • Was kann der Betreffende tun? • Wo kann der andere unterstützen?	Ergebnis als konkrete Vereinbarungen auf Flipchart notieren
10:00	Regeln der Zusammenarbeit: Wie können wir die gemeinsame Linie absichern? • Jour fixe • jeweils Prozessowner für die einzelnen Themen festlegen • im Bereichsmeeting mit Abteilungsleiter nicht gegeneinander argumentieren	
	Pause	

Uhrzeit	Ablauf	Kommentare
11:00	Vorbereitung des nächsten Bereichsmeetings mit Abteilungsleiter • Welche Themen stehen an? • Was ist die gemeinsame Linie? • Wer ist von uns ist für das Thema zuständig?	
12:30	Abschlussrunde: Sind wir auf dem richtigen Weg?	

- Beratung des Bereichsleiterteams (zehn halbtägige Termine über sechs Monate) mit folgenden Schwerpunkten:
  - Einzelcoaching mit jedem Bereichsleiter
  - Teamcoaching Bereichsleiterteam
  - Begleitung des Bereichsleiterteams in Bereichsmeetings
  - anschließend Feedback und Beratung des Bereichsleiterteams
- Einführung von Regeln zur schnelleren Umsetzung
  - zum Beispiel Begrenzung der Charts bei Präsentationen im Bereichsleiterteam auf maximal drei
  - enge Zeitvorgaben für Aufträge (Zielvereinbarung)

Schritt 2: Verstärkung der Kundenorientierung Überlegt wurde zunächst, Trainingsmaßnahmen durchzuführen. Gewählt wurde dann jedoch ein anderer Weg mit der Grundidee: die Mitarbeiter von S in direkten Kundenkontakt bringen. Daraus ergab sich folgendes Vorgehen:

- Jeder Mitarbeiter von S führt drei Kundeninterviews:
  - Inwieweit erfüllen wir die Erwartungen unserer Kunden?
  - Was können wir tun, um das noch besser zu machen?
- Auf der Basis dieser Interviews werden konkrete Maßnahmen (zum Beispiel Schnittstellentreffen) geplant und umgesetzt.
- Monitoring durch Abteilungsleiter beziehungsweise Bereichsleiter

Insgesamt lässt sich festhalten: Nicht jeder Beratungsprozess muss extrem aufwendig und umfangreich sein. Häufig gibt es, wie bereits mehrfach betont, Triggerpunkte, die schnell zu Veränderungen führen – in diesem Fall die Idee, die Mitarbeiter Kundeninterviews führen zu lassen.

Literaturtipps

Hilfreiche Anregungen für die Entwicklung der Architektur beziehungsweise Choreografie von Beratungsprozessen finden Sie bei:

- Katja Ischebeck: *Erfolgreiche Konzepte.* Eine Praxisanleitung in 6 Schritten. Gabal, Offenbach, 2. Auflage 2014

Außerdem seien erwähnt:

- Gerhard Hochreiter: *Choreografien von Veränderungsprozessen.* Die Gestaltung von komplexen Organisationsentwicklungen. Carl-Auer, Heidelberg, 2. Auflage 2006
- Roswita Königswieser/Martin Hillebrand: *Einführung in die systemische Organisationsberatung.* Carl-Auer, Heidelberg, 9.Auflage 2017

Komplexe Beratungsprozesse 06

Strategie und Change-Management

Change-Management-Projekte

- In einem Produktionsstandort häufen sich die Probleme: Die Kosten fallen aus dem Rahmen, es treten Qualitätsprobleme auf, bei Mitarbeitern steigt die Unzufriedenheit und viele befürchten, dass das Werk geschlossen wird.
- Zwei Kliniken haben fusioniert. Einzelne Bereiche wurden zusammengelegt, doch die Zusammenarbeit klappt nicht. Mitarbeiter der einen Klinik fühlen sich »verkauft«, Kündigungen erfolgen, Patienten wandern ab.
- Eine Schule will ihr Profil stärken und plant einen Schulentwicklungsprozess.
- Eine Marketingagentur hat bislang in einer klaren Linienorganisation mit unterschiedlichen Bereichen (Kreation, klassische Medien, digitale Medien, Vertrieb) gearbeitet. Doch diese Struktur ist zu schwerfällig, Kunden fordern kurzfristige Ergebnisse, die Abstimmungsprozesse zwischen den einzelnen Bereichen und mit dem Kunden dauern viel zu lang. Die Geschäftsführung beschließt daher, eine agile Organisation einzuführen.

All das sind Beispiele für komplexe Veränderungsprozesse. Und genau diese Situationen können Gegenstand längerer Organisationsberatungsprozesse sein.

In der Praxis erfolgen Veränderungsprozesse in viel zu vielen Fällen mehr oder minder zufällig und willkürlich. Da wird eine Organisation umstrukturiert, ohne dass der Sinn oder die Vorteile des Ganzen erkennbar werden. Teamevents werden durchgeführt, ohne dass sich jemand Gedanken über Sinn und Zweck macht. Oder die neue Führungskraft meint, sie müsse erst einmal hart durchgreifen – und erfährt gerade dadurch Widerstand. Die Alternative dazu ist, in solchen Veränderungsprozessen strukturiert vorzugehen. Dafür bieten sich im Groben zwei unterschiedliche Konzepte an:

- Veränderung als Strategieentwicklung
- Veränderung als Change-Management

Was das heißt und was das für systemische Organisationsberatung bedeutet, soll im Folgenden dargestellt werden.

Der Blick auf Strukturen und Prozesse: Veränderung als Strategieentwicklung

Der Begriff »Strategie« stammt aus dem militärischen Bereich. »Strategie« bedeutet wörtlich »Führung des Heeres«. Strategie, so formuliert Ende des 19. Jahrhunderts der preußische Generalfeldmarschalls Karl Bernhard von Moltke, ist die »Fortbildung des ursprünglich leitenden Gedankens entsprechend den stets sich ändernden Verhältnissen« (Hinterhuber 2007, S. 121 ff.). Dieser Satz umschreibt, was bis heute mit Strategie gemeint ist: in wechselnden Situationen »die große Linie« beizubehalten.

Mitte der 1950er-Jahre erfolgt die Übertragung auf den Unternehmensbereich. Bis dahin war Planung eines Unternehmens überwiegend operative Planung, bei der das Schwergewicht auf aktuellen Themen (zum Beispiel Erfolg oder Misserfolg eines Produkts) und der Planung der nächsten Schritte lag. Nun wird zunehmend deutlich, dass diese Art Planung nicht ausreicht, sondern dass ein Unternehmen beziehungsweise allgemein eine Organisation langfristiger planen muss, um überleben zu können. Die Idee der »strategischen Planung« wurde geboren. Alfred D. Chandler, Wirtschaftshistoriker in Harvard, dessen Konzept im Hinblick auf Strategie die weitere Diskussion entscheidend bestimmt hat, definiert 1962 »Strategie« als

> »the determination of the basic long-term-goals and objectives of an enterprise, and the adoption of courses of action and the allocation of resources necessary for carrying out these goals« (Chandler 1962, S. 13).

Daraus ergeben sich folgende Kernfragen (vgl. auch Johnson u. a. 2011, S. 21 ff.):

- Welche langfristigen Ziele sollen wir verfolgen?
- In welchen Geschäftsfeldern wollen wir tätig sein?
- Welche sind unsere Kernfähigkeiten, mit denen wir im Wettbewerb bestehen können?
- Mit welchen langfristigen Maßnahmen wollen wir diese Ziele erreichen?
- Welche Ressourcen sind dafür erforderlich?

Wie diese Fragen zeigen, legt die Entwicklung der Strategie wieder die Struktur des Problemlösungsprozesses nahe: Es sind Ziele zu definieren, die Ausgangssituation ist zu klären (wobei die Reihenfolge dieser beiden Phasen variieren kann), es sind verschiedene mögliche Vorgehensweisen zu entwickeln und umzusetzen. So gliedern Klaus Kerth, Heiko Asum und Volker Stich den Strategieprozess in ihrem Buch »Die besten Strategietools in der Praxis« (2015) in drei Hauptphasen:

- Analyse der internen Unternehmensressourcen und externen Marktkräfte
- strategische Positionierung, wozu die Erarbeitung von Vision und Leitbild, aber auch die Entwicklung von Marktfeld- und Wettbewerbsstrategien zählen
- strategische Planung.

Sabine Reisinger, Regina Gattringer und Franz Strehl (2017) unterscheiden dagegen vier Phasen:

- strategische Analyse mit Markt- beziehungsweise Umweltanalyse und Unternehmensanalyse
- Strategieformulierung mit Festlegung der Unternehmenspolitik, der Vision und den strategischen Zielen, aber auch Festlegung des Geschäftsmodells und der Geschäftsbereichsstrategie
- Strategieimplementierung, wobei der Schwerpunkt auf Aktivitäten und Maßnahmenplanung liegt
- strategische Evaluierung zum Beispiel auf der Basis von Kennzahlen

Strategieentwicklung wird dabei ursprünglich als rationale Planung verstanden (Welge u. a. 2017, S. 11 ff.). Die Strategie beispielsweise eines Unternehmens, so die Annahme, könne auf der Basis empirischer Analysen gleichsam aus einer Expertenposition festgelegt werden: Es werden betriebswirtschaftliche Kennzahlen für die Ist-Analyse festgelegt (Umsatz, Kosten, Erlöse, aber auch Kundenstruktur und so weiter). In der Regel werden quantitative Ziele festgelegt und Maßnahmen geplant.

Diese Auffassung hat sich jedoch seit den 1990er-Jahren als unhaltbar erwiesen. Henry Mintzberg, Professor an der McGill Universität in Montreal, kritisiert an den klassischen Strategiekonzepten die Illusion der Steuer- und Kontrollierbarkeit der Organisation, den Glauben an die Vorhersagbarkeit der Zukunft und den Glauben an die Formalisierbarkeit des strategischen Managements (Mintzberg 1995, S. 263 ff.).

Ähnlich argumentiert Fredmund Malik, Leiter des Managementzentrums St. Gallen. Für ihn ist Hauptaufgabe strategischen Managements die Bewältigung der Komplexität zwischen System und Umwelt. Diese Komplexität ist mithilfe rationaler Methoden nicht steuerbar, sondern ist (analog zu lebendigen Systemen) auf »spontane Ordnungen« angewiesen (Malik 2008, S. 190 ff.).

Der Blick auf den Menschen: Change-Management

Ein zweiter Ansatz setzt nicht bei der rationalen Veränderung von Strukturen und Prozessen an, sondern beim Menschen: Veränderung – so die Hauptthese – ist zunächst und vor allem Veränderung des Denkens und der Einstellung der Menschen.

Das grundlegende Modell dazu stammt von Kurt Lewin, dem vielleicht einflussreichsten Sozialpsychologen der ersten Hälfte des 20. Jahrhunderts. Auf dem Hintergrund von Erfahrungen mit dem Nationalsozialismus (Lewin selbst emigrierte 1933 in die USA) ging es dabei um die Frage, wie die nationalsozialistische Kultur in Deutschland in Richtung Demokratie verändert werden könne. Lewins Hauptthese ist, dass Veränderung immer in den Phasen Unfreezing, Moving und Refreezing erfolgt (Lewin 2016, S. 34 f., ursprünglich 1947):

- **Unfreezing:** den bestehenden Zustand aufbrechen. Lewin spricht hier von einer »Katharsis«, die notwendig ist, um bestehende Vorurteile gegenüber der Veränderung, aber auch Wohlbehagen und Selbstgerechtigkeit aufzubrechen. Unfreezing ist somit das Aufbrechen bisher bestehender Denkmuster und Einstellungen sowie geltender Regeln und Gewohnheiten.
- **Moving** ist die Veränderung von Denkmustern und Einstellungen, Regeln und Gewohnheiten.
- **Freezing** schließlich ist die Stabilisierung des neuen Zustands, Stabilisierung neuer Denkmuster und Strukturen.

Die praktische Umsetzung dieses Drei-Phasen-Modells führte schließlich zur Organisationsentwicklung: Lewin führte zusammen mit Ronald O. Lippitt (Research Center for Group Dynamics am MIT) und anderen 1946 im State Teacher College New Brunswick in Connecticut Workshops mit pädagogischen Mitarbeitern unter der Zielsetzung durch, Ansätze zur Bekämpfung rassistischer Vorurteile zu entwickeln. Im Rahmen dieser Workshops hatten die Trainer die Angewohnheit, am Abend untereinander den Verlauf des Tages zu reflektieren. Als mehr oder weniger zufällig zu diesen Treffen einige Teilnehmer kamen und zuhörten, ergab sich ein unerwarteter Effekt: Die Teilnehmer signalisierten, dass dieses Zuhören für sie außerordentlich interessant und hilfreich gewesen sei und ihnen neue Denkanstöße gegeben habe.

Entstanden ist daraus **Survey-Feedback** als gleichsam klassische Methode zum Aufbrechen (Unfreezing) festgefahrener Überzeugungen und Einstellungen: den Betroffenen die Einschätzung von außen (der externen Berater) oder die Einschätzung anderer Angehöriger der Organisation zurückzuspiegeln und sie damit zu konfrontieren.

Ein zweiter Ansatz der Organisationsentwicklung wurde Ende der 1940er-Jahre im Tavistock-Projekt entwickelt. Ausgangspunkt waren Probleme bei technischen Erneuerungen im englischen Bergbau. Die Lösung war, nicht von außen ein Lösungskonzept vorzugeben, sondern die Beteiligten selbst neue Organisationsformen entwickeln zu lassen. Daraus entstanden anstatt der bisherigen, stärker hierarchisch gegliederten Führungsstruktur teilautonome Arbeitsgruppen.

In der zweiten Hälfte des 20. Jahrhunderts erlebte die Organisationsentwicklung ihre Blütezeit. Die bekannteste Definition stammt von der Deutschen Gesellschaft für Organisationsentwicklung (GOE) aus dem Jahr 1982: Sie versteht Organisationsentwicklung als

> *»längerfristig angelegten organisationsumfassenden Entwicklungs- und Veränderungsprozess von Organisationen und der in ihr tätigen Menschen [...] sein Ziel besteht in einer gleichzeitigen Verbesserung der Leistungsfähigkeit der Organisation (Effektivität) und der Qualität des Arbeitslebens (Humanität)«* (Becker/Langosch 1995, S. 5).

Dabei wird der Ansatz für Veränderung in der Veränderung des Denkens der Menschen gesehen, was durch Survey-Feedback, aber auch durch gruppendynamische Verfahren oder Veränderung der Kultur angestoßen werden kann. Allerdings haben sich die ursprünglichen Erwartungen an die Organisationsentwicklung nicht erfüllt: Organisationsentwicklung der 1980er-Jahre blieb entweder bloßes Programm oder orientierte sich einseitig an gruppendynamischen Verfahren.

Unter der Überschrift »Organisationsentwicklung« findet sich aber mittlerweile eine Reihe neuerer Konzepte, die sich ausdrücklich von technisch ausgerichteten Veränderungskonzepten abheben, dabei häufig auf systemtheoretische Überlegungen zurückgreifen und insgesamt stärker methodenorientiert sind. Exemplarisch einige Beispiele:

- Für Christiane Schiersmann und Heinz Thiel ist Grundlage von Organisationsentwicklung: »ein systemisch-ressourcenorientierter Ansatz mit dem Ziel, die Problemlösekompetenz und die Selbstorganisation von Personen und Organisationen zu fördern« (Schiersmann/Thiel 2014, Klappentext).
  Auf dieser Basis wird ein Konzept entwickelt, das sowohl auf systemische Prinzipien als auch auf die Theorie des komplexen Problemlösens zurückgreift und in diesen Rahmen zahlreiche Methoden (beispielsweise zur Gestaltung von Workshops, Steuerung von Projekten, Entwicklung von Teams) integriert.
- Manfred Becker und Inez Labucay (2012) verstehen Organisationsentwicklung als Konzept »für ein modernes Change-Management«. Sie legen das Phasenmodell von Lewin mit den Phasen Unfreezing, Moving und Refreezing zugrunde und verlagern das Schwergewicht auf die Arbeit in Gruppen (Selbstlerngrup-

pen, Survey-Feedback, Reflecting Team), wobei sie teilweise auf andere Konzepte zurückgreifen, zum Beispiel bei der »relationalen Erfolgskontrolle« zur Messung der Organisationsenergie (ebd. S. 209 ff.).
- Bernd Schmid und Thorsten Veith (Schmid/Veith 2014) verstehen Organisationen als »menschliche Systeme« und proklamieren auf dieser Basis eine »systemische Organisationsentwicklung«, bei der der Schwerpunkt insbesondere auf Kulturentwicklung und Coaching liegt.
- Auch Ralf Grossmann, Günther Bauer und Klaus Scala (2015) proklamieren eine systemische Organisationsentwicklung und versuchen dabei, die Theorie autopoietischer Systeme mit gruppendynamischen Aspekten und Ansätzen aus der Neurobiologie zu verknüpfen.

Ein weiterer Ansatz, bei Veränderungen den Blick mehr auf die Menschen zu richten, ist Change-Management. Everett Rogers, amerikanischer Kommunikationswissenschaftler und Soziologe unter anderem in Stanford und einer der Pionier des Change-Managements, hat bereits in den 1960er-Jahren in Zusammenhang mit der Untersuchung von Innovationen auf die Bedeutung des sozialen Faktors hingewiesen. Change – so seine Hauptthese – lässt sich nur begreifen, wenn man die Kommunikation und die Auswirkungen auf die Betroffenen in den Blick nimmt (Rogers 2003, ursprünglich 1962).

Dieser Fokus auf den Menschen ist kennzeichnend für Change-Management überhaupt:

- Change-Management ist »Planung und Durchführung aller Aktivitäten, welche die betroffenen Führungskräfte und Mitarbeiter auf die zukünftige Situation vorbereiten und ihnen eine möglichst optimale Umsetzung der veränderten Anforderungen ermöglicht« (Stolzenberg/Heberle 2013, S. 6).
- »Change-Management ist damit, in Abgrenzung zur strategischen Unternehmensführung [...] eine Aufgabe, die sich vor allem nach innen richtet, also auf die Mitglieder der zu wandelnden Organisation beziehungsweise des sich in Veränderung befindlichen Unternehmens« (Lauer 2014, S. 4).

Entsprechend nimmt in der Literatur zu Change-Management der Blick auf den Menschen vergleichsweise großen Raum ein. Exemplarisch einige Beispiele aus unterschiedlichen Change-Ansätzen:

- Methodenbücher zu Change-Management wie das »Change Handbook« von Peggy Holman (2002) führen als Methoden des Change-Managements weniger oder eher nur am Rand klassische Strategiemethoden auf, sondern Methoden wie Appreciative Inquiry, Open Space, World Café, Storytelling, Feedback, Reflecting Team – also alles Methoden, die deutlich auf die Beteiligung der Betroffenen in den Veränderungsprozess abzielen

- Karin Beutelschmidt u. a. (2013) verstehen Change-Management als »Facilitating«: »Facilitating Change bedeutet für uns, Menschen in Veränderungsprozessen zu beteiligen und zu begleiten« (ebd. S. 14). Grundlage ist Theorie U von C. Otto Scharmer.
- Uwe Reineck und Mirjam Anderl (2016) verstehen Change als »Passagement«. »Passagement versucht, Menschen für Veränderung zu gewinnen, nicht, sie zu verändern« (ebd., S. 68).

Das wohl bekannteste Change-Management-Konzept ist »Leading Change« von John P. Kotter, Professor für Führungsmanagement an der Harvard Business School (Kotter 2013, ursprünglich 1996). Auf der Basis einer Untersuchung von über 50 Unternehmen in Veränderungsprozessen definiert Kotter ursprünglich acht Phasen (Kotter 2013, S. 29 ff.) beziehungsweise (wie er 2014 formuliert) acht Beschleuniger (Kotter 2015, S. 21 ff.) erfolgreicher Veränderungen:

Kotter: die acht Beschleuniger erfolgreicher Veränderungen

1. Dringlichkeit bezogen auf eine große Chance aufbauen.
2. Eine Führungskoalition aufbauen und weiterentwickeln.
3. Eine strategische Vision und strategische Initiativen formulieren.
4. Ein Heer von Freiwilligen mobilisieren.
5. Beschleunigungsbarrieren abbauen.
6. Kurzfristige Erfolge erzielen (und feiern).
7. Weiter Gas geben.
8. Den Wandel fest etablieren.

Kotter verdeutlicht dieses Modell mithilfe der Geschichte einer Pinguinkolonie, die bislang auf einem Eisberg lebt, der aber schmilzt (Kotter/Rathgeber 2017): Pinguin Fred ist derjenige, der die Notwendigkeit einer Veränderung erkennt, andere davon überzeugen muss, sich Verbündete sucht und sozusagen den gesamten Veränderungsprozess in Gang setzt, bis schließlich die Pinguinkolonie zu einer Gruppe von Wanderpinguinen wird, die von Eisberg zu Eisberg ziehen.

Entscheidender Erfolgsfaktor von Veränderungsprozessen – so die Kernbotschaft – ist, die Menschen auf den Weg mitzunehmen. Das bedeutet: Bewusstsein für die Dringlichkeit schaffen, Verbündete suchen, eine Vision bilden, die begeistert, schnelle Erfolge herbeiführen, die als solche erkannt werden, und schließlich die Veränderung in der Kultur verankern.

Prozess- und Systemebene in Veränderungen

Strategieentwicklung und Change-Management haben ursprünglich unterschiedliche Wurzeln und unterschiedliche Schwerpunkte. Mittlerweile haben sich aber beide Stränge angenähert: Change-Management wird zunehmend nicht nur auf Menschen und Kultur bezogen, sondern umfasst ebenso die Entwicklung einer Vision und eines Leitbilds, die Veränderung von Strukturen und in vielen Fällen auch die Veränderung von Technologien:

> *»Change-Management bezieht sich [...] also gerade nicht auf einzelne, akute Problembereiche, sondern umfasst gleichermaßen in einer ganzheitlichen Perspektive alle vier [...] Handlungsfelder [Strategie, Organisation, Kultur, Technologie] sowie die Wechselwirkungen, die durch die Veränderungsmaßnahmen entstehen. Change-Management ist die Vorbereitung, Analyse, Planung, Realisierung, Evaluierung und laufende Weiterentwicklung von ganzheitlichen Veränderungsmaßnahmen«* (Vahs/Weiand 2013, S. 7).

Und das Gabler Wirtschaftslexikon definiert Change-Management als die

> *»laufende Anpassung von Unternehmensstrategien und -strukturen an veränderte Rahmenbedingungen [...] Alle Prozesse der globalen Veränderung, sei es durch Revolution oder durch geplante Evolution, fallen in das Aufgabengebiet des Change-Managements«* (Schewe 2018).

Entsprechend finden sich in den klassischen Lehrbüchern zum Change-Management Themen, die ursprünglich eher der Strategieentwicklung zugeordnet worden wären. So sind für Klaus Doppler und Christoph Lauterburg im Buch »Change-Management« (2014) Strategieentwicklung, Organisationsdiagnose, aber auch Führen mit Zielvereinbarung oder prozessorientiertes Projektmanagement selbstverständliche Bestandteile von Change-Management. Im Buch »Change Tools« (Rohm 2015) werden neben der Arbeit mit Metaphern, Kollegialer Beratung, World Café oder Skulpturarbeit auch Strategie, Vision, Projektumfeldanalyse oder Process Flow, Teilprojektinitialisierung und Risiko-Portfolio als Tools von Change-Management aufgeführt.

Strategieentwicklung wiederum hat zunehmend auch den Menschen im Fokus. So sind für Klaus Kerth, Heiko Asum und Volker Stich (2015) Zufriedenheits- oder Unternehmenskulturanalyse, aber auch das 8-Phasen-Modell von Kotter zugleich Strategietools.

Darüber hinaus hat die Kritik am rationalen Vorgehen zur Entwicklung systemtheoretischer Konzepte strategischen Managements geführt. Exemplarisch seien einige Ansätze aufgeführt:

- Für **Werner Kirsch** (1997) bedeutet strategisches Management, ein komplexes soziales System bei seiner Entwicklung zu unterstützen. Im Blick auf eine »konzeptionelle Gesamtsicht der Entwicklung des Systems« werden einzelne Schritte durchgeführt, deren Ergebnisse nicht vorhersagbar sind, es »werden Erfahrungen gewonnen, die zu einer Modifikation und Konkretisierung der konzeptionellen Gesamtsicht führen« (Kirsch 1997, S. 46).
- Nach **Fredmund Malik** kann die Komplexität zwischen Organisation und Umwelt nicht rational, sondern nur »metasystemisch«, das heißt durch die Organisation sich selbst organisierender Systeme, gesteuert werden (Malik 2008, S. 364 ff.).
- **Reinhart Nagel** versteht systemische Strategieentwicklung als einen »gemeinsamen Reflexions- und Entscheidungsprozess« des Führungsteams (Nagel 2007, S. 17) mit den Schritten Diagnose der Ausgangssituation, Entwicklung von Alternativen, Entscheidung zwischen den Optionen, Zeichnen des Zukunftsbildes, Organisationsumbau, strategisches Controlling und Implementierung (Nagel 2007, S. 26 ff.).

Systemische Konzepte des strategischen Managements legen die Aufmerksamkeit auf die »Erfassung der Systemstrukturen und die Analyse der Auswirkungen, Rück- und Wechselwirkungen verschiedener Verhaltensmöglichkeiten« (Eschenbach u. a. 2008, S. 20). Je mehr sie sich jedoch an der Systemtheorie von Luhmann orientieren, desto mehr sind sie in Gefahr, die Bedeutung der Personen bei der Entwicklung der Strategie zu unterschätzen. Der Erfolg einer Strategie hängt demgegenüber aber entscheidend davon ab, ob es gelingt, die Personen des sozialen Systems (Geschäftsleitung, Führungskräfte, Mitarbeiter) in den Prozess einzubinden und sie zu begeistern.

Ergebnis ist, dass es wenig sinnvoll ist, scharf zwischen Strategieentwicklung und Change-Management abzugrenzen. Stattdessen unterscheiden wir zwei Ebenen, die bei jedem Veränderungsprozess eine Rolle spielen:

- eine Prozessebene, die die Struktur eines Veränderungsprozesses definiert
- eine Systemebene: Jeder Veränderungs- oder Strategieprozess ist immer zugleich Veränderung eines sozialen Systems.

Zur Prozessebene: Wenn Veränderungsprozesse sich nicht in bloßem Aktionismus verlieren sollen, erfordern sie eine »Veränderungsstrategie«. Eine solche Veränderungsstrategie hat zwei Funktionen:

- Die längerfristige Ausrichtung auf die Zukunft: Wie wollen wir uns für die Zukunft aufstellen? Was muss im Blick darauf jetzt geschehen?

- Die Priorisierung von Maßnahmen. Im Blick auf die Strategie: Was muss mit besonderer Energie in Angriff genommen werden?

In Zeiten, in denen Mitarbeiter und Führungskräfte zunehmend unter einer Flut von anstehenden Aufgaben leiden, kommt insbesondere dem zweiten Punkt besondere Bedeutung zu. Im Blick auf die Strategie lässt sich entscheiden, was »wirklich« wichtig, was möglicherweise zwar dringlich, aber weniger wichtig ist. Die Strategie gibt damit überhaupt erst Kriterien vor, nach denen sich anstehende Themen priorisieren beziehungsweise der zeitliche Aufwand strategisch weniger wichtiger Themen begrenzen lässt.

Eine Veränderungsstrategie zu entwickeln bedeutet, zu überlegen, wo man letztlich hin will, was die Ausgangssituation ist, und welche Möglichkeiten bestehen, die Situation in Richtung Vision und Ziel zu verändern. Daraus ergibt sich als Grundstruktur eines jeden Strategie- beziehungsweise Veränderungsprozesses eine Gliederung in drei Hauptteile:

- Vision einschließlich Unternehmensauftrag (Mission), Leitbild und strategischen Zielen legt die Richtung fest: Wo wollen wir in x Jahren stehen?
- Ist-Analyse: Diese umfasst die Analyse der eigenen Stärken und Schwächen sowie die Stakeholder- und Umfeldanalyse.
- Die Strategieumsetzung als Verbindung zwischen Ist-Situation und Vision: Welche strategischen Schwerpunkte lassen sich für die nächsten Wochen und Monate festlegen? Welche Maßnahmen ergeben sich daraus?

Dabei sind diese Phasen nicht ein einmaliger Prozess, sondern wiederholen sich mehrmals: Die Diagnosephase kann zu dem Ergebnis führen, dass möglicherweise Vision und Leitbild verändert werden müssen. Die Umsetzung erster Maßnahmen erfordert eine neue (in der Regel kürzere) Diagnosephase, um zu erheben, ob die intendierten Veränderungen, möglicherweise aber auch unerwartete Nebenwirkungen eingetreten sind. Und schließlich kann die Evaluation des gesamten Prozesses zusätzliche Maßnahmen oder möglicherweise die Auftragsklärung für einen neuen Prozess zur Folge haben. Es kann auch sein, dass erst Einzelthemen angegangen werden, aus deren Bearbeitung sich erst mit der Zeit so etwas wie eine Gesamtstrategie der Organisation ergibt. Strategieentwicklung ist kein linearer Prozess, sondern einzelne Schritte sind ineinander »verwoben« (Kühl 2016, S. 67). Das heißt, »dass für vorher definierte Zwecke geeignete Mittel gesucht werden können und die Organisation gleichzeitig offen dafür gehalten wird, für existierende Mittel geeignete Zwecke zu suchen« (ebd., S. 62).

Veränderungen in sozialen Systemen sind grundsätzlich nicht technisch planbar und vorhersehbar, sondern soziale Systeme besitzen eine Eigendynamik, sodass immer mit unvorhergesehenen Veränderungen und Nebenwirkungen zu rechnen ist. Konsequenz ist, dass systemische Beratung komplexer Veränderungsprozesse immer durch eine »systemische Rückkopplung«, also durch eine Art Spirale zwischen Diagnose und Intervention gekennzeichnet ist.

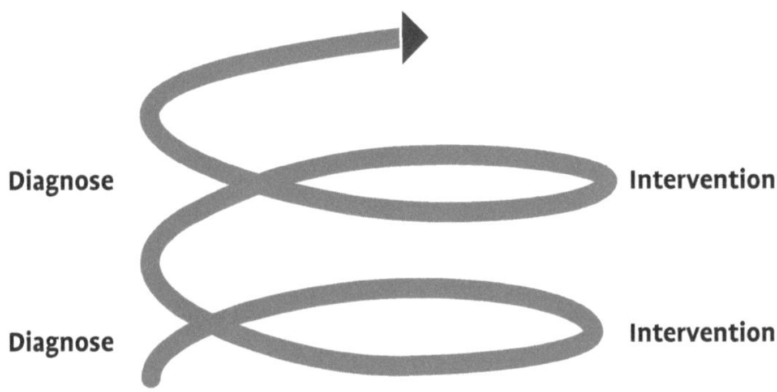

Auf der Basis einer ersten Systemdiagnose werden die ersten Schritte geplant und durchgeführt wie zum Beispiel ein Teamworkshop. Daran schließt sich eine neue Diagnose auf der Basis von Interviews, Meilensteingesprächen, Beobachtungen beziehungsweise Kennzahlen an, um die Wirkungen zu erfassen (was hat sich dadurch in welche Richtung verändert?) und auf dieser Basis die nächsten Schritte des Veränderungsprozesses zu planen und durchzuführen.

Jeder Veränderungsprozess, der sich nicht im Operativen verlieren will, erfordert eine Veränderungsstrategie. Er ist aber, und das ist die andere Seite, zugleich eine Veränderung eines sozialen Systems. Das bedeutet im Einzelnen:

Veränderung als Veränderung der Personen Kein Veränderungsprozess wird ausschließlich auf Zustimmung stoßen, sondern es lassen sich generell verschiedene Gruppen nach dem Grad ihrer Zustimmung unterscheiden (Vahs 2015, S. 291):

- Innovatoren sind die Personen, die selbst den Wandel initiieren, andere zu überzeugen suchen und ihre Energie für die Veränderung einsetzen. Häufig sind sie im Topmanagement zu finden (jemand aus dem Topmanagement gibt den Anstoß). Wir haben aber auch schon erlebt, dass ein engagierter Mitarbeiter oder ein Abteilungsleiter zum Beispiel aus der Personalentwicklung den Anstoß zu einem umfangreichen Veränderungsprozess gibt.
- Die »aktiven Gläubigen« sind diejenigen, die sich auf den Anstoß der Innovatoren schnell für den Wandel engagieren. Dabei können die Motive unter-

schiedlich sein: Sie wollen etwas bewegen oder sie sehen für sich eine Chance, Karriere zu machen. Sie sind die wichtigsten Multiplikatoren für einen Veränderungsprozess, weil sie die Verbindung zu den anderen Mitarbeitern herstellen.

- Die Opportunisten richten ihr Fähnlein nach dem Wind. Sie werden sich auf die Veränderung einrichten, betonen möglicherweise die Wichtigkeit, wenn der Vorgesetzte es erwartet – sie werden sich aber nicht engagieren.
- Die größte Gruppe sind in der Regel die »Abwartenden und Gleichgültigen«. Sie haben wenig Interesse, sie warten ab, können sich aber einrichten, wenn sich abzeichnet, dass die Veränderung zum Erfolg führt.
- In jedem Veränderungsprozess gibt es auch Gegner, die sich offen oder verdeckt gegen die Veränderung wehren.
- Und schließlich gibt es zudem »Emigranten«, die innerlich kündigen oder konkret das Unternehmen verlassen.

Veränderung bedeutet darüber hinaus Veränderung in Bezug auf die Stakeholder: Bisherige Stakeholder der Organisation werden möglicherweise an Einfluss und Gewicht verlieren, neue Stakeholder Einfluss gewinnen. Veränderung ist somit immer auch Stakeholdermanagement: Unterstützer gewinnen und stärken, versuchen, andere mitzunehmen und möglicherweise Gegner zu überzeugen. Aber Vorsicht: Nicht selten verwendet man zu viel Zeit und Energie auf Gegner und versucht sie zu überzeugen – und verfängt sich dann doch nur in Regelkreisen. Die Alternative ist, sich mehr auf mögliche Verbündete zu konzentrieren und eine »Guiding Coalition« (Kotter 2013) aufzubauen, also eine Gruppe von Personen, die bereit sind, die Veränderung voranzutreiben. Möglicherweise muss sich eine Organisation von Gegnern trennen: »Sometimes the only way to change a culture ist to change key people« (Kotter 1996, S. 157).

Veränderung als Veränderung subjektiver Deutungen Der Erfolg einer Veränderung wird davon abhängen, wie Menschen die Veränderung deuten: Sehen sie die Veränderung als Verlust bisheriger Sicherheit – oder möglicherweise als Chance, sich selbst weiterzuentwickeln. Dabei ist die Deutung der Veränderung keine bloß rationale, wie die zahlreichen Gegenargumente, die immer wieder gegen Veränderungen vorgebracht werden, den Anschein erwecken. Entscheidend sind die emotionalen subjektiven Deutungen, wie die Veränderung emotional erlebt wird: als Bedrohung und als das Gefühl, der Situation ohnmächtig ausgeliefert zu sein – oder als Herausforderung, die neue Energien freisetzt. Durchführung von Veränderungen bedeutet daher »Referenztransformation«: das Positive der Veränderung zu erkennen, sich der eigenen Handlungsfähigkeit bewusst zu werden, den Blick auf Lösungen und nicht auf Probleme zu richten.

Eine entscheidende Bedeutung bekommt daher die Vision als emotional gespeichertes positives Bild der zukünftigen Situation nach der Veränderung. Eine Vision kann Energien freisetzen und gibt die Richtung an. Wenn es gelingt, eine gemeinsame Vision zu entwickeln, ist häufig ein entscheidender Schritt in Veränderungsprozessen getan – wir kommen im Abschnitt über die Vision darauf zurück.

Veränderung als Veränderung sozialer Regeln Veränderung eines sozialen Systems bedeutet Veränderung von Regeln. Das mag die Abänderung offizieller Regeln zum Beispiel bei der Einführung einer Expertenhierarchie sein, der Einführung flacher Hierarchien, der Implementierung von agilem Projektmanagement. Veränderung bedeutet darüber hinaus aber meist auch die Veränderung verdeckter Regeln: Die Einführung einer Feedbackkultur erfordert eine Abänderung der bisher geltenden Regel »eine Krähe hackt der anderen kein Auge aus«.

Veränderung als Unterbrechung von Regelkreisen Wenn Veränderungen auf der Stelle treten, dann bedeutet das, dass man sich in Regelkreisen verfangen hat. Typische Regelkreise aus Veränderungsprozessen können sein:

- Entscheidungen werden zu Tode diskutiert.
- Es werden immer wieder neue Analysen und Diagnosen durchgeführt, aber nichts wird verändert.
- Vorschläge von Mitarbeitern oder aus gemischten Arbeitsgruppen werden von Führungskräften immer wieder verworfen.
- Es wird immer nur das Schicksal beklagt.
- Es wird ständig umstrukturiert.
- Change frisst die Arbeitszeit von Leistungsträgern auf, die nur noch in Arbeitskreisen, Projekten und dergleichen tätig sind und zu ihrer eigentlichen Arbeit überhaupt nicht mehr kommen.

Die Lösung hier ist (zumindest im Grundsatz) relativ einfach: Den Regelkreis und die bisherigen Lösungsversuche analysieren und »etwas anderes« tun. Übrigens: »Etwas anderes« kann auch darin bestehen, dass zum Beispiel eine Führungskraft Entscheidungen durchsetzt, um Unsicherheit und endlose Diskussionen zu beenden.

Veränderung als Veränderung der Systemumwelt und Grenzen Arbeit in virtuellen Teams erfordert Veränderung der Technik: neue Formen des virtuellen Austausches zu schaffen, dafür eine Infrastruktur zu entwickeln. Häufig verändern sich die Systemgrenzen zwischen sozialen Systemen. Die Grenze zwischen verschiedenen Teams mag bei der Einführung selbstorganisierender Teams durchlässiger werden, bei der Zusammenführung von zwei Kliniken sind die zunächst noch bestehenden Systemgrenzen zwischen den Teams aufzulösen – möglicherweise wird die Systemgrenze zwischen Team und dem Management verstärkt, weil mehr Verantwortung an die Betroffenen gegeben wird.

Die Entwicklung des sozialen Systems Veränderungsprozesse in einer Organisation verlaufen nie geradlinig, sondern immer in Brüchen: Es gibt Phasen des Aufbruchs, aber auch Phasen der Stagnation. Entsprechend verläuft die individuelle Verarbeitung einer Veränderung nicht gradlinig – denken Sie an die auf Seite 390 dargestellte Veränderungskurve. Wenn eine Führungskraft erfährt, dass es ihre bisherige Position in der neuen Organisation nicht mehr geben wird und sie andere Aufgaben bekommt, wirkt das in vielen Fällen zunächst als Schock. Hier ist Erklären und die Einarbeitung in die neuen Aufgaben zunächst völlig wirkungslos. Der Betreffende benötigt Zeit, die Veränderung zu verarbeiten. Wichtig ist, der betroffenen Person diese Zeit zu geben, möglicherweise Verständnis für die Situation zu zeigen und auf den »richtigen« Zeitpunkt zu warten, in dem der Blick nach vorn gerichtet werden kann. Veränderung ist somit stets ein Austarieren im Blick auf die Zeit: Soll die Veränderung langsam und schrittweise in Angriff genommen werden – oder ist ein harter Schritt angesagt, um neue Strukturen zu schaffen?

Systemische Organisationsberatung hat die Aufgabe, Organisationen, Teams oder einzelne Personen bei Veränderungsprozessen zu unterstützen. Das bedeutet, eben nicht ein durch Experten von außen entwickeltes Strategiekonzept überzustülpen, sondern das implizite Wissen des sozialen Systems zu nutzen: Wo sehen die Mitglieder des Systems die Stärken und Schwächen? Worin liegen für sie die Ursachen für diese Situation? Welche Ideen haben die Mitglieder der Organisation – oder möglicherweise andere außenstehende Personen? Was schlagen sie vor? Was kann aus ihrer Sicht ein möglicher Ansatzpunkt sein?

Auf der anderen Seite ist eine Beraterin auch hier (wie in anderen Beratungsprozessen) immer auch als Expertin gefordert, die Ideen einbringt und Vorschläge macht. Das erfordert gerade bei Veränderungsprozessen Expertenwissen: Wie lässt sich ein Visionsprozess strukturieren? Wie lässt sich eine Prozessanalyse durchführen? Was ist bei der Formulierung eines Projektauftrags oder der Gestaltung eines Stand-up-Meetings zu beachten?

Entscheidend ist die Einstellung des Beraters oder der Beraterin: sich nicht als »Besserwisser« zu verstehen, der die »richtige« Lösung parat hat, sondern als jemand, der ein soziales System unterstützt, sich selbst weiterzuentwickeln. Das setzt voraus: Wertschätzung und Vertrauen in die Ressourcen der Organisation, Empathie (die Organisation nicht nur rational zu analysieren, sondern ein intuitives Gefühl für die Organisation zu bekommen), aber trotz allem authentisch zu bleiben, zu dem zu stehen, was ich als Beraterin oder Berater sage.

Literaturtipps

Es gibt zu Strategieentwicklung und Change-Management mittlerweile eine Unmenge an Literatur. Wir beschränken uns auf einige Beispiele:

Zum Thema Strategie geben hilfreiche Übersichten:

- Hans H. Hinterhuber: *Strategische Unternehmensführung*. Das Gesamtmodell für nachhaltige Wertsteigerung. E. Schmidt, Berlin, 9. Auflage 2015
- Klaus Kerth/Heiko Asum/Volker Stich: *Die besten Strategietools in der Praxis*. Hanser, München, 6. Auflage 2015
- Sabine Reisinger/Regina Gattringer/Franz Strehl: *Strategisches Management*. Grundlagen für Studium und Praxis. Pearson, München, 2. Auflage 2017

Zu Change-Management finden Sie außer in den genannten Texten hilfreiche Anregungen zum Beispiel bei:

- Manfred Höfler/Dietmar Bondingbauer/Hubert Dolleschall/Franz Schwarenthorer: *Abenteuer Change-Management*. Frankfurter Allgemeine Buch, Frankfurt am Main, 5. Auflage 2014
- Heiko Roehl/Brigitte Winkler/Martin J. Eppler/Caspar Fröhlich (Hrsg.): *Werkzeuge des Wandels*. Die 30 wirksamsten Tools des Change-Managements. Schäffer-Poeschel, Stuttgart 2012
- Armin Rohm (Hrsg.): *Change-Tools*. Erfahrene Prozessberater präsentieren wirksame Workshop-Interventionen. managerSeminare, Bonn, 6. Auflage 2015
- Dietmar Vahs/Achim Weiand: *Workbook Change-Management*. Methoden und Techniken. Schäffer-Poeschel, Stuttgart, 2. Auflage 2013

Systemische Strategieberatung

Die Grundstruktur des Strategieprozesses

Jeder Strategieprozess gliedert sich in drei Teile: die Vision, die Ist-Analyse und die Strategieumsetzung. Bildlich lässt sich das wie folgt darstellen:

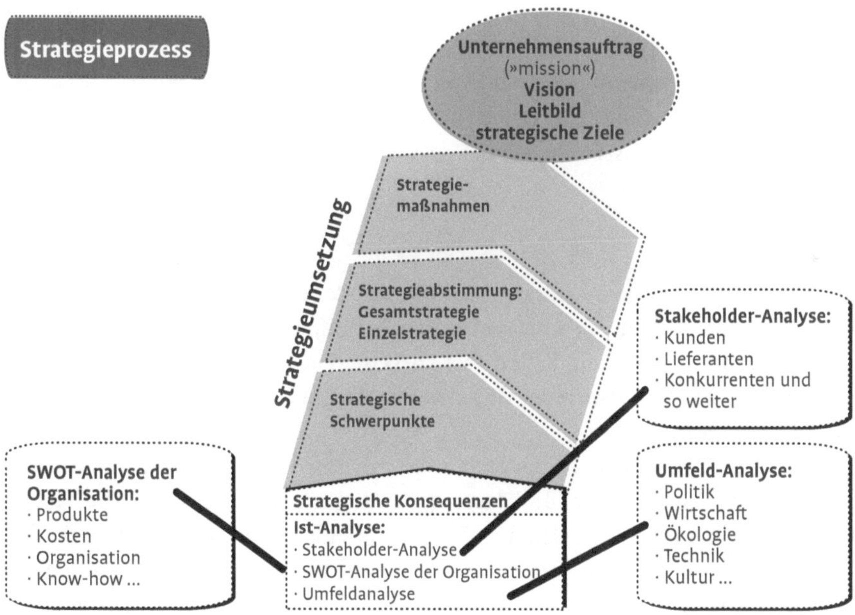

Strategieprozesse waren ursprünglich Thema großer Organisationen. Sie können aber auch für einen einzelnen Klienten oder ein Team durchgeführt werden. Hierfür einige Beispiele.

Beispiele für Strategieprozesse

- Thema des Beratungsprozesses ist die berufliche Karriere einer Klientin. Dieses Thema lässt sich als Strategieprozess bearbeiten: Was ist die berufliche Vision der Klientin? Was sind im Blick darauf ihre Stärken und Schwachstellen, was sind relevante Stakeholder? Was sind allgemeine Trends, die es zu beachten gilt? Was ergibt sich daraus?

- Gleichermaßen kann im Rahmen eines Coachingprozesses die Lebensstrategie erarbeitet werden. Dabei geht es dann aber nicht nur um die berufliche Vision, sondern um die Vision in verschiedenen Lebensbereichen wie Arbeit, Familie und Freunde, Körper und eigene Gesundheit und schließlich auch Sinn als Erfüllung des Lebens.
- Die Strategie kann für ein Team erstellt werden, wobei zum Beispiel im Rahmen eines Workshops arbeitsteilig einzelne Themen der Ist-Analyse oder die Vision mithilfe analoger Verfahren (wir kommen noch darauf zurück) erarbeitet werden.
- Strategieprozesse lassen sich ebenso in größeren Gruppen durchführen. Auch hier ist ein analoges Vorgehen möglich, wobei dann allerdings das Vorgehen entsprechend an die Gruppengröße anzupassen ist.
- Schließlich kann eine thematische Strategie entwickelt werden. Ein konkretes Beispiel: Welche Strategie wird verfolgt, um den Auftragseingangsprozess zu verbessern? Ausgangspunkt ist die Erarbeitung einer Vision: Die Teilnehmer des Workshops malen ein Bild oder schreiben den Brief eines begeisterten Kunden über den Auftragseingangsprozess in zwei Jahren. Damit wird der Blick über die Gegenwart hinaus gelenkt. – In der Tat beeinflusste diese Vision die weitere Entwicklung für die nächsten Jahre entscheidend.

Ein Strategieprozess kann mit der Ist-Analyse oder der Vision starten. Beides hat Vor- und Nachteile. Die Ist-Analyse hat den Vorteil, dass man zunächst eine gesicherte Datenbasis erhält und auf dieser Basis die Vision erstellen kann. Risiko ist, dass man in den Problemen der Gegenwart befangen bleibt und zu keiner echten Vision mehr fähig ist.

Mit der Vision zu starten bietet den Vorteil, dass von vornherein der Blick auf die Zukunft ausgerichtet ist und dass mit der Vision ein Kriterium für die Ist-Analyse zur Verfügung steht, nach dem sich entscheiden lässt, was wichtige Stärken und Schwachstellen sind: Was haben wir bereits an Stärken, die uns helfen, die Vision zu erreichen? Welche Schwachstellen müssen wir im Blick auf die Vision bearbeiten? Andererseits besteht die Gefahr, dass die Vision zu »abgehoben« und nicht mehr an die Ist-Situation der Organisation anschlussfähig ist.

Im Folgenden möchten wir Ihnen die Grundstruktur, in der Reihenfolge Vision, Ist-Analyse und Strategieumsetzung, darstellen.

Vision und Leitbild

Was eine Vision ist, wird gern mit dem Antoine de Saint-Exupéry zugeschriebenen Satz verdeutlicht: »Wenn du ein Schiff bauen willst, schicke nicht die Leute Holz sammeln, verteile nicht die Arbeit und gib keine Befehle, sondern lehre sie stattdessen die Sehnsucht nach dem weiten und endlosen Meer.«

Erfolgreiche Veränderungen werden häufig von Visionen geleitet, wie die folgenden Beispiele zeigen:

- Henry Ford mit der Vision »das Auto für jedermann«
- Hermann Gmeiner mit der Vision der SOS-Kinderdörfer: »Ich wollte nichts anderes, als dem entwurzelten Kind jene Welt der Geborgenheit schenken, die es braucht, um gedeihen zu können.«
- Vor dem Hintergrund des Sputnikschocks der 1960er-Jahre verkündete John F. Kennedy 1961 seine Vision, »that this nation should commit itself to achieving the goal, before this decade is out, of landing a man on the moon and returning him safely to earth«.
- der Apple-Gründer Steve Jobs mit der Vision »der PC für jedermann«

Offenbar scheint die Vision ein entscheidender Erfolgsfaktor für Veränderungsprozesse zu sein:

> *»Ohne eine einleuchtende Vision kann eine Transformationsbestrebung leicht zu einer Anhäufung von verwirrenden und miteinander unvereinbaren Projekten geraten, die die Organisation in die falsche Richtung oder ins Nirgendwo führen. Ohne eine stimmige Vision werden die Umgestaltung der Buchhaltung, die neue, umfassende Leistungsbewertung der Personalabteilung, das Qualitätsprogramm der Fertigung und die andere Verkaufs- und Vertriebskultur sich schwerlich auf eine sinnvolle Weise ergänzen«* (Kotter 1995, S. 25; ähnlich auch Collins/Porras 2005, S. 287 ff.).

Zugleich ist die Vision zentrales Element der visionären Führung: als Führungskraft ein Bild vor Augen haben, das anspornt und gleichzeitig das Handeln auf ein gemeinsames Ziel ausrichtet.

Doch was genau ist eine Vision? Eine Vision, so eine gängige Definition, ist eine

> *»Vorstellung davon, wie das Unternehmen in Zukunft aussehen soll. Dabei gibt sie langfristige Ziele vor und geht zeitlich und quantitativ über das Tagesgeschäft hinaus«* (Kerth/Asum 2011, S. 199).

Aber bei einer solchen Definition geht das »Eigentliche« der Vision, nämlich das Motivierende und Begeisternde, verloren. Ein quantitatives Ziel, »Wir müssen den Umsatz um 15 Prozent steigern«, ist keine Vision, eine solche Formulierung begeistert nicht. Wenn aber eine Vision Mitarbeiter »begeistern« soll (denken Sie an das Zitat von Antoine de Saint-Exupéry), ihr »Engagement gewinnen« soll (Johnson/Scholes/

Whittington 2011, S. 213), wenn sie »motivierend und emotionalisierend« wirken soll (Kerth/Asum 2011, S. 199), dann reicht für die Entwicklung einer Vision ein rationaler Zugang nicht aus: Motivieren und begeistern kann eine Vision nur, wenn sie emotional, das heißt auf der Ebene der emotionalen Intelligenz, verankert ist.

Damit ist genannte Definition von »Vision« zu ergänzen (in Anlehnung an zur Bonsen 1994, S. 15 ff., 62 ff.; ähnlich auch Blanchard/Stoner 2004; Lombriser/Abplanalp 2005, S. 223 f.):

- Eine Vision ist die *Vorstellung einer zukünftigen Situation*. Sie ist nicht die Vorstellung davon, was ich morgen Mittag machen werde, sondern die Vorstellung, was in drei, fünf oder vielleicht zehn Jahren sein soll.
- Die Vision ist die *Vorstellung einer positiven Situation*, einer Situation, die erstrebenswert ist: Das wollen wir in drei, fünf oder zehn Jahren sein.
- Eine Vision ist ein *inneres Bild*: das Bild eines Kinderdorfs, in dem jedes Kind Geborgenheit und Achtung erhält, das Bild eines Unternehmens, dessen Produkte weltweit nachgefragt werden, das Bild einer Beraterin, die sich sieht, wie sie auf dem Weg zu neuen Kunden aus dem Flugzeug steigt.
- Eine Vision besitzt *emotionale Kraft*. Sie motiviert zu Handlungen, sie gibt Energie, den eingeschlagenen Weg weiterzuverfolgen.
- Eine Vision ist *einfach und leicht kommunizierbar*. Sie muss in einfachen Sätzen ausgedrückt werden, möglicherweise in Wörtern, die Bilder nahelegen.

Wenn eine Organisation eine Werbeagentur beauftragt, eine Vision zu erstellen, entsteht in der Regel ein wohlklingender Text, aufgemacht mit schönen Bildern. Aber: Der Text bleibt leer, wenn er nicht aus dem System heraus entwickelt wird. Das erklärt auch, dass Visionen von außen oft nicht nachvollziehbar sind, wenn man den Prozess der Entstehung nicht miterlebt hat und nicht emotional beteiligt war. Eine Vision lässt sich nicht im technischen Sinne herstellen, sondern sie entsteht aus dem sozialen System oder aus einer einzelnen Person. Eine Vision

> *»wird nicht gemacht, sondern entdeckt. Sie wird ›entwickelt‹. Sie entsteht dadurch, dass die Beteiligten in sich hineinhorchen und herausfinden, was sie wirklich wollen«* (zur Bonsen 1994, S. 63).

Wie Sie als Beraterin oder Berater eine einzelne Person, ein Team oder eine komplexe Organisation dabei unterstützen können, die für sie »richtige« Vision zu entwickeln, möchten wir im Folgenden darstellen.

Erstens: Hinführung zur Vision Wenn man in der Gegenwart und den aktuellen Problemen gefangen ist, kann man den Blick nicht auf die Zukunft und die Vision richten. Damit ergibt sich als erste Aufgabe, die Klienten beziehungsweise die Teilnehmer des Visionsworkshops aus der Betrachtung gegenwärtiger Probleme lösen. Dafür gibt es mehrere Möglichkeiten:

- **Räumliche Distanz schaffen:** Ein Visionsworkshop sollte nicht im selben Besprechungsraum stattfinden, in dem ansonsten Tagesprobleme behandelt werden. Ein anderer Ort (zum Beispiel ein Tagungshotel) oder zumindest ein kreativ umgestalteter Raum schaffen Distanz.
- **Zeitliche Distanz schaffen:** Auch eine deutliche Pause nach der Ist-Analyse oder Kreativitäts- oder Bewegungsübungen können dazu beitragen, sich aus dem Tagesgeschäft zu lösen.
- **Die Aufmerksamkeit auf das Positive lenken:** Im Tagesgeschäft ist man in der Regel auf Probleme, also auf das Negative fokussiert. Hier erfordert die Vision eine Referenztransformation, die den Blick auf das Positive lenkt. Als Vorbereitung kann nach Stärken des Teams oder nach Stärken der einzelnen Personen gefragt werden. Eine andere Möglichkeit sind die Fragen aus Appreciative Inquiry: »Was hat Sie schon am Anfang in Ihrer Organisation begeistert?«, »Was waren herausragende positive Ereignisse?«.
- **Inhaltliche Einstimmung auf die Vision:** Gerade Teilnehmer, die im Tagesgeschäft befangen sind, haben selten eine klare Vorstellung von dem, was eine Vision ist und was sie leisten kann. Oft verwechseln sie »Vision« mit »visionär« in einem negativen Sinn. Hier ist eine inhaltliche Hinführung erforderlich: Was versteht man unter einer Vision? Was ist die Funktion einer Vision?

Zweitens: Festlegung von Thema und Zeitpunkt der Vision Die Vision kann eine Vision für ein Team, für einen Bereich, ein Werk, eine Schule, einen Kindergarten, ein Krankenhaus, ein Projekt sein. Die Vision kann gleichermaßen eine persönliche Vision für die eigene Karriere oder das eigene Lebensziel sein. Sie wird nicht für den nächsten Monat entwickelt, eher für einen Zeitraum von zwei, drei oder fünf Jahren; persönliche Visionen setzen bisweilen einen noch späteren Zeitpunkt an. Daraus ergeben sich zwei Prozessfragen:

- Wofür soll die Vision stehen?
- Für welchen Zeitpunkt soll die Vision stehen: für zwei, drei oder fünf Jahre oder für einen anderen Zeitpunkt?

Gegebenenfalls kann die Beraterin anregen, den Zeitpunkt nicht zu nah anzusetzen. Manchmal kann es zweckmäßig sein, auf ein Datum zu verzichten: zum Beispiel für eine Führungskraft eine Vision von Führung ohne Festlegung eines zukünftigen Zeitpunkts – die Vision soll jetzt schon das Handeln leiten.

Wie ansonsten bei der Formulierung des Beratungsziels ist es hier ebenfalls hilfreich, Thema und Zeitpunkt der Vision zu visualisieren: »Unser Werk am 14.07.2025.«

Drittens: Analoge Darstellung der Vision Eine Vision ist die bildhafte Darstellung einer zukünftigen Situation, die wir erreichen wollen. Visionen werden analog codiert und können damit am besten auch analog erarbeitet werden. Dabei bieten sich unterschiedliche Möglichkeiten an:

- Für die Vision kann ein Symbol oder eine Metapher gewählt werden: »Suchen Sie sich ein Symbol für die Vision des Werks am 14.07.2025«. Hilfreich ist, darauf hinzuweisen, dass es dabei nicht darum geht, sich rational Eigenschaften zu überlegen, sondern dass es um die Nutzung der emotionalen Intelligenz geht. Wenn der Visionsprozess im Team durchgeführt wird, dann sollte jeder Teilnehmer »sein« Symbol suchen – in einer späteren Phase können diese verschiedenen Symbole zusammengeführt werden.
- Man kann für die Vision ein Bild malen, eine Collage erstellen, aus Ton oder anderen Materialien eine Plastik erstellen.
- Man kann aus vorgegebenen Bildkarten mit unterschiedlichen Motiven (Pflanzen, Landschaften, Tiere, Menschen und andere) eine Karte »intuitiv« auswählen. Hierfür gibt es mittlerweile eine Reihe von unterschiedlichen Bildkarteien oder Bildkartensets. Zum Beispiel die Bildkarten von Bernd und Sonia Weidenmann (2013) oder Charlotte Friedli (2016) oder die des Zürcher Ressourcen Modells ZRM (Krause/Storch 2010).
- Die Vision kann szenisch dargestellt werden: »Spielen Sie eine Werksführung am 14.07.2025.«
- Man kann einen Pressebericht über das Werk oder das Team zum Zeitpunkt der Vision erstellen lassen oder den Brief eines begeisterten Kunden.
- Man kann zudem eine Vision für eine andere Organisation entwickeln: »Stellen Sie sich vor, Sie erhalten den Auftrag, eine ganz neue Kantine zu entwickeln. Schildern Sie, wie diese Kantine ausschaut.« Auch das ist ein analoges Vorgehen: Die Teilnehmer lösen sich vom aktuellen Bezug zu ihrer Organisation und »fantasieren« über die ideale Kantine. Unter der Oberfläche (auf der Basis des analogen Wissens) werden jedoch Verbindungen hergestellt.
- Es wird eine Heiratsanzeige zum Beispiel für das Team erstellt: »Hoch motiviertes, erfolgreiches Vertriebsteam sucht aufgeschlossene Kunden, die …«

Gemeinsam ist bei diesen Vorgehensweisen, dass nicht rational überlegt wird, welches Symbol oder Bild passen könnte, sondern dass das Vorgehen emotional gesteuert ist: Wenn man zum Beispiel verschiedene Bildkarten oder Gegenstände auf sich wirken lässt (»das Symbol wird dich finden«), dann gibt es immer wieder ein Bild oder einen Gegenstand, der einen unmittelbar positiv anspricht und somit einen somatischen Marker auslöst: »Das ist die richtige Karte, das richtige Symbol.« Dabei werden intuitiv Verknüpfungen zum eigentlichen Thema hergestellt, die es im weiteren Verlauf des Prozesses bewusst zu machen gilt.

Viertens: Beschreibung und Digitalisierung des analogen Bildes Dieser Schritt entspricht der Arbeit mit analogen Verfahren. Es sind zunächst die Eigenschaften des Symbols oder des Bildes zu beschreiben: »Was fällt Ihnen an diesem Symbol, an diesem Bild auf?« Wenn man den Visionsprozess im Team durchführt, kann die Zahl der Eigenschaften beschränkt werden. Jeder Teilnehmer nennt die wichtigste oder die zwei wichtigsten Eigenschaften. Wenn in der analogen Phase ein gemeinsames Bild geschaffen wurde (auch das ist möglich), kann natürlich jeder Teilnehmer das einbringen, was ihm an dem Bild auffällt. Wichtig ist hier die klare Unterscheidung zwischen analog und digital. Es geht zunächst nur um die Beschreibung des Bildes oder Symbols, noch nicht um die Bedeutung.

Dann folgt der nächste Schritt: Was bedeuten diese Eigenschaften für unser Unternehmen im Jahr 2025? Wie bei sonstigen analogen Verfahren kann man Beschreibung und Bedeutung in Spalten nebeneinander visualisieren. Dafür ein Beispiel: Beim Visionsworkshop für ein Werk werden unter anderem ein Tannenzapfen und ein Tischtennisschläger als Symbol gewählt und von den betreffenden Teilnehmern wie folgt gedeutet:

Symbol	Eigenschaften	Bedeutung
Tannenzapfen	• Die Schuppen bewegen sich alle in eine Richtung. • Jede Schuppe hat ein Samenkorn.	• klare Führung zum Ziel • unterschiedliche Wege und Richtungen zum gleichen Ziel
Tischtennisschläger	• stabil, belastbar • leistungsfähig • ermöglicht schnelle Reaktion	• sich Anforderungen stellen, sie meistern • erfolgreich im Wettbewerb

Eine Variante davon ist Erstellung eines »Ideenkorbs«, wie es im Zürcher Ressourcen Modell vorgeschlagen wird (Krause/Storch 2010, S. 26 ff.): In einer kleineren Gruppe werden Assoziationen (mögliche Bedeutungen) zum gewählten Bild gesammelt, aus denen dann die betreffende Person – wieder nach dem Gefühl – die für sie passenden auswählt.

Fünftens: Erstellung des Leitbilds Das Ergebnis des vorangegangenen Schritts sind Begriffe und Wendungen, die für die Vision wichtig sind. Mehr oder weniger isolierte Begriffe allein sind aber noch nicht handlungsleitend. Es kommt nunmehr darauf an, diese Begriffe in eine sprachliche Form zu bringen. Es gilt, daraus ein »Leitbild« mit wenigen Kernsätzen zu gestalten.

Das Leitbild ist die schriftliche Ausformulierung der Vision. Ein erster Kernsatz fungiert dabei häufig als Überschrift oder Motto. Die daran anschließenden Sätze konkretisieren die Vision zu einzelnen Grundsätzen des gemeinsamen Handelns. Hier das Beispiel aus angeführten Visionsprozess:

Unser Werk am 14.07.2025: »Wir greifen nach den Sternen«

- Wir leben Qualität.
- Unsere Leistung sichert unsere Arbeitsplätze.
- Menschlichkeit und gegenseitiger Respekt prägen unsere Arbeitswelt.
- Wir gestalten den Wandel und bauen auf unsere traditionellen Werte.
- Wir verbinden klare Strukturen und individuelle Gestaltungsmöglichkeiten.
- Unterschiedliche Meinungen und Ideen sind ein wichtiger Baustein zum Erfolg.
- Konsequentes Handeln und Ausdauer bringen uns gemeinsam zum Ziel.

Von außen betrachtet klingen zahlreiche Leitbilder ähnlich und nichtssagend. Entscheidend ist der gemeinsame Prozess: einen Text zu entwickeln, der das Team beziehungsweise die Mitarbeiter emotional anspricht, mit dem sie etwas verbinden können, der Energie freisetzt und motiviert. Einige Hinweise als Hilfestellung:

Leitbilder erstellen

Grundlage für die Formulierung der Leitsätze sind die Begriffe, die in der vierten Phase entwickelt wurden: Hilfreich kann sein, die Begriffe zu unterstreichen oder zu punkten, die in das Leitbild aufgenommen werden sollen.

In der Vision finden sich häufig ähnliche Themen:

- Was ist unser Unternehmensauftrag (unsere »Mission«)? Was wollen wir? Was ist unsere zentrale Aufgabe?
- Was sind unsere Kunden? Wem nutzen wir?
- Was ist unser Produkt? Was bieten wir an?
- Was sind unsere zentralen Werte? Woran glauben wir?
- Was sind unsere Potenziale, auf die wir setzen?
- Was sind die Grundsätze für den Umgang mit Mitarbeitern, Kunden und Partnern?

Wenn die Erstellung des Leitbilds in einer größeren Gruppe durchgeführt wird, ist es sinnvoll, die Arbeit aufzuteilen: Jeweils eine kleinere Gruppe versucht, einen eingängigen Satz für eines der wichtigen Themen zu formulieren. Im weiteren Verlauf können die Teilnehmer die Gruppe wechseln, um neue Anregungen einzubringen oder zu erhalten.

Die Sätze des Leitbilds unbedingt in der Gegenwart formulieren: Die Vision gibt an, was zu diesem Zeitpunkt erreicht ist. Also »Wir sind«, »Wir haben« und nicht »Wir wollen« oder »Wir sollen«.

Positiv formulieren: Negativformulierungen sind nicht analog codierbar. Der Satz »Wir haben alle Probleme der vergangenen Jahre überwunden« lenkt analog die Aufmerksamkeit auf die Probleme und nicht in Richtung einer positiven Zukunft.

Die Teilnehmer einzelne Sätze laut aussprechen lassen, um ihre Wirkung zu prüfen: Die einzelnen Sätze müssen emotional ansprechen. Das kann man am besten erfassen, wenn man sie laut ausspricht. Wie klingt der Satz? Wie ist das Gefühl dabei? Gibt es einzelne Wörter oder Satzteile, bei denen es noch hängt? Wie könnte man diesen Teil umformulieren? Lassen Sie verschiedene Möglichkeiten ausprobieren.

Als Beraterin oder Berater ist es wichtig, sich selbst in die Situation der Teilnehmer zu versetzen und die Sätze für sich auszusprechen: Achten Sie dabei auf Ihr eigenes Gefühl: Wo klingt der Satz noch holprig? Welches Wort passt noch nicht richtig? Möglicherweise kommen Ihnen Ideen einer Umformulierung, die Sie als Anregung einbringen können.

Sechstens: Verankerung der Vision Eine Vision wirkt unbewusst, das heißt auf der Ebene des emotionalen Denkens. Das bedeutet jedoch, dass eine Vision nur dann wirksam werden kann, wenn sie in Erinnerung bleibt. Eine Hilfe dafür sind Auslöser, die die Vorstellung der Vision ins Bewusstsein heben – im Anschluss an das Neurolinguistische Programmieren spricht man hier von »Ankern« (z. B. O'Connor/Seymour 2015, S. 98 ff.), in der Neurobiologie von »Priming« (z. B. Storch/Krause 2014, S. 158 ff.). Solche Auslöser können das Foto eines Symbols oder eine Bildkarte sein, auch eine Melodie, die einen immer wieder an die Vision erinnert, vielleicht eine bestimmte Farbe oder ein bestimmtes Kleidungsstück (Es gibt Kleidungsstücke, die einem unbewusst das Gefühl der Sicherheit geben, also bestimmte Auslöser sind.). Die Körperhaltung kann ebenso ein Auslöser sein – das sogenannte »Embodiment« (z. B. Storch/Tschacher 2016; Hauke u. a. 2017, S. 50 ff.). Vermutlich kennen Sie das: Eine bestimmte Körperhaltung stimmt einen niedergeschlagen, eine andere lässt einen vor Selbstbewusstsein aufrecht stehen. All das sind Möglichkeiten, die als (unbewusste oder bewusste) Erinnerungshilfen an die Vision genutzt werden können.

Siebtens: Nutzung der Vision im Alltag Eine Vision kann Ausgangspunkt für einen umfassenden Strategieprozess sein. Sie kann und sollte aber gleichzeitig unmittelbar zum Beispiel das Handeln als Führungskraft leiten. Grundsätzlich gibt es dafür drei Ansätze (in Anlehnung an Storch/Krause 2014, S. 275 ff.):

- Erfolge als solche erkennen und wertschätzen. Häufig macht man sich überhaupt nicht bewusst, wo man entsprechend der eigenen Vision gehandelt hat. Hier kann es hilfreich sein, sich jeweils am Tag oder zumindest einmal in der Woche etwa 15 Minuten Zeit zu nehmen und zu reflektieren: Was habe ich im Blick auf meine Vision geschafft? Wo ist es mir gelungen, sie zu leben? Hilfreich kann auch ein »Visionstagebuch« sein, das die positiven Erfahrungen bewahren kann. Letztlich werden damit neue Anker geschaffen, die die Umsetzung der Vision im Alltag erleichtern.
- Für zukünftige Situationen kann es zweckmäßig sein, Handlungspläne zu entwickeln. Im Blick auf meine Vision: Wie gehe ich dabei vor? Auch das lässt sich übrigens in der Beratung emotional verankern: »Stellen Sie sich die anstehende Situation vor. Gehen Sie dann zu dem Symbol oder Bild Ihrer Vision und betrachten Sie die Situation aus dieser neuen Perspektive. Welche neuen Ideen und Anregungen kommen Ihnen dabei?«
- Schließlich: Es wir immer Situationen geben, in denen es nicht gelingt, die Vision zu leben. Hier ist sowohl rationales als auch emotionales Vorgehen angesagt: Rational zu analysieren, was dazu geführt hat, die Vision aus dem Blick zu verlieren, und was in dieser Situation geholfen hätte. Emotional bedeutet es dann, sich die Vision nochmals neu zu ankern: Was kann mich in Zukunft noch besser daran erinnern? Aber auch: Was waren denn die positiven Erfolge im Blick auf die Vision?

Als Beraterin oder Berater ist es Ihre Aufgabe, den Visionsprozess Ihres Klienten oder eines Teams zu steuern. Überlegen Sie, in welchen Schritten Sie vorgehen, wo Sie aber möglicherweise auch den Prozess abwandeln. So kann in einer Gruppe mit 30 Teilnehmern sich durchaus jeder Einzelne ein Bild oder ein Symbol suchen, aber im Blick auf den Zeitaufwand vielleicht nur zwei oder drei wichtige Eigenschaften und ihre Bedeutung nennen. In einem Teamprozess kann man anschließend die Ergebnisse punkten: Welche Begriffe sind für uns alle die wichtigsten?

In diesem Zusammenhang noch eine Anregung: Es wird Ihnen leichter fallen, einen anderen Klienten oder ein Team bei einem Visionsprozess zu begleiten, wenn Sie ihn selbst erlebt haben. Von daher: Versuchen Sie, Ihre Vision (für sich, für Ihre berufliche Rolle, für Ihr Team, aber vielleicht auch für ein bestimmtes Projekt) zu erstellen. Hilfreich kann sein, dafür einen Gesprächspartner zu haben, der Sie dabei unterstützt. Nutzen Sie die genannten Punkte als Checkliste – und überlegen Sie sich anschließend, wie Sie den Prozess für Ihre Klienten aufsetzen.

Literaturtipps

Ein immer noch lesenswerter Klassiker zum Thema Visionen ist:

- Matthias Bonsen: *Führen mit Visionen*. Gabler, Wiesbaden 1994

Hilfreiche Beispiele finden Sie auch bei:

- Dagmar Werther (Hrsg.): *Vision – Mission – Werte*. Die Basis der Leitbild- und Strategieentwicklung. Beltz, Weinheim und Basel 2015

Darüber hinaus ist das Thema Vision gerade im Kontext der Neurobiologie wieder wichtig geworden. Exemplarisch sei genannt:

- Gerald Hüther: *Die Macht der inneren Bilder*. Wie Visionen das Gehirn, den Menschen und die Welt verändern. Vandenhoeck Ruprecht, Göttingen, 9. Auflage 2015

Auf das Zürcher Ressourcen Modell, das entscheidend mit Visionen (wenn auch teilweise unter anderer Begrifflichkeit) arbeitet, wurde oben schon hingewiesen:

- Frank Krause/Maja Storch: *Ressourcen aktivieren mit dem Unbewussten*. Huber, Bern 2010
- Maja Storch/Frank Krause: *Selbstmanagement – ressourcenorientiert*. Grundlagen und Trainingsmanual für die Arbeit mit dem Zürcher Ressourcen Modell (ZRM©). Huber, Bern, 5. Auflage 2014
- Bernd und Sonia Weidenmann: *75 Bildkarten für Trainings, Workshops und Teams*. Beltz, Weinheim und Basel 2013
- Charlotte Friedli: *75 Bildkarten Teamentwicklung*. Beltz, Weinheim und Basel 2016

Ist-Analyse

Die Vision gibt die Richtung an, zugleich muss sie an die Ausgangssituation der Organisation anschlussfähig sein. Daraus ergibt als nächste Frage: Wie ist die Ausgangssituation? Was haben wir im Hinblick auf die Vision bereits erreicht? Wo müssen wir ansetzen? Zugleich: Wer sind die relevanten Stakeholder (die Personen oder Personengruppen), von denen die Umsetzung unserer Vision abhängt? Welche Rahmenbedingungen in der Umwelt und welche zu erwartenden Trends müssen wir berücksichtigen? Daraus ergeben sich die drei Teile der Ist-Analyse: SWOT-Analyse, Stakeholder-Analyse und Umfeldanalyse.

SWOT-Analyse

SWOT bedeutet Stärken (Strengths), Schwachstellen (Weaknesses), Chancen (Opportunities) und Risiken (Threats). Dabei beziehen sich Stärken und Schwachstellen auf die gegenwärtige Situation, Chancen und Risiken berücksichtigen mögliche Trends. Die SWOT-Analyse lässt sich gleichermaßen auf ein größeres Unternehmen, ein Team oder, wenn es um die persönliche Strategie eines Klienten geht, auch auf die Stärken und Schwächen einer Person anwenden. In der Literatur finden sich hier verschiedene Ansätze (Übersicht bei Kerth/Asum 2011, S. 168 ff.), das Vorgehen ist jedoch grundsätzlich gleich:

- Es sind zunächst die strategischen Felder zu definieren, die im Hinblick auf Stärken und Schwächen analysiert werden sollen.
- In einem zweiten Schritt sind Kriterien festzulegen, nach denen sich Stärken und Schwächen beurteilen lassen.
- Im dritten Schritt sind die einzelnen Felder auf der Basis der jeweiligen Kriterien zu bewerten.
- Schließlich sind die Ergebnisse zu interpretieren: Welches Bild ergibt sich daraus? Wo sind die zentralen Ansatzpunkte für einen Strategieprozess?

Definition strategischer Felder Hierfür gibt es mehrere Ansätze (Welge/Al-Laham/Eulerich 2017, S. 459 ff.):

- Ein erster Ansatz orientiert sich an klassischen Funktionsbereichen eines Unternehmens wie Forschung/Entwicklung, Produktion, Marketing, Finanzen und Management.
- Strategische Felder lassen sich auch nach der Wertschöpfungskette gliedern, also nach den Schritten, die durchlaufen werden müssen, um das Ziel der Organisation zu erreichen. Im Anschluss an Michael E. Porter (1993, S. 62 ff.), einem der bekanntesten Vertreter dieses Ansatzes, ergeben sich folgende strategische Felder:
  - eingehende Logistik (zum Beispiel Empfang, Lagerung, Verteilung von Rohstoffen und weiteren Materialien)
  - Betrieb, das heißt die eigentliche Herstellung des Produkts
  - ausgehende Logistik (Lagerung, Auftragsabwicklung, Verteilung)
  - Marketing und Verkauf
  - Kundendienst

  Dazu gehören zudem Unterstützungsprozesse wie Technologieentwicklung und Personalmanagement.

- Schließlich können Kennzahlensysteme wie Balanced Scorecard zugrunde gelegt werden. Dabei ergibt sich eine Unterscheidung von Finanzen, Mitarbeiter, Kunden, Prozessen (Kaplan/Norton 1997, S. 68 ff.; Niven 2009). Oder man legt die Struktur des von McKinsey entwickelten 7-S-Modells mit den Hauptbereichen Strategie, Struktur, Prozesse (systems), Führungsstil (style), Mitarbeiter (staff), Fähigkeiten (skills) und gemeinsame Werte (shared values) zugrunde (Kerth/Asum 2011, S. 64 ff.).

Entscheidend im Rahmen eines systemischen Vorgehens ist, dass solche Gliederungen nicht als starres Gerüst, sondern immer nur als Anregungen zu verstehen sind, die je nach dem Thema und der Zielsetzung zu modifizieren sind: Die SWOT-Analyse eines kleinen Beratungsteams wird (teilweise) zu anderen strategischen Feldern kommen als die SWOT-Analyse einer Schule oder gar die SWOT-Analyse im Rahmen der beruflichen Strategie eines Klienten.

Festlegung von Kriterien zur Bewertung Dazu bieten sich verschiedene Vorgehensweisen an:

- Das einfachste Verfahren besteht darin, das »implizite Wissen« des sozialen Systems zu nutzen: Wenn man zum Beispiel Teammitglieder oder Angehörige benachbarter Abteilungen nach Stärken und Schwächen des Teams fragt, so wird hier intuitiv bewertet: »Eine Schwäche ist, dass wir uns häufig in endlosen Diskussionen verfangen.«
- Man kann die Bewertung aufgrund von Zeitvergleichen durchführen. So könnte es als Stärke gedeutet werden, wenn ein bestimmtes Produkt in den letzten Jahren zunehmend mehr nachgefragt wurde.
- Man kann den Vergleich mit Wettbewerbern heranziehen, zum Beispiel die eigene Marktstrategie mit der eines Konkurrenten vergleichen.

Bewertung der strategischen Felder Wie werden die einzelnen strategischen Felder auf der Basis der festgelegten Bewertungskriterien bewertet? Handelt es sich um Stärken oder Schwachstellen? Welche Chancen und Risiken ergeben sich unter Berücksichtigung möglicher oder wahrscheinlicher Trends daraus für die Zukunft?

In einfachster Form lässt sich diese Bewertung in Form einer Tabelle vornehmen, wobei man im Rahmen eines Strategieworkshops die einzelnen Ergebnisse punkten lassen kann. Hilfreich ist dabei, jeweils mögliche Ideen mit zu notieren, die im späteren Verlauf des Strategieprozesses weiter genutzt werden können. Eine solche Tabelle könnte etwa folgende Form haben:

Themenbereich	gegenwärtige Stärken und Schwächen	zukünftige Chancen und Risiken	Ideen für das weitere Vorgehen
Produkt	+ Vertriebs-coaching	Risiko: Konkurrenten werden nachziehen	► Weiterentwicklung des Konzepts

Darüber hinaus kann man die Bewertungen durch Daten belegen. Das können Kennzahlen sein (zum Beispiel die Zahl der im letzten Jahr verkauften Produkte) oder Ergebnisse aus Interviews oder Mitarbeiterbefragungen. Oder man kann die SWOT-Analyse durch weitere Analyseverfahren (Branchenanalyse, Kernkompetenzenanalyse, Wertstromanalyse und andere; Übersicht bei Kerth u. a. 2011) ergänzen. Günstig ist, solche Daten bereits im Vorfeld der Beratung als Vorbereitung auf den Strategieprozess in der jeweiligen Organisation erheben zu lassen, sie dann an den entsprechenden Stellen einzubringen, aber trotzdem noch eine subjektive Einschätzung durch die Workshopteilnehmer vorzunehmen.

Eine andere Möglichkeit ist das Erstellen von Portfolios, in denen jeweils mehrere Dimensionen zugleich berücksichtigt werden. Eines der bekanntesten ist die Produkt-Markt-Matrix, nach ihrem Erfinder, dem Mathematiker und Wirtschaftswissenschaftler Harry Igor Ansoff, auch »Ansoff-Matrix« genannt. Dabei wird zwischen bestehenden und neuen Produkten und bestehenden und neuen Märkten unterschieden (Ansoff 1984, S. 109):

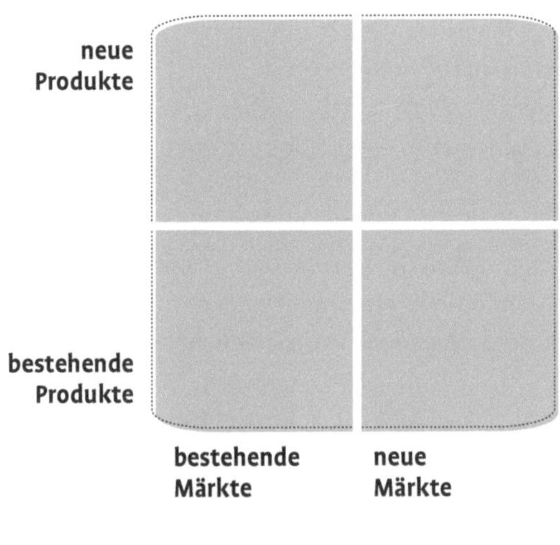

Damit lässt sich einordnen, wo die gegenwärtigen Schwerpunkte des Unternehmens liegen: Werden zum Beispiel bestehende Produkte bei bestehenden Kunden (in bestehenden Märkten) verkauft? Oder liegt das Schwergewicht derzeit darin, in bestehende Märkte neue Produkte zu verkaufen? Die Produkt-Markt-Matrix kann dann im Zusammenhang mit der Strategieumsetzung wieder benutzt werden, um zukünftige Wachstumslinien festzulegen.

Die Boston-Consulting-Group gliedert das Portfolio nach Marktwachstum und Marktanteil und unterscheidet dabei zwischen Stars, Cash Cows, Question Marks und Poor Dogs (Welge/Al-Laham/Eulerich 2017, S. 488 ff.; Johnson/Scholes/Whittington 2011, S. 157):

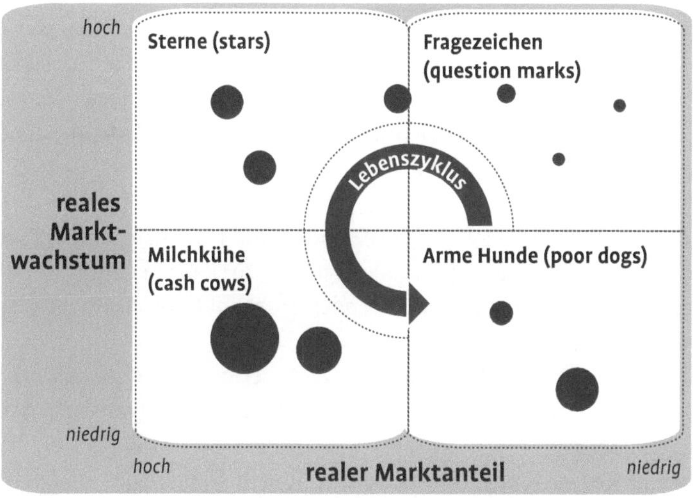

Man kann die SWOT-Analyse durch weitere Analyseverfahren wie Kernkompetenzanalysen, Wertstromanalysen, Ursache-Wirkungs-Analysen, Reifegradmodelle und andere Verfahren ergänzen (ausführliche Übersicht bei Kerth u. a. 2015).

Eine weitere Form ist die Analyse der Ressourcen – ein Konzept, das weniger aus der Strategieentwicklung, sondern eher aus der Tradition der lösungsorientierten Beratung stammt und auch im Zürcher Ressourcen Modell verwendet wird (z. B. Flückiger/Wüsten 2015; Krause/Storch 2010, S. 15 ff., 66 ff.). Der Ressourcenbegriff ist dabei sehr allgemein gefasst. Ressourcen können sein besondere Kompetenzen, andere Personen, auch eine bestimmte Technologie. Prozessfragen hierfür können sein:

- Was hat Ihnen/uns geholfen, erfolgreich zu sein?
- Was hat Ihnen/uns geholfen, schwierige Situationen erfolgreich zu bewältigen?

Diese Fragen lassen sich sowohl in Gruppen als auch in der Einzelberatung anwenden. Hilfreich ist es, eine konkrete Situation zu fokussieren und im Hinblick darauf gezielt nach den Ressourcen zu fragen. – Übrigens: Damit wird zugleich eine Referenztransformation erreicht, die den Blick weg von den Problemen auf das Positive und mögliche Lösungen lenkt.

Stakeholder-Analyse

Die Stakeholder-Analyse haben wir bereits im Zusammenhang mit den Personen des sozialen Systems dargestellt. Stakeholder eines Strategieprozesses sind die Personen oder Personengruppen, die maßgeblichen Einfluss auf die Erreichung der Vision haben. Damit wird die Stakeholder-Analyse zu einem der wichtigen Themen im Rahmen des Strategieprozesses (z. B. Welge/Al-Laham/Eulerich 2017, S. 265 ff.; Günther 2016). Wichtige Fragen sind:

- Wer sind die Stakeholder, also die Personen und Personengruppen, von denen der Erfolg des Werks, des Teams, der eigenen Karriere abhängt?
- Wie groß ist der Einfluss des betreffenden Stakeholders? Ist er überwiegend positiv oder doch eher negativ?
- Welche inhaltlichen und persönlichen Ziele verfolgt der Stakeholder?
- Welche typischen Regeln und Muster lassen sich im Umgang mit dem Stakeholder feststellen?
- Was sind zu erwartende Trends bei den Stakeholdern? Diese Frage ist als zusätzliche Frage im Zusammenhang mit der Strategieentwicklung hilfreich: Wenn ein Beratungsunternehmen weiß, dass der bisherige Promotor bei einem wichtigen Kunden in Rente gehen wird, dann stellt das ein Risiko dar, das zu berücksichtigen ist.
- Welche Handlungsmöglichkeiten ergeben sich daraus? Fast immer werden bereits bei der Stakeholder-Analyse mögliche Handlungskonsequenzen deutlich: die Entwicklung eines erfolgreichen Produkts weiter voranzutreiben, rechtzeitig mit der Entwicklung eines Nachfolgeprodukts zu beginnen, neue Kontakte bei diesem Kunden aufzubauen und so weiter.

Umweltanalyse

Während die Stakeholder-Analyse die Aufmerksamkeit auf einzelne Personen oder Personengruppen lenkt, versucht die Umweltanalyse (des Öfteren spricht man auch von Umfeldanalyse) globale Trends zu erfassen: Wie wird sich der Markt insgesamt entwickeln? Ist mit technischen Neuerungen zu rechnen, die Einfluss auf die Strategie haben?

Theoretisches Modell dafür ist die Szenarioanalyse (z. B. Welge/Al-Laham/Eulerich 2017, S. 299 ff.; Gausemeier/Fink 1999, S. 73 ff.):

> »*Ein Szenario ist eine allgemeinverständliche Beschreibung einer möglichen Situation in der Zukunft, die auf einem komplexen Netz von Einflussfaktoren beruht. Ein Szenario kann darüber hinaus die Darstellung einer Entwicklung enthalten, die aus der Gegenwart zu dieser Situation führt*« (Gausemeier/Fink 1999, S. 80).

Grundlage der Szenarioanalyse ist die Annahme, dass sich die Zukunft in unterschiedliche Richtungen, in eine positive oder eine negative, entwickeln kann. Es können aber auch »Störereignisse« wie politische Unruhen auftreten, die die Entwicklung in eine andere Richtung lenken. Es gibt Entscheidungspunkte, bei denen unterschiedliche Entscheidungen zu unterschiedlichen Szenarien führen. Damit ergibt sich folgendes Bild:

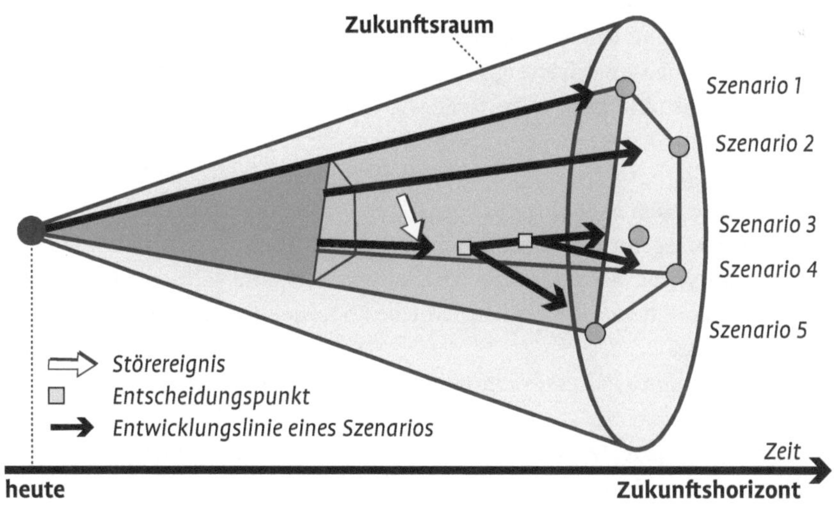

Die gegenwärtige Situation (heute) ist eindeutig festgelegt. Szenario 1 und 5 sind die Extremszenarien Best Case und Worst Case. Szenario 2 ist das wahrscheinlichste Szenario, die Szenarien 3 bis 5 sind von Störereignissen beeinflusst, wobei in diesen Fällen unterschiedliche Entscheidungen die Entwicklung jeweils in eine andere Richtung lenken können.

Szenarien werden in großen Unternehmen in vielen Fällen mit einem sehr hohen Aufwand erstellt, indem man entweder externe Experten mit der Erstellung des Szenarios beauftragt oder umfangreiche eigene Szenarioprojekte durchführt. Szenarien können auch im Rahmen von Großgruppenveranstaltungen, Workshops mit Kunden, Teamworkshops erstellt werden. Das bietet darüber hinaus den Vorteil, dass dieser Teil der Strategieentwicklung nicht von außen vorgegeben wird, sondern dass die Mitglieder der Organisation selbst in den Prozess eingebunden sind.

Ein Szenarioprozess lässt sich in fünf Phasen gliedern (Gausemeier/Fink 1999, S. 85 ff.):

- **Szenariovorbereitung:** Soll ein Szenario für eine Organisation, ein Produkt, eine Branche erstellt werden? Was ist Ziel und Verwendungszweck des Szenarios?
- **Szenariofeldanalyse:** Welche Einflussfaktoren bestimmen die Entwicklung? Im Groben werden hier üblicherweise unterschieden:
  - politische Umweltfaktoren: Welche politischen Entwicklungen zeichnen sich ab? Welchen Einfluss haben sie auf die Strategie?
  - ökonomische Umweltfaktoren wie Entwicklung des Marktes, aber auch Einkommensentwicklung, Arbeitslosenrate, Wirtschaftszyklen
  - soziokulturelle Umweltfaktoren wie Wertewandel, Lebensstil, Einstellung gegenüber Arbeit und Freizeit, Bildungsniveau
  - technologische Umweltfaktoren: Welche technologischen Veränderungen (zum Beispiel in der Informationstechnologie) sind zu erwarten?
  - Für Strategieprozesse im Rahmen einer größeren Organisation kann die Organisation selbst als weiterer Umweltfaktor eine Rolle spielen: Wie wird sich der Konzern entwickeln? Welche Konsequenzen hat das für die eigene Strategie?
- **Szenarioprognostik:** Wie können sich die jeweiligen Einflussfaktoren entwickeln?
- **Szenariobildung:** Aus diesen Zukunftsprojektionen werden verschiedene Szenarien (Best Case, Worst Case, wahrscheinliche Entwicklung) gebildet.
- **Szenariotransfer:** Welche strategischen Entscheidungen ergeben sich daraus?

Die Darstellung könnte dann wieder in Tabellenform erfolgen:

Umfeldfaktoren	Mögliche Trends (wahrscheinlich, Best Case, Worst Case)	Auswirkungen auf die Organisation (Chancen, Risiken)	Mögliche Handlungskonsequenzen (Ideen)

Problematisch wird es, wenn aus wahrscheinlichen Szenarien relativ linear strategische Maßnahmen abgeleitet werden. In einer »volatilen« Welt werden Prognosen immer unsicherer. Es ist stets mit unvorhergesehenen und unvorhersehbaren Veränderungen zu rechnen. Zudem ist die Ausgangssituation keineswegs immer so eindeutig, wie die Szenariotechnik suggeriert, sondern ist eher komplex und mehrdeutig, Von daher kann Szenariotechnik weniger Basis für die sichere Planung sein, sondern ihr Wert liegt vor allem darin, dass sie sensibel macht für mögliche Veränderungen (zum Beispiel in Richtung Worst Case und Best Case) in unterschiedlichen Bereichen und damit unterschiedliche mögliche Entwicklungsrichtungen eröffnet.

Strategieumsetzung

Ist-Analyse und Vision bilden die Eckpunkte der Strategie. Offen ist die Frage nach dem Weg: Was muss oder kann getan werden, um vom Ist zur Vision zu gelangen? Grundsätzlich gibt es hier zwei unterschiedliche Vorgehensweisen: Rational die strategischen Konsequenzen aus der Ist-Analyse erarbeiten, Schwerpunkte, Ziele und Maßnahmen festlegen – oder »analog« den Weg vom Ist zum Soll gehen. Beide Ansätze möchten wir Ihnen hier vorstellen.

Strategische Konsequenzen, Schwerpunkte, Ziele und Maßnahmen

Strategische Konsequenzen aus der Ist-Analyse Die Umsetzung startet naturgemäß bei der gegenwärtigen Situation: Was sind hinsichtlich der Vision die wichtigsten Ergebnisse der Ist-Analyse?

Das einfachste Verfahren ist, die einzelnen Ergebnisse punkten zu lassen. Dabei können die Punkte durchaus an unterschiedlichen Stellen gesetzt werden: bei der SWOT-Analyse der Organisation, bei der Stakeholder-Analyse, bei der Umweltanalyse. In der Regel kristallisieren sich dabei gleichsam wie von selbst die zentralen Themen heraus.

Eine andere Möglichkeit besteht darin, auf der Basis der Ist-Analyse ein Profil der Organisation zu erstellen. Das Profil eines Trainingsanbieters, der Vertriebscoaching anbietet, könnte zum Beispiel folgendermaßen ausschauen:

Strategisches Feld	Bewertung Negativ – positiv	Bemerkungen	Ideen für das weitere Vorgehen
Konzept Vertriebscoaching	❑ ❑ ❑ ❑ ■	Sehr erfolgreich bei den Kunden A und B	anderen Kunden anbieten
Kontakt zu dem Hauptkunden	❑ ❑ ❑ ■ ❑	intensiver Kontakt zum Bereichsleiter Risiko bei Wechsel	weitere Kontakte ausbauen
Kontakte zu weiteren Kunden	❑ ■ ❑ ❑ ❑	Kontakte eher zufällig	
Marketing	■ ❑ ❑ ❑ ❑	bislang keine systematischen Aktivitäten	

Man kann ein solches Profil erweitern, indem man jeweils die Entwicklung der letzten Jahre, den Vergleich zur Konkurrenz, mögliche Trends und die jeweiligen »kritischen Erfolgsfaktoren« für diese Felder einzeln einschätzt und daraus einen Gesamtfaktor bildet.

Festlegung strategischer Schwerpunkte Häufig ergeben sich strategische Schwerpunkte (Worauf konzentrieren wir unsere Energie?) unmittelbar aus den strategischen Konsequenzen. Oder man geht verschiedene mögliche Schwerpunkte durch:

- **Produktstrategien:** Sollen neue Produkte entwickelt werden, beschränkt man sich auf die bisherigen Produkte, oder werden Produktlinien gestrafft? Auf das Beispiel eines Weiterbildungsinstituts bezogen: Soll ein neues Trainingskonzept entwickelt werden? Sollte man die bisherigen Produkte in zwei Produktlinien (Training und Coaching) zusammenfassen?
- **Marktstrategien:** Unterschiedliche Zielrichtungen können sein: Ausschöpfen vorhandener Märkte, Erschließung neuer Märkte, Rückzug aus bisherigen Märkten. Wenn bislang die Kunden des Weiterbildungsinstituts einige größere Unternehmen im regionalen Umfeld waren, dann ist zu überlegen, das Trai-

ningskonzept ebenfalls anderen Kunden (mittelständischen Unternehmen oder größeren Unternehmen in anderen Regionen) anzubieten.

- **Technologiestrategien:** Strategische Schwerpunkte hierbei wären zum Beispiel die Einführung neuer Technologien, aber auch Make- oder Buy-Entscheidungen. Bezogen auf unseren Trainingsanbieter stellt sich zum Beispiel die Frage: Sollen die Protokolle aus den Vertriebstrainings selbst erstellt werden (was eine bessere Technologie erforderlich machen würde)? Oder soll die Erstellung der Protokolle extern vergeben werden?
- **Prozessmanagementstrategien:** Hierbei geht es um Veränderungen der Ablauf- und Aufbauorganisation. Lässt sich der Prozess der Angebotserstellung vereinfachen und beschleunigen? Sollte eine Gruppenleiterebene eingeführt werden?
- **Personalmanagementstrategien:** Dazu gehören Fragen des Aufbaus von Mitarbeitern, der Einsatzplanung, aber auch der Personalentwicklung: Sollen neue Mitarbeiter eingestellt werden? Lässt sich der Einsatz verbessern (zum Beispiel um lange Anreisen zu vermeiden)? Sollten regelmäßige Supervision oder Fortbildung eingeführt werden?
- **Strategien zur Veränderung der Organisationskultur:** Teamarbeit verstärken, die Kommunikation zwischen den Mitarbeitern verbessern ...
- **Kooperationsstrategien:** Sollte das Weiterbildungsinstitut mit anderen Trainingsanbietern kooperieren?
- **Umfeldstrategien:** Kann das Umfeld besser genutzt werden, indem zum Beispiel verstärkt Trainer aus dem Umfeld eingesetzt werden? Muss/sollte etwas getan werden, um die Akzeptanz im Umfeld zu steigern?

Es ist hilfreich, die einzelnen Themen durchzugehen (möglicherweise ergeben sich noch weitere) und die Klienten dabei zu unterstützen, die richtigen Schwerpunkte (die mit der größten Hebelwirkung) auszuwählen: Welcher Schwerpunkt verspricht die meisten Wirkungen, um die Umsetzung der Vision zu erreichen?

Zur Ermittlung strategischer Schwerpunkte ist wieder die Portfolio-Methode ein hilfreiches Verfahren. Aber im Unterschied zur Ist-Analyse wird nunmehr zusätzlich angegeben, in welche Richtung die Veränderung erfolgen soll. So lassen sich mithilfe der Produkt-Markt-Matrix Veränderungen darstellen, indem man die Richtung durch Pfeile, die angestrebte Position durch neue Kreise und die Bedeutung der jeweiligen Schwerpunkte durch die Größe der Kreise kennzeichnet.

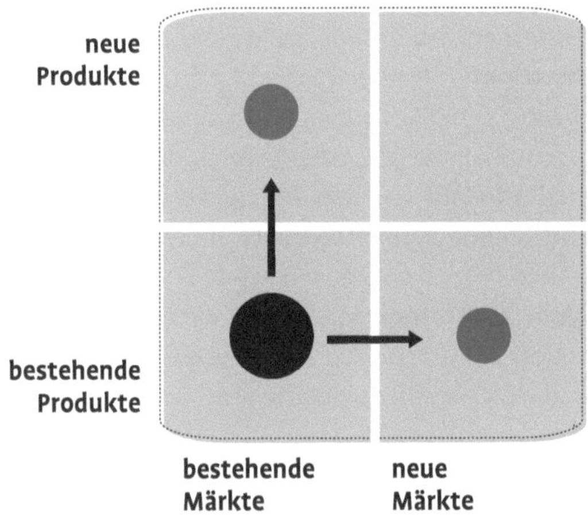

Je nachdem, ob man sich darauf konzentriert, Stärken auszubauen oder Schwächen zu beseitigen, ergeben sich unterschiedliche Vorgehensweisen. Das sogenannte »TOWS-Schema« (»TOWS« ist »SWOT« in umgekehrter Reihenfolge) unterscheidet danach vier unterschiedliche Strategien:

- SO-Strategien (strengths – opportunities) zielen darauf ab, vorhandene Stärken auszubauen und Chancen zu nutzen.
- WO-Strategien (weaknesses – opportunities) zielen darauf ab, Schwächen zu beseitigen und Chancen zu nutzen.
- ST-Strategien (strengths – threats) wollen Stärken ausbauen, um Risiken zu vermeiden.
- WT-Strategien (weaknesses – threats) legen das Schwergewicht auf die Beseitigung oder Verringerung von Schwachstellen, um Risiken zu vermeiden.

Festlegung strategischer Ziele Strategische Schwerpunkte geben die grobe Richtung an, legen aber noch nicht fest, was genau in den einzelnen Schwerpunkten erreicht werden soll. Im nächsten Schritt werden daher Ziele für die einzelnen Schwerpunkte definiert. So könnte das Weiterbildungsinstitut im Rahmen der beiden strategischen Schwerpunkte Produkt und Marktstrategie folgende strategische Ziele ansetzen:

- die Entwicklung eines Konzepts für Vertriebscoaching
- die Gewinnung von wenigstens einem Neukunden aus dem regionalen Umfeld für Vertriebstrainings

Ziele des Strategieprozesses sollten »SMART« sein: spezifisch, messbar, anspruchsvoll, realistisch, terminiert (z. B. Stroebe/Stroebe 2010): Sind sie konkret genug, um Handeln leiten zu können? Sind sie messbar, herausfordernd, aber erreichbar, ist ein klares Zeitlimit gesetzt?

Festlegung strategischer Maßnahmen Ziele sind »lösungsneutral« zu formulieren. Das bedeutet: Sie lassen offen, mit welchen Schritten die Ziele erreicht werden sollen. Daraus ergibt sich der nächste Schritt, das konkrete Vorgehen für die Erreichung der Ziele festzulegen. Um beim genannten Beispiel zu bleiben: Was wäre ein Aktionsplan, um ein neues Konzept Vertriebscoaching zu entwickeln?

Abstimmung von Gesamt- und Teilstrategie In größeren Organisationen gibt es mehrere Ebenen des Strategieprozesses: eine Gesamtstrategie für die Organisation, die einzelnen Bereichsstrategien und schließlich auf unterer Ebene Teamstrategien. Damit entsteht das Problem der Abstimmung zwischen Gesamt- und Teilstrategie. Dafür bieten sich zwei Zugangsmöglichkeiten, top-down und bottom-up:

- **Top-down** bedeutet, man beginnt bei der Gesamtstrategie und bricht die schrittweise herunter. Wie kann im Blick auf die Gesamtstrategie die Strategie unseres Teams ausschauen?
- **Bottom-up** bedeutet, dass in einem ersten Schritt jedes Team seine Strategie entwickelt. Die Ergebnisse werden anschließend zusammengetragen. Auf dieser Basis wird dann schließlich die Gesamtstrategie entwickelt.

Bei beiden Möglichkeiten ist die Abstimmung zwischen Gesamt- und Einzelstrategie auf jeden Fall ein mehrstufiger Prozess. Das Herunterbrechen der Gesamtstrategie zu Einzelstrategien führt in der Regel zu einer Überarbeitung der Gesamtstrategie, weil sich möglicherweise bestimmte strategische Ziele als nicht realisierbar erweisen. Entsprechend müssen bei dem Bottom-up-Vorgehen die einzelnen Teamstrategien in der Regel nochmals überarbeitet werden, weil die strategischen Ziele der Teams zu niedrig angesetzt waren.

Strategieumsetzung mit analogen Verfahren

Das bislang beschriebene Vorgehen bei der Umsetzung ist ein rationaler Prozess, wie er in vielen Fällen durchgeführt wird. Alternativ dazu kann das intuitive Wissen genutzt werden: Man kann einen Strategieprozess als »Reise in das gelobte Land« (Loebbert 2006) oder als »Expedition durch einen Dschungel« (Kolbusa 2013) inszenieren. Man kann den Weg von der Ist-Situation zur Vision auch räumlich darstellen:

- Vision und Ist-Analyse werden auf Metaplantafeln auf den entgegengesetzten Seiten des Raums angeordnet.
- Der Klient durchläuft die Strecke zwischen Ist und Vision und bekommt damit ein Gefühl dafür, was hier zu tun ist.
- Auf dem Weg zwischen Ist und Vision werden Meilensteine (oder zumindest die ersten Meilensteine) zum Beispiel durch Karten auf dem Boden markiert.
- Der Klient stellt sich zu seinem ersten Meilenstein und überlegt,
  - was hier erreicht werden soll,
  - was bis hier zu tun ist.

Dieses Vorgehen lässt sich sehr gut bei Klienten einsetzen, um eine Strategie zu erarbeiten. Auch auf kleinere Gruppen lässt sich diese Vorgehensweise übertragen: In einem größeren Raum stellen sich die Teams (kleinere Gruppen bis zu fünf Teilnehmern) zusammen und überlegen gemeinsam, was zu tun ist.

Vom Plan zur Umsetzung

Vermutlich kennen Sie solche Beispiele:

- Ein Forschungsinstitut hat einen Strategieprozess gestartet. Die Meilensteine sind festgelegt, eine Projektgruppe und ein Lenkungskreis sind gebildet. Aufgabenpakete, Verantwortlichkeiten und Meilensteine sind festgelegt. – Nur: Es zieht und zieht sich. Alles dauert länger, vieles bleibt liegen, die Umsetzung kommt nicht voran.
- Ein Team hat einen Visionsworkshop durchgeführt. Es wurden Vereinbarungen getroffen, alle haben begeistert zugestimmt. – Aber auch hier passiert das Gleiche: Die Umsetzung versandet im Tagesgeschäft.
- Frau Birk hat im Rahmen ihrer beruflichen Strategie sich bestimmte Aufgaben vorgenommen. Aber: Sie kommt damit nicht voran.

Diese Beispiele machen deutlich, dass zwischen Plan und Umsetzung in ziemlich vielen Fällen ein Bruch ist. Das ist ebenfalls Thema systemischer Organisationsberatung: ein Team, eine Organisation, einen Klienten zu unterstützen, die geplanten strategischen Maßnahmen auch tatsächlich umzusetzen. Hier einige Anregungen (vgl. ausführlicher Welge u.a. 2017, S. 813 ff.):

Die Umsetzung thematisieren In vielen Fällen wird es Aufgabe der Beraterin oder des Beraters sein, das Thema Umsetzung anzusprechen. Dabei helfen folgende Prozessfragen:

- Wie sicher sind Sie, dass Sie die vereinbarten Maßnahmen umsetzen werden (zwischen 9 und 100)?
- Welche Risiken sehen Sie bei der Umsetzung? Woran könnte sie scheitern?
- Welche Faktoren können Sie bei der Umsetzung unterstützen? – Übrigens: Das sind wieder die Attraktoren von Veränderungen, die wir bereits im Zusammenhang mit der Entwicklung sozialer Systeme angesprochen haben.
- Welche zusätzlichen Maßnahmen und Schritte ergeben sich daraus?

Voraussetzungen schaffen Kotter formuliert als einen der wichtigen Schritte bei der Umsetzung der Vision, anderen zu ermöglichen, der Vision entsprechend zu handeln: »Sichern Sie anderen Handlungsfreiräume. Beseitigen Sie so viele Hindernisse wie möglich, damit jene freie Hand haben, die die Vision verwirklichen wollen« (Kotter/Rathgeber 2017, S. 136). In der Tat, in den meisten Fällen scheitern Veränderungsprozesse, weil den Beteiligten die Zeit fehlt, weil sie möglicherweise nicht die erforderlichen Kompetenzen besitzen oder andere Voraussetzungen nicht erfüllt sind. In solchen Situationen kann es sinnvoll sein, als einen ersten strategischen Schwerpunkt entsprechende Voraussetzungen zu schaffen: Wie können zum Beispiel die laufenden Aufgaben des Tagesgeschäfts um etwa 20 Prozent reduziert werden, um dadurch Freiraum für Veränderung zu schaffen.

Voraussetzungen können dabei auf unterschiedlichen Ebenen liegen (vgl. Welge u. a. 2017, S. 905 ff.):

- zeitliche Ressourcen
- materielle Ressourcen
- erforderliche fachliche Kompetenzen und Fähigkeiten
- Entscheidungsfreiräume
- Rahmenvorgaben (zum Beispiel Betriebsvereinbarungen, Konzernvorgaben, Erlasse)

Nicht selten werden erst solche Voraussetzungen geschaffen werden müssen, um eine Veränderung erfolgreich umzusetzen – oder man muss aufgrund fehlender Voraussetzungen anstelle eines größeren Prozesses sich zunächst mit kleineren Veränderungen (zum Beispiel in einzelnen Bereichen) begnügen.

Verbindlichkeit herstellen Kennen Sie den Satz »Wir schauen mal, dass wir das schaffen«. Ein solcher Satz verpflichtet zu nichts, hier fehlt die Verbindlichkeit. Der Gesprächspartner hat nicht zugestimmt. Auf der anderen Seite: Wenn ich mich tatsächlich zu etwas verpflichte, mein »Commitment« gegeben habe, dann ist die Chance auf tatsächliche Umsetzung deutlich höher – ich würde mein »Gesicht verlieren«, wenn ich dieses Commitment nicht einhalte. Konsequenz ist,

Commitment tatsächlich einzufordern und abzusichern: »Kann ich mich darauf verlassen?«

»Commitment-Management« (z. B. Karst u. a. 2000) kann dabei durchaus der Schwerpunkt einer Veränderung sein: eine Kultur zu schaffen, in der Verbindlichkeit besteht. Das bedeutet Regeln und auch Sanktionen einzuführen, schließt aber ebenso die Vorbildfunktion des Managements ein (selbst Zusagen einzuhalten), erfordert die Strukturierung bestimmter Entscheidungsprozesse und einen bestimmten Führungsstil, in dem es auch »erlaubt« ist, Nein zu sagen.

Implementierung eines »Monitoring« Veränderungen versanden, wenn sie nicht nachgehalten werden. Das heißt, es müssen Prozesse definiert und Verantwortlichkeiten festgelegt werden wie zum Beispiel:

- regelmäßige Diagnose der Umsetzung zum Beispiel auf der Basis von Balanced Scorecards oder Kennzahlen
- regelmäßige Präsentation der Umsetzungsergebnisse
- Festlegung von Prozess-Promotoren, die den Prozess weiterverfolgen
- Festlegung eines »Remebrancers«, der, analog zu den Remebrancern am schottischen Königshof, die Aufgabe hat, das Management an bestimmte Themen zu erinnern.

Absicherung auf der emotionalen Ebene: das »Rubikon-Prinzip« Der Rubikon war der Fluss zwischen der römischen Provinz Gallien und dem eigentlichen Italien. Das Überschreiten des Rubikon mit seinen Truppen im Jahr 49 vor Christus bedeutete den Beginn des Bürgerkriegs, den Cäsar gegen Pompeius führte. Den Rubikon überschreiten bedeutet, sich unwiderruflich auf eine Handlung einzulassen. Heinz Heckhausen hat diesen Begriff in den 1980er-Jahren in die Motivationspsychologie eingeführt (Heckhausen/Gollwitzer 1987; vgl. auch Heckhausen/Heckhausen 2010, S. 310 ff.), und er wurde dann von Maja Storch und Frank Krause im Zürcher Ressourcen Modell aufgegriffen (Storch/Krause 2014, S. 85 ff.).

Entscheidend dabei ist, dass der Übergang vom Plan zur Umsetzung, also das Überschreiten des Rubikon offenbar nicht rational, sondern nur auf einer emotionalen Ebene zu leisten ist – und das heißt letztlich, durch somatische Marker gesteuert wird:

> *»Ein starker positiver Affekt, ein gutes Gefühl ist es, was Menschen dabei hilft, den Rubikon zu überqueren […] Damasios Untersuchungen haben gezeigt, dass somatische Marker in Entscheidungssituationen eine zentrale Rolle spielen. Körpersignale und/oder Gefühle sind demnach die entscheidenden ›Stopp‹- oder ›Go‹-Signale bei Motivati-*

onsprozessen. Es liegt daher nahe zu vermuten, dass die positiven Gefühle, die nach der Motivationspsychologie den Schritt über den Rubikon ermöglichen, identisch sind mit den positiven somatischen Markern, welche die Neurowissenschaft nachgewiesen hat« (Storch/Krause 2014, S. 92 f.; vgl. auch Klinkhammer u. a. 2015).

Konsequenz ist, dass die Umsetzung von Handlungsplänen in vielen Fällen emotional gesteuert oder zumindest unterstützt werden muss. Und damit können wir anknüpfen an das, was wir bereits zum Ankern der Vision festgestellt haben:

- Es braucht ein emotional kodiertes Bild der Umsetzung. Das kann das Bild der Vision sein oder ein eigenes Bild oder Symbol.
- Dieses Bild ist zu »ankern«. Das bedeutet: Die Erinnerungskarte mit dem Bild auf den Schreibtisch legen, Aufkleber zum Beispiel mit dem Bild einer Sonnenblume an verschiedenen Orten anbringen, aber auch bestimmte Rituale, die immer wieder an die Vision erinnern und damit rationale Überlegungen emotional fundieren können.

Literaturtipps

Das Thema Strategieumsetzung wird in den meisten Handbüchern zur Strategie ausführlich behandelt. Exemplarisch seien genannt:

- Tobias Augsten/Harald Brodbeck/Beat Birkenmeier: *Strategie und Innovation*. Springer Gabler, Wiesbaden 2017
- Martin K. Welge/Andreas Al-Laham/Marc Eulerich: *Strategisches Management*. Springer, Wiesbaden/Berlin 7. Auflage 2017

Zur Arbeit mit analogen Verfahren bietet das NLP hilfreiche Anregungen, zum Thema Rubikon Heckhausen und das Zürcher Ressourcen Modell:

- Bettina Lemke: *Kreative NLP-Formate*. Für Lern- und Übungsgruppen. Books on Demand, Norderstedt 2012
- Jutta Heckhausen/Heinz Heckhausen (Hrsg.): *Motivation und Handeln*. Springer, Berlin, 4. Auflage 2010.
- Maja Storch/Frank Krause: *Selbstmanagement – ressourcenorientiert*. Grundlagen und Trainingsmanual für die Arbeit mit dem Zürcher Ressourcen Modell (ZRM©). Huber, Bern, 5. Auflage 2014

Effectuation als agile Strategieentwicklung

Strategieprozesse, wie wir sie in den vorangegangenen Abschnitten dargestellt haben, legen vergleichsweise langfristig die Richtung fest: Was ist unsere Vision, die wir in zwei, drei oder fünf Jahren – oder noch später – erreichen wollen? Welche lang- und mittelfristigen Ziele ergeben sich daraus? Das setzt letztlich ein Modell einer vergleichsweise stabilen Entwicklung voraus. Doch eben diese Annahme ist zunehmend fragwürdig geworden: Es ist mit plötzlichen unvorhersehbaren Veränderungen zu rechnen, aufgrund derer die ursprünglich angesetzten langfristigen Ziele überhaupt nicht mehr erreichbar sind. Es kann aber ebenso gut sein, dass sich neue Chancen eröffnen, die in der Strategie überhaupt nicht bedacht worden waren.

Diese Situation erfordert ein anderes Vorgehen bei der Strategieentwicklung: sich nicht vorschnell auf eine Richtung festzulegen, sondern von der Ist-Situation auszugehen, Gelegenheiten zu nutzen, Chancen auszuloten und die Entwicklung schließlich in die Richtung voranzutreiben, die die größten Chancen bietet. Das ist der Grundgedanke des Effectuation-Konzepts.

Dieses Konzept wurde von das Saras Sarasvathy (einer indischen Unternehmerin und Forscherin an der University of Virginia) entwickelt (Faschingbauer 2010; Faschingbauer 2010; Grichnik/Gassmann 2013). Auf der Basis von Interviews mit 27 erfolgreichen Unternehmern stellte Sarasvathy fest, dass diese häufig eine andere Vorgehensweise wählen als im klassischen Strategieprozess: weniger von einer festen Vision und festgelegten Zielen auszugehen, sondern die Gelegenheiten nutzen, die sich bieten.

Man kann sich diesen Ansatz gut an einem Beispiel verdeutlichen: Beim Autofahren von einem Ziel auszugehen und sich Wege zur Erreichung des Ziels zu überlegen, entspricht der klassischen Strategieentwicklung. Man kann aber ebenso von der Gegenwart ausgehen (Wo befinde ich mich? Welches Fortbewegungsmittel benutze ich?) und Gelegenheiten (eine besonders schöne Wegstrecke) ausnutzen – und wird möglicherweise gerade dadurch überraschende Entdeckungen machen. Eben das ist Effectuation: die gegenwärtige Situation und die gegenwärtigen Stärken nutzen und nach neuen Möglichkeiten Ausschau halten. Übertragen auf Veränderungsprozesse ergeben sich für Sarasvathy vier (ursprünglich fünf) Prinzipien von Veränderungsprozessen (Faschingbauer 2010, S. 96 ff. und S. 35 ff.):

- Prinzip der Mittelorientierung (»bird in the hand«): Beginne bei dem, wer du bist – und nicht bei irgendwelchen zukünftigen Visionen.
- »Prinzip des leistbaren Verlustes (»affordable loss«): Überlege, welchen möglichen Verlust du bei einem Scheitern gerade noch akzeptieren könntest.

- Prinzip der Umstände und Zufälle (»lemonade«): Nutze Umstände und Zufälle als Chance.
- Prinzip der Vereinbarungen und Partnerschaften (»carazy quilt« – deutsch: »Patchwork-Decke«): Suche die aus deinem Netzwerk Partner, mit denen du gemeinsame das Thema weiter verfolgst.

Wenn man diese Prinzipien in die Grundstruktur von Veränderungsprozessen einfügt, ergibt sich daraus ein zweistufiger agiler Strategieprozess, der nicht von Vision und Zielen, sondern von der gegenwärtigen Situation ausgeht und die Möglichkeit der Veränderung von Vision und Zielen deutlicher einschließt.

Phase 1: Bewusstwerden der Gegenwart

Effectuation beginnt bei der eigenen Gegenwart und fragt dabei nach dem Mitteln, die mir jetzt zur Verfügung stehen. Im Einzelnen stehen dabei folgende Aufgaben an:

Bewusstwerden der eigenen Identität Ausgangspunkt ist Frage nach der eigenen Identität: »Wer bin ich, wer sind wir?« Hier geht es um das Bewusstwerden der eigenen Werte, Charakterzüge, Vorlieben, Sehnsüchte und dem Selbstbild.

- Wozu gibt es uns? Was ist unser gemeinsamer Zweck oder unsere Mission?
- Was verbindet uns?
- Was ist uns wichtig? Was machen wir besonders gern?
- Was ist für mich/uns unverzichtbar?

Im methodischen Vorgehen gleicht dieser Schritt einem Visionsprozess – nur, dass er nicht auf die Zukunft in vielleicht fünf Jahren bezogen ist, sondern auf die Gegenwart. Das bedeutet, er lässt sich sowohl rational als auch auf der Basis des emotionalen Denkens durchführen. Ich kann die Kernfragen des Visionsprozesses für mich als Person oder für unser Team, unsere Organisation stellen:

- Was ist unser Auftrag (Mission): Was wollen wir?
- Was sind unsere Kunden: Wem nutzen wir?
- Was ist unser Produkt: Was bieten wir an?
- Was sind unsere zentralen Werte: Woran glauben wir?
- Wie wollen wir handeln?

Oder auf der Basis des emotionalen Denkens kann der Klient im Rahmen einer Einzelberatung oder kann ein Team im Rahmen eines Teamprozesses Symbole suchen: Bilder auswählen, eine Collage erstellen: »Suchen Sie sich ein Symbol für das, was Ihre Identität, was die Identität Ihres Teams, Ihrer Organisation ausmacht!« Der Prozess verläuft dann entsprechend dem Visionsprozess:

- Was sind die Eigenschaften des Symbols?
- Was bedeuten diese Eigenschaften für Sie, für unser Team?
- Wie lässt sich daraus ein Leitbild formulieren?

Der Vorteil des analogen Vorgehens liegt auch hier in der Nutzung des emotionalen Denkens: Ich mache mir nicht nur rational bewusst, was unsere Identität ausmacht, sondern ich habe ein emotional gespeichertes Bild, das das Handeln intuitiv leitet.

Bewusstwerden der eigenen Stärken Effectuation geht von einem Prinzip der Mittelorientierung aus: »Mittelorientiert vorgehen bedeutet, darauf aufzubauen, was man bereits weiß, kennt und kann« (Faschingbauer 2010, S. 199). Daraus ergeben sich folgende Fragen:

- Was weiß ich? Was wissen wir?
- Was kann ich/können wir besonders gut?
- Was sind unsere Kernkompetenzen?
- In welchen Kontexten haben wir dieses Wissen bereits eingesetzt?

Bewusstwerden des Netzwerks Dies ist eine Alternative zur Stakeholder-Analyse: Bei der Stakeholder-Analyse geht es darum, die für das Erreichen der Vision relevanten (förderlichen und hinderlichen) Stakeholder zu identifizieren, Aber hier liegt noch keine Vision vor, aus der ich förderliche und hinderliche Stakeholder identifizieren könnte. Mit folgenden Fragen wird die Aufmerksamkeit auf mögliche Chancen gerückt:

- Wer sind die Stakeholder, die mich unterstützen können?
- Wer (im Team, darüber hinaus) hat die Motivation, etwas Neues zu entwickeln?
- Wer verfügt über Kompetenzen, die mir fehlen?
- Wen kenne ich, der mich unterstützen könnte?
- Welche anderen Positionen, Organisationen verfügen über Kompetenzen, die für die weitere Entwicklung hilfreich wären?
- Mit wem hätte ich/hätten wir Lust, etwas Neues zu entwickeln?

Gerade die letzte Frage lenkt die Aufmerksamkeit wieder auf das emotionale Denken: Bildung von erfolgreichen Partnerschaften ist in vielen Fällen keine rationale, sondern eine emotionale Entscheidung – und es ist sinnvoll, sich hier auf das Bauchgefühl zu verlassen und somit die somatischen Marker zu nutzen: Ja, das ist es!

Phase 2: Gelegenheiten nutzen

Gelegenheiten erkennen »When life gives you lemons, make lemonade«, so zitiert Saras Sarasvathy (2010, S. 90) ein bekanntes angelsächsisches Sprichwort. Entsprechend formuliert Michael Faschingbauer (2010, S. 66): »Nutzen Sie Umstände, Zufälle und Ungeplantes als Gelegenheiten, anstatt sich dagegen abzugrenzen.« Im Rahmen kausaler Planung gelten Zufälle häufig als etwas Bedrohliches – auf der anderen Seite sind sie vielfach Anstoß für Innovationen. Ein Beispiel ist die Entwicklung der Post-its aus einem »Missgeschick«, nämlich der Entwicklung eines Klebers, der nicht klebte, sondern nur haftete. Konsequenz ist, sensibel zu werden für Unerwartetes:

- Machen Sie sich bewusst, dass Zufälle Chancen eröffnen!
- Schalten Sie Ihren »Radar« für Überraschungen ein!
- Schaffen Sie Gelegenheiten für Zufälle! Das können Gelegenheiten zum »zweckfreien« Entwickeln von Ideen sein, aber auch zufällige Begegnungen, zufälliger Gedankenaustausch.
- Überlegen Sie: Wie könnten Sie diese Situation nutzen? Welche Bedeutung könnte diese Situation für Ihre Ideen, aber auch für Ihre Ziele haben?
- In welchem anderen Kontext könnten Sie das, was passiert ist, kreativ nutzen?

Mögliche Ziele und Ideen aus den Gelegenheiten entwickeln Davon ausgehend lassen sich Ideen und mögliche Zielvorstellungen entwickeln:

- Was könnte man daraus alles entwickeln?
- Wie könnte ich/könnten wir unsere Mittel, unser Wissen und Können für diese Gelegenheit nutzen?
- Was wäre machbar?
- Welche möglichen Ziele könnten sich daraus ergeben?

Dieses Vorgehen gibt keinen Katalog fester und smarter Ziele, sondern eher mehrere Ideen, die weiter im Auge behalten werden können. Faschingsbauer schlägt dafür eine »Landkarte der Zielvorstellungen« vor (2010, S. 202 f.). Auf einem großen

Papier oder auf dem Boden wird zunächst die eigene Position (abhängig von der eigenen Identität und den Stärken) markiert, anschließend werden die verschiedenen Ideen und Ziele (zum Beispiel mit runden Karten) räumlich dazu angeordnet:

- Inwieweit sind die jeweiligen Ideen von der gegenwärtigen eigenen Position entfernt?
- Wie stehen diese Ideen zueinander? Welche sind näher bei einander (und ließen sich möglicherweise verknüpfen)? Wo lassen sich mögliche Hindernisse identifizieren?

Entsprechend dieser Visualisierung lässt sich die eigene Position verändern: In welche Richtung könnte ich mich bewegen? Was ergibt sich daraus für die verschiedenen Ideen?

Chancen und Risiken bei der Verfolgung von Ideen bedenken Umsetzung neuer Ideen ist immer mit Risiken behaftet, die zu bedenken sind. Leitfragen können sein:

- Wie viel Energie sind Sie bereit, in die Verfolgung dieser Idee zu stecken?
- Welchen Verlust (an Zeit, Geld und so weiter) würden Sie riskieren? Was wäre die »Bis-dort-und-nicht-weiter-Schwelle«?
- Bis zu welchem Punkt sind Sie bereit, das Risiko einzugehen?
- Gibt es Möglichkeiten, in kleineren, risikoarmen Schritten vorzugehen – und dann jeweils den Kurs neu zu überdenken?

Partnerschaften bilden und Vereinbarungen treffen Die Umsetzung neuer Ideen ist in der Regel keine Aufgabe eines Einzelnen, sondern erfordert die Mitarbeit von anderen Personen – Personen, die den Prozess vorantreiben, Personen, die möglicherweise über die entsprechenden Kompetenzen verfügen, aber auch Personen, die bereit sind, in dieses Projekt zu investieren. Daraus ergeben sich folgende Leitfragen:

- Wer aus Ihrem Netzwerk wäre geeignet, dieses Thema voranzutreiben?
- Mit wem könnten Sie sich vorstellen, hier zusammenzuarbeiten?
- Wer könnte sein Wissen, seine Erfahrung einbringen?
- Wer könnte Ressourcen einbringen?
- Was könnte der Gewinn/Nutzen für den anderen sein?

Daraus ergeben sich eine oder mehrere Ideen, die weiterverfolgt werden. Dabei ist das Vorgehen nicht planlos, sondern es werden die nächsten Schritte festgelegt oder dafür Projekte aufgesetzt. Deren Ergebnisse dienen dann wieder als Ausgangspunkt für weitere Schritte, wobei sich durchaus die Ziele und möglicherweise auch das eigene Selbstverständnis verändern können. Damit ist Effectuation letztlich ein agiler Ansatz, der Veränderungen berücksichtigt und nutzt und auf der Basis der jeweiligen Veränderungen die Entwicklung vorantreibt.

Ein ähnliches Konzept ist das von W. Chan Kim und Renée Mauborgne (2005) an der INSEAD Business School entwickelte »Blue-Ocean-Konzept«. In einem ersten Schritt geht es darum, die Erwartungen verschiedener Kunden und im Blick darauf Stärken und Schwächen im Vergleich zu Wettbewerbern zu klären. Ziel ist dann, strategische Schwerpunkte im »blauen Ozean«, das heißt in den Feldern anzusetzen, in denen die eigenen Stärken besonders ausgeprägt und der Vorteil gegenüber Mitbewerbern besonders deutlich ist. Leitfragen sind:

- Wo liegen gegenwärtige Stärken und Schwächen?
- Welche Fähigkeiten/Kompetenzen/Produkte habe ich, die andere (Wettbewerber) nicht haben?
- Wie könnte ich eine »Wertinnovation« (value innovation) schaffen, die für die Kunden mehr/neuen Wert schafft und mich vom sonstigen Markt abhebt?

Dafür bieten sich unterschiedliche Zusatzfragen (Kim/Mauborgne 2005, S. 27):

- Welche der Faktoren, die die Branche als selbstverständlich betrachtet, müssen eliminiert werden?
- Welche Faktoren müssen bis weit unter den Standard der Branche reduziert werden?
- Welche Faktoren müssen bis weit über den Standard der Branche gesteigert werden?
- Welche Faktoren, die bisher noch nie von der Branche geboten wurden, müssen kreiert werden?

Literaturtipps

- Michael Faschingbauer: *Effectuation*. Wie erfolgreiche Unternehmer denken, entscheiden und handeln. Schäffer-Poeschel, Stuttgart 2010
- W. Chan Kim/Renée Mauborgne: *Der blaue Ozean als Strategie*. Wie man neue Märkte schafft, wo es keine Konkurrenz gibt. Hanser, München 2005

Prozessmanagement

Traditionell legt die Organisationstheorie den Schwerpunkt auf die Aufbauorganisation, das heißt die Gliederung einer Organisation in Bereiche und Führungsebenen. Die Alternative dazu besteht darin, das Augenmerk auf die Prozesse zu richten: Wie sind die einzelnen Abläufe beziehungsweise Prozesse gestaltet? In welchen Schritten verläuft der Produktionsprozess in einem Automobilunternehmen? In welchen Schritten wird ein Angebot erstellt oder ein neues Seminarkonzept entwickelt?

Theoretischer Hintergrund

Die Unterscheidung von Aufbau- und Ablauforganisation wurde in den 1960er-Jahren insbesondere von Erich Kosiol (1962) betont. Aufbauorganisation ist die »strukturierende Gestaltung« einer Organisation in Bereiche und hierarchische Ebenen. Die Ablauforganisation ist die »raumzeitliche Strukturierung der Arbeits- und Bewegungsvorgänge, insbesondere um ihre Rhythmisierung und Terminierung« (Kosiol 1962, S. 32). Während sich bei Kosiol aber noch die Ablauforganisation aus der Aufbauorganisation ergibt, wird diese Beziehung in den 1990er-Jahren umgekehrt. Hier ist insbesondere das von Michael Porter (2014) entwickelte Modell der Wertkette (»value chain«) zu nennen. Porter, Professor für Wirtschaftswissenschaften in Harvard, unterscheidet primäre und sekundäre Prozesse oder Aktivitäten in einer Organisation. Die primären Aktivitäten dienen der Herstellung der Produkte, zu den sekundären Aktivitäten gehören zum Beispiel Beschaffung, Entwicklung, Personalwirtschaft, Finanzwirtschaft, Controlling, aber auch die Unternehmensleitung. Die Aufbaubauorganisation – so seitdem die Hauptthese – muss der Ablauforganisation, also den Prozessen folgen.

Seit den 1980er-Jahren wird eine große Zahl von Konzepten entwickelt, die auf eine Verbesserung der Prozesse abzielen und häufig unter den Begriffen »Geschäftsprozessoptimierung« oder »Geschäftsprozessmanagement« zusammengefasst werden (s. dazu die Übersicht bei Brunner 2017). Exemplarisch seien genannt:

- **Kaizen oder KVP (Kontinuierlicher Verbesserungsprozess):** Der Begriff »Kaizen« kommt aus dem Japanischen und bedeutet »Veränderung zum Besseren« (z. B. Kostka/Kostka 2017). Dabei geht es weniger um grundlegende Umgestaltungen der Abläufe, sondern darum, in kleinen Schritten Veränderungen vorzunehmen: »Es soll kein Tag ohne irgendeine Verbesserung vergehen.«

- **Total Quality Management (TQM)** versteht sich ursprünglich als Führungskonzept mit der Zielsetzung, alle Prozesse auf Qualität auszurichten (Töpfer/Mehdorn 2015). Dabei wird Qualität nicht als Eigenschaft des Produkts, sondern aus Sicht des Kunden definiert. Er bestimmt, was Qualität ist. Das im deutschsprachigen Raum bekannteste TQM-Konzept ist EFQM (European Foundation of Quality Management), ein 1968 von mehreren Unternehmen entwickeltes Konzept, das Qualität in verschiedenen Bereichen (Führung, Strategie, Mitarbeiter, Partner, Prozesse) definiert (z. B. Radtke/Wilmes 2002; Zink 2004).
- **Business Process Reengineering (BPR):** Dieser von Michael Hammer und James Champy (2003) in den 1990er-Jahren entwickelte Ansatz zielt im Gegensatz zu Kaizen auf eine radikale Veränderung der Strukturen, Prozesse und Verhaltensweisen. Business Reengineering bedeutet »fundamentales Überdenken und radikales Redesign von Unternehmensprozessen« (Hammer/Stanton 1995, S. 19).
- **Total Productive Maintenance** beziehungsweise **Total Productive Management (TPM):** Hauptziel dieses ab den 1960er-Jahren auf der Grundlage amerikanischer Ansätze entwickelten japanischen Konzepts (vgl. u. a. Radhi 2002; Hartmann 2013; May/Schimek 2015) ist die Vermeidung von Betriebsstörungen; Schwerpunkte sind unter anderem kontinuierliche Verbesserungen, autonome Instandhaltung und geplante Instandhaltung.
- **Six Sigma** wurde in den 1980er-Jahren zunächst bei Motorola, dann bei General Electric eingeführt (z. B. Meran u. a. 2014). Zielsetzung ist, die Varianz der Fehlermöglichkeiten in einem Prozess nachhaltig zu reduzieren.
- **Lean Production beziehungsweise Management:** Der Begriff »Lean« wurde 1990 von James P. Womack in seinem Buch »The Maschine that changed the World« (deutsch: »Die zweite Revolution in der Autoindustrie«, 1997) eingeführt. Der Erfolg japanischer Automobilunternehmen (insbesondere Toyota) im Vergleich zu amerikanischen, so die These der Autoren, liegt in den »schlanken Strukturen« japanischer Unternehmen, die durch eine konsequente Prozessorganisation, kontinuierlichen Materialfluss (Kanban), schnelle Entwicklung (simultaneous Engineering) und umfassendes Qualitätsmanagement gekennzeichnet sind (z. B. Gorecki/Pautsch 2014).
- **Wertstromanalyse und Wertstromdesign:** Dieses von Mike Rother und John Shook in ihrem Buch »Sehen Lernen« (2015; ursprünglich 2000) entwickelte Verfahren basiert auf dem Vergleich der Prozesszeit und tatsächlicher Arbeitszeit. So mag es sein, dass die Prozesszeit für die Herstellung eines Angebots bei vier Stunden liegt, aufgrund von Wartezeiten (der Entwurf des Angebots bleibt beim Geschäftsführer liegen …) die tatsächliche Arbeitszeit (Durchlaufzeit)

aber eine Woche beträgt. Ziel ist dann, den Gesamtprozess so zu gestalten, dass die Durchlaufzeit möglichst nahe der Prozesszeit liegt (z. B. Wagner/Lindner 2017).

Grundsätze

Obwohl die genannten Konzepte sich häufig als eigenständige Ansätze verstehen, bestehen grundlegende Gemeinsamkeiten. Es geht um die Verbesserung von Abläufen beziehungsweise Prozessen im Hinblick auf die Anforderungen des Kunden. Das bedeutet im Einzelnen (vgl. u.a. Brecht-Hadraschek/Feldbrügge 2015) Folgendes:

Die Aufmerksamkeit wird auf die Prozesse, nicht auf die Funktionen und Bereiche gelenkt Ein Prozess,

- ist eine Folge von zusammenhängenden Aktivitäten,
- hat einen Anfangspunkt, zu dem bestimmte Eingaben erfolgen: zum Beispiel die Eingabe von Produktionsmitteln in einem Produktionsprozess,
- hat einen Endpunkt, an dem ein bestimmtes Ergebnis vorliegt.

In einem Produktionsunternehmen lassen sich der Produktionsprozess, aber auch der Entwicklungsprozess eines neuen Produkts oder die Reparatur einer Maschine als Prozesse verstehen. In einem Trainingsinstitut wäre die Entwicklung eines neuen Seminarkonzepts ein Prozess: Ausgangspunkt ist die Anforderung, ein neues Seminarkonzept zu entwickeln, Ergebnis soll das fertige Konzept sein. Dazwischen erfolgt eine Reihe von Aktivitäten, die von der Arbeit eines Mitarbeiters am Schreibtisch (der dieses Seminarkonzept entwickelt) über den Austausch in einer Arbeitsgruppe bis möglicherweise zu einer umfangreichen Bedarfsanalyse reichen kann.

Für jeden Prozess gibt es Kunden und Lieferanten Die Begriffe »Kunde« und »Lieferant« definieren die Perspektive, unter der ein Prozess betrachtet wird. Kunde ist zunächst der externe Kunde (Endkunde), nämlich der (potenzielle) Abnehmer beziehungsweise Anwender der angebotenen Leistungen, der bestimmte Erwartungen hat. Bei einer Reparatur seines Autos erwartet der Kunde zum Beispiel gute Qualität (dass der gleiche Fehler nicht alle 14 Tage auftritt), niedrige Kosten und schnelle Erledigung.

Lieferanten sind diejenigen Personengruppen, die die jeweiligen Leistungen erbringen. Bei der Reparatur eines Autos wären Lieferanten zum Beispiel Meister und Mitarbeiter, die die Reparatur durchführen, aber auch das Büro, das Rechnungen erstellt oder ein Ersatzteillager, das Ersatzteile liefert. Der Kundenbegriff wird dabei auch auf interne Prozesse ausgeweitet. So ist die Produktion »Kunde« für die Instandhaltung, die IT-Abteilung ist Lieferant, die der Unternehmensleitung oder den Bereichen bestimmte Daten zur Verfügung stellt.

Im Blick auf den Kunden lassen sich Prozesse in Kern- und Unterstützungsprozesse unterscheiden: Kernprozesse sind diejenigen Prozesse, die dem Kunden unmittelbar nutzen und für die er bezahlt. Unterstützungsprozesse dienen der Unterstützung und Steuerung des Kernprozesses. So ist die Reparatur des Autos sicherlich der Kernprozess, eine aufwendige Buchhaltung jedoch ein Unterstützungsprozess, der dem Kunden nicht unmittelbar nützt, der ihn überhaupt nicht interessiert.

Der Kundenbegriff lenkt die Aufmerksamkeit auf die Erwartungen des Kunden und verhindert damit, dass einzelne Abteilungen sich nur in sich selbst optimieren. Andererseits besteht die Gefahr, dass damit ein zu einseitiges nahezu hierarchisches Verhältnis definiert wird: Der Personalbereich ist aber nicht nur »Lieferant«, der das umsetzt, was die Bereiche von ihm wollen, sondern ist immer auch Korrektiv, indem er zum Beispiel besonderes Gewicht auf Fragen und Bedürfnisse der Mitarbeiter legt – was dann dazu geführt hat, dass man in diesem Zusammenhang häufig eher von Businesspartnern spricht, die »auf gleicher Augenhöhe« sowohl Unterstützer als auch kritischer Gesprächspartner sind (z. B. Claßen/Kern 2010).

Alle Prozesse sind konsequent auf Wertschöpfung für den Kunden hin auszurichten »Wertschöpfung« und »Verschwendung« sind Grundbegriffe aller Prozessmanagementkonzepte: Wertschöpfung ist diejenige Tätigkeit, die dem Kunden unmittelbaren Nutzen bringt; Verschwendung betrifft alle die Tätigkeiten, die keinen unmittelbaren Nutzen für den Kunden haben. Dabei werden im Anschluss an Taiichi Ohno, den Erfinder des Toyota-Produktionssystems, sieben Arten von Verschwendung (nach den Anfangsbuchstaben zusammengefasst unter der Abkürzung »Timwood«) unterschieden (Ono 1993, S. 45 f.; vgl. auch Meran u. a. 2014):

- **Transport:** Unnötiger Transport zwischen verschiedenen Teilen des Lagers oder zwischen verschiedenen Standorten, aber auch unnötige Reisezeit zu Meetings
- **Inventory (Bestände):** ein zu umfangreiches Ersatzteillager, das nur zu einem geringen Teil benötigt wird, aber auch die Aufbewahrung unnötiger Unterlagen
- **Motion (unnötige Bewegungen):** lange Wege zwischen verschiedenen Räumlichkeiten

- **Waiting (Wartezeit)** zum Beispiel bei Reparaturen im Produktionsprozess, aber auch Wartezeit aufgrund von Unpünktlichkeit bei Besprechungen
- **Overproduction (Überproduktion):** Herstellung von Produkten, die sich anschließend nicht in der Menge verkaufen lassen. Zur Überproduktion würden aber auch unnötige Berichte, ein zu großer E-Mail-Verteiler und so weiter zählen.
- **Overprocessing (Verschwendung innerhalb der Prozesse):** die neue Homepage wird immer wieder überarbeitet, unnötig aufwendige Kontrollen
- **Defects (Fehler und deren Reparatur):** Produktionsfehler, fehlerhafte Rechnungen und Ähnliches

Grundgedanke aller Konzepte ist, Verschwendung zu reduzieren. Dabei werden – je nach Konzept – unterschiedliche Schwerpunkte gesetzt:

- In kleinen Schritten wird Verschwendung vermieden (Kaizen).
- Der Arbeitsplatz wird umgestaltet (Kaizen). Beispiel dafür ist die 5-S-Methode: Sortieren (unnötige Dinge aussortieren), Systematisieren (Arbeitsmittel systematisch anordnen), Säubern, Standardisieren und Selbstdisziplin.
- Die Durchlaufzeit bis zur Erreichung des Ergebnisses wird reduziert (Wertstromdesign).
- Störungen in der Instandhaltung werden durch vorbeugende Wartung vermieden (TPM).
- Fehlerquellen werden ausgeschaltet (Six Sigma).
- Prozesse werden insgesamt völlig neugestaltet (Business Reengineering).
- Die Aufbauorganisation wird umgestaltet und an den Prozessen ausrichtet.
- Teilprozesse werden zusammengefasst.
- Selbstkontrolle anstatt von Fremdkontrolle wird eingeführt.

Schritte der Prozessverbesserung

Der Regelfall ist, dass für die Prozessverbesserung ein Prozessteam gebildet wird, das für die Gestaltung eines bestimmten Prozesses (Teilprozesses) verantwortlich ist. Meist setzt sich das Prozessteam lediglich aus vier bis sechs Mitarbeitern des Prozesses (beziehungsweise Teilprozesses) zusammen. Damit verfügt es jedoch nur über ein eingeschränktes Verständnis, da alles lediglich aus der Perspektive der Mitarbeiter dieses Prozesses beurteilt wird. Die Alternative ist, mehrperspektivische Teams zusammenzusetzen und Mitarbeiter des Prozesses – externe oder interne Kunden – gegebenenfalls externe Lieferanten oder jemanden aus dem Bereich Unternehmensplanung einzubeziehen. Weithin üblich ist die Beteiligung von Experten für Prozessmanagement, TPM oder Six Sigma.

Für die Strukturierung einer Prozessverbesserung finden sich in der Literatur unterschiedliche Vorgehensweisen, wie zum Beispiel PDCA und DMAIC: PDCA (z. B. Schmelzer/Sesselmann 2013, S. 416 ff.) gliedert den Prozess in vier Phasen: Plan, Do, Check, Act; DMAIC (Meran u. a. 2014, S. 19 ff.) in fünf Phasen:

- **Define:** Identifizierung der Kunden und des Problems sowie Definition des Ziels
- **Measure:** Definition von Messgrößen, Durchführung der Messung
- **Analyse:** Erfassung der Einflussfaktoren
- **Improve:** Entwicklung und Auswahl von Lösungen sowie Entwicklung eines Implementierungsplans
- **Control:** Standardisierung der Verbesserung

Im Grunde handelt es sich hier immer um Problemlösungsprozesse: Es ist festzulegen, welcher Prozess überprüft und verbessert werden soll. Der Prozess wird beschrieben und hinsichtlich der Wertschöpfung bewertet. Es gilt, Alternativen für die einzelnen Schritte zu entwickeln, zu bewerten und Veränderungen umzusetzen. Für das Thema Bearbeitung von Anfragen ließe sich das Vorgehen in einer vereinfachten Form wie folgt darstellen:

Prozessschritt	Beteiligte	Probleme	Ideen
Anfrage kommt zu GF	GF	bleibt liegen	
GF liest Anfrage durch	GF	bleibt liegen	
GF spricht MA A an	GF und A		
MA A liest Anfrage durch	A	bleibt liegen	
MA stellt fest, dass er dafür nicht zuständig ist, schickt sie an GF zurück	A und GF		
GF spricht B an	GF und B	bleibt liegen	
B schreibt Angebot	B	bleibt liegen	
B schickt Angebot an GF	B und GF		
GF liest Angebot von B durch, hat Änderungen	GF	bleibt liegen	
GF mailt Änderungen an B			

Anhand dieser Tabelle lassen sich die Grundschritte des Prozessmanagements gut verdeutlichen:

Prozessbeschreibung Erster Schritt ist immer die möglichst detaillierte Beschreibung des Prozesses: Jeder Prozess hat einen Anfang und einen Endpunkt – in unserem Beispiel ist der Anfangspunkt die Anfrage eines Kunden, der Endpunkt wäre die Zusendung des fertigen Angebots. Hilfreich ist, die einzelnen Schritte dazwischen jeweils detailliert zu erfassen: Was geschieht in diesem Schritt? Wer ist dafür zuständig? Und wer ist noch beteiligt?

Prozessbewertung: Messung von Wertschöpfung und Verschwendung Im genannten Beispiel haben wir nur pauschal als Problem angegeben »bleibt liegen«. Im Rahmen von Prozessverbesserungen wäre hier entscheidend, dafür Kennzahlen anzugeben. Die wichtigsten sind (in Anlehnung an Schmelzer/Sesselmann 2008, S. 258 ff.):

- **Kundenzufriedenheit:** Wie zufrieden sind externe oder interne Kunden mit den Ergebnissen?
- **Prozesszeit:** Wie lange ist die Durchlaufzeit für die einzelnen Prozessschritte beziehungsweise den Gesamtprozess?
- **Prozessqualität:** Prozessqualität wird in der Regel über die Anzahl der Fehler gemessen: Wie viele von 100 Rechnungen werden beanstandet?

Damit lassen sich einzelnen Schritte des Prozesses im Hinblick auf Wertschöpfung und Verschwendung bewerten: Wie hoch ist die Wartezeit, bis der nächste Schritt durchgeführt wird? Wie viele Personen sind an der Freigabe eines Angebots beteiligt? Wie häufig sind Verbesserungen erforderlich? Welche Kosten und welcher Zeitaufwand entstehen dadurch?

Bereits Kaizen hatte in diesem Zusammenhang Verfahren wie Prüfformulare, Histogramme, Kontrollkarten, Steuerungsdiagramme und anderes mehr eingeführt (z. B. Imai 1994, S. 281 ff.). TPM arbeitet mit Fehlerkarten, Six Sigma versucht, die Häufigkeit von Fehlern zu berechnen, man erfasst Zufriedenheit der Kunden mithilfe von Kundenbefragungen. Entscheidend ist, dass die Verschwendung »gemessen« wird.

Erfassung von Ursachen In einem nächsten Schritt ist zu fragen, welche Faktoren zu dem Problem führen. Ein einfaches Hilfsmittel ist das Ursache-Wirkungs-Diagramm (Ishikawa-Diagramm):

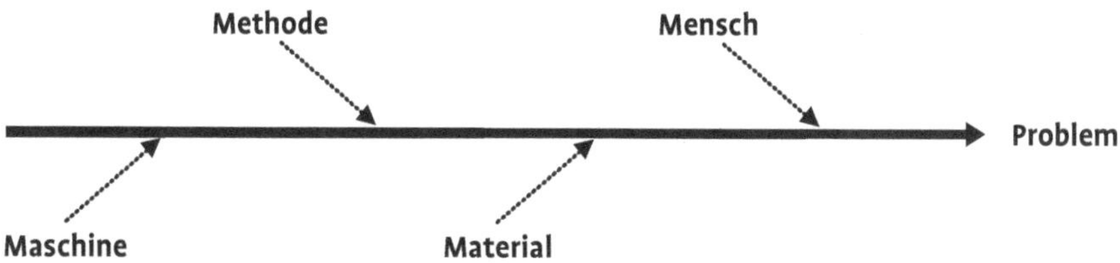

Dabei muss nicht die ursprüngliche Gliederung der »4 M« übernommen werden, sondern die Zahl und Bezeichnung der Hauptäste können unterschiedlich festgelegt werden – weitere mögliche Äste könnten unter anderem »Mitwelt« (im Sinne von Umwelt), Management, Money oder Messung sein (z. B. Meran u. a. 2014, S. 167 ff.).

Ausgehend von der Annahme, dass 20 Prozent der Ursachen 80 Prozent der Fehler zur Folge haben (Pareto-Prinzip), versucht man anschließend, die Faktoren mit der größten Hebelwirkung zu identifizieren. Total Cycle Time (TCT) legt dabei das Schwergewicht auf die jeweiligen Sach-, Prozess- und Kulturbarrieren, während Six Sigma mithilfe statistischer Verfahren Ursachen für Störungen zu identifizieren sucht.

Eine andere Form der Ursachenklärung ist die 6-W-Hinterfragetechnik (z. B. Gorecki/Pautsch 2014, S. 100 ff.): sich nicht mit der ersten Ursache zufriedenzugeben, sondern diese Ursache ihrerseits zu hinterfragen: Warum fallen Werkstücke auf den Boden? – Weil der Mitarbeiter in ungünstiger Haltung an der Maschine steht. Warum steht der Mitarbeiter in falscher Haltung an der Maschine? – Weil die Entnahmestelle für das Werkstück in falscher Höhe angebracht ist. Nach mehrmaligem (sechsmaligem) Hinterfragen hat man damit die Möglichkeit, dahinterliegende tiefere Ursachen aufdecken zu können.

Gemba Walk Während insbesondere ältere Prozessmanagementkonzepte relativ stark zahlenbasiert sind, bedeutet Gemba Walk, zum Ort des Geschehens zu gehen: sich als Führungskraft, Fachexperte oder Arbeitsgruppe nicht mit Berichten und Kennzahlen zufriedenzugeben, sondern selbst zum »Ort des Geschehens« zu gehen. Direkt vor Ort zu sein gibt einen unmittelbareren Eindruck und ermöglicht oft eine schnellere und zutreffendere Bewertung der Situation und die Entwicklung neuer Lösungsansätze, als nach Informationen aus zweiter Hand zu urteilen.

Sammlung von Ideen Häufig ergeben sich aus der Prozessdarstellung unmittelbare Verbesserungsideen. Beim angeführten Beispiel bestand die Lösung darin, anstelle des sequenziellen Bearbeitungsprozesses (jeder bearbeitet das Thema für sich und gibt es anschließend an die nächste Station weiter) die Aufgaben stärker simultan zu bearbeiten: Jede neu eintreffende Anfrage wird im täglichen Jour fixe kurz vorgestellt. Dort wird entschieden, wer die Aufgabe übernimmt. Auch die Überarbeitung erfolgt unmittelbar im gemeinsamen Gespräch – ein Vorgehen, das dann in agilen Arbeitsformen aufgegriffen und weitergeführt wird. Übrigens ist die sequenzielle Bearbeitung von Themen ein typisches Kennzeichen bürokratischer Organisationen: Eine Anfrage wird in einem Referat bearbeitet, dann an das nächste weitergegeben, das natürlich Anmerkungen und Änderungen einbringt, geht dann an das dritte, irgendwann wieder zurück an das erste – ein oft nahezu endloser Prozess. Auch hier besteht die Lösung darin, eine kleine Arbeitsgruppe (»Focusgruppe«) aus den zuständigen Mitarbeitern der betroffenen Referate zu bilden, die gemeinsam die Anfrage beantworten oder einen gemeinsamen digitalen Workflow aufbauen.

Weitere Lösungsansätze ergeben sich auf der Basis der unterschiedlichen Prozessmanagementkonzepte. Hier seien nur einige aufgeführt (z. B. Gorecki/Pautsch 2014, S. 223 f.):

- Veränderung der räumlichen Anordnung: Oft entsteht Verschwendung durch die räumliche Anordnung, wenn zum Beispiel Materialien aus weit entfernten Lagern geholt werden müssen.
- Verringerung der tatsächlichen Durchlaufzeit im Vergleich zur Bearbeitungszeit. Das kann durch Festlegung von Qualitätsstandards erfolgen oder – wie im Beispiel – durch simultane Bearbeitung.
- Einführung des »Pullprinzips«: In jedem Arbeitsschritt wird nur so viel produziert, wie die nachgelagerte Stelle anfordert – womit Überproduktion vermieden wird.
- Visual Management: Arbeitsanweisungen werden nicht in langen Handbüchern, sondern als knappe visuelle Darstellungen direkt vor Ort festgelegt.
- Verzicht auf zusätzliche Kontrollen. Jede Kontrolle kostet Geld und ist damit häufig Verschwendung.

Gemeinsamer Grundsatz bei all diesen Lösungsideen ist die Arbeit in Teams: Ein Team vereint verschiedene Perspektiven und ist bei der Lösungsentwicklung kreativer. Und Grundsatz ist auch, das betonen mittlerweile alle Konzepte, stärkere Selbstverantwortung der und stärkeres Vertrauen in die Mitarbeiter – ein Schritt, der deutlich in Richtung agiler Organisationsformen geht.

Systemebene im Prozessmanagement

In den letzten 20 Jahren haben zahlreiche Unternehmen auf der Basis unterschiedlicher Konzepte Prozessverbesserungen durchgeführt und dabei zum Teil beträchtliche Erfolge mit Verkürzungen der Durchlaufzeit von über 50 Prozent erzielt (Gadatsch 2017; Schmelzer/Sesselmann 2013, S. 603 ff.). Probleme stellen sich jedoch eher auf längere Sicht ein: Eine neu entworfene Organisation »passt« nicht in die Kultur des Unternehmens und führt zu einer Fülle von Fehlern; die einzelnen Schritte des Prozesses sind klar definiert, aber die Mitarbeiter halten sich nicht daran.

Vernachlässigt werden dabei die Faktoren des sozialen Systems: die subjektiven Deutungen der Mitarbeiter (Bewerten sie das jeweilige Vorgehen als sinnvoll und hilfreich oder eher als übergestülpt?), die geheimen Regeln, die Regelkreise, die bei dem Versuch entstehen, Prozesse immer wieder neu zu standardisieren. Hierfür ein Beispiel: Für das wöchentliche Managementmeeting hatte die Controllingabteilung immer die aktuellen Zahlen in einer Vorlage von zwölf Seiten aufbereitet. Doch niemand las diese Unterlage wirklich durch – es war eine Verschwendung von Zeit und Kosten. Aber der Versuch, diese Daten zu reduzieren, scheiterte zunächst am erbitterten Widerstand des Controllingleiters und seiner Mitarbeiter, die ihre Arbeitsplätze gefährdet sahen – es dauerte nahezu neun Monate, bis die zwölfseitige Vorlage durch eine DIN-A3-Seite mit den wichtigsten Kennzahlen ersetzt wurde.

Konsequenz davon ist, Prozessmanagement in einen systemischen Ansatz einzubinden. Das bedeutet im Einzelnen:

- **Stakeholder analysieren und Stakeholder-Management betreiben:** Wer sind die Personen und Personengruppen, die von der Prozessveränderung betroffen sind? Wer gewinnt und wer verliert dadurch? Wer kann als Promotor für die Prozessveränderung gewonnen und wie können Gegner eingebunden werden? Wie lässt sich Akzeptanz für das Vorhaben erreichen?
- **Die subjektiven Deutungen der betreffenden Personen berücksichtigen:** Inwieweit die Prozesse gelebt werden, hängt von den subjektiven Deutungen der beteiligten Personen ab: Inwiefern sehen die Mitarbeiter die Veränderung der Prozesse als Unterstützung? Oder befürchten sie dadurch weiteren Personalabbau und sehen ihre eigene Stelle gefährdet?
- **Die offiziellen und informellen sozialen Regeln berücksichtigen:** Wenn eine Regel für den Umgang mit Veränderungen besteht »erst einmal stillhalten – auch diese Veränderung werden wir überleben!«, dann wird diese geheime Regeln das Ergebnis einer Prozessveränderung mehr beeinflussen als umfangreiche Prozessworkshops.

- **Regelkreise analysieren und gegebenenfalls unterbrechen:** Ein typischer Regelkreis aus einem solchen Prozess bestand darin, dass sich alle Betroffenen über fehlende Information beklagten – obwohl es zahlreiche Informationsveranstaltungen sowie regelmäßige Informationen im Internet und anderes gab. Aber es nützte nichts, immer wieder war die Klage zu hören, wir werden nicht eingebunden. Hier gilt der Grundsatz: nicht mehr desselben, sondern etwas anderes tun – zum Beispiel anstelle bloßer Informationsveranstaltungen dialogische Kommunikation betreiben, wo die Beteiligten ihre Ideen einbringen können, mehr Gespräche mit Einzelnen anstatt allgemeine Informationen.
- **Die Systemumwelt berücksichtigen:** Das betrifft zum einen die materielle Umwelt (z. B. Einführung von Trello als elektronisches Kanban-System), zum anderen aber auch die Systemgrenze zu anderen sozialen Systemen. Wie können zum Beispiel Kunden und Lieferanten in die Systemveränderung eingebunden werden?
- **Die Vorgeschichte reflektieren und ein Gefühl für die passende Geschwindigkeit gewinnen:** Gab es frühere Versuche, diesen Prozess zu verändern? Wie sind sie verlaufen? Was können wir aus der Vergangenheit lernen? Welche damals bewährten Vorgehensweisen können wir wieder nutzen? Welche Fehler sollten wir vermeiden? Und wie sollte das Tempo austariert werden? – Manchmal ist es notwendig, Veränderungen schnell durchzuführen, manchmal ist es besser, etwas Zeit zu lassen.

Prozessmanagement auf der Basis eines systemischen Vorgehens bedeutet immer, Veränderungen nicht von außen durchzuführen, sondern sie als Veränderung eines sozialen Systems zu betrachten: das Wissen des sozialen Systems zu nutzen, zum Beispiel Veränderungen in gemischten Teams durchzuführen, in denen die verschiedenen Perspektiven berücksichtigt werden. Es bedeutet ferner, die unterschiedlichen Stakeholder einzubinden. Und es bedeutet schließlich, Veränderung von Prozessen durch Maßnahmen auf anderen Ebenen des sozialen Systems zu unterstützen: gleichzeitig Teamentwicklungsmaßnahmen durchzuführen, Führungskräfte zu coachen (durch Veränderung der Prozesse verändert sich auch ihre Rolle) oder das Thema »Werte« zu bearbeiten.

Bewährt hat sich, Prozessveränderungen und Veränderungen der Organisationskultur als Einheit zu sehen und auf beiden Ebenen ansetzen. Exemplarisch sei die Grobstruktur des Veränderungsprozesses eines Werks in einem internationalen Unternehmen skizziert, der sich durch enge Verzahnung von Prozess- und Kulturveränderung auszeichnet:

Verzahnung von Prozess- und Kulturveränderung im Werk N

Visionsworkshop als Einstieg in den Prozess

Um eine möglichst große Akzeptanz zu gewinnen, wurde dieser Visionsworkshop mit ungefähr 50 Mitarbeitern unterschiedlicher Ebenen und Bereiche unter Einbeziehung von Werksleitung und Betriebsrat durchgeführt. Zielstellung war, eine gemeinsame Vision als Basis für den Prozess zu entwickeln.

Organisationsanalyse

In einem zweiten Schritt wurde eine Organisationsanalyse durchgeführt. Schwerpunkte dabei waren:

- Interviews zur Erfassung des verdeckten Wissens der Organisation: Wo liegen die besonderen Stärken des Unternehmens hinsichtlich der Vision? Welche Schwachstellen behindern das Erreichen der Vision? Welche Maßnahmen haben die größte Hebelwirkung?
- Dokumentenanalyse der vorhandenen Daten (Kennzahlen)
- Stakeholder-Analyse zur Erfassung der wichtigsten Stakeholder für den Veränderungsprozess und ihrer Ziele

Umsetzung

Auf der Prozessebene wurden je nach Werk unterschiedliche Konzepte (insbesondere TPM und Six Sigma) eingeführt mit der Zielsetzung, den Produktionsprozess effizienter zu gestalten.

Gleichzeitig wurde auf den anderen Ebenen des sozialen Systems gearbeitet. Schwerpunkte waren:

- Coaching der wichtigsten Stakeholder (zum Beispiel Werksleiter, Bereichsleiter)
- Führungsworkshops mit Führungskräften auf unterschiedlichen Ebenen zur Entwicklung eines neuen Führungsverständnisses
- Schnittstellenworkshops zur Verbesserung der Zusammenarbeit zum Beispiel zwischen Produktion und Technik
- Coaching bei Konflikten
- Einführung von Schichtübergabebesprechungen zur Verbesserung der Zusammenarbeit zwischen den Schichten

Gesteuert wurde der Prozess durch werksinterne und werksübergreifende Prozessbegleiter, die sowohl in TPM und Six Sigma als auch in systemischer Organisationsberatung geschult wurden. Unterstützung erfolgte durch externe Berater sowohl im Bereich der Prozessoptimierung als auch im Bereich systemischer Organisationsberatung.

Anregungen zur Weiterarbeit

Eine gute Vorgehensweise, mit Prozessmanagement vertraut zu werden, besteht darin, das Vorgehen an einem Beispiel aus Ihrem eigenen Arbeitsalltag zu erproben: Wie verläuft zum Beispiel die Bearbeitung von E-Mails bei Ihnen oder in Ihrem Team? Wo tritt da Verschwendung auf? Was lässt sich verändern? Aber bedenken Sie dabei bitte die Systemebene: Wer sind die anderen Stakeholder des Prozesses? Wer gewinnt und wer verliert durch weniger E-Mails? Welche typischen Regeln und Regelkreise lassen sich feststellen?

Wenn Sie selbst (in Ihrem Beruf) von Prozessveränderungen betroffen sind, beachten Sie: Nehmen Sie sich Zeit, diesen Prozess zu reflektieren. Was war gut? Wo traten Probleme auf? Was hätten Sie anders gemacht beziehungsweise sollte man anders machen? – Vielleicht haben Sie die Möglichkeit, Ihre Ideen einzubringen.

Literaturtipps

Zu Prozessmanagement gibt es mittlerweile zahllose Literatur. Hilfreiche Einführungen sind:

- Franz J. Brunner: *Japanische Erfolgskonzepte*. KAIZEN, KVP, Lean Production Management, Total Productive Maintenance, Shopfloor. Hanser, München, 4. Auflage 2017
- Pawel Gorecki/Peter Pautsch: *Praxisbuch Lean Management*. Der Weg zur operativen Excellence. Hanser, München, 3. Auflage 2018
- Peter Krampf: *Strategisches Prozessmanagement*. Instrumente und Philosophien für mehr Effizienz, Qualität und Kundenzufriedenheit. Franz Vahlen, München 2016
- Karl Werner Wagner/Gerold Patzak: *Performance Excellence*. Der Praxisleitfaden zum effektiven Prozessmanagement. Hanser, München, 2. Auflage 2015

Organisationskultur

In den 1980er-Jahren tauchte bei der Diskussion zum Thema Veränderung in Organisationen erstmals der Begriff »Organisationskultur« auf. Den Anstoß gaben 1982 zwei Publikationen: Das Buch »In Search of Excellence« von Tom Peters und Robert H. Waterman (deutscher Titel: »Auf der Suche nach Spitzenleistungen«, 1993) und »Corporate Cultures« von Terrence E. Deal und Allan A. Kennedy (1982; vgl. die Darstellungen bei Neubauer 2003, S. 49 ff., 82 ff.). Im Rahmen eines Projekts zur »Leistungsfähigkeit von Organisationen« bei McKinsey untersuchten Peters und Waterman 43 Unternehmen unter der Fragestellung, welche Erfolgsfaktoren innovative und exzellente Unternehmen auszeichnen. Sie kamen zu dem Ergebnis, dass »weiche Faktoren« wie ein sichtbar gelebtes Wertesystem oder Führung genauso wichtig, wenn nicht sogar wichtiger für den Erfolg des Unternehmens sind wie die »harten Faktoren« Technik und Struktur – ein Ergebnis, dass sich zum Beispiel in den Untersuchungen von Jim Collins und Jerry I. Porras (2005) bestätigte.

Die erste systematische Untersuchung der Unternehmenskultur beschrieb Edgar H. Schein in seinem 1985 erstmals erschienen Buch »Unternehmenskultur. Ein Handbuch für Führungskräfte« (2010). Schein, Professor für Management am MIT (Massachusetts Institute of Technology) und einer der Begründer der Organisationspsychologie, gibt darin folgende Definition von »Kultur«:

> *»Die Kultur einer Gruppe lässt sich [...] definieren als: Ein Muster gemeinsamer Grundprämissen, das die Gruppe bei der Bewältigung ihrer Probleme externer Anpassung und interner Integration erlernt hat, das sich bewährt hat und somit als bindend gilt und das daher an neue Mitglieder als rational und emotional korrekter Ansatz für den Umgang mit diesen Problemen weitergegeben wird«* (Schein 1995, S. 25).

Schein unterscheidet drei Ebenen der Unternehmens- beziehungsweise Organisationskultur (2010, S. 31 ff.):

- Artefakte, die eine bestimmte Bedeutung besitzen. Das können die Größe des Büros oder der sechseckige Schreibtisch sein, der den Eingeweihten signalisiert, dass es sich hier um eine höhere Führungskraft handelt. Oder der Empfangsbereich ist als strenge Barriere gestaltet beziehungsweise in Form eines Foyers, das Offenheit signalisieren soll. Auch die Form der E-Mails deutet eine bestimmte Art der Kommunikation an.

- Eine weitere Ebene der Organisationskultur findet sich in öffentlich propagierten Werten, die sich in Visionen, Leitsätzen, Führungsgrundsätzen und anderen schriftlichen Dokumenten ausdrücken.
- Und schließlich als dritte Ebene: die unausgesprochenen gemeinsamen Annahmen. Dazu gehören zum Beispiel, dass es allein von den Beziehungen abhängt, ob man in der Organisation Karriere machen kann, oder die Überzeugung, Teil einer großartigen Organisation zu sein, auf die man stolz sein kann.

Dabei lassen sich zwei Arten von »Grundprämissen« unterscheiden, die eine Kultur ausmachen (vgl. auch Lang u. a. 2005, S. 214 ff.; Grubendorfer 2016, S. 16 ff.):

- Organisationskultur als die gemeinsame Werte, Normen und Regeln einer Organisation. So definiert Walter Neubauer: »Organisationskultur ist die Gesamtheit geteilter Grundannahmen, Werthaltungen, Normen und Orientierungsmuster, die von den Menschen in einer Organisation zur Bewältigung der Probleme der äußeren Anpassung und der inneren Integration entwickelt wurden und die sich nach gemeinsamer Überzeugung so bewährt haben, dass sie an neue Mitglieder weiterzugeben sind, damit diese in der richtigen Weise wahrnehmen, denken, fühlen und handeln« (Neubauer 2003, S. 22).
- Organisationskultur als der gemeinsame Deutungsrahmen, also die gemeinsamen subjektiven Deutungen einer Organisation. So betont Sonja Sackmann: »Der Kern [...] einer Unternehmenskultur besteht aus jenen grundlegenden, kollektiven Überzeugungen, die das Denken, Handeln und Empfinden der Führungskräfte und Mitarbeiter im Unternehmen maßgeblich beeinflussen und die insgesamt typisch für das Unternehmen beziehungsweise eine Gruppe im Unternehmen sind« (Sackmann 2017, S. 24).

Gemeinsam ist diesen Ansätzen, dass Organisationskultur nicht an einer einzelnen Person festzumachen, sondern Merkmal eines sozialen Systems ist: Es sind die in immer wiederkehrenden Handlungsmuster, aber auch in Artefakten deutlich werdenden gemeinsamen subjektiven Deutungen, aber auch die gemeinsamen Werte, Regeln und Rituale, die das Handeln der Organisation bestimmen. Zugleich ist die Organisationskultur das »kollektive Gedächtnis eines Unternehmens« (Sackmann 2017 S. 322), das an jüngere Mitarbeiter weitergegeben und von neuen Mitarbeitern gelernt wird. Es ist »die Summe der Geschichten, die man sich erzählt« (Loebbert 2009, S. 97): die Geschichte des Unternehmensgründers, der eine Vision entwickelt hat, aber auch die Geschichte von Führungskräften, die nur auf ihren Vorteil bedacht sind und eine Kultur der Durchsetzung begründen.

Geschichten werden aber nicht rational, sondern emotional im sogenannten. episodischen Gedächtnis gespeichert. Das bedeutet, dass die Organisationskultur zum großen Teil unbewusst ist: Die offiziellen Leitsätze, die Offenheit und Respekt fordern, mögen als Schlagworte rational bewusst sein. Aber die emotional gespeicherten Erinnerungen erzählen eine ganz andere Geschichte – und sie sind es, die letztlich das Handeln bestimmen. Damit lässt sich Organisationskultur definieren:

Organisationskultur sind die emotional gespeicherten gemeinsamen subjektiven Deutungen, Werte und Regeln einer Organisation, die symbolisch zum Beispiel in Geschichten, Ritualen, Artefakten erinnert, bewahrt und weitergegeben werden.

Für Organisationsberatung stellen sich im Zusammenhang mit Organisationsberatung zwei Aufgaben: die Analyse der bestehenden und Unterstützung bei der Veränderung der Organisationskultur.

Erfassung der Organisationskultur

Die Kultur einer Organisation ist den darin handelnden Personen nur zum Teil bewusst. Das heißt aber nicht, dass sie nicht erfassbar wäre. Hier gibt es unterschiedliche Ansätze:

- Es gibt derzeit eine Reihe von Fragebogen zur Erfassung der Organisationskultur (Übersichten z. B. Bertelsmann-Stiftung 2006), wie der Fragebogen »Fitness-Radar« (Jost 2003, S. 119 ff.) oder das Organisationskulturmodell von Denison (Bertelsmann-Stiftung 2006, S. 14 ff.), bei dem die Kultur nach bestimmten Dimensionen wie Vision, strategische Ausrichtung, aber auch Übereinstimmung, Übertragung von Verantwortung eingeschätzt wird. Nachdem die Einschätzung der einzelnen Kategorien eher intuitiv erfolgt, lassen die Ergebnisse sicherlich Rückschlüsse auf die emotional gespeicherten Einstellungen zu und definieren damit durchaus Themenbereiche, bei denen Handlungsbedarf besteht.
- Mithilfe qualitativer Interviewverfahren lässt sich die Organisationskultur erfragen:
  - Welche Themen sind für die Mitarbeiter wichtig? Welche Begriffe werden in der Beschreibung der Organisation genannt? Welche Beispiele werden für bestimmte Themen gegeben?
  - Wie werden Erfolge oder Misserfolge erklärt?
  - Mit welchen Metaphern wird die Organisation beschrieben? Welche Geschichten werden erzählt: Welche »typischen« oder »bedeutsamen« Ereignisse hat der Interviewpartner in dieser Organisation erlebt? Was wäre eine typische Geschichte für Führung in dieser Organisation?

  - Aber auch: Welche geheimen Regeln bestimmen die Kultur? Was darf man, was darf man nicht? Welche typischen Regelkreise treten immer wieder auf?
- Man kann auch im Rahmen eines Stegreiftheaters Geschichten spielen lassen – und erfährt dabei viel über die emotionale Bedeutung dieser Situationen.
- Beobachten lassen sich sicherlich immer wiederkehrende Verhaltensweisen (Regelkreise), auch Artefakte und Sanktionen, die auf Regeln deuten. Aber die emotionale Bedeutung dieser Verhaltensweisen erfordert eine teilnehmende Beobachtung, erfordert, sich als Beobachter intuitiv in diese Situation zu versetzen: Wenn ich den Arbeitsraum einer Marketingabteilung betrachte, wo die Mitarbeiter wie in einer Schulklasse hintereinander in Reihen sitzen und die Abteilungsleiterin in einem abgeschlossenen Büro: Allein diese Situation deutet auf relativ isoliertes Arbeiten einzelner Mitarbeiter hin und kennzeichnet eine deutliche Systemgrenze zwischen Führung und Mitarbeitern.
  Hilfreich ist dabei, als Außenstehender auf »Überraschungen« zu achten (Schein 1995, S. 144 ff.): Was fällt einem von außen kommenden Beobachter als außergewöhnlich auf? Was ist unerwartet? Was würde man eher erwarten? Für welche Situationen wäre diese Verhalten eher typisch? Auf unser Beispiel bezogen: Die Anordnung in hintereinander angeordneten Arbeitsplätzen erinnert an traditionelle Schulklassen oder frühe Phasen industrieller Produktion – würde man in einer Marketingabteilung nicht eher so etwas wie Arbeitsgruppen erwarten oder ruhige Arbeitsplätze, in denen man ungestört vom Nachbarn sich auf ein Thema konzentrieren kann?

Insgesamt lässt sich festhalten: Das Erfassen der Bedeutung von Verhaltensweisen innerhalb einer Organisation ist nie eine reine Verhaltensbeobachtung, sondern bedeutet gleichzeitig, die dahinterstehende emotionale Bedeutung zu erkennen.

Veränderung der Organisationskultur

Eine Maschine lässt sich im Ganzen oder in Teilen auswechseln. Auch der Produktionsablauf oder der Bestellprozess lassen sich umstrukturieren, eine Führungsebene kann aufgelöst werden. Doch die im episodischen Gedächtnis gespeicherten Erfahrungen der Organisation lassen sich nicht einfach auswechseln. Sie bleiben bestehen. Teamarbeit kann »verordnet« werden, aber ob aus den betreffenden Personen tatsächlich ein Team wird, ist damit noch offen. Dahinter steckt die Tatsache, dass ein soziales System (und damit gleichermaßen die Organisationskultur) eine Eigendynamik besitzt und nicht in einem technischen Verständnis abänderbar ist.

Trotzdem verändert sich die Organisationskultur. Wir kennen es aus dem Alltag: Mit der Durchsetzung des Handys, des Internets, der E-Mails hat sich die »Kultur«, haben sich unsere subjektiven Deutungen und unsere Regeln im Umgang mit Informationen verändert. Und es gibt natürlich Organisationen, die – mehr oder weniger geplant – einen »Culture Change« vollzogen haben. Eine neue Führungskraft führt eine neue Führungskultur ein, die sich allmählich durchsetzt. Der Wechsel zu agilem Projektmanagement verändert das Miteinander – und damit auch die Organisationskultur. Aber die Ergebnisse sind nicht technisch planbar: Eine Führungskraft kann sich vornehmen, eine neue Teamkultur einzuführen – was aber nicht garantiert, dass es gelingt.

Versteht man die Organisationskultur als die emotional gespeicherten subjektiven Deutungen und Regeln, dann ist plausibel, dass kognitives Vorgehen hier vergleichsweise wenig erfolgreich ist. Bloße Argumente, warum man im Team arbeiten soll, oder die reine Anweisung, im Team zu arbeiten, führen selten zu besserer Teamarbeit. Das schriftlich dokumentierte Leitbild, das Offenheit und Vertrauen predigt, wird wenig (oder möglicherweise gegenteilige) Wirkung haben, wenn es allein kognitiv bleibt. Es sind andere Faktoren, die hier wichtige Anstöße liefern (z. B. Berner 2012):

Personen als Promotoren Häufig sind es Personen, die den Anstoß zur Veränderung der Organisationskultur geben: die neue Vorgesetzte, die anders ist als der eher patriarchalische Vorgänger. Der Führung kommt hier entscheidende Bedeutung zu, wie zahlreiche empirische Studien aufgezeigt haben (z. B. Collins/Porras 2005; Kotter/Heskett 1993, S. 115 ff.; Kotter 1996, S. 175 ff.; Neubauer 2003, S. 107 ff.). So bestimmt zum Beispiel der Gründer einer Start-up-Company mit seinen Überzeugungen entscheidend die Kultur des wachsenden Unternehmens; eine Schulleiterin prägt die Kultur der Schule; der Wechsel in der Bereichsleitung kann zugleich den Wechsel der Organisationskultur nach sich ziehen.

Dabei ist weniger das, was die Führungskraft sagt, entscheidend, sondern wie sie es sagt und wie sie handelt. Wenn ein Geschäftsführer Offenheit im Leitbild predigt, aber Entscheidungen tatsächlich hinter verschlossenen Türen getroffen werden, dann prägt das tatsächliche Verhalten mehr als die verbale Proklamation. Glaubwürdigkeit ist einer der entscheidenden Erfolgsfaktoren.

Die »kritische Masse« Ein Einzelner wird wenig Anstöße zu Veränderungen geben, wenn er allein bleibt. Er wird eher belächelt oder zum Außenseiter gestempelt. Entscheidend ist, andere von dieser Idee zu überzeugen. John Kotter spricht hier von der »Guiding Coalition« als einem entscheidenden Erfolgsfaktor für Veränderungen: Andere zu begeistern und sich gemeinsam auf den Weg zu machen. Ähnlich formuliert Edgar Schein:

»*Der Gründer holt einen oder mehrere andere hinzu und bildet eine Kerngruppe, die Ziel und Vision mit ihm teilt. Sie alle glauben daran, dass es sich um eine gute Idee handelt, die sich realisieren lässt und persönliche Risiken sowie den nötigen Einsatz von Zeit, Geld und Energie rechtfertigt*« (Schein 1995, S. 173).

Cornelia Seewald hat hierfür die Einführung von »Culture Scouts« vorgeschlagen (Seewald 2006, S. 41 ff., 163 f.). Culture Scouts sind Mitarbeiter,

»*die keine offizielle Rolle im Veränderungsprojekt haben, aber bereit und willens sind, sich dafür zu verwenden: Mitarbeiter, die genug Organisationskenntnis und unterschiedlichstes methodisches Wissen haben und die vor allem bereit sind, Veränderungsgeschehen zu unterstützen*« (Seewald 2006, S. 42).

Culture Scouts verwenden fünf bis zehn Prozent ihrer Arbeitszeit darauf, mit anderen Gespräche zu führen, Kollegen zu befragen, anderen zu helfen, sich in der Kultur zurechtzufinden. Eine ähnliche Funktion wie Culture Scouts haben Mentoren oder Paten. Auch sie haben die Aufgabe, neue Mitarbeiter in die Kultur einzuführen (sie zum Beispiel über geheime Regeln zu informieren) und damit die Kultur weiterzugeben und weiterzuentwickeln.

Zudem sind die Besetzung neuer Positionen und die Einarbeitung neuer Mitarbeiter hinsichtlich der Organisationskultur relevant: zum Beispiel Mitarbeiter nicht nur nach ihren fachlichen Kompetenzen auszuwählen, sondern auch danach, ob sie zur angestrebten Kultur »passen«. Schlüsselpositionen so zu besetzen, dass sie die Organisationskultur unterstützen, gilt als einer der wichtigen Erfolgsfaktoren von Veränderungsprozessen (z. B. Collins/Porras 2005, S. 182 ff.)

Kulturveränderung durch Geschichten Wenn die Organisationskultur entscheidend durch Geschichten geprägt und tradiert wird, dann liegt es nahe, Geschichten auch für Kulturveränderung zu nutzen:

»*Wenn Unternehmenskultur die ›Summe der Geschichten ist, die man sich erzählt‹, dann ist es wichtig, sich Gedanken zu machen, welche Geschichten in einer Unternehmung erzählt werden, welche funktionieren, welche verstärkt werden sollen*« (Jost 2003, S. 68).

Dementsprechend betont Michael Loebbert den Wert von Geschichten für eine wirkungsvolle Kulturveränderung:

»*Nur mit geschichtlichen Erlebnissen und geschichtlich erfahrenen Gegenständen können kulturelle Muster direkt ohne den Umweg der rationalen Abstraktion beeinflusst*

> *werden. Die bessere Geschichte gewinnt [...] Kulturveränderung bedeutet die Veränderung der alten Geschichten oder Erzählung von neuen Geschichten, welche die kulturellen Muster für den zukünftigen Erfolg des Unternehmens glaubwürdig kommunizieren«* (Loebbert 2009, S. 130).

Möglichkeiten dafür bieten Appreciative Inquiry (zur Bonsen/Maleh 2012) oder Storytelling (z. B. Jost 2003; Rupp 2016). Erfolgsgeschichten der Organisation zum Beispiel im Rahmen von Workshops oder Großgruppenveranstaltungen bewusst zu machen: Erzählen Sie die Geschichte eines echten Höhepunkts in der Organisation: Was war das für eine Situation? Was geschah? Was hat zum Erfolg geführt? Im Erzählen dieser Geschichte werden nicht nur Fakten aufgelistet, sondern die Geschichte wird emotional erlebbar.

Damit wird Storytelling zu einem wichtigen Faktor der Veränderung der Organisationskultur (z. B. Chlopczyk 2017; Rupp 2016): die Geschichten sammeln, die unsere Kultur verdeutlichen, aber auch neue Geschichten erzählen, zum Beispiel aus der erfolgreichen Bearbeitung eines schwierigen Projekts eine Geschichte machen, die weitergegeben werden kann. Aber: Eine Geschichte wird nur dann positive Wirkung erzielen, wenn sie glaubwürdig und anschlussfähig ist an die bisherigen Annahmen der Mitarbeiter. Eine Geschichte, die vom Vertrauen in einer Organisation berichtet, die ansonsten von Misstrauen gekennzeichnet ist, führt nur zu Zynismus.

Rituale Rituale sind Handlungen, die nicht nur zweckrational sind, sondern eine emotionale Bedeutung haben: die Freisprechung der Auszubildenden, die Ehrung von Jubilaren, das Feiern eines erfolgreichen Projekts. Rituale sind erlebte Geschichten, die wiederholt werden – und sie sind damit Bestandteil der Organisationskultur. Und es gilt das, was wir bereits im Kapitel zu den Ritualen festgestellt haben: positive Rituale aufgreifen, sie in Bezug zu grundlegenden Werten sehen – aber zugleich kritisch gegenüber Ritualen sein, bei denen dieser Zusammenhang nicht mehr deutlich ist und die damit leer und ausgehöhlt werden.

Veränderung von Rahmenbedingungen Die Einführung eines agilen Projektmanagements »zwingt« dazu, sich miteinander abzusprechen, gemeinsam Aufgaben zu verteilen. Rahmenbedingungen legen ein bestimmtes Verhalten nahe – und verändern damit (indirekt) auch die subjektiven Deutungen. Hier zwei Beispiele (in Anlehnung an Berner 2012, S. 107 ff.):

- Kommunikation via E-Mails beeinflusst die Kultur: Es gibt weniger persönliche Kontakte und es entsteht bisweilen ein eskalierender Regelkreis von Antwort und Gegenantwort. Eine »Null-E-Mail-Policy« einzuführen, die es un-

tersagt, lediglich E-Mails an Kollegen zu schreiben, die man treffen oder mit denen man direkt Kontakt aufnehmen kann, kann ein Schritt zu einer Kulturveränderung sein.
- Räumliche Zusammenlegung von Teammitgliedern fördert den Austausch – kann aber die eigene Zeit für kreatives Arbeiten einschränken.
- Auch Prozessveränderungen wie die Einführung von KVP verändern die Unternehmenskultur und können zum Beispiel genutzt werden, um Mitarbeitern Freiräume zu schaffen und Verantwortung zu geben (z. B. Glahn 2017).

Veränderungen von Rahmenbedingungen oder Prozessen können somit als Element der Kulturveränderung genutzt werden – die konkreten Wirkungen sind aber nie eindeutig vorhersagbar. Konsequenz ist, dass Veränderung von Rahmenbedingungen stets mit Blick auf die Organisationskultur gestaltet und durch Maßnahmen auf anderen Ebenen unterstützt werden muss.

Gemeinsame Entwicklung der Organisationskultur Ein von einer Marketingagentur entwickeltes Leitbild, das gleichsam von außen aufgesetzt wird, verändert die Organisationskultur – aber vermutlich in die falsche Richtung: Es entsteht daraus eher eine Geschichte, in der dargestellt wird, wie von außen etwas vorgegeben, aber nicht gelebt wird. Die Alternative ist die gemeinsame Weiterentwicklung der Organisationskultur im Rahmen eines Visionsworkshops oder einer Großgruppenveranstaltung: Unterschiedliche Perspektiven der Organisation sind eingebunden, jeder kann seine Sicht einbringen, jeder fühlt sich eingebunden. Entscheidend aber ist anschließend, dass es nicht bei einem einmaligen Visionsworkshop bleibt, sondern dass im Rahmen der Umsetzung der Vision zum Beispiel Rahmenbedingungen geschaffen werden, die tatsächlich das gemeinsame Gespräch ermöglichen.

Veränderung der Organisationskultur ist letztlich nichts anderes als die Veränderung eines sozialen Systems. Insofern ist systemische Organisationsberatung immer auch auf die Organisationskultur ausgerichtet. Zur Strukturierung dienen folgende Fragen:

- Wie ist die gegenwärtige Organisationskultur? Welche Werte werden tatsächlich gelebt (möglicherweise im Unterschied zu wohlklingenden Formulierungen des Leitbilds)? Welche geheimen Regeln beeinflussen das Handeln der Mitarbeiter? Was sind die zentralen Themen, die die Mitarbeiter bewegen? Wie ist die Bindung der Mitarbeiter an die Organisation? Welche Geschichten werden erzählt?
- Was von der gegenwärtigen Organisationskultur soll beibehalten werden? Was möchten wir verändern?

- Welche Maßnahmen können diese Veränderung unterstützen und begleiten?
- Wer sind die Promotoren dieser Veränderung? Wer sind Verbündete?
- Inwieweit steht die Führung hinter der Vision, hinter den Werten? Inwieweit wird die intendierte Organisationskultur tatsächlich gelebt?
- Wie kann Veränderung der Organisationskultur als gemeinsames Thema (zum Beispiel in Visionsworkshops) angegangen werden? Was ist unsere gemeinsame Vision?
- Welche Geschichten oder Rituale können diese Vision verdeutlichen und unterstützen?
- Welche Rahmenbedingungen müssen verändert werden, damit die Organisationskultur tatsächlich gelebt wird?
- Was sind die Ergebnisse dieser Maßnahmen? Wie weit wird die erstrebte Kultur tatsächlich gelebt? Wo regt sich möglicherweise Widerstand?
- Welche Konsequenzen ergeben sich daraus? Welche Maßnahmen können den Erfolg sichern beziehungsweise Risiken verringern?
- Was wiederum sind die Konsequenzen dieser zusätzlichen Maßnahmen?

Literaturtipps

Eine umfassende Einführung in das Thema Unternehmenskultur mit vielen praktischen Anregungen bietet:

- Sonja Sackmann: *Unternehmenskultur.* Erkennen – Entwickeln – Verändern. Springer, Wiesbaden/Berlin, 2. Auflage 2017

Ferner sei erwähnt:

- Christina Grubendorfer: *Einführung in systemische Konzepte der Unternehmenskultur.* Carl-Auer, Heidelberg 2016

Praktische Anregungen finden Sie zum Beispiel bei:

- Winfried Berner: *Culture Change.* Schäffer-Poeschel, Stuttgart 2012
- Jacques Chlopczyk: *Beyond Storytelling.* Springer Gabler, Wiesbaden 2017
- Svea von Hehn/Nils I. Cornelissen/Claudia Braun: *Kulturwandel in Organisationen.* Springer, Wiesbaden/Berlin 2016
- Michael Loebbert: *Kultur entscheidet.* Rosenberger, Leonberg 2009

Systemisches Projektmanagement

In einem Ministerium wird ein Projekt Öffentlichkeitsarbeit aufgesetzt. Ein Projektleiter wird gefunden, der sich mit viel Kompetenz und Engagement an die Arbeit macht. Aber nach vier Monaten ist er ein Nervenbündel: Das Projekt geht nicht vorwärts, es wird in der eigenen Organisation blockiert, gerät zunehmend in die Kritik.

Eine Analyse im Rahmen systemischer Organisationsberatung macht deutlich: Es lag nicht an den Verfahren des Projektmanagements und auch nicht an fehlender Kompetenz des Projektleiters. Es lag am sozialen System, nämlich daran, dass das Projekt in der Organisation keinen Unterstützer hatte: Dem Minister war das Projekt gleichgültig, er musste sich nur im Landtag präsentieren. Eine Dezernentin für Kommunikation sabotierte das Projekt, weil das Thema nicht bei ihr angesiedelt war. Und die übrigen Mitglieder des Projektteams waren mit Tagesaufgaben so zugeschüttet, dass sie keinerlei Interesse an diesem ihrer Ansicht nach überflüssigen Projekt hatten.

Solche Situationen sind kein Einzelfall. Obwohl die Verfahren des Projektmanagements mittlerweile hinreichend bewährt und abgesichert sind, scheitern nicht wenige Projekte. Ursache dafür ist der »menschliche Faktor«: Mitglieder des Projektteams verstehen sich nicht, ein nicht unmittelbar betroffener Vorgesetzter sabotiert das Projekt, der Auftraggeber hat letztlich kein Interesse oder fordert immer wieder Änderungen:

> *»Die einseitige Orientierung an Instrumenten, Verfahren und Abläufen verstellte oft den Blick dafür, dass es letztendlich Menschen sind, die sie akzeptieren und anwenden müssen«* (Schelle 2010, S. 25).

Diese Erfahrungen haben dazu geführt, dass zunehmend menschliche Faktoren in Lehrbüchern zu Projektmanagement thematisiert werden (z. B. Kerzner 2008; Reichert 2011; Schelle 2010) und es mittlerweile eine Reihe von Publikationen zu sozialer Kompetenz in Projekten (z. B. Bohinc 2007; Majer/Stabauer 2010), zu Teamarbeit (Gessler/Goerner 2003) oder zum sicheren Umgang mit Menschen in Projekten (Prudix 2016) gibt.

Darüber hinaus haben diese Überlegungen zu neuen Formen eines »agilen« (das heißt flexiblen) Projektmanagements wie zum Beispiel Scrum geführt (z. B. Gloger 2013). »Scrum« (ein Begriff aus dem Rugby mit der Bedeutung »Gedränge«) stellt nicht Prozesse und Abläufe in den Mittelpunkt, sondern Individuen und

Interaktionen, befürwortet nicht stringente Planung, sondern ein flexibles Reagieren auf Veränderungen. 2001 ist daraus das »Agile Manifest« mit folgenden Grundsätzen entstanden:

- *»Individuen und Interaktionen stehen über Prozessen und Werkzeugen.*
- *Die Zusammenarbeit mit dem Kunden geht über das Verhandeln von Verträgen.*
- *Das Reagieren auf Veränderungen steht über dem Befolgen eines Planes«* (Gloger 2013, S. 21).

Im Zusammenhang mit der Betonung des menschlichen Faktors bei Projekten wird zunehmend auf systemtheoretische Überlegungen zurückgegriffen. Das Handbuch Projektmanagement von Harold Kerzner (2008) versteht sich ausdrücklich als »systemorientierter Ansatz«, wobei ein sehr allgemeiner Systembegriff zugrunde gelegt wird, bei dem auch nicht menschlichen Faktoren als Elemente angesetzt werden (ebd.); das Konzept »holistisches Projektmanagement« von Stephanie Borgert versteht ein Projekt als »komplexes dynamisches System« (Borgert 2012, S. 3 ff.), wobei neben Systemtheorie auf die Neurowissenschaften zurückgegriffen wird und zum Beispiel Glaubenssätze, Konflikte oder Fragearten behandelt werden.

»Systemisches Projektmanagement« (den Begriff haben wir 1997 wird im Zusammenhang mit systemischer Organisationsberatung eingeführt: König/Volmer 2003, S. 9 ff.; ursprünglich 1997) versteht sich als Erweiterung des klassischen Projektmanagements durch die zusätzliche Betrachtung der Systemebene:

- Die Prozessebene (hier liegt der Schwerpunkt des klassischen Projektmanagements) behandelt den Ablauf bei Projekten: Projektauftrag, Projektplanung, Projektdurchführung.
- Auf der Systemebene geht es zum einen um das Projektteam als soziales System, zum anderen um die Frage, wie das Projekt innerhalb der weiteren sozialen Systeme (Unternehmen, Behörde) etabliert ist: Hat es genügend Unterstützer oder vorwiegend Gegner? Was wird über das Projekt gedacht?

Im Folgenden eine Übersicht über die wichtigen Aufgaben auf der Inhalts- und Systemebene in den verschiedenen Phasen:

Projektphase	Inhaltsebene	Systemebene
Projektauftrag	• Hauptziel, Teilziele • zu erarbeitende Ergebnisse • Rahmenbedingungen • Meilensteine	• Stakeholder-Analyse • Analyse von Regeln, Regelkreisen, der Systemumwelt und der Grenze zu anderen Systemen, der Vorgeschichte
Projekt-organisation	• Auswahl Projektleiter • Projektmitglieder • Vertreterregelung	• Etablierung des Projektteams als funktionsfähiges soziales System • Klärung der Systemgrenze zwischen Projektteam und Umwelt
Projektplanung	• Festlegung der Arbeitspakete • Projekt-Strukturplan • Zeitplanung • Ressourcenplanung • Risikoplanung	• Planung der nächsten Diagnose • Planung erster Interventionen im sozialen System • Aufbau eines Frühwarnsystems
Projekt-durchführung	• Abarbeitung der einzelnen Arbeitspakete • Projektsteuerung	Diagnosephasen: • Was hat sich zwischenzeitlich im sozialen System verändert? • Wie reagiert das soziale System auf Interventionen aus dem Projekt? Interventionen, zum Beispiel • Aufbau von Unterstützungssystemen • Klärung und Veränderung von Regeln, Regelkreisen • Bearbeitung von Schnittstellen zur Linie
Projekt-abschluss	• Evaluation • Abschlusspräsentation • Projektdokumentation	• Auflösung des Projektteams • Unterstützung der Teammitglieder beim Wechsel in andere soziale Systeme

Auf der Systemebene stehen in den verschiedenen Phasen folgende Aufgaben an:

- In der Startphase des Projekts geht es darum, überhaupt die Chancen und Risiken des Projekts auf der Systemebene auszuloten: Wer hat Interesse an dem Projekt? Hat das Projekt vor allem Gegner, oder lässt sich eine »Guiding coalition« (Kotter 1996, S. 51 ff.) von Unterstützern bilden?
- Bei der Festlegung der Projektorganisation geht es um die Bildung des Projektteams als ein soziales System. Hier gilt das, was wir im Abschnitt über Teamberatung gesagt haben. Gleichzeitig geht es um die Einbindung in die Organisation insgesamt: Wer muss alles einbezogen werden?
- In der Phase der Projektplanung gilt: Eine genaue Planung auf der Systemebene ist nicht möglich – Veränderungen in sozialen Systemen geschehen abrupt und sind oft nicht vorhersehbar. Vielleicht lassen sich die ersten Schritte für die nächste Systemdiagnose und für erste Interventionen planen. Hilfreich ist aber darüber hinaus der Aufbau eines Frühwarnsystems, um rechtzeitig schwache Signale zu entdecken.
- Für die Durchführungsphase ergibt sich ein Wechsel zwischen Diagnose und Intervention: Gibt es innerhalb des Systems Risikofaktoren? Sind bei den Stakeholdern Veränderungen eingetreten? Sind Konflikte aufgebrochen? Welche Möglichkeiten gibt es, die Akzeptanz des Projekts zu steigern?
- Die Abschlussphase eines Projekts ist die Auflösung eines sozialen Systems, nämlich des Projektteams. Und das – wir erinnern an die Hinweise zur Abschlussphase in Teams allgemein – ist insbesondere dann in Projekten nicht leicht, wenn es sich um eine reine Projektorganisation handelt, die Projektmitglieder also aus ihren ursprünglichen Bereichen vollständig an das Projekt abgestellt (oder eigens dafür eingestellt) wurden. Dann ist die Abschlussphase eine Phase der Unsicherheit: Was wird mit mir geschehen? Finde ich wieder meinen Platz in der ursprünglichen Abteilung? Gibt es ein Anschlussprojekt? Daneben ist der Abschluss des Projekts auch ein Abschluss in Bezug auf die Stakeholder: zum Beispiel ihnen deutlich zu machen, dass sie jetzt bestimmte Aufgaben übernehmen müssen, die bislang vom Projekt durchgeführt wurden.

Als Raster für Diagnose und Intervention können wieder die verschiedenen Faktoren des sozialen Systems dienen:

Stakeholder des Projekts Stakeholder sind Auftraggeber, die Mitglieder des Projektteams, weitere Führungskräfte, die von dem Projekt betroffen sind, mögliche interne oder externe Kunden oder Lieferanten, der Betriebsrat und andere mehr. Dabei geht es zunächst darum, die relevanten Stakeholder zu identifizieren. Das kann im Rahmen von Vorgesprächen mit dem Auftraggeber oder einem internen

Ansprechpartner geschehen, möglicherweise auch im Rahmen einer umfassenderen Diagnosephase. Hier einige Beispiele für mögliche Prozessfragen:

- Wer sind die Personen, die den Erfolg des Projekts entscheidend beeinflussen können?
- Wer kann das Projekt zum Scheitern bringen, behindern oder unterstützen?
- Wer gewinnt/verliert durch das Projekt?
- Wer kann sich den Erfolg zuschreiben? Wem wird möglicherweise der Misserfolg zugeschrieben?

Thema ist aber auch die Auswahl der »richtigen« Personen für das Projektteam. Generell gilt: Ins Projektteam gehören die unterschiedlichen Perspektiven, die für eine ganzheitliche Problemlösung erforderlich sind. Das können Perspektiven aus unterschiedlichen Bereichen (Produktion, Technik oder im Krankenhausbereich auch Medizinischer Bereich, Pflege und Verwaltung), aber auch unterschiedliche Führungsebenen sein. Gleichzeitig soll das Projektteam möglichst klein gehalten sein, um effizientes Arbeiten zu ermöglichen (ideal ist ein Projektteam mit fünf bis sieben Mitgliedern, mehr als zwölf bis 14 sollten es nach Möglichkeit nicht sein). Und schließlich sind persönliche Beziehungen (mögliche Konflikte) bei der Auswahl ebenfalls zu berücksichtigen. Dabei ist auch hier die Auswahl der »richtigen« Teammitglieder nicht von außen, sondern immer nur aus Sicht des sozialen Systems möglich.

Subjektive Deutungen Der Erfolg des Projekts wird entscheidend davon abhängen, was die betreffenden Personen über das Projekt, aber auch über die beteiligten Personen denken und empfinden. Dafür einige Prozessfragen:

- Was sind die (fachlichen und persönlichen) Ziele der einzelnen Projektmitglieder und der weiteren Stakeholder?
- Was erhoffen/befürchten sie in Bezug auf das Projekt?
- Was gewinnen/verlieren sie beim Erfolg des Projekts?
- Was beurteilen sie das Projekt?
- Was denken sie über Projektleiter und Projektteam?

Entscheidender Erfolgsfaktor in diesem Zusammenhang ist in der Regel eine Stakeholder-Analyse. Diese kann im Projektteam oder möglicherweise in einem noch kleineren Kreis nur gemeinsam von Projektleiterin und Berater, vielleicht noch unter Einschluss des internen Ansprechpartners durchgeführt werden. Aber denken Sie daran: Stakeholder-Analysen sind sensible Daten!

Soziale Regeln Projektmanagement ist nichts anderes als ein Regelsystem, das die einzelnen Schritte bei der Bearbeitung komplexer Problemstellungen festlegt. Darüber hinaus bestimmen weitere soziale Regeln die Arbeit im Projektteam: Wie werden Probleme zwischen den Teilnehmern bearbeitet? Werden sie überhaupt bearbeitet? Inwieweit wird Kritik zugelassen?

Schließlich gibt es offene oder verdeckte Regeln für den Umgang mit Stakeholdern und für die Implementierung des Projekts in der Organisation: Eine Regel wie »Warte erst einmal ab, auch dieses Projekt wird vorbeigehen« hat Einfluss auf den Projektverlauf. Damit sind auch hier zunächst die für das Projekt relevanten – und problematischen – Regeln zu identifizieren und dann möglicherweise abzuändern:

- Welche Regeln bestimmen Zusammenarbeit und Umgang miteinander im Projektteam?
- Wie wird die Einhaltung der Regeln abgesichert?
- Gibt es bestimmte Regeln, die im Umgang mit Stakeholdern zu beachten sind?
- Was muss man tun, um ein Projekt »gegen die Wand« zu fahren?
- Gibt es geheime Regeln in der Organisation, die im Zusammenhang des Projekts zu beachten sind?
- Wofür erhält man in der Organisation Anerkennung oder wird bestraft?
- Wie weit sind die Regeln im Blick auf den Projekterfolg sinnvoll?
- Was wären möglicherweise bessere Regeln?
- Wie kann die Veränderung von Regeln umgesetzt werden?

Regelkreise Die Regelkreise im Projekt »spürt« man zunächst daran, dass es nicht weitergeht, dass man auf der Stelle tritt: Ergebnisse werden immer wieder überarbeitet, der Projektauftrag wird durch den Vorstand immer wieder verändert; jeder schiebt die Schuld auf den anderen. Einige Prozessfragen:

- Was passiert im Projekt immer wieder? Was sind typische Muster (Regelkreise)?
- Wie werden Aufgaben abgearbeitet?
- Wie laufen Entscheidungsprozesse?
- Gibt es typische Konfliktstrukturen?
- Was sind typische Verhaltensweisen der jeweiligen Stakeholder? Gibt es Regelkreise im Umgang mit ihnen?
- Was wurde bisher (ohne Erfolg) versucht, um diese Regelkreise zu unterbrechen?

Systemumwelt Die Systemumwelt betrifft die materielle Umwelt, bestimmte Rahmenvorgaben, aber auch die Systemgrenze zu anderen sozialen Systemen. Prozessfragen können sein:

- Welche materiellen Ressourcen stehen zur Verfügung?
- Wie sind die örtlichen und technischen Voraussetzungen?
- Welche Rahmenvorgaben (gesetzliche Vorgaben, Betriebsvereinbarungen, Erlasse) sind zu beachten?
- Wie ist die Systemgrenze zu anderen Systemen: Was darf nach außen weitergegeben werden, was nicht? Welche Informationen von außen kommen in das Projekt? Werden sie gefiltert?
- Wie ist die Schnittstelle zu den Stakeholdern?
- Wie ist die Schnittstelle zwischen Projekt und Linie?

Entwicklung Jedes Projekt hat eine Vorgeschichte. Das können frühere Versuche sein, das Thema zu bearbeiten, frühere Projekte, aber auch die Geschichte des Projektmanagements in der Organisation überhaupt: Wurde es systematisch eingeführt – oder macht man »immer schon« Projekte, ohne genau zu wissen, was das ist. Die Kenntnis der Vorgeschichte ist nicht selten für den Erfolg entscheidend. Wenn man zum Beispiel weiß, dass in diesem Projekt bereits drei Projektleiter »verbrannt« sind, dann ist es hilfreich, sich die Risiken genauer anzuschauen.

Nach vorn gerichtet kann die Entwicklung schnell oder langsam verlaufen, kann ein kontinuierlicher Weg nach vorn oder durch Brüche gekennzeichnet sein. Es kann schwache Signale für sich andeutende Krisen geben, und es kann hilfreich sein, Best- und Worst-Case-Szenarien durchzuspielen. Hier einige Prozessfragen:

- Was ist die Vorgeschichte des Projekts?
- Was kann aus vergangenen Projekterfahrungen übernommen werden? Was sollte verändert werden?
- Was ist die Vorgeschichte im Umgang mit den Stakeholdern? Gab es frühere Kontakte oder Probleme?
- Wie ist die Entwicklung bisher verlaufen? Ist das Projektteam ein stabiles soziales System? Ist das Projekt etabliert? Gab es Brüche oder Turbulenzen?
- Wie ist die gegenwärtige Entwicklung? Stagniert das Projekt? Ist es in massiven Veränderungen begriffen?
- Wie stabil ist das Projekt (sowohl in Bezug auf die Arbeit im Projektteam als auch innerhalb der Organisation insgesamt)?
- Gibt es schwache Signale, die auf mögliche Risiken oder Chancen hindeuten?

Generell gilt: Systemdiagnose und daran anschließende Interventionen auf der Systemebene sind in vielen Fällen entscheidender Erfolgsfaktor in Projekten. Wie und wie aufwendig sie durchgeführt werden, ist in der Phase der Projektplanung zu überlegen, kann sich aber im Verlauf der Zeit verändern: In kritischen Situationen sind häufigere Diagnose und gezielte Interventionen sinnvoll. Hier nur beispielhaft einige Möglichkeiten zunächst für die Systemdiagnose des Projekts:

- Durchführung einer aufwendigen Systemdiagnose im Rahmen einer Machbarkeitsstudie
- Durchführung von Interviews (möglicherweise als Vorgespräche gekennzeichnet)
- Stakeholder-Analyse des Projekts
- regelmäßige Statusgespräche mit dem Auftraggeber und anderen wichtigen Stakeholdern
- regelmäßige Abschlussrunde im Projektteam zur Erfassung schwacher Signale: Gibt es irgendwelche Ereignisse, Erfahrungen, Eindrücke, die für das Projekt wichtig sein könnten?
- Durchführung von Befragungen oder Beobachtungen
- Aufbau eines Frühwarnsystems zur Erfassung schwacher Signale (zum Beispiel durch informelle Gespräche mit Personen, die ein gutes Gespür für die Entwicklung haben)

Daran anschließen müssen sich Interventionen auf der Systemebene. Auch hier nur einige Beispiele:

- Teamentwicklungsmaßnahmen mit dem Projektteam
- Coaching des Projektleiters oder des gesamten Teams
- regelmäßige Statusgespräche mit relevanten Stakeholdern
- Aufbau von Verbündeten des Projekts (einer »Guiding Coalition«)
- Verbesserung der Kommunikation des Projekts nach außen (durch regelmäßige Statusberichte, Information im Intranet …)
- Klärung der Kompetenzen zwischen Projekt und Linie: Was gehört in die Kompetenz des Projekts? Was gehört in die Linie?
- gemeinsame Workshops mit wichtigen Stakeholdern (zum Beispiel mit »Kunden« des Projekts)
- Schnittstellenworkshops mit relevanten benachbarten Bereichen
- Bearbeitung von Konflikten im Team oder zwischen Projekt und Linie (zum Beispiel als Triadenberatung)

- Abänderung sozialer Regeln: Welche Regeln sind problematisch? Was wären alternative Regeln? Können sich alle auf diese alternative Regel einlassen? Durch welche Sanktionen kann die Befolgung der Regel abgesichert werden?
- Unterbrechung von Regelkreisen: etwas anderes tun (Lösungen 2. Ordnung)

Literaturtipps

Abschließend wieder einige Hinweise zur Vertiefung.

Projektmanagement allgemein:

- Harold Kerzner: *Projektmanagement*. Ein systemorientierter Ansatz zur Planung und Steuerung. Redline, Heidelberg, 2. Auflage 2008
- Heinz Schelle: *Projekte zum Erfolg führen*. dtv, München, 6. Auflage 2010
- Eric Verzuh: *The Fast Worward MBA in Project Management*. Wiley, New York, 5. Auflage 2016

Anregungen zu Aspekten des systemischen Projektmanagements:

- Thomas Bohinc: *Projektmanagement*. Soft Skills für Projektleiter. Gabal, Offenbach, 2. Auflage 2007
- Stephanie Borgert: *Holistisches Projektmanagement*. Springer, Berlin/Heidelberg 2012
- Dietmar Prudix: *Erfolgreiches Projektmanagement*. Springer, Wiesbaden 2016

Systemische Organisationsberatung in der VUCA-Welt

VUCA: Herausforderung und Konzepte

In den 1990er-Jahren tauchte im US War College, dem strategischen Trainingszentrum der US-Army, ein neuer Begriff auf: VUCA, als Akronym für Volatility, Uncertainty, Complexity, Ambiguity (Stiehm 2002, S. 6; Johansen/Euchner 2013). Abweichend von der Vorstellung von Stabilität und Gleichgewicht beschreibt das Akronym einen neuen Normalzustand als mehr oder weniger instabilen Zustand am Rande des Chaos (Yarger 2006). Hintergrund war die Erfahrung, dass nach Ende des kalten Kriegs die Sicherheitslage durch Terroraktivitäten und unklare Frontenstellungen zunehmend undurchschaubar und unvorhersehbar wurde. Die Situation ist bestimmt durch zahlreiche Faktoren, die teilweise nicht alle bekannt sind, sich wechselseitig beeinflussen. Es gibt abrupte Veränderungen, die planvolles Handeln zunehmend schwierig machen.

Ein weiteres Beispiel für die VUCA-Welt ist die Entwicklung auf den globalen Finanzmärkten. So stellt Sullivan (2012) fest, dass sich die Hälfte der stärksten Finanzkrisen der letzten 30 Jahre erst seit 2002 ereigneten, wobei Intensität und Dauer dieser Krisen zunehmen. Weitere maßgebliche Faktoren für die Unsicherheit der heutigen Situation sind Digitalisierung, Deregulierung der Handelsmärkte, der zunehmende globale Wettbewerb und das Aufkommen neuer Geschäftsmodelle (z. B. Lawrence 2013).

Thomas Friedman, Kolumnist bei der New York Times, führt den Begriff VUCA-Welt in den Businesskontext ein. Er analysierte High-Tech-Unternehmen und stellte fest, dass diejenigen scheiterten, die nicht in der Lage waren, technische Neuerungen in kürzester Zeit in ihr Geschäftsmodell zu implementieren. Die großen Gewinner des neuen Jahrtausends wie Google, Apple oder Amazon waren hingegen in der Lage, die rasante technische Entwicklung zu ihrem Vorteil zu nutzen (Nandram/Bindlish 2017), zum einen durch den Einsatz neuer Technologien, zum anderen aber auch durch die Entwicklung neuer, »disruptiver« Ansätze in ihren Geschäftsmodellen.

VUCA ist mittlerweile Schlüsselbegriff zur Kennzeichnung der gegenwärtigen Situation. VUCA bedeutet:

- **Volatility/Volatilität:** Innerhalb kurzer Zeit können gravierende Schwankungen auftreten.
- **Uncertainty/Unsicherheit:** Ereignisse sind zunehmend unvorhersehbar und treten unerwartet ein.
- **Complexity/Komplexität:** Die Situation ist bestimmt von zahlreichen Faktoren, die sich wechselseitig beeinflussen.
- **Ambiguity/Ambiguität:** Kausale Zusammenhänge sind in komplexen Systeme gänzlich unklar (Bennett/Lemoine 2014). Jede Situation kann – trotz aller »Fakten« – unterschiedlich gedeutet werden.

Eben diese Begriffe kennzeichnen die gegenwärtige Situation von Organisationen:

- Das Verhalten von Kunden oder Mitarbeitern kann sich plötzlich und abrupt ändern. War ein Unternehmen eben noch gut am Markt positioniert, so kann sich das schlagartig ändern. Oder: Kleine Ursachen können große Veränderungen nach sich ziehen.
- Damit steigt die Ungewissheit bei der Planung: Die Wirkungen von Entscheidungen sind nicht vorhersehbar, rationale Planung stößt an Grenzen.
- Organisationen sind komplexe Systeme, bei denen zahllose Faktoren sich wechselseitig beeinflussen.
- Ambiguität: Es lässt sich nicht mehr rational entscheiden, welches Vorgehen richtig und welches falsch ist.

Das VUCA-Schema lässt sich auch folgendermaßen anordnen (Mack/Khare 2016, S. 7):

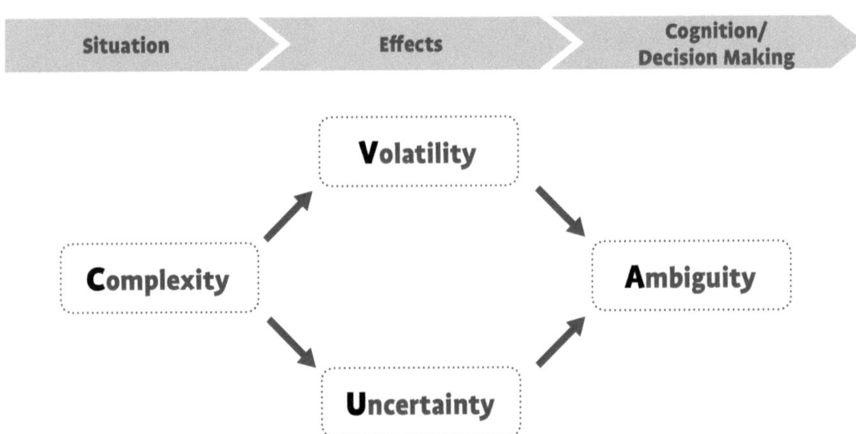

Die VUCA-Welt ist offenbar nicht rational planbar und steuerbar, sondern hier ist ein anderes, »spontaneres« Handeln erforderlich. Als anschauliches Beispiel für ein solches spontanes Handeln wird das Fußballspiel aufgeführt:

»*Wie agiert und entscheidet eine erfolgreiche Mannschaft? Etwa indem der Trainer, der am Rand des Fußballfelds steht, bei jedem Schritt eines Fußballers die explizite Erlaubnis erteilt, in bestimmte Richtung zu rennen? Indem er die Anträge der Fußballspieler auf weitere Schritte ausführlich prüft und diese dann schließlich in einem geordneten Verfahren freigibt? Wohl kaum. Eine funktionierende Fußballmannschaft ist dann erfolgreich, wenn jeder Spieler selbst aufmerksam im Sinne des Ganzen mitdenkt. Das Fußballspiel ist gerade dann erfolgreich, wenn jeder Spieler selbst situativ und autonom entscheidet*« (Lang 2016, S. 50 f.).

Als Reaktion auf die Veränderungen in der VUCA-Welt ist mittlerweile eine Reihe von Konzepten entstanden, mit der Zielsetzung, schneller und flexibler auf Veränderungen zu reagieren:

Agiles Projektmanagement Dass die VUCA-Welt neue Arbeitsformen erforderlich macht, ist Mitte der 1990er-Jahre zunächst in der Softwareentwicklung deutlich geworden: Projekte werden zunehmend komplexer und Veränderungen erfolgen so rasant, dass sie mit den Mitteln des herkömmlichen Projektmanagements (zum Beispiel einer längerfristigen Zeitplanung) nicht mehr bearbeitet werden können. Als einer der Pioniere gilt Jeff Sutherland. Seine Hauptthese lautet, dass bei komplexen Softwareprojekten der Entwicklungsverlauf nicht mehr vorhersagbar ist. Als Alternative zu herkömmlicher Projektplanung entwickelte er zusammen mit Ken Schwaber Scrum. Scrum bedeutet Gedränge und ist Bezeichnung für eine neue agile Form des Projektmanagements: Der Projektverlauf wird nicht mehr (wie im klassischen Projektmanagement) längerfristig geplant und durch zeitlich festgelegte Meilensteine strukturiert, sondern wird in kleineren Abschnitten (»Sprints«) von etwa zwei Wochen gegliedert, wobei nach jedem abgeschlossenen Sprint der anschließende Sprint neu geplant wird. Und auch innerhalb eines Sprints bietet das tägliche Sprintmeeting die Möglichkeit, die unmittelbare Planung neu zu überdenken (ausführlicher z. B. Glogauer 2013; Preußig 2015). Daraus ergibt sich etwa folgendes Bild eines agilen Sprintprozesses:

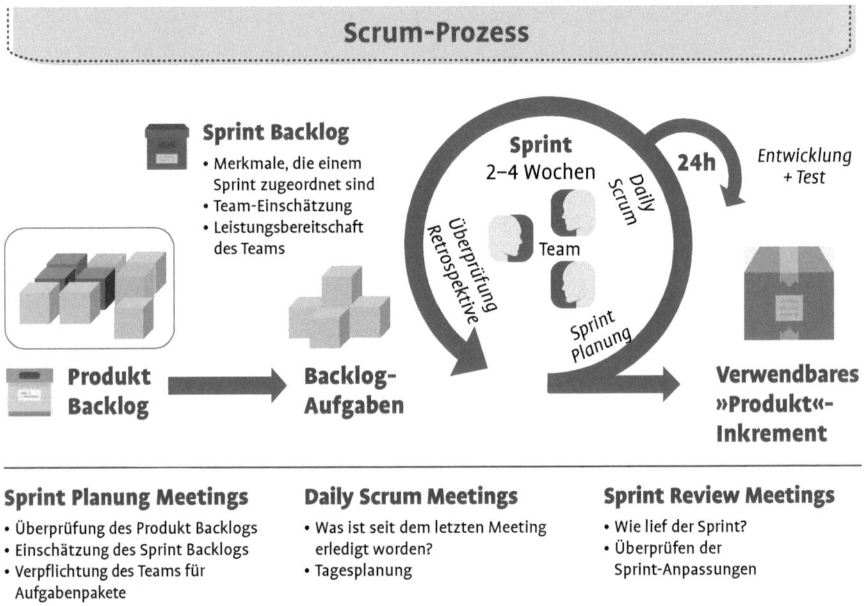

Design Thinking Mitte der 1980er-Jahre entwickelte der Designer David Kelley zusammen mit einigen Kollegen neue kreative Formen der Designentwicklung, die dann ab 1990 in der Designagentur IDEO vermarktet und insbesondere vom Hasso-Plattner-Institut aufgegriffen wurde. Design Thinking, so definiert IDEO auf seiner Website

> »*utilizes elements from the designer's toolkit like empathy and experimentation to arrive at innovative solutions. By using design thinking, you make decisions based on what future customers really want instead of relying only on historical data or making risky bets based on instinct instead of evidence*« (IDEO 2018).

Zentral für Design Thinking sind zwei Punkte: sich intuitiv in die Perspektive des Kunden zu versetzen und möglichst schnell einen Prototyp zu entwickeln, den der Kunde testen kann. Daraus ergeben sich vier bis sechs Phasen eines Design-Thinking-Prozesses. Hier das 5-Phasen-Modell der Stanford d-School (eigene Darstellung nach Freudenthaler-Mayrhofer/Sposato 2017, S. 42):

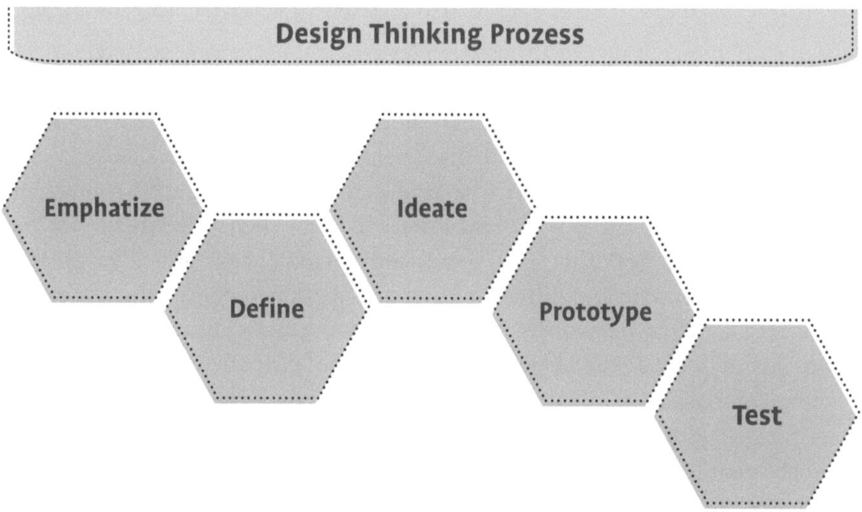

Die Phasen im Einzelnen (u. a. auch Gerstbach 2016):

- **Empathy, Einfühlen:** Dass es darauf ankommt, die Bedürfnisse des Kunden zu erfassen, ist nicht neu. Neu im Design Thinking ist aber, dass man sich hier nicht auf eine rationale Analyse beschränkt, sondern dass das Schwergewicht auf dem intuitiven Einfühlen liegt: eine »Persona« des Kunden entwickeln (wir haben das Verfahren im Zusammenhang mit der Stakeholder-Analyse dargestellt), im Rahmen von Interviews den Kunden Geschichten erzählen lassen. Das kann zudem um konkrete Beobachtungen ergänzt werden, die aber auch hier weniger ein rationales systematisches Vorgehen sind, sondern eine teilnehmende Beobachtung.
- **Define, das Problem definieren:** Hier geht es darum, die Quintessenz aus der ersten Phase zu definieren: Was ist für den Kunden das Entscheidende? Und warum ist ihm das wichtig?
- **Ideate, Ideen generieren:** Was können mögliche Wege sein, das Problem zu lösen? Hier kommt es darauf an, unter Nutzung von Kreativitätstechniken verschiedene Lösungen zu entwickeln.
- **Prototyp entwickeln:** Prototypen sollen möglichst konkret erlebbar sein. Das bedeutet: ein Modell des Produkts, möglicherweise gebaut aus Papier oder Legosteinen, vielleicht das Ergebnis szenisch vorstellen, einen Film drehen oder anderweitig kreativ werden.
- **Testing:** Als Abschluss gilt es, diesen Prototypen zusammen mit dem Kunden zu testen und sich Feedback einzuholen. Was findet er dabei gelungen? Wo hat er Änderungsvorschläge?

Konzepte agiler Organisationsformen Ab Ende der 1990er-Jahre werden Ansätze agilen Handelns auch auf Organisationen übertragen. Hier einige Beispiele:

- 1995 beschreiben Steven L. Goldman, Roger N. Nagel and Kenneth Preiss im Buch »Agile Competitors and Virtual Organizations« (deutsch Goldman u. a. 1996) eine agile Organisation, »die es Unternehmen ermöglicht, sich verändernden Märkten anzupassen und auf die individuellen Kundenwünsche flexibel zu reagieren« (Vorwort zur deutschen Ausgabe). Agilität ist hier gekennzeichnet unter anderem durch agile Produktion, die individuell und flexibel auf Kundenwünsche eingeht, neue organisatorische Strukturen, Verlagerung von hierarchischer Entscheidungskompetenz auf eine Ebene, »die durch Führung, Motivation, Unterstützung und Vertrauen« gekennzeichnet ist und schließlich durch die Entwicklung »erfahrener, begabter und innovativer« Mitarbeiter (1996, XII).
- Ab 2006 entwickelt Google unter der Leitung des damaligen Senior Vice President People Operations Laszlo Bock neue Organisationsformen. Ziel war, eine Organisation zu schaffen, in der sich die Mitarbeiter wohlfühlen, wo sie gern arbeiten. Grundlage dafür sind zehn zentrale Work Rules wie zum Beispiel: »Der Arbeit einen Sinn geben!«, »Den Mitarbeitern vertrauen!«, »Die Topperformer sollten [...] am besten bezahlt werden!« Auf dieser Basis wurde eine Organisation geschaffen, die Mitarbeitern »größtmögliche Freiheit und viel Ermessensspielraum« gibt – und damit gleichzeitig den Managern »mit voller Absicht Macht und Autorität über ihre Angestellten« nimmt (Bock 2016).
- Frederic Laloux, ehemaliger McKinsey-Berater, proklamiert in seinem Buch »Reinventing Organizations« (2017, ursprünglich 2016) auf der Basis der Analyse von etwa 50 Beispielen Organisationen als lebendige Systeme, die durch Selbstführung und Verzicht auf Hierarchie, Ganzheit (persönlich zu etwas zu stehen, auch die emotionale Seite zu nutzen), und evolutionären Sinn und innewohnender Fähigkeit zur Veränderung ohne feste Strategie gekennzeichnet ist.
- Ulf Brandes, Pascal Gemmer, Holger Koschek und Lydia Schültken greifen im Buch »Management Y« (2014) auf die Theorie XY von McGregor aus den 1960er-Jahren zurück, »Menschen wollen gute Beiträge zu etwas Großem gestalten« (ebd., S. 22 ff.). Sie proklamieren das Konzept einer »attraktiven und zukunftsfähigen Organisation«, die durch agiles Arbeiten in der Tradition von Scrum, Design Thinking und ähnlichen Konzepten gekennzeichnet ist. Auf dieser Basis werden zahlreiche unterschiedliche Methoden und Tools (vom World Café über das Blueboard bis zu Storytelling und Improvisationstheater) aufgeführt.
- Daneben gibt es zahlreiche weitere Ansätze, in denen Grundsätze agiler Organisationen proklamiert werden wie zum Beispiel Business Value, aktive Einbe-

ziehung der Anwender oder Eliminierung von Verschwendung (Nowotny 2016), aber auch radikale Dezentralität, interne Transparenz oder gemeinschaftliche Erfolgsbeteiligung (Oesterreich/Schröder 2017, S. 47 ff.). Für die Umsetzung wird auf unterschiedliche Konzepte wie Scrum, Kanban, Design Thinking oder Agile Games zurückgegriffen.

Nun ist agiles Arbeiten zunächst und ursprünglich auf kleinere Teams (zum Beispiel Entwicklungsteams) und Organisationen ausgerichtet. Die Frage ist, inwieweit es sich auf komplexe größere Organisationen übertragen lässt. Grundsätzlich bieten sich hier zwei Ansätze: Ein erster Ansatz geht von einer fraktalen Organisationsstruktur aus und greift damit auf ein Konzept zurück, das in den 1990er-Jahren von Hans-Jürgen Warnecke, dem damaligen Präsidenten der Fraunhofer-Gesellschaft, entwickelt wurde (Warnecke/Hüser 1996): Ein komplexes Unternehmen wird in einzelne »Fraktale« strukturiert, in gleiche, sich selbst organisierende und relativ eigenständige Unternehmenseinheiten, die miteinander kooperieren oder auch im Wettbewerb stehen können. Ähnliche Ansätze finden sich in der neueren Diskussion wieder:

- SAFe (Scaled Agile Framwork) ist ein 2011 von Dean Leffingwell ursprünglich für komplexe Softwareentwicklungen entwickeltes Rahmenkonzept, das auf Organisationen übertragen wurde (z. B. Mathis 2017). Grundgedanke ist, das ursprünglich für kleine Projektteams entwickelte Sprintkonzept in großen Organisationen anzuwenden: Ebenso wie kleiner selbstorganisierte Teams in einem Sprint die Arbeit selbst organisieren, bilden mehrere Teams zusammen einen »Agile Release Train« von etwa 50 bis 125 Personen. Diese werden schließlich in Agile Release Trains auf Portfolioebene zusammengefasst, wobei im Grunde alle Ebenen nach den gleichen Prinzipien aus Scrum oder Kanban arbeiten.
- Ein ähnlicher Ansatz ist das von Brian T. Robertson für seine Softwarefirma entwickelte Konzept der »Holokratie« oder »Holacracy« (Robertson 2016). Grundgedanke ist, dass jede Organisation sich in unterschiedliche Rollen gliedert, die durch gleiche Aufgabe, mögliche Zuständigkeitsbereiche und bestimmte Verantwortlichkeiten gekennzeichnet sind. Rollen werden in »Kreisen« (letztlich sind das Teams) gruppiert, mehrere Kreise wiederum in größeren Kreisen. Jeder Kreis besitzt grundlegende Autonomie, ist aber zum anderen mit anderen Kreisen verlinkt, indem er jeweils einen (oder mehrere) Vertreter in den nächsthöheren Kreis und in die unteren Kreise, entsendet.

Allerdings lässt sich eine komplexe Organisation schwerlich vollständig in sich selbstorganisierende Teams auflösen:

> »*Stellen Sie sich für einen Moment vor, jeder Mitarbeiter in Ihrer Produktion würde mit experimentellen Vorgehensweisen die täglichen Aufgaben angehen und dabei zwangsläufig eine Menge Fehler machen, um daraus zu lernen und sich zu verbessern. Im komplexen Veränderungs- und Innovationskontext wäre es wünschenswert, auf diese Weise Bestehendes zu hinterfragen und unternehmerisch zu agieren. In der komplizierten (nicht komplexen) Produktion, die viele, viele Subsysteme effizient miteinander koordiniert, wäre diese Situation jedoch nicht erstrebenswert: wechselhafte Qualität in den Endprodukten, unterschiedliche Stände […] mithin in etwa das Gegenteil dessen, was wir als einen statistisch stabilen, kontrollierbaren, effizienten Prozess bezeichnen würden*« (Baltes/Freyth 2017, S. 130 f.).

Rein agile Organisationen sind möglich in Start-ups, möglicherweise besonderen Dienstleistern und relativ selbstständigen Einheiten. Aber die Steuerung größerer Organisationen erfordert neben flexiblen kleinen Einheiten stets stabile Momente der Steuerung: Controlling lässt sich schlecht in einzelne Sprints zergliedern, sondern ist eine fortwährende Linienaufgabe – was sicherlich nicht ausschließt, einzelne Controllingprojekte agil zu organisieren. Auch ein HR-Business-Partner, der für einen bestimmten Fachbereich zuständig ist, kann seine Arbeit nicht vollständig in agilen Projekten organisieren, sondern ist sinnvollerweise ein verlässlicher Ansprechpartner, der immer wieder Kontakt zu seinen Gesprächspartnern aufnimmt. Diese Überlegungen führen damit zu »dualen« Organisationsmodellen, die stabile und agile Strukturen zu kombinieren suchen.

- John P. Kotter propagiert in seinem Buch »Accelerate« (Kotter 2015) eine duale Struktur, die Hierarchie und agiles Netzwerk verbindet:

  > »*Die Netzwerkseite imitiert erfolgreiche Unternehmen in ihrer Gründungsphase […] Diese Struktur ist dynamisch: Initiativen und Subinitiativen fließen je nach Bedarf ineinander und wieder auseinander. und das mit Leichtigkeit. Da es keine bürokratischen Schichten, keine Kommando- und Kontrollkultur und keine Six-Sigma-Prozesse gibt, ermöglicht das Netzwerk ein Ausmaß an Individualität, Kreativität und Innovation, das selbst in der/n: Ein großer Teil der Arbeit, die Innovation. Flexibilität, schwierige Veränderungen und rasche Umsetzung großer strategischer Initiativen verlangt […], ist hier in den Netzwerkteil verlagert worden. So wird die Hierarchie entlastet und ist besser in der Lage das zu tun, wofür sie eigentlich konzipiert wurde: nämlich im operativen Bereich gute Arbeit zu leisten, durch schrittweise kleine Veränderungen Effizienzsteigerungen herbeizuführen*« (ebd. S. 16 f.).

Daraus ergibt sich folgendes Bild einer dualen Organisationsstruktur (Kotter 2015, S. 8):

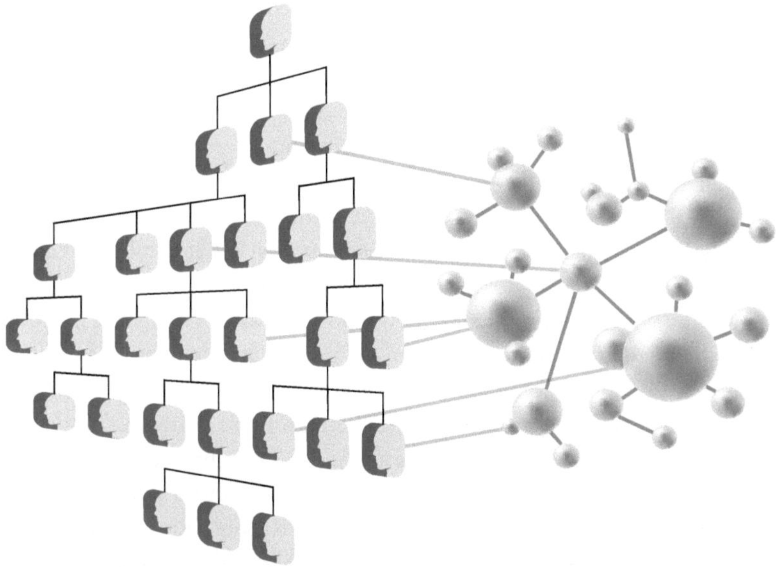

Daraus entsteht eine doppelte Struktur: eine primäre (hierarchisch gegliederte) Struktur, bei der Routineaufgaben durchgeführt werden und die Stabilität und Effizienz gewährleistet, und eine sekundäre Netzwerkstruktur, die schnelle Entwicklungen und schnelle Anpassungen an Kundenwünsche ermöglicht und anderen Prinzipien folgt (ebd. S. 18 ff.):

- Es gilt die Freiwilligkeit bei der Mitarbeit.
- Begeisterung für die Aufgaben: »Ich will« statt »Ich muss«.
- Die Beteiligten sind emotional begeistert: »Der Antrieb kommt aus dem Herzen und dem Kopf, nicht nur aus dem Kopf« (ebd. S. 19).
- Hier ist mehr »Führung« und weniger »Management« erforderlich: »Hier geht es um Visionen, Chancen, Agilität, Proaktivität, Leidenschaft, Innovation und das Feiern von Erfolgen – und nicht nur um Projektmanagement, Budgetbesprechungen, Vorgesetztenverhältnisse, Vergütung und die persönliche Verantwortung für das Erreichen von Zielvorgaben« (ebd. S. 20).
- Dabei existiert eine untrennbare Partnerschaft von Hierarchie und Netzwerk.

In eine ähnliche Richtung geht das Konzept der organisationalen Ambidextrie (z. B. Baltes/Freyth 2017; Stephan 2010). Ambidextrie (wörtlich Beidhändigkeit) bezeichnet hier die Fähigkeit einer Organisation, sowohl effizient, professionell und wirtschaftlich als auch agil und flexibel zu sein. Dabei wird unterschieden zwischen Exploitation und Exploration: Exploitation ist die Ausnutzung und Optimierung des vorhandenen Wissens (zum Beispiel durch Verbesserung und Standardisierung der Prozesse), Exploration bedeutet die Entwicklung innovativer Lösungsideen. Beide Aufgaben erfordern eine unterschiedliche Organisationsform, woraus eine duale Struktur entsteht: »Duale Strukturen können also beispielsweise durch kleine, agile unternehmerische Einheiten [...] ausgebildet werden, die abseits und parallel zum Kerngeschäft neue, transformationale Geschäftsfelder erschließen« (Baltes/Freyth 2017, S. 141).

Dabei wird zwischen struktureller und kontextueller Ambidextrie unterschieden: Strukturelle Ambidextrie bedeutet den Aufbau eigener agiler Organisationseinheiten neben der bestehenden Linienorganisation, was nicht nur in einer Organisation insgesamt, sondern auch in kleineren Bereichen möglich ist. So (um ein Beispiel aus einem unserer Beratungsprojekte zu nehmen) wurde zum Beispiel ein größerer Laborbereich umstrukturiert in ein größeres Team, das für das Tagesgeschäft zuständig war, wechselnde kleine und agile Teams für die Bearbeitung innovativer Themen, und schließlich ein Supportteam für die administrative Unterstützung. Kontextuelle Ambidextrie bedeutet, für die unterschiedlichen Aufgaben unterschiedliche Kontextbedingungen (Rahmenbedingungen, Führung, Werte, Normen und so weiter) zu schaffen.

Den gemeinsamen Rahmen für diese unterschiedlichen agilen Konzepte bilden bestimmte Prinzipien, die sich in unterschiedlichen Formulierungen bei verschiedenen Autoren finden. Im Wesentlichen sind das:

Prinzip der konsequenten Ausrichtung des Handelns auf den Kunden Deutlich wird das zum Beispiel am Konzept der Persona: sich den Kunden ganz konkret (und auch emotional) vorzustellen. Was wäre ein typischer Kunde? Wo lebt er? Was ist ihm wichtig? Was sind vielleicht seine Hobbys? Und erst dann folgt die Frage: Was für ein Produkt möchte er haben? Das sogenannte »Backlog« ist dann die Erstellung einer Liste von Eigenschaften aus Kundenperspektive.

Prinzip der Selbstorganisation Alle Ansätze agilen Handelns gehen vom Grundgedanken aus, dass Teams ihre Arbeit selbst organisieren. In Scrum ist es zum Beispiel das tägliche morgendliche Stand-up-Meeting von maximal 15 Minuten Dauer, in dem jeder berichtet, was er sich für den Tag vorgenommen hat, und die Aufgaben gemeinsam verteilt werden.

Prinzip des adaptiven Vorgehens Klassisches Projektmanagement ist durch eine im Vorhinein festgelegte Projektstruktur gekennzeichnet, die den Projektverlauf in einzelne Meilensteine mit Terminangaben gliedert – um dann die Erfahrung zu machen, dass diese Terminplanung trotz vorgesehener Pufferzeiten eigentlich kaum eingehalten wird. Agiles Vorgehen bedeutet demgegenüber eine adaptive Planung: Nur der nächste Zwei- bis Vier-Wochen-Zeitraum (der sogenannte »Sprint«) wird geplant. Und die Ergebnisse dieser Phase bilden die Grundlage für die Planung des nächsten Vier-Wochen-Abschnitts.

Prinzip der Fokussierung auf kleine Einheiten Dieses Prinzip deutet sich bereits beim vorhergehenden an: nicht über längere Zeiträume zu planen, sondern komplexe Themen in kleinere Abschnitte zu zerlegen. Ein Sprint hat maximal vier Wochen. Das Daily-Stand-up-Meeting fokussiert auf die Arbeit des vergangen und des jetzigen Tages. Damit wird Arbeit überschaubar.

Das Prinzip der Visualisierung der Arbeit In gewisser Hinsicht sind agile Verfahren zugleich ein Wechsel von abstrakter IT-Steuerung zu eher »handwerklichen« Vorgehensweisen. Das Kanban-Board ist eine Wand mit der Gliederung in die drei Felder to do, in progress, done, wobei die einzelnen Themen (gegebenenfalls noch ergänzt durch Hinweise auf Priorität, Zeitrahmen, wer es übernimmt) auf Post-its geschrieben und dann »per Hand« in das jeweilige Feld geheftet werden. Auch Trello, eine der elektronischen Varianten des Kanban-Boards, besitzt seinen Charme gerade darin, dass man die einzelnen Tätigkeiten nicht auf einer unübersichtlichen To-do-Liste aufnotiert, sondern in das andere Feld verschiebt. Offenbar hat das Verschieben auf einer emotionalen Ebene eine ganz andere Bedeutung als das Löschen einer Zeile in einer unübersichtlichen To-do-Liste.

Nun sind diese Grundsätze nicht unbedingt neu. So kritisiert zum Beispiel der Bielefelder Organisationssoziologe Stefan Kühl

> *»In den meisten Fällen handelt es sich bei den mit großem Brimborium präsentierten innovativen Organisationskonzepten um die Neuverpackung von postbürokratischen Organisationsprinzipien, die bereits seit Langem bekannt sind […] Die Innovation bei neuen postbürokratischen Organisationskonzepten liegt inzwischen fast nur noch in der Erfindung neuer Begriffe. Die ›flexible Firma‹ von gestern wird heute als ›agiles Unternehmen‹ und morgen vermutlich als ›systemischer Betrieb‹ bezeichnet«* (Kühl 2015, S. 10).

Anders aber als in der Vergangenheit sind diese Konzepte durch die Praxis unterlegt. Es waren vor allem Praktiker (meist aus dem Umfeld der Softwareentwicklung), die diese Entwicklung vorangetrieben haben. Während die Forderung nach selbstorganisierten Teams in der Vergangenheit häufig bloßes Programm blieb, gibt es unter der Überschrift agile Organisation mittlerweile zahllose Beispiele, in denen mit diesen neuen Formen experimentiert wird. Ein solches Beispiel möchten wir Ihnen im folgenden Abschnitt vorstellen.

Steuerung agiler Organisationen: Beispiel Klinik A

Der Geschäftsführer eines größeren Klinikums hatte in den letzten Jahren erfolgreich die Strukturen und Prozesse verändert. Mittlerweile waren die Prozesse eingefahren, das Klinikum erschien stabil. Doch unerwartet wird diese Stabilität brüchig: Es verändern sich die Rahmenvorgaben und die Abrechnungsverfahren, es gibt Probleme mit einigen Krankenkassen, Patienten bleiben weg, die bisherige finanzielle Planung ist nicht mehr durchzuhalten, es gibt Hygieneprobleme, der bisherige medizinische Direktor geht, ein neuer Pflegedirektor muss eingearbeitet werden, die bisherige Stellvertreterin geht in Elternzeit – die gut bewährte Steuerung der Klinik bricht zusammen, weil es einfach zu viele Themen sind. Eben das war der Anlass, die Organisation agil aufzustellen. Daraus ergab sich folgende Struktur:

Einrichtung des Steuerungsteams Nachdem die Steuerung durch den Geschäftsführer nicht mehr möglich war (es waren einfach zu viele Themen), wurde der Grundgedanke entwickelt, die Steuerung auf mehrere Schultern zu verteilen. Daraus entstand das Steuerungsteam. Vertreten waren diejenigen Personen, die ohnehin schon bisher die Ansprechpartner für den Geschäftsführer waren: die Leitungen der drei wichtigen Bereiche Medizin, Pflege und Hauswirtschaft, die beiden Stellvertreterinnen des Geschäftsführers und die Stellvertreterin des medizinischen Klinikleiters. So ließ sich die Bearbeitung der wichtigen Themen gemeinsam besser steuern.

Sprintplanung in Vier-Wochen-Blöcken Ausgangspunkt war, dass bei der Fülle der plötzlichen Veränderungen (typisches Kennzeichen der VUCA-Welt) eine längerfristige Planung überhaupt nicht mehr durchzuhalten war. Daher wurde als Alternative – in Anlehnung zum Beispiel an Scrum – im Vier-Wochen-Rhythmus geplant. Dazu traf sich das Steuerungsteam alle vier Wochen zu einem Planungsmeeting, in dem diejenigen Themen festgelegt wurden, die für die nächsten vier Wochen relevant waren. Natürlich ergab das zunächst eine Unmenge an Themen, die es zu priorisieren galt. Angesichts der schwierigen finanziellen Situation war das Kriterium finanzielle Auswirkungen und Kurzfristigkeit vorrangig. Die Kernfrage lautete: Welche Themen haben hinsichtlich der finanziellen Situation des Klinikums die größte Hebelwirkung und können kurzfristig in Angriff genommen werden?

Nutzung des Kanban-Boards Die sichtbare Visualisierung mithilfe des Kanban-Boards war ein wichtiges Hilfsmittel: Im Büro des Geschäftsführers hing die Kanban-Wand mit den Spalten »zu tun«, »in Arbeit«, »erledigt«, wobei die einzelnen

Aktivitäten auf Post-its aufgeführt wurden. Jedes Post-it enthielt Aktivität und Enddatum, die Priorisierung wurde durch unterschiedliche Farben gekennzeichnet.

Tägliche Morgenrunde Diese morgendlich Runde entspricht dem Stand-up-Meeting aus dem agilen Projektmanagement: Jeden Morgen von 8:45 bis 9:00 Uhr traf sich das Steuerungsteam vor dem Kanban-Board. Jeder berichtete kurz:

- Was war die Tätigkeit am gestrigen Tag?
- Was ist erledigt?
- Was habe ich mir heute vorgenommen?
- Welche Themen stehen zusätzlich an?

Bei Themen, die auf dem Kanban-Board festgehalten waren, wurde das entsprechende Post-it verändert: Erledigte Themen wurden von »in Bearbeitung« zu »erledigt« umgehängt – eine Tätigkeit, die einfach befriedigend war, weil sie Erfolge und abgearbeitete Themen emotional sichtbar machte. Bei den zu bearbeitenden Themen fand sich entweder jemand, der das Thema an sich nahm – oder es wurde kurz diskutiert, wer sich am besten dafür eignete, wen er dazu braucht (die entsprechenden Namen wurden auf das jeweilige Post-it geschrieben).

Natürlich musste sich das Vorgehen erst noch einspielen: Die Teilnehmer hatten zu lernen, nicht »zu viel« zu erzählen (dabei hilft natürlich, sich nicht hinzusetzen, sondern das Ganze im Stehen durchzuführen). Es mussten mögliche Diskussionen angehalten werden. Aber der Vorteil lag auf der Hand: Es war ein schneller Informationsaustausch und ersetzte die bisherigen zahllosen E-Mails mit allem möglichen Cc) sowie langatmige Diskussionen zwischen dem Geschäftsführer und irgendwelchen Einzelpersonen, die dann lang erklärten, dass sie dazu jetzt keine Zeit hätten. Und der Gruppendruck führte dazu, dass schneller Zuständigkeiten und erforderliche Unterstützung geklärt werden konnten.

Abarbeitung der einzelnen Themen Auch hier gelang es, den Prozess zu beschleunigen, indem (wieder in Anlehnung an agile Formen des Projektmanagements, aber auch Vorgehensweisen des Prozessmanagements) die Arbeitszeit deutlich verkürzt wurde, da die bisher sequenziellen Prozesse stärker simultan durchgeführt wurden. Ein Beispiel: Für den Vorstand war eine Vorlage zur finanziellen Situation der Klinik zu erstellen. Der bisherige Ablauf war ein gutes Beispiel für einen aufwendigen Prozess, der in einer Wertstromanalyse etwa in folgenden Schritten verlief:

Wertstromanalyse	
GF gibt Auftrag an seine Stellvertreterin (STV)	15 Minuten
Auftrag bleibt zunächst liegen	4 Tage
STV formuliert Teile des Entwurfs	circa 2 Stunden
STV wird gestört, Entwurf bleibt liegen	2 Tage
STV macht Entwurf fertig, schickt ihn an GF	1 Stunde
Entwurf bleibt liegen	2 Tage
GF liest Entwurf durch, hat Änderungen, spricht die Punkte mit STV durch	15 Minuten
Entwurf bleibt liegen	1 Tag
STV erstellt Änderungen, mailt es an GF	2 Stunden
Entwurf bleibt liegen	1 Tag
GF liest korrigierten Entwurf durch, fügt weitere Ergänzungen ein	1 Stunde
GF liest nochmals Entwurf durch, bringt einige kleinere weitere Änderungen ein, schickt Entwurf an Vorstand	nächster Tag 15 Minuten

Gemäß der Wertstromanalyse betrug die Arbeitszeit für die Erstellung der Vorlage für den Vorstand sechseinhalb Stunden, die Durchlaufzeit insgesamt neun Tage – ein gefundenes Thema für eine Prozessverbesserung.

Die grundsätzliche Änderung bestand darin, den Prozess simultan zu gestalten. Daraus ergab sich folgendes Vorgehen:

GF gibt Auftrag an STV, beide sprechen die Gliederung und die Hauptpunkte durch.	30 Minuten
STV schreibt auf dieser Basis den Entwurf.	60 Minuten
Beide setzen sich zusammen und nehmen letzte Korrekturen gemeinsam vor.	30 Minuten

Grundsätzlich ließ sich dieses Vorgehen auf zahlreiche andere Themen übertragen: das zuständige Mitglied des Steuerungsteams suchte sich die Personen, die dafür zuständig waren, und in einem gemeinsamen Treffen (in der Regel nicht länger als zwei Stunden) wurden die jeweiligen Maßnahmen durchgeführt oder Entscheidungen getroffen.

Sprintabschluss Nach den vier Wochen traf sich das Steuerungsteam zum Rückblick auf den Sprint und stellte sich den Fragen: Was wurde abgearbeitet? Welche Erfolge können wir verbuchen? Es wurde aber auch darauf geschaut: An welchen Stellen gab es Schwierigkeiten? Welche Lernerfahrungen können wir daraus mitnehmen? Was werden wir für den nächsten Sprint beibehalten? Was werden wir abändern?

Natürlich verlief der Prozess nicht so bruchlos, wie wir ihn hier dargestellt haben. Und ebenso konnten natürlich nicht alle Themen auf diese Weise abgearbeitet werden. Aber der Erfolg – so das Resümee – lag vor allem in folgenden Punkten:

- Die Verantwortung wurde auf mehrere Schultern verteilt. Es war nicht mehr der Geschäftsführer allein, der sich um die Themen kümmern musste, sondern in dem Sprint-Kick-off und der täglichen Morgenrunde konnten Themen gemeinsam besprochen werden.
- Es veränderte die Flut von E-Mails an den Geschäftsführer: Mitteilungen, die früher per E-Mail hin und her geschickt wurden, konnten in der Morgenrunde besprochen werden.

Systemische Organisationsberatung agiler Projekte, Teams und Organisationen

Die Implementierung einer agilen Organisation, aber auch Begleitung von agilen Teams oder Projekten erfordern in vielen Fällen Unterstützung im Sinne von Beratung und Coaching. In der Tat gibt es mittlerweile eine Reihe von Beratungs- und Coachingkonzepten, die sich mit dem Thema »agil« auseinandersetzen – insbesondere im englischsprachigen Raum (z. B. Adkins 2010, Freedman 2016), aber mittlerweile auch im deutschsprachigen Bereich (z. B. Kotrba/Miarka 2015; Andresen 2016).

Dabei ist auch hier Beratung beziehungsweise Coaching immer sowohl Experten- als auch Prozessberatung. In diesem Sinne beschreibt schon Lyssa Adkins (ehemals Projektleiterin, dann Scrum-Trainerin und eine der profiliertesten Vertreterinnen von agilem Coaching) agiles Coaching als Kombination von Mentoring (im Sinne von Training und Expertenberatung) und Coaching im Sinne von Prozessberatung:

»In the context of agile teams, Coaching takes on the dual flavor of coaching and mentoring. Yes, you are coaching to help someone reach for the next goal in their life, just as a professional work/life coach does. You are also sharing your agile experiences and ideas as you mentor them, guiding them to use agile well« (Adkins 2010, S. 76).

Beratung agiler Projekte zum Beispiel erfordert zum einen relativ hohe Anteile von Expertenberatung: Es geht darum, agile Vorgehensweisen wie zum Beispiel Scrum oder Kanban einzuführen. Das kann in mehr oder minder reinen Trainingseinheiten geschehen, aber auch als Expertenberatung eines Teams oder eines Projektleiters. Beratung ist hier aber sinnvollerweise immer auch Prozessberatung: Klienten zu unterstützen, die Situation aus einer anderen Perspektive zu betrachten, die Mitglieder eines agilen Teams zu unterstützen, mit der Belastung agiler Arbeit umzugehen, Führungskräfte bei der Klärung ihrer neuen Rolle zu beraten.

Systemische Organisationsberatung agiler Projekte, Teams und Organisationen bedeutet dann, stets den Blick ebenso auf das soziale System zu richten. Häufige Themen sind hier:

- Implementierung agiler Arbeitsformen in einer Organisation. Das betrifft zum einen die Einführung von Regeln und Methoden agilen Arbeitens, erfordert aber zum anderen insgesamt den Blick auf das soziale System: Wer sind die Stakeholder, die die Einführung beeinflussen? Was erhoffen beziehungsweise befürchten sie? Welche Regeln müssen abgeändert werden, um agile Arbeitsformen zu implementieren? Was sind die Attraktoren bei der Einführung? Welche Kräfte unterstützen die Einführung und welche stehen ihr entgegen? Welche Handlungskonsequenzen ergeben sich daraus?
- Aufbau von selbstorgansierten Teams, Unterstützung der Selbstorganisation, Beratung bei Konflikten im Team beziehungsweise zwischen Team und Linie.
- Begleitung agiler Projekte, sei es des gesamten Teams oder der Projektleitung.
- Begleitung agiler Strategieprozesse zum Beispiel auf der Basis des Effectuation-Konzepts.
- Beratung beziehungsweise Coaching von Führungskräften: Indem Teams in stärkerem Maße selbstorganisiert arbeiten, verändert sich die Rolle der Führungskräfte – sie werden stärker Coach, müssen Rahmenbedingungen für agiles Arbeiten schaffen, aber sie bleiben zugleich Entscheider, die zum Beispiel bei bestimmten Entscheidungen ein Vetorecht haben. Und sie müssen stärker Stakeholder-Management betreiben, um agile Teams in der Organisation zu etablieren.
- Ausbalancieren von Linien und agiler Organisation. Wie ist die Systemgrenze zwischen einem agilen Team und der Linienorganisation? Welche Berührungspunkte gibt es? Wo benötigt das Team aber auch Freiraum?

- Bearbeitung der Systemgrenze zwischen einer agilen Organisation und den jeweiligen Kundensystemen: Welche Probleme ergeben sich für ein agiles Team, wenn die Kunden ihrerseits in einer starren Linienorganisation arbeiten? Was sind Möglichkeiten der Veränderung?

Bei all diesen Themen können Sie die Vorgehensweisen nutzen, die wir in den bisherigen Teilen des Buches dargestellt haben. Wir beschränken uns daher an dieser Stelle auf eine Checkliste:

Checkliste: Systemische Organisationsberatung in agilen Projekten

Personen

- ☐ Wer sind die Stakeholder der agilen Organisation, also die Personen, die den Erfolg entscheidend beeinflussen?
- ☐ Wer gewinnt/verliert durch die agile Organisation?
- ☐ Wer kann sich Erfolg zuschreiben? Wem wird Misserfolg zugeschrieben?
- ☐ Wie lässt sich eine »Guiding Coalition« von Unterstützern aufbauen? Was sind Möglichkeiten im Umgang mit Gegnern?

Subjektive Deutungen

- ☐ Wie deuten die Mitglieder der agilen Organisation die Situation? Sehen sie sich als Vorreiter einer neuen Entwicklung – oder sehen sie ihre Arbeit als zusätzliche Belastung?
- ☐ Wie deuten andere Stakeholder de Situation?
- ☐ Was sind Hoffnungen, Erwartungen, Befürchtungen?
- ☐ Wie lässt sich die Situation anders, positiver deuten?

Soziale Regeln

- ☐ Welche Regeln bestimmen das Arbeiten in einer agilen Organisation?
- ☐ Bilden diese Regeln ein starres Regelsystem – oder sind sie veränderbar?
- ☐ Inwieweit sind die Regeln sinnvoll?
- ☐ Was sind die Nebenwirkungen der Einführung einer agilen Organisation?
- ☐ Wie lassen sich die Regeln abändern?

Regelkreise

- ☐ Was geschieht immer wieder? Haben sich typische Muster herausgebildet?
- ☐ Was wären sinnvolle Unterbrechungen hinderlicher Regelkreise?
- ☐ Welche typischen Konfliktstrukturen existieren?

- ☐ Welche Möglichkeiten der Unterbrechung hinderlicher Regelkreise lassen sich identifizieren?

Systemumwelt

- ☐ Wie ist die Systemgrenze zu Kunden, zu anderen Bereichen der Organisation, zu den Bereichen, die nicht agil arbeiten?
- ☐ Wie ist die materielle Ausstattung (Ressourcen, Technik, Räumlichkeiten)?
- ☐ Welche Änderungen sind hier erforderlich?

Entwicklung

- ☐ Wie ist die Einführung agilen Arbeitens gelaufen?
- ☐ Welche Phasen agilen Arbeitens lassen sich unterscheiden? Befindet sich die Organisation in einer Phase der Begeisterung – oder gibt es Ermüdungserscheinungen?
- ☐ Der Blick auf die gegenwärtige Situation: Was sollte abgeändert werden – und was ist beizubehalten?

Literaturtipps

Zu einzelnen Konzepten haben wir bereits Hinweise gegeben. Hier als Ergänzung zwei Einführungen mit praktischen Anregungen:

- Svenja Hofert: *Agiler führen.* Springer Gabler, Wiesbaden 2016
- Valentin Nowotny: *Agile Unternehmen.* BusinessVillage, Göttingen 2016

Das Beratungssystem 07

Die Struktur des Beratungssystems

In diesem Teil soll abschließend ein soziales System behandelt werden, das für den Erfolg des Beratungsprozesses entscheidend ist, nämlich das Beratungssystem. Es ist ein eigenes soziales System, bestehend aus Personen (Berater, Klienten, darüber hinaus aber auch Auftraggeber und mögliche Experten), ihren subjektiven Deutungen. Es wird durch Regeln gesteuert, die den Ablauf der Beratung festlegen, es können Regelkreise auftreten, es ist die Systemumwelt zu berücksichtigen und es durchläuft eine Entwicklung.

Erfolgreiche Beratung setzt ein stabiles Beratungssystem voraus. Daraus ergibt sich für die Beratung: als Beraterin oder Berater den Blick immer auch auf das Beratungssystem zu lenken: Ist das Beratungssystem funktionsfähig? Wird die Beratung durch hinderliche Regeln oder Regelkreise eingeschränkt? Was muss in Bezug auf das Beratungssystem verändert werden, damit wieder Beratung erfolgreich durchgeführt werden kann? Diese Fragen sind Gegenstand dieses Kapitels.

Die Personen Bei der Beratung sind zwei soziale Systeme zu unterscheiden: das eigentliche Beratungssystem, also die Personen, die in den einzelnen Beratungssitzungen tatsächlich anwesend sind, und das Stakeholder-System aus den Personen, die den Erfolg des Beratungsprozesses maßgeblich beeinflussen:

- **Die Personen des Beratungssystems:** Wenn eine Abteilungsleiterin von sich aus beschließt, sich beraten zu lassen, beschränkt sich das Beratungssystem auf Klient und Berater. In einzelnen Phasen kann das Beratungssystem zum Beispiel um Experten oder weitere Personen (Mitarbeiter der Klientin) erweitert werden. In komplexen Beratungsprozessen sind möglicherweise mehrere Systeme zu unterscheiden: die Teilnehmer eines Workshops, das Projektteam, mehrere Berater.
- **Die Personen des Stakeholder-Systems:** Auch für den Beratungsprozess gibt es ein Stakeholder-System: diejenigen Personen, die (über Berater und Klienten hinaus) den Erfolg des Beratungsprozesses maßgeblich beeinflussen. Dazu gehören sicherlich der Auftraggeber, möglicherweise die Mitarbeiterin der Personalabteilung, die im Unternehmen für Beratung zuständig ist, der Personalleiter, der sich auch einmischt, mögliche interne Berater, Linienvorgesetzte, die mit von der Beratung betroffen sind, möglicherweise aber ebenso die Vorgesetzte der Beraterin, wenn die Beraterin in ein Beratungsunternehmen eingebunden ist. Die Auftragsklärung erfolgt möglicherweise in einem System

Auftraggeber – Beraterin oder im Rahmen des Managementteams, zu dem die Beraterin eingeladen wird. Es kann Statusgespräche zum Stand der Beratung in einem System Auftraggeber – Klient – Beraterin geben. Aber auch wenn andere Stakeholder nicht unmittelbar in das Beratungssystem eingebunden sind, nehmen sie doch Einfluss und sind zu berücksichtigen. Daraus ergeben sich folgende Prozessfragen:

- Wer sind jeweils die Personen des Beratungssystems? Wer soll am nächsten Termin teilnehmen?
- Welche Personen gehören zum Stakeholder-System der Beratung: Wer sind die Personen, die den Verlauf der Beratung maßgeblich beeinflussen? Wer gewinnt oder verliert durch die Beratung?
- Wie ist die Position der Beraterin oder des Beraters im Stakeholder-System?

Hilfreich ist hier eine Systemvisualisierung – aber jetzt nicht des sozialen Systems des Klienten, sondern des Stakeholder-Systems der Beratung: Wer sind die wichtigen Stakeholder? Was ist die Position der Beraterin in Bezug auf die Stakeholder? Zu welchen Personen hat sie unmittelbaren Zugang? Hat sie möglicherweise den Kontakt zum Auftraggeber oder dem Projektteam verloren?

Die Systemvisualisierung kann eine Beraterin oder ein Berater für sich allein durchführen oder sie kann im Rahmen von Supervision oder kollegialer Beratung geschehen. Der Wert liegt darin, dass die Beraterin dabei ihre eigene Position von außen betrachtet.

Subjektive Deutungen der einzelnen Personen Der Erfolg der Beratung hängt auch davon ab, wie Berater, Klienten, Auftraggeber, weitere Stakeholder die Situation deuten, welche Ziele sie verfolgen, wie sie Beratung und Berater einschätzen. Bezogen auf die unterschiedlichen Personen heißt das:

- **Subjektive Deutungen des Beraters:** Wenn ein Berater sich die Beratung nicht zutraut, wenn er nicht eine von Wertschätzung, Empathie und Authentizität geprägte Haltung hat, kann er nicht beraten – wir werden darauf in dem Abschnitt über die Person des Beraters nochmals zurückkommen.
- **Subjektive Deutungen des oder der Klienten:** Das Beratungssystem ist nur so lang stabil, wie Klienten davon überzeugt sind, durch die Beratung Unterstützung bei der Lösung ihrer Probleme zu erhalten. Dabei liegt die Schwierigkeit darin, dass Klienten zu Beginn der Beratung in der Regel nur sehr unklare Vorstellungen darüber haben, was Beratung eigentlich ist. Möglicherweise erwarten sie Expertenberatung, möglicherweise suchen sie einen Verbündeten gegenüber dem Vorgesetzten, wollen verlorene Macht wiedergewinnen. Daraus ergeben sich folgende Prozessfragen:

- Was sind die subjektiven Deutungen des/der Klienten in Bezug auf Beratung: Was erhofft er sich von der Beratung? Was sind mögliche Befürchtungen?
- Wie lässt sich dem/den Klienten verdeutlichen, was Beratung bedeutet?
- Wie lässt sich dem/den Klienten der Nutzen der Beratung deutlich machen?

- **Subjektive Deutungen weiterer Stakeholder:** Im Einzelnen ergeben sich hier folgende Fragen:
  - Was sind die subjektiven Deutungen des Auftraggebers? Wie deutet er das Problem? Wie erklärt er bestimmte Schwierigkeiten? Was sind seine Ziele?
  - Was sind die subjektiven Ziele weiterer Stakeholder? Was gewinnen beziehungsweise verlieren sie durch den Prozess?
  - Was kann getan werden, die betreffenden Stakeholder in den Prozess einzubinden?

Ein hilfreiches Vorgehen ist die Stakeholder-Analyse: die einzelnen Stakeholder durchzugehen im Blick auf ihre inhaltlichen und persönlichen Ziele, typische Verhaltensmuster und mögliche Interventionen der Beraterin im Umgang mit ihnen. Wir haben die Erfahrung gemacht, dass gerade in komplexeren Beratungsprozessen eine sorgfältige Stakeholder-Analyse ein entscheidender Erfolgsfaktor ist, weil sie für mögliche Risiken im Beratungssystem – und entsprechende Interventionen – sensibel macht.

Soziale Regeln im Beratungssystem Wie andere soziale Systeme wird auch das Beratungssystem durch Regeln gesteuert.

- **Regeln zur Steuerung des Beratungssystems Klient – Berater:** Unklarheit bei Klienten darüber, was Beratung bedeutet, ist zugleich Unklarheit über die jeweiligen Regeln. Klarheit über Beratung schaffen bedeutet, Regeln für das Beratungssystem einzuführen. Beispiele für solche Regeln können sein:
  - Der Klient, die Klienten oder Klienten und Auftraggeber legen Thema und Ziel des Beratungsprozesses fest.
  - Der Berater hat das Recht, Themen, die aus seiner Sicht wichtig sind, vorzuschlagen, aber der Klient entscheidet.
  - Der Berater hat die Verantwortung für den Prozess, der Klient die Verantwortung für das Ergebnis.
  - Der Berater hat das Recht, Fragen zu stellen oder Methoden zur Lösung des Problems vorzuschlagen.
  - Der Berater darf Hinweise und Anregungen geben.
  - Der Berater darf dem oder den Klienten die Entscheidung nicht abnehmen.

  Einige dieser Regeln wird man in der Orientierungsphase einführen. Andere Regeln werden einfach angewandt (die Beraterin stellt Fragen), und der Klient lernt im konkreten Umgang, dass das offenbar zum Beratungsprozess gehört. Trotzdem ist es hilfreich, an wichtigen Punkten die Zustimmung des Klienten explizit abzusichern: »Darf ich Ihnen dazu einige Anregungen geben?« In der Abschlussphase kann abgeklärt werden, ob das Vorgehen für den Klienten in Ordnung ist – und möglicherweise ergibt sich daraus noch eine Abänderung von Regeln: »Ich wünsche mir deutlicheres Feedback von Ihnen.«

- **Regeln im Umgang mit dem Auftraggeber:** Der Umgang mit dem Auftraggeber ist bisweilen ein heikler Punkt im Beratungsprozess: Der Auftraggeber erwartet genaue Information: »Ist Herr Müller für diese Position überhaupt geeignet?« – Herr Müller dagegen erwartet Unterstützung für sich, ohne dass Informationen weitergegeben werden. Gerade in einer solchen Situation ist eine klare Festlegung von Regeln (sinnvollerweise in einem Auftragsklärungsgespräch Beraterin – Klient – Auftraggeber) erforderlich. Hilfreiche Regeln können sein:
  - Die Beraterin gibt von sich aus keine Informationen über den Klienten an den Auftraggeber weiter.
  - Zwischen Klienten und Beraterin wird vereinbart, was Klient oder Beraterin dem Auftraggeber über den Prozess berichten.
  - Es gibt Statusgespräche zwischen Beraterin, Klient, Auftraggeber, in denen über den Stand des Beratungsprozesses berichtet wird.
  - Die Statusgespräche werden zwischen Beraterin und Klient vorbereitet.
  - In dem Statusgespräch berichtet zunächst der Klient, was er aus seiner Sicht erreicht hat. Beraterin und Auftraggeber stellen ihre Sicht daneben, wobei Aufgabe der Beraterin ist, den Klienten nicht bloßzustellen – andererseits kann sie die Ergebnisse nicht verfälschen.
- **Regeln im Umgang mit weiteren Beteiligten:** Auch hier führt Unklarheit über die Regeln zu Problemen und behindert den Beratungsprozess. Hilfreiche Regeln können sein:
  - Bei Beratung mit Experten steuert der Berater den Prozess und gibt dem Experten Raum, seine Anregungen einzubringen.
  - Die Beraterin (das Beraterteam) führt regelmäßige Gespräche mit weiteren Stakeholdern (zum Beispiel dem Betriebsrat), um sie in den Prozess einzubinden.
  - Bei mehreren Beratern wird das Vorgehen abgestimmt: Wer hat wo die Leitung? Wer nimmt Kontakt zum Auftraggeber auf? Wie werden die anderen Berater eingebunden? Gibt es regelmäßige Statusgespräche?

Soziale Regeln geben Orientierung. Aber sie können diffus, einschränkend und hinderlich sein. Auch Regeln im Beratungssystem bedürfen somit immer wieder der Überprüfung. Daraus ergeben sich folgende Prozessfragen:

- Welche Regeln gelten im Beratungssystem? Welche Regeln wurden vereinbart? Gibt es informelle Regeln unter der Oberfläche?
- Wie ist der Umgang mit Stakeholdern geregelt?
- Inwieweit sind diese Regeln transparent?
- Inwieweit sind diese Regeln für den Beratungsprozess sinnvoll?
- Gibt es Situationen, für die zusätzlicher Regelungsbedarf besteht?
- Welche Regeln sollten abgeändert werden? Was wären alternative Regeln?
- Wie können die neuen Regeln implementiert werden?

Regelkreise im Beratungssystem Wenn Beratung auf der Stelle tritt, bedeutet das, dass sich das Beratungssystem in hinderlichen Regelkreisen verfangen hat. Beispiele sind:

- Der Berater fragt nach dem Ziel, Klient erzählt lange Geschichten.
- Die Beraterin macht Vorschläge, der Klient lehnt sie mit »Ja, aber« ab.
- Der Klient schweift immer wieder vom Thema ab.
- Der Berater wird angegriffen und verteidigt sich.
- Der Berater stellt Regeln auf, die nicht eingehalten werden.
- Das Vorgehen wird zwischen internen und externen Beratern endlos diskutiert, ohne dass man zu einem Ergebnis kommt.
- Vereinbarungen über den weiteren Vorgang des Beratungsprozesses werden im Steuerkreis immer wieder umgeworfen.

Auch hier geht es darum, diese Regelkreise aufzulösen. Nur, dass Sie als Berater nicht die Rolle des Außenstehenden haben, sondern selbst betroffen und somit Teil des Regelkreises sind. Aus dieser Situation heraus den Regelkreis aufzulösen ist schwieriger. Prozessfragen, die Sie sich als Berater selbst stellen können, sind:

- Ist der Beratungsprozess in einem Regelkreis verfangen? Wiederholen sich immer wieder bestimmte Muster? Habe ich das Gefühl, im Beratungsprozess auf der Stelle zu treten und nicht vorwärtszukommen?
- Wie kann ich als Berater in dieser Situation Distanz schaffen? Kann ich das Gespräch einfach laufen lassen, mich zurücklehnen, den Prozess kurz unterbrechen?
- Was kann eine Lösung zweiter Ordnung sein? Was kann ich in dieser Situation anderes tun?

Möglichkeiten für Lösungen zweiter Ordnung (»etwas anderes tun«) bei Regelkreisen zwischen Berater und Klienten können sein:

- **Nachfragen, welche Kriterien eine gute Lösung erfüllen sollte:** Woran können die Klienten erkennen, dass die Lösung gut ist, dass sie auf dem richtigen Weg sind?
- **Von der Experten- zur Prozessberatung wechseln:** Welche Lösungen hat der Klient schon versucht? Gab es Lösungsansätze, die sich aufgreifen oder weiterführen ließen? Was könnte der Klient tun, um das Problem zu vergrößern?
- **Ein anderes Verfahren anwenden:** Zum Beispiel kann ein Symbol für eine gute Lösung gesucht werden, um die Position des Klienten zu visualisieren.
- **Den Regelkreis ansprechen:** »Ich habe den Eindruck, wir verfangen uns hier in einem Muster: Ich mache Vorschläge, aber die Vorschläge passen nicht.«
- **Die Situation als unlösbar darstellen:** »Wir haben jetzt alle möglichen Vorgehensweisen durchgespielt, ohne dass sich eine Lösung andeutet. Ich habe den Eindruck, dass das Problem nicht lösbar ist.« – In vielen Fällen kann eine solche Äußerung als paradoxe Intervention wirken und Widerspruch des Klienten hervorrufen: Er will beweisen, dass er das Problem sehr wohl lösen kann.
- **Das Vorgehen über Kontrakte absichern:** Gemeinsam mit den Gesprächspartnern wird das weitere Vorgehen der Zusammenarbeit abgeklärt und explizit die Zustimmung zu den weiteren Schritten eingeholt.

Um hier innerlich Distanz zu finden, ist hilfreich, für sich oder im Beraterteam den bisherigen Verlauf des Beratungsprozesses zu reflektieren oder im Rahmen einer eigenen Supervision die eigene Position im Beratungssystem zu klären und mögliche Regelkreise zu erkennen.

Systemumwelt und Systemgrenzen im Beratungssystem Auch ein Beratungssystem hat eine materielle und eine soziale Umwelt. Zur materiellen Umwelt gehören der Beratungsraum, die vorhandene Technik und so weiter, zur sozialen Umwelt andere Personen außerhalb des Beratungssystems, aber auch allgemein geltende Regeln und Vorschriften.

- **Die materielle Systemumwelt:** Ein Besprechungsraum kann für ein Beratungsgespräch ungeeignet sein, es fehlen Flipchart oder Beamer, die Schrift auf dem Flipchart ist nicht lesbar, in einer Videokonferenz bricht die Verbindung immer wieder ab. – All das macht deutlich, dass die materielle Umwelt für das Beratungssystem ebenfalls eine Rolle spielt. Dafür einige mögliche Fragen:
  - Welcher Ort ist geeignet? Ein Büro oder Arbeitsraum im Unternehmen oder möglicherweise eher ein Besprechungszimmer in einem Hotel?
  - Reicht bei der Beratung größerer Gruppen die Größe des Raumes? Passt die Anordnung der Stühle? Werden Tische benötigt oder sind sie hinderlich?

  - Passt die Anordnung der Sitzplätze? Bieten sie genügend Abstand und Freiraum, sich zu bewegen?
  - Stehen Materialien (Flipchart, Pinnwände, Moderationsmaterial) zur Verfügung?
  - Ist die erforderliche Technik vorhanden und funktionsfähig?
- Hilfreich ist, sich vor Beginn der Beratung genügend Zeit zu nehmen und den Raum einzurichten: die Stühle und eventuell Tische passend hinstellen, das Flipchart dort, wo es leicht erreichbar und für alle sichtbar ist, die Technik ausprobieren.
- **Die soziale Systemumwelt:** Andere Berater oder Trainer, die ebenfalls mit dem Unternehmen arbeiten, Erlasse, die die Zertifizierung der im Unternehmen zugelassenen Berater und Trainer regeln, allgemeine Vorschriften, die zu beachten sind – all das ist bei der Beratung mit zu bedenken.

Die Entwicklung des Beratungssystems Wie jedes andere soziale System hat das Beratungssystem einen Beginn, es verändert sich im Laufe der Zeit und es löst sich irgendwann wieder auf. Im Blick auf die verschiedenen Entwicklungsmodelle ergeben sich daraus folgende Fragen:

- Was ist die Vorgeschichte des Beratungssystems? Welche Bedeutung hat sie für die Weiterführung?
- Lässt sich der bisherige Beratungsprozess in Phasen gliedern? Was sind Merkmale der gegenwärtigen Phase? Wie beschreiben unterschiedliche Personen (Beraterin, Klient) diese Phase? Was hat sich im Vergleich zu früheren Phasen verändert? Was ist gleich geblieben?
- Wie stabil ist der gegenwärtige Zustand des Beratungssystems? Gibt es schwache Signale, die auf Probleme im Beratungssystem hindeuten? Was kann getan werden, um wieder Stabilität herzustellen?
- Gibt es bestimmte Vorgehensweisen im Beratungsprozess, die beibehalten werden sollten? Was hat sich bewährt, was nicht? Was sollte verändert werden?

Eine hilfreiche Orientierung für die Steuerung des Beratungssystems können auch die Phasen der Teamentwicklung sein:

- Es gibt eine **Orientierungsphase,** die eher durch vorsichtiges Abtasten gekennzeichnet ist und in der es darum geht, Vertrauen aufzubauen und die Regeln für das Beratungssystem zu etablieren.
- Eine **Konfliktphase** kann durch Unzufriedenheit beim Klienten gekennzeichnet sein, es können Konflikte zwischen Berater und Auftraggeber, zwischen verschiedenen Beratern auftreten. Hier steht zunächst eine Diagnose des Be-

ratungssystems an, um anschließend Möglichkeiten zu finden, das Beratungssystem wieder zu stabilisieren.

- Die **Arbeitsphase** ist diejenige Phase, in der der Beratungsprozess gut vorankommt. Trotzdem gilt auch hier, auf schwache Signale sich andeutender Krisen und Ermüdungserscheinungen zu achten, möglicherweise einen Zwischenstatus zu erheben (Was ist schon erreicht? Was ist noch offen?) und die nächsten Schritte sorgfältig zu planen.
- Jeder Beratungsprozess benötigt einen **Abschluss.** Nicht selten fällt es schwer, den Abschluss bewusst auszuführen. Auch hier helfen wieder nur Klarheit, ein klarer Zeitplan, ein gemeinsames Abschlussritual, möglicherweise die Bearbeitung des Abschlusses im Rahmen der eigenen Supervision, wenn es dem Berater schwerfällt, loszulassen.

Wenn ein Beratungsprozess abgebrochen wird, bedeutet das auf der Systemebene den Zusammenbruch eines sozialen Systems. Abbruch eines Beratungsprozesses ist etwas, das man als Beraterin oder Berater für sich zu verarbeiten hat: Was habe ich hier falsch gemacht? Was hätte ich ändern können? Was kann ich aus dieser Situation lernen? Möglichkeiten sind, zunächst für sich Distanz zu schaffen, den Prozess für sich selbst zu reflektieren oder ihn im Rahmen der eigenen Supervision oder kollegialen Beratung zu bearbeiten.

Systemgrenze zwischen Berater und Klient

Ein Beratungssystem gliedert sich in zwei Subsysteme: das Beratersystem (der/die Berater) und das Klientensystem (der/die Klienten). Beratung ist nur dann erfolgreich, wenn die »Grenze« zwischen diesen Systemen gewahrt ist, das heißt, wenn der Berater nicht »ins System« fällt (z. B. Imber-Black 2006, S. 241 ff.; Tomm 2004, S. 76 f.). Als Beraterin oder Berater ins System zu fallen kann dreierlei bedeuten:

Ins System zu fallen kann bedeuten, dass ich als Berater selbst von dem Problem betroffen bin Hierfür einige Beispiele:

- Ein Vorgesetzter kann einen Mitarbeiter zum Thema Arbeitsmethodik beraten, solange er als Vorgesetzter davon nicht persönlich betroffen ist. Aber der Vorgesetzte wird ihn schwerlich beraten können, wenn ihn der unaufgeräumte Schreibtisch des Mitarbeiters zur Weißglut bringt oder er sich immer wieder über nicht eingehaltene Termine ärgert.
- Eine Personalreferentin kann einen Abteilungsleiter einer anderen Abteilung beraten hinsichtlich der Frage, wie er mit seinen Mitarbeitern umgehen soll. Aber sie kann diese Beratung schwerlich bei ihrem eigenen Abteilungsleiter durchführen, insbesondere dann nicht, wenn sie von verschiedenen Lösungsmöglichkeiten betroffen ist. Spätestens dann, wenn das Ergebnis eines solchen Gesprächs wäre, dass der Abteilungsleiter »härter« mit seinen Mitarbeitern (und auch mit der Personalreferentin) umgehen soll, ist sie Teil des Systems.
- Ein Berater fällt ins System, wenn für ihn das Verhalten der Klienten (zum Beispiel langatmige Erklärungen) »zum Problem wird«.
- Ein Berater ist in Gefahr, ins System zu fallen, wenn im Beratungsprozess Themen angesprochen werden, die für ihn als Person ein (noch nicht genügend bearbeitetes) Problem darstellen. Wenn ein Berater hört, welche Schwierigkeiten der Klient hat, sich gegenüber seinem Vorgesetzten durchzusetzen, und wenn er in seiner eigenen Biografie eine ähnliche, für ihn sehr belastende Situation erlebt hat, dann besteht die Gefahr, dass er nicht mehr »neutral« berät. Er fällt damit ins System.

Thomas Gordon führt in diesem Zusammenhang am Beispiel der Familie eine Unterscheidung hinsichtlich des »Problembesitzes« ein (Gordon 2011, S. 86 ff.):

- Es gibt einerseits Situationen, in denen ein Kind ein Problem hat, von dem die Eltern nicht betroffen sind (etwa wenn ein Kind traurig ist, weil es nicht in die Tennismannschaft aufgenommen wurde).
- Es gibt andererseits Situationen, in denen ein Elternteil das Problem hat, zum Beispiel dann, wenn es sich durch das Verhalten des Kindes gestört fühlt.

Je nach der Problemzuordnung sind für den Elternteil andere Interventionen angebracht: Wenn der Elternteil das Problem hat, dann ist für Gordon die angemessene Intervention eine Ich-Botschaft, um die eigenen Empfindungen deutlich zu machen: »Ich bin ärgerlich, dass du so spät kommst, denn ich habe mir Sorgen gemacht.« Wenn das Kind das Problem hat, ist die angemessene Reaktion das »aktive Zuhören«.

Diese Unterscheidung hinsichtlich der Problemzuordnung lässt sich auch auf die Systemgrenze zwischen Berater- und Klientensystem anwenden: Beratung ist nicht mehr möglich, sobald ich als Beraterin oder Berater »ein Problem« mit dem Klienten oder dem Thema habe.

Ins System zu fallen kann bedeuten, unbefragt die »Konstruktion der Wirklichkeit« des Klientensystems oder eines Teiles desselben zu übernehmen Ein Klient erklärt Probleme in seinem Team dadurch, dass es an der gesamten Struktur des Unternehmens liege und dass die Situation ausweglos sei. Wenn man als Berater diese Konstruktion der Wirklichkeit des Klienten übernimmt, schränkt das den Referenzrahmen möglicher Lösungen ein. Beratung erfordert, offen für andere Deutungen der Situation zu sein – und die Klienten dabei zu unterstützen, ihr Bild der Wirklichkeit zu verändern.

Besonders wichtig ist dies in der Triadenberatung: Eine Beraterin, die in einem Konflikt zwischen Mitarbeiter und Vorgesetzten sich »innerlich« auf die Seite des Mitarbeiters stellt, ist »ins System gefallen« und damit nicht mehr neutral. »Ins System fallen« kann übrigens auch Beratern, die längere Zeit in einem Unternehmen arbeiten, passieren. Man macht sich als Berater zwangsläufig ein Bild von der Wirklichkeit dieses Unternehmens und ist dann leicht in Gefahr, dieses Bild in die Auseinandersetzung innerhalb einer Abteilung zu übernehmen.

Ins System zu fallen kann bedeuten, eine Koalition mit einem Teil des Klientensystems einzugehen Von den Klienten erhält man als Berater im Verlauf des Beratungsprozesses (insbesondere in Anfangsphasen, solange die Definition der Beratungssituation noch nicht für alle eindeutig etabliert ist) nicht selten offene oder verdeckte Koalitionsangebote. Hierfür einige Beispiele:

- »Ich bin froh, Frau Schmidt, dass Sie als Beraterin in unsere Abteilung gekommen sind. Einigen Kollegen fehlt es nämlich an der entsprechenden Einstellung – und es ist gut, wenn das von außen gesagt wird« – hier ein sehr deutliches Koalitionsangebot an die Beraterin.
- Ein Teilnehmer greift Überlegungen der Beraterin besonders zustimmend auf und ist sofort bereit, sich auf neue Phasen und Übungen einzulassen. Die Beraterin »freut« sich über diese Unterstützung – und fällt eben damit ins System.
- In einem Beratungsgespräch mit zwei Kollegen macht der eine Klient fortwährend nonverbale Koalitionsangebote an den Berater. Er hört ihm interessiert zu, nimmt immer wieder Blickkontakt auf und schiebt seinen Stuhl unmerklich näher an den Berater heran. Auch wenn weder der Berater noch die anderen Gesprächspartner bewusst wahrgenommen haben, was hier abläuft, wird allein aufgrund der Sitzposition diese Koalitionsbildung unbewusst registriert. – Es ist damit zu rechnen, dass andere dem Berater gegenüber reservierter werden und Einwände erheben.

Beratung erfordert – bei aller Wertschätzung – zugleich professionelle Distanz: Und das ist etwas, das sich letztlich nicht an äußeren Kriterien festmachen lässt, aber innerlich zu spüren ist.

Die Person des Beraters

Es gehört zu den Kennzeichen der personalen Systemtheorie, dass Personen als Teil des sozialen Systems betrachtet werden, die entscheidenden Einfluss auf den Zustand des sozialen Systems haben. Das gilt gleichermaßen für das Beratungssystem: Es ist entscheidend beeinflusst von Klient und Berater als den in diesem System handelnden Personen; jeder der Beteiligten hat etwas dazugetan, wenn Probleme auftreten – und jeder kann auch etwas zur Lösung beitragen. Doch was bedeutet das für Sie als Beraterin oder Berater? Drei Faktoren sind hier entscheidend: Ihr Menschenbild und Ihre Haltung, aber auch Achtsamkeit und Humor.

Menschenbild Beratung – das ist immer wieder deutlich geworden – ist keine technische Anwendung von Tools. Sondern Grundlage ist eine Haltung, getragen von einem Menschenbild und bestimmten Werten:

- **Das humanistische Menschenbild der personalen Systemtheorie:** Grundlage von Beratung ist letztlich die Überzeugung, dass Menschen handelnde Personen sind, die sich entwickeln können und dafür die entscheidenden Ressourcen bereits mitbringen. Eben dieses Menschenbild legitimiert Prozessberatung: das verdeckte Wissen, das eine Klientin oder ein Klient mitbringt, bewusst zu machen und zu nutzen. Das bedeutet schließlich auch, Vertrauen in die Ressourcen des Klienten zu haben und in seine Fähigkeiten, selbst eine Lösung zu finden, Vertrauen aber auch in die eigenen Fähigkeiten als Berater oder Beraterin, den Klienten dabei unterstützen zu können.
- **Grundwerte Wertschätzung, Empathie und Authentizität:** Wertschätzung bedeutet, den Klienten ernst zu nehmen – und nicht zu meinen, sein »eigentliches Problem« besser zu wissen als er selbst. Wertschätzung ist darüber hinaus auch Respekt vor dem anderen und schließlich die Bereitschaft und die Fähigkeit, das Positive im anderen zu sehen.
  Empathie ist ein »Prozess des intensiven Zuhörens, indem [der Berater] versucht, in die Welt des Klienten einzutreten« (Elliott u. a. 2008, S. 117). Empathie bedeutet, das Bild der Wirklichkeit des Klienten als dessen Bild zu akzeptieren, nachzuvollziehen und wertzuschätzen – und nicht sein »wirkliches Problem« besser zu wissen als er selbst.
  Authentizität ist schon für Rogers die entscheidende der drei Grundhaltungen gewesen. Authentizität als Beraterin oder Berater heißt, Denken und Handeln in Übereinstimmung bringen, das tun, zu dem ich stehen kann. Authentizität

heißt schließlich auch, nicht das Problem des Klienten auf sich zu laden und die Verantwortung für die Lösung zu übernehmen. Und es bedeutet zudem, bewusst zu entscheiden, ob ich als Beraterin oder Berater mit diesem Klienten oder diesem Team zu diesem Thema mit dieser Methode arbeiten kann. Authentizität kann außerdem bedeuten, ehrliches Feedback zu geben – getragen von Wertschätzung und dem Glauben an die Ressourcen des Klienten.

- **Haltungen:** Haltungen sind »tradierte und verinnerlichte Denk- und Verhaltensmuster« (Niemeyer 2010, S. 21), zentrale Glaubenssätze oder kognitive Schemata, die das Handeln leiten. Haltung bedeutet, das hier dargestellte Menschenbild und die daraus resultierenden Werte zu reflektieren, in das eigene Bild der Wirklichkeit zu integrieren und für das Handeln als Orientierung zu nutzen.

Menschenbild, Werte und die daraus resultierenden Handlungen sind nichts Fertiges, sondern bedürfen immer wieder der Reflexion. Bezogen auf Beratung: Beratung bedarf immer wieder der Reflexion des eigenen Menschenbildes, der eigenen Werte, des eigenen Selbstverständnisses. Einige Fragen als Anregung, die eigene Reflexion anzustoßen:

- Was ist mein Menschenbild als Beraterin oder Berater?
- Welche Bedeutung haben Wertschätzung, Empathie und Authentizität in meinem aktuellen Handeln? Wie lassen sich diese Werte in meiner Organisation, in meiner Beratung trotz aller (möglicherweise schwieriger) Rahmenbedingungen umsetzen? Wo sind sie in Gefahr, vergessen zu werden?
- Und schließlich: Inwieweit lebe ich mein eigenes Menschenbild? Was kann ich tun, um mir mein Menschenbild, meine zentralen Werte und meine Glaubenssätze für mich bewusst und am Leben zu halten?

Das Menschenbild ist nicht etwas, was sich beweisen lässt, was richtig oder falsch wäre. Menschenbilder sind Modelle, die unser Handeln leiten – und obiges Menschenbild ist das, was wir in unserer Beratung zu leben versuchen. Sicher werden Sie Ihr Menschenbild anders formulieren – aber wichtig dürfte sein, es sich bewusst zu machen, darüber zu reflektieren und es zu leben.

Achtsamkeit Vermutlich kennen Sie das aus Ihrer eigenen Beratungserfahrung: Es gibt Situationen, in denen Sie hoch aufmerksam und wach sind, gleichsam (unbewusst) die kleinsten Nuancen beim Klienten – und möglicherweise auch bei sich – wahrnehmen, sehr schnell reagieren – und die Beratung ist im Fluss. Eben das wird als »Achtsamkeit« bezeichnet. Achtsamkeit, so die Definition von Jon Kabat-Zinn (2009, S. 107), Mediziner an der University of Massachusetts und einer der bekanntesten Vertreter der »Achtsamkeitsmeditation«, ist

»das Bewusstsein, das entsteht, indem man der sich entfaltenden Erfahrung von einem Moment zum anderen bewusst seine Aufmerksamkeit widmet, und zwar im gegenwärtigen Augenblick und ohne dabei ein Urteil zu fällen«.

Ähnliche Bestimmungen finden sich auch bei anderen Autoren:

»Wenn wir achtsam sind, leben wir ganz in der Gegenwart, ganz im Hier und Jetzt, in jeder Handlung und Beziehung vollkommen zentriert bei uns selbst und bei den anderen« (Zink 2007, S. 54).

»Achtsamkeit [...] bedeutet erstens eine bewusste Lenkung der Aufmerksamkeit. Diese Aufmerksamkeit ist zweitens auf den jeweils gegenwärtigen Moment gerichtet [...] Achtsamkeit ist drittens charakterisiert durch eine Akzeptanz dieses Erlebens, ohne zu urteilen, zu kritisieren oder etwas anders haben zu wollen. Viertens: Ein ›innerer Beobachter‹ wird kultiviert, der durch teilnehmendes Beobachten Abstand zum Beobachteten schafft« (Weiss u. a. 2015, S. 23).

Gegenwärtig gibt es eine Reihe therapeutischer Konzepte, die Achtsamkeit als Grundvoraussetzung für Therapie und Beratung betonen (Heidenreich/Michalak 2009):

- **Tradition der humanistischen Psychologie:** Hier ist die Gestalttherapie im Anschluss an Fritz Perls zu nennen, die »Awareness« oder »Bewusstheit« als entscheidende Voraussetzung von Therapie und Beratung fordert.

  »Es handelt sich um einen Zustand aufmerksamer Wachheit gegenüber den Dingen, die im jeweiligen Augenblick hier und jetzt in mir, mit mir und um mich herum vorgehen« (Stevens 2006).

  Dabei wird zwischen Awareness der inneren und äußeren Welt unterschieden:

  »Wahrnehmung der äußeren Welt. Hier ist der aktuelle sensorische Kontakt mit Gegenständen und Abläufen des gegenwärtigen Augenblicks gemeint. [...] Wahrnehmung der inneren Welt. Hier ist der aktuelle sensorische Kontakt mit gegenwärtigen inneren Vorgängen gemeint: das, was ich im Augenblick inseits meiner Haut fühle« (Stevens 2006, S. 16).

  In eine ähnliche Richtung zielen Focusing (Gendlin 2012) und Hakomi (Kurtz 1985), das stärker körpertherapeutische Ansätze integriert, sowie die Achtsamkeitszentrierte Therapie und Coaching (Dietz/Dietz 2012; Weiss u. a. 2015).

- **Tradition der kognitiven Therapie:** Häufig im Anschluss an Kabat-Zinn sind unter anderem die Achtsamkeitsbasierte Kognitive Therapie (Segal u. a. 2008), die Dialektisch-Behaviorale Therapie (Herbold/Sachsse 2007) und die Akzeptanz- und Commitmenttherapie (Hayes u. a. 2008; Luoma u. a. 2012) zu erwähnen, die alle die Bedeutung der Achtsamkeit betonen:

  »*Auch im Therapiealltag sollte Achtsamkeit ein (fortlaufender) Prozess sein, welcher die Aufmerksamkeit auf das Hier und Jetzt lenkt – auf eine akzeptierende, anerkennende und erfahrende Weise*« (Zarbock u. a. 2012, S. 197).

- **Tradition der Psychoanalyse:** Hier ist zum Beispiel die Übertragungsfokussierte Therapie im Anschluss an Otto F. Kernberg (Caligor u. a. 2010) zu nennen. Aufgabe des Therapeuten (oder Beraters) ist es hier in erster Linie,

  »*die verbalen und nonverbalen Äußerungen des Patienten sowie seine eigene Gegenübertragung zu verstehen*« (Caligor u. a. 2010, S. 70),

  das heißt, die Aufmerksamkeit auf den Klienten zu richten, sich zugleich aber der Empfindungen, die der Klient beim Therapeuten auslöst (in der Tradition der Psychoanalyse wird hier von »Gegenübertragung« gesprochen), bewusst zu werden und sie in angemessener Form zurückzuspiegeln – ein Ansatz, der sich auch im Rahmen der Beratung nutzen lässt.

In all den Ansätzen geht es darum, als Berater die eigene emotionale Intelligenz zu nutzen, sich der eigenen Empfindungen in der Beratung bewusst zu werden und – neben aller methodischen Absicherung – immer auch intuitiv vorzugehen.

Humor Vielleicht kennen Sie auch das aus Ihrer eigenen Erfahrung: In der Beratung wird ein schwieriges Thema behandelt. Aber aus irgendeinem Grunde entsteht ein gemeinsames Lachen. Die Spannung löst sich, es werden neue Energien freigesetzt, der Beratungsprozess bekommt neuen Schwung.

Wir wissen aus der Therapieforschung, dass Humor zu den Erfolgsfaktoren einer Therapie zählt. Humor unterbricht negative Gedankenketten:

> »*Die Beschäftigung mit humorvollen Inhalten kann vom Nachdenken über innere Konflikte oder Schwierigkeiten ablenken [...] Andererseits kann dieser Mechanismus aber auch helfen, das oft ergebnislose innere Wiederkäuen von negativen Wahrnehmungen, Selbstvorwürfen oder Ängsten zu unterbrechen. Wo Distanzierung gewünscht ist, ist Humor ein probates Mittel*« (Wild 2012, S. 52).

Humor aktiviert komplexe neurobiologische Systeme und bewirkt damit, die Gedanken in eine andere Richtung zu lenken. Humor ist eine »Verfremdung der Situation. Weg von der augenfälligen Interpretation zu einer außergewöhnlichen oder skurrilen Auslegung« (Schachtner 2008, S. 205).

Es gibt mittlerweile eine Fülle von Literatur mit Anregungen, Humor in die Beratung zu integrieren (z. B. Salameh 2007; Schachtner 2008; Schinzilarz/Friedli 2013). Das ist hilfreich – Humor lässt sich sicherlich auch üben. Aber Humor ist etwas anderes, als fortwährend in der Beratung Witze zu reißen. Humor ist eine »Lebenshaltung« (Schinzilarz/Friedli 2013, S. 231 ff.): tatsächlich etwas leicht nehmen zu können, verbunden mit Wertschätzung der eigenen Person, des anderen und der Situation.

Verantwortlichkeit in der Beratung Gute Beratung, so das Ergebnis, ist zum einen methodisch geleitetes Vorgehen bei der Entwicklung starker Fragen, der Anwendung analoger Verfahren, der Durchführung einer Strategieberatung. Aber ebenso entscheidend ist die Person des Beraters: Er wirkt immer auch durch die Haltung, die hinter seinem Vorgehen steht, durch sein Menschenbild, durch Achtsamkeit und schließlich auch durch seinen Humor, der dazu beiträgt, eine schwierige Situation umzudeuten.

Damit trägt eine Beraterin oder ein Berater aber letztlich auch Verantwortung in der Beratung. Verantwortung, so hat der Philosoph und Erziehungswissenschaftler Dieter Löwisch 1995 formuliert, ist

> *»die ethische Grundhaltung, aus der heraus der einzelne Mensch als moralisches Subjekt und freies vernünftiges Wesen sein Handeln und Verhalten selbstständig bestimmt und über es entscheidet, es überprüft und kritisiert, auf seinen Wert und Sinn hin bedenkt und festlegt«* (Löwisch 1995, S. 19).

Im Jahr 1966 hat Patricia Crossman, eine englische Therapeutin in der Tradition der Transaktionsanalyse, drei zentrale Merkmale von Verantwortlichkeit des Beraters herausgestellt: Beratung muss dem oder den Klienten Erlaubnis (permission), Schutz (protection) und Stärke (potency) gewähren (Crossman 1966):

Verantwortlichkeit in der Beratung

Verantwortlichkeit in der Beratung bedeutet, dem oder den Klienten Erlaubnis zu geben:

- die Erlaubnis, neue Gedanken denken zu dürfen
- die Erlaubnis, Gedanken, die er hat, aber vielleicht bislang nicht geklärt oder nicht zu Ende gedacht hat, auszusprechen und weitere Klarheit zu gewinnen
- die Erlaubnis, Gedanken anderen Personen gegenüber auszusprechen, auch wenn es negative oder risikoreiche Gedanken sind
- die Erlaubnis, neue Handlungsmöglichkeiten zu überlegen und auszuprobieren

Verantwortlichkeit in der Beratung bedeutet, dem oder den Klienten Schutz zu geben:

- Schutz gegenüber Angriffen und Vorwürfen von anderen
- Schutz gegenüber eigener zerstörender Kritik, gegenüber Kritik, die er vielleicht in der Vergangenheit erfahren hat und die ihn an einer Weiterentwicklung hindert
- Schutz angesichts der Befürchtung, abgelehnt zu werden, wenn er Gefühle äußert
- Schutz möglicherweise auch gegenüber einem Experten, der ihm Vorschläge überstülpt

Verantwortlichkeit bedeutet, dem Klienten Sicherheit zu geben:

- Sicherheit, dass neue Gedanken, ein neuer Referenzrahmen ihn nicht orientierungslos machen, sondern dass sich daraus eine neue Orientierung ergibt
- Sicherheit, dass Probleme nicht nur aufgedeckt werden und liegen bleiben, sondern dass sie kompetent bearbeitet werden
- Sicherheit, dass der Berater ihm Schutz gegenüber anderen Gesprächspartner bietet und sich nicht gegen ihn verbündet

Verantwortlichkeit einer Beraterin oder eines Beraters ist auch Verantwortlichkeit gegenüber sich selbst: in der Beratung das zu tun, wozu ich persönlich stehen kann und wofür ich kompetent bin – und damit die Verantwortlichkeit, eigene Grenzen zu akzeptieren. Das bedeutet schließlich:

- sich selbst als Beraterin oder Berater weiterzuentwickeln, sich des eigenen Menschenbilds und der Grundlagen der eigenen Arbeit zu vergewissern
- methodisch geleitet zu beraten, aber dabei zugleich sich immer auch auf die eigene Intuition, die eigene emotionale Intelligenz zu verlassen
- und schließlich Reflexion, methodisch geleitetes Handeln und Intuition auf der Basis ethischer Verantwortlichkeit zu verbinden

Dafür wünscht Ihnen, liebe Leserin und lieber Leser, Ihr Autorenteam viel Erfolg.

Anhang 08

Die Autoren

Eckard König, emeritierter Professor an der Universität Paderborn mit dem Arbeitsschwerpunkt Weiterbildung/Organisationsberatung. Er hat langjährige internationale Erfahrung bei der Beratung von Organisationen und führt – zusammen mit Gerda Volmer – seit über 25 Jahren eine der erfolgreichsten Ausbildungen in Systemischer Organisationsberatung durch.

Dr. Gerda Volmer ist nach mehrjähriger Forschungs- und Projekttätigkeit Leiterin des Wissenschaftlichen Instituts für Beratung und Kommunikation (WIBK) in Paderborn. Arbeitsschwerpunkte sind Beratung von Organisationen, Coaching, Teamberatung und Ausbildungen in Systemischer Organisationsberatung.
Homepage: www.wibk-beratung.de

Yannik Fleer ist Berater und Trainer im Wissenschaftlichen Institut für Beratung und Kommunikation (wibk-beratung.de), Gründer und Trainer der Circle Akademie (circle-akademie.de) und Gastdozent an der Universität zu Köln.
E-Mail: fleer@wibk-beratung.de; fleer@circle-akademie.de

Literatur

Abels, H. (2007): *Einführung in die Soziologie*. 3. Auflage. Wiesbaden: VS Verlag für Sozialwissenschaften.

Abels, H. (2017): *Identität*. Wiesbaden, Berlin: Springer.

Adizes, I. (1995): *Die Adizes-Methode*. München: Langen Müller/Herbig.

Adkins, L. (2010): *Coaching agile teams*. Boston: Addison-Wesley.

Adler, A. (2003): *Menschenkenntnis*. 36. Auflage. Frankfurt am Main: Fischer.

Agar, M. (2008): *The professional stranger*. 2. Auflage. Bingley: Emerald.

Altmann, G./Fiebiger, H./Müller, R. (2005): *Mediation*. 3. Auflage. Weinheim und Basel: Beltz.

Ameln, F. (2004): *Konstruktivismus*. Tübingen, Stuttgart: Francke/UTB.

Anderl, M./Reineck, U. (2016): *Handbuch Prozessberatung*. 2. Auflage. Weinheim und Basel: Beltz.

Andersen, T. (Hrsg.) (1990): *Das reflektierende Team*. Dortmund: Modernes Lernen.

Andler, N. (2015): *Tools für Projektmanagement, Workshops und Consulting*. 6. Auflage. Erlangen: Publicis.

Andresen, J. (2016): *Agiles Coaching*. München: Hanser.

Ansoff, H. (1984): *Implanting Strategic Management*. Englewood Cliffs, NJ: Prentice Hall.

Antons, K. (2000): *Praxis der Gruppendynamik*. 8. Auflage. Göttingen: Hogrefe.

Arbeitsgruppe Bielefelder Soziologen (Hrsg.) (1973): *Alltagswissen, Interaktion und gesellschaftliche Wirklichkeit*. Wiesbaden: VS Verlag für Sozialwissenschaften.

Argyle, M. (2002): *Körpersprache & Kommunikation*. 8. Auflage. Paderborn: Junfermann.

Arnold, R. (2012): *Ich lerne, also bin ich*. 2. Auflage. Heidelberg: Carl-Auer.

Arnold, R./Stroh, C. (2017): *Methoden Systemischer Erwachsenenbildung*. Baltmannsweiler: Schneider Hohengehren.

Aronson, E./Wilson, T./Akert, R. (2014): *Sozialpsychologie*. 8. Auflage. München: Pearson.

Asendorpf, J. (2005): *Persönlichkeit: Stabilität und Veränderung*. In: Weber, H./Rammsayer T. (Hrsg.): Handbuch der Persönlichkeitspsychologie und Differentiellen Psychologie. Göttingen: Hogrefe, S. 15–26.

Asgodom, S. (2012): *So coache ich*. München: Kösel.

Atteslander, P. (2010): *Methoden der empirischen Sozialforschung*. 13. Auflage. Berlin: Erich Schmidt.

Augsten, T./Brodbeck, H./Birkenmeier, B. (2017): *Strategie und Innovation*. Wiesbaden, Berlin: Springer.

Aumayr, K. (2006): *Erfolgreiches Produktmanagement*. Wiesbade: Gabler.

Bachmann, G. (2009): *Teilnehmende Beobachtung*. In: Kühl, S./Strodtholz, P./Taffertshofer, A. (Hrsg.): Handbuch Methoden der Organisationsforschung. Quantitative und qualitative Methoden. Wiesbaden: VS Verlag für Sozialwissenschaften, S. 248–271.

Backhausen, W./Thommen, J.-P. (2017): *Coaching*. 4. Auflage. Wiesbaden, Berlin: Springer.

Bacon, S. (2003): *Die Macht der Metaphern*. 2. Auflage. Augsburg: ZIEL.

Baecker, D. (2003): *Organisation und Management*. Frankfurt am Main: Suhrkamp.

Baecker, D. (2016): *Schlüsselwerke der Systemtheorie*. Wiesbaden, Berlin: Springer.

Baer, U. (2004): *Gefühlssterne, Angstfresser, Verwandlungsbilder*. 3. Auflage. Neukirchen-Vluyn: Affenkönig-Verl.

Balck, H./Kreibich, R. (Hrsg.) (1991): *Evolutionäre Wege in die Zukunft*. Symposium Evolutionäre Wege in die Zukunft - Strategisches Management Komplexer Systeme und Projekte. Weinheim, Basel: Beltz.

Baltes, G./Freyth, A. (Hrsg.) (2017): *Veränderungsintelligenz*. Wiesbaden: Springer Gabler.

Bamberger, G. (2015): *Lösungsorientierte Beratung*. 5. Auflage. Weinheim, Basel: Beltz.

Bandler, R./Grinder, J. (Hrsg.) (1992): *Reframing*. Paderborn: Junfermann.

Bandler, R./Grinder, J. (2002): *Neue Wege der Kurzzeit-Therapie*. 13. Auflage. Paderborn: Junfermann.

Bandler, R./Grinder, J. (2005): *Metasprache und Psychotherapie*. 11. Auflage. Paderborn: Junfermann.

Bandler, R./Grinder, J. (2010): *Kommunikation und Veränderung*. 9. Auflage. Paderborn: Junfermann.

Bandura, A. (1976): *Lernen am Modell*. Stuttgart: Klett.

Bandura, A. (1997): *Self-efficacy*. New York: W.H. Freeman.

Bang, R. (1963): *Hilfe zur Selbsthilfe*. 2. Auflage. München: Reinhardt.

Bannister, D./Fransella, F. (1981): *Der Mensch als Forscher*. Münster: Aschendorff.

Barnow, S. (2014): *Gefühle im Griff!* Wiesbaden, Berlin: Springer.

Barrett, R. (2017): *Building a Values-Driven Organization*. London: Routledge.

Bateson, G. (1981): *Ökologie des Geistes*. Frankfurt am Main: Suhrkamp.

Bateson, G. (1995): *Geist und Natur*. 4. Auflage. Frankfurt am Main: Suhrkamp.

Bauer, A./Schmidbauer, W. (2005): *Im Bauch des Wals*. Berlin: Leutner.

Bauer, J. (2005): *Warum ich fühle, was du fühlst*. München: Heyne.

Bauer, L./Oeser, E. (Hrsg.) (1989): *Evolution – Organisation – Management*. Berlin: Duncker & Humblot.

Bay, C. (2016): *Reifegradmodell*. Saarbrücken: AV Akademikerverlag.

Beaulieu, D. (2007): *Impact-Techniken für die Psychotherapie*. 2. Auflage. Heidelberg: Carl-Auer.

Becker, H./Langosch, I. (1995): *Produktivität und Menschlichkeit*. 4. Auflage. Stuttgart: Enke.

Becker, M./Labucay, I. (2012): *Organisationsentwicklung*. Stuttgart: Schäffer-Poeschel.

Beckers, T. (2016): *Werte*. In: Kopp: J./Steinbach, A. (Hrsg.): Grundbegriffe der Soziologie. 11. Auflage. Wiesbaden: Springer VS, S. 373–377.

Beer, S. (1967): *Kybernetik und Management*. 3. Auflage. Frankfurt am Main: Fischer.

Belbin, R. (2010): *Team Roles at Work*. 2. Auflage. Amsterdam: Elsevier.

Bennett, N./Lemoine, J. (2014): *What VUCA really means for you*. Harvard Business Review (1). Online verfügbar unter https://hbr.org/2014/01/what-vuca-really-means-for-you [28.04.2018].

Bentner, A. (2007): *Systemisch-lösungsorientierte Organisationsberatung in der Praxis*. Göttingen: Vandenhoeck & Ruprecht.

Bents, R./Blank, R. (2005): *Typisch Mensch*. 3. Auflage. Weinheim, Basel: Beltz.

Berne, E. (1970): *Spiele der Erwachsenen*. Reinbek: Rowohlt.

Berne, E. (1983): *Was sagen Sie, nachdem Sie »Guten Tag« gesagt haben?* Frankfurt am Main: Fischer.

Berner, W. (2012): *Culture Change*. Stuttgart: Schäffer-Poeschel.

Bernstein, S./Lowy, L. (1982): *Untersuchungen zur sozialen Gruppenarbeit in Theorie und Praxis*. 7. Auflage. Freiburg.

Bertalanffy, L. (1970): *... aber vom Menschen wissen wir nichts*. Berlin: Econ.

Bertalanffy, L. (1972): *Systemtheorie*. Berlin: Colloquium.

Bertalanffy, L. (1972): *Zu einer allgemeinen Systemlehre*. In: Bleicher, K. (Hrsg.): Organisation als System. Wiesbaden: Gabler, S. 31–45.

Bertelsmann Stiftung (Hrsg.) (2006): *Messen, werten, optimieren*. Erfolg durch Unternehmenskultur. Gütersloh: Bertelsmann.

Beutelschmidt, K./Franke, R./Püttmann, M./Zuber, B./Guwak, B. (2013): *Facilitating Change*. Weinheim und Basel: Beltz.

Bhattacharjee, Y. (2008): *Newsmakers*. In: *Science* 320 (5875), S. 431.

Bierhoff, H.-W. (2006): *Sozialpsychologie*. 6. Auflage. Stuttgart: Kohlhammer.

Bladowski, B. (2007): *Allgemeine Grundsätze der Ergebnisrückmeldung*. In: Bungard, W./Müller, K./Niethammer, C. (Hrsg.): Mitarbeiterbefragung – was dann ...? Wiesbaden, Berlin: Springer, S. 132–140.

Blanchard, K./Stoner, J. (2004): *Full Steam Ahead – volle Kraft voraus*. Offenbach: Gabal.

Blatt, M./Sauvonnet, E. (Hrsg.) (2017): *Wo ist das Problem?* 2. Auflage. München: Vahlen.

Blau, P. (1964): *Exchange and power in social life*. New Jersey: Transaction Publishers.

Bleckwedel, J. (2015): *Systemische Therapie in Aktion*. 4. Auflage. Göttingen: Vandenhoeck & Ruprecht.

Bleicher, K. (Hrsg.) (1972): *Organisation als System*. Wiesbaden: Gabler.

Bleicher, K. (2017): *Das Konzept Integriertes Management*. 9. Auflage. Frankfurt am Main, New York: Campus.

Bock, L. (2016): *Work Rules!* München: Vahlen.

Bodenmann, G./Perrez, M./Schär, M. (2016): *Klassische Lerntheorien*. 3. Auflage. Göttingen: Hogrefe.

Boeger, A. (2013): *Psychologische Therapie- und Beratungskonzepte*. 2. Auflage. Stuttgart: Kohlhammer.

Bogner, A./Littig, B./Menz, W. (Hrsg.) (2005): *Das Experteninterview*. 2. Auflage. Wiesbaden: VS Verlag für Sozialwissenschaften.

Bogner, A./Menz, W. (2005): *Das theoriegenerierende Experteninterview*. Erkenntnisinteresse, Wissensformen, INteraktion. In: Bogner, A./Littig, B./Menz W. (Hrsg.): *Das Experteninterview*. Theorie, Methode, Anwendung. 2. Auflage. Wiesbaden: VS Verlag für Sozialwissenschaften, S. 33–70.

Bohinc, T. (2007): *Projektmanagement*. 2. Auflage. Offenbach: Gabal.

Bohnsack, R. (2014): *Rekonstruktive Sozialforschung*. 9. Auflage. Opladen: Budrich.

Bonsen, M. zur (1994): *Führen mit Visionen*. Wiesbaden: Gabler.

Bonsen, M. zur (2000): *Führen mit Visionen*. Niedernhausen: Falken.

Bonsen, M. zur/Maleh, C. (2012): *Appreciative Inquiry (AI): der Weg zu Spitzenleistungen*. 2. Auflage. Weinheim und Basel: Beltz.

Borg, I. (2015): *Mitarbeiterbefragungen in der Praxis*. Göttingen: Hogrefe.

Borgert, S. (2012): *Holistisches Projektmanagement*. Wiesbaden, Berlin: Springer.

Boring, E. (1930): *A New Ambiguous Figure*. In: The American Journal of Psychology 42 (3), S. 444.

Borkenau, P./Ostendorf, F. (1993): *NEO-Fünf-Faktoren-Inventar (NEO-FFI) nach Costa und McCrae*. Göttingen: Hogrefe.

Bortz, J./Döring, N. (2006): *Forschungsmethoden und Evaluation*. 4. Auflage. Wiesbaden, Berlin: Springer.

Bösch, W. (2011): *Praxishandbuch Mitarbeiterbefragungen*. Zürich: Praxium.

Bossel, H. (2004): *Systeme, Dynamik, Simulation*. Norderstedt: Books on Demand.

Brandes, U./Gemmer, P./Koschek, H./Schültken, L. (2014): *Management Y*. Frankfurt am Main, New York: Campus.

Brecht-Hadraschek, B./Feldbrügge, R. (2015): *Prozessmanagement*. 4. Auflage. München: Redline.

Breiner, G./Polt, W. (2016): *Lösungen mit dem Systembrett*. 2. Auflage. Münster: Ökotopia.

Brenner, W./Uebernickel, F. (2016): *Design Thinking for Innovation*. Wiesbaden, Berlin: Springer.

Breu, U. (2002): *Das Chaos im Griff*. Würzburg: Lexika.

Breuer, F./Muckel, P./Dieris, B. (2017): *Reflexive Grounded Theory*. Wiesbaden, Berlin: Springer.

Breuer, J./Frot, P. (2012): *Das emotionale Unternehmen*. Wiesbaden: Gabler.

Bronner, R./Appel, W. (Hrsg.) (1999): *Evolution steuern - Revolution planen*. Bonn: InnoVatio-Verl.

Brosius, C./Michaels, A./Schrode, P. (Hrsg.) (2013): *Ritual und Ritualdynamik*. Göttingen: Vandenhoeck & Ruprecht.

Brunner, F. (2017): *Japanische Erfolgskonzepte*. 4. Auflage. München: Hanser.

Buchen, H./Rolff, H.-G. (Hrsg.) (2013): *Professionswissen Schulleitung*. 3. Auflage. Weinheim, Basel: Beltz.

Buchinger, K. (2011): *Supervision in Organisationen*. Den Wandel begleiten. Online-Ausgabe. Heidelberg: Carl-Auer.

Bungard, W./Müller, K./Niethammer, C. (Hrsg.) (2007): *Mitarbeiterbefragung – was dann …?* Wiesbaden, Berlin: Springer.

Burkard, C./Eikenbusch, G. (2013): *Evaluation*. In: Buchen, H./Rolff, H.-G. (Hrsg.): Professionswissen Schulleitung. 3. Auflage. Weinheim und Basel: Beltz, S. 1292–1342.

Büssow, T. (2003): *Chaostheorie und Unternehmenssteuerung*. Wiesbaden: Deutscher Universitätsverlag.

Bütz, M. (1997): *Chaos and Complexity*. Washington: Taylor & Francis.

Caligor, E./Kernberg, O./Clarkin, J. (2010): *Übertragungsfokussierte Psychotherapie bei neurotischer Persönlichkeitsstruktur*. Stuttgart: Schattauer.

Cameron-Bandler, L. (2002): *Wieder zusammenfinden*. 6. Auflage. Paderborn: Junfermann.

Capra, F. (1988): *Wendezeit*. München: Droemer.

Cartwright, D. (Hrsg.) (1959): *Studies in Social Power*. Ann Arbor: The University of Michigan.

Caruso, D./Salovey, P. (2005): *Managen mit emotionaler Kompetenz*. Frankfurt am Main, New York: Campus.

Caspari, A. (2004): *Evaluation der Nachhaltigkeit von Entwicklungszusammenarbeit*. Wiesbaden: VS Verlag für Sozialwissenschaften.

Cattell, R. (1978): *Die empirische Erforschung der Persönlichkeit*. 2. Auflage. Weinheim, Basel: Beltz.

Chandler, A. (1962): *Strategy and structure chapters in the history of the industrial enterprise*. Cambridge: M.I.T. Press.

Chlopczyk, J. (Hrsg.) (2017): *Beyond Storytelling*. Wiesbaden: Springer Gabler.

Christ, H./Wedekind, E. (1988): *Zur Praxis systemischer Institutionsberatung*. In: Zeitschrift für systemische Therapie (6), S. 279–287.

Cicourel, A. (1973): *Basisregeln und normative Regeln im Prozess des Aushandelns von Status und Rolle*. In: Arbeitsgruppe Bielefelder Soziologen (Hrsg.): Alltagswissen, Interaktion und Gesellschaftliche Wirklichkeit. Wiesbaden: VS Verlag für Sozialwissenschaften, S. 147–188.

Ciompi, L./Endert, E. (2011): *Gefühle machen Geschichte*. Göttingen: Vandenhoeck & Ruprecht.

Collins, J./Porras, J. (2005): *Immer erfolgreich*. München: dtv.

Cooper, A. (2004): *The Inmates Are Running the Asylum*. 5. Auflage. Indianapolis: Sams.

Cooper, R./Sawaf, A. (1997): EQ. Emotionale

Intelligenz für Manager. 2. Auflage. München: Heyne.

Cooperrider, D./Whitney, D./Stavros, J. (2008): *Appreciative Inquiry Handbook*. 2. Auflage. Brunswick, Ohio: Crown Custom.

Cope, M. (2010): *The seven Cs of consulting*. 3. Auflage. Harlow: Financial Times Prentice Hall.

Cronbach, L. (1982): *Designing evaluations of educational and social programs*. San Francisco: Jossey-Bass.

Crossman, P. (1966): *Permission and Protection*. In: Transactional Analysis Bulletin (5), S. 152–154.

Daimler, R./Sparrer, I./Varga von Kibéd, M. (2003): *Das unsichtbare Netz*. München: Kösel.

Daimler, R./Sparrer, I./Varga von Kibéd, M. (2016): *Basics der Systemischen Strukturaufstellungen*. 5. Auflage. München: Kösel.

Damasio, A. (2004): *Descartes' Irrtum*. Berlin: List.

Damasio, A. (2013): *Ich fühle, also bin ich*. 10. Auflage. Berlin: List.

Day, G./Schoemaker, P. (2006): *Peripheral Vision*. Boston: Harvard Business Press.

Deal, T./Kennedy, A. (1982): *Corporate Cultures*. Boston: Addison-Wesley Publishing.

Deep White (2004): *Wertekultur und Unternehmenserfolg*. Bonn. Online verfügbar unter https://www.yumpu.com/de/document/view/2477030/geschaftserfolg-hangt-von-wertekultur-ab-deep-white [23.05.2018].

Dehner, R./Dehner, U. (2013): *Steh dir nicht im Weg!* 2. Auflage. Frankfurt am Main, New York: Campus.

Dehner, R./Dehner, U. (2014): *Schluss mit diesen Spielchen!* Sonderauflage. Frankfurt am Main, New York: Campus.

Dehner, U./Dehner, R. (2013): *Transaktionsanalyse im Coaching*. Bonn: managerSeminare.

Dembrowski, S. (2017): *Return-on-Investment-Check*. In: Rauen, C. (Hrsg.): Coaching-Tools II. 4. Auflage. Bonn: managerSeminare, S. 323–367.

Denborough, D. (2017): *Geschichten des Lebens neu gestalten*. Göttingen: Vandenhoeck & Ruprecht.

Deppe-Schmitz, U./Deubner-Böhme, M. (2016): *Auf die Ressourcen kommt es an*. Göttingen: Hogrefe.

Deutsche Gesellschaft für Supervision (Hrsg.) (2012): *Supervision*. Ein Beitrag zur Qualifizierung beruflicher Arbeit. 8. Auflage. Köln.

Deutscher Bundesverband Coaching (Hrsg.) (2012): *Leitlinien und Empfehlungen für die Entwicklung von Coaching als Profession*. 4. Auflage. Osnabrück.

Dewe, B./Schwarz, M. (2011): *Beraten als professionelle Handlung und pädagogisches Phänomen*. Hamburg: Kovač.

Dick, R. van/West, M. (2013): *Teamwork, Teamdiagnose, Teamentwicklung*. 2. Auflage. Göttingen: Hogrefe.

Dierolf, K. (2013): *Lösungsfokussiertes Teamcoaching*. Bad Homburg: Solutions Academy.

Dietz, T./Dietz, I. (2012): *Selbst in Führung*. Paderborn: Junfermann.

Dilts, R./DeLozier, J./Dilts Bacon, D. (2003): *Strukturen subjektiver Erfahrung*. 6. Auflage. Paderborn: Junfermann.

Dilts, R. (1993): *Die Veränderung von Glaubenssystemen*. Paderborn: Junfermann.

Dolch, J. (1967): *Grundbegriffe der pädagogischen Fachsprache*. 6. Auflage. München: Ehrenwirth.

Doppler, K./Lauterburg, C. (2014): *Change Management*. 13. Auflage. Frankfurt am Main, New York: Campus.

Döring, N./Bortz, J. (2016): *Forschungsmethoden und Evaluation in den Sozial- und Humanwissenschaften*. Wiesbaden, Berlin: Springer.

Dörner, D. (1992): *Die Logik des Mißlingens.* Reinbek: Rowohlt.

Dreikurs, R./Grey, L. (2007): *Kinder lernen aus den Folgen.* Jubiläumsausgabe. Freiburg: Herder.

Dücker, B. (2007): *Rituale. Formen – Funktionen – Geschichte.* Stuttgart: J.B. Metzler.

Dulabaum, N. (2009): *Mediation: Das ABC.* 5. Auflage. Weinheim und Basel: Beltz.

Duncker, K. (1974): *Zur Psychologie produktiven Denkens.* 3. Auflage. Wiesbaden, Berlin: Springer.

Durkheim, É. (1981): *Die elementaren Formen des religiösen Lebens.* Frankfurt am Main: Verlag der Weltreligionen.

Duschek, S./Gaitanides, M./Matiaske, W./Ortmann, G. (Hrsg.) (2012): *Organisationen regeln.* Wiesbaden: VS Verlag für Sozialwissenschaften.

Dyllick, T. (2003): *Konzeptionelle Grundlagen unternehmerischer Nachhaltigkeit.* In: Linne, G./Schwarz, M. (Hrsg.): Handbuch Nachhaltige Entwicklung. Wie ist nachhaltiges Wirtschaften machbar? Wiesbaden: VS Verlag für Sozialwissenschaften, S. 235–243.

Echter, D. (2011): *Führung braucht Rituale.* 2. Auflage. München: Vahlen.

Eckhardt, B. (2004): *Chaos.* Frankfurt am Main: Fischer.

Edding, C./Schattenhofer, K. (2015): *Einführung in die Teamarbeit.* 2. Auflage. Heidelberg: Carl-Auer.

Edelkraut, F./Graf, N. (2011): *Der Mentor – Rolle, Erwartungen, Realität.* Lengerich: Pabst Science Publishers.

Einsle, F./Hummel, K. (2015): *Kognitive Umstrukturierung.* Weinheim, Basel: Beltz.

Elfgen, R. (1991): *Systemische und Kognitionstheoretische Perspektiven der Unternehmensberatung.* In: Hofmann, M. (Hrsg.): Theorie und Praxis der Unternehmensberatung. Bestandsaufnahme und Entwicklungsperspektiven. Heidelberg: Physica, S. 281–308.

Ellebracht, H. (2015): *Systemische Organisations- und Unternehmensberatung.* 4. Auflage. Wiesbaden: Gabler.

Elliott, R./Auszra, L. (2008): *Praxishandbuch der emotions-fokussierten Therapie.* München: CIP-Medien.

Ellis, A. (1977): *Die rational-emotive Therapie.* Stuttgart: Klett-Cotta.

Ellis, A. (1997): *Grundlagen und Methoden der rational-emotiven Verhaltenstherapie.* Stuttgart: Klett-Cotta.

Ellis, A. (2006): *Training der Gefühle.* München: mvg.

Ellis, A./Hoellen, B. (2004): *Die Rational-Emotive Verhaltenstherapie.* 2. Auflage. Stuttgart: Klett-Cotta.

Epiktet (1984): *Handbüchlein der Moral und Unterredungen.* 11. Auflage. Stuttgart: Kröner.

Epstein, S./Brodsky, A. (1994): *Sie sind viel klüger als Sie denken.* München: Droemer.

Eschenbach, R./Eschenbach, S./Kunesch, H. (2008): *Strategische Konzepte.* 5. Auflage. Stuttgart: Schäffer-Poeschel.

Etzrodt, C. (2003): *Sozialwissenschaftliche Handlungstheorien.* Konstanz: UVK.

Exner, A. (1992): *Das Unsteuerbare steuern?* In: Schmitz, C. u. a. (Hrsg.): Managerie. Jahrbuch Systemisches Denken und Handeln im Management. Heidelberg: Carl-Auer, S. 203–212.

Eysenck, H. (1967): *The biological basis of personality.* Springfield, Ill.: Thomas.

Faller, K./Fechler, B./Kerntke, W. (2014): *Systemisches Konfliktmanagement.* Stuttgart: Schäffer-Poeschel.

Faschingbauer, M. (2010): *Effectuation.* Stuttgart: Schäffer-Poeschel.

Faulstich, J. (2007): *Aufstellungen im Kontext systemische Organisationsberatung.* Heidelberg: Carl-Auer.

Felfe, J./Liepmann, D. (2008): *Organisationsdiagnostik*. Göttingen: Hogrefe.

Finke, J. (2003): *Empathie und Interaktion*. 2. Auflage. Stuttgart: Thieme.

Finke, J. (2004): *Gesprächspsychotherapie*. 3. Auflage. Stuttgart: Thieme.

Fischer-Epe, M. (2011): *Coaching: miteinander Ziele erreichen*. Reinbek: Rowohlt.

Fisher, R./Ury, W./Patton, B. (2013): *Das Harvard-Konzept*. 24. Auflage. Frankfurt am Main, New York: Campus.

Flick, U. (2017): *Qualitative Sozialforschung*. 8. Auflage. Reinbek: Rowohlt.

Flückiger, C./Wüsten, G./Wampold, B. (2015): *Ressourcenaktivierung*. 2. Auflage. Bern: Hans Huber.

Freedman, R. (2016): *The Agile consultant*. New York: Apress.

Freeman, R. (1984): *Strategic management*. Boston: Pitman.

French, J.R.P./Raven, B. (1959): *The bases of social power*. In: Cartwright, D. (Hrsg.): Studies in social power. Ann Arbor: The University of Michigan, S. 607–623.

Freudenreich, D./Meyer, U. (1992): *Supervision und Beratung mit der Themenzentrierten Interaktion*. In: Pallasch, W./Mutzeck W./Reimers H. (Hrsg.): Beratung – Training – Supervision. Eine Bestandsaufnahme über Konzepte zum Erwerb von Handlungskompetenz in pädagogischen Arbeitsfeldern. Weinheim: Juventa, S. 213–233.

Freudenthaler-Mayrhofer, D./Sposato, T. (2017): *Corporate Design Thinking*. Wiesbaden: Springer.

Friebertshäuser, B./Langer, A. (2013): *Interviewformen und Interviewpraxis*. In: Friebertshäuser, B./Langer, A./Prengel, A. (Hrsg.): Handbuch qualitative Forschungsmethoden in der Erziehungswissenschaft. 4. Auflage. Weinheim, Basel: Beltz, S. 437–456.

Friebertshäuser, B./Langer, A./Prengel, A. (Hrsg.) (2013): *Handbuch qualitative Forschungsmethoden in der Erziehungswissenschaft*. 4. Auflage. Weinheim, Basel: Beltz.

Friedli, C. (2016): *75 Bildkarten Teamentwicklung*. Weinheim und Basel: Beltz.

Friedman, H./Schustack, M./Rindermann, H. (2004): *Persönlichkeitspsychologie und differentielle Psychologie*. 2. Auflage. München: Pearson.

Fromm, M./Paschelke, S. (2010): *GridPractice*. Norderstedt: Books on Demand.

Früh, W. (2017): *Inhaltsanalyse*. 9. Auflage. Konstanz, München: UVK.

Fuchs, P. (2012): *Mensch/Person*. In: Jahraus, O./Nassehi, A./Grizelj, M./Saake, I./Kirchmeier, C./Müller J. (Hrsg.): Luhmann-Handbuch. Leben – Werk – Wirkung. Stuttgart, Weimar: J.B. Metzler, S. 101–103.

Fürstenau, P. (2002): *Psychoanalytisch verstehen – systemisch denken – suggestiv intervenieren*. 2. Auflage. Stuttgart: Klett-Cotta.

Gadatsch, A. (2017): *Grundkurs Geschäftsprozess-Management*. 8. Auflage. Wiesbaden: Springer.

Galliker, M./Klein, M./Rykart, S. (2007): *Meilensteine der Psychologie*. Stuttgart: Kröner.

Garfinkel, H. (1967): *Studies in Ethnomethodology*. Cambridge: Polity Press.

Gausemeier, J./Fink, A. (1999): *Führung im Wandel*. München: Hanser.

Gay, F. (2004): *Persönliche Stärke ist kein Zufall*. Wuppertal: R. Brockhaus.

Gebert, D./Rosenstiel, L. (2002): *Organisationspsychologie*. 5. Auflage. Stuttgart: Kohlhammer.

Gellert, M./Nowak, C. (2014): *Teamarbeit, Teamentwicklung, Teamberatung*. 5. Auflage. Meezen: Limmer.

Gendlin, E. (2012): *Focusing-orientierte Psychotherapie*. 2. Auflage. Stuttgart: Klett.

Gennep, A. van (2005): *Übergangsriten*. 3. Auflage. Frankfurt am Main, New York: Campus.

Gergen, K. (2002): *Konstruierte Wirklichkeiten.* Stuttgart: Kohlhammer.

Gerhold, D. (2008): *Das Kommunikationsmodell der Transaktionsanalyse.* 2. Auflage. Paderborn: Junfermann.

Gerstbach, I. (2016): *Design Thinking im Unternehmen.* Offenbach: Gabal.

Gessler, M./Goerner, M. (2003): *Projektmanagement und Teamarbeit.* Aachen: Shaker.

Gigerenzer, G. (2007): *Bauchentscheidungen.* 3. Auflage. Gütersloh: Bertelsmann.

Glahn, R. (2017): *Erfolg gestalten.* Frankfurt am Main, New York: Campus.

Glasenapp, J. (2013): *Emotionen als Ressourcen.* Weinheim, Basel: Beltz.

Glaser, B./Strauss, A. (2010): *Grounded theory.* 3. Auflage. Bern: Hans Huber.

Gläser, J./Laudel, G. (2010): *Experteninterviews und qualitative Inhaltsanalyse als Instrumente rekonstruierender Untersuchungen.* 4. Auflage. Wiesbaden: VS Verlag für Sozialwissenschaften.

Glasersfeld, E. (1987): *Wissen, Sprache und Wirklichkeit.* Wiesbaden: Vieweg + Teubner.

Glasersfeld, E. (2015): *Radikaler Konstruktivismus.* 8. Auflage. Frankfurt am Main: Suhrkamp.

Glasl, F. (2013): *Konfliktmanagement.* 11. Auflage. Bern, Stuttgart: Haupt/Freies Geistesleben.

Glasl, F. (2015): *Selbsthilfe in Konflikten.* 7. Auflage. Stuttgart: Freies Geistesleben.

Glasl, F./Lievegoed, B. (2016): *Dynamische Unternehmensentwicklung.* 5. Auflage. Bern, Stuttgart: Haupt/Freies Geistesleben.

Gloger, B. (2013): *Scrum.* 4. Auflage. München: Hanser.

Goffman, E. (1971): *Verhalten in sozialen Situationen.* Gütersloh: Bertelsmann.

Goffman, E. (1986): *Interaktionsrituale.* Frankfurt am Main: Suhrkamp.

Goffman, E. (1999): *Das Individuum im öffentlichen Austausch.* Frankfurt am Main: Suhrkamp.

Goffman, E./Vetter, H. (1977): *Rahmen-Analyse.* Frankfurt am Main: Suhrkamp.

Goldman, S./Nagel, R./Preiss, K. (1995): *Agile Competitors and Virtual Organizations.* New York: Van Nostrand Reinhold.

Goldman, S./Nagel, R./Preiss, K./Warnecke, H.-J. (1996): *Agil im Wettbewerb.* Wiesbaden, Berlin: Springer.

Goleman, D. (2015): *Emotionale Intelligenz.* 24. Auflage. München: dtv.

Gollwitzer, M./Jäger, R. (2014): *Evaluation kompakt.* 2. Auflage. Weinheim, Basel: Beltz.

Gordon, T. (2005): *Managerkonferenz.* München: Heyne.

Gordon, T. (2011): *Die neue Familienkonferenz.* 23. Auflage. München: Heyne.

Gorecki, P./Pautsch, P. (2014): *Praxisbuch Lean Management.* 2. Auflage. München: Hanser.

Gorecki, P./Pautsch, P. (2018): *Praxisbuch Lean Management.* 3. Auflage. München: Hanser.

Goulding, M./Goulding, R. (1981): *Neuentscheidung.* Stuttgart: Klett.

Graeber, D. (2016): *Bürokratie.* Stuttgart: Klett.

Greenberg, L. (2006): *Emotionsfokussierte Therapie.* Tübingen: DGVT.

Greenberger, D./Padesky, C. (2007): *Gedanken verändern Gefühle.* Paderborn: Junfermann.

Greif, S./Runde, B./Seeberg, I. (2004): *Erfolge und Misserfolge beim Change Management.* Göttingen: Hogrefe.

Greiner, L. (1972): *Evolution and Revolution as Organizations Grow.* In: Harvard Business Review 50 (4), S. 37–46.

Grichnik, D./Gassmann, O. (2013): *Das unternehmerische Unternehmen.* Wiesbaden, Berlin: Springer.

Grochowiak, K./Castella, J. (2001): *Systemdynamische Organisationsberatung.* Heidelberg: Carl-Auer.

Grossmann, R./Bauer, G./Scala, K. (2015): *Einführung in die systemische Organisationsentwicklung*. Heidelberg: Carl-Auer.

Groth, T. (2017): *66 Gebote systemischen Denkens und Handelns in Management und Beratung*. Heidelberg: Carl-Auer.

Groth, T./Stey, G. (Hrsg.) (2012): *Potenziale der Organisationsaufstellung*. Heidelberg: Carl-Auer.

Grubendorfer, C. (2016): *Einführung in systemische Konzepte der Unternehmenskultur*. Heidelberg: Carl-Auer.

Grunwald, A./Kopfmüller, J. (2006): *Nachhaltigkeit*. Frankfurt am Main, New York: Campus.

Günther, E. (2016): *Stakeholder Management*. Stuttgart: UTB.

Haas, B./Oetinger, R./Ritter, A./Thul, M. (Hrsg.) (2007): *Nachhaltige Unternehmensführung*. München: Hanser.

Hafner, R./Polanski, A. (2015): *Kennzahlen-Handbuch für das Personalwesen*. 2. Auflage. Zürich: Praxium.

Haley, J. (1978): *Gemeinsamer Nenner Interaktion*. München: Pfeiffer.

Haley, J. (2006): *Die Psychotherapie. Milton H. Ericksons*. 7. Auflage. Stuttgart: Klett.

Hall, A./Fagen, R. (1974): *Definition of System*. In: Händle, F./Jensen, S. (Hrsg.): Systemtheorie und Systemtechnik. Sechzehn Aufsätze. München: Nymphenburger, S. 125–137.

Haller, M. (2003): *Soziologische Theorie im systematisch-kritischen Vergleich*. Wiesbaden: VS Verlag für Sozialwissenschaften.

Hamel, G./Prahalad, C. (1997): *Wettlauf um die Zukunft*. Wien: Ueberreuter.

Hammel, S. (2013): *Handbuch des therapeutischen Erzählens*. 3. Auflage. Stuttgart: Klett.

Hammer, M./Champy, J./Künzel, P. (2003): *Business reengineering*. 7. Auflage. Frankfurt am Main, New York: Campus.

Hammer, M./Stanton, S. (1995): *The reengineering revolution*. New York: Harper Business.

Hammond, J./Keeney, R./Raiffa, H. (2001): *Schnell und sicher entscheiden*. Düsseldorf, Berlin: Metropolitan.

Händle, F./Jensen, S. (Hrsg.) (1974): *Systemtheorie und Systemtechnik*. München: Nymphenburger.

Hanschke, I./Lorenz, R. (2012): *Strategisches Prozessmanagement*. München: Hanser.

Harmon, F. (1996): *Playing for keeps*. New York: John Wiley.

Hartmann, E. (2013): *TPM*. 4. Auflage. München: Vahlen.

Hauke, G./Lohr, C./Pietrzak, T. (2017): *Strategisches Coaching*. Paderborn: Junfermann.

Hauser, H.-G./Egger, E./Essl, G./Ettl, P./Kohlheimer, M./Pircher, C. (Hrsg.) (2012): *Worauf Berater achten*. 3. Auflage. Wien: Linde.

Hayek, F. (1971): *Die Irrtümer des Konstruktivismus und die Grundlagen legitimer Kritik gesellschaftlicher Gebilde*. Tübingen: Mohr.

Heckhausen, H./Gollwitzer, P. (1987): *Thought contents and cognitive functioning in motivational versus volitional states of mind*. In: Motiv Emot 11 (2), S. 101–120.

Heckhausen, H./Gollwitzer, P./Weinert, F. (1987): *Jenseits des Rubikon*. Wiesbaden, Berlin: Springer.

Heckhausen, J./Heckhausen, H. (Hrsg.) (2010): *Motivation und Handeln*. 4. Auflage. Wiesbaden, Berlin: Springer.

Hehn, S./Cornelissen, N./Braun, C. (2016): *Kulturwandel in Organisationen*. Wiesbaden, Berlin: Springer.

Heidegger, M. (1976): *Sein und Zeit*. 13. Auflage. Tübingen: Niemeyer.

Heidenreich, T./Michalak, J. (Hrsg.) (2009): *Achtsamkeit und Akzeptanz in der Psychotherapie*. 3. Auflage. Tübingen: DGVT.

Helfferich, C. (2011): *Die Qualität qualitativer Daten*. Wiesbaden: VS Verlag für Sozialwissenschaften.

Hellinger, B. (2006): *Ordnungen des Helfens.* Heidelberg: Carl-Auer.

Hellinger, B. (2015): *Ordnungen der Liebe.* 11. Auflage. Heidelberg: Carl-Auer.

Hemel, U. (2007): *Wert und Werte.* 2. Auflage. München: Hanser.

Henkel, M. (1996): *Chaos? – In Ordnung!* Stuttgart: Raabe.

Hennig, G./Pelz, G. (2007): *Transaktionsanalyse.* 2. Auflage. Paderborn: Junfermann.

Herbold, W./Sachsse, U./Bolle, R. (2008): *Das so genannte Innere Kind.* Stuttgart: Schattauer.

Herzog, W. (1984): *Modell und Theorie in der Psychologie.* Göttingen: Hogrefe.

Heß, H. (Hrsg.) (2017): *Erzählbar II.* Bonn: managerSeminare.

Hillmann, K.-H. (2003): *Wertwandel.* Würzburg: Carolus.

Hinterhuber, H. (2007): *Strategische Unternehmensführung.* 8. Auflage. Berlin: E. Schmidt.

Hinterhuber, H. (2015): *Strategische Unternehmensführung.* 9. Auflage. Berlin: E. Schmidt.

Hochreiter, G. (2006): *Choreografien von Veränderungsprozessen.* 2. Auflage. Heidelberg: Carl-Auer.

Hofert, S. (2016): *Agiler führen.* Wiesbaden: Springer Gabler.

Hoffmann, J./Engelkamp, J. (2017): *Lern- und Gedächtnispsychologie.* 2. Auflage. Heidelberg, Berlin: Springer.

Hofmann, M. (Hrsg.) (1991): *Theorie und Praxis der Unternehmensberatung.* Heidelberg: Physica.

Hofmeister, B. (2006): *Werte im Management.* Saarbrücken: VDM Müller.

Hollenberg, S. (2016): *Fragebögen.* Wiesbaden, Berlin: Springer.

Holler, I. (2016): *Trainingsbuch Gewaltfreie Kommunikation.* 8. Auflage. Paderborn: Junfermann.

Holman, P. (Hrsg.) (2002): *Change Handbook.* Heidelberg: Carl-Auer.

Holtgrewe, U. (2009): *Narratives Interview.* In: Kühl, S./Strodtholz, P./Taffertshofer, A. (Hrsg.): Handbuch Methoden der Organisationsforschung. Quantitative und qualitative Methoden. Wiesbaden: VS Verlag für Sozialwissenschaften, S. 57–77.

Hopf, C./Weingarten, E. (Hrsg.) (1993): *Qualitative Sozialforschung.* 3. Auflage. Stuttgart: Klett.

Hossiep, R./Mühlhaus, O. (2015): *Personalauswahl und -entwicklung mit Persönlichkeitstests.* 2. Auflage. Göttingen: Hogrefe.

Howard, P./Howard, J. (2002): *Führen mit dem Big-Five-Persönlichkeitsmodell.* Frankfurt am Main, New York: Campus.

Hülst, D. (1999): *Symbol und soziologische Symboltheorie.* Wiesbaden: VS Verlag für Sozialwissenschaften.

Hummel, T. (2001): *Erfolgreiches Bildungscontrolling.* 2. Auflage. Heidelberg: Sauer.

Huse, E./Cummings, T. (1985): *Organization development and change.* 3. Auflage. Eagan: West.

Hüther, G. (2015): *Die Macht der inneren Bilder.* 9. Auflage. Göttingen: Vandenhoeck & Ruprecht.

Hutterer, R. (1998): *Das Paradigma der Humanistischen Psychologie.* Wiesbaden, Berlin: Springer.

IDEO (2018): *Design Thinking.* Online: https://www.ideou.com/pages/design-thinking [26.04.2018].

Imai, M. (1994): *Kaizen.* 6. Auflage. Frankfurt am Main: Ullstein.

Imber-Black, E. (Hrsg.) (2001): *Rituale.* 4. Auflage. Heidelberg: Carl-Auer.

Imber-Black, E. (2006): *Familien und größere Systeme.* 5. Auflage. Heidelberg: Carl-Auer.

IOCMI (2018): *About The IOCMI.* Innovation and Organizational Change, Management Institute. Online: https://www.iocmi.org/about [26.04.2018].

Ischebeck, K. (2014): *Erfolgreiche Konzepte*. 2. Auflage. Offenbach: Gabal.

Jacob, G./van Genderen, H./Seebauer, L. (2017): *Andere Wege gehen*. 2. Auflage. Weinheim, Basel: Beltz.

Jahraus, O./Nassehi, A./Grizelj, M./Saake, I./Kirchmeier, C./Müller, J. (Hrsg.) (2012): *Luhmann-Handbuch*. Stuttgart, Weimar: J.B. Metzler.

James, T./Woodsmall, W. (2012): *Time line*. 7. Auflage. Paderborn: Junfermann.

Jánszky, S./Jenzowsky, S. (2010): *Rulebreaker*. Wien: Goldegg.

Jefferys-Duden, K. (2002): *Konfliktlösung und Streitschlichtung*. 2. Auflage. Weinheim, Basel: Beltz.

Johansen, B./Euchner, J. (2013): *Conversations*. Navigating the VUCA World: An Interview with Bob Johansen. In: *Research-Technology Management* 56 (1), S 10–15.

Johnson, G./Scholes, K./Whittington, R. (2011): *Strategisches Management*. 9. Auflage. München: Pearson.

Johnstone, K. (2010): *Improvisation und Theater*. 10. Auflage. Berlin: Alexander.

Jost, H. (2003): *Unternehmenskultur*. Zürich: Orell Füssli.

Jung, C. (1967): *Psychologische Typen*. 10. Auflage. Zürich: Rascher.

Junker, T./Hoßfeld, U. (2009): *Die Entdeckung der Evolution*. 2. Auflage. Darmstadt: Wissenschaftliche Buchgesellschaft.

Kabat-Zinn, J. (2009): *Achtsamkeitsbasierte Interventionen im Kontext: Vergangenheit, Gegenwart und Zukunft*. In: Heidenreich, T./Michalak, J. (Hrsg.): Achtsamkeit und Akzeptanz in der Psychotherapie. Ein Handbuch. 3. Auflage. Tübingen: DGVT, S. 103–139.

Kahneman, D. (2012): *Schnelles Denken, langsames Denken*. 5. Auflage. München: Penguin.

Kaiser, M. (2005): *Rituale – Quellen der Kraft*. München: Knaur.

Kamlah, W. (1972): *Philosophische Anthropologie*. Mannheim: Bibliographisches Institut.

Kamlah, W./Lorenzen, P. (1973): *Logische Propädeutik*. 2. Auflage. Mannheim: Bibliographisches Institut.

Kanfer, F./Reinecker, H./Schmelzer, D. (2012): *Selbstmanagement-Therapie*. Wiesbaden, Berlin: Springer.

Kaplan, R./Norton, D. (1997): *Balanced scorecard*. Stuttgart: Schäffer-Poeschel.

Karst, K./Segler, T./Gruber, K. (2000): *Unternehmensstrategien erfolgreich umsetzen durch Commitment Management*. Wiesbaden, Berlin: Springer.

Kauffeld, S. (2001): *Teamdiagnose*. Göttingen: Hogrefe.

Keller, E. (2013): *Nachhaltigkeit in Beratung und Training*. Bonn: managerSeminare.

Kellner, H. (2006): *Value of Investment*. Offenbach: Gabal.

Kelly, G. (1955): *The psychology of personal constructs*. New York: Norton.

Kelly, G. (1986): *Die Psychologie der persönlichen Konstrukte*. Paderborn: Junfermann.

Kempfert, G./Rolff, H.-G. (2005): *Qualität und Evaluation*. 4. Auflage. Weinheim, Basel: Beltz.

Kensok, P. (2012): *Der Werte-Manager*. Stuttgart: SWB.

Kerth, K./Asum, H. (2011): *Die besten Strategietools in der Praxis*. 5. Auflage. München: Hanser.

Kerth, K./Asum, H./Stich, V. (2015): *Die besten Strategietools in der Praxis*. 6. Auflage. München: Hanser.

Kerzner, H./Majetschak, B. (2008): *Projekt-Management*. 2. Auflage. Bonn: MITP.

Kettl-Römer, B. (2011): *Wege zum Kunden*. 2. Auflage. Wien: Linde.

Keysers, C./Kober, H. (2013): *Unser empathisches Gehirn*. 2. Auflage. Gütersloh: Bertelsmann.

Kim, W. C./Mauborgne, R. (2005): *Der blaue Ozean als Strategie*. München: Hanser.

Kindl-Beilfuß, C. (2015): *Fragen können wie Küsse schmecken*. 6. Auflage. Heidelberg: Carl-Auer.

Kirkpatrick, D./Kirkpatrick, J. (2006): *Evaluating Training Programs*. 3. Auflage. San Francisco: Berrett-Koehler/McGraw-Hill.

Kirsch, W. (1997): *Strategisches Management*. Herrsching: Kirsch.

Kirsch, W. (1997): *Wegweiser zur Konstruktion einer evolutionären Theorie der strategischen Führung*. 2. Auflage. Herrsching: Kirsch.

Klein, S. (2007): *Wenn die anderen das Problem sind*. 2. Auflage. Offenbach: Gabal.

Klinkhammer, M./Stoess, D./Hütter, F./Wüst, L. (2015): *Change happens*. Veränderungen gehirngerecht gestalten. Freiburg: Haufe.

Klir, G. (Hrsg.) (1991): *Facets of Systems Science*. Wiesbaden, Berlin: Springer.

Knapp, J./Zeratsky, J./Kowitz, B. (2017): *Sprint*. 2. Auflage. München: Redline.

Knapp, P. (Hrsg.) (2016): *Konfliktlösungs-Tools*. 4. Auflage. Bonn: managerSeminare.

Kneer, G./Nassehi, A. (2000): *Niklas Luhmanns Theorie sozialer Systeme*. 4. Auflage. München: Wilhelm Fink.

Kohlöffel, K. (2000): *Strategisches Management*. München: Hanser.

Kohlöffel, K./Rosche, J.-D. (2009): *Spielmacher im Management*. Hoboken, New Jersey: Wiley.

Kolbusa, M. (2013): *Der Strategie-Scout*. 2. Auflage. Wiesbaden, Berlin: Springer.

König, E. (1992): *In der Systemskulptur werden Führungskräfte und Mitarbeiter Stars*. In: Management und Seminar (19), S. 12.

König, E./Volmer, G. (1993): *Systemische Organisationsberatung*. Weinheim: Deutscher Studien-Verlag.

König, E./Volmer, G. (2003): *Systemisches Coaching*. 2. Auflage. Weinheim und Basel: Beltz.

König, E./Zedler, P. (2007): *Theorien der Erziehungswissenschaft*. 3. Auflage. Weinheim und Basel: Beltz.

König, O./Schattenhofer, K. (2016): *Einführung in die Gruppendynamik*. 8. Auflage. Heidelberg: Carl-Auer.

Königswieser, R./Capra, F. (Hrsg.) (1992): *Das systemisch evolutionäre Management*. Beratergruppe Neuwaldegg. 2. Auflage. Wien: Orac.

Königswieser, R./Exner, A. (2004): *Systemische Intervention*. 8. Auflage. Stuttgart: Klett.

Königswieser, R./Hillebrand, M. (2017): *Einführung in die systemische Organisationsberatung*. 9. Auflage. Heidelberg: Carl-Auer.

Königswieser, R./Jochum, G. (Hrsg.) (2006): *Komplementärberatung*. Stuttgart: Klett.

Konopka, M. (1999): *Akteure und Systeme*. Frankfurt am Main: Lang.

Kopp, J./Steinbach, A. (Hrsg.) (2016): *Grundbegriffe der Soziologie*. 11. Auflage. Wiesbaden: Springer VS.

Kosiol, E. (1962): *Organisation der Unternehmung*. Wiesbaden: Gabler.

Köster, G. (2010): *Kurskorrekturen*. Gütersloh: Bertelsmann.

Kostka, C./Kostka, S. (2017): *Der kontinuierliche Verbesserungsprozess*. 7. Auflage. München: Hanser.

Kostka, C./Mönch, A. (2006): *Change Management*. 3. Auflage. München: Hanser.

Köstler, G. (2010): *Kurskorrekturen*. Gütersloh: Bertelsmann.

Kotler, P./Caslione, J. (2009): *Chaotics*. München: mi.

Kotrba, V./Miarka, R. (2015): *Agile Teams lösungsfokussiert coachen*. Heidelberg: dpunkt.

Kotter, J. (1995): *Acht Kardinalfehler bei der Transformation*. In: Harvard Business Manager (17), S. 21–28.

Kotter, J. (1996): *Leading change*. Boston: Harvard Business Press.

Kotter, J. (2013): *Leading Change*. München: Vahlen.

Kotter, J. (2015): *Accelerate*. München: Vahlen.

Kotter, J./Heskett, J. (1993): *Die ungeschriebenen Gesetze der Sieger*. Berlin: Econ.

Kotter, J./Rathgeber, H. (2017): *Das Pinguin-Prinzip*. München: Droemer.

Krampf, P. (2016): *Strategisches Prozessmanagement*. München: Vahlen.

Krapp, A./Weidenmann, B. (Hrsg.) (2006): *Pädagogische Psychologie*. 5. Auflage. Weinheim, Basel: Beltz.

Krause, F./Storch, M. (2010): *Ressourcen aktivieren mit dem Unbewussten*. Bern: Huber.

Kretschmer, E. (1921): *Körperbau und Charakter*. Berlin: Springer.

Krips, D. (2017): *Stakeholdermanagement*. Wiesbaden, Berlin: Springer.

Kriz, J. (1999): *Systemtheorie für Psychotherapeuten, Psychologen und Mediziner*. Wien: Facultas.

Kriz, J. (2007): *Grundkonzepte der Psychotherapie*. 6. Auflage. Weinheim, Basel: Beltz.

Kriz, J. (2017): *Subjekt und Lebenswelt*. Göttingen: Vandenhoeck & Ruprecht.

Krizanits, J. (2009): *Die systemische Organisationsberatung*. Wien: Facultas.

Krizanits, J. (2013): *Einführung in die Methoden der systemischen Organisationsberatung*. Heidelberg: Carl-Auer.

Krüger, G. (2012): *Mit Kennzahlen Unternehmen steuern*. Herne: NWB.

Kruse, J. (2015): *Qualitative Interviewforschung*. 2. Auflage. Weinheim, Basel: Beltz.

Kruse, P. (2015): *next practice – Erfolgreiches Management von Instabilität*. 8. Auflage. Offenbach: Gabal.

Krystek, U./Müller-Stewens, G. (2006): *Strategische Frühaufklärung*. In: Taylor, B./Hahn, D. (Hrsg.): Strategische Unternehmungsplanung. Strategische Unternehmungsführung: Stand und Entwicklungstendenzen. 9. Auflage. Wiesbaden, Berlin: Springer, S. 175–193.

Kuckartz, U. (2016): *Qualitative Inhaltsanalyse*. 3. Auflage. Weinheim, Basel: Beltz.

Kuckartz, U./Dresing, T./Rädiker, S./Stefer, C. (2008): *Qualitative Evaluation*. 2. Auflage. Wiesbaden: VS Verlag für Sozialwissenschaften.

Kühl, S. (2015): *Wenn die Affen den Zoo regieren*. 6. Auflage. Frankfurt am Main, New York: Campus.

Kühl, S. (2016): *Strategien entwickeln*. Wiesbaden: Springer VS.

Kühl, S./Strodtholz, P./Taffertshofer, A. (Hrsg.) (2009): *Handbuch Methoden der Organisationsforschung*. Wiesbaden: VS Verlag für Sozialwissenschaften.

Kuhlmann, M. (2009): *Beobachtungsinterview*. In: Kühl, S./Strodtholz, P./Taffertshofer, A. (Hrsg.): Handbuch Methoden der Organisationsforschung. Quantitative und qualitative Methoden. Wiesbaden: VS Verlag für Sozialwissenschaften, S. 78–99.

Kühn, T./Koschel, K.-V. (2018): *Gruppendiskussionen*. Wiesbaden: Springer VS.

Kumbartzki, J. (2002): *Die interne Evolution von Organisationen*. Gabler Edition Wissenschaft. Wiesbaden: Deutscher Universitätsverlag.

Kuntz, B. (2011): *Fette Beute für Trainer und Berater*. 2. Auflage. Bonn: managerSeminare.

Kurtz, R. (1985): *Körperzentrierte Psychotherapie*. Essen: Synthesis.

Lakoff, G./Johnson, M. (2004): *Leben in Metaphern*. 4. Auflage. Heidelberg: Carl-Auer.

Laloux, F. (2017): *Reinventing Organizations visuell*. München: Vahlen.

Lamnek, S. (2005): *Gruppendiskussion*. 2. Auflage. Weinheim, Basel: Beltz.

Lamnek, S./Krell, C. (2016): *Qualitative Sozialforschung*. 6. Auflage. Weinheim, Basel: Beltz.

Lang, D. (2016): *Gefangen im Komplexitätsdilemma*. Norderstedt: Books on Demand.

Lang, R./Winkler, I./Weik, E. (2005): *Organisationskultur, organisationaler Symbolismus und organisationaler Diskurs*. In: Weik, E./Lang, R. (Hrsg.): Moderne Organisationstheorien 1. Handlungsorientierte Ansätze. 2. Auflage. Wiesbaden: Gabler, S. 207–258.

Langer, I./Schulz von Thun, F./Tausch, R. (2011): *Sich verständlich ausdrücken*. 9. Auflage. München: Reinhardt.

Langmaack, B./Braune-Krickau, M. (2010): *Wie die Gruppe laufen lernt*. 8. Auflage. Weinheim, Basel: Beltz.

Lauer, T. (2014): *Change management*. Wiesbaden, Berlin: Springer Gabler.

Laux, L. (2008): *Persönlichkeitspsychologie*. 2. Auflage. Stuttgart: Kohlhammer.

Lawrence, K. (2013): *Developing Leaders in a VUCA Environment*. University of North Carolina. Chapel Hill. Online verfügbar unter https://www.kenan-flagler.unc.edu/~/media/Files/documents/executive-development/developing-leaders-in-a-vuca-environment.pdf [23.05.2018]

Lazarus, A. (2000): *Multimodale Kurzpsychotherapie*. Stuttgart: Klett.

Leahy, R. (2007): *Techniken kognitiver Therapie*. Paderborn: Junfermann.

LeDoux, J. (2006): *Das Netz der Gefühle*. 4. Auflage. München: dtv.

Lehner, M./Wilms, F. (2002): *Systemisch denken – klipp und klar*. Zürich: Industrielle Organisation.

Lemke, B. (2012): *Kreative NLP – Formate*. Norderstedt: Books on Demand.

Lersch, P. (1962): *Aufbau der Person*. 8. Auflage. München: J. A. Barth.

Levitt, T. (1965): *EXPLOIT the Product Life Cycle*. In: Harvard Business Review 43 (6), S. 81–94.

Lewin, K. (1947): *Frontiers in group dynamics*. Concept, method and reality in social science/social equilibria and social change. In: Human Relations 1 (1), S. 5–41.

Lewin, K. (2012): *Feldtheorie in den Sozialwissenschaften*. Bern: Huber.

Lewin, K. (2016): *Frontiers in Group Dynamics*. In: Human Relations 1 (1), S. 5–41.

Liebig, B./Nentwig-Gesemann, I. (2009): *Gruppendiskussion*. In: Kühl, S./Strodtholz, P./Taffertshofer, A. (Hrsg.): Handbuch Methoden der Organisationsforschung. Quantitative und qualitative Methoden. Wiesbaden: VS Verlag für Sozialwissenschaften, S. 102–123.

Liebold, R./Trinczek, R. (2009): *Experteninterview*. In: Kühl, S./Strodtholz, P./Taffertshofer, A. (Hrsg.): Handbuch Methoden der Organisationsforschung. Quantitative und qualitative Methoden. Wiesbaden: VS Verlag für Sozialwissenschaften, S. 32–56.

Lindemann, H. (2008): *Systemisch beobachten – lösungsorientiert handeln*. Münster: Ökotopia.

Lindemann, H./Rosenbohm, C. (2012): *Die Metaphern-Schatzkiste*. Göttingen: Vandenhoeck & Ruprecht.

Linden, A./Spalding, M. (1996): *Enneagramm und NLP*. Paderborn: Junfermann.

Linne, G./Schwarz, M. (Hrsg.) (2003): *Handbuch Nachhaltige Entwicklung*. Wiesbaden: VS Verlag für Sozialwissenschaften.

Lippitt, G./Lippitt, R. (2015): *Beratung als Prozess*. Wiesbaden, Berlin: Springer.

Lippold, D. (2016): *Grundlagen der Unternehmensberatung*. Wiesbaden: Springer Gabler.

Litke, H.-D. (2007): *Projektmanagement*. 5. Auflage. München: Hanser.

Little, J. (2007): *The Nokia Test*. Online: http://agileconsortium.blogspot.de/2007/12/nokia-test.html , [26.04.2018].

Litz, S. (2007): *Organisationaler Wandel und Human Resource Management*. Wiesbaden: DUV.

Loebbert, M. (2003): *Storymanagement*. Stuttgart: Klett.

Loebbert, M. (2006): *The art of change*. Leonberg: Rosenberger.

Loebbert, M. (2009): *Kultur entscheidet*. Leonberg: Rosenberger.

Lombriser, R./Abplanalp, P. (2005): *Strategisches Management*. 4. Auflage. Zürich: Versus.

Lorenz, E. (1993): *The essence of chaos*. Seattle: University of Washington Press.

Löwisch, D.-J. (1995): *Einführung in pädagogische Ethik*. Darmstadt: Wissenschaftliche Buchgesellschaft.

Ludewig, K./Wilken, U. (Hrsg.) (2000): *Das Familienbrett*. Göttingen: Hogrefe.

Luhmann, N. (1984): *Soziale Systeme*. Frankfurt am Main: Suhrkamp.

Luhmann, N. (1985): *Die Autopoiesis des Bewußtseins*. In: soziale Welt, S. 402–446.

Luhmann, N. (1990): *Soziologische Aufklärung* 5. Wiesbaden: VS Verlag für Sozialwissenschaften.

Luhmann, N. (Hrsg.) (1991): *Aufsätze zur Theorie sozialer Systeme*. 6. Auflage. Wiesbaden: VS Verlag für Sozialwissenschaften.

Luhmann, N. (1991): *Soziologie als Theorie sozialer Systeme*. In: Luhmann, N. (Hrsg.): Aufsätze zur Theorie sozialer Systeme. 6. Auflage. Wiesbaden: VS Verlag für Sozialwissenschaften, S. 113–136.

Luhmann, N. (2008): *Die Soziologie und der Mensch*. 3. Auflage. Wiesbaden: VS Verlag für Sozialwissenschaften.

Luhmann, N. (2015): *Die Gesellschaft der Gesellschaft*. 9. Auflage. Frankfurt am Main: Suhrkamp.

Luhmann, N./Baecker, D. (Hrsg.) (1987): *Archimedes und wir*. Berlin: Merve.

Luoma, J./Hayes, S./Walser, R./Kierdorf, T. (2012): *ACT-Training*. 2. Auflage. Paderborn: Junfermann.

Lutterer, W. (2009): *Gregory Bateson*. 2. Auflage. Heidelberg: Carl-Auer.

Maaß, E./Ritschl, K. (1996): *Phantasiereisen leicht gemacht*. Paderborn: Junfermann.

Maaß, E./Ritschl, K. (2000): *Teamgeist*. 3. Auflage. Paderborn: Junfermann.

Mack, O./Khare, A. (2016): *Perspectives on a VUCA World*. In: Mack, O./Khare, A./Krämer A./Burgartz, T. (Hrsg.): Managing in a VUCA World. Wiesbaden, Berlin: Springer, S. 3–19.

Mack, O./Khare, A./Krämer, A./Burgartz, T. (Hrsg.) (2016): *Managing in a VUCA World*. Wiesbaden, Berlin: Springer.

Mahlmann, R./Dulabaum, N./Pink, R./Altmann, G. (2009): *Konfliktmanagement und Mediation*. Weinheim und Basel: Beltz.

Mainzer, K. (2012): *Komplexität*. In: Jahraus, O./Nassehi, A./Grizelj, M./Saake, I./Kirchmeier C./Müller J. (Hrsg.): Luhmann-Handbuch. Leben – Werk – Wirkung. Stuttgart, Weimar: J.B. Metzler, S. 92–95.

Majer, C./Stabauer, L. (2010): *Social competence im Projektmanagement*. Wien: Goldegg.

Malik, F. (2000): *Führen, Leisten, Leben*. 6. Auflage. Stuttgart: DVA.

Malik, F. (2000): *Systemisches Management, Evolution, Selbstorganisation*. 2. Auflage. Bern: Haupt.

Malik, F. (2004): *Systemisches Management, Evolution, Selbstorganisation*. 4. Auflage. Bern: Haupt.

Malik, F. (2008): *Strategie des Managements komplexer Systeme*. 10. Auflage. Bern: Haupt.

Marc, E./Picard, D. (1991): *Bateson, Watzlawick und die Schule von Palo Alto*. Frankfurt am Main: Hain.

Martin, A. (2011): *Handlungstheorie*. Darmstadt: Wissenschaftliche Buchgesellschaft.

Maslow, A. (1959): *Psychological data and value theory*. In: Maslow, A./Sokokin, P. (Hrsg.): New Knowledge in human values. New York: Harper & Row.

Maslow, A./Sokokin, P. (Hrsg.) (1959): *New Knowledge in human values*. New York: Harper & Row.

Mathis, C. (2017): *SAFe – Das Scaled Agile Framework*. 2. Auflage. Heidelberg: dpunkt.

Maturana, H. (Hrsg.) (1985): *Erkennen: Die Organisation und Verkörperung von Wirklichkeit*. 2. Auflage. Wiesbaden: Vieweg + Teubner.

Maturana, H. (2000): *Biologie der Realität*. Frankfurt am Main: Suhrkamp.

Maturana, H./Varela, F. (2015): *Der Baum der Erkenntnis*. 6. Auflage. Frankfurt am Main: Fischer.

May, C./Schimek, P. (2015): *Total productive management*. 3. Auflage. Herrieden, Ansbach: CETPM Publ.

Mayring, P. (2015): *Qualitative Inhaltsanalyse*. 12. Auflage. Weinheim, Basel: Beltz.

Mayring, P. (2016): *Einführung in die qualitative Sozialforschung*. 6. Auflage. Weinheim, Basel: Beltz.

McCrae, R./Costa, P. (2006): *Personality in Adulthood*. 2. Auflage. New York: Guilford Press.

Meran, R./John, A./Staudter, C./Roenpage, O./Lunau, S. (2014): *Six Sigma+Lean Toolset*. Wiesbaden, Berlin: Springer.

Mersch, P. (2012): *Systemische Evolutionstheorie: Eine systemtheoretische Verallgemeinerung der Darwinschen Evolutionstheorie*. Norderstedt: Books on Demand.

Merton, R. (1965): *Die Eigendynamik gesellschaftlicher Voraussagen*. In: Logik der Sozialwissenschaften, S. 144–161.

Merton, R./Kendall, P. (1993): *Das fokussierte Interview*. In: Hopf, C./Weingarten, E. (Hrsg.): Qualitative Sozialforschung. 3. Auflage. Stuttgart: Klett, S. 171–204.

Mey, G./Mruck, K. (2010): *Handbuch Qualitative Forschung in der Psychologie*. Wiesbaden: VS Verlag für Sozialwissenschaften.

Michels, B. (2015): *Projektmanagement Handbuch*. Luxemburg: CreateSpace Independent Publishing Platform.

Middendorf, J. (2004): *Wertehierarchie*. In: Rauen, C. (Hrsg.): Coaching-Tools. 3 Bände. Bonn: managerSeminare, S. 173–178.

Miebach, B. (2013): *Soziologische Handlungstheorie*. 4. Auflage. Wiesbaden: Springer VS.

Miethe, I. (2017): *Biografiearbeit*. 3. Auflage. Weinheim, Basel: Beltz.

Migge, B. (2013): *Schema-Coaching*. Weinheim und Basel: Beltz.

Mintzberg, H. (1995): *Die strategische Planung*. München: Hanser.

Minuchin, S./Rosman, B./Baker, L./Liebman, R. (1995): *Psychosomatische Krankheiten in der Familie*. 6. Auflage. Stuttgart: Klett.

Mischel, W. (1968): *Personality and assessment*. Hoboken, New Jersey: Wiley.

Mohl, A. (2002): *Der Meisterschüler*. 2. Auflage. Paderborn: Junfermann.

Mohl, A. (2006): *Der große Zauberlehrling*. 2 Bände. Paderborn: Junfermann.

Mohl, A. (2010): *Der große Zauberlehrling*. 2. Auflage. 2 Bände. Paderborn: Junfermann.

Mohl, A. (2014): *Metaphern-Lernbuch*. Paderborn: Junfermann.

Mohr, G. (2006): *Systemische Organisationsanalyse*. Köln: Edition Humanistische Psychologie.

Moldaschl, M. (2009): *Lebenslinien*. In: Kühl, S./Strodtholz, P./Taffertshofer, A. (Hrsg.): Handbuch Methoden der Organisationsforschung. Quantitative und qualitative Methoden. Wiesbaden: VS Verlag für Sozialwissenschaften, S. 229–246.

Morfill, G./Scheingraber, H. (1991): *Chaos ist überall … und es funktioniert*. Frankfurt am Main: Ullstein.

Morgan, G./Wacker, I. (2006): *Bilder der Organisation*. 4. Auflage. Stuttgart: Klett.

Müller, L. (2013): *Der Held – Jeder ist dazu geboren*. 2. Auflage. Stuttgart: opus magnum.

Müller, M. (2017): *Einführung in narrative Methoden der Organisationsberatung*. Heidelberg: Carl-Auer.

Müller, S. (2018): *Virtuelle Führung*. Wiesbaden, Berlin: Springer.

Müsseler, J./Rieger, M. (Hrsg.) (2017): *Allgemeine Psychologie*. 3. Auflage. Wiesbaden, Berlin: Springer.

Mutzeck, W. (2005): *Kooperative Beratung*. 5. Auflage. Weinheim, Basel: Beltz.

Myers, I./Myers, P. (1995): *Gifts differing*. Palo Alto, Calif.: Davies-Black.

Nandram, S./Bindlish, P. (2017): *Introduction to VUCA*. In: Nandram, S./Bindlish, P. (Hrsg.): Managing VUCA Through Integrative Self-Management. Wiesbaden, Berlin: Springer, S. 3–13.

Nandram, S./Bindlish, P. (Hrsg.) (2017): *Managing VUCA Through Integrative Self-Management*. Wiesbaden, Berlin: Springer.

Nelles, W. (2003): *Das Hellinger-Prinzip*. Freiburg: Herder.

Nelles, W. (2009): *Die Hellinger-Kontroverse*. 2. Auflage. Freiburg: Herder.

Nemetschek, P. (2011): *Systemische Familientherapie mit Kindern, Jugendlichen und Eltern*. 2. Auflage. Stuttgart: Klett.

Nestmann, F./Engel, F./Sickendiek, U. (Hrsg.) (2007): *Das Handbuch der Beratung*. 2. Auflage. 2 Bände. Tübingen: DGVT.

Neubauer, W. (2003): *Organisationskultur*. Stuttgart: Kohlhammer.

Neuberger, O. (2003): *Mikropolitik*. In: Rosenstiel, L./Regnet E./Domsch, M. (Hrsg.): Führung von Mitarbeitern. Handbuch für erfolgreiches Personalmanagement. 5. Auflage. Stuttgart: Schäffer-Poeschel, S. 41–49.

Neuberger, O. (2007): *Ach wie gut, dass niemand weiß, was man so systemisch heißt*. In: Tomaschek, N. (Hrsg.): Perspektiven systemischer Entwicklung und Beratung von Organisationen. Ein Sammelband. Heidelberg: Carl-Auer, S. 11–36.

Neuberger, O. (2009): *Mikropolitik*. In: Rosenstiel, L./Regnet E./Domsch, M. (Hrsg.): Führung von Mitarbeitern. Handbuch für erfolgreiches Personalmanagement. 6. Auflage. Stuttgart: Schäffer-Poeschel, S. 28–35.

Neuberger, O. (2015): *Mikropolitik und Moral in Organisationen*. 2. Auflage. Stuttgart: UTB.

Neuhaus, H. (2007): *Emotionale Intelligenz im Führungsalltag*. Zürich: Praxium.

Nevis, E. (1988): *Organisationsberatung*. Köln: Edition Humanistische Psychologie.

Newell, A./Simon, H. (1972): *Human Problem Solving*. 2. Auflage. Englewood Cliffs, NJ: Prentice Hall.

Neyer, F./Asendorpf, J. (2018): *Psychologie der Persönlichkeit*. Wiesbaden, Berlin: Springer.

Niedereichholz, C./Niedereichholz, J. (2006): *Consulting Insight*. München: Oldenbourg.

Niehoff, K./Werth, M./Deller, J. (2006): *Was ist Personalentwicklung wert?* Saarbrücken: VDM Müller.

Niemeyer, J. (2010): *Reflexionen zur systemischen Haltung*. In: Zimmermann, C./Muhler, B. (Hrsg.): Ressourcen der systemischen Organisationsentwicklung. Heidelberg: Carl-Auer, S. 21–36.

Niermeyer, R. (2016): *Teams Führen*. Freiburg: Haufe.

Niven, P. (2009): *Balanced Scorecard*. 2. Auflage. Hoboken, New Jersey: Wiley.

Nowotny, V. (2016): *Agile Unternehmen*. Göttingen: BusinessVillage.

Ochs, M./Schweitzer, J. (2012): *»Forschung für Systemiker« oder »systemisch forschen?«*. In: Ochs, M./Schweitzer, J. (Hrsg.): Handbuch Forschung für Systemiker. Göttingen: Vandenhoeck & Ruprecht, S. 17–33.

Ochs, M./Schweitzer, J. (Hrsg.) (2012): *Handbuch Forschung für Systemiker*. Göttingen: Vandenhoeck & Ruprecht.

O'Connor, J. (2006): *NLP – das WorkBook*. 2. Auflage. Kirchzarten: VAK.

O'Connor, J./MacDermott, I. (2006): *Die Lö-*

sung lauert überall. 4. Auflage. Kirchzarten: VAK.

O'Connor, J./Seymour, J./Grinder, J. (2015): *Neurolinguistisches Programmieren: gelungene Kommunikation und persönliche Entfaltung*. 22. Auflage. Kirchzarten: VAK.

Oestereich, B./Schröder, C. (2017): *Das kollegial geführte Unternehmen*. München: Vahlen.

Oevermann, U. (1979): *Die Methodologie einer »Objektiven Hermeneutik« und ihre allgemeine forschungslogische Bedeutung in den Sozialwissenschaften*. In: Soeffner, H.-G. (Hrsg.): Interpretative Verfahren in den Sozial- und Textwissenschaften. Stuttgart: Metzler, S. 352–433.

Ono, T. (1993): *Das Toyota-Produktionssystem*. Frankfurt am Main, New York: Campus.

Ortmann, G. (2012): *Enabling limits Organisationen regeln, was zählt und als was es zählt*. In: Duschek, S./Gaitanides, M./Matiaske, W./Ortmann, G. (Hrsg.): Organisationen regeln. Wiesbaden: VS Verlag für Sozialwissenschaften, S. 59–93.

Otto, K.-S. (2011): *Mit Evolutionsmanagement Krisen erfolgreich durchsteuern*. In: Otto, K.-S./Speck T./Darwin, C. (Hrsg.): Darwin meets Business. Evolutionäre und bionische Lösungen für die Wirtschaft. Wiesbaden: Gabler, S. 19–33.

Otto, K.-S./Speck, T./Darwin, C. (Hrsg.) (2011): *Darwin meets Business*. Wiesbaden: Gabler.

Pallasch, W./Mutzeck, W./Reimers, H. (Hrsg.) (1992): *Beratung – Training – Supervision*. Weinheim: Juventa.

Pallasch, W./Mutzeck, W./Reimers, H. (Hrsg.) (2002): *Beratung – Training – Supervision*. 3. Auflage. Weinheim, Basel: Beltz.

Papke, D./Berg, M. (2004): *Mit Change-Theater Veränderungsprozesse gestalten*. In: Lernende Organisation – Zeitschrift für systemisches Management und Organisation (18), S. 6–23.

Parsons, T. (1958): *Structure and process in modern societies*. New York: Free Press.

Pascale, R./Mark, M./Gioja, L./Herrman, M. (2002): *Chaos ist die Regel*. Berlin: Econ.

Perls, F. (1992): *Grundlagen der Gestalt-Therapie*. 8. Auflage. Stuttgart: Klett-Cotta.

Pervin, L./Cervone, D./John, O. (2005): *Persönlichkeitstheorien*. 5. Auflage. München: Reinhardt.

Peseschkian, N. (2012): *Der Kaufmann und der Papagei*. 32. Auflage. Frankfurt am Main: Fischer.

Petermann, F. (Hrsg.) (1977): *Therapieforschung*. Weinheim: Beltz.

Peters, T./Waterman, R. (1993): *Auf der Suche nach Spitzenleistungen*. 4. Auflage. München: mvg.

Petzold, H. (2007): *Integrative Supervision, Meta-Consulting, Organisationsentwicklung*. 2. Auflage. Wiesbaden: VS Verlag für Sozialwissenschaften.

Peyer, B./Perrez, M. (1978): *Einführung in die Verhaltenstherapie für visuelle Typen*. Salzburg: Müller.

Phillips, J./Schirmer, F. (2005): *Return on Investment in der Personalentwicklung*. Wiesbaden, Berlin: Springer.

Pieler, D. (2000): *Weiterbildungscontrolling*. Gabler Edition Wissenschaft. Wiesbaden: Deutscher Universitätsverlag.

Pinnow, D. (2014): *»Sphären Modell« der Systemischen Führung*. Online verfügbar unter https://dp-akademie.de/ckeditor_assets/attachments/3/sphaeren-modell_2014.pdf [23.05.2018].

Pletzer, M. (2017): *Emotionale Intelligenz*. Freiburg: Haufe.

Poggendorf, A. (2012): *Angewandte Teamdynamik*. Berlin: Cornelsen.

Poincaré, H. (2003): *Wissenschaft und Methode*. Neuauflage. Berlin: Xenomos.

Pörksen, B. (Hrsg.) (2015): *Schlüsselwerke des Konstruktivismus*. 2. Auflage. Wiesbaden: Springer VS.

Porst, R. (2011): *Fragebogen*. Wiesbaden: VS Verlag für Sozialwissenschaften.

Porter, M. (1993): *Nationale Wettbewerbsvorteile*. Wien: Ueberreuter.

Porter, M. (2014): *Wettbewerbsvorteile*. 8. Auflage. Frankfurt am Main, New York: Campus.

Preußig, J. (2015): *Agiles Projektmanagement*. Freiburg: Haufe.

Prigogine, I./Stengers, I. (1993): *Das Paradox der Zeit*. München: Piper.

Probst, H.-J. (2014): *Kennzahlen*. 4. Auflage. München: Redline.

Prudix, D. (2016): *Erfolgreiches Projektmanagement*. Wiesbaden: Springer Gabler.

Przyborski, A./Wohlrab-Sahr, M. (2014): *Qualitative Sozialforschung*. 4. Auflage. München: Oldenbourg.

Raab-Steiner, E./Benesch, M. (2015): *Der Fragebogen*. 4. Auflage. Wien: Facultas.

Radatz, S. (2015): *Beratung ohne Ratschlag*. 9. Auflage. Wolkersdorf: literatur-vsm.

Radhi, M. (2002): *Total Productive Management*. 2. Auflage. München: Hanser.

Radtke, P./Wilmes, D. (2002): *European Quality Award*. 3. Auflage. München: Hanser.

Rahm, D. (2004): *Gestaltberatung*. 9. Auflage. Paderborn: Junfermann.

Raisch, S./Gomez, P./Probst, G. (2007): *Wege zum Wachstum*. Wiesbaden: Gabler.

Rammsayer, T./Weber, H. (2016): *Differentielle Psychologie – Persönlichkeitstheorien*. 2. Auflage. Göttingen: Hogrefe.

Rapoport, A. (1988): *Allgemeine Systemtheorie*. Darmstadt: Darmstädter Blätter.

Rauen, C. (Hrsg.) (2004): *Coaching-Tools*. 3 Bände. Bonn: managerSeminare.

Rauen, C. (Hrsg.) (2017): *Coaching-Tools II*. 4. Auflage. Bonn: managerSeminare.

Rauen, C. (Hrsg.) (2018): *Coaching-Tools III*. 3. Auflage. 3 Bände. Bonn: managerSeminare.

Reich, K. (2005): *Systemisch-konstruktivistische Pädagogik*. 5. Auflage. Weinheim, Basel: Beltz.

Reichert, T. (2011): *Projektmanagement*. 2. Auflage. Freiburg: Haufe.

Reineck, U./Anderl, M. (2015): *Mythos Change*. Weinheim und Basel: Beltz.

Reischmann, J. (2003): *Weiterbildungs-Evaluation*. München: Luchterhand.

Reisinger, S./Gattringer, R./Strehl, F. (2017): *Strategisches Management*. 2. Auflage. München: Pearson.

Reuter, M. (2011): *Psychologie im Projektmanagement*. Erlangen: Publicis.

Richter, K. (2011): *Coaching als kreativer Prozess*. 2. Auflage. Gottingen: Vandenhoeck & Ruprecht.

Rieger, M./Wenke, D. (2017): *Embodiment und Sense of Agency*. In: Müsseler, J./Rieger M. (Hrsg.): Allgemeine Psychologie, Bd. 14. 3. Auflage. Wiesbaden, Berlin: Springer, S. 773–819.

Ringlstetter, M./Kaiser, S./Müller-Seitz, G. (2011): *Positives Management*. 2. Auflage. Wiesbaden: Gabler.

Roberts, J. (2001): *Den Rahmen abstecken: Definition, Funktion und Typologie von Ritualen*. In: E. Imber-Black (Hrsg.): Rituale. Rituale in Familien und Familientherapie. 4. Auflage. Heidelberg: Carl-Auer, S. 14–70.

Robertson, B. (2016): *Holacracy*. München: Vahlen.

Roehl, H./Winkler, B./Eppler, M./Fröhlich, C. (Hrsg.) (2012): *Werkzeuge des Wandels*. Stuttgart: Schäffer-Poeschel.

Rogers, C. (Hrsg.) (1977): *Therapeut und Klient*. München: Kindler.

Rogers, C. (Hrsg.) (1991): *Eine Theorie der Psychotherapie, der Persönlichkeit und der zwischenmenschlichen Beziehungen*. 3. Auflage. Köln: GwG.

Rogers, C. (2000): *Die klientenzentrierte Gesprächspsychotherapie*. 14. Auflage. Frankfurt am Main: Fischer.

Rogers, C./Schmid, P. (2004): *Person-zentriert.* 4. Auflage. Mainz: Matthias Grünewald.

Rogers, E. (2003): *Diffusion of innovations.* 5. Auflage. New York: Free Press.

Rohm, A. (Hrsg.) (2006): *Change-Tools.* Bonn: managerSeminare.

Rohm, A. (Hrsg.) (2015): *Change-Tools.* 6. Auflage. Bonn: managerSeminare.

Rohr, R./Ebert, A. (2006): *Das Enneagramm.* 42. Auflage. München: Claudius.

Rollka, B./Schultz, F. (2011): *Kommunikationsinstrument Menschenbild.* Wiesbaden: VS Verlag für Sozialwissenschaften.

Rosenberg, M. (2016): *Gewaltfreie Kommunikation.* Paderborn: Junfermann.

Rosenberger, M./Freitag, M. (2009): *Repertory Grid.* In: Kühl, S./Strodtholz, P./Taffertshofer, A. (Hrsg.): Handbuch Methoden der Organisationsforschung. Quantitative und qualitative Methoden. Wiesbaden: VS Verlag für Sozialwissenschaften, S. 477–496.

Rosenbusch, H. (2005): *Organisationspädagogik der Schule.* München: Luchterhand.

Rosenstiel, L./Regnet, E./Domsch, M. (Hrsg.) (2003): *Führung von Mitarbeitern.* 5. Auflage. Stuttgart: Schäffer-Poeschel.

Rosenstiel, L./Regnet, E./Domsch, M. (Hrsg.) (2009): *Führung von Mitarbeitern.* 6. Auflage. Stuttgart: Schäffer-Poeschel.

Rösner, S. (2015): *Systeme in Szene gesetzt.* Wiesbaden, Berlin: Springer.

Rossi, P./Freeman, H./Hofmann, G. (1988): *Programm-Evaluation.* Stuttgart: Enke.

Rother, M./Shook, J./Wiegand, B. (2015): *Sehen lernen.* Mühlheim an der Ruhr: Lean Management Institut.

Ruesch, J./Bateson, G. (1995): *Kommunikation.* Heidelberg: Carl-Auer.

Ruhe, H. (2012): *Methoden der Biografiearbeit.* 5. Auflage. Weinheim, Basel: Beltz.

Rupp, M. (2016): *Storytelling für Unternehmen.* Frechen: mitp.

Rüttinger, R. (1992): *Transaktions-Analyse.* 5. Auflage. Heidelberg: Sauer.

Ruwwe, A./Radke, H.-D. (2005): *Die bösen Tage sind vorbei.* Norderstedt: Books on Demand.

Sackmann, S. (2017): *Unternehmenskultur: Erkennen – Entwickeln – Verändern.* 2. Auflage. 2017. Wiesbaden, Berlin: Springer.

Sackmann, S. (2002): *Unternehmenskultur.* München: Luchterhand.

Sackmann, S. (2004): *Erfolgsfaktor Unternehmenskultur.* Wiesbaden: Gabler.

Salameh, W. (2007): *Humor in der integrativen Kurzzeittherapie.* Stuttgart: Klett.

Sarasvathy, S. (2009): *Effectuation.* Cheltenham: Edward Elgar.

Sarges, W./Fricke, R. (Hrsg.) (1986): *Psychologie für die Erwachsenenbildung, Weiterbildung.* Göttingen: Hogrefe.

Sarodnick, F./Brau, H. (2011): *Methoden der Usability Evaluation.* 2. Auflage. Bern: Hans Huber.

Satir, V. (1999): *Kommunikation, Selbstwert, Kongruenz.* 6. Auflage. Paderborn: Junfermann.

Satir, V./Baldwin, M. (2004): *Familientherapie in Aktion.* 6. Auflage. Paderborn: Junfermann.

Satir, V./Banmen, J./Gerber, J./Gomori, M. (2007): *Das Satir-Modell.* 3. Auflage. Paderborn: Junfermann.

Satir, V./Stachowiak, J./Taschman, H. (2000): *Praxiskurs Familientherapie.* Paderborn: Junfermann.

Sautter, C./Kumbruck, C./Biskupek-Kamleiter, J. (2016): *Systemische Beratungskompetenz.* 2. Auflage. Ravensburg: Verlag für Systemische Konzepte.

Schachtner, H.-U. (2008): *Frech, aber unwiderstehlich.* Agatharied: Harmony-Balance-Edition.

Schäffner, L. (2002): *Der Beitrag der Veränderungsforschung zur Nachhaltigkeit von*

Organisationsentwicklung. München: Hampp.

Schallmo, D. (2017): *Design Thinking erfolgreich anwenden*. Wiesbaden, Berlin: Springer.

Scheelen, F. (2006): *Menschenkenntnis auf einen Blick*. 2. Auflage. München: mvg.

Schein, E. (1969): *Process Consultation*. Boston: Addison-Wesley Publishing.

Schein, E. (2003): *Prozessberatung für die Organisation der Zukunft*. 2. Auflage. Köln: Edition Humanistische Psychologie.

Schein, E. (2010): *Organisationskultur*. Gevelsberg: EHP.

Schein, E./Mader, F. (1995): *Unternehmenskultur*. Frankfurt am Main, New York: Campus.

Schelle, H. (2010): *Projekte zum Erfolg führen*. 6. Auflage. München: dtv.

Scheller, R./Heil, F. (1986): *Beratung*. In: Sarges, W./Fricke, R. (Hrsg.): Psychologie für die Erwachsenenbildung, Weiterbildung. Ein Handbuch in Grundbegriffen. Göttingen: Hogrefe, S. 94–98.

Scheufele, B. (2016): *Priming*. Baden-Baden: Nomos.

Schewe, G. (2018): *Change Mangement*. Wiesbaden, Berlin. Online: http://wirtschaftslexikon.gabler.de/Archiv/2478/change-management-v9.html [27.01.2018].

Schiersmann, C./Thiel, H.-U. (2014): *Organisationsentwicklung*. 4. Auflage. Wiesbaden: Springer VS.

Schinzilarz, C./Friedli, C. (2013): *Humor in Coaching, Beratung und Training*. Weinheim und Basel: Beltz.

Schleip, W. (1966): *Die Zukunft der Unternehmensberatung in Deutschland*. In: Rationalisierung (17), S. 107–112.

Schley, W. (2002): *Organisationspsychologische Beratung an Schulen*. Das Konzept der Systemberatung und Organisationsentwicklung. In: Pallasch, W./Mutzeck W./Reimers, H. (Hrsg.): Beratung – Training – Supervision. Eine Bestandsaufnahme über Konzepte zum Erwerb von Handlungskompetenz in pädagogischen Arbeitsfeldern. 3. Auflage. Weinheim, Basel: Beltz, S. 161–172.

Schlieper-Damrich, R. (Hrsg.) (2011): *Wertecoaching*. 2. Auflage. Bonn: managerSeminare.

Schlippe, A. von/Groth, T./Rüsen, T. (2017): *Die beiden Seiten der Unternehmerfamilie*. Göttingen: Vandenhoeck & Ruprecht.

Schlippe, A. von/Schweitzer, J. (2016): *Lehrbuch der systemischen Therapie und Beratung I*. 3. Auflage. Göttingen: Vandenhoeck & Ruprecht.

Schlippe, A. von/Schweitzer, J. (2017): *Systemische Interventionen*. 3. Auflage. Göttingen: Vandenhoeck & Ruprecht.

Schmelzer, H./Sesselmann, W. (2008): *Geschäftsprozessmanagement in der Praxis*. 6. Auflage. München: Hanser.

Schmelzer, H./Sesselmann, W. (2013): *Geschäftsprozessmanagement in der Praxis*. 8. Auflage. München: Hanser.

Schmid, B. (Hrsg.) (2014): *Systemische Organisationsentwicklung*. Stuttgart: Schäffer-Poeschel.

Schmidt, E./Berg, H. (2004): *Beraten mit Kontakt*. Frankfurt: Gabal.

Schmidt, G. (2000): *Methode und Techniken der Organisation*. 12. Auflage. Gießen: Schmidt.

Schmidt, G. (2007): *Liebesaffären zwischen Problem und Lösung*. 2. Auflage. Heidelberg: Carl-Auer.

Schmitz, C. u. a. (Hrsg.) (1992): *Managerie*. Heidelberg: Carl-Auer.

Schneider, J. (2002): *Auf dem Weg zum Ziel*. Paderborn: Junfermann.

Schneider, K. (Hrsg.) (1983): *Familientherapie in der Sicht psychotherapeutischer Schulen*. Paderborn: Junfermann.

Schneider, W./Lindenberger, U. (2012): *Entwicklungspsychologie*. Weinheim, Basel: Beltz.

Schober, H. (1991): *Irritation und Bestätigung — die Provokation der Systemischen Beratung oder: Wer Macht Eigentlich die Veränderung?* In: Hofmann, M. (Hrsg.): Theorie und Praxis der Unternehmensberatung. Bestandsaufnahme und Entwicklungsperspektiven. Heidelberg: Physica, S. 345–370.

Schoemen, J. (2011): *Evolution der Persönlichkeit*. 14. Auflage. Luzern: IBSA.

Schöpfner, A. (2006): *Frühwarnsysteme im strategischen Management*. Saarbrücken: VDM Müller.

Schulz von Thun, F. (1981): *Miteinander reden*. Reinbek: Rowohlt.

Schulz von Thun, F. (2006): *Klarkommen mit sich selbst und anderen*. 2. Auflage. Reinbek: Rowohlt.

Schulze, R./Freund, P./Roberts, R. (Hrsg.) (2005): *Emotionale Intelligenz*. Göttingen: Hogrefe.

Schuppisser, S. (2002): *Stakeholder Management*. Bern: Haupt.

Schütze, F. (1983): *Biographieforschung und narratives Interview*. In: *neue praxis* 13 (3), S. 283–293.

Schwarzer, C./Buchwald, P. (2006): *Beratung in Familie, Schule und Beruf*. In: Krapp A./Weidenmann, B. (Hrsg.): Pädagogische Psychologie. Ein Lehrbuch. 5. Auflage. Weinheim, Basel: Beltz, S. 575–612.

Schwetje, G. (2013): *Ihr Weg zur effizienten Unternehmensberatung*. 1., Auflage. Herne: NWB.

Schwing, R./Fryszer, A. (2006): *Systemisches Handwerk*. Göttingen: Vandenhoeck & Ruprecht.

Schwing, R./Fryszer, A. (2017): *Systemisches Handwerk*. 8. Auflage. Göttingen: Vandenhoeck & Ruprecht.

Scott-Morgan, P./Little, A. (2008): *Die heimlichen Spielregeln*. Frankfurt am Main, New York: Campus.

Searle, J. (2007): *Sprechakte*. Frankfurt am Main: Suhrkamp.

Seewald, C. (2006): *Sozial nachhaltiges Changemanagement*. München: Reinhardt.

Segal, Z./Williams, J./Teasdale, J. (2008): *Die achtsamkeitsbasierte Kognitive Therapie der Depression*. Tübingen: DGVT.

Seidel, W. (2004): *Emotionale Kompetenz*. Amsterdam: Elsevier.

Seifert, J. (2011): *Moderation und Konfliktklärung*. Offenbach: Gabal.

Seiwert, L./Tracy, B./Küstenmacher, W./McGee-Cooper, A. (2011): *Wenn du es eilig hast, gehe langsam*. 15. Auflage. Frankfurt am Main, New York: Campus.

Seliger, R. (2014): *Positive Leadership*. Stuttgart: Schäffer-Poeschel.

Seligman, M. (2005): *Der Glücks-Faktor*. 2. Auflage. Bergisch Gladbach: Bastei Lübbe.

Selvini Palazzoli, M. (1984): *Hinter den Kulissen der Organisation*. Stuttgart: Klett.

Selvini Palazzoli, M./Boscolo, L./Cecchin, G./Prata, G. (1981): *Hypothetisieren – Zirkularität – Neutralität*. Drei Richtlinien für den Leiter der Sitzung. In: Familiendynamik Jg. 6, 1981, Nr. 2, S. 123–139.

Senge, P. (2017): *Die fünfte Disziplin*. 11. Auflage. Stuttgart: Schäffer-Poeschel.

Servatius, H.-G. (1991): *Vom strategischen Management zur evolutionären Führung*. Stuttgart: Poeschel.

Seßler, H. (2017): *Limbic® Sales*. 3. Auflage. Freiburg: Haufe.

Shannon, C./Weaver, W. (1963): *The mathematical theory of communication*. Urbana: University of Illinois Press.

Shazer, S. de (2012): *Worte waren ursprünglich Zauber*. 3. Auflage. Heidelberg: Carl-Auer.

Shazer, S. de/Dolan, Y. (2008): *Mehr als ein Wunder*. Heidelberg: Carl-Auer.

Sheldon, W. (1942): *The varieties of temperament*. New York: Harper & Row.

Sherwood, D. (2011): *Einfacher managen*. Weinheim: Wiley-VCH.

Sickendiek, U./Engel, F./Nestmann, F. (2008): *Beratung*. 3. Auflage. Weinheim: Juventa Verlag.

Sievers, B. (2003): *Das Unbewusste in Organisationen.* Gießen: Psychosozial.

Simon, F. (2009): *Einführung in die systemische Organisationstheorie.* 2. Auflage. Heidelberg: Carl-Auer.

Simon, F. (2013): *Gemeinsam sind wir blöd!?* 4. Auflage. Heidelberg: Carl-Auer.

Simon, F. (2015): *Einführung in die systemische Organisationstheorie.* 5. Auflage. Heidelberg: Carl-Auer.

Simon, F. (2017): *Einführung in Systemtheorie und Konstruktivismus.* 8. Auflage. Heidelberg: Carl-Auer.

Simon, F./Rech-Simon, C. (2013): *Zirkuläres Fragen.* 10. Auflage. Heidelberg: Carl-Auer.

Simon, H. (1965): *The architecture of complexity.* In: General systems 10 (1965), S. 63–76.

Simon, H. (1991): *The Architecture of Complexity.* In: Klir, G. (Hrsg.): Facets of Systems Science. Wiesbaden, Berlin: Springer, S. 457–476.

Simon, W. (Hrsg.) (2010): *Persönlichkeitsmodelle und Persönlichkeitstests.* 2. Auflage. Offenbach: Gabal.

Skinner, B. (1973): *Jenseits von Freiheit und Würde.* Reinbek: Rowohlt.

Smith, A. (1776): *An inquiry into the nature and causes of the wealth of nations.* Dublin: Whitestone Chamberlaine.

Soeffner, H.-G. (Hrsg.) (1979): *Interpretative Verfahren in den Sozial- und Textwissenschaften.* Stuttgart: Metzler.

Sparrer, I. (2006): *Wunder, Lösung und System.* 4. Auflage. Heidelberg: Carl-Auer.

Sparrer, I. (2014): *Wunder, Lösung und System.* 6. Auflage. Heidelberg: Carl-Auer.

Sparrer, I. (2016): *Systemische Strukturaufstellungen.* 3. Auflage. Heidelberg: Carl-Auer.

Spolin, V. (2005): *Improvisationstechniken für Pädagogik, Therapie und Theater.* 7. Auflage. Paderborn: Junfermann.

Stahl, E. (2017): *Dynamik in Gruppen.* 4. Auflage. Weinheim, Basel: Beltz.

Stahl, S./Alt, M. (2016): *So bin ich eben!* 11. Auflage. Hamburg: Ellert & Richter.

Jan C. Weilbacher (26.04.2017): *Die agile Organisation ist kalter Kaffee.* Interview mit Stefan Kühl. https://www.pressesprecher.com/nachrichten/die-agile-organisation-ist-kalter-kaffee-403150091 .

Steiger, T./Lippmann, E. (2013): *Handbuch Angewandte Psychologie für Führungskräfte.* Wiesbaden, Berlin: Springer.

Steinebach, C. (Hrsg.) (2006): *Handbuch psychologische Beratung.* Stuttgart: Klett.

Stephan, M. (Hrsg.) (2010): *»Ambidextrie«:* Der unternehmerische Drahtseilakt zwischen Ressourcenexploration und -exploitation. München: Hampp.

Stevens, J. (2006): *Die Kunst der Wahrnehmung.* 17. Auflage. Gütersloh: Gütersloher Verlagshaus.

Stewart, I. (2000): *Transaktionsanalyse in der Beratung.* 3. Auflage. Paderborn: Junfermann.

Stewart, I./Joines, V. (2010): *Die Transaktionsanalyse.* 23. Auflage. Freiburg: Herder.

Stiehm, J. (2002): *The U.S. Army War College.* Philadelphia: Temple University Press.

Stierlin, H. (2001): *Psychoanalyse, Familientherapie, systemische Therapie.* Stuttgart: Klett.

Stockmann, R. (Hrsg.) (2007): *Handbuch zur Evaluation.* Münster: Waxmann.

Stöger, G./Vogl, M. (2004): *Mit Menschenkenntnis zum Seminarerfolg.* Weinheim, Basel: Beltz.

Stolzenberg, K./Heberle, K. (2013): *Change Management.* Wiesbaden, Berlin: Springer.

Storch, M. (2012): *Das Geheimnis kluger Entscheidungen.* 4. Auflage. München: Piper.

Storch, M./Cantieni, B./Hüther, G./Tschacher, W. (2017): *Embodiment.* 3. Auflage. Göttingen: Hogrefe.

Storch, M./Krause, F. (2014): *Selbstmanagement - ressourcenorientiert.* 5. Auflage. Bern: Huber.

Storch, M./Tschacher, W. (2016): *Embodied Communication*. 2. Auflage. Bern: Huber.

Strauss, A./Corbin, J. (2010): *Grounded theory*. Weinheim, Basel: Beltz.

Strobel, H. (2007): *Teamarbeit*. Frankfurt am Main: Bund.

Stroebe, A./Stroebe, R. (2010): *Motivation durch Zielvereinbarungen*. 3. Auflage. Hamburg: Windmühle.

Strunk, G./Schiepek, G. (2013): *Systemische Psychologie*. Amsterdam: Elsevier.

Stumpf, S./Thomas, A. (Hrsg.) (2003): *Teamarbeit und Teamentwicklung*. Göttingen: Hogrefe.

Sullivan, J. (2012): *VUCA: the New Normal for Talent Management and Workforce Planning*. Online: https://www.ere.net/VUCA-the-new-normal-for-talent-management-and-workforce-planning/ [26.04.2018].

Taylor, B./Hahn, D. (Hrsg.) (2006): *Strategische Unternehmungsplanung*. 9. Auflage. Wiesbaden, Berlin: Springer.

Theuretzbacher, K./Nemetschek, P. (2016): *Coaching und systemische Supervision mit Herz, Hand und Verstand*. 4. Auflage. Stuttgart: Klett.

Thier, K. (2006): *Storytelling*. Wiesbaden, Berlin: Springer.

Thomann, C. (2014): *Konflikte im Beruf*. 6. Auflage. Reinbek: Rowohlt.

Tokarski, K./Schellinger, J./Berchtold, P. (2016): *Unternehmensentwicklung*. Wiesbaden, Berlin: Springer.

Tomaschek, N. (Hrsg.) (2007): *Perspektiven systemischer Entwicklung und Beratung von Organisationen*. Heidelberg: Carl-Auer.

Tomm, K. (2004): *Die Fragen des Beobachters*. 4. Auflage. Heidelberg: Carl-Auer.

Töpfer, A./Mehdorn, H. (2015): *Prozess- und wertorientiertes Qualitätsmanagement*. 5. Auflage. Wiesbaden, Berlin: Springer.

Traufetter, G. (2007): *Intuition*. 2. Auflage. Reinbek: Rowohlt.

Trenkle, B. (2012): *Dazu fällt mir eine Geschichte ein*. Heidelberg: Carl-Auer.

Tuckermann, H. (2013): *Einführung in die systemische Organisationsforschung*. Heidelberg: Carl-Auer.

Tuckman, B. (1965): *Developmental sequence in small groups*. In: Psychological bulletin 63 (6), S. 384.

Tuckman, B./Jensen, M. (1977): *Stages of small-group development revisited*. In: Group & Organization Studies 2 (4), S. 419–427.

Turnheim, G. (1993): *Chaos und Management*. Wiesbaden: Gabler.

Ulrich, H. (1970): *Die Unternehmung als produktives soziales System*. 2. Auflage. Bern: Haupt.

Ulrich, H./Probst, G. (1995): *Anleitung zum ganzheitlichen Denken und Handeln*. 4. Auflage. Bern: Haupt.

Vahs, D./Weiand, A. (2013): *Workbook Change Management*. 2. Auflage. Stuttgart: Schäffer-Poeschel.

Varga von Kibéd, M./Sparrer, I. (2016): *Ganz im Gegenteil*. 9. Auflage. Heidelberg: Carl-Auer.

Verzuh, E. (2016): *The fast forward MBA in project management*. 5. Auflage. Hoboken, New Jersey: Wiley.

Vester, F. (1983): *Unsere Welt – ein vernetztes System*. München: dtv.

Vester, F. (1988): *Neuland des Denkens*. 5. Auflage. München: dtv.

Vester, F. (1999): *Die Kunst vernetzt zu denken*. 2. Auflage. Stuttgart: DVA.

Vester, F. (2002): *Unsere Welt – ein vernetztes System*. 11. Auflage. München: dtv.

Vlcek, R. (2016): *Workshop Improvisationstheater*. 9. Auflage. Augsburg: Carl-Auer.

Wagner, K./Lindner, A. (2017): *Wertstromorientiertes Prozessmanagement*. 2. Auflage. München: Hanser.

Wagner, K./Patzak, G. (2015): *Performance Excellence*. 2. Auflage. München: Hanser.

Warnecke, H.-J./Hüser, M. (1996): *Die Fraktale Fabrik*. Neuauflage. Reinbek: Rowohlt.

Waters, K. (2008): *How Agile Are You? (Take This 42 Point Test)*. Online: https://www.101ways.com/how-agile-are-you-take-this-42-point-test/ [26.04.2018].

Watson, J. (1968): *Behaviorismus*. Köln, Berlin: Kiepenheuer & Witsch.

Watzlawick, P. (1983): *Anleitung zum Unglücklichsein*. Gütersloh: Bertelsmann.

Watzlawick, P. (1986): *Vom Schlechten des Guten oder Hekates Lösungen*. München: Piper.

Watzlawick, P. (1997): *Wenn die Lösung das Problem ist*. Bremen.

Watzlawick, P./Baevin, J./Jackson, D. (1969): *Menschliche Kommunikation*. Bern: Huber.

Watzlawick, P./Weakland, J./Fisch, R./Erickson, M. (2013): *Lösungen*. 8. Auflage. Bern: Huber.

Weber, G. (Hrsg.) (2002): *Praxis der Organisationsaufstellungen*. 2. Auflage. Heidelberg: Carl-Auer.

Weber, G./Rosselet, C. (Hrsg.) (2016): *Organisationsaufstellungen*. Heidelberg: Carl-Auer.

Weber, G./Schmidt, G./Simon, F./Varga von Kibéd, M. (2016): *Aufstellungsarbeit revisited*. 3. Auflage. Heidelberg: Carl-Auer.

Weber, H./Rammsayer, T. (Hrsg.) (2005): *Handbuch der Persönlichkeitspsychologie und differentiellen Psychologie*. Göttingen: Hogrefe.

Weber, M. (1972): *Wirtschaft und Gesellschaft*. 5. Auflage. Hrsg. v. Johannes Winckelmann und Marianne Weber. Tübingen: J.C.B. Mohr (Paul Siebeck).

Wehr, M. (2002): *Der Schmetterlingsdefekt*. Stuttgart: Klett.

Wehrle, M. (2013): *Die 500 besten Coaching-Fragen*. 2. Auflage. Bonn: managerSeminare.

Weick, K./Sutcliffe, K. (2010): *Das Unerwartete managen*. 2. Auflage. Stuttgart: Schäffer-Poeschel.

Weidenmann, B./Weidenmann, S. (2013): *75 Bildkarten für Trainings, Workshops und Teams*. Weinheim und Basel: Beltz.

Weik, E./Lang, R. (Hrsg.) (2005): *Moderne Organisationstheorien 1*. 2. Auflage. Wiesbaden: Gabler.

Weiss, H./Harrer, M./Dietz, T. (2015): *Das Achtsamkeits-Buch*. 7. Auflage. Stuttgart: Klett.

Welge, M./Al-Laham, A./Eulerich, M. (2017): *Strategisches Management*. 7. Auflage. Wiesbaden, Berlin: Springer.

Welter-Enderlin, R. (2006): *Wie aus Familiengeschichten Zukunft entsteht*. Heidelberg: Carl-Auer.

Welter-Enderlin, R./Hildebrand, B. (Hrsg.) (2011): *Rituale*. 3. Auflage. Heidelberg: Carl-Auer.

Werner, C./Elbe, M. (Hrsg.) (2013): *Handbuch Organisationsdiagnose*. München: Herbert Utz.

Wernet, A. (2006): *Einführung in die Interpretationstechnik der Objektiven Hermeneutik*. 2. Auflage. Wiesbaden: VS Verlag für Sozialwissenschaften.

Werther, D. (Hrsg.) (2015): *Mission – Vision – Werte*. Weinheim und Basel: Beltz.

White, M./Epston, D. (2006): *Die Zähmung der Monster*. 5. Auflage. Heidelberg: Carl-Auer.

Whitmore, J. (2006): *Coaching für die Praxis*. Staufen: allesimfluss.

Wieland, J. (Hrsg.) (2004): *Handbuch Wertemanagement*. Hamburg: Murmann.

Wieland, J. (2004): *Wozu Wertemanagement?* Ein Leitfaden für die Praxis. In: Wieland, J. (Hrsg.): Handbuch Wertemanagement. Erfolgsstrategien einer modernen Corporate Governance. Hamburg: Murmann, S. 13–54.

Wild, B. (2012): *Humor, Gesundheit und psychische Erkrankungen – ein Beipackzettel*. In: Wild, B./Buchkremer G./Kernberg O. (Hrsg.): Humor in Psychiatrie und Psychotherapie. Neurobiologie, Methoden, Praxis. Stuttgart: Schattauer, S. 47–65.

Wild, B./Buchkremer, G./Kernberg, O. (Hrsg.) (2012): *Humor in Psychiatrie und Psychotherapie*. Stuttgart: Schattauer.

Wilk, D. (2012): *Die Melodie der Ruhe*. Heidelberg: Carl-Auer.

Wilken, B. (2015): *Methoden der Kognitiven Umstrukturierung*. 7. Auflage. Stuttgart: Kohlhammer.

Willke, H. (1992): *Beobachtung, Beratung und Steuerung von Organisationen in systemtheoretischer Sicht*. In: R. Wimmer (Hrsg.): Organisationsberatung. Neue Wege und Konzepte. Wiesbaden: Gabler, S. 17–42.

Willke, H. (2005): *Interventionstheorie*. 4. Auflage. Stuttgart: Lucius & Lucius.

Willke, H. (2006): *Grundlagen*. 7. Auflage. Stuttgart: Lucius & Lucius.

Wimmer, R. (Hrsg.) (1992): *Organisationsberatung*. Wiesbaden: Gabler.

Wimmer, R. (1992): *Was kann Beratung leisten?* In: Wimmer, R. (Hrsg.): Organisationsberatung. Neue Wege und Konzepte. Wiesbaden: Gabler, S. 59–111.

Wimmer, R. (2004): *Organisation und Beratung*. Heidelberg: Carl-Auer.

Wittgenstein, L. (1968): *Philosophische Untersuchungen*. Frankfurt am Main: Suhrkamp.

Witzel, A. (1985): *Das problemzentrierte Interview*. Weinheim, Basel: Beltz.

Womack, J./Jones, D./Roos, D. (Hrsg.) (1997): *Die zweite Revolution in der Autoindustrie*. München: Heyne.

Wottawa, H./Thierau, H. (2003): *Lehrbuch Evaluation*. 3. Auflage. Bern: Huber.

Wulf, C. (2004): *Einleitung: Bildung in schulischen, religiösen und jugendkulturellen Ritualen*. In: Wulf, C./Althans, B./Audehm, K./Bausch, C./Jörissen, B./Göhlich, M. u. a. (Hrsg.): Bildung im Ritual. Wiesbaden: VS Verlag für Sozialwissenschaften, S. 7–19.

Wulf, C./Althans, B./Audehm, K./Bausch, C./Jörissen, B./Göhlich, M. u. a. (Hrsg.) (2004): *Bildung im Ritual*. Wiesbaden: VS Verlag für Sozialwissenschaften.

Yarger, H. (2006): *Strategic theory for the 21st century*. Carlisle: SSI.

Young, J./Klosko, J./Weishaar, M. (2008): *Schematherapie*. 2. Auflage. Paderborn: Junfermann.

Zarbock, G./Ammann, A./Ringer, S. (2012): *Achtsamkeit für Psychotherapeuten und Berater*. Weinheim, Basel: Beltz.

Zech, R. (2008): *Handbuch Qualität in der Weiterbildung*. Weinheim und Basel: Beltz.

Zimmermann, C./Muhler, B. (Hrsg.) (2010): *Ressourcen der systemischen Organisationsentwicklung*. Heidelberg: Carl-Auer.

Zink, K. (2004): *TQM als integratives Managementkonzept*. 2. Auflage. München: Hanser.

Zink, M. (2007): *Neun Ansatzpunkte für ein erfülltes Leben*. In: Lernende Organisation – Zeitschrift für systemisches Management und Organisation (38), S. 54–56.

Zrzavý, J./Burda, H./Storch, D./Begall, S./Mihulka, S. (2013): *Evolution*. Wiesbaden, Berlin: Springer

Stichwortverzeichnis

Personenverzeichnis